机械设计与智造宝典丛书

CATIA V5-6R2014 宝典

詹熙达　主编

机 械 工 业 出 版 社

本书是全面、系统学习和运用 CATIA V5-6R2014 软件的宝典类书籍，内容包括 CATIA V5-6R2014 导入与安装方法、使用前的准备与配置、二维草图设计、零件设计、装配设计、创成式曲面、自由曲面、钢结构设计、工程图设计、钣金设计、模型的外观设置与渲染、DMU 电子样机、模具设计、数控加工与编程以及有限元结构分析等。

本书在内容安排上，结合大量的实例对 CATIA V5-6R2014 软件各个模块中的一些抽象的概念、命令和功能进行讲解，通俗易懂，化深奥为简易。读者在系统学习本书后，能够迅速地运用 CATIA 软件完成复杂产品的设计、运动与结构分析和制造等工作。

本书是根据北京兆迪科技有限公司给国内外众多著名公司编写的培训教案整理而成的，具有很强的实用性和广泛的适用性。本书附 1 张多媒体 DVD 学习光盘，制作了 600 个 CATIA 应用技巧和范例的教学视频并进行了详细的语音讲解，长达 18.5 小时（1110 分钟）。光盘还包含本书所有的素材源文件。另外，为方便 CATIA 低版本用户和读者的学习，光盘中特提供了 CATIA V5R17、CATIA V5R19 和 CATIA V5R20 版本的素材源文件。

本书可作为机械技术人员的 CATIA 完全自学教程和参考书籍，也可供大专院校师生教学参考。

图书在版编目（CIP）数据

CATIA V5-6R2014 宝典 / 詹熙达主编. —2 版. —北京：机械工业出版社，2016.3
（机械设计与智造宝典丛书）
ISBN 978-7-111-52734-3

Ⅰ. ①C… Ⅱ. ①詹… Ⅲ. ①机械设计—计算机辅助分析—应用软件 Ⅳ. ①TH122

中国版本图书馆 CIP 数据核字（2016）第 016354 号

机械工业出版社（北京市百万庄大街 22 号 邮政编码：100037）
策划编辑：杨民强 丁 锋 责任编辑：丁 锋
责任校对：刘志文 责任印制：乔 宇
封面设计：张 静
北京铭成印刷有限公司印刷
2016 年 4 月第 2 版第 1 次印刷
184mm×260 mm · 43.5 印张 · 1083 千字
0001—3000 册
标准书号：ISBN 978-7-111-52734-3
ISBN 978-7-89405-981-9（光盘）
定价：99.80 元（含多媒体 DVD 光盘 1 张）

凡购本书，如有缺页、倒页、脱页，由本社发行部调换
电话服务 网络服务
服务咨询热线：010-88361066 机工官网：www.cmpbook.com
读者购书热线：010-68326294 机工官博：weibo.com/cmp1952
010-88379203 金 书 网：www.golden-book.com
封面无防伪标均为盗版 教育服务网：www.cmpedu.com

前 言

CATIA 是法国达索（Dassault）系统公司的大型高端 CAD/CAE/CAM 一体化应用软件，在世界 CAD/CAE/CAM 领域中处于领导地位，其内容涵盖了产品从概念设计、工业造型设计、三维模型设计、分析计算、动态模拟与仿真、工程图输出，到生产加工成产品的全过程，应用范围涉及航空航天、汽车、机械、造船、通用机械、数控（NC）加工、医疗器械和电子等诸多领域。CATIA V5-6 是达索公司在为数字化企业服务过程中不断探索的结晶，代表着当今这一领域的最高水平，包含了众多最先进的技术和全新的概念，指明了企业未来发展的方向，与其他同类软件相比具有绝对的领先地位。本书是系统、全面学习 CATIA V5-6R2014 软件的宝典类书籍，其特色如下。

- 内容全面、丰富，除包含 CATIA 一些常用模块外，还涉及众多 CATIA 市面上少见的高级模块（电气布线和有限元结构分析等），图书的性价比很高。
- 范例丰富，对软件中的主要命令和功能，先结合简单的范例进行讲解，然后安排一些较复杂的综合范例帮助读者深入理解、灵活运用。
- 讲解详细，条理清晰，保证自学的读者能独立学习和运用 CATIA V5-6R2014 软件。
- 写法独特，采用 CATIA V5-6R2014 中文版中真实的对话框和按钮等进行讲解，使初学者能够直观、准确地操作软件，从而大大地提高学习效率。
- 附加值高，本书附 1 张多媒体 DVD 学习光盘，制作了 600 个 CATIA 应用技巧和具有针对性实例的教学视频并进行了详细的语音讲解，时间长达 18.5 个小时（1110 分钟），可以帮助读者轻松、高效地学习。

本书由詹熙达主编，参加编写的人员还有王焕田、刘静、雷保珍、刘海起、魏俊岭、任慧华、詹路、冯元超、刘江波、周涛、段进敏、赵枫、邵为龙、侯俊飞、龙宇、施志杰、詹棋、高政、孙润、李倩倩、黄红霞、尹泉、李行、詹超、尹佩文、赵磊、王晓萍、陈淑童、周攀、吴伟、王海波、高策、冯华超、周思思、黄光辉、党辉、冯峰、詹聪、平迪、管璇、王平、李友荣。本书已经过多次审核，如有疏漏之处，恩请广大读者予以指正。

电子邮箱：zhanygjames@163.com　　咨询电话：010-82176248，010-82176249。

编　者

读者购书回馈活动：

活动一：本书"随书光盘"中含有该"读者意见反馈卡"的电子文档，请认真填写本反馈卡，并 E-mail 给我们。E-mail: 兆迪科技 zhanygjames@163.com，丁锋 fengfener@qq.com。

活动二：扫一扫右侧二维码，关注兆迪科技官方公众微信（或搜索公众号 zhaodikeji），参与互动，也可进行答疑。

凡参加以上活动，即可获得兆迪科技免费奉送的价值 48 元的在线课程一门，同时有机会获得价值 780 元的精品在线课程。

本 书 导 读

为了能更好地学习本书的知识，请您仔细阅读下面的内容。

【写作软件蓝本】

本书采用的写作蓝本是 CATIA V5-6R2014 中文版。

【写作计算机操作系统】

本书使用的操作系统为 64 位的 Windows 7，系统主题采用 Windows 经典主题。

【光盘使用说明】

为了使读者方便、高效地学习本书，特将本书中所有的练习文件、素材文件、已完成的实例、范例或案例文件、软件的相关配置文件和视频语音讲解文件等按章节顺序放入随书附带的光盘中，读者在学习过程中可以打开相应的文件进行操作、练习和查看视频。

本书附带多媒体 DVD 助学光盘 1 张，建议读者在学习本书前，先将 DVD 光盘中的所有内容复制到计算机硬盘的 D 盘中。

在光盘的 catia2014 目录下共有 2 个子目录。

（1）work 子文件夹：包含本书全部已完成的实例、范例或案例文件。

（2）video 子文件夹：包含本书讲解中所有的视频文件（含语音讲解），学习时，直接双击某个视频文件即可播放。

光盘中带有"ok"扩展名的文件或文件夹表示已完成的实例、范例或案例。

【本书约定】

◆ 本书中有关鼠标操作的简略表述说明如下。

● 单击：将鼠标指针移至某位置处，然后按一下鼠标的左键。

● 双击：将鼠标指针移至某位置处，然后连续快速地按两次鼠标的左键。

● 右击：将鼠标指针移至某位置处，然后按一下鼠标的右键。

● 单击中键：将鼠标指针移至某位置处，然后按一下鼠标的中键。

● 滚动中键：只是滚动鼠标的中键，而不是按中键。

● 选择（选取）某对象：将鼠标指针移至某对象上，单击以选取该对象。

● 拖移某对象：将鼠标指针移至某对象上，然后按下鼠标的左键不放，同时移动鼠标，将该对象移动到指定的位置后再松开鼠标的左键。

◆ 本书中的操作步骤分为"任务"和"步骤"两个级别，说明如下。

● 对于一般的软件操作，每个操作步骤以 步骤 01 开始。例如，下面是草绘环境中绘制矩形操作步骤的表述：

☑ 步骤 01 单击 ⬜ 按钮。

☑ 步骤 02 在绘图区某位置单击，放置矩形的第一个角点，此时矩形呈"橡皮筋"样变化。

☑ 步骤 03 单击 XY 按钮，再次在绘图区某位置单击，放置矩形的另一个角点。此时，系统即在两个角点间绘制一个矩形，如图 4.7.13 所示。

● 每个"步骤"操作视其复杂程度，其下面可含有多级子操作。例如，步骤 01 下可能包含（1）、（2）、（3）等子操作，（1）子操作下可能包含①、②、③等子操作，①子操作下可能包含 a）、b）、c）等子操作。

● 对于多个任务的操作，则每个"任务"冠以 任务 01、任务 02、任务 03 等，每个"任务"操作下则包含"步骤"级别的操作。

● 由于已建议读者将随书光盘中的所有文件复制到计算机硬盘的 D 盘中，所以书中在要求设置工作目录或打开光盘文件时，所述的路径均以"D:"开始。

目　　录

前言
本书导读

第1章　CATIA V5-6 软件基本知识 1
  1.1　CATIA V5-6 功能模块简介 1
  1.2　CATIA V5-6 软件的特点 3
  1.3　CATIA V5-6 软件的安装 4
    1.3.1　CATIA V5-6 安装的硬件要求 4
    1.3.2　CATIA V5-6 安装的操作系统要求 5
    1.3.3　CATIA V5-6 安装方法与详细安装过程 5
  1.4　创建用户文件夹 7
  1.5　启动 CATIA V5-6 软件 7
  1.6　CATIA V5-6 工作界面 8
  1.7　CATIA V5-6 的基本操作技巧 10
    1.7.1　鼠标的操作 10
    1.7.2　指南针的使用 10
    1.7.3　对象的选择 10
    1.7.4　视图在屏幕上的显示 14
  1.8　环境设置 15
    1.8.1　进入管理模式 16
    1.8.2　环境设置 16
  1.9　CATIA 工作界面的定制 18
    1.9.1　开始菜单的定制 20
    1.9.2　用户工作台的定制 20
    1.9.3　工具栏的定制 20
    1.9.4　命令定制 21
    1.9.5　选项定制 23
                                                                                          24

第2章　二维草图设计 25
  2.1　草图设计工作台简介 25
  2.2　草图设计工作台的进入与退出 25
  2.3　草绘工具按钮简介 26
  2.4　草图设计工作台中的下拉菜单 29
  2.5　草图设计前的环境设置 30
  2.6　绘制二维草图 30
    2.6.1　草图绘制概述 31
    2.6.2　直线的绘制 31
    2.6.3　相切直线的绘制 32
    2.6.4　轴的绘制 34
    2.6.5　矩形的绘制 34
    2.6.6　圆的绘制 35
    2.6.7　圆弧的绘制 35
    2.6.8　椭圆的绘制 36

2.6.9 轮廓的绘制 36
2.6.10 圆角的绘制 37
2.6.11 创建草图倒角 38
2.6.12 样条曲线的绘制 38
2.6.13 角平分线的绘制 39
2.6.14 曲线法线的绘制 39
2.6.15 平行四边形的绘制 40
2.6.16 六边形的绘制 40
2.6.17 延长孔的绘制 40
2.6.18 圆柱形延长孔的绘制 41
2.6.19 点的创建 41
2.6.20 将一般元素转换成构造元素 41
2.7 编辑草图 42
2.7.1 删除元素 42
2.7.2 操纵直线 42
2.7.3 操纵圆 42
2.7.4 操纵圆弧 43
2.7.5 操纵样条曲线 43
2.7.6 草图的缩放 43
2.7.7 草图的旋转 44
2.7.8 草图的平移 45
2.7.9 草图的复制 46
2.7.10 草图的镜像 46
2.7.11 草图的对称 46
2.7.12 草图的修剪 46
2.7.13 草图元素的偏移 48
2.8 标注草图 48
2.8.1 线段长度的标注 48
2.8.2 两条平行线间距离的标注 48
2.8.3 点和直线之间距离的标注 49
2.8.4 两点间距离的标注 49
2.8.5 直径的标注 49
2.8.6 半径的标注 49
2.8.7 两条直线间角度的标注 50
2.9 修改尺寸标注 50
2.9.1 尺寸的移动 50
2.9.2 尺寸值的修改 51
2.9.3 输入负尺寸 52
2.9.4 尺寸显示的控制 52
2.9.5 删除尺寸 52
2.9.6 尺寸值小数位数的修改 52
2.10 草图中的几何约束 53
2.10.1 约束的显示 53
2.10.2 约束类型 54
2.10.3 几何约束的创建 55
2.10.4 几何约束的删除 56
2.10.5 接触约束 56
2.11 草图状态解析与分析 57

2.11.1 草图状态解析 57
2.11.2 草图分析 57
2.12 CATIA 草图设计与二维软件图形绘制的区别 57
2.13 CATIA 草图设计综合应用范例 1 58
2.14 CATIA 草图设计综合应用范例 2 58
2.15 CATIA 草图设计综合应用范例 3 60
2.16 CATIA 草图设计综合应用范例 4 61
2.17 CATIA 草图设计综合应用范例 5 61
2.18 CATIA 草图设计综合应用范例 6 62

第3章 零件设计 63
3.1 零件设计工作台及界面 63
3.1.1 进入零件设计工作台 63
3.1.2 用户界面的简介 63
3.1.3 零件设计工作台中的下拉菜单 63
3.2 用 CATIA 创建零件的一般过程 64
3.2.1 新建一个零件 64
3.2.2 创建零件的基础特征 65
3.2.3 添加其他特征 65
3.3 CATIA V5-6 中的文件操作 71
3.3.1 文件的打开 73
3.3.2 文件的保存 73
3.4 模型的显示与控制 74
3.4.1 模型的显示方式 75
3.4.2 视图的平移、旋转与缩放 75
3.4.3 模型的视图定向 76
3.5 CATIA V5-6 特征树的介绍、操作与应用 77
3.5.1 特征树的作用与操作 78
3.5.2 修改模型名称 79
3.6 CATIA V5-6 层的介绍、操作与应用 80
3.6.1 层界面简介及创建层 81
3.6.2 在层中添加项目 81
3.6.3 层的隐藏 81
3.7 零件模型材料与单位的设置 82
3.7.1 零件模型材料的设置 82
3.7.2 零件模型单位的设置 83
3.8 特征的编辑与重定义 84
3.8.1 编辑特征 85
3.8.2 特征的父子关系 85
3.8.3 特征的删除 86
3.8.4 特征的重定义 86
3.9 特征的多级撤销和重做 87
3.10 旋转体特征 88
3.10.1 创建旋转体特征 89
3.10.2 创建薄旋转体特征 89
3.11 旋转槽特征 90
3.11.1 旋转槽特征概述 91
3.11.2 创建旋转槽特征 91

3.12 孔特征 92
3.13 修饰特征 96
　　3.13.1 螺纹修饰特征 96
　　3.13.2 倒角特征 97
　　3.13.3 倒圆角特征 98
　　3.13.4 抽壳特征 102
　　3.13.5 拔模特征 103
3.14 特征的重新排序及插入 106
　　3.14.1 特征的重新排序 106
　　3.14.2 特征的插入 107
3.15 特征生成失败及其解决方法 108
　　3.15.1 特征生成失败的出现 108
　　3.15.2 特征生成失败的解决方法 109
3.16 CATIA 的基准元素及其应用 110
　　3.16.1 参考点 110
　　3.16.2 直线 116
　　3.16.3 参考平面 122
3.17 模型的平移、旋转、对称及缩放 127
　　3.17.1 平移模型 127
　　3.17.2 旋转模型 128
　　3.17.3 模型的对称 129
　　3.17.4 缩放模型 129
3.18 特征的变换 131
　　3.18.1 镜像特征 131
　　3.18.2 矩形阵列 131
　　3.18.3 圆形阵列 133
　　3.18.4 用户阵列 134
　　3.18.5 阵列的删除 134
　　3.18.6 阵列的分解 135
3.19 肋特征 135
　　3.19.1 肋特征概述 135
　　3.19.2 肋特征的创建 135
3.20 开槽特征 137
3.21 实体混合特征 138
　　3.21.1 实体混合特征概述 138
　　3.21.2 实体混合特征的创建 138
3.22 加强肋特征 139
3.23 多截面实体特征 140
　　3.23.1 多截面实体特征概述 140
　　3.23.2 多截面实体特征的创建 141
3.24 已移除的多截面实体 143
3.25 模型的测量 144
　　3.25.1 测量距离 144
　　3.25.2 测量角度 148
　　3.25.3 测量曲线长度 149
　　3.25.4 测量厚度 150
　　3.25.5 测量面积 151
　　3.25.6 体积的测量 152

3.26　CATIA 零件设计实际应用 1——机座的设计 153
3.27　CATIA 零件设计实际应用 2——咖啡杯的设计 157
3.28　CATIA 零件设计实际应用 3——制动踏板的设计 157
3.29　CATIA 零件设计实际应用 4——储物箱手把的设计 157
3.30　CATIA 零件设计实际应用 5——线缆固定座的设计 158
3.31　CATIA 零件设计实际应用 6——蝶形螺母的设计 158
3.32　CATIA 零件设计实际应用 7——摆动支架的设计 159
3.33　CATIA 零件设计实际应用 8——发动机排气部件的设计 159
3.34　CATIA 零件设计实际应用 9——机盖的设计 159
3.35　CATIA 零件设计实际应用 10——塑料凳的设计 159
3.36　CATIA 零件设计实际应用 11——动力涡轮的设计 160

第 4 章　装配设计 161
4.1　装配约束 161
4.1.1　装配中的"相合"约束 161
4.1.2　装配中的"接触"约束 162
4.1.3　装配中的"偏移"约束 162
4.1.4　装配中的"角度"约束 162
4.1.5　装配中的"固定"约束 163
4.1.6　装配中的"固联"约束 163
4.2　创建装配模型的一般过程 163
4.2.1　装配文件的创建 164
4.2.2　第一个零件的装配 164
4.2.3　第二个零件的装配 164
4.3　在装配体中复制部件 165
4.3.1　部件的简单复制 168
4.3.2　部件的"重复使用阵列"复制 168
4.3.3　部件的"定义多实例化"复制 169
4.3.4　部件的对称复制 169
4.4　在装配体中修改部件 171
4.5　CATIA 零件库的使用 173
4.6　装配体的分解视图 174
4.7　模型的基本分析 175
4.7.1　质量属性分析 177
4.7.2　碰撞检测及装配分析 177
4.8　CATIA 装配设计实际应用 1——机座装配的设计 178
4.9　CATIA 装配设计实际应用 2——球轴承组件的设计 181

第 5 章　创成式曲面设计 182
5.1　概述 183
5.2　创成式外形设计工作台用户界面 183
5.2.1　进入创成式外形设计工作台 183
5.2.2　用户界面简介 183
5.3　创建线框 183
5.3.1　空间轴 184
5.3.2　圆的创建 184
5.3.3　创建圆角 185
5.3.4　创建空间样条曲线 186
5.3.5　创建连接曲线 187

5.3.6 创建二次曲线 188
5.3.7 创建投影曲线 189
5.3.8 创建相交曲线 190
5.3.9 创建螺旋线 190
5.3.10 创建螺线 191
5.3.11 创建混合曲线 192
5.3.12 创建反射线 193
5.3.13 创建平行曲线 193
5.3.14 3D 曲线偏移 195
5.3.15 曲线的曲率分析 196
5.4 曲面的创建 197
5.4.1 拉伸曲面的创建 197
5.4.2 旋转曲面的创建 198
5.4.3 创建球面 199
5.4.4 创建圆柱面 200
5.4.5 偏移曲面 201
5.4.6 扫掠曲面 204
5.4.7 填充曲面 226
5.4.8 创建多截面曲面 228
5.4.9 创建桥接曲面 229
5.5 曲面的编辑 229
5.5.1 接合曲面 229
5.5.2 修复曲面 231
5.5.3 取消修剪曲面 233
5.5.4 拆解 233
5.5.5 分割 234
5.5.6 修剪 236
5.5.7 边/面的提取 237
5.5.8 平移 239
5.5.9 旋转 240
5.5.10 对称 241
5.5.11 缩放 241
5.5.12 仿射 242
5.5.13 定位变换 243
5.5.14 外插延伸 244
5.5.15 反转方向 245
5.5.16 曲面的曲率分析 246
5.6 曲面的圆角 249
5.6.1 简单圆角 249
5.6.2 倒圆角 251
5.6.3 可变圆角 252
5.6.4 面与面的圆角 253
5.6.5 三切线内圆角 253
5.7 将曲面转化为实体 254
5.7.1 使用"封闭曲面"命令创建实体 254
5.7.2 使用"分割"命令创建实体 255
5.7.3 使用"厚曲面"命令创建实体 256
5.8 CATIA 创成式曲面设计实际应用 1——签字笔笔帽的设计 257

5.9　CATIA 创成式曲面设计实际应用 2——空调遥控器的设计...265
5.10　CATIA 创成式曲面设计实际应用 3——香皂的造型设计..265
5.11　CATIA 创成式曲面设计实际应用 4——叶轮的设计..265
5.12　CATIA 创成式曲面设计实际应用 5——全参数化齿轮的设计..266
5.13　CATIA 创成式曲面设计实际应用 6——矿泉水瓶的设计..266
5.14　CATIA 创成式曲面设计实际应用 7——热得快螺旋加热器的设计....................................267

第 6 章　自由曲面设计..268
　6.1　概述..268
　6.2　曲线的创建..268
　　　6.2.1　概述..268
　　　6.2.2　3D 曲线...268
　　　6.2.3　在曲面上创建空间曲线..268
　　　6.2.4　关联的等参数曲线..271
　　　6.2.5　投影曲线..272
　　　6.2.6　桥接曲线..273
　　　6.2.7　样式圆角..274
　　　6.2.8　匹配曲线..275
　6.3　曲线的编辑..276
　　　6.3.1　概述..278
　　　6.3.2　复制几何参数..278
　6.4　曲线的分析..278
　　　6.4.1　概述..278
　　　6.4.2　连续性分析..278
　6.5　曲面的创建..279
　　　6.5.1　概述..280
　　　6.5.2　缀面..280
　　　6.5.3　在现有曲面上创建曲面..280
　　　6.5.4　拉伸曲面..282
　　　6.5.5　旋转曲面..282
　　　6.5.6　偏移曲面..283
　　　6.5.7　外插延伸..284
　　　6.5.8　桥接..286
　　　6.5.9　样式圆角..287
　　　6.5.10　填充..289
　　　6.5.11　自由填充..291
　　　6.5.12　网状曲面..292
　　　6.5.13　扫掠曲面..295
　6.6　曲面的分析..296
　　　6.6.1　概述..297
　　　6.6.2　连续性分析..297
　　　6.6.3　距离分析..297
　　　6.6.4　切除面分析..300
　　　6.6.5　反射线分析..304
　　　6.6.6　衍射线分析..307
　　　6.6.7　强调线分析..308
　　　6.6.8　拔模分析..309
　　　6.6.9　映射分析..310
　　312

6.6.10　斑马线分析 313
　　6.7　自由曲面的编辑 315
　　　　6.7.1　概述 315
　　　　6.7.2　对称 315
　　　　6.7.3　控制点调整 316
　　　　6.7.4　匹配曲面 320
　　　　6.7.5　外形拟合 323
　　　　6.7.6　全局变形 324
　　　　6.7.7　扩展 326
　　　　6.7.8　中断 327
　　　　6.7.9　取消修剪 329
　　　　6.7.10　连接 330
　　　　6.7.11　分割 331
　　　　6.7.12　拆解 331
　　　　6.7.13　近似/分段过程曲线 332
　　6.8　CATIA 自由曲面实际应用——吸尘器上盖的造型设计 334

第 7 章　钢结构设计 338
　　7.1　概述 338
　　　　7.1.1　结构设计概述 338
　　　　7.1.2　CATIA 结构设计工作台简介 338
　　　　7.1.3　CATIA 结构设计命令工具介绍 339
　　7.2　创建网格 340
　　7.3　创建结构平板和形状 342
　　　　7.3.1　创建结构形状 342
　　　　7.3.2　创建结构平板 344
　　　　7.3.3　创建结构端板 346
　　7.4　创建结构修剪 346
　　7.5　创建结构分割 349
　　7.6　结构设计实例 349
　　　　7.6.1　实例概述 349
　　　　7.6.2　设计过程 350

第 8 章　工程图设计 360
　　8.1　工程图设计概述 360
　　　　8.1.1　工程图的组成 360
　　　　8.1.2　工程图制图工具简介 360
　　8.2　设置符合国标的工程图环境 361
　　8.3　新建工程图 363
　　8.4　工程图视图的创建 365
　　　　8.4.1　基本视图 365
　　　　8.4.2　视图的比例 368
　　　　8.4.3　移动视图和锁定视图 370
　　　　8.4.4　删除视图 372
　　　　8.4.5　视图的显示模式 372
　　　　8.4.6　轴测图 373
　　　　8.4.7　全剖视图 374
　　　　8.4.8　阶梯剖视图 375
　　　　8.4.9　旋转剖视图 375

8.4.10 局部剖视图 376
8.4.11 局部放大图 377
8.4.12 折断视图 379
8.4.13 断面图 379
8.5 工程图的尺寸标注 380
8.5.1 自动标注尺寸 381
8.5.2 手动标注尺寸 381
8.6 尺寸公差 383
8.7 尺寸的操作 391
8.7.1 移动、隐藏和删除尺寸 392
8.7.2 创建中断与移除中断 392
8.7.3 创建/修改剪裁与移除剪裁 393
8.7.4 修改尺寸的属性 395
8.8 基准符号与几何公差的标注 396
8.8.1 标注基准符号 400
8.8.2 标注几何公差 400
8.9 表面粗糙度的标注 400
8.10 焊接标注 401
8.10.1 标注焊点 403
8.10.2 标注焊接符号 403
8.11 注释文本 403
8.11.1 创建文本 404
8.11.2 创建带有引线的文本 404
8.11.3 编辑文本 405
8.12 CATIA 软件的图纸打印 406
8.13 工程图设计综合实际应用 407

第9章 钣金设计 413
9.1 钣金设计概述 413
9.2 钣金设计用户界面 413
9.3 进入"钣金设计"工作台 413
9.4 创建钣金壁 414
9.4.1 钣金壁概述 415
9.4.2 创建第一钣金壁 415
9.4.3 创建附加钣金壁 415
9.4.4 止裂槽 424
9.5 钣金的折弯 440
9.5.1 钣金折弯概述 442
9.5.2 选取钣金折弯命令 442
9.5.3 折弯操作 443
9.5.4 折弯练习 443
9.6 钣金的展开 445
9.6.1 钣金展开概述 449
9.6.2 展开的一般操作过程 449
9.7 钣金的折叠 450
9.7.1 关于钣金折叠 452
9.7.2 钣金折叠的一般操作过程 452
9.8 钣金的视图 455

9.8.1　快速展开和折叠钣金零件 455
9.8.2　同时观察两个视图 456
9.8.3　激活/未激活视图 456
9.9　钣金的切削 457
9.9.1　钣金切削和实体切削的区别 457
9.9.2　钣金切削的一般创建过程 458
9.10　钣金成形特征 462
9.10.1　成形特征概述 462
9.10.2　以现有模具方式创建成形特征 462
9.10.3　以自定义方式创建成形特征 479
9.11　钣金的工程图 484
9.11.1　钣金工程图概述 484
9.11.2　钣金工程图创建范例 484
9.12　CATIA 钣金设计综合实际应用 1——钣金固定架 491
9.13　CATIA 钣金设计综合实际应用 2——打火机挡风罩 491

第 10 章　模型的外观设置与渲染 492
10.1　概述 492
10.2　渲染工作台用户界面 492
10.2.1　进入渲染设计工作台 492
10.2.2　用户界面简介 492
10.3　CATIA 模型的外观设置与渲染实际应用 494
10.3.1　渲染一般流程 494
10.3.2　渲染操作步骤 494

第 11 章　DMU 电子样机设计 502
11.1　概述 502
11.2　DMU 工作台 502
11.2.1　进入 DMU 浏览器工作台 502
11.2.2　工作台界面简介 504
11.3　创建 2D 和 3D 标注 504
11.3.1　标注概述 504
11.3.2　创建 2D 标注 504
11.3.3　创建 3D 标注 506
11.4　创建增强型场景 507
11.5　DMU 装配动画工具 511
11.5.1　创建模拟动画 511
11.5.2　创建跟踪动画 512
11.5.3　编辑动画序列 515
11.5.4　生成动画视频 516

第 12 章　模具设计 517
12.1　模具设计概述 517
12.2　"型芯/型腔设计"工作台 517
12.2.1　概述 518
12.2.2　导入模型 521
12.2.3　定义主开模方向 522
12.2.4　移动元素 522
12.2.5　集合曲面 523

12.2.6　创建爆炸曲面 524
12.2.7　创建修补面 524
12.2.8　创建分型面 526
12.3　模具设计工作台 530
12.3.1　概述 530
12.3.2　模架的设计 531
12.3.3　标准件的加载 548
12.3.4　浇注系统设计 575
12.3.5　冷却系统设计 582

第 13 章　数控加工 590
13.1　概述 590
13.2　CATIA V5-6 数控加工的一般过程 590
13.2.1　CATIA V5-6 数控加工流程 590
13.2.2　进入加工工作台 591
13.2.3　定义毛坯零件 592
13.2.4　定义零件操作 593
13.2.5　定义几何参数 597
13.2.6　定义刀具参数 600
13.2.7　定义进给率 603
13.2.8　定义刀具路径参数 605
13.2.9　定义进刀/退刀路径 611
13.2.10　刀路仿真 613
13.2.11　余量与过切检测 613
13.2.12　后处理 615
13.3　2 轴半铣削加工 616
13.3.1　2 轴半铣削加工概述 618
13.3.2　平面铣削 619
13.3.3　轮廓铣削 625
13.4　曲面的铣削加工 635
13.4.1　概述 635
13.4.2　等高线加工实际应用 636
13.4.3　投影加工实际应用 646
13.4.4　轮廓驱动加工实际应用 656

第 14 章　有限元结构分析 662
14.1　概述 662
14.1.1　有限元分析概述 662
14.1.2　CATIA 有限元分析 662
14.1.3　CATIA 有限元分析一般流程 663
14.2　基本结构分析工作台用户界面 663
14.2.1　进入基本结构分析工作台 663
14.2.2　用户界面简介 663
14.3　CATIA 零件的有限元结构分析 668
14.4　CATIA 装配组件的有限元结构分析 674

第 1 章　CATIA V5-6 软件基本知识

1.1　CATIA V5-6 功能模块简介

CATIA 软件的全称是 Computer Aided Tri-Dimensional Interface Application，它是法国 Dassault System 公司（达索公司）开发的 CAD/CAE/CAM 一体化软件。其中提供了多个功能模组，包括基础结构、机械设计、形状、分析与模拟、AEC 工厂、加工、数字化装配、设备与系统、制造的数字化处理、加工模拟、人机工程学设计与分析、知识工程模块（图 1.1.1），各个模组里又有一个到几十个不同的模块。认识 CATIA 中的模块，可以快速地了解它的主要功能。下面介绍其中的一些主要模组。

1. "基础结构" 模组

"基础结构" 模组主要包括产品结构、材料库、CATIA 不同版本之间的转换、图片制作、实时渲染（Real Time Rendering）等基础模块。

2. "机械设计" 模组

"机械设计" 模组提供了机械设计中所需要的绝大多数模块，包括零部件设计、装配件设计、草图绘制器、工程制图、线框和曲面设计等模块。本书主要介绍该模组中的一些模块。

图 1.1.1　CATIA V5-6 R2014 中的模组菜单

从概念到细节设计，再到实际生产，CATIA V5-6 的 "机械设计" 模组可加速产品设计的核心活动。"机械设计" 模组还可以通过专用的应用程序来满足钣金与模具制造商的需求，从而大幅提升其生产力并缩短上市时间。

3. "形状" 模组

CATIA 外形设计和风格造型提供给用户有创意、易用的产品设计组合，方便用户进行构建、控制和修改工程曲面和自由曲面。"形状" 模组包括自由曲面造型（FreeStyle）、汽车白车身设计（Automotive Class A）、创成式曲面设计（Generative Shape Design）和快速曲面重建（Quick Surface Reconstruction）等模块。

"自由曲面造型"模块提供给用户一系列工具，来定义复杂的曲线和曲面。对 NURBS 的支持使得曲面的建立和修改以及与其他 CAD 系统的数据交换更加轻而易举。

"汽车白车身设计"模块对设计类似于汽车内部车体面板和车体加强筋这样复杂的薄板零件提供了新的设计方法。可使设计人员定义并重新使用设计和制造规范，通过 3D 曲线对这些形状的扫掠，便可自动地生成曲面，从而得到高质量的曲面和表面，并避免了重复设计，节省了时间。

"创成式曲面设计"模块的特点是通过对设计方法和技术规范的捕捉和重新使用，从而加速设计过程，在曲面技术规范编辑器中对设计意图进行捕捉，使用户在设计周期中的任何时候都能方便快速地实施重大设计更改。

4. "加工"模组

CATIA V5-6 的"加工"模组提供了高效的编程能力及变更管理能力。相对于其他现有的数控加工解决方案，其优点如下。

◆ 高效的零件编程能力。

◆ 高度自动化和标准化。

◆ 优化刀具路径并缩短加工时间。

◆ 减少管理和技能方面的要求。

◆ 高效的变更管理。

5. "数字化装配"模组

"数字化装配"模组提供了机构的空间模拟、机构运动、结构优化等功能。

6. "分析与模拟"模组

CATIA V5-6 创成式和基于知识的工程分析解决方案可快速对任何类型的零件或装配件进行工程分析，基于知识工程的体系结构，可方便地利用分析规则和分析结果优化产品。

7. "AEC 工厂"模组

"AEC 工厂"模组主要用于处理空间利用和厂房内物品的布置问题，可实现快速的厂房布置和厂房布置的后续工作。"AEC 工厂"模组提供了方便的厂房布局设计功能，该模组可以优化生产设备布置，从而达到优化生产过程和产出的目的。

8. "人机工程学设计与分析"模组

"人机工程学设计与分析"模组提供了人体模型构造（Human Measurements Editor）、人体姿态分析（Human Posture Analysis）、人体行为分析（Human Activety Analysis）等模块。可使工作人员与其操作使用的作业工具安全而有效地加以结合，使作业环境更适合工作人员，从而在设计和使用安排上统筹考虑。

9. "设备与系统"模组

"设备与系统"模组可用于在 3D 电子样机配置中模拟复杂电气、液压传动和机械系统的协同设计和集成、优化空间布局。它包括电气系统设计、管路设计等模块。

10. "知识工程模块"模组

"知识工程模块"模组可以方便地进行自动设计，同时还可以有效地捕捉和重用知识。

以上有关 CATIA V5-6 功能模块的介绍仅供参考，如有变动，应以法国 Dassauh System 公司的最新相关正式资料为准，特此说明。

1.2　CATIA V5-6 软件的特点

CATIA V5-6 自 2012 年发布以来，进行了大量的改进，相比较早的 CATIA V5 版本的软件，它具有以下几个特点。

1. 加强 V5 与 V6 的兼容性

Dassault Systemes 推出 CATIA V5-6 的主要目的就是为了实现 V5 和 V6 的用户在功能层面实现数据共享和编辑。在 CATIA V6 版本中创建的三维模型，现在可以被发送到 V5 中，而且保留其核心特征。这些特征可以在 V5 中直接进入和修改，设计可以反复演变，工程师可以自由创建和修改功能部分。所有行业的原始设备制造商或供应商，无论他们是 V5 用户还是 V6 用户，在设计过程中，可更加灵活地修改和交换设计方案。

2. 增加了 CATIA 复合材料纤维建模（CFM）

CATIA 复合材料纤维建模是 CATIA V5-6 中的一个新产品，整合了纤维增强材料结构的设计、分析和制造，提供可靠和精确的纤维仿真以优化层的形状并确保制造的准确性。2011年 10 月，达索系统公司收购 Simulayt 公司，并将复合材料纤维模拟和建模软件 Simulayt 完全集成到了 CATIA V5 中。Simulayt 技术通常用于分析复杂表面，特别是在航空航天、直升机和赛车行业具有广泛应用。例如，大部分成功的 F1 赛车开发均使用 Simulayt 技术。

3. 在基本配置中增加了 CATIA 2D 布局浏览器功能

CATIA 2D 布局浏览器功能可以在 CATIA 3D 设计数据浏览 2D 布局，让用户实现 2D 布局并在 3D 设计数据中将 2D 布局加以 3D 可视化，同时还能进行产品数据过滤、打印生成和数据测量。该功能在 CATIA 的基本配置中即具备，而不需要另一个授权许可证。

4. 增加对 Step AP242 标准的支持

STEP AP242（Application Protocol For Managed Model-based 3D Engineering）是航空航天和汽车工业进行数据交换、浏览和 3D 模型长期归档的标准。CATIA V5-6 通过对该标准的支持，可以导入和导出 ISO 标准的 BRep（Boundary Representation，边界表示）曲面，提供一个独立于供应商、以 ISO 标准为基础的数据压缩和交换工具。

5. 多种增强功能简化了 A 级曲面的工作流程

随着 CATIA V5-6 的推出，CATIA ICEM 外形设计扩展了其高端 A 级曲面建模功能。利用 ICEMSURF 扩展互操作性，ICEMSURF 和 CATIA ICEM 的组合提供了一套从构思到细节设计全 A 级过程的完美补充工具，使用户能够快速创建高质量的 A 级曲面，同时通过用户界面的增强功能和改进的图形性能为企业用户带来更高的生产力。

1.3　CATIA V5-6 软件的安装

1.3.1　CATIA V5-6 安装的硬件要求

◆ CPU 芯片：一般要求 AMD XP 1600+ 以上，推荐使用 Intel 公司生产的 Pentium4/2.2GHz 以上的芯片。

◆ 内存：一般要求 768MB 以上。如果要装配大型部件或产品，进行结构、运动仿真分析或产生数控加工程序，则建议使用 1024MB 以上的内存。

◆ 显卡：正确支持 OpenGL 的专业绘图卡，如 ELSA 公司的 Gloria III 以上、3D Labs 公司的 Oxygen GVX-1 或 WildCat 系列、ATI 公司的 FireGL 系列。

◆ 网卡：使用 CATIA V5-6 软件，必须安装网卡。

◆ 硬盘：10000 转以上 SCSI 硬盘。安装 CATIA 软件系统的基本模块，需要 5.0GB 左右的硬盘空间，考虑到软件启动后虚拟内存的需要，建议在硬盘上准备 5.0GB 以上的空间。

◆ 鼠标：强烈建议使用三键（带滚轮）鼠标，如果使用二键鼠标或不带滚轮的三键鼠标，会极大地影响工作效率。

◆ 显示器：一般要求使用 15in 以上显示器。

◆ 键盘：标准键盘。

1.3.2 CATIA V5-6 安装的操作系统要求

如果在工作站上运行 CATIA V5-6 软件，操作系统可以为 UNIX 或 Windows NT；如果在个人计算机上运行，推荐使用 Windows 7 操作系统（32 位或 64 位均可）。

1.3.3 CATIA V5-6 安装方法与详细安装过程

本节将介绍 CATIA V5-6 主程序、Service Pack（服务包）的安装过程，用户如需购买相关授权许可服证，请洽询 CATIA 的经销单位。

下面以 CATIA V5-6R2014 为例，简单介绍 CATIA V5-6 主程序和服务包的安装过程。

步骤 01 先将安装光盘放入光驱内（如果已将系统安装文件复制到硬盘上，可双击系统安装目录下的 `setup.exe` 文件），等待片刻后，会出现"选择设置语言"对话框，选择欲安装的语言系统，在中文版的 Windows 系统中建议选择"简体中文"选项，单击 确定 按钮。

如果用户使用的是中文版的 CATIA 软件，则没有此步操作，系统直接弹出 "CATIA V5-6R2014 欢迎"对话框。

步骤 02 系统弹出"CATIA V5-6R2014 欢迎"对话框，单击 下一步 > 按钮。

步骤 03 系统弹出图 1.3.1 所示的对话框，接受系统默认的路径，单击 下一步 > 按钮。

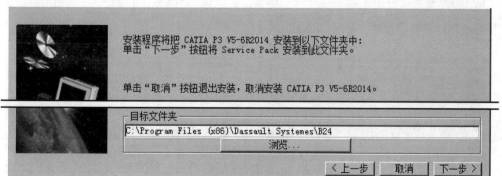

图 1.3.1 选择目标位置

单击 [浏览...] 按钮，可以重新选择放置安装文件的位置。因为 CATIA 文件小且数量庞大，建议用户将 CAITA 主程序及其他相关程序（如在线帮助文档、CAA 等软件）放在使用 NTFS 分区的磁盘空间，这样可以加快执行速度，并且避免系统文件过于凌乱。

步骤 04 此时系统弹出"确认创建目录"对话框，单击 [是(Y)] 按钮。

步骤 05 系统弹出"输入字符串"对话框，在该对话框的 [标识:] 文本框中按要求输入标识字符串，单击 [下一步 >] 按钮。

步骤 06 系统弹出"选择环境位置"对话框，接受系统默认路径，单击 [下一步 >] 按钮。

步骤 07 系统弹出"安装类型"对话框，采用系统默认的安装类型 [◉ 完全 - 将安装所有软件]，单击 [下一步 >] 按钮。

步骤 08 系统弹出图 1.3.2 所示的"选择 Orbix 配置"对话框，可设置 Orbix 相关选项，接受系统默认设置，单击 [下一步 >] 按钮。

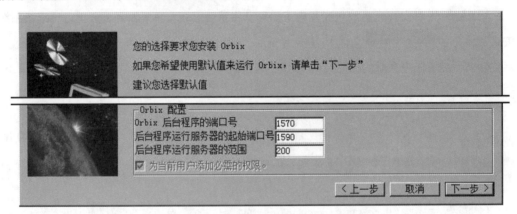

图 1.3.2 "选择 Orbix 配置"对话框

步骤 09 系统弹出图 1.3.3 所示的"服务器超时配置"对话框，可设置服务器超时的时间，接受系统默认参数设置值，单击 [下一步 >] 按钮。

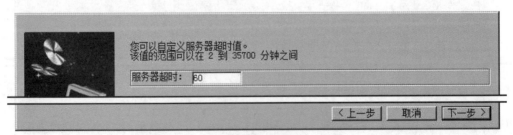

图 1.3.3 "服务器超时配置"对话框

步骤 10 系统弹出"电子仓客户机"对话框，接受系统默认设置（不安装 ENOVIA 电子仓客户机），单击 下一步 > 按钮。

步骤 11 系统弹出"定制快捷方式创建"对话框，接受默认参数设置值，单击 下一步 > 按钮。

步骤 12 系统弹出"选择文档"对话框，接受系统默认参数设置值（不安装联机文档），单击 下一步 > 按钮。

　　　　如果选中 ☑ 我想要安装联机文档 复选框，则会在 CATIA 安装完成后，要求用户放入在线帮助文档的安装光盘，建议用户在此步骤即安装在线帮助文档。若在此不安装，也可以独立安装在线帮助文档。

步骤 13 系统弹出"开始复制文件"对话框，单击 安装 按钮。

步骤 14 安装程序。系统弹出"安装进度"对话框，此时系统开始安装 CATIA 主程序，并显示安装进度。

步骤 15 几分钟后，系统弹出"安装完成"对话框，单击 完成 按钮，退出安装程序。

1.4　创建用户文件夹

　　使用 CATIA V5-6 软件时，应该注意文件的目录管理。如果文件管理混乱，会造成系统找不到正确的相关文件，从而严重影响 CATIA V5-6 软件的全相关性，同时也会使文件的保存、删除等操作产生混乱。因此应按照操作者的姓名、产品名称（或型号）建立用户文件夹，如本书要求在 E 盘上创建一个文件夹，如名称为 cat-course 文件夹（如果用户的计算机上没有 E 盘，在 C 盘或 D 盘上创建也可）。

1.5　启动 CATIA V5-6 软件

　　一般来说，有两种方法可启动并进入 CATIA V5-6 软件环境。

　　方法一：双击 Windows 桌面上的 CATIA V5-6 软件快捷图标（图 1.5.1）。

　　　　只要是正常安装，Windows 桌面上会显示 CATIA V5-6 软件快捷图标。快捷图标的名称可根据需要进行修改。

　　方法二：从 Windows 系统"开始"菜单进入 CATIA V5-6，操作方法如下。

步骤 01 单击 Windows 桌面左下角的 开始 按钮。

步骤 **02** 选择 所有程序 ➡ CATIA P3 ➡ CATIA P3 V5-6R2014 命令，如图
1.5.2 所示，系统便进入 CATIA V5-6 软件环境。

图 1.5.1　CATIA 快捷图标

图 1.5.2　Windows "开始" 菜单

1.6　CATIA V5-6 工作界面

在学习本节时，请先打开一个模型文件。具体的打开方法是：选择下拉菜单 文件 ➡
打开... 命令，在 "选择文件" 对话框中选择 D:\catia2014\work\ch01.06 目录，选中
Product1.CATProduct 文件后单击 打开(O) 按钮。

CATIA V5-6 中文用户界面包括特征树、下拉菜单区、指南针、右工具栏按钮区、下部工
具栏按钮区、功能输入区、消息区以及图形区（图 1.6.1）。

1. 特征树

"特征树" 中列出了活动文件中的所有零件及特征，并以树的形式显示模型结构，根
对象（活动零件或组件）显示在特征树的顶部，其从属对象（零件或特征）位于根对象之下。
例如，在活动装配文件中，"特征树" 列表的顶部是装配体，装配体下方是每个零件的名称；
在活动零件文件中，"特征树" 列表的顶部是零件，零件下方是每个特征的名称。若打开多
个 CATIA V5-6 模型，则 "特征树" 只反映活动模型的内容。

2. 下拉菜单区

下拉菜单中包含创建、保存、修改模型和设置 CATIA V5-6 环境的一些命令。

3. 工具栏按钮区

工具栏中的命令按钮为快速进入命令及设置工作环境提供了极大的方便，用户可以根据
具体情况自定义工具栏。

在图 1.6.1 所示的 CATIA V5-6 界面中，用户会看到部分菜单命令和按钮处
于非激活状态（呈灰色，即暗色），这是因为该命令及按钮目前还没有处在发挥
功能的环境中，一旦它们进入有关的环境，便会自动激活。

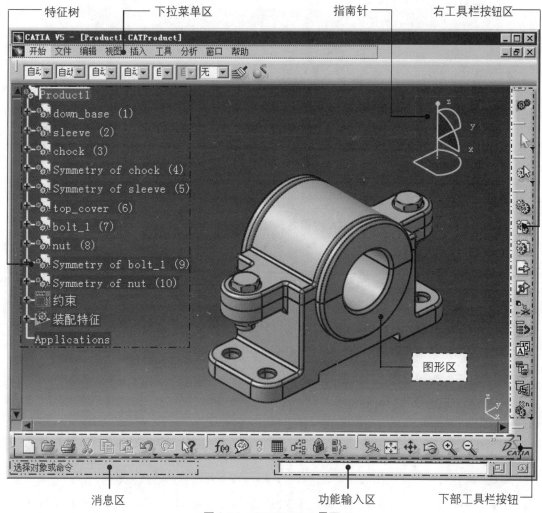

图 1.6.1 CATIA V5-6 界面

4. 指南针

指南针代表当前的工作坐标系，当物体旋转时指南针也随着物体旋转。关于指南针的具体操作参见"1.7.2 指南针的使用"。

5. 消息区

在用户操作软件的过程中，消息区会实时地显示与当前操作相关的提示信息等，以引导用户操作。

6. 功能输入区

用于从键盘输入 CATIA 命令字符来进行操作。

7. 图形区

CATIA V5-6 各种模型图像的显示区。

1.7 CATIA V5-6 的基本操作技巧

使用 CATIA V5-6 软件以鼠标操作为主，用键盘输入数值。执行命令时主要是用鼠标单击工具图标，也可以通过选择下拉菜单或用键盘输入来执行命令。

1.7.1 鼠标的操作

与其他 CAD 软件类似，CATIA 提供各种鼠标按钮的组合功能，包括执行命令、选择对象、编辑对象以及对视图和树的平移、旋转和缩放等。

在 CATIA 工作界面中，选中的对象被加亮（显示为橙色），选择对象时，在图形区与在特征树上选择是相同的，并且是相互关联的。利用鼠标也可以操作几何视图或特征树，要使几何视图或特征树成为当前操作的对象，可以单击特征树或窗口右下角的坐标轴图标。

移动视图是最常用的操作，如果每次都单击工具栏中的按钮，将会浪费用户很多时间。用户可以通过鼠标快速地完成视图的移动。

CATIA 中鼠标操作的说明如下。

◆ 缩放图形区：按住鼠标中键，单击鼠标左键或右键，向前移动鼠标可看到图形在变大，向后移动鼠标可看到图形在缩小。

◆ 平移图形区：按住鼠标中键，移动鼠标，可看到图形跟着鼠标移动。

◆ 旋转图形区：按住鼠标中键，然后按住鼠标左键或右键，移动鼠标可看到图形在旋转。

1.7.2 指南针的使用

图 1.7.1 所示的指南针是一个重要的工具，通过它可以对视图进行旋转、移动等多种操作。同时，指南针在操作零件时也有着非常强大的功能。下面简单介绍指南针的基本功能。

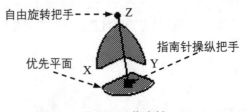

图 1.7.1 指南针

指南针位于图形区的右上角，并且总是处于激活状态，用户可以选择下拉菜单 视图

 ➡ ✓ 指南针 命令来隐藏或显示指南针。使用指南针既可以对特定的模型进行特定的操作，还可以对视点进行操作。

图 1.7.1 中，字母 X、Y、Z 表示坐标轴，Z 轴起到定位的作用；靠近 Z 轴的点称为自由旋转把手，用于旋转指南针，同时图形区中的模型也将随之旋转；红色方块是指南针操纵把手，用于拖动指南针，并且可以将指南针置于物体上进行操作，也可以使物体绕该点旋转；指南针底部的 XY 平面是系统默认的优先平面，也就是基准平面。

> **注意**　指南针可用于操纵未被约束的物体，也可以操纵彼此之间有约束关系的但是属于同一装配体的一组物体。

1. 视点操作

视点操作是指使用鼠标对指南针进行简单的拖动，从而实现对图形区的模型进行平移或者旋转操作。

将鼠标移至指南针处，鼠标指针由 ⌖ 变为 👆，并且鼠标所经过之处，坐标轴、坐标平面的弧形边缘以及平面本身皆会以亮色显示。

单击指南针上的轴线（此时鼠标指针变为 ✋）并按住鼠标拖动，图形区中的模型会沿着该轴线移动，但指南针本身并不会移动。

单击指南针上的平面并按住鼠标移动，则图形区中的模型和空间也会在此平面内移动，但是指南针本身不会移动。

单击指南针平面上的弧线并按住鼠标移动，图形区中的模型会绕该法线旋转，同时，指南针本身也会旋转，而且鼠标离红色方块越近旋转越快。

单击指南针上的自由旋转把手并按住鼠标移动，指南针会以红色方块为中心点自由旋转，且图形区中的模型和空间也会随之旋转。

单击指南针上的 X、Y 或 Z 字母，则模型在图形区以垂直于该轴的方向显示，再次单击该字母，视点方向会变为反向。

2. 模型操作

使用鼠标和指南针不仅可以对视点进行操作，而且可以把指南针拖动到物体上，对物体进行操作。

将鼠标移至指南针操纵把手处(此时鼠标指针变为 ✛)，然后拖动指南针至模型上释放，此时指南针会附着在模型上，且字母 X、Y、Z 变为 W、U、V，这表示坐标轴不再与文件窗口右下角的绝对坐标相一致。这时，就可以按上面介绍的对视点的操作方法对物体进行操作了。

◆ 对模型进行操作的过程中，移动的距离和旋转的角度均会在图形区显示。显示的数据为正，表示与指南针指针正向相同；显示的数据为负，表示与指南针指针的正向相反。

◆ 将指南针恢复到默认位置的方法：拖动指南针操纵把手到离开物体的位置，松开鼠标，指南针就会回到图形区右上角的位置，但是不会恢复为默认的方向。

◆ 将指南针恢复到默认方向的方法：将其拖动到窗口右下角的绝对坐标系处；在拖动指南针离开物体的同时按 Shift 键，且先松开鼠标左键；选择下拉菜单 视图 ➡ 重置指南针 命令。

3. 编辑

将指南针拖动到物体上，右击，在系统弹出的快捷菜单中选择 编辑... 命令，系统弹出图 1.7.2 所示的"用于指南针操作的参数"对话框。利用"用于指南针操作的参数"对话框可以对模型实现平移和旋转等操作。

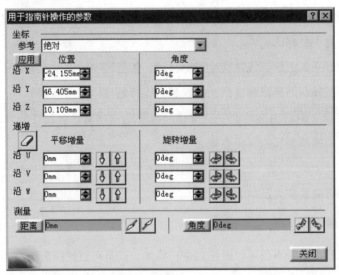

图 1.7.2 "用于指南针操作的参数"对话框

图 1.7.2 所示 "用于指南针操作的参数" 对话框的说明如下。

◆ 参考 下拉列表: 该下拉列表包含 绝对 和 活动对象 两个选项。"绝对" 坐标是指模型的移动是相对于绝对坐标的; "活动对象" 坐标是指模型的移动是相对于激活的模型的 (激活模型的方法是: 在特征树中单击模型。激活的模型以蓝色高亮显示)。此时, 就可以对指南针进行精确的移动、旋转等操作, 从而对模型进行相应操作。

◆ 位置 文本框: 此文本框显示当前的坐标值。

◆ 角度 文本框: 此文本框显示当前坐标的角度值。

◆ 平移增量 区域: 如果要沿着指南针的一根轴线移动, 则需在该区域的 U、V 或 W 文本框中输入相应的距离, 然后单击 ↓ 或者 ↑ 按钮。

◆ 旋转增量 区域: 如果要沿着指南针的一根轴线旋转, 则需在该区域的 U、V 或 W 文本框中输入相应的角度, 然后单击 ↺ 或者 ↻ 按钮。

◆ "距离" 区域: 要使模型沿所选的两个元素产生矢量移动, 则需先单击 距离 按钮, 然后选择两个元素 (可以是点、线或平面)。两个元素的距离值经过计算会在 距离 按钮后的文本框中显示。当第一个元素为一条直线或一个平面时, 除了可以选择第二个元素以外, 还可以在 距离 按钮后的文本框中填入相应数值。这样, 单击 ✎ 或 ✎ 按钮, 便可以沿着经过计算所得的平移方向的反向或正向移动模型了。

◆ "角度" 区域: 要使模型沿所选的两个元素产生的夹角旋转, 则需先单击 角度 按钮, 然后选择两个元素 (可以是线或平面)。两个元素的距离值经过计算会在 角度 按钮后的文本框中显示。单击 ↺ 或 ↻ 按钮, 便可以沿着经过计算所得的旋转方向的反向或正向旋转模型了。

4. 其他操作

在指南针上右击, 系统弹出快捷菜单。下面介绍该菜单中的命令。

◆ 锁定当前方向: 即固定目前的视角, 这样, 即使选择下拉菜单 视图 ➡ 重置指南针 命令, 也不会回到原来的视角, 而且将指南针拖动的过程中以及指南针拖动到模型上以后, 都会保持原来的方向。欲重置指南针的方向, 只需再次选择该命令即可。

◆ 将优先平面方向锁定为与屏幕平行: 指南针的坐标系同当前自定义的坐标系保持一致。如果无当前自定义坐标系, 则与文件窗口右下角的坐标系保持一致。

◆ 使用局部轴系: 指南针的优先平面与其放置的模型参考面方向相互平行, 这样, 即使改变视点或者旋转模型, 指南针也不会发生改变。

◆ 使 XY 成为优先平面: 使 XY 平面成为指南针的优先平面, 系统默认选用此平面为优先平面。

◆ 使 YZ 成为优先平面：使 YZ 平面成为指南针的优先平面。

◆ 使 XZ 成为优先平面：使 XZ 平面成为指南针的优先平面。

◆ 使优先平面最大程度可见：使指南针的优先平面为可见程度最大的平面。

◆ 自动捕捉选定的对象：使指南针自动移到指定的未被约束的物体上。

◆ 编辑…：使用该命令可以实现模型的平移和旋转等操作，前面已详细介绍。

1.7.3　对象的选择

在 CATIA V5-6 中选择对象常用的几种方法如下。

1. 选取单个对象

◆ 直接用鼠标的左键单击需要选取的对象。

◆ 在"特征树"中单击对象的名称，即可选择对应的对象，被选取的对象会高亮显示。

2. 选取多个对象

按住 Ctrl 键，用鼠标左键单击多个对象，可选择多个对象。

3. 利用图 1.7.3 所示的"选择"工具条选取对象

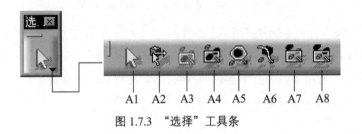

图 1.7.3　"选择"工具条

图 1.7.3 所示"选择"工具条中的按钮的说明如下。

A1：选择。选择系统自动判断的元素。

A2：几何图形上方的选择框。

A3：矩形选择框。选择矩形内包括的元素。

A4：相交矩形选择框。选择与矩形内及与矩形相交的元素。

A5：多边形选择框。用鼠标绘制任意一个多边形，选择多边形内部所有元素。

A6：手绘选择框。用鼠标绘制任意形状，选择其包括的元素。

A7：矩形选择框之外。选择矩形外部的元素。

A8：相交于矩形选择框之外。选择与矩形相交的元素及矩形以外的元素。

4. 利用"编辑"下拉菜单中的"搜索"功能,选择具有同一属性的对象

"搜索"工具可以根据用户提供的名称、类型、颜色等信息快速选择对象。下面以一个例子说明其具体操作过程。

步骤01 打开文件。选择下拉菜单 文件 ➡ 📂 打开... 命令。在"选择文件"对话框中找到 D:\catia2014\work\ ch01.07 目录,选中 slide_block.CATPart 文件后单击 打开(0) 按钮。

步骤02 选择命令。选择下拉菜单 编辑 ➡ 搜索... 命令,系统弹出图 1.7.4 所示的"搜索"对话框。

步骤03 定义搜索名称。在"搜索"对话框的 常规 选项卡下的 名称: 下拉列表中输入"*平面",如图 1.7.4 所示。

说明   "*"是通配符,代表任意字符,可以是一个字符,也可以是多个字符。

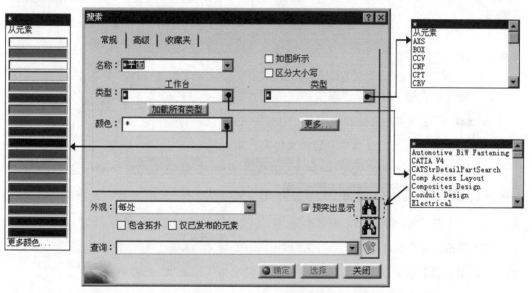

图 1.7.4 "搜索"对话框

步骤04 选择搜索结果。单击"搜索"对话框的 常规 选项卡下的 🔍 按钮后,"搜索"对话框下方则显示出符合条件的元素。单击 ● 确定 按钮后,符合条件的对象被选中。

1.7.4 视图在屏幕上的显示

三维实体在屏幕上有两种显示方式,"透视"投影和"平行"投影方式。要选择三维实体在屏幕上的显示方式,可以在 视图 下拉列表中选择 渲染样式 ▶ ➡ 透视 或 平行 命令。

图 1.7.5 所示为长方体在这两种方式下的显示状态。

a）"透视"投影　　　　　　　　　　　　　　　b）"平行"投影

图 1.7.5　长方体在屏幕上的显示

1.8　环境设置

　　设置 CATIA 的工作环境是用户学习和使用 CATIA 应该掌握的基本技能，合理设置 CATIA 的工作环境，对于提高工作效率、使用个性化环境具有极其重要的意义。进入 CATIA 软件有两种方法：普通模式和管理模式。普通模式下只可以改变"选项"中的参数，如显示、兼容性等；而"标准"中的参数则需要进入管理模式才可以对其进行设置。下面分别介绍进入管理模式和环境设置的一般操作步骤。

1.8.1　进入管理模式

　　进入管理模式的一般操作步骤如下。

步骤 01　创建环境的存储目录。

（1）新建文件夹。在 D 盘中新建一文件夹，如 cat_env。

（2）选择命令。选择 开始 ➡ 所有程序 ➡ CATIA P3 ➡ Tools ➡ Environment Editor V5-6R2014 命令，系统弹出图 1.8.1 所示的"环境编辑器消息"对话框（一）和"环境编辑器"对话框。

（3）单击"环境编辑器消息"对话框（一）中的 是(Y) 按钮，系统弹出图 1.8.2 所示的"环境编辑器消息"对话框（二），单击该对话框中的 确定 按钮。

　　　第一次进入管理模式时，当单击"环境编辑器消息"对话框（一）中的 是(Y) 按钮后还会弹出一个"环境编辑器"对话框，单击 是(Y) 按钮即可。

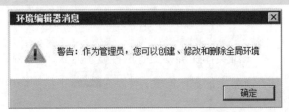

图 1.8.1　"环境编辑器消息"对话框（一）　　　图 1.8.2　"环境编辑器消息"对话框（二）

（4）在"环境编辑器"对话框中选择 CATReconcilePath 并右击，在弹出的快捷菜单中选择 编辑变量 命令，系统弹出"变量编辑器"对话框；在"变量编辑器"对话框的 值： 文本框中输入上面所创建的文件夹的路径 D:\cat_env（图 1.8.3），单击 确定 按钮。

图 1.8.3 "变量编辑器"对话框

（5）在"环境编辑器"对话框中选择 CATReferenceSettingPath 选项并右击，在弹出的快捷菜单中选择 编辑变量 命令，系统弹出"变量编辑器"对话框；在"变量编辑器"对话框的 值： 文本框中输入路径 D:\cat_env，单击 确定 按钮。

（6）在"环境编辑器"对话框中选择 CATCollectionStandard 并右击，在弹出的快捷菜单中选择 编辑变量 命令，系统弹出"变量编辑器"对话框；在"变量编辑器"对话框的 值： 文本框中输入路径 D:\cat_env，单击 确定 按钮，此时"环境编辑器"对话框如图 1.8.4 所示。

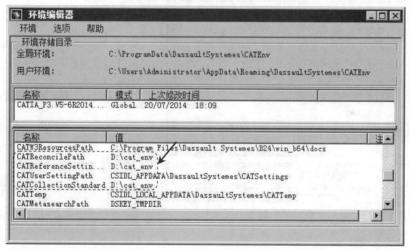

图 1.8.4 "环境编辑器"对话框

（7）关闭"环境编辑器"对话框，系统弹出图 1.8.5 所示的"环境编辑器消息"对话框（三），单击 是(Y) 按钮。

步骤 02 创建新的快捷图标。

（1）将桌面上 CATIA 的快捷图标复制并粘贴，右击粘贴的图标，在弹出的快捷菜单中选择 属性(R) 命令，系统弹出"CATIA V5-6R2014 属性"对话框。

图 1.8.5 "环境编辑器消息"对话框（三）

（2）修改快捷图标的属性。单击 快捷方式 选项卡，在 目标(T): 文本框中找到 CNEXT.EXE，并在其后面输入"≠-admin≠"，如图 1.8.6 所示，单击 应用(A) 按钮，再单击 确定 按钮。

"≠"代表一个空格。

步骤 03 双击粘贴的快捷图标，进入 CATIA 软件，系统弹出图 1.8.7 所示的"管理模式"对话框，单击 确定 按钮，进入管理模式。

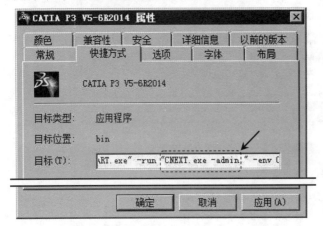

图 1.8.6 "CATIA V5-6R2014 属性"对话框

图 1.8.7 "管理模式"对话框

1.8.2 环境设置

环境设置主要包括"选项"设置和"标准"设置。

1. 选项的设置

选择下拉菜单 工具 ➡ 选项... 命令，系统弹出"选项"对话框，利用该对话框可以设置草图绘制器、显示、工程制图的参数。在该对话框左侧选择 机械设计 ➡ 草图编辑器 选项（图 1.8.8），此时可以设置草图编辑器的相关参数。

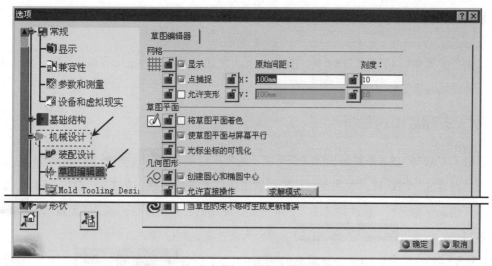

图 1.8.8 "选项"对话框（草图编辑器）

在"选项"对话框的左侧选择 显示，再单击 可视化 选项卡（图 1.8.9 所示），此时可以设置颜色及其他相关的一些参数。

单击"选项"对话框中的 按钮，可以将该设置锁定，使其在普通模式下不能被改变，如图 1.8.10 所示。

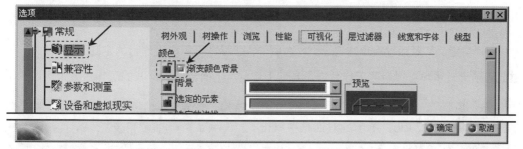

图 1.8.9 "选项"对话框（管理模式）

2. 标准的设置

选择下拉菜单 工具 ➡ 标准... 命令，系统弹出"标准定义"对话框，此时可以设置相关参数（具体的参数定义在本书的后面会陆续讲到）。

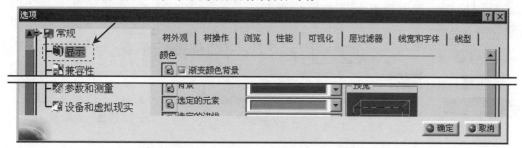

图 1.8.10 "选项"对话框（普通模式）

1.9　CATIA 工作界面的定制

本节主要介绍 CATIA V5-6 中的定制功能，使读者对于软件工作界面的定制了然于胸，从而合理地设置工作环境。

1.9.1　开始菜单的定制

进入 CATIA V5-6 系统后，在建模环境下选择下拉菜单 工具 ➡ 自定义... 命令，系统弹出"自定义"对话框，利用此对话框可对工作界面进行定制，单击 开始菜单 选项卡，即可进行开始菜单的定制。通过此选项卡，用户可以设置偏好的工作台列表，使之显示在 开始 菜单的顶部。下面以 2D Layout for 3D Design 工作台为例说明定制过程。

步骤 01 在"开始菜单"选项卡的 可用的 列表中选择 2D Layout for 3D Design 工作台，然后单击对话框中的 ➡ 按钮，此时 2D Layout for 3D Design 工作台出现在对话框右侧的 收藏夹 中。

步骤 02 单击对话框中的 关闭 按钮。

步骤 03 选择下拉菜单 开始 命令，此时可以看到 2D Layout for 3D Design 工作台显示在 开始 菜单的顶部。

1.9.2　用户工作台的定制

在"自定义"对话框中单击 用户工作台 选项卡，即可进行用户工作台的定制（图 1.9.1）。通过此选项卡，用户可以新建工作台作为当前工作台。下面以新建"我的工作台"为例说明定制过程。

步骤 01 在图 1.9.1 所示的对话框中单击 新建... 按钮，系统弹出图 1.9.2 所示的"新用户工作台"对话框。

步骤 02 在对话框的 工作台名称: 文本框中输入名称"我的工作台"，单击对话框中的 确定 按钮，此时新建的工作台出现在 用户工作台 区域中。

步骤 03 单击对话框中的 关闭 按钮。

步骤 04 选择 开始 下拉菜单，此时可以看到 我的工作台 显示在 开始 菜单中（图 1.9.3）。

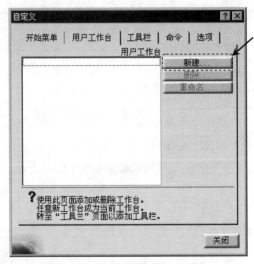

图 1.9.1　"用户工作台"选项卡

图 1.9.2　"新用户工作台"对话框

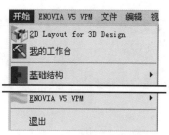

图 1.9.3　"开始"下拉菜单

1.9.3　工具栏的定制

在 "自定义"对话框中单击 工具栏 选项卡，即可进行工具栏的定制（图 1.9.4）。通过此选项卡，用户可以新建工具栏并对其中的命令进行添加、删除操作。下面以新建"my toolbar"工具栏为例说明定制过程。

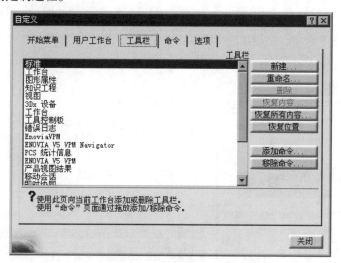

图 1.9.4　"工具栏"选项卡

步骤 01　在图 1.9.4 所示的对话框中单击 新建... 按钮，系统弹出图 1.9.5 所示的"新工具栏"对话框，默认新建工具栏的名称为"自定义已创建默认工具栏名称 001"，同时出现一个空白工具栏。

步骤 02　在对话框的 工具栏名称: 文本框中输入名称"my toolbar"，单击对话框中的 确定 按钮。此时，新建的空白工具栏将出现在主应用程序窗口的右端，同时定制的"my toolbar"（我的工具栏）被加入列表中（图 1.9.6）。

定制的"my toolbar"（我的工具栏）加入列表后，"自定义"对话框中的 删除 按钮被激活，此时可以执行工具栏的删除操作。

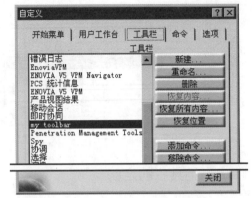

图 1.9.5 "新工具栏" 对话框　　　　　　　图 1.9.6 "自定义" 对话框

步骤 03 在 "自定义" 对话框中选中 "my toolbar" 工具栏，单击对话框中的  按钮，系统弹出图 1.9.7 所示的 "命令列表" 对话框 (一)。

步骤 04 在对话框的列表项中，按住 Ctrl 键选择 "虚拟现实" 光标、"虚拟现实" 监视器 和 "虚拟现实" 视图追踪 三个选项，然后单击对话框中的 确定 按钮，完成命令的添加，此时 "my toolbar" 工具栏如图 1.9.8 所示。

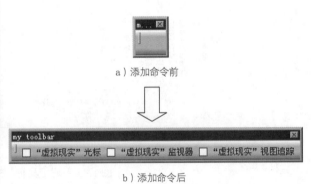

图 1.9.7 "命令列表" 对话框 (一)　　　　　图 1.9.8 "my toolbar" 工具栏

说明：

◆ 单击 "自定义" 对话框中的 重命名... 按钮，系统弹出图 1.9.9 所示的 "重命名工具栏" 对话框，在此对话框中可修改工具栏的名称。

◆ 单击 "自定义" 对话框中的 移除命令... 按钮，系统弹出图 1.9.10 所示的 "命令列表" 对话框 (二)，在此对话框中可进行命令的删除操作。

◆ 单击 "自定义" 对话框中的 恢复所有内容... 按钮，系统弹出图 1.9.11 所示的 "恢复所有工具栏" 对话框 (一)，单击对话框中的 确定 按钮，可以恢复所有工具栏的内容。

图 1.9.9 "重命名工具栏"对话框　　　　图 1.9.10 "命令列表"对话框（二）

◆ 单击"自定义"对话框中的 **恢复位置** 按钮，系统弹出图 1.9.12 所示的"恢复所有工具栏"对话框（二），单击对话框中的 **确定** 按钮，可以恢复所有工具栏的位置。

1.9.4 命令定制

在图 1.9.13 所示的"自定义"对话框中单击"命令"选项卡，即可进行命令的定制（图 1.9.13）。通过此选项卡，用户可以对其中的命令进行拖放操作。下面以拖放"目录"命令到"标准"工具栏为例说明定制过程。

步骤 01 在图 1.9.13 所示的对话框的"类别"列表中选择"文件"选项，此时在对话框右侧的"命令"列表中出现对应的文件命令。

步骤 02 在文件命令列表中选中 **目录** 命令，按住鼠标左键不放，将此命令拖动到"标准"工具栏，此时"标准"工具栏如图 1.9.14 所示。

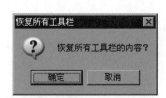

图 1.9.11 "恢复所有工具栏"对话框（一）

图 1.9.12 "恢复所有工具栏"对话框（二）

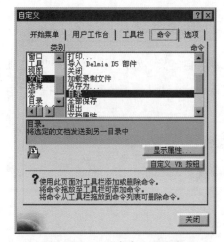

图 1.9.13 "命令"选项卡

a）拖放前　　　　　　　　b）拖放后

图 1.9.14 "标准"工具栏

单击图 1.9.13 所示对话框中的 显示属性... 按钮，可以展开对话框的隐藏部分（图 1.9.15），在对话框的 ^{命令属性} 区域，可以更改所选命令的属性，如名称、图标、命令的快捷方式等。^{命令属性} 区域中各按钮说明如下。

◆ ... 按钮：单击此按钮，系统将弹出"图标浏览器"对话框，从中可以选择新图标以替换原有的"目录"图标。

◆ 按钮：单击此按钮，系统将弹出"选择文件"对话框，用户可导入外部文件作为"目录"图标。

◆ 重置... 按钮：单击此按钮，系统将弹出图 1.9.16 所示的"重置"对话框，单击对话框中的 确定 按钮，可将命令属性恢复到原来的状态。

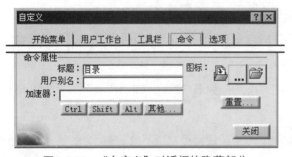

图 1.9.15　"自定义"对话框的隐藏部分

图 1.9.16　"重置"对话框

1.9.5　选项定制

在"自定义"对话框中单击 选项 选项卡，即可进行选项的自定义。通过此选项卡，可以更改图标大小、图标比率、工具提示、用户界面语言等。

在此选项卡中，除□锁定工具栏位置 复选框外，更改其余选项均需重新启动软件，才能使更改生效。

第 2 章　二维草图设计

2.1　草图设计工作台简介

草图设计工作台是用户建立二维草图的工作界面，通过草图设计工作台中建立的二维草图轮廓可以生成三维实体或曲面，草图中各个元素间可用约束来限制它们的位置和尺寸。因此，建立草图是建立三维实体或曲面的基础。

要进入草图设计工作台必须选择一个草图平面，可以在图形窗口中选择三个基准平面（xy 平面、yz 平面、zx 平面），也可以在特征树上选择。

2.2　草图设计工作台的进入与退出

1. 进入草图设计工作台的操作方法

启动 CATIA V5-6 后，选择下拉菜单 `开始` ➡ `机械设计` ➡ `草图编辑器` 命令，系统弹出"新建零件"对话框；在 `输入零件名称` 文本框中输入文件名称（也可采用默认的名称 Part1），单击 `确定` 按钮；在特征树中选取任意一个平面（如 xy 平面）为草绘平面，系统即可进入草图设计工作台（图 2.2.1）。

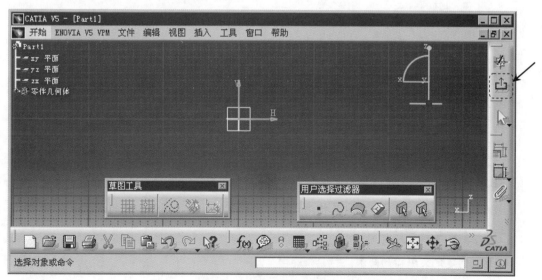

图 2.2.1　草图设计工作台

2. 退出草图设计工作台的操作方法

在草图设计工作台中，单击"工作台"工具条中的"退出工作台"按钮，即可退出草图设计工作台。

2.3 草绘工具按钮简介

进入草图设计工作台后，屏幕上会出现草图设计中所需要的各种工具按钮，其中常用工具按钮及其功能注释如图 2.3.1 ~ 图 2.3.3 所示。

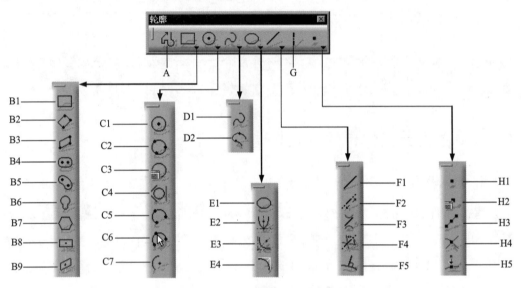

图 2.3.1 "轮廓"工具条

图 2.3.1 所示"轮廓"工具条中的按钮说明如下。

A: 创建连续轮廓线，可连续绘制直线、相切弧和三点弧。

B1: 通过确定矩形的两个对角顶点，绘制与坐标轴平行的矩形。

B2: 选择三点来创建矩形。

B3: 通过选择三点来创建平行四边形。选择的三个点为平行四边形的三个顶点。

B4: 创建延长孔。延长孔是由两段圆弧和两条直线组成的封闭轮廓。

B5: 创建弧形延长孔，也称圆柱形延长孔。圆柱形延长孔是由四段圆弧组成的封闭轮廓。

B6: 创建钥匙孔轮廓。钥匙孔轮廓是由两平行直线和两段圆弧组成的封闭轮廓。

B7: 创建正六边形。

B8: 创建定义中心的矩形。

B9：创建定义中心的平行四边形。

C1：通过确定圆心和半径创建圆。

C2：通过确定圆上的三个点来创建圆。

C3：通过输入圆心坐标值和半径值来创建圆。

C4：创建与三个元素相切的圆。

C5：通过三个点绘制圆弧。

C6：在草图平面上选择三个点，系统过这三个点做圆弧，其中第一个点和第三个点分
　　　别作为圆弧的起点和终点。

C7：通过确定圆弧起点、终点以及圆心绘制弧。

D1：通过定义多个点来创建样条曲线。

D2：创建样条连接线，即通过样条线将两条曲线连接起来。

E1：创建椭圆。

E2：创建抛物线。

E3：创建双曲线。

E4：创建圆锥曲线。

F1：通过两点创建线。

F2：创建直线，该直线是无限长的。

F3：创建双切线，即与两个元素相切的直线。

F4：创建角平分线。角平分线是无限长的直线。

F5：创建曲线的法线。

G：　通过两点创建轴线。创建的轴线在图形区以点画线形式显示。

H1：创建点。

H2：通过定义点的坐标来创建点。

H3：创建等距点（是在已知曲线上生成若干等距离点）。

H4：创建交点。

H5：创建投影点。

图 2.3.2 所示"草图工具"工具条中的按钮说明如下。

A：获取当前 3D 网格的参数。

B：打开或关闭网格捕捉。

C: 切换标准或构造几何体。

D: 打开或关闭几何约束。

E: 打开或关闭自动标注尺寸。

 　在创建圆角、倒角、延长孔、钥匙孔轮廓、圆柱形延长孔时，若将"草图工具"工具条中的"几何约束"按钮 ⚙ 和"尺寸约束"按钮 ⬚ 激活，则创建后系统会自动添加几何约束和尺寸约束，如图 2.3.3 所示；若关闭，则不会自动添加，如图 2.3.4 所示。本章学习圆角、倒角、延长孔、钥匙孔轮廓、圆柱形延长孔时，"几何约束"和"尺寸约束"均为关闭状态。

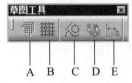

图 2.3.2　"草图工具"工具条

图 2.3.3　激活"几何约束"和"尺寸约束"

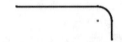

图 2.3.4　关闭"几何约束"和"尺寸约束"

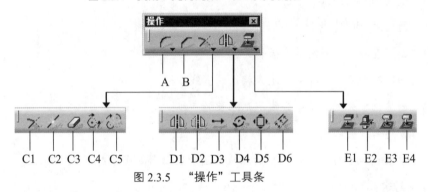

图 2.3.5　"操作"工具条

图 2.3.5 所示"操作"工具条中的按钮说明如下。

A:　创建圆角。

B:　创建倒角。

C1:　使用边界修剪元素。

C2:　将选定的元素断开。

C3:　快速修剪选定的元素。

C4:　将不封闭的圆弧或椭圆弧转换为封闭的圆或椭圆。

C5：将圆弧或者椭圆弧转换为与之互补的圆弧或者椭圆弧。

D1：镜像选定的对象。镜像后保留原对象。

D2：对称命令。在镜像复制选择的对象后删除原对象。

D3：平移命令。将图形沿着某一条直线方向移动一定的距离。

D4：旋转命令。将图形绕中心点旋转一定的角度。

D5：比例缩放选定的对象。

D6：将图形沿着法向进行偏置。

E1：平面投影。将三维物体的边线投影到草图工作平面上。

E2：平面交线。用于创建实体的面与草图工作平面的交线。

E3：投影曲面轮廓。可以将曲面轮廓投影到草图工作平面上。

E4：投影侧影轮廓边。可以将曲面侧影轮廓投影到草图工作平面上。

2.4 草图设计工作台中的下拉菜单

插入下拉菜单是草图设计工作台中的主要菜单，其功能主要包括草图轮廓的绘制、约束和操作（如旋转、平移和偏移等）等。

单击插入下拉菜单，即可弹出图 2.4.1 ~ 图 2.4.3 所示的命令，其中绝大部分命令都以快捷按钮方式出现在屏幕的工具栏中。

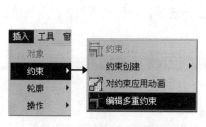

图 2.4.1 "约束"子菜单

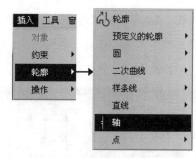

图 2.4.2 "轮廓"子菜单

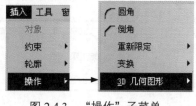

图 2.4.3 "操作"子菜单

2.5 草图设计前的环境设置

1. 设置网格间距

设置网格间距有助于控制草图总体尺寸，其操作流程如下。

步骤 01 选择下拉菜单 **工具** ➡ **选项...** 命令，系统弹出"选项"对话框。

步骤 02 在对话框的左边列表中选择"机械设计"中的 **草图编辑器** 选项，如图 2.5.1 所示。

步骤 03 设置网格参数。选中 **允许变形** 复选框；在 **网格** 选项组中的 **原始间距:** 和 **刻度:** 文本框中分别输入 H 和 V 方向的间距值；单击对话框中的 **确定** 按钮，完成网格设置。

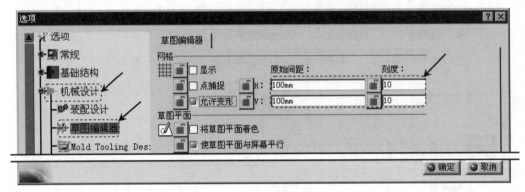

图 2.5.1 "选项"对话框（一）

2. 设置自动约束

在图 2.5.2 所示的"选项"对话框的 **草图编辑器** 选项卡中，可以设置在创建草图过程中是否自动产生约束。只有选中图 2.5.2 所示的这些显示选项，在绘制草图时，系统才会自动创建几何约束和尺寸约束。

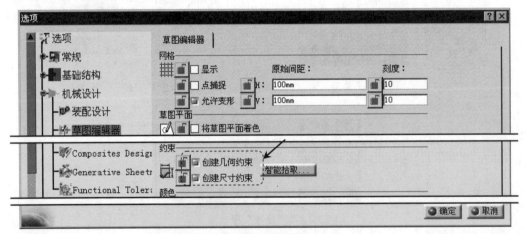

图 2.5.2 "选项"对话框（二）

3. 快速调整草绘区

单击"草图工具"工具栏中的"网格"按钮 ▦，可以控制草图设计工作台中网格的显示。当网格显示时，如果看不到网格，或者网格太密，可以缩放草绘区；如果想调整图形在草绘区的上下、左右的位置，可以移动草绘区。

鼠标操作方法如下。

◆ 中键（移动草绘区）：按住鼠标中键，移动鼠标，可看到图形跟着鼠标移动。

◆ 中键滚轮（缩放草绘区）：按住鼠标中键，再单击一下鼠标左键或右键，然后向前移动鼠标可看到图形在变大，向后移动鼠标可看到图形在缩小。

◆ 中键滚轮（旋转草绘区）：按住鼠标中键，然后按住鼠标左键或右键，移动鼠标可看到图形在旋转。草图旋转后，单击屏幕下部的"法线视图" 📐 按钮可使草图回至与屏幕平面平行状态。

　　草绘区这样的调整不会改变图形的实际大小和实际空间位置，它的作用在于方便用户查看和操作图形。

2.6　绘制二维草图

2.6.1　草图绘制概述

要绘制草图，应先从草图设计工作台中的工具栏按钮区或 插入 下拉菜单中选取一个绘图命令，然后可通过在图形区中选取点来创建草图。

　　草绘环境中鼠标的使用：

◆ 草绘时，可单击鼠标左键在图形区选择点。

◆ 当不处于绘制元素状态时，按 Ctrl 键可选取多个项目。

2.6.2　直线的绘制

步骤 **01** 进入草图设计工作台前，在特征树中选取任意一个平面（如 xy 平面）作为草绘平面。

◆ 如果创建新草图，则在进入草图设计工作台之前必须先选取草绘平面，也就是要确定新草图在空间的哪个平面上绘制。

◆ 以后在创建新草图时，如果没有特别的说明，则草绘平面为 xy 平面。

步骤 02 选择命令。选择下拉菜单 插入 ➡ 轮廓▶ ➡ 直线▶ ➡ ╱直线 命令（或单击"轮廓"工具栏"直线"按钮╱中的▾，再单击╱按钮）。此时，"草图工具"工具栏如图 2.6.1 所示。

图 2.6.1   "草图工具"工具栏

步骤 03 定义直线的起始点。根据系统提示 选择一点或单击以定位起点 ，在图形区中的任意位置单击左键，以确定直线的起始点，此时可看到一条"橡皮筋"线附着在鼠标指针上。

◆ 单击╱按钮完成一条直线的绘制后，系统自动结束直线的绘制；双击╱按钮可以连续绘制直线。草图设计工作台中的大多数工具按钮均可双击来连续操作。

◆ 系统提示 选择一点或单击以定位起点 显示在消息区。

步骤 04 定义直线的终止点。根据系统提示 选择一点或单击以定位终点 ，在图形区中的任意位置单击左键，以确定直线的终止点，系统便在两点间创建一条直线。

◆ 在草图设计工作台中，单击"撤销"按钮🔄可撤销上一个操作，单击"重做"按钮🔄重新执行被撤销的操作。这两个按钮在绘制草图时十分有用。

◆ "橡皮筋"是指操作过程中的一条临时虚构线段，它始终是当前鼠标光标的中心点与前一个指定点的连线。因为它可以随着光标的移动而拉长或缩短并可绕前一点转动，所以我们形象地称为"橡皮筋"。

◆ CATIA 具有尺寸驱动功能，即图形的大小随着图形尺寸的改变而改变。

◆ 直线的精确绘制可以通过在"草图工具"工具栏中输入相关的参数来实现，其他曲线的精确绘制也一样。

2.6.3 相切直线的绘制

下面以图 2.6.2 为例来说明创建相切直线的一般操作过程。

步骤 01 选择下拉菜单 文件 ➡ 📁打开...命令，系统弹出图 2.6.3 所示的"选择文件"对话框，在 查找范围(I) 下拉列表中选择目录 D:\catia2014\work\ch02.06，选择文件 tangency_line.CATPart，然后单击 打开(O) 按钮。

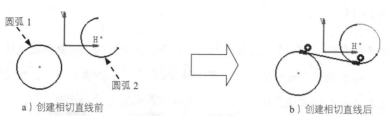

a）创建相切直线前　　　　　　　　　　b）创建相切直线后

图 2.6.2　相切直线 1

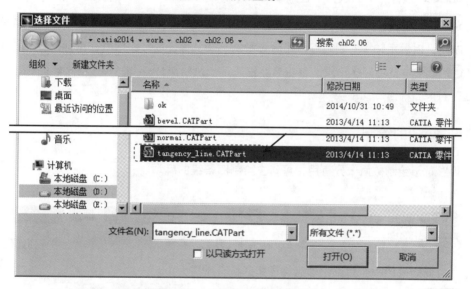

图 2.6.3　"选择文件"对话框

步骤 02 选择命令。选择下拉菜单 **插入** ➡ **轮廓▶** ➡ **直线▶** ➡ **双切线** 命令。

步骤 03 定义第一个相切对象。根据系统提示 第一切线：选择几何图形以创建切线 ，在第一个圆弧上单击一点，如图 2.6.2a 所示。

步骤 04 定义第二个相切对象。根据系统提示 第二切线：选择几何图形以创建切线 ，在第二个圆弧上单击与直线相切的位置点，这时便生成一条与两个圆（弧）相切的直线段。

单击圆或弧的位置不同，创建的直线也不一样。图 2.6.4～图 2.6.6 所示为创建的另三种双切线，相应文件存放在 D:\catia2014\work\ch02\ch02.06 路径下。

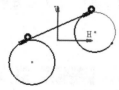

图 2.6.4　相切直线 2

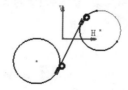

图 2.6.5　相切直线 3

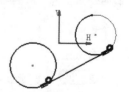

图 2.6.6　相切直线 4

2.6.4 轴的绘制

轴是一种特殊的直线，它不能直接作为草图轮廓，只能作为旋转实体或旋转曲面的中心线。通常在一个草图中只能有一条轴线，使用 ┼ 轴 命令绘制多条线时，前面绘制的将自动转化为构造线（轴在图形区显示为点画线，构造线在图形区显示为虚线）。

步骤 01 选择命令。选择下拉菜单 插入 ➡ 轮廓▶ ➡ ┼ 轴 命令。

步骤 02 定义轴的起始点。根据系统提示 选择一点或单击以定位起点 ，在图形区中的任意位置单击左键，以确定轴线的起始点，此时可看到一条"橡皮筋"线附着在鼠标指针上。

步骤 03 定义轴的终止点。根据系统提示 选择一点或单击以定位终点 ，选择直线的终止点，系统便在两点间创建一条轴线。

2.6.5 矩形的绘制

矩形对于绘制截面十分有用，可省去绘制四条线的麻烦。

方法一：

步骤 01 选择下拉菜单 插入 ➡ 轮廓▶ ➡ 预定义的轮廓▶ ➡ ▢ 矩形 命令。

步骤 02 定义矩形的第一个角点。根据系统提示 选择或单击第一点以创建矩形 ，在图形区某位置单击，放置矩形的一个角点，然后将该矩形拖至所需大小。

步骤 03 定义矩形的第二个角点。根据系统提示 选择或单击第二点创建矩形 ，再次单击，放置矩形的另一个角点。此时系统即在两个角点间绘制一个矩形。

方法二：

步骤 01 选择命令。选择下拉菜单 插入 ➡ 轮廓▶ ➡ 预定义的轮廓▶ ➡ ◇ 斜置矩形 命令。

步骤 02 定义矩形的起点。根据系统提示 选择一个点或单击以定位起点 ，在图形区某位置单击，放置矩形的起点，此时可看到一条"橡皮筋"线附着在鼠标指针上。

步骤 03 定义矩形的第一边终点。在系统 选择点或单击以定位第一边终点 提示下，单击以放置矩形的第一边终点，然后将该矩形拖至所需大小。

步骤 04 定义矩形的一个角点。在系统 单击或选择一点，定义第二面 提示下，再次单击，放置矩形的一个角点。此时系统以第二点与第一点的距离为长，以第三点与第二点的距离为宽创建一个矩形。

方法三：

步骤 01 选择命令。选择下拉菜单 插入 ➡ 轮廓▶ ➡ 预定义的轮廓▶ ➡

居中矩形 命令。

步骤 02 定义矩形中心。根据系统提示 选择或单击一点，创建矩形的中心 ，在图形区某位置单击，创建矩形的中心。

步骤 03 定义矩形的一个角点。在系统 选择或单击第二点，创建居中矩形 提示下，将该矩形拖至所需大小后再次单击，放置矩形的一个角点。此时，系统即创建一个矩形。

2.6.6 圆的绘制

方法一：中心/点——通过选取中心点和圆上一点来创建圆。

步骤 01 选择命令。选择下拉菜单 插入 ➡ 轮廓▶ ➡ 圆▶ ➡ ○ 圆 命令。

步骤 02 定义圆的中心点及大小。在某位置单击，放置圆的中心点，然后将该圆拖至所需大小并单击"确定"按钮。

方法二：三点——通过选取圆上的三个点来创建圆。

方法三：使用坐标创建圆。

步骤 01 选择命令。选择下拉菜单 插入 ➡ 轮廓▶

➡ 圆▶ ➡ 使用坐标创建圆 命令，系统弹出图
2.6.7 所示的"圆定义"对话框。

步骤 02 定义参数。在"圆定义"对话框中输入中心点坐标和半径，单击 确定 按钮，系统立即创建一个圆。

图 2.6.7 "圆定义"对话框

方法四：三切线圆。

步骤 01 选择命令。选择下拉菜单 插入 ➡ 轮廓▶ ➡ 圆▶ ➡ 三切线圆 命令。

步骤 02 选取相切元素。分别选取三个元素，系统便自动创建与这三个元素相切的圆。

2.6.7 圆弧的绘制

共有三种绘制圆弧的方法。

方法一：圆心/端点圆弧。

步骤 01 选择命令。选择下拉菜单 插入 ➡ 轮廓▶ ➡ 圆▶ ➡ 弧 命令。

步骤 02 定义圆弧中心点。在某位置单击，确定圆弧中心点，然后将圆拉至所需大小。

步骤 03 定义圆弧端点。在图形区单击两点以确定圆弧的两个端点。

方法二：起始受限制的三点弧——确定圆弧的两个端点和弧上的一个附加点来创建三点

圆弧。

步骤01 选择下拉菜单 插入 ➡ 轮廓▶ ➡ 圆▶ ➡ 起始受限的三点弧 命令。

步骤02 定义圆弧端点。在图形区某位置单击，放置圆弧一个端点；在另一位置单击，放置另一端点。

步骤03 定义圆弧上一点。移动鼠标，圆弧呈橡皮筋样变化，单击确定圆弧上的一点。

方法三：三点弧——确定圆弧的两个端点和弧上的一个附加点来创建一个三点圆弧。

步骤01 选择命令。选择下拉菜单 插入 ➡ 轮廓▶ ➡ 圆▶ ➡ 三点弧 命令。

步骤02 在图形区某位置单击，放置圆弧的一个起点；在另一位置单击，放置圆弧的终点。

步骤03 此时移动鼠标指针，圆弧呈橡皮筋样变化，单击放置圆弧中间的一个端点。

2.6.8 椭圆的绘制

步骤01 选择命令。选择下拉菜单 插入 ➡ 轮廓▶ ➡ 二次曲线▶ ➡ 椭圆 命令。

步骤02 定义椭圆中心点。在图形区某位置单击，放置椭圆的中心点。

步骤03 定义椭圆长轴。在图形区某位置单击，定义椭圆的长轴和方向。

步骤04 确定椭圆大小。移动鼠标指针，将椭圆拉至所需形状并单击，完成椭圆的绘制。

2.6.9 轮廓的绘制

"轮廓"命令用于连续绘制直线和（或）圆弧，它是绘制草图时最常用的命令之一。轮廓线可以是封闭的，也可以是不封闭的。

步骤01 选择命令。选择下拉菜单 插入 ➡ 轮廓▶ ➡ 轮廓 命令，此时"草图工具"工具栏如图 2.6.8 所示。

图 2.6.8 "草图工具"工具栏

步骤02 选用系统默认的"线"按钮，在图形区绘制图 2.6.9 所示的直线，此时"草图工具"工具栏中的"相切弧"按钮被激活，单击该按钮，绘制图 2.6.10 所示的圆弧。

步骤 03 按两次 Esc 键完成轮廓线的绘制。

图 2.6.9 绘制直线

图 2.6.10 绘制相切圆弧

◆ 轮廓线包括直线和圆弧，其区别在于，轮廓线可以连续绘制线段和（或）圆弧。

◆ 绘制线段或圆弧后，若要绘制相切弧，可以在画圆弧起点时拖动鼠标，系统自动转换到圆弧模式。

◆ 可以利用动态输入框确定轮廓线的精确参数。

◆ 结束轮廓线的绘制有如下三种方法：按两次 Esc 键；单击工具栏中的"轮廓线"按钮 ；在绘制轮廓线的结束点位置双击。

◆ 如果绘制时轮廓已封闭，则系统自动结束轮廓线的绘制。

2.6.10 圆角的绘制

下面以图 2.6.11 为例来说明绘制圆角的一般操作过程。

a）圆角前　　　　　　　　　　　　　b）圆角后

图 2.6.11 绘制圆角

步骤 01 打开文件 D:\catia2014\work\ch02.06\corner.CATPart。

步骤 02 选择命令。选择下拉菜单 插入 ━━▶ 操作 ▶ ━━▶ 圆角 命令，此时"草图工具"工具栏如图 2.6.12 所示。

　　　　　　　　　　　　A1 A2 A3 A4 A5 A6

图 2.6.12 "草图工具"工具栏

图 2.6.12 所示"草图工具"工具栏中部分按钮的说明如下。

A1：所有元素被修剪。　　　　A2：第一个元素被修剪。

A3: 不修剪。 A4: 标准线修剪。

A5: 构造线修剪。 A6: 构造线未修剪。

步骤 03 选用系统默认的"修剪所有元素"方式，分别选取两个元素（两条边），然后单击以确定圆角位置，系统便在这两个元素间创建圆角，并将两个元素裁剪至交点。

2.6.11 创建草图倒角

下面以图 2.6.13 为例来说明绘制倒角的一般操作过程。

步骤 01 打开文件 D:\catia2014\work\ch02.06\bevel.CATPart。

步骤 02 选择命令。选择下拉菜单 插入 ➡ 操作 ▶ ➡ 倒角 命令。

步骤 03 分别选取两个元素（两条边），此时图形区出现倒角预览（一条线段），且该线段随着光标的移动而变化。

步骤 04 根据系统提示 单击定位倒角 ，在图形区单击以确认放置倒角的位置，完成倒角操作。

2.6.12 样条曲线的绘制

下面以图 2.6.14 为例来说明绘制样条曲线的一般操作过程。

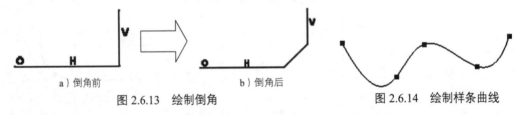

a）倒角前 b）倒角后

图 2.6.13　绘制倒角 图 2.6.14　绘制样条曲线

样条曲线是通过任意多个点的平滑曲线，其创建过程如下。

步骤 01 选择命令。选择下拉菜单 插入 ➡ 轮廓 ▶ ➡ 样条线 ▶ ➡ 样条线 命令。

步骤 02 定义样条曲线的控制点。单击一系列点，可观察到一条"橡皮筋"样条附着在鼠标指针上。

步骤 03 按两次 Esc 键结束样条曲线的绘制。

◆ 当绘制的样条曲线形成封闭曲线时，系统自动结束样条曲线的绘制。

◆ 结束样条曲线的绘制有如下三种方法：按两次 Esc 键；单击工具栏中的"样条线"按钮 ；在绘制轮廓线的结束点位置双击。

2.6.13 角平分线的绘制

角平分线就是两条平行直线的中间线或两条相交直线的角平分线，绘制的角平分线是无限长的。下面以图 2.6.15 为例来说明绘制交线的一般操作过程。

步骤 01 打开文件 D:\catia2014\work\ch02.06\line01.CATPart。

步骤 02 选择命令。选择下拉菜单 **插入** ➡ **轮廓▶** ➡ **直线▶** ➡ **角平分线** 命令。

步骤 03 定义源曲线。在图形区分别选取图 2.6.15a 所示的直线 1 和直线 2，此时系统立即创建一条无限长的直线，如图 2.6.15b 所示。

图 2.6.15 绘制交线

2.6.14 曲线法线的绘制

曲线的法线就是通过曲线上一点，且垂直于该曲线的直线。下面以图 2.6.16 为例来说明绘制曲线法线的一般操作过程。

图 2.6.16 绘制样条曲线的法线

步骤 01 打开文件 D:\catia2014\work\ch02.06\normai.CATPart。

步骤 02 选择命令。选择下拉菜单 **插入** ➡ **轮廓▶** ➡ **直线▶** ➡ **曲线的法线** 命令。

步骤 03 定义法线的起点。根据系统 单击选择曲线或点 的提示，单击样条曲线上的任意一点放置曲线法线的起点（图 2.6.16a 所示的点 1）。

步骤 04 定义法线的端点。根据系统提示 单击定义直线的第二端点，在绘图区任意位置单击以确定曲线法线的端点（图 2.6.16a 所示的点 2）。

2.6.15 平行四边形的绘制

绘制平行四边形的一般过程如下。

步骤 01 选择命令。选择下拉菜单 插入 ➡ 轮廓▶ ➡ 预定义的轮廓▶ ➡ ▢ 平行四边形命令。

步骤 02 定义角点 1。在图形区某位置单击，放置平行四边形的一个角点，此时可看到一条"橡皮筋"线附着在鼠标指针上。

步骤 03 定义角点 2。单击以放置平行四边形的第二个角点，然后将该平行四边形拖至所需大小。

步骤 04 定义角点 3。再次单击，放置平行四边形的第三个角点。此时系统立即绘制一个平行四边形。

2.6.16 六边形的绘制

使用"六边形"命令绘制截面十分方便，可省去绘制六条线的麻烦，还可以减少约束。

步骤 01 选择命令。选择下拉菜单 插入 ➡ 轮廓▶ ➡ 预定义的轮廓▶ ➡ ⬡ 六边形命令。

步骤 02 定义中心点。在图形区的任意位置单击以放置六边形的中心点，然后将该六边形拖至所需大小。

步骤 03 定义六边形上的点。在图形区再次单击以放置六边形的一条边的中点。此时系统立即绘制一个六边形。

2.6.17 延长孔的绘制

使用"延长孔"命令可以绘制键槽、螺栓孔等一类的延长孔，延长孔是由两段圆弧和两条直线组成的封闭轮廓。下面以图 2.6.17 所示的延长孔为例来说明其一般绘制过程。

步骤 01 选择命令。选择下拉菜单 插入 ➡ 轮廓▶ ➡ 预定义的轮廓▶ ➡ ◯ 延长孔命令。

步骤 02 定义中心点 1。在图形区的适当位置单击以放置延长孔的一个中心点。

步骤 03 定义中心点 2。移动光标至合适位置，单击以放置矩形的另一个中心点，然后将该延长孔拖至所需大小，再次单击，放置延长孔上一点。此时系统立即绘制一个延长孔。

2.6.18 圆柱形延长孔的绘制

圆柱形延长孔是由四段圆弧组成的封闭轮廓。下面以图 2.6.18 所示的圆柱形延长孔为例来说明其一般绘制过程。

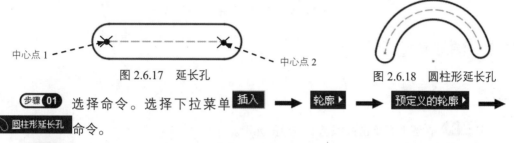

中心点 1　　　　　　　　　　　　　　　中心点 2

图 2.6.17　延长孔　　　　　　　　　图 2.6.18　圆柱形延长孔

步骤 01 选择命令。选择下拉菜单 插入 ➡ 轮廓▶ ➡ 预定义的轮廓▶ ➡ 圆柱形延长孔 命令。

步骤 02 定义中心线圆心。在图形区的某位置单击以放置圆柱形延长孔中心线圆弧的圆心。

步骤 03 定义中心线的起始点。移动光标至合适位置，单击以放置圆柱形延长孔中心线的起始点，此时可看到一条"橡皮筋"线附着在鼠标指针上。

步骤 04 定义中心线的终止点。再次单击，放置圆柱形延长孔中心线的终止点，然后将该圆柱形延长孔拖至所需大小。

步骤 05 定义圆柱形延长孔上一点。单击以放置圆柱形延长孔上一点，系统立即绘制一个圆柱形延长孔。

2.6.19 点的创建

点的创建很简单。在设计管路和电缆布线时，创建点对工作十分有帮助。

步骤 01 选择命令。选择下拉菜单 插入 ➡ 轮廓▶ ➡ 点▶ ➡ 点 命令。

步骤 02 在图形区的某位置单击以放置该点。

2.6.20 将一般元素转换成构造元素

CATIA 中构造元素（构建线）的作用为辅助线（参考线），构造元素以虚线显示。草绘中的直线、圆弧、样条线、椭圆等元素都可以转化为构造元素。下面以图 2.6.19 为例说明其创建方法。

步骤 01 打开文件 D:\catia2014\work\ch02.06\construct.CATPart。

步骤 02 按住 Ctrl 键，依次选取图 2.6.19a 中的样条线和圆弧。

步骤 03 在"草绘工具"工具栏中单击"构造/标准元素"按钮 ，被选取的元素就转换成构造元素。

a）一般元素   b）构建元素

图 2.6.19   将元素转换为构建元素

2.7   编辑草图

2.7.1   删除元素

步骤 01 在图形区单击或框选要删除的元素。

步骤 02 按一下键盘上的 Delete 键，所选元素即被删除。也可采用下面两种方法删除元素。

方法一：右击，在弹出的快捷菜单中选择 删除 命令。

方法二：在 编辑 下拉菜单中选择 删除 命令。

2.7.2   操纵直线

CATIA 提供了元素操纵功能，可方便地旋转、拉伸和移动元素。

操纵 1 的操作流程：在图形区，把鼠标指针 移到直线上，按下左键不放，同时移动鼠标（此时鼠标指针变为 ），此时直线随着鼠标指针一起移动（图 2.7.1）。达到绘制意图后，松开鼠标左键。

操纵 2 的操作流程：在图形区，把鼠标指针 移到直线的某个端点上，按下左键不放，同时移动鼠标，此时会看到直线以另一端点为固定点伸缩或转动（图 2.7.2）。达到绘制意图后，松开鼠标左键。

2.7.3   操纵圆

操纵 1 的操作流程：把鼠标指针 移到圆的边线上，按下左键不放，同时移动鼠标，此时会看到圆在变大或缩小（图 2.7.3）。达到绘制意图后，松开鼠标左键。

操纵 2 的操作流程：把鼠标指针 移到圆心上，按下左键不放，同时移动鼠标，此时会看到圆随着指针一起移动（图 2.7.4）。达到绘制意图后，松开鼠标左键。

图 2.7.1 操纵直线 1   图 2.7.2 操纵直线 2   图 2.7.3 操纵圆 1   图 2.7.4 操纵圆 2

2.7.4 操纵圆弧

操纵 1 的操作流程：把鼠标指针 移到圆弧上，按下左键不放，同时移动鼠标，此时会看到圆弧随着指针一起移动（图 2.7.5）。达到绘制意图后，松开鼠标左键。

操纵 2 的操作流程：把鼠标指针 移到圆弧的圆心点上，按下左键不放，同时移动鼠标，此时圆弧以某一端点为固定点旋转，并且圆弧的包角及半径也在变化（图 2.7.6）。达到绘制意图后，松开鼠标左键。

操纵 3 的操作流程：把鼠标指针 移到圆弧的某个端点上，按下左键不放，同时移动鼠标，此时会看到圆弧以另一端点为固定点旋转，并且圆弧的包角也在变化（图 2.7.7）。达到绘制意图后，松开鼠标左键。

图 2.7.5　操纵圆弧 1　　　　图 2.7.6　操纵圆弧 2　　　　图 2.7.7　操纵圆弧 3

说明　点的操纵很简单，读者不妨自己试一试。

2.7.5 操纵样条曲线

操纵 1 的操作流程（图 2.7.8）：把鼠标指针 移到样条曲线的某个端点上，按住左键不放，同时移动鼠标，此时样条曲线以另一端点为固定点旋转，同时大小也在变化。达到绘制意图后，松开鼠标左键。

操纵 2 的操作流程（图 2.7.9）：把鼠标指针 移到样条曲线的中间点上，按住左键不放，同时移动鼠标，此时样条曲线的拓扑形状（曲率）不断变化。达到绘制意图后，松开鼠标左键。

图 2.7.8　操纵样条曲线 1　　　　图 2.7.9　操纵样条曲线 2

2.7.6 草图的缩放

下面以图 2.7.10 为例来说明缩放对象的一般操作过程。

步骤 01　打开文件 D:\catia2014\work\ch02.07\zoom.CATPart。

步骤 02 选取对象。在图形区单击或框选（框选时要框住整个元素）图 2.7.10a 所示的所有曲线。

步骤 03 选择命令。选择下拉菜单 插入 ➡ 操作 ▶ ➡ 变换 ▶ ➡ □ 缩放 命令，系统弹出图 2.7.11 所示的"缩放定义"对话框。

步骤 04 定义是否复制。在"缩放定义"对话框中取消选中 □ 复制模式 复选框。

步骤 05 定义缩放中心点。在图形区单击坐标原点以确定缩放的中心点。此时，"缩放定义"对话框中 缩放 选项组下的文本框被激活。

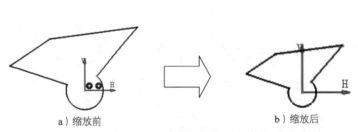

a）缩放前　　　　　　　　　b）缩放后

图 2.7.10　"缩放对象"示意图　　　　图 2.7.11　"缩放定义"对话框

步骤 06 定义缩放参数。在 缩放 选项组下的文本框中输入数值 0.7，单击 ● 确定 按钮，完成对象的缩放操作。

◆ 在进行缩放操作时，可以先选择命令，然后再选择需要缩放的对象。

◆ 在定义缩放值时，可以在图形区中移动鼠标至所需数值，单击即可。

2.7.7 草图的旋转

下面以图 2.7.12 为例来说明旋转对象的一般操作过程。

步骤 01 打开文件 D:\catia2014\work\ch02.07\circumgyrate.CATPart。

步骤 02 选取对象。在图形区单击或框选（框选时要框住整个元素）要旋转的元素。

步骤 03 选择命令。选择下拉菜单 插入 ➡ 操作 ▶ ➡ 变换 ▶ ➡ ○ 旋转 命令，系统弹出图 2.7.13 所示的"旋转定义"对话框。

步骤 04 定义旋转方式。在"旋转定义"对话框中取消选中 □ 复制模式 复选框。

步骤 05 定义旋转中心点。在图形区单击以确定旋转的中心点（如选择坐标原点）。此时，"旋转定义"对话框中 角度 选项组下的文本框被激活。

步骤 06 定义参数。在 角度 选项组下的文本框中输入数值 60，单击 确定 按钮，完成对象的旋转操作。

a）旋转前　　　　　　　　　　　　　b）旋转后

图 2.7.12 "旋转对象"示意图　　　　　　　图 2.7.13 "旋转定义"对话框

2.7.8 草图的平移

下面以图 2.7.14 为例来说明平移对象的一般操作过程。

步骤 01 打开文件 D:\catia2014\work\ch02.07\move.CATPart。

步骤 02 选取对象。在图形区选取图 2.7.14a 所示的圆为要平移的元素。

步骤 03 选择命令。选择下拉菜单 插入 ➡ 操作 ➡ 变换 ➡ 平移 命令，系统弹出图 2.7.15 所示的"平移定义"对话框。

步骤 04 定义是否复制。在"平移定义"对话框中取消选中 □复制模式 复选框。

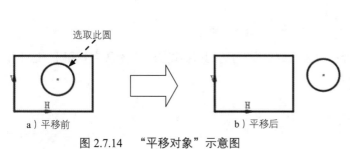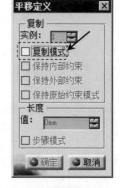

选取此圆

a）平移前　　　　　　　　　　　　　b）平移后

图 2.7.14 "平移对象"示意图　　　　　　　图 2.7.15 "平移定义"对话框

步骤 05 定义平移起点。在图形区选取图 2.7.14a 所示的圆的圆心为平移起点。此时，"平移定义"对话框中 长度 选项组下的文本框被激活。

步骤 06 定义参数。在 长度 选项组下的文本框中输入数值 100，选中 □步骤模式 复选框，按 Enter 键确认。

步骤 07 定义平移方向。在图形区单击以确定平移的方向。

2.7.9 草图的复制

步骤 01 在图形区单击或框选（框选时要框住整个元素）要复制的元素。

步骤 02 选择下拉菜单 编辑 ➡ 复制 命令，然后选择下拉菜单 编辑 ➡ 粘贴 命令，系统立即绘制出一个与源对象形状大小和位置完全一致的图形。

2.7.10 草图的镜像

镜像操作就是以一条线（或轴）为中心复制选择的对象，并保留原对象。下面以图 2.7.16 为例来说明镜像元素的一般操作过程。

步骤 01 打开文件 D:\catia2014\work\ch02.07\mirror.CATPart。

步骤 02 选取对象。在图形区选取图 2.7.16a 所示的样条曲线为要镜像的元素。

步骤 03 选择命令。选择下拉菜单 插入 ➡ 操作 ▶ ➡ 变换 ▶ ➡ 镜像 命令。

步骤 04 定义镜像中心线。选取图 2.7.16a 所示的垂直轴线为镜像中心线。

a）镜像前　　　　　　　　　　　　　　　　b）镜像后

图 2.7.16　元素的镜像

2.7.11 草图的对称

对称操作是在镜像复制选择的对象后删除原对象，其操作方法与镜像操作相同，这里不再赘述。

2.7.12 草图的修剪

方法一：快速修剪。

步骤 01 选择命令。选择下拉菜单 插入 ➡ 操作 ▶ ➡ 重新限定 ▶ ➡ 快速修剪 命令。

步骤 02 定义修剪对象。在图形区选取图 2.7.17a 所示的直线 1 的左半部分为要去掉部分。

步骤 03 修剪图形。再次选择下拉菜单 插入 ➡ 操作 ▸ ➡ 重新限定 ▸ ➡ ◢ **快速修剪** 命令，选取图 2.7.17a 所示的直线 2 的上半部分为要剪掉部分，其修剪结果如图 2.7.17b 所示。

方法二：使用边界修剪。

步骤 01 选择命令。选择下拉菜单 插入 ➡ 操作 ▸ ➡ 重新限定 ▸ ➡ ✂ 修剪 命令。

步骤 02 定义修剪对象。依次单击两个相交元素上要保留的一侧（如图 2.7.18a 所示的直线 1 的上部分和直线 2 的左部分），其修剪结果如图 2.7.18b 所示。

说明　　如果所选两元素不相交，系统将自动对其延伸，并将延伸后的线段修剪至交点。

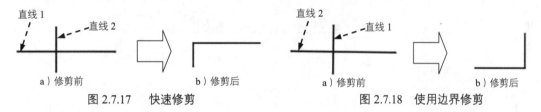

图 2.7.17　快速修剪　　　　　　　图 2.7.18　使用边界修剪

方法三：断开元素。

步骤 01 选择命令。选择下拉菜单 插入 ➡ 操作 ▸ ➡ 重新限定 ▸ ➡ ✳ 断开 命令。

步骤 02 定义断开对象。选取一个要断开的元素（图 2.7.19a 所示的圆）。

步骤 03 选择断开位置。在图 2.7.19a 所示的位置 1 单击，则系统在单击处断开元素。

步骤 04 重复 **步骤 01** ~ **步骤 03**，选择断开后的上部分圆弧将圆在位置 2 处断开，此时圆被分成了三段圆弧。

步骤 05 验证断开操作。按住鼠标左键拖动圆弧时，可以看到圆弧已经断开（图 2.7.19b）。

图 2.7.19　断开元素

2.7.13　草图元素的偏移

偏移就是绘制选择对象的等距线。下面以图 2.7.20 为例来说明偏移的一般操作过程。

步骤 **01**　打开文件 D:\catia2014\work\ch02.07\excursion.CATPart。

步骤 **02**　选取对象。按住 Ctrl 键，在图形区选取图 2.7.20a 所示的所有草图元素（曲线、直线等）。

步骤 **03**　选择命令。选择下拉菜单 插入 ➡ 操作▶ ➡ 变换▶ ➡ 偏移 命令。

步骤 **04**　定义偏移位置。在图形区移动鼠标至合适位置单击，完成偏移操作。

a）偏移前　　　　　　　　　　　　　　　　　　b）偏移后

图 2.7.20　草图元素的偏移

2.8　标注草图

草图标注就是确定草图中的几何图形的尺寸，如长度、角度、半径和直径等，它是一种以数值来确定草绘元素精确尺寸的约束形式。一般情况下，在绘制草图之后，需要对图形进行尺寸定位，使其满足使用要求。

2.8.1　线段长度的标注

步骤 **01**　打开文件 D:\catia2014\work\ch02.08\lengh.CATPart。

步骤 **02**　选择命令。选择下拉菜单 插入 ➡ 约束▶ ➡ 约束创建▶ ➡ 约束 命令。

步骤 **03**　选取要标注的元素。单击位置 1 以选取直线，如图 2.8.1 所示。

步骤 **04**　确定尺寸的放置位置。在位置 2 处单击鼠标左键。

2.8.2　两条平行线间距离的标注

步骤 **01**　打开文件 D:\catia2014\work\ch02.08\line-lengh.CATPart。

步骤 **02**　选择下拉菜单 插入 ➡ 约束▶ ➡ 约束创建▶ ➡ 约束 命令。

步骤 **03**　分别单击位置 1 和位置 2 以选择两条平行线，然后单击位置 3 以放置尺寸，如

图 2.8.2 所示。

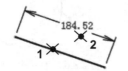

图 2.8.1 线段长度尺寸的标注

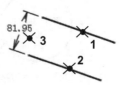

图 2.8.2 平行线距离的标注

2.8.3 点和直线之间距离的标注

(步骤01) 打开文件 D:\catia2014\work\ch02.08\point-line.CATPart。

(步骤02) 选择下拉菜单 插入 ➡ 约束▶ ➡ 约束创建▶ ➡ 约束 命令。

(步骤03) 单击位置 1 以选择点，单击位置 2 以选择直线；单击位置 3 放置尺寸，如图 2.8.3 所示。

2.8.4 两点间距离的标注

(步骤01) 打开文件 D:\catia2014\work\ch02.08\point- point.CATPart。

(步骤02) 选择下拉菜单 插入 ➡ 约束▶ ➡ 约束创建▶ ➡ 约束 命令。

(步骤03) 分别单击位置 1 和位置 2 以选择两点，单击位置 3 放置尺寸，如图 2.8.4 所示。

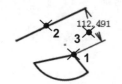

图 2.8.3 点、线间距离的标注

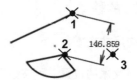

图 2.8.4 两点间距离的标注

2.8.5 直径的标注

(步骤01) 打开文件 D:\catia2014\work\ch02.08\diameter.CATPart。

(步骤02) 选择下拉菜单 插入 ➡ 约束▶ ➡ 约束创建▶ ➡ 约束 命令。

(步骤03) 选取要标注的元素。单击位置 1 以选择圆，如图 2.8.5 所示。

(步骤04) 确定尺寸的放置位置。在位置 2 处单击鼠标左键，如图 2.8.5 所示。

2.8.6 半径的标注

(步骤01) 打开文件 D:\catia2014\work\ch02.08\semidiameter.CATPart。

(步骤02) 选择下拉菜单 插入 ➡ 约束▶ ➡ 约束创建▶ ➡ 约束 命令。

(步骤03) 单击位置 1 选择圆弧，然后单击位置 2 放置尺寸，如图 2.8.6 所示。

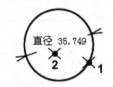

图 2.8.5　直径的标注

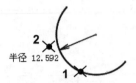

图 2.8.6　半径的标注

2.8.7　两条直线间角度的标注

步骤 01 打开文件 D:\catia2014\work\ch02.08\angle.CATPart。

步骤 02 选择下拉菜单 插入 ➡ 约束▶ ➡ 约束创建▶ ➡ 🗋 约束 命令。

步骤 03 分别在两条直线上选取点 1 和点 2；单击位置 3 放置尺寸（锐角，如图 2.8.7 所示），或单击位置 4 放置尺寸（钝角，如图 2.8.8 所示）。

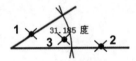

图 2.8.7　两条直线间角度的标注——锐角

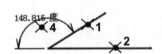

图 2.8.8　两条直线间角度的标注——钝角

2.9　修改尺寸标注

2.9.1　尺寸的移动

1. 移动尺寸文本

移动尺寸文本的位置，可按以下步骤操作。

步骤 01 单击要移动的尺寸文本。

步骤 02 按下左键并移动鼠标，将尺寸文本拖至所需位置。

2. 移动尺寸线

移动尺寸线的位置，可按下列步骤操作。

步骤 01 单击要移动的尺寸线。

步骤 02 按下左键并移动鼠标，将尺寸线拖至所需位置（尺寸文本随着尺寸线的移动而移动）。

2.9.2　尺寸值的修改

有两种方法可修改标注的尺寸值。

方法一：

步骤 01 打开文件 D:\catia2014\work\ch02.09\amend_dimension_01.CATPart。

步骤 02 选取对象。在要修改的尺寸文本上双击（图 2.9.1a），系统弹出图 2.9.2 所示的"约束定义"对话框。

步骤 03 定义参数。在"约束定义"对话框的文本框中输入数值 55，单击 ● 确定 按钮，完成尺寸的修改操作，如图 2.9.1b 所示。

步骤 04 重复步骤 **步骤 02** 和 **步骤 03**，可修改其他尺寸值。

方法二：

步骤 01 打开文件 D:\catia2014\work\ch02.09\amend_dimension_02.CATPart。

图 2.9.1　修改尺寸值 1　　　　　图 2.9.2　"约束定义"对话框

步骤 02 选择下拉菜单 插入 ➡ 约束▶ ➡ 编辑多重约束 命令，系统弹出图 2.9.3 所示的"编辑多重约束"对话框，图形区中的每一个尺寸约束和尺寸参数都出现在列表框中。

步骤 03 在列表框中选择需要修改的尺寸约束，然后在文本框中输入新的尺寸值。

步骤 04 修改完毕后，单击 ● 确定 按钮，修改后的结果如图 2.9.4 所示。

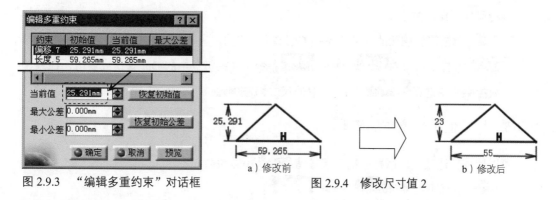

图 2.9.3　"编辑多重约束"对话框　　　　图 2.9.4　修改尺寸值 2

2.9.3　输入负尺寸

在修改线性尺寸时，可以输入一个负尺寸值。在草绘环境中，负号总是出现在尺寸旁边，但在"零件"模式中，尺寸值总是以正值出现。

2.9.4　尺寸显示的控制

图 2.9.5 所示的"可视化"工具栏可以用来控制尺寸的显示。单击"可视化"工具栏中的"尺寸约束"按钮 (单击后按钮显示为橙色)，图形区中显示标注的尺寸；再次单击该按钮，则系统关闭尺寸的显示。

图 2.9.5 所示"可视化"工具栏中各按钮的说明如下。

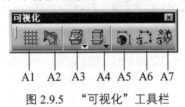

图 2.9.5　"可视化"工具栏

A1: 打开或关闭网格显示。

A2: 按草图平面剪切零件。

A3: 用于控制工作台背景中模型的显示状态。

A4: 用于控制工作台中的背景。

A5: 交替地显示或隐藏解析器的诊断。

A6: 显示/隐藏尺寸约束。

A7: 显示/隐藏几何约束。

2.9.5　删除尺寸

删除尺寸的操作方法如下。

步骤 01 单击需要删除的尺寸 (按住 Ctrl 键可多选)。

步骤 02 选择下拉菜单 编辑 ➡ 删除 命令 (或按键盘中的 Del 键；或右击，在系统弹出的快捷菜单中选择 删除 命令)，选取的尺寸即被删除。

2.9.6　尺寸值小数位数的修改

可以使用"选项"对话框来指定尺寸值的默认小数位数。

步骤 01 选择下拉菜单 工具 ➡ 选项... 命令。

步骤 02 在弹出的"选项"对话框中选择"常规"下的 参数和测量 选项，单击 单位 选项卡，如图 2.9.6 所示。

步骤 03 在 尺寸显示 选项组的 读/写数字的小数位 文本框中输入一个新值，单击 ● 确定 按钮，系统接受该变化并关闭对话框。

减少小数位数时，系统将数值四舍五入到指定的小数位数。

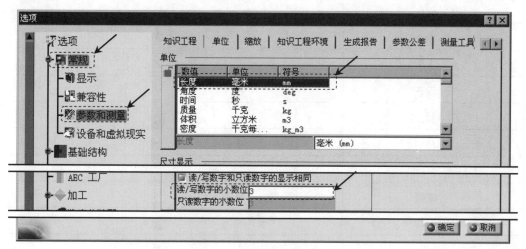

图 2.9.6 "选项"对话框

2.10 草图中的几何约束

按照工程技术人员的设计习惯，在草绘时或草绘后，希望对绘制的草图增加一些平行、相切、相等、共线等几何约束来帮助定位，CATIA 系统可以很容易地做到这一点。下面对约束进行详细的介绍。

2.10.1 约束的显示

1. 约束的屏幕显示控制

在"可视化"工具栏中单击"几何图形约束"按钮，即可控制约束符号在屏幕中的显示/关闭。

2. 约束符号颜色含义

◆ 约束: 显示为黑色。

◆ 鼠标指针所在的约束: 显示为橙色。

◆ 选定的约束: 显示为橙色。

3. 各种约束符号列表

各种约束的显示符号见表 2.10.1。

表 2.10.1　约束符号列表

约 束 名 称	约束显示符号
中点	↰
相合	●
水平	H
垂直	V
同心度	◉
相切	=
平行	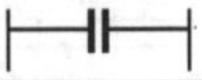 ⊢⊣⊢
垂直	⌐
对称	▮▮
等距点	↰
固定	▦

2.10.2　约束类型

CATIA 所支持的约束类型见表 2.10.2。

表 2.10.2　约束类型

按　钮	约　　束
距离	约束两个指定元素之间的距离（元素可以为点、线、面等）
长度	约束一条直线的长度
角度	定义两个元素之间的角度
半径/直径	定义圆或圆弧的直径或半径
半长轴	定义椭圆的长半轴的长度
半短轴	定义椭圆的短半轴的长度
对称	使两点或两直线对称于某元素
中点	定义点在曲线的中点上
等距点	使空间三个点彼此之间的距离相等
固定	使选定的对象固定

（续）

按钮	约束
🔲 相合	使选定的对象重合
🔲 同心	当两个元素（直线）被指定该约束后，它们的圆心将位于同一点上
🔲 相切	使选定的对象相切
🔲 平行	当两个元素（直线）被指定该约束后，这两条直线将自动处于平行状态
🔲 垂直	当两个元素（直线）被指定该约束后，这两条直线将自动处于垂直状态
🔲 水平	使直线处于水平状态
🔲 竖直	使直线处于竖直状态

2.10.3　几何约束的创建

下面以图 2.10.1 所示的相切约束为例来说明创建约束的一般操作过程。

步骤 01　打开文件 D:\catia2014\work\ch02.10\restrict.CATPart。

步骤 02　选择要约束的对象。按住 Ctrl 键，在图形区分别选取图 2.10.1a 所示的直线和圆。

步骤 03　选择约束命令。选择下拉菜单 插入 ➡ 约束▶ ➡ 约束... 命令，系统弹出图 2.10.2 所示的"约束定义"对话框。

　在"约束定义"对话框中，选取的元素能够添加的所有约束变为可选。

步骤 04　选择约束类型。在"约束定义"对话框中选中 🔲 相切 复选框，单击 ⬤ 确定 按钮，完成相切约束的添加。

步骤 05　重复步骤 **步骤 02** ～ **步骤 04**，可创建其他的约束。

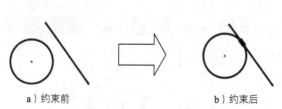

a）约束前　　　　　　　　b）约束后

图 2.10.1　元素的相切约束

图 2.10.2　"约束定义"对话框

2.10.4 几何约束的删除

下面以图 2.10.3 为例，说明删除约束的一般操作过程。

步骤 01 打开文件 D:\catia2014\work\ch02.10\restrict_delete.CATPart。

步骤 02 选择要删除的约束对象。在图 2.10.4 所示的特征树中单击要删除的约束。

步骤 03 选择命令。单击鼠标右键，在系统弹出的图 2.10.5 所示的快捷菜单中选择 删除 命令（或按下 Delete 键），系统删除所选的约束。

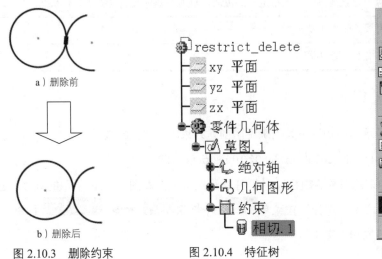

a）删除前

b）删除后

图 2.10.3 删除约束

图 2.10.4 特征树

图 2.10.5 快捷菜单

2.10.5 接触约束

接触约束是快速创建约束的一种方法。添加接触约束就是添加两个对象之间的相切、同心、共线等约束关系。其中，点和其他元素之间是重合约束，圆和圆以及椭圆之间是同心约束，直线之间是相合约束，直线与圆之间以及除了圆和椭圆之外的其他两个曲线之间是相切约束。下面以图 2.10.6 所示的同心约束为例，说明创建接触约束的一般操作步骤。

步骤 01 打开文件 D:\catia2014\work\ch02.10\touch.CATPart。

步骤 02 选取对象。按住 Ctrl 键，在图形区分别选取图 2.10.6a 所示的圆和圆弧。

步骤 03 选择命令。选择下拉菜单 插入 ➡ 约束▶ ➡ 约束创建▶ ➡ 接触约束 命令，系统立即创建同心约束。

a) 约束前

b) 约束后

图 2.10.6 同心约束

2.11　草图状态解析与分析

完成草图的绘制后，应该对它进行一些简单的分析。在分析草图过程中，系统显示草图未完全约束、已完全约束和过度约束等状态，然后通过此分析可进一步修改草图，从而使草图完全约束。

2.11.1　草图状态解析

草图状态解析就是对草图轮廓做简单的分析，判断草图是否完全约束。下面介绍草图状态解析的一般操作过程。

步骤 01　打开文件 D:\catia2014\work\ch02.11\sketch_analysis.CATPart（图 2.11.1）。

步骤 02　在图 2.11.2 所示的"工具"工具栏中，单击"草图求解状态"按钮 中的 ，再单击 按钮，系统弹出图 2.11.3 所示的"草图求解状态"对话框（一）。此时，对话框中显示"不充分约束"字样，表示该草图未完全约束。

图 2.11.1　草图

图 2.11.2　"工具"工具栏

图 2.11.3　"草图求解状态"对话框（一）

> **说明**　当草图完全约束和过度约束时，"草图求解状态"对话框分别如图 2.11.4 和图 2.11.5 所示。

图 2.11.4　"草图求解状态"对话框（二）

图 2.11.5　"草图求解状态"对话框（三）

2.11.2　草图分析

利用 **工具** 下拉菜单中的 **草图分析** 命令可以对草图几何图形、草图投影/相交和草图状态等进行分析。下面介绍利用"草图分析"命令分析草图的一般操作过程。

步骤 01　打开文件 D:\catia2014\work\ch02.11\sketch_analysis.CATPart。

步骤 02　选择下拉菜单 **工具** ➡ **草图分析** 命令（或在"工具"工具栏中单击"草

图状态解析"按钮 ▦ 中的 ▪，再单击 ▦ 按钮），系统弹出"草图分析"对话框。

步骤 03 在"草图分析"对话框中单击 诊断 选项卡，其列表框中显示草图中所有的几何图形和约束以及它们的状态。

2.12　CATIA 草图设计与二维软件图形绘制的区别

与其他二维软件（如 AutoCAD）相比，CATIA 的二维草图的绘制有自己的方法、规律和技巧。

用 AutoCAD 绘制二维图形，通过一步一步地输入准确的尺寸，可以直接得到最终需要的图形。而用 CATIA 绘制二维图形时，开始一般不需要给出准确的尺寸，而是先绘制草图，勾勒出图形的大概形状，然后再为草图创建符合工程需要的尺寸布局，最后修改草图的尺寸，在修改时输入各尺寸的准确值（正确值）。由于 CATIA 具有尺寸驱动功能，所以草图在修改尺寸后，图形的大小会随着尺寸而变化。这样绘制图形的方法虽然烦琐，但在实际的产品设计中，它比较符合设计师的思维方式和设计过程。假如某个设计师现需要对产品中的一个零件进行全新设计，那么在刚开始设计时，设计师的脑海里只会有这个零件的大概轮廓和形状，所以他会先以草图的形式把它勾勒出来，草图完成后，设计师接着会考虑图形（零件）的尺寸布局、基准定位等，最后设计师根据诸多因素（如零件的功能、零件的强度要求、零件与产品中其他零件的装配关系等），确定零件每个尺寸的最终准确值，从而完成零件的设计。由此看来，CATIA 的这种"先绘草图、再改尺寸"的绘图方法是有一定道理的。

2.13　CATIA 草图设计综合应用范例 1

范例概述

本范例从新建一个草图开始，详细介绍了草图的绘制、编辑和标注的过程，要重点掌握的是约束的自动捕捉以及尺寸的处理技巧。图形如图 2.13.1 所示，其绘制过程如下。

步骤 01 新建一个模型文件。

选择下拉菜单 文件 ➡ 新建... 命令，系统弹出"新建"对话框，在 类型列表: 下拉列表中选择 Part 选项，单击 确定 按钮，系统弹出"新建零件"对话框，在 输入零件名称 文本框中输入文件名为 spsk01，单击 确定 按钮，进入零件设计工作台。

步骤 02 绘制草图前的准备工作。

（1）选择下拉菜单 插入 ➡ 草图编辑器 ▶ ➡ 草图 命令，在特征树中选择"xy

平面"作为草绘平面，系统进入草图设计工作台。

（2）确认"草图工具"工具栏中的"几何图形约束"按钮 和"尺寸约束"按钮 显示橙色（即开启"几何图形约束"和"尺寸约束"）。

步骤 03 创建草图以勾勒出图形的大概形状。选择下拉菜单 插入 → 轮廓▶ → 轮廓 命令，在图形区绘制图 2.13.2 所示的轮廓线。

> 在绘制草图的过程中，系统会自动创建一些几何约束。在本例中所需的几何约束均可由系统自动创建。

步骤 04 创建几何约束。

（1）创建相合约束。按住 Ctrl 键，在图形区分别选取图 2.13.3 所示的直线和 H 轴，选择下拉菜单 插入 → 约束▶ → 约束... 命令，系统弹出"约束定义"对话框，在"约束定义"对话框中选中 相合 复选框。单击 确定 按钮，完成相合约束的添加，结果如图 2.13.3 所示。

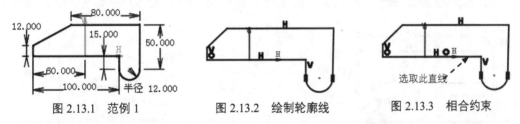

图 2.13.1　范例 1　　　　图 2.13.2　绘制轮廓线　　　　图 2.13.3　相合约束

（2）创建竖直约束。选取图 2.13.4 所示的直线，选择下拉菜单 插入 → 约束▶ → 约束... 命令，系统弹出 "约束定义"对话框，在"约束定义"对话框中选中 竖直 复选框。单击 确定 按钮，完成竖直约束的添加，结果如图 2.13.4 所示。

步骤 05 创建尺寸约束。

（1）添加图 2.13.5b 所示的尺寸约束。选择下拉菜单 插入 → 约束▶ → 约束创建▶ → 约束 命令，选取图 2.13.5a 所示的圆弧，在光标处出现图 2.13.5a 所示的尺寸时，在合适位置单击以确定标注位置，结果如图 2.13.5a 所示。在图 2.13.5a 所示的图形中双击要修改的尺寸，系统弹出"约束定义"对话框，在文本框中输入数值 12，单击 确定 按钮，完成尺寸的修改，如图 2.13.5b 所示。

（2）添加图 2.13.6b 所示的线性尺寸约束。选择下拉菜单 插入 → 约束▶ → 约束创建▶ → 约束 命令，选取图 2.13.6a 所示的直线和 V 轴，在光标处出现图 2.13.6a 所示的尺寸时，在合适位置单击以确定标注位置，结果如图 2.13.6a 所示。在图 2.13.6a 所示的图形中双击要修改的尺寸，系统弹出 "约束定义"对话框，在文本框中输入数值 60，单击 ● 确定 按钮，完成尺寸的修改，如图 2.13.6b 所示。

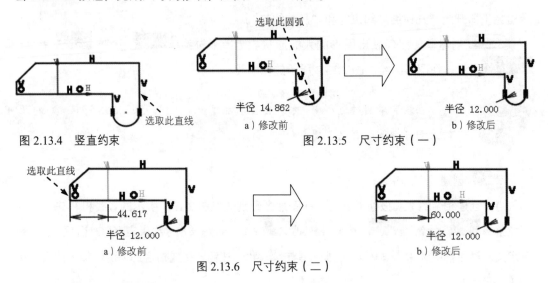

图 2.13.4 竖直约束

图 2.13.5 尺寸约束（一）

图 2.13.6 尺寸约束（二）

（步骤 06）参照（步骤 05）的操作，完成图 2.13.7a 所示尺寸标注，修改结果如图 2.13.7b 所示。

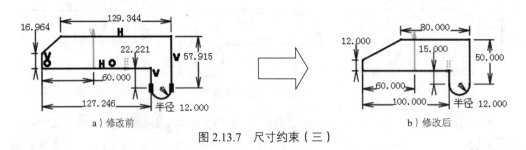

图 2.13.7 尺寸约束（三）

2.14 CATIA 草图设计综合应用范例 2

范例概述

本范例从新建一个草图开始，详细介绍了草图的绘制、编辑和标注的过程，要重点掌握的是约束的自动捕捉以及尺寸的处理技巧。图形如图 2.14.1 所示，其绘制过程如下。

（步骤 01）新建一个模型文件，命名为 spsk02。

（步骤 02）绘制草图前的准备工作。选择下拉菜单 插入 ➡ 草图编辑器 ▶ ➡ ✎ 草图 命令，在特征树中选择 "xy 平面"作为草绘平面，系统进入草图设计工作台。

（步骤 03）创建草图以勾勒出图形的大概形状。在图形区绘制图 2.14.2 所示的轮廓线。

（步骤 04）创建几何约束。将不必要的几何约束删除后添加图 2.14.3 所示的几何约束。

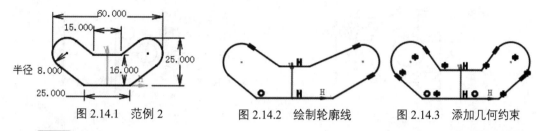

图 2.14.1　范例 2　　　　图 2.14.2　绘制轮廓线　　　　图 2.14.3　添加几何约束

步骤 05 创建尺寸约束。添加图 2.14.4a 所示的尺寸约束，修改后的最终尺寸如图 2.14.4b 所示。

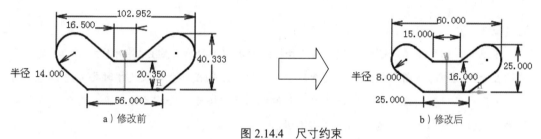

a）修改前　　　　　　　　　　　　　　　b）修改后

图 2.14.4　尺寸约束

2.15　CATIA 草图设计综合应用范例 3

范例概述

　　由于本范例具有对称特征，在绘制过程中可使用"镜像"命令简便快速地绘制草图。此命令镜像的不仅仅是所绘制的草图，而是连同草图在内的所有约束，从而省去了单独约束的麻烦。图形如图 2.15.1 所示。

　　　本范例的详细操作过程请参见随书光盘中 video\ch02.15\文件下的语音视频讲解文件。模型文件为 D:\catia2014\work\ch02.15\spsk03。

2.16　CATIA 草图设计综合应用范例 4

范例概述

　　本范例主要介绍利用"添加约束"的方法进行草图绘制的过程，在绘制过程中还应用了"镜像"命令。在绘制过程中希望读者能够细心体会"镜像"命令对于几何约束的影响。图形如图 2.16.1 所示。

　　　本范例的详细操作过程请参见随书光盘中 video\ch02.16\文件下的语音视频讲解文件。模型文件为 D:\catia2014\work\ch02.16\spsk04。

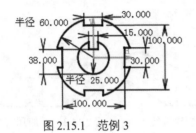

图 2.15.1　范例 3

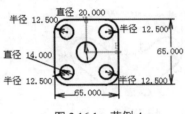

图 2.16.1　范例 4

2.17　CATIA 草图设计综合应用范例 5

范例概述

本范例详细介绍了草图的绘制、编辑和标注的过程。由于 CATIA 具有尺寸驱动功能，即草图在修改尺寸时，图形的大小会随着尺寸而变化，因此在单个修改尺寸时要考虑其先后顺序。使用"编辑多约束"命令修改尺寸，不但能够简单快速地修改尺寸，且无需考虑其先后顺序，望读者细心体会。图形如图 2.17.1 所示。

　　　　本范例的详细操作过程请参见随书光盘中 video\ch02.17\文件下的语音视频讲解文件。模型文件为 D:\catia2014\work\ch02.17\spsk05。

2.18　CATIA 草图设计综合应用范例 6

范例概述

本范例主要介绍了草图绘制过程中构造线的用途，希望读者在学习的过程中细心体会。图形如图 2.18.1 所示。

　　　　本范例的详细操作过程请参见随书光盘中 video\ch02.18\文件下的语音视频讲解文件。模型文件为 D:\catia2014\work\ch02.18\spsk06。

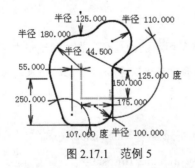

图 2.17.1　范例 5

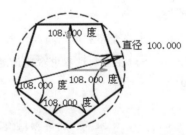

图 2.18.1　范例 6

第 3 章 零件设计

3.1 零件设计工作台及界面

3.1.1 进入零件设计工作台

进入 CATIA 软件环境后，系统默认创建了一个装配文件，名称为 Product1，此时应选择下拉菜单 开始 ➤➤ 机械设计 ➤➤ 零件设计 命令，系统弹出"新建零件"对话框，在对话框中输入零件名称，选中 启用混合设计 复选框，单击 确定 按钮，即可进入零件设计工作台。

3.1.2 用户界面的简介

在学习本节时，请先打开文件 D:\catia2014\work\ch03.01\base.CATPart。

CATIA 零件设计工作台的用户界面包括标题栏、下拉菜单区、工具栏区、消息区、特征树区、图形区和功能输入区，如图 3.1.1 所示，其中右工具栏区是零部件工作台的常用工具栏区。

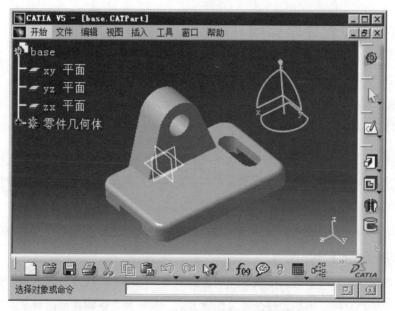

图 3.1.1　CATIA 零部件设计工作台用户界面

右工具栏中的命令按钮为快速进入命令及设置工作环境提供了极大方便，用户可以根据实际情况定制工具栏。

在工具栏中，用户会看到有些菜单命令和按钮是灰色的（即暗色），这是因为它们目前还没有处在发挥功能的环境中，一旦它们进入可以发挥功能的环境，便会自动加亮。进入零件设计工作台后，屏幕上会出现建模所需的各种工具按钮。

3.1.3 零件设计工作台中的下拉菜单

1. **插入** 下拉菜单

插入 下拉菜单是零件设计工作台中的主要菜单，它的主要功能包括编辑草图、建立基于草图的特征、修饰特征等。

单击 **插入** 下拉菜单，即可显示其中的命令，其中大部分命令都以快捷按钮方式出现在屏幕的右工具栏按钮区。

2. **工具** 下拉菜单

工具 下拉菜单中有两个实用性非常强的命令——**显示** 和 **隐藏** 命令。当图形区中元素过多时，为使模型显示清楚，可以使用这两个命令进行不同类型元素的显示和隐藏操作。

3.2 用 CATIA 创建零件的一般过程

用 CATIA 软件创建零件，其方法十分灵活，按大的方法分类，有以下几种。

- ◆ "积木"式的方法：这是大部分机械零件的实体三维模型的创建方法。这种方法是先创建一个反映零件主要形状的基础特征，然后在这个基础特征上添加其他的一些特征，如凸台、凹槽、倒角、圆角等。
- ◆ 由曲面生成零件的实体三维模型的方法：这种方法是先创建零件的曲面特征，然后把曲面转换成实体模型。
- ◆ 从装配体中生成零件的实体三维模型的方法：这种方法是先创建装配体，然后在装配体中创建零件。

本章将以图 3.2.1 所示的三维模型为例，介绍用"积木"式的方法创建零件模型的一般过程，同时介绍凸台特征的基本概念及其创建方法，其他的方法将在后面章节中陆续介绍。

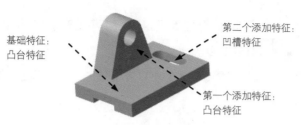

基础特征：
凸台特征

第二个添加特征：
凹槽特征

第一个添加特征：
凸台特征

图 3.2.1 零件模型

3.2.1 新建一个零件

新建一个零件模型操作步骤如下。

步骤 01 选择命令。选择下拉菜单 文件 ➡ 新建... 命令，此时系统弹出"新建"对话框。

步骤 02 选择文件类型。在"新建"对话框的 类型列表： 栏中选择文件类型为 Part ，然后单击 确定 按钮，系统弹出"新建零件"对话框。

步骤 03 输入零件名称。在"新建零件"对话框的 输入零件名称 文本框中输入零件名称 base，然后单击 确定 按钮。

 说明

每次新建一个文件，CATIA 系统都会显示一个默认名。如果要创建的是零件，默认名的格式是 Part 后跟序号（如 Part1），以后再新建一个零件，序号自动加 1。

3.2.2 创建零件的基础特征

基础特征是一个零件的主要结构特征，创建什么样的基础特征比较重要，一般由设计者根据产品的设计意图和零件的特点灵活掌握。本例中的三维模型的基础特征是一个图 3.2.2 所示的凸台特征。凸台特征是通过对封闭截面轮廓进行单向或双向拉伸建立的三维实体特征，它是最基本且经常使用的零件造型命令。

特征的截面草图

通过拉伸

凸台特征

图 3.2.2 凸台特征

1. 选取凸台特征命令

选取特征命令一般有如下两种方法。

方法一：从下拉菜单中获取特征命令。本例可以选择下拉菜单 插入 ➡️
基于草图的特征 ▶ ➡️ ⬚ 凸台... 命令。

方法二：从工具栏中获取特征命令。本例可以直接单击"基于草图的特征"工具栏中的
⬚ 命令按钮。

2. 定义凸台类型

完成特征命令的选取后，系统弹出"定义凸台"对话框，在对话框中不进行选项操作，创建系统默认的实体类型。

利用"定义凸台"对话框可以创建实体和薄壁两种类型的特征，分别介绍如下。

◆ 实体类型：创建实体类型时，实体特征的截面草图完全由材料填充，如图 3.2.3 所示。

◆ 薄壁类型：在"定义凸台"对话框中的 轮廓/曲面 区域选中 厚 复选框，通过展开对话框的隐藏部分可以将特征定义为薄壁类型。在由草图截面生成实体时，薄壁特征的草图截面则由材料填充成均厚的环，环的内侧或外侧或中心轮廓边是截面草图，如图 3.2.4 所示。

3. 定义凸台特征截面草图

定义特征截面草图的方法有两种：第一是选择已有草图作为特征的截面草图，第二是创建新的草图作为特征的截面草图。本例中，介绍定义截面草图的第二种方法，操作过程如下。

步骤01 选择草图命令并选取草图平面。单击"定义凸台"对话框中的 ⬚ 按钮，系统弹出图 3.2.5 所示的"运行命令"对话框，在系统 选择草图平面 提示下，选取 yz 平面作为草图绘制的基准平面，进入草绘工作台。

图 3.2.3 实体类型

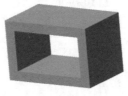

图 3.2.4 薄壁类型

图 3.2.5 "运行命令"对话框

对草图平面的概念和有关选项介绍如下。

◆ 草图平面是特征截面或轨迹的绘制平面。

◆ 选择的草图平面可以是坐标系的 xy 平面、yz 平面、zx 平面中的一个，也可以新创建一个平面作为草绘平面，也可以选择模型的某个表面作为草图平面。

步骤 **02** 创建截面草图。

本例中的基础凸台特征的截面草图如图 3.2.6 所示，其绘制步骤如下。

（1）设置草图环境，调整草绘区。

> ◆ 除可以移动和缩放草绘区外，如果用户想在三维空间绘制草图或希望看到模型截面草图在三维空间的方位，可以旋转草绘区，方法是同时按住鼠标的中键和右键并移动鼠标，此时可看到图形跟着鼠标旋转。旋转后，选择下拉菜单 视图 ➡ 修改 ▶ ➡ 🔺 法线视图 命令（或单击"视图"工具栏中的 🔺 按钮），可恢复绘图平面与屏幕平行。
>
> ◆ 为了绘图更方便，绘图前可先单击"网格" ▦ 按钮使其处于关闭状态。

（2）创建截面草图。下面介绍创建 CATIA 零件特征截面（或轨迹）草图的一般流程，在以后的章节中，创建特征草图时，都可参照这里的操作步骤。

① 绘制图 3.2.7 所示的截面草图的大体轮廓。

操作提示与注意事项：

◆ 开始绘制草图时，没有必要很精确地绘制截面草图的几何形状、位置和尺寸，只需要绘制一个很粗略的形状。本例与图 3.2.7 相似就可以。

◆ 绘制直线前可先确认"草图工具"工具栏中的 🔖 按钮被激活，在创建轮廓时可自动建立水平和垂直约束，详细操作可参见第 2 章中草绘的相关内容。

② 建立几何约束。建立图 3.2.8 所示的水平、竖直、相合等约束。

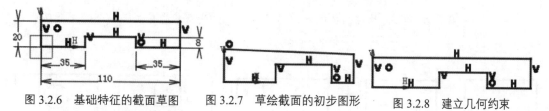

图 3.2.6 基础特征的截面草图 　　图 3.2.7 草绘截面的初步图形 　　图 3.2.8 建立几何约束

③ 建立尺寸约束。建立图 3.2.9 所示的五个尺寸约束。

④ 修改尺寸。将尺寸修改为设计要求的尺寸，如图 3.2.10 所示。

操作提示与注意事项：

◆ 尺寸的修改往往安排在建立完约束以后进行。

◆ 注意修改尺寸的顺序，先修改对截面外观影响不大的尺寸。

◆ 修改尺寸前要注意，如果需要修改的尺寸较多，且与设计目的尺寸相差太大，建议用户单击"约束"工具栏中的 按钮，输入所有目的尺寸，达到顺利快速整体修改的效果。

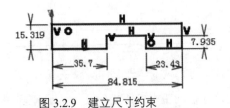

图 3.2.9　建立尺寸约束

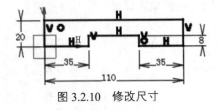

图 3.2.10　修改尺寸

步骤 03 完成草图绘制后，单击"工作台"工具栏中的 按钮，退出草绘工作台。

◆ 如果系统弹出"特征定义错误"对话框，则表明截面草图不闭合或截面中有多余的线段，此时可单击 否(N) 按钮，然后修改截面中的错误，完成修改后再单击 按钮。

◆ 绘制实体拉伸特征的截面时，应该注意如下要求。

● 截面必须闭合，截面的任何部位不能有缺口，如图 3.2.11a 所示。

● 截面的任何部位不能探出多余的线头，如图 3.2.11b 所示。

● 截面可以包含一个或多个封闭环，生成特征后，外环以实体填充，内环则为孔。环与环之间不能相交或相切，如图 3.2.11c、3.3.11d 所示；环与环之间也不能有直线（或圆弧等）相连，如图 3.2.11e 所示。

◆ 曲面拉伸特征的截面可以是开放的，但截面不能有多于一个的开放环。

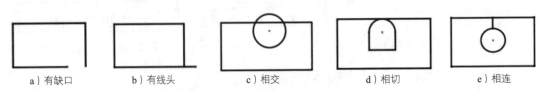

图 3.2.11　凸台特征的几种错误截面

4. 定义凸台是法向拉伸还是斜向拉伸

退出草绘工作台后，接受系统默认的拉伸方向（截面法向），即进行凸台的法向拉伸。

　　CATIA V5-6 中的凸台特征可以通过定义方向以实现法向或斜向拉伸。若不选择拉伸的参考方向，则系统默认为法向拉伸（图 3.2.12）。若在"定义凸台"对话框的 方向 区域的 参考: 文本框中单击，则可激活斜向拉伸，这时只需选择一条斜线作为参考方向（图 3.2.13），便可实现实体的斜向拉伸。必须注意的是，作为参考方向的斜线必须事先绘制好，否则无法创建斜实体。

图 3.2.12　法向拉伸

参考方向

图 3.2.13　斜向拉伸

5. 定义凸台的拉伸深度属性

步骤 01　定义凸台的拉伸深度方向。采用模型中默认的深度方向。

　　按住鼠标的中键和右键且移动鼠标，可将草图旋转到三维视图状态，此时在模型中可看到一个橙色的箭头，该箭头表示特征拉伸深度的方向。无论选取的深度类型为双向拉伸还是单向拉伸，该箭头指示的都是第一限制的拉伸方向。要改变箭头的方向，有如下两种方法。

　　　　方法一：将鼠标指针移至深度方向箭头上单击。

　　　　方法二：在"定义凸台"对话框中单击 反转方向 按钮。

步骤 02　定义凸台的拉伸深度类型。单击图 3.2.14 所示的"定义凸台"对话框中的 更多>> 按钮，展开对话框的隐藏部分，在对话框 第一限制 区域和 第二限制 区域的 类型: 下拉列表中均选取 尺寸 选项。

说明：

◆　如图 3.2.14 所示，单击"定义凸台"对话框中 第一限制 或 第二限制 区域的 类型: 下拉列表，可以选取特征的拉伸深度类型，各选项说明如下。

　　● 尺寸 选项：特征将从草图平面开始，按照所输入的数值（即拉伸深度值）向特征创建的方向进行拉伸。

- **直到下一个** 选项：特征将拉伸至零件的下一个曲面处终止。

- **直到最后** 选项：特征在拉伸方向上延伸，直至与零件所有曲面相交。

- **直到平面** 选项：特征在拉伸方向上延伸，直到与用户指定的平面相交。

- **直到曲面** 选项：特征在拉伸方向上延伸，直到与用户指定的曲面相交。

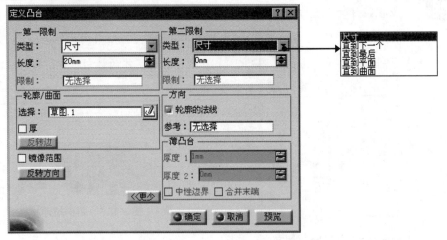

图 3.2.14　"定义凸台"对话框

◆　选择拉伸深度类型时，要考虑下列规则。

- 如果特征要拉伸至某个终止曲面，则特征的截面草图的大小不能超出终止的曲面（或面组）范围。

- 如果特征应终止于其到达的第一个曲面，必须选择 **直到下一个** 选项。

- 如果特征应终止于其到达的最后曲面，必须选择 **直到最后** 选项。

- 使用 **直到平面** 选项时，可以选择一个基准平面（或零件模型的某个平面）作为终止面。

- 穿过特征没有与深度有关的参数，修改终止平面（或曲面）可改变特征深度。

◆　图 3.2.15 显示了凸台特征的有效深度选项。

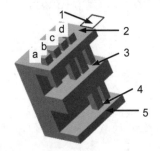

左图中：a 为尺寸，b 为直到下一个，c 为直到平面，d 为直到最后；1 为草图平面，2 为下一个曲面，3、4、5 为模型的表面（曲面、平面）。

图 3.2.15　拉伸深度选项示意图

步骤 03 定义拉伸深度值。在对话框 第一限制 区域和 第二限制 区域的 长度： 文本框中均输入数值 80.0，完成拉伸深度值的定义。

6. 完成凸台特征的创建

步骤 01 特征的所有要素被定义完毕后，单击对话框中的 预览 按钮，预览所创建的特征，以检查各要素的定义是否正确。

说明 预览时，可按住鼠标中键和右键进行旋转查看，如果所创建的特征不符合设计意图，可选择对话框中的相关选项重新定义。

步骤 02 预览完成后，单击"定义凸台"对话框中的 确定 按钮，完成特征的创建。

3.2.3 添加其他特征

1. 添加凸台特征

在创建零件的基本特征后，可以添加其他特征。现在要添加图 3.2.16 所示的凸台特征，操作步骤如下。

步骤 01 选择命令。选择下拉菜单 插入 ➡ 基于草图的特征 ▶ ➡ 凸台... 命令，系统弹出"定义凸台"对话框。

步骤 02 选择凸台类型。本例中创建系统默认的实体类型特征。

步骤 03 创建截面草图。

（1）选择草图命令并选取草图平面。在"定义凸台"对话框中单击 按钮，选取图 3.2.16 所示的模型表面 1 为草图平面，进入草绘工作台。

（2）绘制图 3.2.17 所示的截面草图。

① 绘制截面轮廓。绘制图 3.2.17 所示的截面草图的大体轮廓。

② 建立几何约束。建立图 3.2.17 所示的相合约束、对称约束和相切约束。

③ 建立尺寸约束。建立图 3.2.17 所示的 4 个尺寸约束。

④ 修改尺寸。将尺寸修改为设计要求的尺寸，结果如图 3.2.17 所示。

⑤ 完成草图绘制后，单击"工作台"工具栏中的 按钮，退出草绘工作台。

步骤 04 选取拉伸方向。采用系统默认的拉伸方向（截面法向）。

步骤 05 定义拉伸深度。

（1）选取深度类型。在"定义凸台"对话框 第一限制 区域的 类型： 下拉列表中选取 尺寸选项。

（2）定义深度值。在 长度: 文本框中输入深度值 35，单击 反转方向 按钮。

步骤 06 单击"定义凸台"对话框中的 ● 确定 按钮，完成特征的创建。

2. 添加凹槽特征

凹槽特征的创建方法与凸台特征基本一致，只不过凸台是增加实体（加材料特征），而凹槽则是减去实体（减材料特征），二者本质上都属于拉伸。

现在要添加图 3.2.18 所示的凹槽特征，具体操作步骤如下。

步骤 01 选择命令。选择下拉菜单 插入 ➡ 基于草图的特征▶ ➡ 凹槽...命令，系统弹出"定义凹槽"对话框。

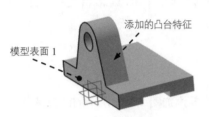

图 3.2.16 添加凸台特征

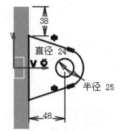

图 3.2.17 截面草图

图 3.2.18 添加凹槽特征

步骤 02 创建截面草图。

（1）选择草图命令并选取草绘平面。在对话框中单击 按钮，选取图 3.2.19 所示的模型表面 1 为草绘平面。

（2）绘制截面草图。在草绘工作台中创建图 3.2.20 所示的截面草图。

① 绘制草图轮廓，添加图 3.2.20 所示三个尺寸约束。

② 将尺寸修改为设计要求的目标尺寸，结果如图 3.2.20 所示。

③ 完成特征截面后，单击"工作台"工具栏中的 按钮，退出草绘工作台。

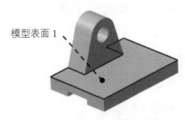

图 3.2.19 定义草绘平面

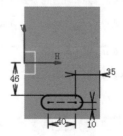

图 3.2.20 截面草图

步骤 03 选取拉伸方向。采用系统默认的拉伸方向。

步骤 04 定义拉伸深度。

（1）选取深度方向。本例不进行操作，采用系统默认的深度方向。

（2）选取深度类型。在"定义凹槽"对话框 第一限制 区域的 类型： 下拉列表中选取 直到下一个 选项。

 "定义凹槽"对话框 第一限制 区域的 偏移： 文本框中的数值表示的是偏移凹槽特征拉伸终止面的距离。

步骤 05 单击"定义凹槽"对话框中的 确定 按钮，完成特征的创建。

步骤 06 保存模型文件。选择下拉菜单 文件 ➡ 保存 命令，即可保存模型文件。

3.3 CATIA V5-6 中的文件操作

3.3.1 文件的打开

假设已经退出 CATIA 软件，重新进入软件环境后，要打开名称为 base.CATPart 的文件，其操作过程如下。

步骤 01 选择下拉菜单 文件 ➡ 打开... 命令，系统弹出"选择文件"对话框。

步骤 02 单击 文件类型(T)： 文本框右下角的 按钮，在其下的下拉列表中选取 所有文件 (*.*)，在 查找范围(I)： 文件列表中选择要打开的文件名 base，单击 打开(O) 按钮，即可打开文件（或双击文件名也可打开文件）。

"选择文件"对话框中有关按钮的说明如下。

◆ 单击 按钮，可以转到上一级目录。

◆ 单击 按钮，可以创建新文件夹。

◆ 单击 按钮，出现图 3.3.1 所示的文件选项菜单，可选取相应命令。

◆ 单击 文件类型(T)： 文本框右下角的 按钮，从弹出的 文件类型(T)： 列表中选取某个文件类型，文件列表中将只显示该类型的文件。

◆ 选中 ☑ 以只读方式打开(R) 复选框，可将所选文件以只读方式打开。

◆ 选中 ☑ 显示预览 复选框，"选择文件"对话框中文件列表的右侧将出现预览的文件。

◆ 单击 取消 按钮，放弃打开所选文件。

对于最近才打开的文件，可以在 **文件** 下拉菜单将其打开，如图 3.3.2 所示。

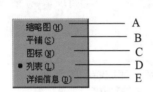

图 3.3.1　文件选项菜单

图 3.3.2　"文件"下拉菜单

图 3.3.1 所示的文件选项菜单中有关选项的说明如下。

A: 显示文件列表中所有文件的缩略图。

B: 将列表中所有文件平铺列出。

C: 以图标形式将文件列表中的文件显示出。

D: 以列表形式显示文件。

E: 显示文件列表中所有文件的详细信息。

3.3.2　文件的保存

步骤 01 选择下拉菜单 **文件** ➡ **保存** 命令，系统弹出"另存为"对话框。

步骤 02 在"另存为"对话框的 **保存在 (I):** 下拉列表中选择文件保存的路径，在 **文件名 (N):**
文本框中输入文件名称，单击"另存为"对话框中的 **保存(S)** 按钮，即可保存文件。

注意：

◆ 保存路径可以包含中文字符，但输入的文件名中不能含有中文字符。

◆ **文件** 下拉菜单中还有一个 **另存为...** 命令，**保存** 与 **另存为...** 命令的区别在于：
保存 命令是保存当前的文件，**另存为...** 命令是将当前的文件复制进行保存，原
文件不受影响。

◆ 如果打开多个文件，并对这些文件进行了编辑，可
以用下拉菜单中的 **全部保存** 命令，将所有文件进
行保存。若打开的文件中有新建的文件，系统会弹
出图 3.3.3 所示的"全部保存"对话框，提示文件无

图 3.3.3　"全部保存"对话框

法被保存，用户需先将以前未保存过的文件保存，才可使用此命令。

◆ 选择下拉菜单 文件 ➡ 保存管理... 命令，系统弹出图 3.3.4 所示的 "保存管理" 对话框，在该对话框中可对多个文件进行 "保存" 或 "另存为" 操作。方法是：选择要进行保存的文件，单击 另存为... 按钮，系统弹出 "另存为" 对话框，选择想要存储的路径并输入文件名，即可保存为一个新文件；对于经过修改的旧文件，单击 保存(S) 按钮，即可完成保存操作。

图 3.3.4　"保存管理" 对话框

3.4　模型的显示与控制

学习本节时，请先打开模型文件 D:\catia2014\work\ch03.04\base.CATPart。

3.4.1　模型的显示方式

对于模型的显示，CATIA 提供了六种方法，可通过选择下拉菜单 视图 ➡ 渲染样式 ▶ 命令，或单击 "视图（V）" 工具栏中 按钮右下方的小三角形，从弹出的 "视图方式" 工具栏中选择显示方式。

◆ （着色显示方式）：单击此按钮，只对模型表面着色，不显示边线轮廓，如图 3.4.1 所示。

◆ （含边线着色显示方式）：单击此按钮，显示模型表面，同时显示边线轮廓，如图 3.4.2 所示。

◆ （带边着色但不光顺显示方式）：这是一种渲染方式，也显示模型的边线轮廓，但是光滑连接面之间的边线不显示出来，如图 3.4.3 所示。

◆ （含边和隐藏边着色显示方式）：显示模型可见的边线轮廓和不可见的边线轮廓，如图 3.4.4 所示。

◆ （含材料着色显示方式）：这种显示方式可以将已经应用了新材料的模型显示出

模型的材料外观属性。图 3.4.5 所示即应用了新材料后的模型显示（应用新材料的方法将在 3.7.1 节"零件模型材料的设置"中讲到）。

图 3.4.1　着色显示方式

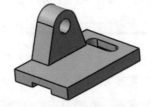

图 3.4.2　含边线着色显示方式

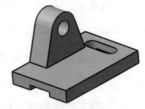

图 3.4.3　带边着色但不光顺显示方式

◆ 　（线框显示方式）：单击此按钮，模型将以线框状态显示，如图 3.4.6 所示。

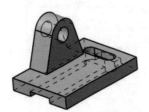

图 3.4.4　含边和隐藏边着色显示方式

图 3.4.5　含材料着色显示方式

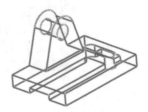

图 3.4.6　线框显示方式

◆ 　选择下拉菜单 视图 ➡ 渲染样式 ▶ ➡ 自定义视图 命令，系统将弹出"视图模式自定义"对话框，用户可以根据自己的需要选择模型的显示方式。

3.4.2　视图的平移、旋转与缩放

视图的平移、旋转与缩放等操作只改变模型的视图方位，而不改变模型的实际大小和空间位置，它是零部件设计中的常用操作，操作方法叙述如下。

1. 平移视图的操作方法

方法一：选择下拉菜单 视图 ➡ 平移 命令，在图形区按住左键不放并移动鼠标，此时模型会随鼠标移动而平移。

方法二：按住鼠标中键不放并移动鼠标，模型将随鼠标移动而平移。

2. 旋转视图的操作方法

方法一：选择下拉菜单 视图 ➡ 旋转 命令，然后在图形区按住左键并移动鼠标，此时模型会随鼠标移动而旋转。

方法二：先按住鼠标中键，再按住鼠标左（或右）键不放并移动鼠标，模型将随鼠标移动而旋转（单击鼠标中键可以确定旋转中心）。

3. 缩放视图的操作方法

方法一：选择下拉菜单 视图 ➡ 🔵 缩放 命令，然后在图形区按住左键并移动鼠标，此时模型会随鼠标移动而缩放，向上可使视图放大，向下则使视图缩小。

方法二：选择下拉菜单 视图 ➡ 修改 ▶ ➡ ⊕ 放大 命令，可使视图放大。

方法三：选择下拉菜单 视图 ➡ 修改 ▶ ➡ ⊖ 缩小 命令，可使视图缩小。

方法四：按住鼠标中键不放，再单击左（或右）键，光标变成一个上下指向的箭头，向上移动鼠标可将视图放大，向下移动鼠标是缩小视图。

 若缩放过度使模型无法显示清楚，可在"视图"工具栏中单击 ✛ 按钮，使模型填满整个图形区。

3.4.3 模型的视图定向

利用模型的"定向"功能可以将绘图区中的模型精确定向到某个视图方向。

在"视图"工具栏中单击 🔲 按钮右下方的小三角形，可以展开图 3.4.7 所示的"快速查看"工具栏，工具栏中的按钮介绍如下（视图的默认方位如图 3.4.8 所示）。

◆ 🔲 (等轴测视图)：单击此按钮，可将模型视图旋转到等轴三维视图模式，如图 3.4.9 所示。

图 3.4.7 "快速查看"工具栏

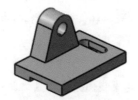

图 3.4.8 默认方位

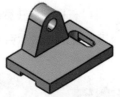

图 3.4.9 等轴测视图

◆ 🔲 (正视图)：沿着 x 轴正向查看得到的视图，如图 3.4.10 所示。

◆ 🔲 (后视图)：沿着 x 轴负向查看得到的视图，如图 3.4.11 所示。

◆ 🔲 (左视图)：沿着 y 轴正向查看得到的视图，如图 3.4.12 所示。

图 3.4.10 正视图

图 3.4.11 后视图

图 3.4.12 左视图

◆ （右视图）：沿着 y 轴负向查看得到的视图，如图 3.4.13 所示。

◆ （俯视图）：沿着 z 轴负向查看得到的视图，如图 3.4.14 所示。

◆ （仰视图）：沿着 z 轴正向查看得到的视图，如图 3.4.15 所示。

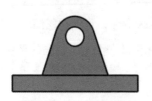

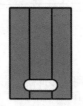

图 3.4.13　右视图　　　　图 3.4.14　俯视图　　　　图 3.4.15　仰视图

◆ （已命名的视图）：这是一个定制视图方向的命令，用于保存某个特定的视图方位。若用户需要经常查看某个模型方位，可以将该模型方位通过命名保存起来，然后单击 按钮，便可找到已命名的这个视图方位。

定制视图方向的操作方法如下。

（1）将模型旋转到预定视图方位，在"快速查看"工具栏中单击 按钮，系统弹出"已命名的视图"对话框。

（2）在"已命名的视图"对话框中单击 添加 按钮，系统自动将此视图方位添加到对话框的视图列表中，并将之命名为 camera 1（也可输入其他名称，如 C1）。

（3）单击"已命名的视图"对话框中的 确定 按钮，完成视图方位的定制。

（4）将模型旋转后，单击 按钮，在"已命名的视图"对话框的视图列表中，选中 camera 1 视图，然后单击对话框中的 确定 按钮，即可观察到模型又快速回到 camera 1 视图方位。

◆ 如要重新定义视图方位，只需旋转到预定的角度，再单击"已命名的视图"对话框中的 修改 按钮即可。

◆ 单击"已命名的视图"对话框中的 反转 按钮，即可反转当前的视图方位。

◆ 单击"已命名的视图"对话框中的 属性 按钮，系统弹出"相机属性"对话框，在该对话框中可以修改视图方位的相关属性。

3.5　CATIA V5-6 特征树的介绍、操作与应用

CATIA V5-6 的特征树的功能是以树的形式显示当前活动模型中的所有特征或零件，在树

的顶部显示根（主）对象，并将从属对象（零件或特征）置于其下，一般出现在屏幕左侧。在零件模型中，特征树列表的顶部是零部件名称，零部件名称下方是每个特征的名称；在装配体模型中，特征树列表的顶部是总装配，总装配下是各子装配和零件，每个子装配下方则是该子装配中的每个零件的名称，每个零件名的下方是零件的各个特征的名称。

如果打开了多个 CATIA 窗口，则特征树内容只反映当前活动文件（即活动窗口中的模型文件）。

3.5.1 特征树的作用与操作

在学习本节时，请先打开文件 D:\catia2014\work\ch03.05\base.CATPart。

1. 特征树的作用

（1）在特征树中选取对象。可以从特征树中选取要编辑的特征或零件对象，当要选取的特征或零件在图形区的模型中不可见时，此方法尤为有用；当要选取的特征和零件在模型中禁用选取时，仍可在特征树中进行选取操作。

> 注意　　CATIA 的特征树中列出了特征的几何图形（即草图的从属对象），但在特征树中，几何图形的选取必须是在草绘状态下。

（2）在特征树中使用快捷命令。右击特征树中的特征名或零件名，可打开一个快捷菜单，从中可选择相对于选定对象的特定操作命令。

2. 特征树的操作

（1）特征树的平移与缩放。

方法一：在 CATIA V5-6 软件环境下，滚动鼠标滚轮可使特征树上下移动。

方法二：单击图 3.5.1 所示图形区右下角的坐标系，模型颜色将变灰暗，此时，按住中键不放移动鼠标，特征树将随鼠标移动而平移；按住鼠标中键不放，再单击鼠标右键，上移鼠标可放大特征树，下移鼠标可缩小特征树（若要重新用鼠标操纵模型，需再单击坐标系）。

（2）特征树的显示与隐藏。

方法一：选择下拉菜单 视图 ➡ 规格 命令（或按 F3 键），可以切换特征树的显示与隐藏状态。

方法二：选择下拉菜单 工具 ➡ 选项 命令，系统弹出"选项"对话框，选中对话框左侧 常规 下的 显示 选项，通过 树外观 选项卡中的 树显示/不显示模式 复选框可以调整特征树的显示与隐藏状态。

（3）特征树的折叠与展开。

方法一：单击特征树根对象左侧的 ⊞ 按钮，可以展开对应的从属对象，单击根对象左侧的 ⊟ 按钮，可以折叠对应的从属对象。

方法二：选择下拉菜单 视图 ➡ 树展开 ▶ 命令，在图 3.5.2 所示的菜单中可以控制特征树的展开和折叠。

　　在用鼠标对特征树进行缩放时，可能将特征树缩为无限小，此时用特征树的"显示与隐藏"操作是无法使特征树复原的。使特征树重新显示的方法是：单击图 3.5.1 所示的坐标系，然后在图形区右击，从系统弹出的快捷菜单中选择 重新构造图形 选项，即可使特征树重新显示。

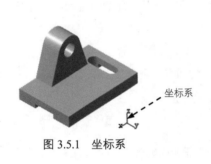

图 3.5.1　坐标系

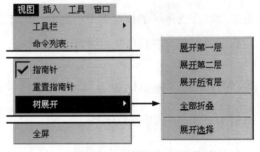

图 3.5.2　"视图"下拉菜单

3.5.2　修改模型名称

右击位于特征树顶部的零件名称，在系统弹出的快捷菜单中选择 属性 命令，然后在弹出的"属性"对话框中，选择 产品 选项卡，通过 零件编号 文本框即可修改模型的名称。

装配模型名称的修改方法与上面介绍的相同：在装配特征树中，选取某个部件，然后右击，选择 属性 命令，通过 零件编号 文本框，即可修改所选部件的名称。

3.6　CATIA V5-6 层的介绍、操作与应用

CATIA V5-6 中提供了一种有效组织管理零件要素的工具，这就是"层（Layer）"。通过层，可以对所有共同的要素进行显示、隐藏等操作。在模型中，可以创建 0 ~ 999 层。通过组织层中的模型要素并用层来简化显示，可以使很多任务流水线化，并可提高可视化程度，极大地提高了工作效率。

在学习本节时，请先打开文件 D:\catia2014\work\ch03.06\base.CATPart。

3.6.1　层界面简介及创建层

层的操作界面位于图 3.6.1 所示的"图形属性"工具栏中，进入层的操作界面和创建新层的操作方法如下。

 "图形属性"工具栏最初在用户界面中是不显示的，要使之显示，只需在工具栏区右击，从系统弹出的快捷菜单中选中 ✓ 图形属性 复选框即可。

步骤 **01** 单击工具栏"层" 无 ▼ 下拉列表中的 ▼ 按钮，在"层"列表中选择 其他层... 选项，系统弹出图 3.6.2 所示的"已命名的层"对话框。

图 3.6.1　"图形属性"工具栏

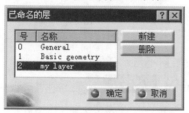

图 3.6.2　"已命名的层"对话框

步骤 **02** 单击"已命名的层"对话框中的 新建 按钮，系统将在列表中创建一个编号为 2 的新层，在新层的名称处单击，将其修改为 my layer（图 3.6.2），单击"已命名的层"对话框中的 ● 确定 按钮，完成新层的创建。

3.6.2　在层中添加项目

层中的内容，如特征、零部件、参考元素等，称为层的"项目"。本应用中需将三个基准平面添加到层 1 Basic geometry 中，同时将模型添加到层 2 my layer 中，具体操作如下。

步骤 **01** 打开"图形属性"工具栏。

步骤 **02** 按住 Ctrl 键，在特征树中选取三个基准平面为需要添加到层 1 Basic geometry 中的项目。

步骤 **03** 单击"图形属性"工具栏"层" 无 ▼ 下拉列表中的 ▼ 按钮，在"层"列表中选择 1 Basic geometry 为项目所要放置的层。

（步骤 04）在特征树中选中 零件几何体 为需要添加到层 2 my layer 中的项目。

（步骤 05）单击"图形属性"工具栏"层" 无 ▼ 下拉列表中的 ▼ 按钮，在"层"列表中选择 2 my layer 为项目所要放置的层。

3.6.3 层的隐藏

将某个层设置为"过滤"状态，则其层中的项目（如特征、零部件、参考元素等）在模型中将被隐藏。设置的一般方法如下。

（步骤 01）选择下拉菜单 工具 ➡ 可视化过滤器... 命令，系统弹出"可视化过滤器"对话框。

（步骤 02）单击对话框中的 新建 按钮，系统弹出"可视化过滤器编辑器"对话框。

（步骤 03）在"可视化过滤器编辑器"对话框的 条件：图层 下拉列表中选择 2 my layer 选项加入过滤器，操作完成后，单击对话框中的 确定 按钮，新的过滤器将被命名为 过滤器001 并加入过滤器列表中。

（步骤 04）单击"图形属性"工具栏"层" 无 ▼ 下拉列表中的 ▼ 按钮，在"层"列表中选择 0 General 选项，使当前不显示任何项目。

（步骤 05）在过滤器列表中选中 过滤器001 选项，单击"可视化过滤器"对话框中的 应用 按钮，则图形区中仅模型可见，而三个基准平面则被隐藏。

（步骤 06）单击对话框中的 确定 按钮，完成其他层的隐藏。

在"可视化过滤器编辑器"对话框的 条件：图层 栏中可进行层的 And 和 Or 操作，此操作的目的是将需要显示的层加入过滤器中。

3.7 零件模型材料与单位的设置

在零件工作台中，选择下拉菜单 开始 ➡ 基础结构 ▶ ➡ 材料库 命令，系统弹出"材料库工作台"，通过该工作台可以创建新材料并定义材料属性，如照明效果、结构属性等。

3.7.1 零件模型材料的设置

下面以一个简单模型为例，说明设置零件模型材料属性的一般操作步骤，操作前请打开模型文件 D:\catia2014\work\ch03.07\base.CATPart。

步骤01 定义新材料。

（1）选择下拉菜单 开始 ➡ 基础结构 ▶ ➡ 材料库 命令，系统弹出材料库工作台。

（2）在材料库工作台的 新系列 选项卡中双击"新材料"图标，系统弹出"属性"对话框（一）。

（3）选择"属性"对话框（一）中的 特征属性 选项卡，在 特征名称：文本框中输入特征名称 material_1，在 分析 选项卡的 材料 下拉列表中选择 各向同性材料 选项，在 杨氏模量 、 泊松比 、 密度 、 屈服强度 和 热膨胀 文本框中输入相应的数值（图 3.7.1），然后单击"属性"对话框（二）中的 ● 确定 按钮，完成材料的定义。

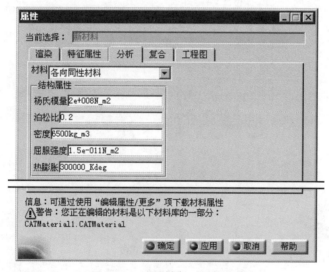

图 3.7.1 "属性"对话框（二）

步骤02 将定义的材料进行保存。

（1）选择下拉菜单 文件 ➡ 保存 命令，系统弹出"另存为"对话框。

（2）在对话框的"保存在"下拉列表中选择文件的保存路径为 D:\catia2014\work\ch03.07，在"文件名"文本框中采用默认名称 CATMmaterial1，然后单击对话框中的 保存(S) 按钮，完成新材料的保存。

（3）选择下拉菜单 文件 ➡ 关闭 命令，退出材料库工作台。

步骤 03 为当前模型指定材料。

（1）在零件工作台的"应用材料"工具栏中单击 按钮，系统弹出"库（只读）"对话框。

> 若此时系统弹出"打开"对话框，在该对话框中直接单击"确定"按钮即可。

（2）在"库（只读）"对话框中单击 按钮，在系统弹出的"选择文件"对话框 查找范围(I): 下拉列表中选择 **步骤 02** 中保存的路径，选中材料库文件 CATMmaterial1，单击对话框中的 打开(O) 按钮，此时"库（只读）"对话框中将只显示材料 material_1。

（3）在"库（只读）"对话框中选中材料 material_1，按住左键不放并将其拖动到模型上，然后单击"库（只读）"对话框中的 确定 按钮。

（4）选择下拉菜单 视图(V) ➔ 渲染样式 ➔ 含材料着色 命令，将模型切换到材料显示模式，此时模型表面颜色将变暗，如图 3.7.2 所示。

> 单击"库（只读）"对话框中的 按钮，在系统弹出"选择文件"对话框的同时，还将出现图 3.7.3 所示的"浏览"对话框，但此对话框处于不可操作状态。若读者选择材料 material_1 时进行了别的无关操作，"选择文件"对话框将消失，此时只需单击"浏览"对话框中的"文件"按钮，即可重新选取材料。

a）应用材料前

b）应用材料后

图 3.7.2 给模型指定材料

图 3.7.3 "浏览"对话框

3.7.2 零件模型单位的设置

每个模型都有一个基本的米制和非米制单位系统，以确保该模型的所有材料属性保持测量和定义的一致性。CATIA V5-6 系统提供了一些预定义单位系统，其中一个是默认单位系统，但用户也可以定义自己的单位和单位系统（称为定制单位和定制单位系统）。在进行一个产品设计前，应该使产品中各元件具有相同的单位系统。

◆ 选择下拉菜单 工具 ➡ 选项... 命令，在系统弹出的对话框的 参数和测量 选项中可以设置或更改模型的单位系统。本书所采用的是米制单位系统，其设置方法如下。

步骤 01 选择命令。在零件工作台中，选择下拉菜单 工具 ➡ 选项... 命令，系统弹出"选项"对话框。

步骤 02 在"选项"对话框左侧的 常规 列表中选择 参数和测量 选项，对话框右侧将出现相应的内容，此时在 单位 选项卡的 单位 区域中显示的即是默认单位系统。

（1）设置长度单位。在"选项"对话框的 单位 列表框中选择 长度 选项，然后在 单位 列表框右下方的下拉列表中选择 毫米 (mm) 选项。

（2）将角度单位设置为 度 (deg) 选项。

有些版本的 CATIA 安装后，其默认的角度单位是弧度（rad），读者在学习本书时，请将其设置成度（deg）。

（3）将时间单位设置为 秒 (s)。

（4）将质量单位设置为 千克 (kg)。

步骤 03 单击 ● 确定 按钮，完成单位系统的设置。

◆ 在 单位 选项卡的 尺寸显示 区域可以调整尺寸显示值的小数位和尾部零显示的指数记数法。

◆ 若读者有兴趣，可在单位系统修改后，对模型进行简单的测量，再查看测量结果中的单位变化（模型的具体测量方法参见 3.25 节的有关内容）。

3.8 特征的编辑与重定义

3.8.1 编辑特征

特征的编辑是指对特征的尺寸和相关修饰元素进行修改，以下举例说明其操作方法。

步骤 01 打开文件 D:\catia2014\work\ch03.08\base.CATPart。

步骤 02 在特征树中，右击要编辑的特征 凸台.2，在系统弹出的快捷菜单中选择 凸台.2 对象 ➡ 编辑参数 命令，此时该特征的所有尺寸都显示出来，以便进行编辑。

通过上述方法进入尺寸的编辑状态后，如果要修改特征的某个尺寸值，方法如下。

步骤 01 在模型中双击要修改的某个尺寸，系统弹出图 3.8.1 所示的"约束定义"对话框（一）。

步骤 02 在对话框的 **值** 文本框中输入新的尺寸，并单击对话框中的 ● 确定 按钮。

步骤 03 编辑特征的尺寸后，必须进行"更新"操作，重新生成模型，这样修改后的尺寸才会重新驱动模型。方法是选择下拉菜单 编辑 ➡ ⌔ 更新 命令。

◆ 选中"约束定义"对话框（一）中的 ☐ 参考 选项，模型中的这个尺寸将被锁定，整个模型将变红，需进行更新操作才可重新修改尺寸。

◆ 单击"约束定义"对话框（一）中的 更多 >> 按钮，对话框将变为图 3.8.2 所示的 "约束定义"对话框（二），在此对话框中可修改尺寸约束的名称，并查看该尺寸的支持元素。

图 3.8.1 "约束定义"对话框（一）

图 3.8.2 "约束定义"对话框（二）

3.8.2 特征的父子关系

在快捷菜单中，选择 父级/子级... 命令，系统弹出图 3.8.3 所示的"父级和子级"对话框，在对话框中可查看所选特征的父级和子级特征。

在"父级和子级"对话框中，加亮的是当前选中的特征，其父级居于左侧，即特征生成的草图；子级居于右侧，即基于当前特征而创建的草图及由该草图生成的特征。

3.8.3 特征的删除

删除特征的一般操作过程如下。

步骤 01 选择命令。在快捷菜单中选择 删除 命令，系统弹出图 3.8.4 所示的"删除"对话框。

步骤 02 定义是否删除聚集元素。在"删除"对话框中选中 □ 删除聚集元素 复选框。

 聚集元素即所选特征的子特征，如本例中所选特征的聚集元素即为 ☑草图.2 ，若取消选中 □ 删除聚集元素 复选框，则系统执行删除命令时，只删除特征，而不删除草图。

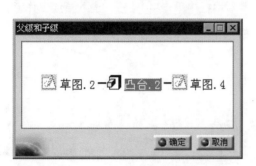

图 3.8.3　"父级和子级"对话框

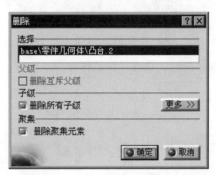

图 3.8.4　"删除"对话框

步骤 03 单击对话框中的 确定 按钮，完成特征的删除。

 如果要删除的特征是零部件的基础特征，系统将弹出"警告"对话框，提示零部件几何体的第一个实体不能删除。

3.8.4　特征的重定义

当特征创建完毕后，如果需要重新定义特征的属性、草绘平面、截面的形状或特征的深度选项类型，就必须对特征进行"重定义"，也叫"编辑定义"。特征的重定义有两种方法，下面以模型（base02）的凸台特征为例说明其操作方法。

方法一：从快捷菜单中选择"定义"命令，然后进行尺寸的编辑。

在特征树中右击凸台特征（特征名为 凸台.2 ），在弹出的快捷菜单中选择 凸台.2 对象 ▶ ➡ 定义... 命令，此时该特征的所有尺寸和"定义凸台"对话框都将显示出来，以便进行编辑。

方法二：双击模型中的特征，然后进行尺寸的编辑。

这种方法是直接在图形区的模型上双击要编辑的特征，此时该特征的所有尺寸和"定义凸台"对话框也都会显示出来。对于简单的模型，这是重定义特征的一种常用方法。

1. 重定义特征的属性

在操控板中重新选定特征的深度类型和深度值及拉伸方向等属性。

2. 重定义特征的截面草绘

（步骤 01）打开文件 D:\catia2014\work\ch03.08\base02.CATPart。

（步骤 02）双击凸台 2 特征，在"定义凸台"对话框中单击 ✎ 按钮，进入草绘工作台。

（步骤 03）在草绘环境中修改特征截面草图的尺寸、约束关系、形状等。修改完成后，单击 凸 按钮，退出草绘工作台。

（步骤 04）单击"定义凸台"对话框中的 ● 确定 按钮，完成特征的修改。

 在重定义特征的过程中可能需要修改草绘的基准平面，其方法是在特征树中右击 ✎ 草图.2，从弹出的快捷菜单中选择 草图.2 对象 ▶ ➡ 更改草图支持面… 命令，系统将弹出"警告"对话框（此对话框的含义是草图基准面基于其他特征，不可更改约束），单击对话框中的 确定 按钮，系统将弹出"草图定位"对话框，在对话框 草图定位 区域的 参考：文本框中可以选择草图平面。

3.9 特征的多级撤销和重做

CATIA V5-6 提供了多级撤销及重做功能，这意味着，在所有对特征、组件和制图的操作中，如果错误地删除、重定义或修改了某些内容，只需一个简单的"撤销"操作就能恢复原状。下面以一个例子进行说明。

（步骤 01）新建一个零件模型，将其命名为 undo_operation。

（步骤 02）创建图 3.9.1 所示的凸台特征。

（步骤 03）创建图 3.9.2 所示的凹槽特征。

图 3.9.1　凸台特征

图 3.9.2　凹槽特征

步骤 04 删除上步创建的凹槽特征，然后单击工具栏中的 按钮，则刚刚被删除的凹槽特征又恢复回来了。

3.10 旋转体特征

旋转体特征是将截面草图绕着一条轴线旋转以形成实体的特征，如图 3.10.1 所示。

> **注意** 旋转类的特征必须有一条旋转轴线（中心线）。

另外值得注意的是：旋转体特征分为旋转体和薄旋转体。旋转体的截面必须是封闭的，而薄旋转体截面则可以不封闭。

要创建或重新定义一个旋转体特征，可按下列操作顺序给定特征要素。

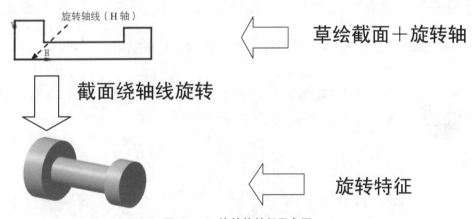

图 3.10.1　旋转体特征示意图

定义特征属性（草绘平面）→绘制特征截面→确定旋转轴线→确定旋转方向→输入旋转角度。

3.10.1 创建旋转体特征

下面以一个简单模型为例，说明创建旋转体特征的详细过程。

步骤 01 在零件工作台中新建一个文件，命名为 revolve01.CATPart。

步骤 02 选择命令。选择下拉菜单 插入 ➡ 基于草图的特征 ➡ 旋转体… 命令，系统弹出"定义旋转体"对话框。

步骤 03 定义截面草图。

（1）选择草图平面。单击对话框中的 ✎ 按钮，选择 yz 平面为草图平面，进入草绘工作台。

（2）绘制图 3.10.2 所示截面几何图形。

① 绘制几何图形的大致轮廓。

② 按图中的要求，建立几何约束和尺寸约束，修改并整理尺寸。

（3）完成特征截面的绘制后，单击 凸 按钮，退出草绘工作台。

步骤 04 定义旋转轴线。单击"定义旋转体"对话框 轴线 区域的 选择： 文本框后，在图形区中选择 H 轴作为旋转体的中心轴线（此时 选择： 文本框显示为 横向 ）。

步骤 05 定义旋转角度。在对话框 限制 区域的 第一角度： 文本框中输入数值 360。

> 限制 区域的 第一角度： 文本框中的值，表示截面草图绕旋转轴沿逆时针转过的角度， 第二角度： 中的值与之相反，二者之和必须小于 360°。

步骤 06 单击对话框中的 ● 确定 按钮，完成旋转体特征的创建。

> ◆ 旋转截面必须有一条轴线，围绕轴线旋转的草图只能在该轴线的一侧。
>
> ◆ 如果轴线和轮廓是在同一个草图中，系统会自动识别。
>
> ◆ "定义旋转体"对话框中的 第一角度： 和 第二角度： 的区别在于： 第一角度： 是以逆时针方向为正向，从草图平面到起始位置所转过的角度；而 第二角度： 是以顺时针方向为正向，从草图平面到终止位置所转过的角度。

3.10.2　创建薄旋转体特征

下面以一个简单模型为例，说明创建薄旋转体特征的一般过程。

步骤 01 新建文件。新建一个零件文件，命名为 revolve02.CATPart。

步骤 02 选择命令。选择下拉菜单 插入 ➡ 基于草图的特征 ▶ ➡ ⬚ 旋转体... 命令，系统弹出"定义旋转体"对话框。

步骤 03 选择旋转体类型。在"定义旋转体"对话框中选择 ▢ 厚轮廓 复选框，展开对话框的隐藏部分。

步骤 04 定义截面草图。

（1）选择草图平面。单击对话框中的 [⊡] 按钮，选择 yz 平面为草图平面，系统进入草绘工作台。

（2）绘制截面几何图形，如图 3.10.3 所示。

① 绘制几何图形的大致轮廓。

② 按图中的要求，建立几何约束和尺寸约束，修改并整理尺寸。

（3）完成特征截面的绘制后，单击 [⬆] 按钮，退出草绘工作台。

步骤 05 定义旋转轴线。单击"定义旋转体"对话框 轴线 区域的 选择: 文本框后，在图形区中选择 H 轴作为旋转体的中心轴线（此时 选择: 文本框显示为 横向 ）。

步骤 06 定义旋转角度。在对话框 限制 区域的 第一角度: 文本框中输入数值 360。

步骤 07 定义薄旋转体厚度。在 薄旋转体 区域的 厚度 1: 文本框中输入厚度值 3.0，在 厚度 2: 文本框中输入厚度值 0。

步骤 08 单击对话框中的 [● 确定] 按钮，完成薄旋转体的创建（图 3.10.4）。

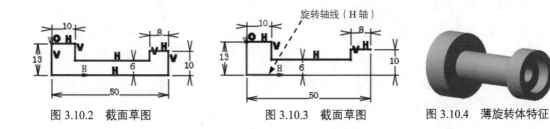

图 3.10.2　截面草图　　　　图 3.10.3　截面草图　　　图 3.10.4　薄旋转体特征

3.11　旋转槽特征

3.11.1　旋转槽特征概述

旋转槽特征的功能与旋转体相反，但其操作方法与旋转体基本相同。

如图 3.11.1 所示，旋转槽特征是将截面草图绕着一条轴线旋转成体并从另外的实体中切去。注意旋转槽特征也必须有一条绕其旋转的轴线。

3.11.2　创建旋转槽特征

下面以一个简单模型为例，说明在新建一个以旋转特征为基础特征的零件模型时，创建旋转槽特征的详细过程。

步骤 01 打开文件 D:\catia2014\work\ch03.11\groove.CATPart。

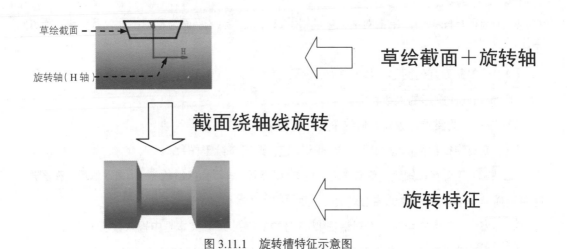

草绘截面

旋转轴(H轴)

草绘截面＋旋转轴

截面绕轴线旋转

旋转特征

图 3.11.1　旋转槽特征示意图

步骤 02　选择命令。选择下拉菜单 插入 ➡ 基于草图的特征▸ ➡ 旋转槽... 命令，系统弹出"定义旋转槽"对话框。

步骤 03　定义截面草图。

（1）选择草图平面。单击对话框中的 按钮，选择 xy 平面为草图平面，系统进入草绘工作台。

（2）绘制截面几何图形，如图 3.11.2 所示。

① 绘制几何图形的大致轮廓。

② 按图中的要求，建立几何约束和尺寸约束，修改并整理尺寸。

（3）完成特征截面的绘制后，单击 按钮，退出草绘工作台。

步骤 04　定义旋转轴线。单击"定义旋转槽"对话框 轴线 区域的 选择: 文本框后，在图形区中选择 H 轴作为旋转体的中心轴线（此时 选择: 文本框显示为 横向 ）。

步骤 05　定义旋转角度。在对话框 限制 区域的 第一角度: 文本框中输入数值 360。

步骤 06　单击对话框中的 确定 按钮，完成旋转槽的创建。

旋转槽截面必须有一条轴线，轴线可以选择绝对轴，也可以在草图中绘制。

3.12　孔特征

CATIA V5-6 系统中提供了专门的孔特征（Hole）命令，用户可以方便快速地创建各种要求的孔。

孔特征（Hole）命令的功能是在实体上钻孔。在 CATIA V5-6 中，可以创建三种类型的孔特征。

◆ 直孔：具有圆截面的切口，它始于放置曲面并延伸到指定的终止曲面或用户定义的深度。

◆ 草绘孔：由截面草图定义的旋转特征。锥形孔可作为草绘孔进行创建。

◆ 标准孔：具有基本形状的螺孔。它是基于相关的工业标准的，可带有不同的末端形状、标准沉头孔和埋头孔。对选定的紧固件，既可计算攻螺纹，也可计算间隙直径；用户既可利用系统提供的标准查找表，也可创建自己的查找表来查找这些直径。

1. 直孔的创建

下面以图 3.12.1 所示的简单模型为例，说明在模型上添加直孔特征的操作过程。

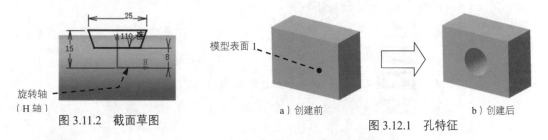

图 3.11.2　截面草图　　　　　a）创建前　　　　　b）创建后

图 3.12.1　孔特征

步骤 01 打开文件 D:\catia2014\work\ch03.12\hole_straight.CATPart。

步骤 02 选择命令。选择下拉菜单 插入 ➡ 基于草图的特征▶ ➡ 孔...命令。

步骤 03 定义孔的放置面。选取图 3.12.1a 所示的模型表面 1 为孔的放置面，此时系统弹出"定义孔"对话框。

◆ "定义孔"对话框中有三个选项卡：扩展 选项卡、类型 选项卡、定义螺纹 选项卡。扩展 选项卡主要定义孔的直径和深度及延伸类型；类型 选项卡用来设置孔的类型以及直径、深度等参数；定义螺纹 选项卡用于创建标准孔。

◆ 本例是添加直孔，由于直孔为系统默认类型，所以选取孔类型的步骤可省略。

步骤 04 定义孔的位置。

（1）进入定位草图。单击对话框 扩展 选项卡中的 按钮，系统进入草绘工作台。

（2）定义几何约束。如图 3.12.2 所示，约束孔的中心与 xy 平面、zx 平面相合。

（3）完成几何约束后，单击 凸 按钮，退出草绘工作台。

 当用户在模型表面单击以选取草图平面时，系统将在用户单击的位置自动建立 V–H 轴，并且 V–H 轴不随孔中心线移动，因此，V–H 轴不可作为几何约束。

步骤 05 定义孔的延伸参数。

（1）定义孔的深度。在"定义孔"对话框 扩展 选项卡的下拉列表中选择 直到下一个 选项。

（2）定义孔的直径。在对话框 扩展 选项卡的 直径: 文本框中输入数值 15.0。

步骤 06 单击对话框中的 ● 确定 按钮，完成直孔的创建。

 在"定义孔"对话框中，单击 直到下一个 选项后的小三角形，可选择五种深度选项，各深度选项功能如下。

◆ 盲孔 选项：创建一个平底孔。如果选中此深度选项，则必须指定"深度值"。

◆ 直到下一个 选项：创建一个一直延伸到零件的下一个面的孔。

◆ 直到最后 选项：创建一个穿过所有曲面的孔。

◆ 直到平面 选项：创建一个穿过所有曲面直到指定平面的孔。必须选择一平面来确定孔的深度。

◆ 直到曲面 选项：创建一个穿过所有曲面直到指定曲面的孔。必须选择一面来确定孔的深度。

2. 螺孔的创建

下面以图 3.12.3 所示的简单模型为例，说明创建螺孔（标准孔）的一般过程。

步骤 01 打开文件 D:\catia2014\work\ch03.12\hole_thread.CATPart。

步骤 02 选择命令。选择下拉菜单 插入 ➡ 基于草图的特征 ▶ ➡ ● 孔... 命令。

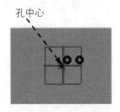

图 3.12.2　定义孔的位置

a）创建前

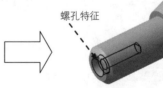

b）创建后

图 3.12.3　创建螺孔

步骤 03 选取孔的定位元素。在图形区中选取图 3.12.3 所示的模型表面为孔的定位平面，系统弹出"定义孔"对话框。

步骤 04 定义孔的位置。

（1）进入定位草图。单击对话框 扩展 选项卡中的 按钮，系统进入草绘工作台。

（2）定义几何约束。如图 3.12.4 所示，约束孔的中心与 xy 平面、yz 平面相合。

（3）完成几何约束后，单击 按钮，退出草绘工作台。

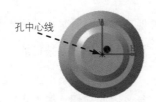

孔中心线

图 3.12.4　定义孔位置

步骤 05 定义孔的类型。

（1）选取孔的类型。单击 类型 选项卡，在下拉列表中选择 沉头孔 单选项。

（2）输入类型参数。在 参数 区域的 直径： 和 深度： 文本框中分别输入数值 8.0、3.0。

（3）确定定位点。在 定位点 区域选中 末端 单选项。

 "孔定义"对话框中，孔的五种类型如图 3.12.5 所示。

简单　　　　　　锥形　　　　　　沉头　　　　　　埋头　　　　　　倒钻

图 3.12.5　孔的类型

步骤 06 定义孔的螺纹。单击 定义螺纹 选项卡，选中 螺纹孔 复选框，激活"定义螺纹"区域。

（1）选取螺纹类型。在 定义螺纹 区域的 类型： 下拉列表中选择 公制细牙螺纹 选项。

（2）定义螺纹描述。在 螺纹描述： 下拉列表中选取 M8x1 选项。

（3）定义螺纹参数。在 螺纹深度： 和 孔深度： 文本框中分别输入数值 10.0、20.0。

步骤 07 定义孔的延伸参数。

（1）选取底部类型。单击 扩展 选项卡，在 底部 区域的下拉菜单中选取 V 形底 选项。

（2）输入角度值。在 角度： 文本框中输入数值 120。

（3）输入深度值。在 深度： 文本框中输入数值 20.0。

步骤 08 单击对话框中的 ●确定 按钮，完成孔的创建。

3.13　修饰特征

修饰特征是在其他特征上创建，并能在模型上清楚地显示出来的起修饰作用的特征，如螺钉上的修饰螺纹、零件上的倒角等。这类特征不能单独创建，只能建立在其他特征的基础上。

由于修饰特征也被认为是零件的特征，因此它们一般也可以重定义和修改。下面介绍几种修饰特征：螺纹修饰特征、倒角特征、圆角特征、盒体特征和拔模特征。

3.13.1　螺纹修饰特征

修饰螺纹可以是外螺纹或内螺纹，也可以是不通的或贯通的。可通过指定螺纹内径或螺纹外径（分别对于外螺纹和内螺纹）、起始曲面和螺纹长度或终止边，来创建修饰螺纹。

　　　　修饰螺纹是表示螺纹直径的修饰特征，与其他修饰特征不同，螺纹的线型是不能修改的。

这里以 thread_feature.CATPart 零件模型为例，说明如何在模型的圆柱面上创建图 3.13.1 所示的（外）螺纹修饰。

步骤 01 打开文件 D:\catia2014\work\ch03.13.01\thread_feature.CATPart。

步骤 02 选择命令。选择下拉菜单 插入 ➡ 修饰特征▶ ➡ ⊕ 内螺纹/外螺纹... 命令，系统弹出"定义外螺纹/内螺纹"对话框。

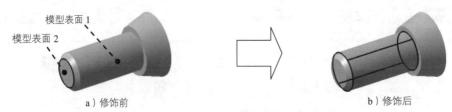

模型表面 1

模型表面 2

a）修饰前　　　　　　　　　　　　　　　　　b）修饰后

图 3.13.1　螺纹修饰特征

步骤 03 定义螺纹修饰类型。在对话框中选中 外螺纹 单选项。

步骤 04 定义螺纹几何属性。

（1）定义螺纹支持面。在系统 选择支持面 提示下，选取图 3.13.1 所示的模型表面 1 为螺纹支持面。

（2）定义螺纹限制面。选取模型表面 2 为螺纹限制面。

（3）定义螺纹方向。采用系统默认方向。

 注意 　螺纹支持面必须是圆柱面，而限制面必须是平面。

步骤 05 定义螺纹参数。

（1）定义螺纹类型。在 数值定义 区域的 类型: 下拉列表中选取 公制粗牙螺纹 选项。

（2）定义螺纹直径。在 外螺纹描述: 下拉列表中选取 M16 选项。

（3）定义螺纹深度。在 外螺纹深度: 文本框中输入数值 30.0。

步骤 06 单击对话框中的 确定 按钮，完成螺纹修饰特征的创建。

说明
◆ "定义外螺纹/内螺纹"对话框 标准 区域中的 添加 和 移除 按钮用于导入或移除标准数据，用户如有自己的标准，可将其以文件的形式导入。
◆ "定义外螺纹/内螺纹"对话框 数值定义 区域的 右旋螺纹 和 左旋螺纹 单选项可以控制螺纹旋向。

3.13.2　倒角特征

倒角特征是在选定交线处截掉一块平直剖面的材料，以在共有该选定边线的两个平面之间创建斜面的特征。

下面以图 3.13.2 所示的简单模型为例，说明创建倒角特征的一般过程。

步骤 01 打开文件 D:\catia2014\work\ch03.13.02\chamfer.CATPart。

a）倒角前　　　　　　　　　　　　　　　b）倒角后

图 3.13.2　倒角特征

步骤 02 选择命令。选择下拉菜单 插入 ➡ 修饰特征 ▶ ➡ ◆ 倒角... 命令，系统弹出"定义倒角"对话框。

步骤 03 选择要倒角的对象。在 拓展: 下拉列表中选择 最小 选项，选取边线 1 为要倒角的对象。

步骤 04 定义倒角参数。

（1）定义倒角模式。在 模式: 下拉菜单中选择 长度 1/角度 选项。

（2）定义倒角尺寸。在 长度 1: 和 角度: 文本框中分别输入数值 2.0、45。

步骤 05 单击对话框中的 ◎ 确定 按钮，完成倒角特征的定义。

◆ "定义倒角"对话框的 模式: 下拉列表用于定义倒角的表示方法，模式中有两种类型：长度 1/角度 设置的数值中，长度 1: 表示一个面的切除长度，角度: 表示斜面和切除面所成的角度；长度 1/长度 2 设置的数值分别表示两个面的切除长度。

◆ 在对话框的 拓展: 下拉列表中选中 相切 选项时，模型中与所选边线相切的直线也将被选择；选中 最小 选项时，系统只对所选边线进行操作。

3.13.3 倒圆角特征

倒圆角特征是零部件工作台中非常重要的三维建模特征，CATIA V5-6 中提供了三种倒圆角的方法，用户可以根据不同情况进行倒圆角操作。

◆ 倒圆角："倒圆角"命令可以创建曲面间的圆角或中间曲面位置的圆角，使实体曲面实现圆滑过渡。

◆ 可变半径圆角："可变半径圆角"命令的功能是通过在某条边线上指定多个圆角半径，从而生成半径以一定规律变化的圆角。

◆ 三切线内圆角："三切线内圆角"命令的功能是创建与三个指定面相切的圆角。

下面分别介绍以上三种倒圆角的创建方法。

1. 倒圆角的创建

下面以图 3.13.3 所示的简单模型为例，说明创建倒圆角特征的一般过程。

步骤 01 打开文件 D:\catia2014\work\ch03.13.03\edge_ fillet. CATPart。

步骤 02 选择命令。选择下拉菜单 插入 ➡ 修饰特征 ▶ ➡ ◆ 倒圆角... 命令，系统弹出"倒圆角定义"对话框。

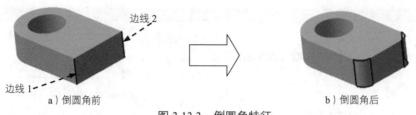

a）倒圆角前

b）倒圆角后

图 3.13.3 倒圆角特征

步骤 03 定义要倒圆角的对象。在 选择模式：下拉列表中选取 相切 选项，然后在系统 选择边线或面。提示下，选取图 3.13.3 所示的边线 1 和边线 2 为要倒圆角的对象。

步骤 04 定义倒圆角半径。在 半径：文本框中输入数值 8。

步骤 05 单击对话框中的 确定 按钮，完成倒圆角特征的创建。

说明：

◆ 在对话框的 拓展：下拉列表中选择 相切 选项时，要圆角化的对象只能为面或锐边，且在选取对象时模型中与所选对象相切的边线也将被选择；选择 最小 选项时，要圆角化的对象只能为面或锐边，且系统只对所选对象进行操作；选择 相交 选项时，要圆角化的对象只能为特征，且系统只对与所选特征相交的锐边进行操作；选择 与选定特征相交 选项时，要圆角化的对象只能为特征，且还要选择一个与其相交的特征为相交对象，系统只对相交时所产生的锐边进行操作。

◆ 利用"倒圆角定义"对话框还可创建面的倒圆角特征。选择图 3.13.4a 所示的模型表面 1 作为要倒圆角的对象，再定义倒圆角参数即可完成特征的创建。

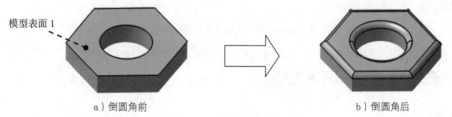

a）倒圆角前

b）倒圆角后

图 3.13.4 面倒圆角特征

◆ 单击"倒圆角定义"对话框中的 更多>> 按钮，对话框变为图 3.13.5 所示的"倒圆角定义"对话框，在对话框中可以选择要保留的边线和限制元素等（限制元素即倒圆角的边界）。

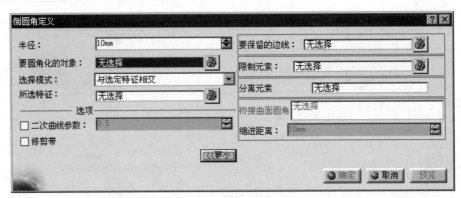

图 3.13.5 "倒圆角定义"对话框

2. 可变半径圆角的创建

下面以图 3.13.6 所示的简单模型为例，说明创建可变半径圆角特征的一般过程。

步骤 01 打开文件 D:\catia2014\work\ch03.13.03\variable_radius_fillet.CATPart。

步骤 02 选择命令。选择下拉菜单 插入 ➡ 修饰特征 ▶ ➡ 可变圆角... 命令，系统弹出"可变半径圆角定义"对话框。

步骤 03 选择要倒圆角的对象。在 选择模式: 下拉列表中选择 最小 选项，然后在系统 选择边线，编辑可变半径圆角。提示下，选取图 3.13.6 所示的边线 1 为要倒可变半径圆角的对象。

步骤 04 定义倒圆角半径（图 3.13.7）。

（1）单击以激活 点: 文本框（此时可以开始设置边线不同位置的圆角半径），在模型指定边线的两端双击预览的尺寸线，在系统弹出的"参数定义"对话框中更改半径值，将左侧的数值设为 3，右侧数值设为 5。

（2）完成上步操作后，在所选边线需要指定半径值的位置单击（直到出现尺寸线，才表明该点已加入 点: 文本框中），然后在对话框的 半径: 文本框中输入数值 10。

步骤 05 单击对话框中的 ● 确定 按钮，完成可变半径圆角特征的创建。

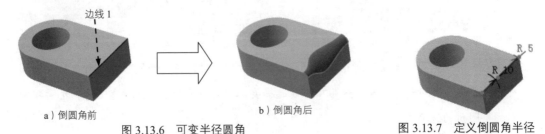

边线 1

a）倒圆角前　　　　　　　　　　b）倒圆角后

图 3.13.6　可变半径圆角　　　　　　　　　　图 3.13.7　定义倒圆角半径

单击"可变半径圆角定义"对话框中的 更多>> 按钮，展开对话框的隐藏部分，如图 3.13.8 所示，在对话框中可以定义可变半径圆角的限制元素。

图 3.13.8 "可变半径圆角定义"对话框

3. 三切线内圆角的创建

下面以图 3.13.9 所示的简单模型为例，说明创建三切线内圆角特征的一般过程。

步骤 01 打开文件 D:\catia2014\work\ch03.13.03\trianget_fillet.CATPart。

模型表面 2（正面）

模型表面 3

模型表面 1（背面）

a）圆角前

b）圆角后

图 3.13.9 三切线内圆角

步骤 02 选择命令。选择下拉菜单 插入 ➡ 修饰特征▶ ➡ 📄三切线内圆角... 命令，系统弹出"定义三切线内圆角"对话框。

步骤 03 定义要圆化的面。在系统 选择面。 提示下，选取图 3.13.9 所示的模型表面 1 和模型表面 2 为要圆化的对象。

步骤 04 选择要移除的面。选取模型表面 3 为要移除的面。

步骤 05 定义限制元素。在对话框中单击 更多>> 按钮，展开对话框的隐藏部分，单击以激活 限制元素: 文本框，然后在特征树中选取 xy 平面作为限制平面（图 3.13.10）。

步骤 06 单击对话框中的 ●确定 按钮，完成三切线内圆角特征的创建。

图 3.13.10 "定义三切线内圆角"对话框

3.13.4 抽壳特征

"抽壳"特征是将实体的一个或几个表面去除，然后掏空实体的内部，留下一定壁厚的壳。

下面以图 3.13.11 所示的简单模型为例，说明创建抽壳特征的一般过程。

选取这三个面为移除面

a）抽壳前   b）抽壳后

图 3.13.11 等壁厚的抽壳

步骤 01 打开文件 D:\catia2014\work\ch03.13.04\shell_feature.CATPart。

步骤 02 选择命令。选择下拉菜单 插入 ——▶ 修饰特征 ▶ ——▶ 抽壳...命令，系统弹出图 3.13.12 所示的"定义盒体"对话框。

步骤 03 选取要移除的面。在系统 选择要移除的面。 提示下，选取图 3.13.11 所示的三个面为要移除的面。

步骤 04 定义抽壳厚度。在对话框的 默认内侧厚度: 文本框中输入数值 3。

步骤 05 单击对话框中的 ●确定 按钮，完成抽壳特征的创建。

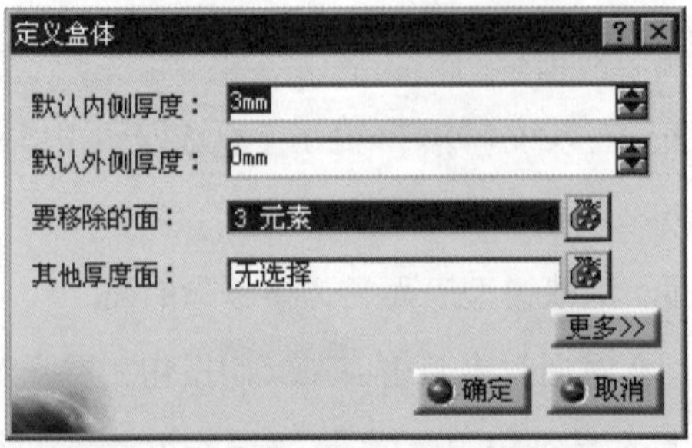

图 3.13.12 "定义盒体"对话框

◆ **默认内侧厚度**：是指实体表面向内的厚度；**默认外侧厚度**：是指实体表面向外的厚度。

◆ **其他厚度面**：用于选择与默认壁厚不同的面，并需设定目标壁厚值，设定方法是双击模型表面的壁厚尺寸线，在弹出的对话框中输入相应的数值。

3.13.5 拔模特征

注塑件和铸件往往需要一个拔模斜面，才能顺利脱模，CATIA V5-6 的拔模特征就是用来创建模型的拔模斜面。

1. 创建单一角度拔模

下面以图 3.13.13 所示的简单模型为例，说明创建单一角度拔模特征的一般过程。

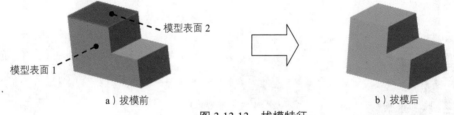

a）拔模前　　　　　　　　　　　　　　b）拔模后

图 3.13.13　拔模特征

步骤 01 打开文件 D:\catia2014\work\ch03.13.05\draft_angle.CATPart。

步骤 02 选择命令。选择下拉菜单 插入 ➡ 修饰特征 ▶ ➡ 🔲 拔模... 命令，系统弹出 "定义拔模" 对话框。

步骤 03 定义要拔模的面。在系统 选择要拔模的面 提示下，选取图 3.13.13 所示的模型表面 1 为要拔模的面。

步骤 04 定义拔模的中性元素。单击以激活 中性元素 区域的 选择： 文本框，选取模型表面 2 为中性元素。

步骤 05 定义拔模属性。

（1）定义拔模方向。右击 拔模方向 区域的 选择： 文本框，在快捷菜单中选取 z 轴为拔模方向。

在系统弹出 "定义拔模" 对话框的同时，模型表面将出现一个指示箭头，箭头表明的是拔模方向（即所选拔模方向面的法向），如图 3.13.14 所示。

（2）输入角度值。在对话框的 角度: 文本框中输入角度值 15。

步骤 06 单击对话框中的 ● 确定 按钮，完成单一角度拔模的创建。

◆ 拔模角度可以是正值也可以是负值，正值是沿拔模方向的逆时针方向拔模，负值则反之。

◆ 单击"定义拔模"对话框中的 更多>> 按钮，展开对话框隐藏的部分，用户可以根据需要在对话框中设置不同的拔模形式和限制元素。

2. 创建可变角度拔模

"可变角度拔模"命令的功能是通过在某拔模面上指定多个拔模角度，从而生成角度以一定规律变化的拔模斜面。

下面以图 3.13.15 所示的简单模型为例，说明创建可变角度拔模特征的一般过程。

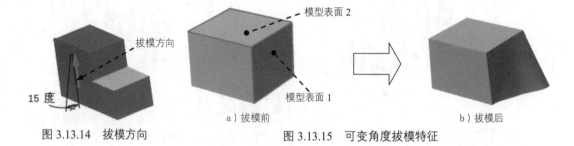

图 3.13.14　拔模方向

a）拔模前

图 3.13.15　可变角度拔模特征

b）拔模后

步骤 01 打开文件 D:\catia2014\work\ch03.13.05\variable_draft.CATPart。

步骤 02 选择命令。选择下拉菜单 插入 ➡ 修饰特征▶ ➡ 可变角度拔模... 命令，系统弹出 "定义拔模"对话框。

步骤 03 定义要拔模的面。在系统 选择要拔模的面 提示下，选取图 3.13.15 所示的模型表面 1 为要拔模的面。

步骤 04 定义拔模的中性元素。单击以激活 中性元素 区域的 选择: 文本框，选取模型表面 2 为中性元素。

步骤 05 定义拔模属性。

（1）定义拔模方向。激活 拔模方向 区域的 选择: 文本框，选取图 3.13.15 所示的模型表面 2 为拔模方向。

（2）定义拔模角度。

① 单击以激活 点：文本框（拔模面与中性元素面的交线端点是默认设置角度的位置），在模型指定边线的端点处双击预览的尺寸线，在系统弹出的"参数定义"对话框中更改半径值，将左侧的数值设为 5，右侧数值设为 30，如图 3.13.16 所示。

② 完成上步操作后，在边线需要指定拔模角度值的位置单击（直到出现尺寸线，才表明该点已加入 点：文本框中），然后在"定义拔模"对话框的 角度：文本框中输入数值 15。

步骤 06 单击对话框中的 ● 确定 按钮，完成可变拔模角度特征的创建。

3. 创建反射线拔模

反射线拔模的功能是通过指定模型表面上的一个曲面作为基准，生成与实体相切的拔模面。

下面以图 3.13.17 所示的简单模型为例，说明创建反射线拔模特征的一般过程。

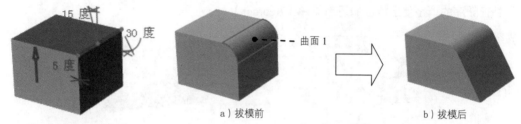

图 3.13.16　定义拔模角度　　　　　　　　　　a）拔模前　　　　　　　　　b）拔模后

　　　　　　　　　　　　　　　　　　　　图 3.13.17　反射线拔模

步骤 01 打开文件 D:\catia2014\work\ch03.13.05\draft_reflect_line.CATPart。

步骤 02 选择命令。选择下拉菜单 插入 ➡ 修饰特征 ▸ ➡ 🗇 拔模反射线... 命令，系统弹出图 3.13.18 所示的"定义拔模反射线"对话框。

步骤 03 定义要拔模的面。选择曲面 1 为要拔模的面。

步骤 04 定义拔模属性。

（1）定义拔模方向。激活 拔模方向 区域的 选择：文本框，选取 xy 平面为拔模方向。

（2）定义拔模角度。在对话框的 角度：文本框中输入角度值 30，如图 3.13.19 所示。

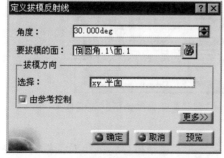

图 3.13.18　"定义拔模反射线"对话框

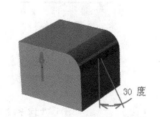

图 3.13.19　定义拔模角度

步骤 05 单击对话框中的 ●确定 按钮，完成反射线拔模特征的创建。

3.14 特征的重新排序及插入

对一个零件进行抽壳时，零件中特征的创建顺序非常重要，如果各特征的顺序安排不当，抽壳特征会生成失败，有时即使能生成抽壳，但结果也不会符合设计的要求。可按下面的操作方法进行验证。

步骤 01 打开文件 D:\catia2014\work\ch03.14.01\cup.CATPart。

步骤 02 将模型特征中 倒圆角.1 的半径从 R3 改为 R12，会看到杯子的底部出现多余的实体区域，如图 3.14.1 所示。显然这不符合设计意图，之所以会产生这样的问题，是因为圆角特征和抽壳特征的顺序安排不当，解决办法是将圆角特征调整到抽壳特征的前面，这种特征顺序的调整就是特征的重新排序（Reorder）。

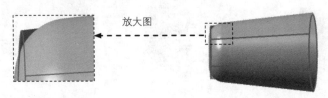

放大图

图 3.14.1 注意抽壳特征的顺序

3.14.1 特征的重新排序

下面以塑件壳体（cup.CATPart）为例，说明特征重新排序（Reorder）的操作方法。

步骤 01 打开文件 D:\catia2014\work\ch03.14.01\cup.CATPart。

步骤 02 在图 3.14.2 所示的特征树中，右击 抽壳.1 特征，在系统弹出的快捷菜单中选择 抽壳.1 对象 ▶ ➡ 重新排序... 命令，系统弹出图 3.14.3 所示"重新排序特征"对话框。

图 3.14.2 特征树

图 3.14.3 "重新排序特征"对话框

步骤 03 在特征树中选择特征 倒圆角.1 ，在"重新排序特征"对话框的下拉列表中

选择 之后 选项，单击 ● 确定 按钮，这样抽壳特征就调整到倒圆角特征之后。

步骤 04 右击抽壳特征，从快捷菜单中选择 定义工作对象 命令，模型将重新生成抽壳特征。此时再修改倒圆角数值，将不会出现多余的实体区域。

◆ 特征重新排序后，右击抽壳特征，从快捷菜单中选择 定义工作对象 命令，模型将重新生成抽壳特征及排列在抽壳特征以前的所有特征。

◆ 特征的重新排序（Reorder）是有条件的，条件是不能将一个子特征拖至其父特征的前面。例如，在图 3.14.1 所示的杯子例子中，不能把抽壳特征移到前面的旋转体特征的前面，因为它们存在父子关系，抽壳特征是旋转体特征的子特征。为什么存在这种父子关系呢？这要从该抽壳特征的创建过程说起，抽壳特征中要移除的抽壳面就是旋转体特征的表面，也就是说抽壳特征是建立在旋转体特征表面的基础上，这样就在抽壳特征与旋转体特征之间建立了父子关系。

◆ 如果要调整有父子关系的特征的顺序，必须先解除特征间的父子关系。解除父子关系有两种办法：一是改变特征截面的参照基准或约束方式；二是重定义特征的草图平面，选取别的平面作为草绘平面。

3.14.2 特征的插入

假如要在 🗗 抽壳.1 特征之前添加一个图 3.14.4b 所示的倒圆角特征，并要求该特征添加在 🔩 旋转体.1 特征的后面，利用"特征的插入"功能可以满足这一要求。下面以塑件壳体（cup.CATPart）为例，说明特征插入的具体操作方法。

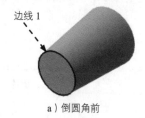

a）倒圆角前　　　　　　　　　　　　　　　　　　b）倒圆角后

图 3.14.4　添加倒圆角特征

步骤 01 打开文件 D:\catia2014\work\ch03.14.02\cup.CATPart。

步骤 02 定义添加特征的位置。在特征树中，右击旋转体特征 🔩 旋转体.1，从快捷菜单中选中 定义工作对象 命令。

步骤 03 定义添加的特征。选择下拉菜单 插入 ➡ 修饰特征▶ ➡ 🗗 倒圆角... 命令，选取图 3.14.4a 所示的边线 1，在 半径: 文本框中输入数值 3.0，创建倒圆角特征。

步骤 04 完成倒圆角特征的创建后，右击特征树中的 抽壳.1 ，从快捷菜单中选择 定义工作对象 命令，显示整个模型的所有特征。

3.15　特征生成失败及其解决方法

在特征创建或重定义时，若给定的数据不当或参照丢失，就会出现特征生成失败的警告，以下将说明特征生成失败的情况及其解决方法。

3.15.1　特征生成失败的出现

这里以一个简单模型为例进行说明。如果进行下列"编辑定义"操作（图 3.15.1），将会产生特征生成失败。

步骤 01 打开文件 D:\catia2014\work\ch03.15\fail.CATPart。

步骤 02 在图 3.15.2 所示的特征树中，右击截面草图标识 草图.1 ，在系统弹出的快捷菜单中选择 草图.1 对象 ▶ ➡ 编辑 命令，进入草绘工作台。

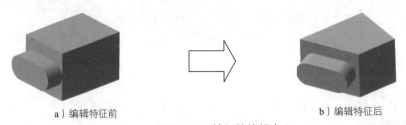

a）编辑特征前　　　　　　　　　　　　b）编辑特征后

图 3.15.1　特征的编辑定义

步骤 03 修改截面草图。将截面草图改为图 3.15.3 所示的形状，并建立图中的几何约束和尺寸约束，单击 按钮，完成截面草图的修改。

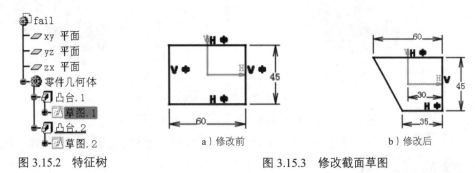

图 3.15.2　特征树　　　　　　　　a）修改前　　　　　b）修改后

图 3.15.3　修改截面草图

步骤 04 退出草绘工作台后，系统弹出图 3.15.4 所示的"更新诊断：草图.1"对话框，提示草图 2 生成的参照面不可识别，这是因为第一个凸台特征重定义后，第二个凸台特征的截面草图参照便丢失，所以出现特征生成失败。

 在"更新诊断：草图.1"对话框的白色背景区显示的是存在问题的特征及解决的方法，对话框的灰色背景区则只显示当前错误特征的解决方法。

3.15.2 特征生成失败的解决方法

方法一：取消第二个凸台特征。

步骤 01 在"更新诊断：草图.1"对话框的左侧选中 草图.2 ，单击 取消激活 按钮，系统弹出图 3.15.5 所示的"取消激活"对话框。

步骤 02 在对话框中选中 □ 取消激活所有子级 复选框，然后单击对话框中的 确定 按钮。

图 3.15.4 "更新诊断：草图.1"对话框　　图 3.15.5 "取消激活"对话框

 这是退出特征失败环境比较简单的操作方法。但实际的创建过程中删除特征再重新创建是比较浪费时间的，若想节省时间则可求助于其他的解决办法。

方法二：去除第二个凸台特征的草绘参照。

步骤 01 在"更新诊断：草图.1"对话框的左侧选中 绝对轴 ，单击 取消激活 或 隔离 按钮。

步骤 02 完成上步操作后，系统将自动去除第二个凸台特征的草绘参照，生成的模型如图 3.15.6 所示。

 这是退出特征失败环境最简单的操作方法，但更改后不符合设计意图。

方法三：更改第二个凸台特征的草绘参照。

步骤01 在"更新诊断：草图.1"对话框的左侧选中 面.3 ，单击 编辑 按钮。

步骤02 完成上步操作后，系统弹出图 3.15.7 所示的"编辑"对话框，此时系统自动选择新的草绘参照平面，生成的模型如图 3.15.8 所示。

 这是退出特征失败环境并符合设计意图的修改方法。

图 3.15.6　模型（一）　　　图 3.15.7　"编辑"对话框　　　图 3.15.8　模型（二）

3.16　CATIA 的基准元素及其应用

CATIA V5-6 中的参考元素包括平面、线、点等基本几何元素，这些参考元素可作为其他几何体构建时的参照物，在创建零件的一般特征、曲面、零件的剖切面、装配中起着非常重要的作用。

 基准元素的命令按钮集中在图 3.16.1 所示的"参考元素"工具栏中，从图标上即可清晰辨认点、线、面基准元素。

图 3.16.1　"参考元素（扩展）"工具栏

3.16.1　参考点

"点"的功能是在曲面设计模块中创建点，作为其他实体创建的参考元素。

1. 利用"坐标"创建点

下面以图 3.16.2 所示的实例，说明利用坐标方式创建点的一般过程。

步骤01 打开文件 D:\catia2014\work\ch03.16.01\point_coordinates.CATPart。

步骤02 选择命令。单击"参考元素（扩展）"工具栏中的 按钮，系统弹出图 3.16.3 所示的"点定义"对话框。

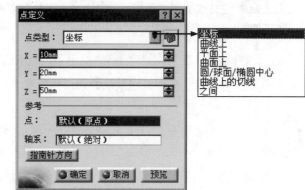

图 3.16.2　坐标方式创建点　　　　　　　　　图 3.16.3　"点定义"对话框

(步骤 03) 定义点类型。在 点类型： 下拉列表中选择 坐标 选项。

(步骤 04) 选择参考点。单击 参考 区域的 点： 后面的文本框，选取图 3.16.2a 所示的点。

(步骤 05) 定义点坐标。在 X 文本框中输入数值 10；在 Y 文本框中输入数值 20；在 Z 文本框中输入数值 50。

(步骤 06) 完成点的创建。其他设置保持系统默认，单击 确定 按钮，完成点的创建。

2. 利用"曲线上"创建点

下面介绍图 3.16.4 所示点的创建过程。

(步骤 01) 打开文件 D:\catia2014\work\ch03.16.01\on_curve. CATPart。

(步骤 02) 选择命令。单击"参考元素（扩展）"工具栏中的 ▪ 按钮，系统弹出图 3.16.5 所示的"点定义"对话框。

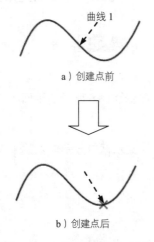

图 3.16.4　在"曲线上"创建点

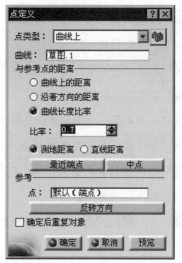

图 3.16.5　"点定义"对话框

步骤 03 定义点的创建类型。在 点类型： 下拉列表中选择 曲线上 选项。

步骤 04 定义点的参数。

（1）选择曲线。在系统 选择曲线 的提示下，选取图 3.16.4 所示的曲线 1。

（2）定义参考点。采用系统默认的端点作为参考点。

 在对话框 参考 区域的 点： 文本框中显示了参考点的名称。

（3）定义所创点与参考点的距离。在 与参考点的距离 区域中选中 ⬤ 曲线长度比率 单选项，在 比率： 文本框中输入数值 0.7。

步骤 05 单击 ⬤ 确定 按钮，完成点的创建。

3. 利用"平面上"创建点

下面介绍图 3.16.6 所示点的创建过程。

平面 1

创建此点

a）创建点前　　　　　　　　　　　　　　　b）创建点后

图 3.16.6　在"平面上"创建点

步骤 01 打开文件 D:\catia2014\work\ch03.16.01\on_plane. CATPart。

步骤 02 选择命令。单击"参考元素（扩展）"工具栏中的 ▪ 按钮，系统弹出图 3.16.7 所示的"点定义"对话框。

步骤 03 定义点的创建类型。在 点类型： 下拉列表中选择 平面上 选项。

步骤 04 定义点的参数。

（1）选择参考平面。在系统 选择平面 的提示下，选取图 3.16.6 所示的平面 1。

（2）定义参考点。采用系统默认参考点（原点）。

（3）定义所创点与参考点的距离。在 H： 文本框和 V： 文本框中分别输入数值 30、35，定义之后模型如图 3.16.8 所示。

步骤 05 单击 ⬤ 确定 按钮，完成点的创建。

图 3.16.7 "点定义"对话框

图 3.16.8 定义参考点

4. 利用"曲面上"创建点

下面以图 3.16.9 所示的实例，说明在曲面上创建点的一般过程。

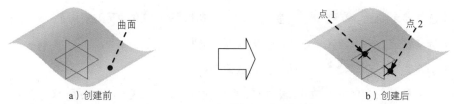

a）创建前　　　　　　　　　　　　　　　b）创建后

图 3.16.9 在"曲面上"创建点

步骤 01 打开文件 D:\catia2014\work\ch03.16.01\point_surface. CATPart。

步骤 02 创建点 1。

（1）选择命令。单击"参考元素（扩展）"工具栏中的 按钮，系统弹出"点定义"对话框。

（2）定义点类型。在 **点类型：** 下拉列表中选择 **曲面上** 选项，此时对话框如图 3.16.10 所示。

（3）选取参考曲面。单击 **曲面：** 后的文本框，选取图 3.16.9a 所示的曲面。

（4）选取创建方向。单击 **方向：** 后的文本框，选取图 3.16.11 所示的边线。

（5）确定距离。在 **距离：** 文本框中输入数值 8。

（6）完成点的创建。其他设置保持系统默认值，单击 **● 确定** 按钮，完成点的创建。

图 3.16.10 所示"点定义"对话框中的部分选项说明如下。

◆ **曲面：** 文本框：单击此文本框后可在图形区选择创建点的参考曲面。

◆ **方向：** 文本框：单击此文本框后可在图形区选择创建点的参考方向。

◆ **距离：** 文本框：用于输入创建点与参考点的距离值，如不选择则以原点为参考。

步骤 03 创建点 2。

图 3.16.10 "点定义"对话框

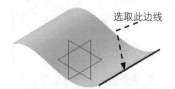

图 3.16.11 选取方向边线

（1）选择命令。单击"参考元素（扩展）"工具栏中的 按钮，系统弹出"点定义"对话框。

（2）定义点类型。在 点类型：下拉列表中选择 曲面上 选项。

（3）选取参考曲面。单击 曲面：后的文本框，选取图 3.16.9a 所示的曲面。

（4）选取创建方向。单击 方向：后的文本框，选取 zx 平面。

（5）确定距离。在 距离：文本框中输入数值 20。

（6）选择参考点。单击 参考 区域中 点：后的文本框，选取图 3.16.9b 所示的点 1。

（7）完成点的创建。其他设置保持系统默认值，单击 确定 按钮，完成点的创建。

5. 利用"圆/球面/椭圆中心"创建点

下面以图 3.16.12 所示的实例，说明在圆/球面/椭圆中心创建点的一般过程。

步骤 01 打开文件 D:\catia2014\work\ch03.16.01\point_ball_center.CATPart。

步骤 02 创建点 1。

（1）选择命令。单击"参考元素（扩展）"工具栏中的 按钮，系统弹出"点定义"对话框。

（2）定义点类型。在 点类型：下拉列表中选择 圆/球面/椭圆中心 选项，此时对话框如图 3.16.13 所示。

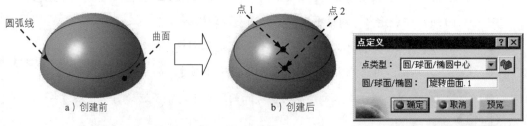

图 3.16.12 在"圆/球面上"创建点

图 3.16.13 "点定义"对话框

（3）选取参考曲面。单击 圆/球面/椭圆： 后的文本框，选取图 3.16.12a 所示的曲面。

（4）完成点的创建。单击 ● 确定 按钮，完成点的创建。

步骤 03 创建点 2。

（1）选择命令。单击"参考元素（扩展）"工具栏中的 . 按钮，系统弹出"点定义"对话框。

（2）定义点类型。在 点类型： 下拉列表中选择 圆/球面/椭圆中心 选项。

（3）选取参考线。单击 圆/球面/椭圆： 后的文本框，选取图 3.16.12a 所示的圆弧线。

（4）完成点的创建。单击 ● 确定 按钮，完成点的创建。

6. 利用"曲线上的切线"创建点

下面以图 3.16.14 所示的实例，说明通过曲线的切线创建点的一般过程。

步骤 01 打开文件 D:\catia2014\work\ch03.16.01\point_curve_tangent.CATPart。

步骤 02 选择命令。单击"参考元素（扩展）"工具栏中的 . 按钮，系统弹出"点定义"对话框。

a）创建前 b）创建后

图 3.16.14 在"曲线上"创建点

步骤 03 定义点类型。在 点类型： 下拉列表中选择 曲线上的切线 选项。

步骤 04 选取参考曲线。单击 曲线： 后的文本框，选取图 3.16.14a 所示的曲线。

步骤 05 选取参考方向。单击 方向： 后的文本框，在特证树中选择 ⇒ 横向 。

步骤 06 完成点的创建。单击 ● 确定 按钮，系统弹出"多重结果管理"对话框，在对话框中选中 保留所有子元素 单选项，单击 ● 确定 按钮，完成点的创建。

7. 利用"之间"创建点

下面以图 3.16.15 所示的实例，说明在两点之间创建点的一般过程。

点 2 点 1 创建的点

a）创建前 b）创建后

图 3.16.15 利用"之间"创建点

步骤 01 打开文件 D:\catia2014\work\ch03.16.01\point_between.CATPart。

步骤 02 选择命令。单击"参考元素（扩展）"工具栏中的 ■ 按钮，系统弹出"点定义"对话框。

步骤 03 定义点类型。在 点类型：下拉列表中选择 之间 选项。

步骤 04 选取参考点。单击 点 1：后的文本框，选取图 3.16.15a 所示的点 1；单击 点 2：后的文本框，选取图 3.16.15a 所示的点 2。

步骤 05 确定点位置。在 比率：文本框中输入数值 0.3。

步骤 06 完成点的创建。其他设置保持系统默认值，单击 ● 确定 按钮，完成点的创建。

3.16.2 直线

"直线"按钮的功能是在零件设计模块中创建直线，以作为其他实体创建的参考元素。

1. 利用"点–点"创建直线

下面介绍图 3.16.16 所示直线的创建过程。

a）创建直线前　　　　　　　　　　　　　　　　b）创建直线后

图 3.16.16　利用"点 – 点"创建直线

步骤 01 打开文件 D:\catia2014\work\ch03.16.02\point_point. CATPart。

步骤 02 选择命令。单击"参考元素（扩展）"工具栏中的 ／ 按钮，系统弹出"直线定义"对话框。

步骤 03 定义直线的创建类型。在对话框的 线型：下拉列表中选择 点-点 选项。

步骤 04 定义直线参数。

（1）选择元素。在系统 选择第一元素（点、曲线甚至曲面） 的提示下，选取图 3.16.16a 所示的点 1 为第一元素；在系统 选择第二点或方向 的提示下，选取图 3.16.16a 所示的点 2 为第二元素。

（2）定义长度值。在对话框的 起点：文本框和 终点：文本框中均输入数值 10.0，此时，模型如图 3.16.17 所示。

步骤 05 单击对话框中的 ● 确定 按钮，完成直线的创建。

图 3.16.17　定义参考元素

说明

◆ "直线定义"对话框中的 **起点：**和 **终点：**文本框用于设置第一元素和第二元素反向延伸的数值。

◆ 在对话框的 **长度类型** 区域中，用户可以定义直线的长度类型。

2. 利用"点–方向"创建直线

下面介绍图 3.16.18 所示直线的创建过程。

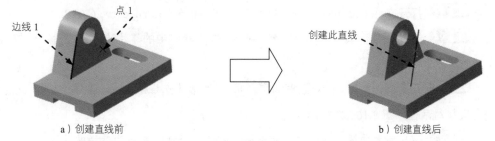

a）创建直线前　　　　　　　　　　　　　　　　b）创建直线后

图 3.16.18　利用"点–方向"创建直线

步骤 01 打开文件 D:\catia2014\work\ch03.16.02\point_direction. CATPart。

步骤 02 选择命令。单击"参考元素（扩展）"工具栏中的 按钮，系统弹出图 3.16.19 所示的"直线定义"对话框。

步骤 03 定义直线的创建类型。在对话框的 **线型：**下拉列表中选择 **点-方向** 选项。

步骤 04 定义直线参数。

（1）选择第一元素。选取图 3.16.18a 所示的点 1 为第一元素。

（2）定义方向。选取图 3.16.18a 所示的边线 1 为方向线，采用系统默认方向。

（3）定义起始值和结束值。在对话框的 **起点：**文本框和 **终点：**文本框中分别输入数值-30、50.0，定义之后模型如图 3.16.20 所示。

步骤 05 单击对话框中的 **确定** 按钮，完成直线的创建。

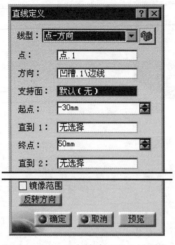

图 3.16.19　"直线定义"对话框

图 3.16.20　定义直线参数

3. 利用"曲线的角度/法线"创建直线

下面以图 3.16.21 所示的例子说明通过已知点和曲线的角度创建直线的操作过程。

步骤 01 打开文件 D:\catia2014\work\ch03.16.02\angle_normal_curve.CATPart。

步骤 02 选择命令。单击"参考元素（扩展）"工具栏中的 ⁄ 按钮，系统弹出"直线定义"对话框。

步骤 03 定义创建类型。在对话框的 线型: 下拉列表中选择 曲线的角度/法线 选项，此时"直线定义"对话框如图 3.16.22 所示。

步骤 04 定义参考曲线。在图形区选取图 3.16.21a 所示的曲线为参考曲线。

步骤 05 定义通过点。在图形区选取图 3.16.21a 所示的点 1 为通过点。

步骤 06 定义角度。在 角度: 文本框中输入数值 30。

步骤 07 确定直线长度。在 起点: 文本框中输入值-15，在 终点: 文本框中输入数值 20。

步骤 08 完成直线的创建。其他设置保持系统默认值，单击 ● 确定 按钮，完成直线的创建。

图 3.16.22 所示"直线定义"对话框中的部分选项说明如下。

◆ 曲线: 文本框：单击此文本框，用户可以在绘图区选取参考曲线。

◆ 角度: 文本框：用于定义要创建直线与指定点的切线方向所成的角度。

◆ □ 支持面上的几何图形 复选框：选中此复选框时，系统会在支持面上创建最短距离的线。

◆ 曲线的法线 按钮：用于设置要创建直线与指定点的切线方向所成的角度为 90°。

◆ ☐确定后重复对象复选框：选中此复选框时，系统会创建与当前的线具有相同定义的线。

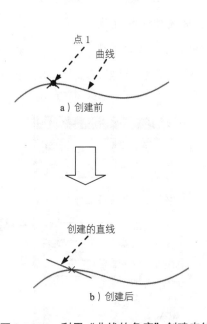

图 3.16.21 利用"曲线的角度"创建直线

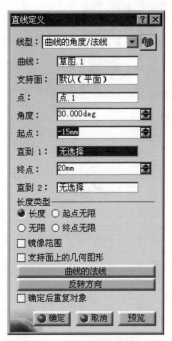

图 3.16.22 "直线定义"对话框

4. 利用"曲线的切线"创建直线

下面以图 3.16.23 所示的例子说明通过已知点和曲线的切线创建直线的操作过程。

步骤 01 打开文件 D:\catia2014\work\ch03.16.02\tangent_curve.CATPart。

步骤 02 选择命令。单击"参考元素（扩展）"工具栏中的 ╱ 按钮，系统弹出"直线定义"对话框。

步骤 03 定义创建类型。在 线型： 下拉列表中选择 曲线的切线 选项，此时"直线定义"对话框如图 3.16.24 所示。

步骤 04 定义参考曲线。在图形区选取图 3.16.23a 所示的曲线为参考曲线。

步骤 05 定义通过点。在图形区选取图 3.16.23a 所示的点 1 为参考元素。

步骤 06 定义相切类型。在 切线选项 区域的 类型： 下拉列表中选择 单切线 选项。

步骤 07 确定直线长度。在 起点： 文本框中输入数值-10，在 终点： 文本框中输入数值 40。

步骤 08 完成直线的创建。其他设置保持系统默认值，单击 ● 确定 按钮，完成直线的创建。

图 3.16.24 所示"直线定义"对话框的部分选项说明如下。

◆ 元素 2：文本框：单击此文本框，用户可以在绘图区选取参考元素 2。

◆ 类型：下拉列表：用于设置相切类型，其包括 单切线 选项和 双切线 选项。

● 单切线 选项：用于设置创建与一条曲线相切的直线。

● 双切线 选项：用于设置创建与两条曲线相切的直线。

◆ 下一个解法 按钮：当有多个解的时候，用户可以通过单击此按钮在多个解中进行切换。

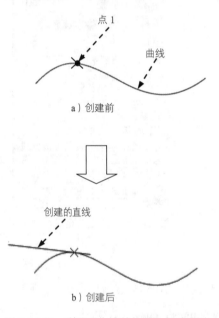

图 3.16.23 利用"曲线的切线"创建直线

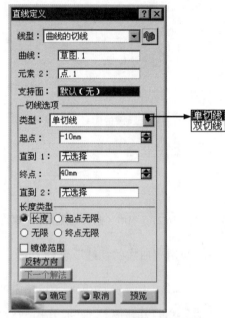

图 3.16.24 "直线定义"对话框

5. 利用"曲面的法线"创建直线

下面以图 3.16.25 所示的例子说明通过已知点和曲面的法线创建直线的操作过程。

步骤 01 打开文件 D:\catia2014\work\ch03.16.02\normal_surface.CATPart。

步骤 02 选择命令。单击"参考元素（扩展）"工具栏中的 ╱ 按钮，系统弹出"直线定义"对话框。

步骤 03 定义创建类型。在对话框的 线型：下拉列表中选择 曲面的法线 选项，此时"直线定义"对话框如图 3.16.26 所示。

步骤 04 定义参考曲面。在图形区选取图 3.16.25a 所示的曲面为参考曲面。

步骤 05 定义通过点。在图形区选取图 3.16.25a 所示的点 1 为参考点。

步骤 06 确定直线长度。在 起点：文本框中输入数值-10，在 终点：文本框中输入数值 15。

步骤 07 完成直线的创建。其他设置保持系统默认值，单击 ⬤ 确定 按钮，完成直线的创建。

图 3.16.26 "直线定义"对话框

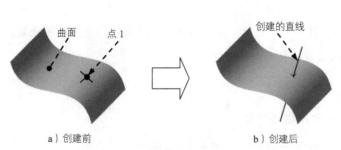

图 3.16.25 利用"曲面的法线"创建直线

6. 利用"角平分线"创建直线

下面介绍图 3.16.27 所示直线的创建过程。

步骤 01 打开文件 D:\catia2014\work\ch03.16.02\bisecting. CATPart。

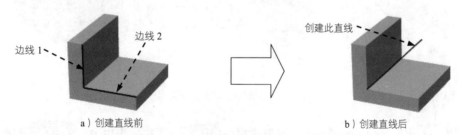

图 3.16.27 利用"角平分线"创建直线

步骤 02 选择命令。单击"参考元素（扩展）"工具栏中的 ╱ 按钮，系统弹出"直线定义"对话框。

步骤 03 定义直线的创建类型。在对话框的 线型: 下拉列表中选择 角平分线 选项。

步骤 04 定义直线参数。

（1）定义第一条直线。选取图 3.16.27a 所示的边线 1。

（2）定义第二条直线。选取图 3.16.27a 所示的边线 2。

（3）定义方向。单击对话框中的 下一个解法 按钮。

（4）定义起始值和结束值。在对话框的 起点: 文本框和 终点: 文本框中分别输入数值 0、

60.0，定义之后模型如图 3.16.28 所示。

步骤 05 单击对话框中的 ● 确定 按钮，完成直线的创建。

　　　　图 3.16.28 显示了角平分线的两种解法，可以通过 下一个解法 按钮切换。

3.16.3　参考平面

"平面"按钮的功能是在零件设计模块中创建平面，以作为其他实体创建的参考元素。

注意：若要选择一个平面，可以选择其名称或一条边界。

1．利用"偏移平面"创建平面

下面介绍图 3.16.29 所示偏移平面的创建过程。

步骤 01 打开文件 D:\catia2014\work\ch03.16.03\offset_from_plane.CATPart。

步骤 02 选择命令。单击"参考元素（扩展）"工具栏中的 按钮，系统弹出图 3.16.30 所示的"平面定义"对话框。

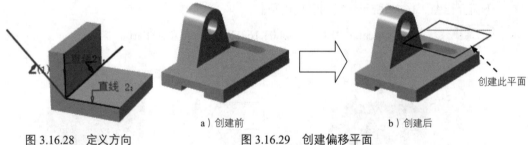

图 3.16.28　定义方向　　　　a）创建前　　　　b）创建后

图 3.16.29　创建偏移平面

步骤 03 定义平面的创建类型。在对话框的 平面类型： 下拉列表中选择 偏移平面 选项。

步骤 04 定义平面参数。

（1）定义偏移参考平面。选取图 3.16.31 所示的模型表面为偏移参考平面。

图 3.16.30　"平面定义"对话框

图 3.16.31　定义偏移参考平面

（2）定义偏移方向。接受系统默认的偏移方向。

 如需更改方向，单击对话框中的 反转方向 按钮即可。

（3）输入偏移值。在对话框的 偏移: 文本框中输入偏移数值 50.0。

（步骤 05）单击对话框中的 ● 确定 按钮，完成偏移平面的创建。

 选中对话框中的 ☐ 确定后重复对象 复选框，可以连续创建偏移平面，其后偏移平面的定义均以上一个平面为参照。

2. 利用"平行通过点"创建平面

下面介绍图 3.16.32 所示平行通过点平面的创建过程。

a）创建前　　　　　　　　　　　　　　　b）创建后

图 3.16.32　创建"平行通过点"平面

（步骤 01）打开文件 D:\catia2014\work\ch03.16.03\parallel_through_point.CATPart。

（步骤 02）选择命令。单击"参考元素（扩展）"工具栏中的 按钮，系统弹出"平面定义"对话框。

（步骤 03）定义平面的创建类型。在对话框的 平面类型: 下拉列表中选择 平行通过点 选项，此时，对话框变为图 3.16.33 所示的"平面定义"对话框。

（步骤 04）定义平面参数。

（1）选择参考平面。选取图 3.16.34 所示的模型表面为参考平面。

（2）选择平面通过的点。选取图 3.16.34 所示的点为平面通过的点。

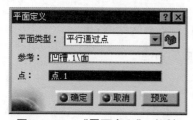

图 3.16.33　"平面定义"对话框

图 3.16.34　定义参考平面

步骤 05 单击对话框中的 确定 按钮，完成平面的创建。

3. 利用"与平面成一定角度或垂直"创建平面

下面介绍图 3.16.35 所示的平面的创建过程。

步骤 01 打开文件 D:\catia2014\work\ch03.16.03\angle_or_normal_to_plane. CATPart。

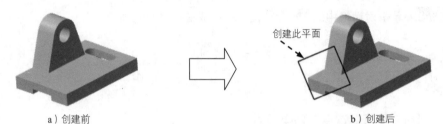

a）创建前　　　　　　　　　　　　　　　　　　b）创建后

图 3.16.35　创建"与平面成一定角度或垂直"平面

步骤 02 选择命令。单击"参考元素（扩展）"工具栏中的 ⟋ 按钮，系统弹出"平面定义"对话框。

步骤 03 定义平面的创建类型。在对话框的 平面类型： 下拉列表中选择 与平面成一定角度或垂直 选项，此时，对话框变为图 3.16.36 所示的"平面定义"对话框。

步骤 04 定义平面参数。

（1）选择旋转轴。选取图 3.16.37 所示的边线作为旋转轴。

（2）选择参考平面。选取图 3.16.37 所示的模型表面为旋转参考平面。

图 3.16.36　"平面定义"对话框

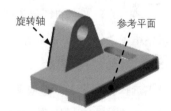

图 3.16.37　定义参考平面

（3）输入旋转角度值。在对话框的 角度： 文本框中输入旋转数值 60。

步骤 05 单击对话框中的 确定 按钮，完成平面的创建。

4. 利用"通过两条直线"创建平面

下面介绍图 3.16.38 所示的平面的创建过程。

直线 1

直线 2

创建此平面

a）创建前

b）创建后

图 3.16.38 创建"通过两条直线"平面

步骤 01 打开文件 D:\catia2014\work\ch03.16.03\through_line_plane.CATPart。

步骤 02 选择命令。单击"参考元素（扩展）"工具栏中的 ⟲ 按钮，系统弹出"平面定义"对话框。

步骤 03 定义平面类型。在对话框的 平面类型：下拉列表中选取 通过两条直线 选项。

步骤 04 选取参考对象。在图形区选取图 3.16.38a 所示的直线 1 和直线 2 为参考直线。

步骤 05 单击对话框中的 ● 确定 按钮，完成平面的创建。

5. 利用"通过点和直线"创建平面

下面介绍图 3.16.39 所示的平面的创建过程。

点 1

直线 2

创建此平面

a）创建前

b）创建后

图 3.16.39 创建"通过点和直线"平面

步骤 01 打开文件 D:\catia2014\work\ch03.16.03\point_linet_to_plane.CATPart。

步骤 02 选择命令。单击"参考元素（扩展）"工具栏中的 ⟲ 按钮，系统弹出"平面定义"对话框。

步骤 03 定义平面类型。在对话框的 平面类型：下拉列表中选取 通过点和直线 选项。

步骤 04 选取参考对象。在图形区选取图 3.16.39a 所示的点 1 和直线 2 为参考直线。

步骤 05 单击对话框中的 ● 确定 按钮，完成平面的创建。

6. 利用"通过平面曲线"创建平面

下面介绍图 3.16.40 所示的平面的创建过程。

步骤 01 打开文件 D:\catia2014\work\ ch03.16.03\ plane_curve_to_plane.CATPart。

步骤 02 选择命令。单击"参考元素（扩展）"工具栏中的 ⟲ 按钮，系统弹出"平面定义"对话框。

a）创建前　　　　　　　　　　　b）创建后

图 3.16.40　创建"通过平面曲线"平面

步骤 03　定义平面类型。在对话框的 平面类型：下拉列表中选取 通过平面曲线 选项。

步骤 04　选取参考对象。在图形区选取图 3.16.40a 所示的曲线。

步骤 05　单击对话框中的 ● 确定 按钮，完成平面的创建。

7. 利用"曲线的法线"创建平面

下面介绍图 3.16.41 所示的平面的创建过程。

步骤 01　打开文件 D:\catia2014\work\ ch03.16.03\ curve_normal_to_plane.CATPart。

步骤 02　选择命令。单击"参考元素（扩展）"工具栏中的 ⟋ 按钮，系统弹出"平面定义"对话框。

步骤 03　定义平面类型。在对话框的 平面类型：下拉列表中选取 曲线的法线 选项。

步骤 04　选取参考对象。在图形区选取图 3.16.41a 所示的曲线，此时"平面定义"对话框如图 3.16.42 所示。

步骤 05　单击对话框中的 ● 确定 按钮，完成平面的创建。

 在图 3.16.42 所示的"平面定义"对话框中，可以通过单击 点：后的文本框，在图形区选取点创建所需平面。

曲线

创建此平面

a）创建前　　　　　　　b）创建后

图 3.16.41　创建"曲线的法线"平面

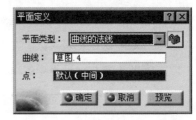

图 3.16.42　"平面定义"对话框

8. 利用"曲面的切线"创建平面

下面介绍图 3.16.43 所示的平面的创建过程。

步骤 01 打开文件 D:\catia2014\work\ ch03.16.03\ curve_tangent_to_plane.CATPart。

步骤 02 选择命令。单击"参考元素（扩展）"工具栏中的 ⬜ 按钮，系统弹出"平面定义"对话框。

步骤 03 定义平面类型。在对话框的 平面类型: 下拉列表中选取 曲面的切线 选项。

步骤 04 选取参考对象。在图形区选取图 3.16.43a 所示的曲面和参考点。

步骤 05 单击对话框中的 ● 确定 按钮，完成平面的创建。

a）创建前　　　　　　　　　　　　　　　　　　　b）创建后

图 3.16.43　创建"曲面的切线"平面

3.17　模型的平移、旋转、对称及缩放

3.17.1　平移模型

"平移（Translation）"命令的功能是将模型沿着指定方向移动到指定距离的新位置。此功能不同于视图平移，模型平移是相对于坐标系移动，而视图平移则是模型和坐标系同时移动，模型的坐标没有改变。

下面对图 3.17.1 所示模型进行平移，操作步骤如下。

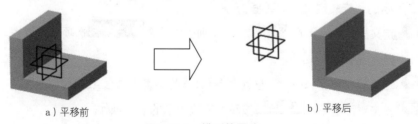

a）平移前　　　　　　　　　　　　　　　　　　b）平移后

图 3.17.1　模型的平移

步骤 01 打开文件 D:\catia2014\work\ch03.17\translate.CATPart。

步骤 02 选择命令。选择下拉菜单 插入 ➡ 变换特征▶ ➡ ˙平移... 命令，系统弹出"问题"对话框。

步骤 03 定义是否保留变换规格。单击对话框中的 是(Y) 按钮，保留变换规格，此时系统弹出"平移定义"对话框。

步骤 04 定义平移类型和参数。

（1）选择平移类型。在"平移定义"对话框的 向量定义： 下拉列表中选择 方向、距离 选项。

（2）定义平移方向。选取 zx 平面作为平移的方向平面（模型将平行于 zx 平面进行平移）。

（3）定义平移距离。在对话框的 距离： 文本框中输入数值 100.0。

步骤 05 单击对话框中的 ● 确定 按钮，完成模型的平移操作。

3.17.2 旋转模型

"旋转（Rotation）"命令的功能是将模型绕轴线旋转到新位置。

下面对图 3.17.2 中的模型进行旋转，操作步骤如下。

a）旋转前　　　　　　　　　　　　　　　　　b）旋转后

图 3.17.2　模型的旋转

步骤 01 打开文件 D:\catia2014\work\ch03.17\ rotate.CATPart。

步骤 02 选择命令。选择下拉菜单 插入 ━━━ 变换特征 ▶ ━━━ ⌐ 旋转.. 命令，系统弹出"问题"对话框。

步骤 03 定义变换规格。单击对话框中的 是(Y) 按钮，保留变换规格，此时系统弹出图 3.17.3 所示的"旋转定义"对话框。

步骤 04 定义旋转轴线。在 定义模式： 下拉列表中选择 轴线-角度 选项，选取图 3.17.4 所示的边线 1 作为模型的旋转轴线。

步骤 05 定义旋转角度。在对话框的 角度： 文本框中输入数值 120.0。

步骤 06 单击对话框中的 ● 确定 按钮，完成模型的旋转操作。

图 3.17.3　"旋转定义"对话框

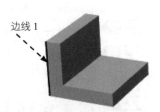

图 3.17.4　定义旋转参数

3.17.3 模型的对称

"对称(Symmerty)"命令的功能是将模型关于某个选定平面移动到与原位置对称的位置,即其相对于坐标系的位置发生了变化,操作的结果就是移动。

下面对图 3.17.5 中的模型进行对称操作,操作步骤如下。

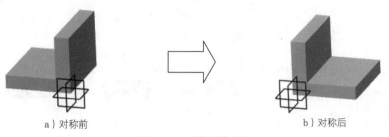

a) 对称前 　　　　　　　　　　　　　　　　　　b) 对称后

图 3.17.5　模型的对称

步骤 01 打开文件 D:\catia2014\work\ch03.17\symmetry.CATPart。

步骤 02 选择命令。选择下拉菜单 插入 ➡ 变换特征 ▶ ➡ ✔ 对称... 命令,系统弹出"问题"对话框。

步骤 03 定义变换规格。单击对话框中的 是(Y) 按钮,保留变换规格,此时系统弹出图 3.17.6 所示的"对称定义"对话框。

步骤 04 选择对称平面。在 参考: 文本框中选取 zx 平面作为对称平面,结果如图 3.17.7 所示。

步骤 05 单击对话框中的 ● 确定 按钮,完成模型的对称操作。

图 3.17.6　"对称定义"对话框

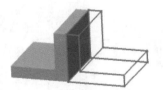

图 3.17.7　选择对称平面

3.17.4 缩放模型

模型的缩放就是将源模型相对一个点或平面(称为参考点和参考平面)进行缩放,从而改变源模型的大小。采用参考点缩放时,模型的角度尺寸不发生变化,线性尺寸进行缩放(图 3.17.8a);而选用参考平面缩放时,参考平面的所有尺寸不变,模型的其余尺寸进行缩放(图 3.17.8c)。

下面对图 3.17.8 中的模型进行缩放操作，操作步骤如下。

a）缩放后（参考点）　　　　　b）缩放前　　　　　c）缩放后（参考平面）

图 3.17.8　模型的缩放

步骤 01 打开文件 D:\catia2014\work\ch03.17\ scaling.CATPart。

步骤 02 选择命令。选择下拉菜单 插入 ➡ 变换特征 ▶ ➡ ◎ 缩放... 命令，系统弹出"缩放定义"对话框。

步骤 03 定义参考平面。选取图 3.17.9a 所示的模型表面 1 作为缩放的参考平面，特征定义如图 3.17.9b 所示。

步骤 04 定义比率值。在对话框的 比率：文本框中输入数值 1.5。

步骤 05 单击对话框中的 ● 确定 按钮，完成模型的缩放操作。

模型表面 1

a）选取参考平面　　　　　　　　b）缩放操作

图 3.17.9　缩放（一）

◆ 在 **步骤 03** 中若选取图 3.17.10a 所示的模型表面 2 作为缩放的参考平面，则特征定义将如图 3.17.10b 所示。

◆ 在设计零件模型的过程中，有时会包括多个独立的几何体，最后都需要通过交、并、差运算成为一整个几何体，本节所讲的平移、旋转、对称及缩放命令也可用于几何体的操作。

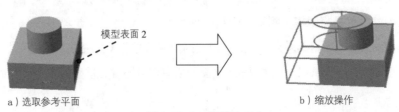

模型表面 2

a）选取参考平面　　　　　　　　b）缩放操作

图 3.17.10　缩放（二）

3.18 特征的变换

CATIA V5-6 的特征变换包括镜像特征、矩形阵列、圆形阵列、删除阵列、分解阵列及用户自定义阵列。特征的变换命令用于创建一个或多个特征的副本。下面分别介绍它们的操作过程。

 本节"特征的变换"中的"特征"是指拉伸、旋转、孔、肋、开槽、加强肋（筋）、多截面实体、已移出的多截面实体等这类对象。

3.18.1 镜像特征

镜像特征就是将源特征相对一个平面（这个平面称为镜像中心平面）进行镜像，从而得到源特征的一个副本。如图 3.18.1 所示，对这个凹槽特征进行镜像复制的操作过程如下。

步骤 **01** 打开文件 D:\catia2014\work\ch03.18\mirror.CATPart。

步骤 **02** 选择命令。选择下拉菜单 插入 ➡ 变换特征 ▶ ➡ 镜像...命令。

步骤 **03** 选择特征。在模型中选取图 3.18.1 所示的凹槽特征作为需要镜像的特征，系统弹出图 3.18.2 所示的"定义镜像"对话框。

步骤 **04** 选择镜像平面。选取 yz 平面作为镜像中心平面。

步骤 **05** 单击对话框中的 确定 按钮，完成特征的镜像操作。

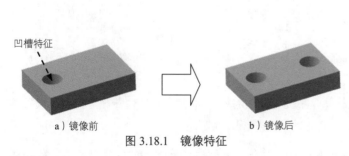

图 3.18.1 镜像特征

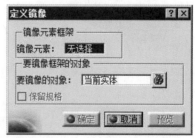

图 3.18.2 "定义镜像"对话框

3.18.2 矩形阵列

特征的矩形阵列就是将源特征以矩形排列方式进行复制，使源特征产生多个副本。如图 3.18.3 所示，对这个凹槽特征进行阵列的操作过程如下。

步骤 **01** 打开文件 D:\catia2014\work\ch03.18\pattern_rectanglar.CATPart。

步骤 **02** 选择要阵列的源特征。在特征树中选中特征 凹槽.1 作为矩形阵列的源特征。

步骤 **03** 选择命令。选择下拉菜单 插入 ➡ 变换特征 ▶ ➡ 矩形阵列... 命令，系统弹出"定义矩形阵列"对话框。

步骤 **04** 定义阵列参数。

（1）定义第一方向参考元素。单击以激活 参考元素： 文本框，选取图 3.18.4 所示的边线 1 为第一方向参考元素。

（2）定义第一方向参数。在对话框中单击 第一方向 选项卡，在 参数： 下拉列表中选择 实例和间距 选项，在 实例： 和 间距： 文本框中分别输入数值 2、-30。

> **说明**
>
> 参数：下拉列表中的选项用于定义源特征在第一方向上副本的分布数目和间距（或总长度），选择不同的列表项，则可输入不同的参数定义副本的位置。

（3）选择第二方向参考元素。在对话框中单击 第二方向 选项卡，在 参考方向 区域单击以激活 参考元素： 文本框，选取图 3.18.4 所示的边线 2 为第二方向参考元素。

（4）定义第二方向参数。在 参数： 下拉菜单中选择 实例和间距 选项，在 实例： 和 间距： 文本框中分别输入数值 4、18。

步骤 **05** 单击对话框中的 ● 确定 按钮，完成矩形阵列的创建。

a）阵列前　　　　　　　　　　b）阵列后　　　　　　　　边线 1　　　　边线 2

图 3.18.3　矩形阵列　　　　　　　　　图 3.18.4　选择阵列方向

>
> **说明**
>
> ◆ 如果先单击 ▦ 按钮，不选择任何特征，那么系统将对当前整个实体进行阵列操作。
>
> ◆ 如果已经选中某个要阵列的特征，在进行阵列操作的过程中又想将阵列的对象改为整个实体，可以在对话框 要阵列的对象 区域的 对象： 文本框中右击，选择 获取当前实体 选项。
>
> ◆ 单击"定义矩形阵列"对话框中的 更多>> 按钮，展开对话框隐藏的部分，在对话框中可以设置要阵列的特征在图样中的位置。

3.18.3 圆形阵列

特征的圆形阵列就是将源特征通过轴向旋转和（或）径向偏移，以圆周排列方式进行复制，使源特征产生多个副本。下面以图 3.18.5 所示模型为例来说明阵列的一般操作步骤。

参考面

a）阵列前   b）阵列后

图 3.18.5　圆形阵列

步骤 01 打开文件 D:\catia2014\work\ch03.18\pattern_circle.CATPart。

步骤 02 选择要阵列的源特征。在特征树中选中特征 🗗 凸台.2 作为圆形阵列的源特征。

步骤 03 选择命令。选择下拉菜单 插入 ➡ 变换特征 ▶ ➡ 圆形阵列... 命令，系统弹出"定义圆形阵列"对话框。

步骤 04 定义阵列参数。

（1）选择参考元素。激活 参考元素: 文本框，选取图 3.18.5 所示的模型表面为参考元素。

（2）定义轴向阵列参数。在对话框中单击 轴向参考 选项卡，在 参数: 下拉菜单中选择 实例和角度间距 选项，在 实例: 和 角度间距: 文本框中分别输入数值 8.0、45.0。

（3）定义径向阵列参数。在对话框中单击 定义径向 选项卡，在 参数: 下拉列表中选择 圆和圆间距 选项，在 圆: 和 圆间距: 文本框中分别输入数值 1.0、20.0。

步骤 05 单击对话框中的 ● 确定 按钮，完成圆形阵列的创建。

说明

◆　参数: 下拉列表中的选项用于定义源特征在轴向的副本分布数目和角度间距，选择不同的列表项，则可输入不同的参数定义副本的位置。

◆　单击"定义圆形阵列"对话框中的 更多>> 按钮，展开对话框隐藏的部分，在对话框中可以设置要阵列的特征在图样中的位置。

3.18.4 用户阵列

用户阵列就是将源特征复制到用户指定的位置（指定位置一般以草绘点的形式表示），使源特征产生多个副本。如图 3.18.6 所示，对这个凸台特征进行阵列的操作过程如下。

a）阵列前　　　　　　　　　　　　b）阵列后

图 3.18.6　用户阵列

步骤 01 打开文件 D:\catia2014\work\ch03.18\pattern_user.CATPart。

步骤 02 选择要阵列的源特征。在特征树中选取特征 凸台.2 作为用户阵列的源特征。

步骤 03 选择命令。选择下拉菜单 插入 ➡ 变换特征 ▶ ➡ 用户阵列... 命令，系统弹出图 3.18.7 所示的"定义用户阵列"对话框。

步骤 04 定义阵列的位置。在系统 选择草图。 的提示下，选择 草图.3 作为阵列位置。

步骤 05 单击对话框中的 ● 确定 按钮，完成用户阵列的定义。

"定义用户阵列"对话框中的 定位： 文本框用于指定特征阵列的对齐方式，默认的对齐方式是实体特征的中心与指定放置位置重合。

3.18.5 阵列的删除

下面以图 3.18.8 所示为例，说明删除阵列的一般过程。

步骤 01 打开文件 D:\catia2014\work\ch03.18\delete_pattern.CATPart。

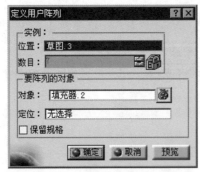

图 3.18.7　"定义用户阵列"对话框

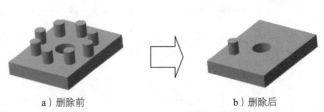

a）删除前　　　　　　　　　　　　b）删除后

图 3.18.8　删除阵列

步骤 02 选择命令。在特征树中右击 `圆形阵列.1`，从弹出的快捷菜单中选择 `删除` 命令，系统弹出"删除"对话框。

步骤 03 定义是否删除父级。在对话框中取消选中 `☐ 删除互斥父级` 复选框。

 若选中 `☐ 删除互斥父级` 复选框，则系统执行删除阵列命令时，还将删除阵列的源特征 `凸台.2` 和 `凹槽.1`。

步骤 04 单击对话框中的 `● 确定` 按钮，完成阵列的删除。

3.18.6 阵列的分解

分解阵列就是将阵列的特征分解为与源特征性质相同的独立特征，并且分解后，特征可以单独进行定义和编辑。如图 3.18.9 所示，对这个圆形阵列的分解和特征修改的过程如下。

步骤 01 打开文件 D:\catia2014\work\ch03.18\explode_pattern.CATPart。

步骤 02 选择命令。在特征树中右击 `圆形阵列.1`，从弹出的快捷菜单中选择 `圆形阵列.1 对象 ▶` ➡ `分解...` 命令，完成阵列的分解。

步骤 03 修改特征。在特征树中双击 `凸台.2` 下的 `草图.3`，进入草绘工作台，将圆的尺寸约束修改为 16.0，单击 按钮，完成特征的修改。

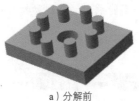

a）分解前

b）分解后

图 3.18.9 分解阵列

3.19 肋特征

3.19.1 肋特征概述

肋特征是将一个轮廓沿着给定的中心曲线"扫掠"而生成的，如图 3.19.1 所示。所以也叫"扫描"特征。要创建或重新定义一个肋特征，必须给定两个要素（中心曲线和轮廓）。

3.19.2 肋特征的创建

下面以图 3.19.1 为例，说明创建肋特征的一般过程。

步骤 01 新建文件。新建一个零件文件，命名为 sweep.CATPart。

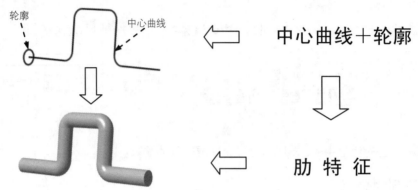

图 3.19.1　肋特征

步骤 02 定义肋特征的中心曲线。

（1）选择草图平面。选择下拉菜单 插入 ➡ 草图编辑器 ▶ ➡ 草图 命令，选取 yz 平面为草图平面，进入草绘工作台。

（2）绘制中心曲线的截面草图，如图 3.19.2 所示。

（3）单击"工作台"工具栏中的 按钮，退出草绘工作台。

创建中心曲线时应注意下面几点，否则肋特征可能生成失败：

◆ 中心曲线轨迹不能自身相交。

◆ 相对于轮廓截面的大小，中心曲线的弧或样条半径不能太小，否则肋特征在经过该弧时会由于自身相交而出现特征生成失败。

步骤 03 定义肋特征的轮廓。

（1）选择草图平面。选择下拉菜单 插入 ➡ 草图编辑器 ▶ ➡ 草图 命令，选取 zx 平面为草图平面，系统进入草绘工作台。

（2）绘制轮廓的截面草图，如图 3.19.3 所示。

（3）单击"工作台"工具栏中的 按钮，完成截面轮廓的绘制。

步骤 04 选取命令。选择下拉菜单 插入 ➡ 基于草图的特征 ▶ ➡ 肋... 命令，系统弹出 "定义肋"对话框。

步骤 05 选择中心曲线和轮廓线。单击以激活 轮廓 后的文本框，选取图 3.19.3 所示的草图为轮廓；单击以激活 中心曲线 后的文本框，选取图 3.19.2 所示的草图为中心曲线。

步骤 06 在 "定义肋"对话框 控制轮廓 区域的下拉列表中选择 保持角度 选项，单击对话框中的 确定 按钮，完成肋特征的定义。

在"定义肋"对话框中选择 ■厚轮廓 选项，在 薄肋 区域的 厚度2: 文本框中输入厚度值 2.0，然后单击对话框中的 ●确定 按钮，模型将变为图 3.19.4 所示的薄壁特征。

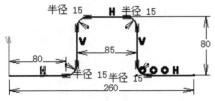

图 3.19.2   中心曲线的截面草图

图 3.19.3   轮廓的截面草图

图 3.19.4   薄壁特征

3.20   开槽特征

开槽特征实际上与肋特征的性质相同，也是将一个轮廓沿着给定的中心曲线"扫掠"而成，二者的区别在于肋特征的功能是生成实体（加材料特征），而开槽特征则是用于切除实体（去材料特征）。

下面以图 3.20.1 为例，说明创建开槽特征的一般过程。

步骤 01 打开文件 D:\catia2014\work\ch03.20\solt.CATPart。

步骤 02 选取命令。选择下拉菜单 插入 ➡ 基于草图的特征▶ ➡ ✎ 开槽... 命令，系统弹出"定义开槽"对话框。

步骤 03 定义开槽特征的轮廓。在系统 定义轮廓。 的提示下，选取图 3.20.1 所示的草图 3 作为开槽特征的轮廓。

 一般情况下，用户可以定义开槽特征的轮廓控制方式，默认在"定义开槽"对话框 控制轮廓 区域的下拉列表中选中 保持角度 选项。

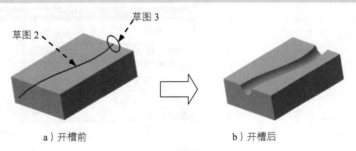

a）开槽前   b）开槽后

图 3.20.1   开槽特征

步骤 04 定义开槽特征的中心曲线。在系统 定义中心曲线。 的提示下，选取草图 2 作为中心曲线。

步骤 05 单击 "定义开槽" 对话框中的 ● 确定 按钮，完成开槽特征的创建。

3.21 实体混合特征

3.21.1 实体混合特征概述

实体混合特征就是将两个草图沿一定方向拉伸并进行求交运算所得出的实体特征，其本质是由凸台和凹槽两个特征复合而成的。

3.21.2 实体混合特征的创建

下面以图 3.21.1 所示的模型为例，说明创建混合特征的一般过程。

步骤 01 新建文件。新建一个零件文件，命名为 solid_combines.CATPart。

步骤 02 选取命令。选择下拉菜单 插入 ➡ 基于草图的特征 ▶ ➡ 🧊 实体混合... 命令，系统弹出图 3.21.2 所示的 "定义混合" 对话框。

步骤 03 定义第一个轮廓的截面草图。

（1）选择草图平面。在 "定义混合" 对话框的 第一部件 区域中单击 🖉 按钮，选取 xy 平面作为第一个轮廓的草图平面，系统进入草绘工作台。

（2）绘制第一个轮廓的截面草图，如图 3.21.3 所示。

（3）单击 "工作台" 工具栏中的 🔼 按钮，退出草绘工作台。

步骤 04 定义第二个轮廓的截面草图。

（1）选择草图平面。在 "定义混合" 对话框的 第二部件 区域中单击 🖉 按钮，选取 yz 平面作为第二个轮廓的草图平面，系统进入草绘工作台（此时弹出 "更新诊断：草图 1" 对话框，单击 关闭 按钮将其关闭即可）。

图 3.21.1　实体混合特征

图 3.21.2　"定义混合" 对话框

（2）绘制第二个轮廓的截面草图，如图 3.21.4 所示。

（3）单击"工作台"工具栏中的 ⛰ 按钮，退出草绘工作台。

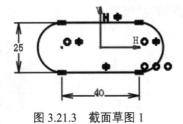

图 3.21.3　截面草图 1

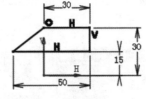

图 3.21.4　截面草图 2

步骤 05　定义轮廓的拉伸方向。在对话框 第一部件 区域和 第二部件 区域分别选中 ▢ 轮廓的法线 复选框。

步骤 06　单击"定义混合"对话框中的 ⬤ 确定 按钮，完成实体混合特征的创建。

3.22　加强肋特征

加强肋特征的创建过程与凸台特征基本相似，不同的是加强肋特征的截面草图是不封闭的，其截面只是一条直线。

加强肋截面两端必须与接触面对齐。

下面以图 3.22.1 所示的模型为例，说明加强肋特征创建的一般过程。

步骤 01　打开文件 D:\catia2014\work\ch03.22\rib.CATPart。

步骤 02　选择命令。选择下拉菜单 插入 ➡ 基于草图的特征▶ ➡ ✏ 加强肋... 命令，系统弹出图 3.22.2 所示的"定义加强肋"对话框。

步骤 03　定义截面草图。

（1）选择草绘平面。在"定义加强肋"对话框的 轮廓 区域单击✏按钮，选取 yz 平面为草绘平面，进入草绘工作台。

（2）绘制截面的几何图形（图 3.22.3）。

（3）建立几何约束和尺寸约束，并将尺寸修改为设计要求的尺寸，如图 3.22.3 所示。

（4）单击"工作台"工具栏中的 ⛰ 按钮，退出草绘工作台。

步骤 04　定义加强肋的参数。

（1）定义加强肋的模式。在对话框的 模式 区域选中 ⬤ 从侧面 单选项。

（2）定义加强肋的生成方向。加强肋的正生成方向如图 3.22.4 所示，若方向与之相反，

可单击对话框 深度 区域的 反转方向 按钮使之反向。

（3）定义加强肋的厚度。在 线宽 区域的 厚度 1： 文本框中输入数值 3.0。

步骤 05 单击对话框中的 ● 确定 按钮，完成加强肋的创建。

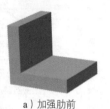

a）加强肋前   b）加强肋后

图 3.22.1   加强肋特征

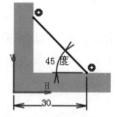

图 3.22.2   "定义加强肋"对话框   图 3.22.3   截面草图

◆   定义加强肋的生成方向时，若未指示正确的方向，预览时系统将弹出图 3.22.5 所示的"特征定义错误"对话框，此时需将生成方向重新定义。

◆   加强肋的模式 ● 从侧面 表示输入的厚度沿图 3.22.4 所示的箭头方向生成。

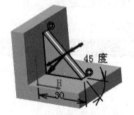

图 3.22.4   指示厚度生成方向   图 3.22.5   "特征定义错误"对话框

3.23   多截面实体特征

3.23.1   多截面实体特征概述

将一组不同的截面沿其边线用过渡曲面连接形成一个连续的特征，就是多截面实体特征。多截面实体特征至少需要两个截面。图 3.23.1 所示的多截面实体特征是由三个截面混合而成的。注意：这三个截面是在不同的草绘平面上绘制的。

3.23.2 多截面实体特征的创建

步骤 01 打开文件 D:\catia2014\work\ch03.23\loft.CATPart。

步骤 02 选取命令。选择下拉菜单 **插入** ➡ **基于草图的特征** ➡ **多截面实体…**
命令，系统弹出图 3.23.2 所示的"多截面实体定义"对话框。

步骤 03 选择截面轮廓。在系统 **选择曲线** 提示下，分别选取截面 2、截面 1、截面 3 作为
多截面实体特征的截面轮廓。

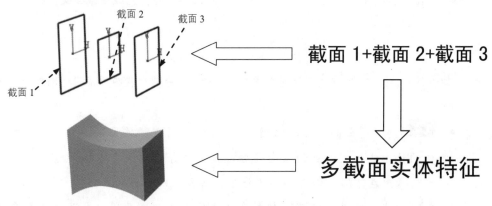

图 3.23.1 多截面实体特征

步骤 04 定义闭合点和闭合位置及方向。在图形区选取闭合点 1 并右击，从弹出的快捷
菜单中选择 **替换** 命令，在图形区单击图 3.23.3 所示的点为闭合点 1 的放置点，且方向一致，
结果如图 3.23.4 所示。

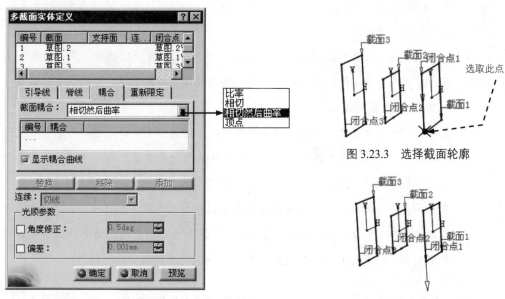

图 3.23.2 "多截面实体定义"对话框　　图 3.23.4 定义闭合点位置及方向

多截面实体实际上是利用截面轮廓以渐变的方式生成的，所以在选择的时候要注意截面轮廓的先后顺序，否则实体无法正确生成。

步骤 05 选择连接方式。在对话框中单击 耦合 选项卡，在 截面耦合： 下拉列表中选择相切然后曲率 选项。

步骤 06 单击 "多截面实体定义" 对话框中的 ● 确定 按钮，完成多截面实体特征的创建。

说明：

◆ 耦合 选项卡的 截面耦合： 下拉列表中有四个选项，分别代表四种不同的图形连接方式。

   ● 比率 方式：将截面轮廓以比例方式连接，其具体操作方法是先将两个截面间的轮廓线沿闭合点的方向等分，再将等分线段依次连接，这种连接方式通常用在不同几何图形的连接上，如圆和四边形的连接。

   ● 相切 方式：将截面轮廓上的斜率不连续点（即截面的非光滑过渡点）作为连接点，此时，各截面轮廓的顶点数必须相同。

   ● 相切然后曲率 方式：将截面轮廓上的相切连续而曲率不连续点作为连接点，此时，各截面轮廓的顶点数必须相同。

   ● 顶点 方式：将截面轮廓的所有顶点作为连接点，此时，各截面轮廓的顶点数必须相同。

◆ 多截面实体特征的截面轮廓一般使用闭合轮廓，每个截面轮廓都应有一个闭合点和闭合方向，各截面的闭合点和闭合方向都应处于正确的位置，否则会发生扭曲（图3.23.5）或生成失败。

◆ 闭合点和闭合方向均可修改。修改闭合点的方法是：在闭合点图标处右击，从弹出的快捷菜单中选择 替换 命令，然后在正确的闭合点位置单击，即可修改闭合点。

   修改闭合方向的方法是：在表示闭合方向的箭头上单击，即可使之反向。

◆ 多截面实体特征的生成可以指定脊线或者引导线来完成（若用户没有指定，系统采用默认的脊线引导实体生成），它的生成实际上也是截面轮廓沿脊线或者引导线的扫掠过程，图 3.23.6 所示即选定了脊线所生成的多截面实体特征。

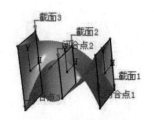

图 3.23.5 选择截面轮廓

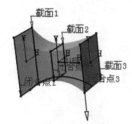

图 3.23.6 多截面实体特征

3.24 已移除的多截面实体

已移除的多截面实体特征（图 3.24.1）是截面轮廓沿脊线扫掠除去实体，其一般操作过程如下。

步骤 01 打开文件 D:\catia2014\work\ch03.24\remove_lofted_material.CATPart。

步骤 02 选取命令。选择下拉菜单 插入 ➡️ 基于草图的特征▸ ➡️
已移除的多截面实体...命令，系统弹出"已移除的多截面实体定义"对话框。

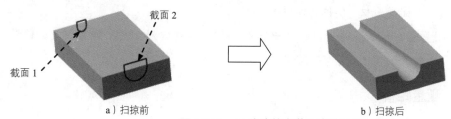

a）扫掠前 　　b）扫掠后

图 3.24.1 已移除的多截面实体特征

步骤 03 选择截面轮廓。在系统 选择曲线 提示下，分别选取截面 2、截面 1 作为已移除的多截面实体特征的截面轮廓，截面轮廓的闭合点和闭合方向如图 3.24.2 所示。

 各截面的闭合点和闭合方向都应处于正确的位置，若需修改闭合点或闭合方向，参见 3.23.2 节的说明。

步骤 04 选择引导线。本例中使用系统默认的引导线。

步骤 05 选择连接方式。单击 耦合 选项卡，在 截面耦合：下拉列表中选择 相切然后曲率 选项。

步骤 06 单击对话框中的 ● 确定 按钮，完成已移除多截面实体特征的创建。

3.25　模型的测量

在零件设计工作台的"测量"工具栏（图 3.25.1）中有三个命令：测量间距、测量项和测量惯性（或称为测量质量属性）。

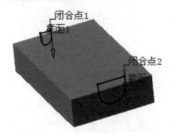

图 3.24.2　选择截面轮廓

图 3.25.1　　"测量"工具栏

图 3.25.1 所示"测量"工具栏中各按钮的说明如下。

A1（测量间距）：此命令可以测量两个对象之间的参数，如距离、角度等。

A2（测量项）：此命令可以测量单个对象的尺寸参数，如点的坐标、边线的长度、弧的直（半）径、曲面的面积、实体的体积等。

A3（测量惯性）：此命令可以测量一个部件的惯性参数，如面积、质量、重心位置、对点的惯性矩、对轴的惯性矩等。

3.25.1　测量距离

下面以一个简单模型为例，说明测量距离的一般操作方法。

（步骤 01）打开文件 D:\catia2014\work\ch03.25\measure_distance. CATPart。

（步骤 02）选择命令。单击"测量"工具栏中的 ⇔ 按钮，系统弹出图 3.25.2 所示的"测量间距"对话框（一）。

（步骤 03）选择测量方式。在对话框中单击 ⇔ 按钮，测量面到面的距离。

说明：

◆　"测量间距"对话框（一）的 定义 区域中有五个测量的工具按钮，其功能及用法介绍如下。

●　⇔ 按钮（测量间距）：每次测量限选两个元素，如果要再次测量，则需重新选择。

●　⇔ 按钮（在链式模式中测量间距）：第一次测量时需要选择两个元素，而以后的测量都是以前一次选择的第二个元素作为再次测量的起始元素。

- 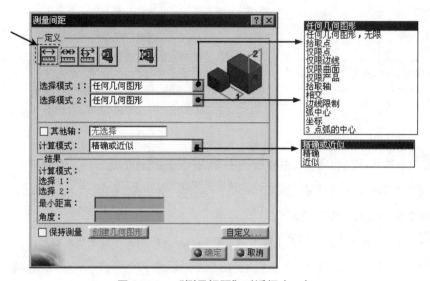 按钮（在扇形模式中测量间距）：第一次测量所选择的第一个元素一直作为以后每次测量的第一个元素，因此，以后的测量只需选择预测量的第二个元素即可。

- 按钮（测量项）：测量某个几何元素的特征参数，如长度、面积、体积等。

- 按钮（测量厚度）：此按钮专用作测量几何体的厚度。

图 3.25.2　"测量间距"对话框（一）

◆ 若需要测量的部位有多种元素干扰用户选择，可在"测量间距"对话框（一）的 **选择模式 1：** 和 **选择模式 2：** 下拉列表中，选择测量对象的类型为某种指定的元素类型，以方便测量。

◆ 在"测量间距"对话框（一）的 **计算模式：** 下拉列表中，读者可以选择合适的计算方式，一般默认计算方式为 **精确或近似**，这种方式的精确程度由对象的复杂程度决定。

◆ 如果在"测量间距"对话框（一）中单击 **自定义...** 按钮，系统将弹出图 3.25.3 所示的"测量间距自定义"对话框，在该对话框中有使"测量间距"对话框（一）显示不同测量结果的定制单选项。例如：取消选中"测量间距自定义"对话框中的"角度"单选项，单击对话框中的 **应用** 按钮，"测量间距"对话框（一）将变为图 3.25.4 所示的"测量间距"对话框（二）（请读者仔细观察对话框的变化），用户可根据实际情况，设置不同参数以获取想要的数据。

图 3.25.3 "测量间距自定义"对话框

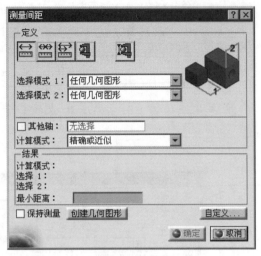

图 3.25.4 "测量间距"对话框（二）

步骤 04 选取要测量的项。在系统 指示用于测量的第一选择项 的提示下，选取图 3.25.5 所示的模型表面 1 为测量第一选择项；在系统 指示用于测量的第二选择项 的提示下，选取图 3.25.5 所示模型表面 2 为测量第二选择项。

步骤 05 查看测量结果。完成上步操作后，在图 3.25.5 所示的模型左侧可看到测量结果，同时"测量间距"对话框（二）变为图 3.25.6 所示的"测量间距"对话框（三），在该对话框的 结果 区域中也可看到测量结果。

在测量完成后，若直接单击 ● 确定 按钮，模型表面与对话框中显示的测量结果都会消失，若要保留测量结果，需在"测量间距"对话框（三）中选中 ■保持测量 复选框，再单击 ● 确定 按钮。

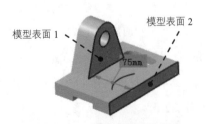

图 3.25.5 测量面到面的距离

图 3.25.6 "测量间距"对话框（三）

如在"测量间距"对话框（三）中单击 创建几何图形 按钮，系统将弹出图 3.25.7 所示的"创建几何图形"对话框，该对话框用于保留几何图形，如点、线等。对话框中 ● 关联的几何图形 单选项表示所保留的几何元素与测量物体之间具有关联性； ○ 无关联的几何图形 则表示不具有关联性； 第一点 表示尺寸线的起点（即所选第一个几何元素所在侧的点）； 第二点 表示尺寸线的终止点； 直线 表示整条尺寸线。若单击这三个按钮，就表示保留这些几何图形，所保留的图形元素将在特征树上以几何图形集的形式显示出来，如图 3.25.8 所示。

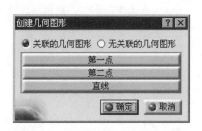

图 3.25.7 "创建几何图形"对话框

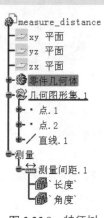

图 3.25.8 特征树

步骤 06 测量点到面的距离，如图 3.25.9 所示，操作方法参见 步骤 04 。

步骤 07 测量点到线的距离，如图 3.25.10 所示，操作方法参见 步骤 04 。

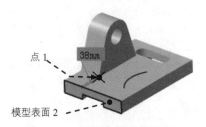

图 3.25.9 测量点到面的距离

图 3.25.10 测量点到线的距离

步骤 08 测量点到点的距离，如图 3.25.11 所示，操作方法参见 步骤 04 。

步骤 09 测量线到线的距离，如图 3.25.12 所示，操作方法参见 步骤 04 。

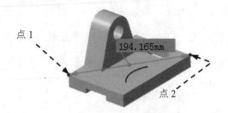

图 3.25.11　测量点到点的距离

图 3.25.12　测量线到线的距离

步骤 10 测量直线到曲线的距离，如图 3.25.13 所示，操作方法参见**步骤 04**。

步骤 11 测量面到曲线的距离，如图 3.25.14 所示，操作方法参见**步骤 04**。

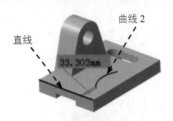

图 3.25.13　测量直线到曲线的距离

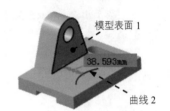

图 3.25.14　测量面到曲线的距离

3.25.2　测量角度

步骤 01 打开文件 D:\catia2014\work\ch03.25\measure_angle. CATPart。

步骤 02 选择测量命令。单击"测量"工具栏中的⇔按钮，系统弹出"测量间距"对话框（一）。

步骤 03 选择测量方式。在对话框中单击⇔按钮，测量面与面间的角度。

说明　　此处已将测量结果定制为只显示角度值,具体操作参见 3.25.1 节关于定制的说明。以下测量将做同样操作,因此以后不再赘述。

步骤 04 选取要测量的项。在系统提示下，分别选取图 3.25.15 所示模型表面 1 和模型表面 2 为指示测量的第一、第二个选择项。

步骤 05 查看测量结果。完成选取后，在模型表面和图 3.25.16 所示"测量间距"对话框（二）的 结果 区域中均可看到测量的结果。

步骤 06 测量线与面间的角度，如图 3.25.17 所示，操作方法参见**步骤 04**。

步骤 07 测量线与线间的角度，如图 3.25.18 所示，操作方法参见**步骤 04**。

在选取模型表面或边线时，若鼠标点击的位置不同，所测得的角度值可能有锐角和钝角之分。

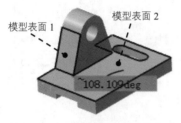

图 3.25.15　测量面与面间的角度

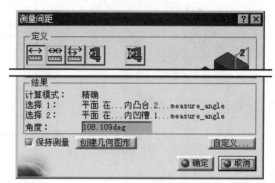

图 3.25.16　"测量间距"对话框（二）

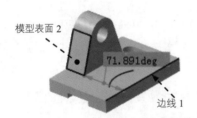

图 3.25.17　测量线与面间的角度

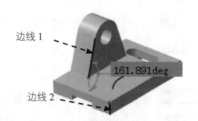

图 3.25.18　测量线与线间的角度

3.25.3　测量曲线长度

步骤 01　打开文件 D:\catia2014\work\ch03.25\measure_curve_length.CATPart。

步骤 02　选择测量命令。单击"测量"工具栏中的 按钮，系统弹出"测量项"对话框（一）。

若需要测量的部位有多个元素可供系统自动选择，可在"测量项"对话框（一）的 选择 1 模式：下拉列表中，选择测量对象的类型为某种指定的元素类型。

步骤 03　选择测量方式。在"测量项"对话框（一）中单击 按钮，测量曲线的长度。

步骤 04　选取要测量的项。在系统 指示要测量的项 的提示下，选取图 3.25.19 所示的曲线 1 为要测量的项。

步骤 05　查看测量结果。完成上步操作后，"测量项"对话框（一）变为图 3.25.20 所示的"测量项"对话框（二），此时在模型表面和对话框的 结果 区域中可看到测量结果。

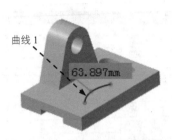

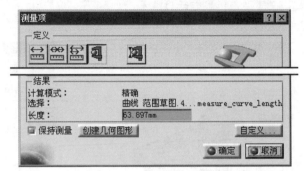

图 3.25.19　选取指示测量的项　　　　　　图 3.25.20　"测量项"对话框（二）

3.25.4　测量厚度

步骤 01　打开文件 D:\catia2014\work\ch03.25\measure_thickness. CATPart。

步骤 02　选择测量命令。单击"测量"工具栏中的 按钮，系统弹出"测量项"对话框
（一）。

步骤 03　选择测量方式。在"测量项"对话框中单击 按钮，测量实体的厚度。

步骤 04　选取要测量的项。在系统 指示要测量的项 的提示下，单击图 3.25.21 所示的模型表
面 1 查看表面各处的厚度值，然后单击以确定某个方位作为要测量的项。

步骤 05　查看测量结果。完成上步操作后，"测量项"对话框（一）变为图 3.25.22 所示
的"测量项"对话框（二），在模型表面和对话框的 结果 区域中均可看到测量结果。

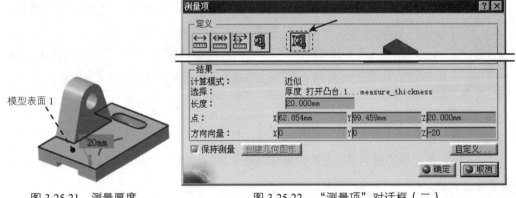

图 3.25.21　测量厚度　　　　　　图 3.25.22　"测量项"对话框（二）

3.25.5 测量面积

方法一：

步骤 **01** 打开文件 D:\catia2014\work\ch03.25\measure_area. CATPart。

步骤 **02** 选择测量命令。单击"测量"工具栏中的 按钮，系统弹出"测量项"对话框（一）。

步骤 **03** 选择测量方式。在对话框中单击 按钮，测量模型的表面积。

步骤 **04** 选取要测量的项。在系统 指示要测量的项 的提示下，选取图 3.25.23 所示的模型表面 1 为要测量的项。

步骤 **05** 查看测量结果。完成上步操作后，在模型表面和"测量项"对话框（二）的 结果 区域中均可看到测量的结果。

方法二：

步骤 **01** 打开文件 D:\catia2014\work\ch03.25\measure_area. CATPart。

步骤 **02** 选择测量命令。单击"测量"工具栏中的 按钮，系统弹出图 3.25.24 所示的"测量惯量"对话框（一）。

步骤 **03** 选择测量方式。在对话框中单击 按钮，测量模型的表面积。

 此处选取的是"测量 2D 惯量"按钮 （图 3.25.24），在"测量惯量"对话框（一）弹出时，默认被按下的按钮是"测量 3D 惯量"按钮 ，请读者看清。

模型表面 1

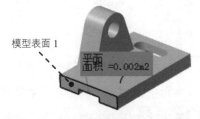

图 3.25.23 选取指示测量的模型表面   图 3.25.24 "测量惯量"对话框（一）

步骤 **04** 选取要测量的项。在系统 指示要测量的项 的提示下，选取图 3.25.23 所示的模型表面 1 为要测量的项。

步骤 **05** 查看测量结果。完成上步操作后，"测量惯量"对话框（一）变为图 3.25.25 所示的"测量惯量"对话框（二），此时在模型表面和对话框 结果 区域的 特征 栏中均可看到测量的结果。

在"测量惯量"对话框（一）中单击 定义 区域中的 按钮，系统自动捕捉的对象仅限于二维元素，即点、线、面；如在"测量惯量"对话框（一）中单击 定义 区域中的 按钮，则系统可捕捉的对象为点、线、面、体，此按钮的应用将在下一节中讲到。

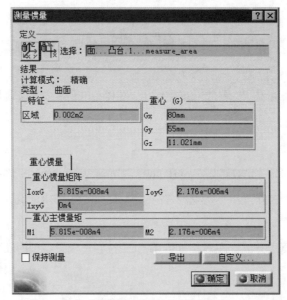

图 3.25.25 "测量惯性"对话框（二）

3.25.6 体积的测量

步骤 01 打开文件 D:\catia2014\work\ch03.25\measure_volume.CATPart。

步骤 02 选择测量命令。单击测量工具栏中的 按钮，系统弹出"测量项"对话框（一）。

步骤 03 选择测量方式。在"测量项"对话框（一）中单击 按钮，测量模型的体积。

步骤 04 选取要测量的项。在特征树中选取 零件几何体（即图 3.25.26 所示的整个模型）为要测量的项。

步骤 05 查看测量结果。完成上步操作后，可在模型表面和图 3.25.27 所示的"测量项"对话框（二）的 结果 区域中看到测量结果。

完成所有的测量操作后，读者应该会发现，"测量间距"对话框与"测量项"对话框是可以相互切换的，因此，用户如需进行不同类型的测量，可以通过在对话框中切换工具按钮进行下一步操作。

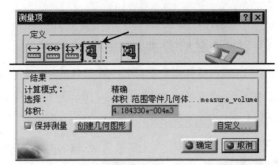

图 3.25.26 选取指示测量的项　　　　　　图 3.25.27 "测量项"对话框（二）

3.26　CATIA 零件设计实际应用 1——机座的设计

范例概述

　　本范例介绍了一个机座的设计过程。主要是讲述凸台、凹槽特征、孔特征、倒圆角及镜像等命令的应用。其零件模型及特征树如图 3.26.1 所示。

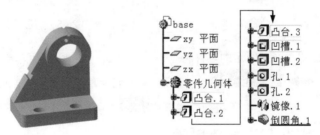

图 3.26.1 零件模型及特征树

步骤 01 新建一个零件模型，命名为 base。

步骤 02 创建图 3.26.2 所示的零件基础特征——凸台 1。

（1）选择命令。选择下拉菜单 **插入** ➡ **基于草图的特征** ➡ **凸台...** 命令，系统弹出"定义凸台"对话框。

（2）创建截面草图。

① 定义草绘平面。在"定义凸台"对话框中单击 按钮，选取 xy 平面为草绘平面。

② 绘制截面草图。在草绘工作台中绘制图 3.26.3 所示的截面草图。

③ 单击"工作台"工具栏中的 按钮，退出草绘工作台。

图 3.26.2 凸台 1

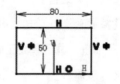

图 3.26.3 截面草图

（3）定义拉伸深度属性。

① 定义深度方向。采用系统默认的深度方向。

② 定义深度类型。在 第一限制 区域的 类型: 下拉列表中选取 尺寸 选项。

③ 定义深度值。在 第一限制 区域的 长度: 文本框中输入数值 14。

（4）单击 ● 确定 按钮，完成凸台 1 的创建。

步骤 03 创建图 3.26.4 所示的零件特征——凸台 2。选择下拉菜单 插入 ➡

基于草图的特征 ▶ ➡ 凸台... 命令；选取 zx 平面为草绘平面，绘制图 3.26.5 所示的截面草图；在 第一限制 区域的 类型: 下拉列表中选取 尺寸 选项，在其后的 长度: 文本框中输入数值 23；单击 ● 确定 按钮，完成凸台 2 的创建。

图 3.26.4　凸台 2

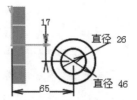

图 3.26.5　截面草图

步骤 04 创建图 3.26.6 所示的零件特征——凸台 3。选择下拉菜单 插入 ➡

基于草图的特征 ▶ ➡ 凸台... 命令；选取 zx 平面为草绘平面，绘制图 3.26.7 所示的截面草图；在 第一限制 区域的 类型: 下拉列表中选取 尺寸 选项，在其后的 长度: 文本框中输入数值 14；单击 ● 确定 按钮，完成凸台 3 的创建。

图 3.26.6　凸台 3

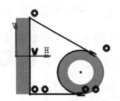

图 3.26.7　截面草图

步骤 05 创建图 3.26.8 所示的零件特征——凹槽 1。

（1）选择命令。选择下拉菜单 插入 ➡ 基于草图的特征 ▶ ➡ 凹槽...命令，系统弹出"定义凹槽"对话框。

（2）创建截面草图。单击 按钮，选取 zx 平面为草绘平面；绘制图 3.26.9 所示的截面草图；单击 按钮，退出草绘工作台。

（3）定义深度属性。

① 定义深度方向。单击 反转方向 按钮调整深度方向。

② 定义深度类型。在对话框 第一限制 区域的 类型： 下拉列表中选取 直到最后 选项，单击 ● 确定 按钮，完成凹槽 1 的创建。

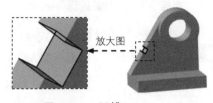

图 3.26.8　凹槽 1

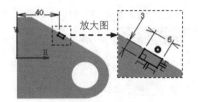

图 3.26.9　截面草图

步骤 **06** 创建图 3.26.10 所示的零件特征——凹槽 2。选择下拉菜单 插入 ➡ 基于草图的特征▶ ➡ ▣ 凹槽... 命令；选取 zx 平面为草绘平面，绘制图 3.26.11 所示的截面草图；在对话框 第一限制 区域的 类型： 下拉列表中选取 直到最后 选项；单击 ● 确定 按钮，完成凹槽 2 的创建。

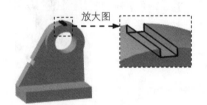

图 3.26.10　凹槽 2

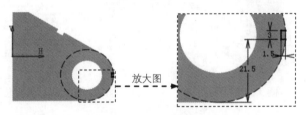

图 3.26.11　截面草图

步骤 **07** 创建图 3.26.12 所示的零件特征——孔 1。

（1）选择命令。选择下拉菜单 插入 ➡ 基于草图的特征▶ ➡ ● 孔... 命令。

（2）定义孔的放置面。选取图 3.26.12 所示的面为孔放置面，系统弹出"定义孔"对话框。

（3）定义孔的位置。

① 在"定义孔"对话框中单击 ▨ 按钮，进入草绘工作台。

② 在草绘工作台中约束孔的中心位置如图 3.26.13 所示。

③ 单击"工作台"工具栏中的 ⬆ 按钮，退出草绘工作台。

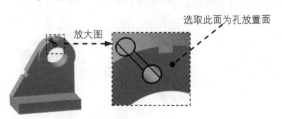

图 3.26.12　孔 1

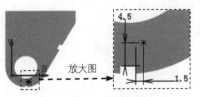

图 3.26.13　定位孔的中心

（4）定义孔的类型及参数。在 扩展 选项卡中选取 直到最后 选项，在 直径: 文本框中输入数值 4。

（5）单击 ● 确定 按钮，完成孔 1 的创建。

步骤 08 创建图 3.26.14 所示的零件特征——孔 2。选择下拉菜单 插入(I) ➡ 基于草图的特征 ▶ ➡ ◎ 孔... 命令；选取图 3.26.14 所示的面为孔的放置面，约束孔的中心位置如图 3.26.15 所示；在 扩展 选项卡中选取 直到最后 选项，在 直径: 文本框中输入数值 12；单击 ● 确定 按钮，完成孔 2 的创建。

步骤 09 创建图 3.26.16 所示的特征——镜像 1。

（1）定义镜像对象。在特征树上选取"孔.2"为镜像对象。

（2）选择命令。选择下拉菜单 插入 ➡ 变换特征 ▶ ➡ ◢ 镜像...命令，系统弹出"定义镜像"对话框。

图 3.26.14 孔 2

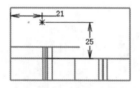
图 3.26.15 定位孔的中心

图 3.26.16 镜像 1

（3）定义镜像平面。选取 yz 平面为镜像中心平面。

（4）单击 ● 确定 按钮，完成镜像 1 的创建。

步骤 10 创建图 3.26.17b 所示的特征——倒圆角 1。

（1）选择命令。选择下拉菜单 插入 ➡ 修饰特征 ▶ ➡ ◢ 倒圆角...命令，系统弹出"倒圆角定义"对话框。

（2）定义倒圆角的对象。在 选择模式: 下拉列表中选取 相切 选项，选取图 3.26.17a 所示的边为倒圆角的对象。

（3）输入倒圆角半径。在对话框的 半径: 文本框中输入数值 5。

（4）单击 ● 确定 按钮，完成倒圆角 1 的创建。

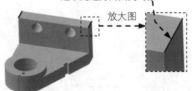
a）倒圆角前

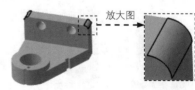
b）倒圆角后

图 3.26.17 倒圆角 1

步骤 **11** 保存零件模型。选择下拉菜单 文件 ➡ 保存 命令，即可保存零件模型。

3.27 CATIA 零件设计实际应用 2——咖啡杯的设计

范例概述

　　本范例介绍了一个咖啡杯的设计过程，运用的是"肋"的命令。肋命令在实际的设计中运用得非常广泛，因此应该熟练掌握此命令的运用。值得注意的是，此命令需要一个截面和一条中心线共同作用才能完成其创建。其零件模型如图 3.27.1 所示。

　　本范例的详细操作过程请参见随书光盘中 video\ch03.27\文件下的语音视频讲解文件。模型文件为 D:\catia2014\work\ch03.27\footplate_braket。

3.28 CATIA 零件设计实际应用 3——制动踏板的设计

范例概述

　　本范例介绍了一个制动踏板的设计过程。主要是讲述凸台、开孔、阵列等命令的应用。其零件模型如图 3.28.1 所示。

　　本范例的详细操作过程请参见随书光盘中 video\ch03.28\文件下的语音视频讲解文件。模型文件为 D:\catia2014\work\ch03.28\coffee_cup。

图 3.27.1　零件模型 1

图 3.28.1　零件模型 2

3.29 CATIA 零件设计实际应用 4——储物箱手把的设计

范例概述

　　本范例介绍了一款储物箱手把的设计过程。主要是讲述凸台、凹槽、镜像等命令的应用。

所建的零件模型如图 3.29.1 所示。

本范例的详细操作过程请参见随书光盘中 video\ch03.29\文件下的语音视频讲解文件。模型文件为 D:\catia2014\work\ch03.29\grip。

3.30　CATIA 零件设计实际应用 5——线缆固定座的设计

范例概述

本范例介绍了一个线缆固定座的设计过程。主要是讲述旋转体、凹槽、阵列等命令的应用。其零件模型如图 3.30.1 所示。

本范例的详细操作过程请参见随书光盘中 video\ch03.30\文件下的语音视频讲解文件。模型文件为 D:\catia2014\work\ch03.30\piece。

3.31　CATIA 零件设计实际应用 6——蝶形螺母的设计

范例概述

本范例讲解了一个蝶形螺母的设计过程，主要运用了旋转体、倒圆角、螺旋线和开槽等命令。需要注意在选取草图平面及倒圆角等过程中用到的技巧和注意事项。零件模型如图 3.31.1 所示。

本范例的详细操作过程请参见随书光盘中 video\ch03.31\文件下的语音视频讲解文件。模型文件为 D:\catia2014\work\ch03.31\bfbolt。

图 3.29.1　零件模型 3　　　　图 3.30.1　零件模型 4　　　　图 3.31.1　零件模型 5

3.32 CATIA 零件设计实际应用 7——摆动支架的设计

范例概述

本范例详细讲解了一个摆动支架的设计过程，主要运用了凸台、凹槽、孔、加强肋及倒圆角等命令。整个设计过程稍微复杂一些，需要注意加强肋的设计过程、平面的创建方法及建立平面的作用。零件模型如图 3.32.1 所示。

　　本范例的详细操作过程请参见随书光盘中 video\ch03.32\文件下的语音视频讲解文件。模型文件为 D:\catia2014\work\ch03.32\strutting-piece。

3.33 CATIA 零件设计实际应用 8——发动机排气部件的设计

范例概述

本范例是设计排气管，在设计过程中主要运用了凸台、凹槽、孔、多界面实体、抽壳、倒圆角和矩形阵列等命令。需要注意在选取草图平面、凹槽的切削方向等过程中用到的技巧和注意事项。零件模型如图 3.33.1 所示。

　　本范例的详细操作过程请参见随书光盘中 video\ch03.33\文件下的语音视频讲解文件。模型文件为 D:\catia2014\work\ch03.33\gas-vent。

3.34 CATIA 零件设计实际应用 9——机盖的设计

范例概述

本范例主要运用了如下一些命令：凸台、倒圆角、盒体、相交和多截面实体等。需要注意创建多截面实体及绘制草图等过程中用到的技巧及注意事项。零件模型如图 3.34.1 所示。

图 3.32.1　零件模型 6　　　　　图 3.33.1　零件模型 7　　　　　图 3.34.1　零件模型 8

说明 本范例的详细操作过程请参见随书光盘中 video\ch03.34\文件下的语音视频讲解文件。模型文件为 D:\catia2014\work\ch03.34\intance_upper_cap。

3.35 CATIA 零件设计实际应用 10——塑料凳的设计

范例概述

本范例详细讲解了一款塑料凳的设计过程，该设计过程运用了如下命令：凸台、拔模、盒体、阵列和倒圆角等。其中拔模的操作技巧性较强，需要读者用心体会。零件模型如图 3.35.1 所示。

说明 本范例的详细操作过程请参见随书光盘中 video\ch03.35\文件下的语音视频讲解文件。模型文件为 D:\catia2014\work\ch03.35\PLASTIC_STOOL。

3.36 CATIA 零件设计实际应用 11——动力涡轮的设计

范例概述

本范例讲解了一个动力涡轮的设计过程，其中使用了一些实体建模的基本命令：旋转、凸台、凹槽和圆形阵列等。零件的设计思路颇为精巧，特别是涡轮的叶片，采用了薄壁凸台的方法，免去了绘制草图的麻烦。零件模型如图 3.36.1 所示。

图 3.35.1 零件模型 9

图 3.36.1 零件模型 10

说明 本范例的详细操作过程请参见随书光盘中 video\ch03.36\文件下的语音视频讲解文件。模型文件为 D:\catia2014\work\ch03.36\turbine。

第 4 章　装配设计

CATIA V5-6 的装配模块用来建立零件间的相对位置关系，从而形成复杂的装配体。

CATIA V5-6 提供了自底向上和自顶向下两种装配功能。如果首先设计好全部零件，然后将零件作为部件添加到装配体中，则称之为自底向上装配；如果是首先设计好装配体模型，然后在装配体中组建模型，最后生成零件模型，则称之为自顶向下装配。自底向上装配是一种常用的装配模式，本书主要介绍自底向上装配。

CATIA V5-6 的装配模块具有下面一些特点。

◆　提供了方便的部件定位方法，轻松设置部件间的位置关系。系统提供了六种约束方式，通过对部件添加多个约束，可以准确地把部件装配到位。

◆　提供了强大的爆炸图工具，可以方便地生成装配体的分解图。

◆　提供了强大的零件库，可以直接向装配体中添加标准零件。

相关术语和概念

零件：组成部件与产品最基本的单位。

部件：可以是一个零件，也可以是多个零件的装配结果。它是组成产品的主要单位。

装配：也称为产品，是装配设计的最终结果。它是由部件之间的约束关系及部件组成的。

装配约束：在装配过程中，约束是指部件之间的相对限制条件，可用于确定部件的位置。

4.1　装配约束

通过定义装配约束，可以指定零件相对于装配体（部件）中其他部件的放置方式和位置。在 CATIA V5-6 中，装配约束的类型包括相合、接触、偏移、固定等。零件通过装配约束添加到装配体后，它的位置会随与其有约束关系的部件改变而相应改变，而且约束设置值作为参数可随时修改，并可与其他参数建立关系方程，这样整个装配体实际上是一个参数化的组件。

4.1.1　装配中的"相合"约束

使用"相合"约束可以使两个装配部件中的两个平面（图 4.1.1a）重合，并且可以调整平面方向，如图 4.1.1b、c 所示；也可以使两条直线（包括轴线）或者两个点重合，如图 4.1.2b

所示，其约束符号为 ■ 。

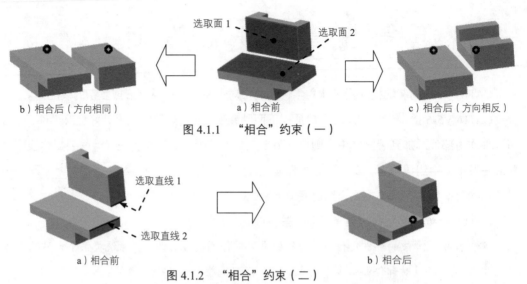

b）相合后（方向相同）　　　　　a）相合前　　　　　c）相合后（方向相反）

图 4.1.1　"相合"约束（一）

选取直线 1

选取直线 2

a）相合前　　　　　　　　　　b）相合后

图 4.1.2　"相合"约束（二）

　　使用"相合"约束时，两个参照不必为同一类型，直线与平面、点与直线等都可使用"相合"约束。

4.1.2　装配中的"接触"约束

使用"接触"约束可以对选定的两个面进行约束，可分为以下三种情况。

◆　点接触：使球面与平面处于相切状态，约束符号为 ■ （图 4.1.3）。

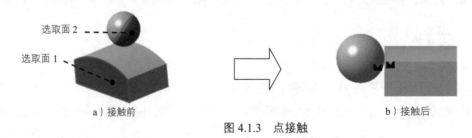

选取面 2

选取面 1

a）接触前　　　　　　　　　　　b）接触后

图 4.1.3　点接触

◆　线接触：使圆柱面与平面处于相切状态，约束符号为 ■ （图 4.1.4）。

◆　面接触：使两个面重合，约束符号为 ▣ 。

4.1.3　装配中的"偏移"约束

使用"偏移"约束可以使两个部件上的点、线或面建立一定距离，从而限制部件的相对位置关系，如图 4.1.5 所示。

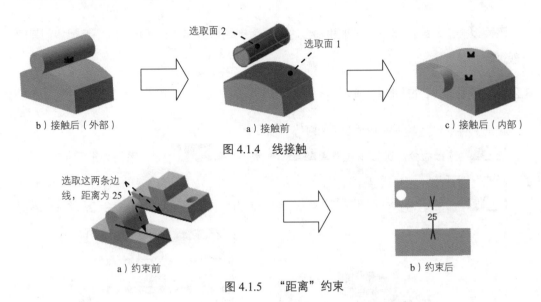

b）接触后（外部）　　a）接触前　　c）接触后（内部）

图 4.1.4　线接触

选取这两条边线，距离为 25

a）约束前　　　　　　25　　　b）约束后

图 4.1.5　"距离"约束

4.1.4　装配中的"角度"约束

使用"角度"约束可使两个元件上的线或面建立一个角度，从而限制部件的角度关系，如图 4.1.6b 所示。

选取面 1　　选取面 2

a）约束前　　　　30 度　　　b）约束后

图 4.1.6　"角度"约束

4.1.5　装配中的"固定"约束

"固定"约束是将部件固定在图形窗口的当前位置。当向装配环境中引入第一个部件时，常常对该部件实施这种约束。"固定"约束的约束符号为 　。

4.1.6　装配中的"固联"约束

使用"固联"约束可以把装配体中的两个或多个元件按照当前位置固定成为一个群体，移动其中一个部件，其他部件也将被移动。

4.2　创建装配模型的一般过程

下面以一个装配体模型——轴和轴套的装配为例，如图 4.2.1 所示，说明装配体创建的一般过程。

4.2.1　装配文件的创建

装配文件的创建的一般操作过程如下。

步骤 01　选择命令。选择下拉菜单 文件 ➡ 新建... 命令，系统弹出图 4.2.2 所示的"新建"对话框。

步骤 02　选择文件类型。在 类型列表: 下拉列表中选择 Product 选项，单击 确定 按钮。

图 4.2.1　轴和轴套的装配

图 4.2.2　"新建"对话框

　新建文件之后确认系统是否在装配设计工作台中，如不是，则进行如下操作：选择下拉菜单 开始 ➡ ▶机械设计 ▶ ➡ ⚙装配设计 命令，切换到装配设计工作台。

步骤 03　在"属性"对话框中更改文件名。

（1）右击特征树的 Product1，在系统弹出的快捷菜单中选择 属性 命令，系统弹出"属性"对话框。

（2）在"属性"对话框中选择 产品 选项卡。在 零件编号 文本框中将"Product1"改为"asm_bush"，单击 确定 按钮。

4.2.2　第一个零件的装配

1. 添加第一个零件

　在特征树中，部件文件和装配文件的图标是不同的。装配文件的图标是 ，部件的图标为 。

步骤 01 单击特征树中的 [●]asm_bush，使 asm_bush 处于激活状态。

步骤 02 选取命令。选择下拉菜单 插入 ➡ 现有部件... 命令。

步骤 03 选取要添加的模型。完成上步操作后，系统将弹出"选择文件"对话框，选择路径 D:\catia2014\work\ch04.02，选取轴零件模型文件 bush_02，单击 打开(O) 按钮。

2. 对第一个零件添加约束

选择下拉菜单 插入 ➡ 固定 命令，在系统 选择要固定的部件 的提示下，选取特征树中的 ✛[●]bush_02 (bush_02.1) （或单击模型），此时模型上会显示出"固定"约束符号 ▣ ，说明第一个零件已经完全被固定在当前位置。

4.2.3 第二个零件的装配

1. 添加第二个零件

步骤 01 单击特征树中的 [●]asm_bush，使 asm_bush 处于激活状态。

步骤 02 选择命令。选择下拉菜单 插入 ➡ 现有部件... 命令。

步骤 03 选取添加文件。在系统弹出的"选择文件"对话框中，选取轴套零件模型文件 bush_01.CATPart，单击 打开(O) 按钮。

2. 约束第二个零件前的准备

第二个零件引入后，可能与第一个部件重合，或者其方向和方位不便于进行装配放置。解决这种问题的方法如下。

步骤 01 选择命令。选择图 4.2.3 所示的下拉菜单 编辑 ➡ 移动 ▶ ➡ 操作... 命令或在图 4.2.4 所示的"移动"工具栏中单击 按钮，系统弹出图 4.2.5 所示的"操作参数"对话框。

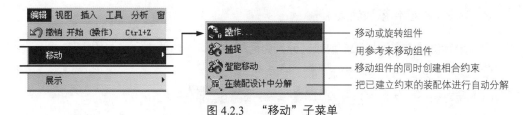

图 4.2.3 "移动"子菜单

图 4.2.3 所示"移动"子菜单中部分命令功能的说明如下。

◆ 操作...：该命令可以使部件沿各个方向移动或绕某个轴转动，也可以将部件放置到期望的目标位置。

◆ 捕捉：通过选择需要移动部件上的点、线或面，与另一个固定部件的点、线或面相对齐。

◆ **智能移动**：智能移动的功能与敏捷移动类似，只是智能移动不需要选取参考部件，只需要选取被移动部件上的几何元素。

图 4.2.4   "移动"工具栏   图 4.2.5   "操作参数"对话框

（1）在"操作参数"对话框中单击 按钮，在窗口中选定轴套模型，并拖动鼠标，可以看到轴套模型随着鼠标的移动而沿着 y 轴从图 4.2.6 中的位置平移到图 4.2.7 中的位置。

（2）在"操作参数"对话框中单击 按钮，在窗口中选定轴套模型，并拖动鼠标，可以看到轴套模型随着鼠标的移动而绕着 y 轴旋转，将其调整到图 4.2.8 所示的位置。

（3）在"操作参数"对话框中单击 按钮，在窗口中选定轴套模型，并拖动鼠标，将其从图 4.2.8 中的位置平移到图 4.2.9 中的位置。

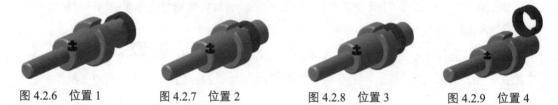

图 4.2.6   位置 1   图 4.2.7   位置 2   图 4.2.8   位置 3   图 4.2.9   位置 4

3. 对第二个零件添加约束

要完全定位轴套需添加三个约束，分别为同轴约束、轴向约束和径向约束。

步骤 01 定义第一个装配约束（同轴约束）。

（1）选择命令。选择下拉菜单 插入 ➙ 相合...命令。

（2）定义相合轴。分别选取两个零件的轴线，如图 4.2.10 所示，此时会出现一条连接两个零件轴线的直线，并出现相合符号，如图 4.2.11 所示。

（3）更新操作。选择下拉菜单 编辑 ➙ 更新命令，完成第一个装配约束，如图 4.2.12 所示。

选取这两条
轴线相合

图 4.2.10 选取相合轴

图 4.2.11 建立相合约束

图 4.2.12 完成第一个装配约束

◆ 选择 C 相合... 命令后，将鼠标移动到部件的圆柱面之后，系统将自动出现一条轴线，此时只需单击即可选中轴线。

◆ 当选中第二条轴线后，系统将迅速地出现图 4.2.11 所示的画面。图 4.2.10 只是表明选取的两条轴线，设置过程中图 4.2.10 只是瞬间出现。

◆ 设置完一个约束之后，系统不会进行自动更新，可以做完一个约束之后就更新，也可以使部件完全约束之后再进行更新。

步骤 02 定义第二个装配约束（轴向约束）。

（1）选择命令。选择下拉菜单 插入 ➡ 接触... 命令。

（2）定义接触面。选取图 4.2.13 所示的两个接触面，此时会出现一条连接这两个面的直线，并出现面接触的约束符号 回 ，如图 4.2.14 所示。

（3）更新操作。选择下拉菜单 编辑 ➡ C 更新 命令，完成第二个装配约束，如图 4.2.15 所示。

选取这两
个接触面

图 4.2.13 选取接触面

图 4.2.14 建立接触约束

图 4.2.15 完成第二个装配约束

◆ 本例应用了"面接触"约束方式，该约束方式是"接触"约束中的一种，系统会根据所选的几何元素，来选用不同的接触方式。其余两种接触方式见 4.1.2 装配中的"接触"约束。

◆ "面接触"约束方式是把两个面贴合在一起，并且使这两个面的法线方向相反。

步骤 03 定义第三个装配约束（径向约束）。

（1）选择命令。选择下拉菜单 插入 ➡ 🔵 相合... 命令。

（2）定义相合面。分别选取图 4.2.16 所示的面 1、面 2 作为相合平面。

（3）确定相合方向。完成上步操作后，系统弹出图 4.2.17 所示的"约束属性"对话框，在对话框的 方向 下拉列表中选取 相同 选项，单击 🔵 确定 按钮。

（4）更新操作。选择下拉菜单 编辑 ➡ 🔄 更新 命令，完成装配体的创建，如图 4.2.18 所示。

图 4.2.17 所示"约束属性"对话框中 方向 下拉列表的说明如下。

◆ 未定义：应用系统默认的两个相合面的法线方向。

◆ 相同：两个相合面的法线方向相同。

◆ 相反：两个相合面的法线方向相反。

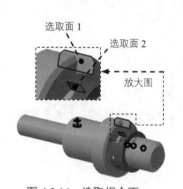

图 4.2.16 选取相合面

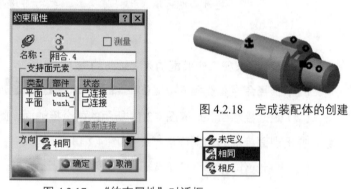

图 4.2.17 "约束属性"对话框

图 4.2.18 完成装配体的创建

4.3 在装配体中复制部件

一个装配体中往往包含了多个相同的部件，在这种情况下，只需将其中一个部件添加到装配体中，其余的采用复制操作即可。

4.3.1 部件的简单复制

使用 编辑 下拉菜单中的 📋 复制 命令，复制一个已经存在于装配体中的部件，然后再用 编辑 下拉菜单中的 📋 粘贴 命令，将复制的部件粘贴到装配体中。

 新部件与原有部件位置是重合的，必须对其进行移动或约束。

4.3.2 部件的"重复使用阵列"复制

"重复使用阵列"是以装配体中某一部件的阵列特征为参照来进行部件的复制。在图 4.3.1c 中，四个螺钉是参照装配体中元件 1 上的四个阵列孔创建的，所以在使用"重复使用阵列"命令之前，应在装配体的某一部件中创建阵列特征。

部件 1　　部件 2

a）装配前　　　　　　　　　　b）装配后　　　　　　　　　　c）复制后

图 4.3.1　"重复使用阵列"复制

下面以图 4.3.1 为例，介绍"重复使用阵列"的操作过程。

步骤 01 打开文件 D:\catia2014\work\ch04.03.02\reusepattern.CATProduct。

步骤 02 选择命令。选择下拉菜单 插入 ➡ 重复使用阵列 命令，系统弹出"在阵列上实体化"对话框。

步骤 03 选取阵列复制参考。在特征树中将 reusepattern01 (reusepattern01.1) 展开，选中 矩形阵列.1 作为阵列复制的参考。

步骤 04 确定阵列源部件。在特征树上选中 reusepattern02 (reusepattern02.1) 作为阵列的源部件，单击 确定 按钮，创建出图 4.3.1c 所示的部件阵列。

说明　　在图 4.3.1c 的实例中，可以继续使用"重复使用阵列"命令，将螺母阵列复制到螺钉上。

4.3.3 部件的"定义多实例化"复制

如图 4.3.2 所示，可以使用"定义多实例化"将一个部件沿指定的方向进行阵列复制。设置"定义多实例化"的一般过程如下。

步骤 01 打开文件 D:\catia2014\work\ch04.03.03\size.CATProduct。

步骤 02 选择命令。选择下拉菜单 插入 ➡ 定义多实例化 命令，系统弹出图 4.3.3

所示的"多实例化"对话框。

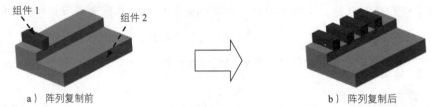

组件 1　　　组件 2

a）阵列复制前　　　　　　b）阵列复制后

图 4.3.2　"定义多实例化"阵列复制

步骤 **03** 定义实例化复制的源部件。如图 4.3.4 所示，在特征树上选取 size02 (size02.1)作为多实例化复制的源部件。

步骤 **04** 定义多实例化复制的参数。

（1）在"多实例化"对话框的 参数 下拉列表中选取 实例与间距 选项。

（2）确定多实例化复制的新实例和间距。在对话框的 新实例 文本框中输入数值 3，在 间距 文本框中输入数值 20。

步骤 **05** 确定多实例化复制的方向。单击 参考方向 区域中的 按钮。

步骤 **06** 单击 确定 按钮，此时，创建出图 4.3.2b 所示的部件多实例化复制。

图 4.3.3　"多实例化"对话框

图 4.3.4　特征树

图 4.3.3 所示"多实例化"对话框中部分选项的说明如下。

◆ 参数 下拉列表中有三种排列方式。

● 实例与间距：生成部件的个数和每个部件之间的距离。

● 实例与长度：生成部件的个数和总长度。

- 间距与长度：每个部件之间的距离和总长度。

◆ 参考方向 区域是提供多实例化的方向。

- x↗：表示沿 x 轴方向进行多实例化复制。

- y→：表示沿 y 轴方向进行多实例化复制。

- ↑z：表示沿 z 轴方向进行多实例化复制。

- 或选定元素：表示沿选定的元素（轴或者是边线）作为实例的方向。

- 反向：单击此按钮，可使选定的方向相反。

◆ □定义为默认值：选中后，插入 下拉菜单中的 ✿ 快速多实例化 命令会以这些参数作为实例化复制的默认参数。

4.3.4 部件的对称复制

如图 4.3.5 所示，在装配体中，经常会出现两个部件关于某一平面对称的情况，这时，不需要再次为装配体添加相同的部件，只需将原有部件进行对称复制即可。

对称复制操作的一般过程如下。

步骤01 打开文件 D:\catia2014\work\ch04.03.04\symmetry.CATProduct。

步骤02 选择命令。选择下拉菜单 插入 ➡ ⬛对称 命令，系统弹出图 4.3.6 所示的"装配对称向导"对话框（一）。

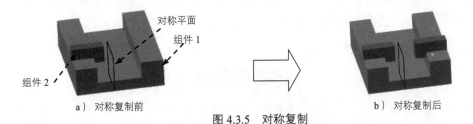

对称平面
组件 1
组件 2
a）对称复制前
b）对称复制后

图 4.3.5　对称复制

步骤03 定义对称复制平面。在特征树中将 symmetry01 (symmetry01) 展开，选取 ⬛ zx 平面 作为对称复制的对称平面。此时"装配对称向导"对话框（二）如图 4.3.7 所示。

步骤04 确定对称复制源部件。在特征树中选取 symmetry02 (symmetry02) 作为对称复制的源部件。系统弹出图 4.3.8 所示的"装配对称向导"对话框（三）。

　　　　子装配也可以进行对称复制操作。

图 4.3.6　"装配对称向导"对话框（一）

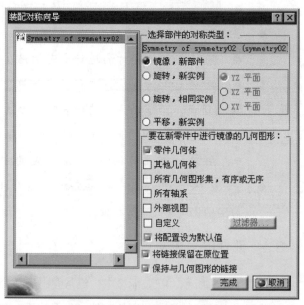

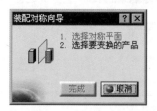

图 4.3.7　"装配对称向导"对话框（二）　　　图 4.3.8　"装配对称向导"对话框（三）

（步骤 05）在图 4.3.8 所示的"装配对称向导"对话框（三）中进行如下操作。

（1）定义类型。在 选择部件的对称类型: 区域选中 ⦿镜像，新部件 单选项。

（2）定义结构内容。在 要在新零件中进行镜像的几何图形: 区域选中 ☑零件几何体 复选框。

（3）定义关联性。选中 ☑将链接保留在原位置 和 ☑保持与几何图形的链接 复选框。

（步骤 06）单击 完成 按钮，系统弹出图 4.3.9 所示的"装配对称结果"对话框，单击 关闭 按钮，完成对称复制。

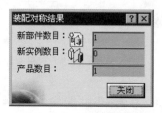

图 4.3.9　"装配对称结果"对话框

图 4.3.8 所示"装配对称向导"对话框（三）中部分选项的说明如下。

◆ 选择部件的对称类型:区域中提供了镜像复制的类型。

● ⦿镜像，新部件：对称复制后的部件只复制源部件的一个体特征。

● ⦿旋转，新实例：对称复制后的部件将复制源部件所有特征，可以沿 xy 平面、yz 平面或 xz 平面进行翻转。

- 旋转，相同实例：使原部件只进行对称移动，可以沿 xy 平面、yz 平面或 xz 平面进行翻转。

- 平移，新实例：对称复制后的部件将复制源部件所有特征，但不能进行翻转。

- 要在新零件中进行镜像的几何图形：区域中提供了源部件的结构内容。

- 将链接保留在原位置：对称复制后的部件与源部件保持位置的关联。

- 保持与几何图形的链接：对称复制后的部件与源部件保持几何体形状和结构的关联。

4.4　在装配体中修改部件

一个装配体完成后，可以对该装配体中的任何部件（包括产品和子装配件）进行如下操作：部件的打开与删除、部件尺寸的修改、部件装配约束的修改（如偏移约束中偏距的修改）、部件装配约束的重定义等，完成这些操作一般要从特征树开始。

下面以图 4.4.1 所示的装配体 edit.CATProduct 中 edit_02.CATPart 部件为例，说明修改装配体中部件的一般操作过程。

步骤 01　打开文件 D:\catia2014\work\ch04.04\edit.CATProduct。

a）修改前　　　　　　　　　　　　　　　　b）修改后

图 4.4.1　修改装配体中的组件

步骤 02　显示零件 edit_02 的所有特征。

（1）展开特征树中的部件 edit02 (edit02.1)，显示出部件 edit_02 中所包括的所有特征。

（2）展开特征树中的部件 edit02，显示出部件 edit_02 中所包括的所有特征。

（3）展开特征树中的 零部件几何体，显示出零件 edit_02 的所有特征。

步骤 03　在特征树中右击 凸台.1，在系统弹出的快捷菜单中选择 凸台.1 对象 ➡ 定义...命令，此时系统进入"零件设计"工作台。

说明　在新窗口中打开 则是把要编辑的部件在用"零件设计"工作台打开，并建立一个新的窗口，其余部件不发生变化。

步骤 04 重新编辑特征。

（1）在特征树中右击 凸台.1，在系统弹出的快捷菜单中选择 凸台.1 对象 ▶ ➡ 定义... 命令，系统弹出"定义凸台"对话框。

（2）修改长度。双击图形区的"15"尺寸，系统弹出"参数定义"对话框，在其中的 值 文本框中输入数值 20，并单击此对话框中的 ● 确定 按钮。

（3）单击"定义凸台"对话框中的 ● 确定 按钮，完成特征的重定义。此时，部件 edit_02 的长度将发生变化（保证其装配约束未发生变化），如图 4.4.1b 所示。

步骤 05 选择下拉菜单 开始 ➡ ▶ 机械设计 ➡ ⚙ 装配设计 命令，回到装配工作台。

如果修改之后发现零件 edit_02 的长度未发生变化，说明系统没有自动更新。选择下拉菜单 编辑 ➡ 🔄 更新 命令将其更新。

4.5　CATIA 零件库的使用

CATIA 为用户提供了一个标准件库，库中有大量已经完成的标准件。在装配设计中可以直接把这些标准件调出来使用，具体操作方法如下。

步骤 01 选择命令。选择下拉菜单 工具 ➡ ✔ 目录浏览器 命令，系统弹出图 4.5.1 所示的"目录浏览器"对话框。

注意
"零件库"的调用需在"Product"环境下进行。

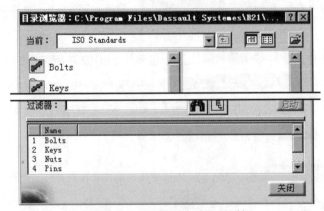

图 4.5.1　"目录浏览器"对话框

步骤 02 定义要添加的标准件。在对话框中选择相应的标准件目录，双击此标准件目录后，在列出的标准件中双击标准件后系统弹出图 4.5.2 所示的"目录"对话框。

步骤 03 单击对话框中的 ● 确定 按钮，关闭"目录"对话框，此时，标准件将插入到装配文件中，同时特征树上也添加了相应的标准件信息。

 说明 添加到装配文件中的标准件是独立的，可以进行保存和修改等操作。

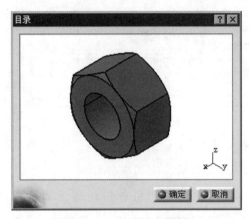

图 4.5.2 "目录"对话框

4.6 装配体的分解视图

为了便于观察装配设计和反映装配体的结构，可将当前已完成约束的装配体进行分解（也称爆炸）操作。下面以 clutch_asm_explode.CATProduct 装配文件为例（图 4.6.1），说明自动爆炸的操作方法。

a）爆炸前　　　　　　　　b）爆炸后

图 4.6.1 在装配设计中分解

步骤 01 打开文件 D:\catia2014\work\ch04.06\clutch_asm_explode.CATProduct。

步骤 02 选择命令。选择下拉菜单 编辑 ➡ 移动 ▶ ➡ 在装配设计中分解 命令，系统弹出图 4.6.2 所示"分解"对话框（一）。

图 4.6.2 所示的"分解"对话框（一）中部分选项的说明如下。

◆ **深度：**下拉列表是用来设置分解的层次。

● **第一级别**：将装配体完全分解，变成最基本的部件等级。

● **所有级别**：只将装配体下的第一层炸开，若其中有子装配，在分解时作为一个部件处理。

● **选择集**：确认将要分解的装配体。

图 4.6.2 "分解"对话框（一）

◆ **类型：**下拉列表是用来设置分解的类型。

● **3D**：装配体可均匀地在空间中炸开。

● **2D**：装配体会炸开并投射到垂直于 xy 平面的投射面上。

● **受约束**：只有在装配体中存在"相合"约束，设置了共轴或共面时才有效。

◆ **固定产品**：选择分解时固定的部件。

步骤 03 定义爆炸图的层次。在对话框的 **深度：**下拉列表中选择**所有级别**选项。

步骤 04 定义爆炸图的类型。在对话框的 **类型：**下拉列表中选择**3D**选项。

步骤 05 单击 **应用** 按钮，系统弹出图 4.6.3 所示的"信息框"对话框，单击 **确定** 按钮。

步骤 06 确定分解程度。将图 4.6.4 所示对话框的滑块拖拽到 0.78，单击对话框中的 **确定** 按钮，系统弹出图 4.6.5 所示的"警告"对话框。

图 4.6.3 "信息框"对话框

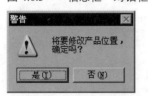

图 4.6.5 "警告"对话框

图 4.6.4 "分解"对话框（二）

◆　**滚动分解** 区域中的滑快▮是用来调解分解的程度。

- ▮《▮：使分解程度最小。
- ▮》▮：使分解程度最大。

步骤 07 单击对话框中的 ▮ 是(Y) ▮ 按钮，完成自动分解。

4.7　模型的基本分析

4.7.1　质量属性分析

通过对模型的质量属性分析可以检验模型的优劣程度，这对产品设计有很大的参考价值。分析内容包括模型的体积、总的表面积、质量、密度、重心位置、重心惯性矩阵、重心主惯量矩等。

下面以一个简单模型为例，说明质量属性分析的一般过程。

步骤 01 打开文件 D:\catia2014\work\ch04.07.01\measure_inertia.part。

步骤 02 选择命令。单击"测量"工具栏中的▮按钮，系统弹出图 4.7.1 所示的"测量惯量"对话框（一）。

步骤 03 选择测量方式。在"测量惯量"对话框（一）中单击▮按钮，测量模型的质量属性。

步骤 04 选取要测量的项。在系统 指示要测量的项 的提示下，选取图 4.7.2 所示的模型表面为要测量的项。

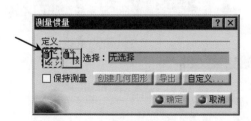

图 4.7.1　"测量惯量"对话框（一）

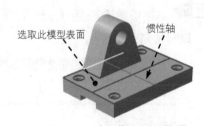

图 4.7.2　选取指示测量的项

步骤 05 查看测量结果。完成上步操作后，"测量惯量"对话框（一）变为图 4.7.3 所示的"测量惯量"对话框（二），在该对话框的 结果 区域中可看到质量属性的各项数据，同时模型表面会出现惯性轴的位置，如图 4.7.2 所示。

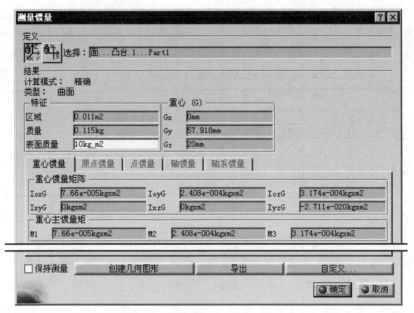

图 4.7.3　"测量惯量"对话框（二）

4.7.2　碰撞检测及装配分析

碰撞检测和装配分析功能可以帮助设计者了解其最关心的零部件之间的干涉情况等信息。下面以一个简单的装配说明碰撞检测和装配分析的操作过程。

1. 碰撞检测的一般过程

步骤 01 打开文件 D:\catia2014\work\ch04.07.02\asm_clutch.CATProduct。

步骤 02 选择检测命令。选择下拉菜单 分析 ➡ 计算碰撞... 命令，系统弹出图 4.7.4 所示的"碰撞检测"对话框（一）。

图 4.7.4　"碰撞检测"对话框（一）

步骤 03 选择检测类型。在 定义 区域的下拉列表中选择 碰撞 选项（一般为默认选项）。

如在 定义 区域的下拉列表中选择 间隙 选项，在下拉列表右侧将出现另一个
文本框，文本框中的数值"1mm"表示可以检测的间隙最小值。

步骤 04 选取要检测的零件。按住 Ctrl 键，选取图 4.7.5 所示模型中的零部件 1、2 为需
要进行碰撞检测的项。

　◆　在"碰撞检测"对话框的 定义 区域中可看到所选零部件的名称，同时特征
　　树中与之对应的零部件显示加亮。
　◆　选取零部件时，只要选择的是零部件上的元素（点、线、面），系统都将以
　　该零部件作为计算碰撞的对象。

步骤 05 查看分析结果。完成上步操作后，单击"碰撞检测"对话框（一）中的 应用
按钮，此时在图 4.7.6 所示"碰撞检测"对话框（二）的 结果 区域中可以看到检测结果。

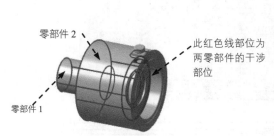

零部件 2
此红色线部位为
两零部件的干涉
部位
零部件 1

图 4.7.5　选取碰撞检测的项

图 4.7.6　"碰撞检测"对话框（二）

2. 装配分析

步骤 01 选择分析命令。选择下拉菜单 分析 ➡ 碰撞... 命令，系统弹出图 4.7.7
所示的"检查碰撞"对话框（一）。

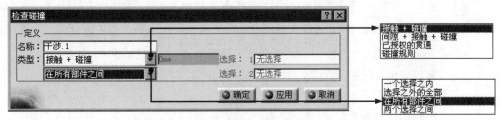

图 4.7.7　"检查碰撞"对话框（一）

步骤 02 定义分析对象。在"检查碰撞"对话框（一） 定义 区域的 类型：下拉列表中

分别选择 间隙 + 接触 + 碰撞 和 在所有部件之间 选项；单击"检查碰撞"对话框(一)中的 ● 应用
按钮，系统弹出图 4.7.8 所示的"计算..."对话框。

图 4.7.8　"计算..."对话框

步骤 03 查看分析结果。系统计算完成之后，"检查碰撞"对话框（一）变为图 4.7.9 所示的"检查碰撞"对话框（二），在该对话框的 结果 区域可查看所有干涉，同时系统还将弹出图 4.7.10 所示的"预览"对话框（一），以显示相应干涉位置的预览。

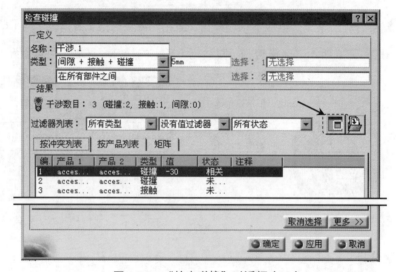

图 4.7.9　"检查碰撞"对话框（二）

◆ 在"检查碰撞"对话框（二）的 结果 区域中显示干涉数以及其中不同位置的干涉类型，但除编号 1 表示的位置外，其他各位置显示的状态均为 未检查 ，只有选择列表中的编号选项，系统才会计算干涉数值，并提供相应位置的预览图。如选择列表中的编号 2 选项，系统计算碰撞值为-7.48，同时"预览"对话框（一）将变为图 4.7.11 所示的"预览"对话框（二），显示的正是装配分析中的碰撞部位。

◆ 若"预览"对话框被意外关闭，可以单击"检查碰撞"对话框（二）中的 ▣ 按钮使之重新显示。

图 4.7.10 "预览"对话框（一）

图 4.7.11 "预览"对话框（二）

◆ 在"检查碰撞"对话框（二）定义 区域的 类型：下拉列表右侧文本框中数值"5mm"表示当前的装配分析中间隙的最大值。如在"检查碰撞"对话框（二）中选中所有的编号，可以看出其所对应的干涉值都小于 5mm（图4.7.9）。读者也可以通过修改数值检测其他的间隙位置，如在文本框中输入数值 10mm，则系统检测出的间隙数目也会相应增加。

◆ 单击 更多 >> 按钮，展开对话框隐藏部分，在对话框的 详细结果 区域，显示当前干涉的详细信息。

◆ "检查碰撞"对话框的 结果 区域中有一个过滤器列表，在下拉列表中可选取用户需要过滤的类型、数值排列方法及所显示的状态，这个功能在进行大型装配分析时具有非常重要的作用。

◆ "检查碰撞"对话框的 结果 区域有三个选项卡：按冲突列表 选项卡、按产品列表 选项卡、矩阵 选项卡。按冲突列表 选项卡是将所有干涉以列表形式显示；按产品列表 选项卡是将所有产品列出，从中可以看出干涉对象；矩阵 选项卡则是将产品以矩阵方式显示，矩阵中的红点显示处即产品发生干涉的位置。

4.8 CATIA 装配设计实际应用 1——机座装配的设计

本节详细讲解了图 4.8.1 所示的一个多部件装配体的装配及分解设计过程，使读者进一步熟悉 CATIA 中的装配操作。读者可以从 D:\catia2014\work\ch04.08 中找到该装配体的所有部件。

a）装配视图

b）分解视图

图 4.8.1 装配设计综合范例

本应用的详细操作过程请参见随书光盘中 video\ch04.08\文件下的语音视频
讲解文件。模型文件为 D:\catia2014\work\ch04.08\ asm_example.CATProduct。

4.9　CATIA 装配设计实际应用 2——球轴承组件的设计

范例概述

　　本范例详细介绍了球轴承的创建和装配过程。首先是创建轴承的内环、保持架及滚子，
将它们分别保存为模型文件，然后装配模型，并在装配过程中创建零件模型。其中，在创建
外环时用到了"在装配过程中创建零件模型"的方法。球轴承模型如图 4.9.1 所示。

　　　本范例的详细操作过程请参见随书光盘中 video\ch04.09\文件下的语音视频
讲解文件。模型文件为 D:\catia2014\work\ch04.09\bearing_asm .CATProduct。

图 4.9.1　球轴承

第 5 章　创成式曲面设计

5.1　概述

创成式外形设计工作台可以在设计的初步阶段创建线框模型的结构元素。通过使用线框特征和基本的曲面特征，可以创建具有复杂外形的零件，丰富了现有的三维零件设计。在CATIA 中，通常将在三维空间创建的点、线（包括直线和曲线）、平面称为线框；在三维空间中建立的各种面，称为曲面；将一个曲面或几个曲面的组合称为面组。值得注意的是：曲面是没有厚度的几何特征，不要将曲面与实体里的"厚（薄壁）"特征相混淆，"厚"特征有一定的厚度值，其本质上是实体，只不过它很薄。

使用创成式外形设计工作台创建具有复杂外形零件的一般过程如下。

（1）构建曲面轮廓的线框结构模型。

（2）将线框结构模型生成单独的曲面。

（3）对曲面进行偏移、桥接、修剪等操作。

（4）将各个单独的曲面接合成一个整体的面组。

（5）将曲面（面组）转化为实体零件。

（6）修改零件，得到符合用户需求的零件。

5.2　创成式外形设计工作台用户界面

5.2.1　进入创成式外形设计工作台

进入 CATIA 软件环境后，系统默认创建了一个装配文件，名称为 Product1。关闭此窗口，然后选择下拉菜单 开始 ➡ 形状 ➡ 创成式外形设计 命令，系统弹出"新建零件"对话框，在对话框中输入零件名称，单击 确定 按钮，即可进入创成式外形设计工作台。

5.2.2　用户界面简介

打开文件 D:\catia2014\work\ch05.02\remote_control.CATPart。

CATIA "创成式外形设计"工作台包括下拉菜单区、工具栏区、信息区（命令联机帮助区）、特征树区、图形区及功能输入区等，如图 5.2.1 所示。

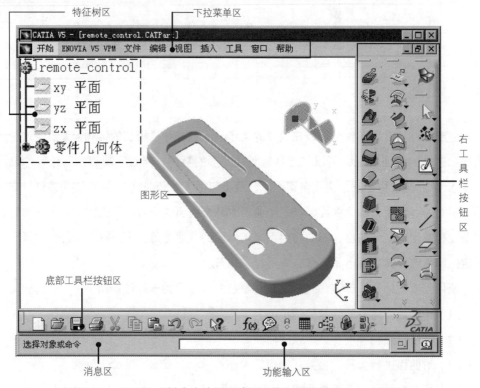

图 5.2.1　CATIA"创成式外形设计"工作台用户界面

　　工具栏中的命令按钮为快速进入命令及设置工作环境提供了极大方便，用户根据实际情况可以定制工具栏。

5.3　创建线框

　　所谓线框是指在空间中创建的点、线（直线和各种曲线）和平面，从而利用这些点、线和平面作为辅助元素来创建曲面或实体特征。

5.3.1　空间轴

　　使用下拉菜单 插入 ➡ 线框 ▶ ➡ 轴线... 命令可以为圆、圆柱曲面（体）、旋转曲面（体）或球面（体）等建立轴线。下面以图 5.3.1 所示的实例，说明创建空间轴的一般操作过程。

步骤 01　打开文件 D:\catia2014\work\ch05.03.01\Axis.CATPart。

步骤 02　选择命令。选择下拉菜单 插入 ➡ 线框 ▶ ➡ 轴线... 命令，系统弹出

"轴线定义"对话框。

步骤 **03** 定义轴线元素。选取图 5.3.2 所示的圆弧为轴线元素。

步骤 **04** 定义轴线参考方向。选取 zx 平面（可在特征树上选取）为轴线方向。

步骤 **05** 定义轴线类型。在"轴线定义"对话框的 **轴线类型：** 下拉列表中选择 **与参考方向相同** 选项，如图 5.3.3 所示。

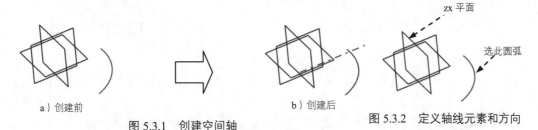

a）创建前　　　　　　　　　　　　　　　b）创建后

图 5.3.1　创建空间轴　　　　　　　　图 5.3.2　定义轴线元素和方向

◆ 在"轴线定义"对话框的 **轴线类型：** 下拉列表中选择 **参考方向的法线** 选项后，则在参考方向的法线方向建立一条轴线，结果如图 5.3.4 所示。

◆ 在"轴线定义"对话框的 **轴线类型：** 下拉列表中选择 **圆的法线** 选项后，则在元素的法线方向建立一条轴线，结果如图 5.3.5 所示。

步骤 **06** 单击 **● 确定** 按钮，完成图 5.3.5 所示轴线的创建。

　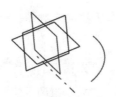　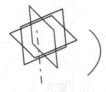

图 5.3.3　"轴线定义"对话框　　图 5.3.4　参考方向的法线　　图 5.3.5　圆的法线

5.3.2　圆的创建

圆是一种重要的几何元素，在设计过程中得到广泛使用，它可以直接在实体或曲面上创建。下面以图 5.3.6 所示为例来说明创建圆的一般操作过程。

步骤 **01** 打开文件 D:\catia2014\work\ch05.03.02\Circle.CATPart。

步骤 **02** 选择命令。选择下拉菜单 **插入** ➡ **线框 ▶** ➡ **○ 圆…** 命令，系统弹出"圆定义"对话框。

步骤 03 定义圆类型。在"圆定义"对话框的 圆类型：下拉列表中选择 中心和半径 选项。

步骤 04 定义圆的中心和支持面。选取图 5.3.7 所示的点为圆心，然后选取 zx 平面为圆的支持面。

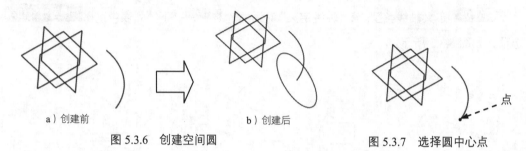

a）创建前　　　　　　　　b）创建后

图 5.3.6　创建空间圆　　　　　　　　　　　　图 5.3.7　选择圆中心点

步骤 05 确定圆半径。在"圆定义"对话框的 半径：文本框中输入数值 30，单击"圆定义"对话框 圆限制 区域中的 ⊙ 按钮。

步骤 06 单击 ● 确定 按钮，完成圆的创建。

5.3.3　创建圆角

使用下拉菜单 插入 ━━▶ 线框▶ ━━▶ 圆角... 命令，可以在空间或一个平面上建立圆角，如果选择的两条线在同一个平面内，则在此面上建立圆角，否则只能建立空间圆角。下面以图 5.3.8 所示的实例来说明创建圆角的一般操作过程。

步骤 01 打开文件 D:\catia2014\work\ch05.03.03\Corner.CATPart。

步骤 02 选择命令。选择下拉菜单 插入 ━━▶ 线框▶ ━━▶ 圆角... 命令，系统弹出"圆角定义"对话框。

步骤 03 定义圆角类型。在对话框的 圆角类型：下拉列表中选择 支持面上的圆角 选项。

步骤 04 定义圆角半径。在对话框的 半径：文本框中输入数值 10。

步骤 05 定义圆角边线。分别选取图 5.3.9 所示的曲线 1 和曲线 2 为圆角边线。

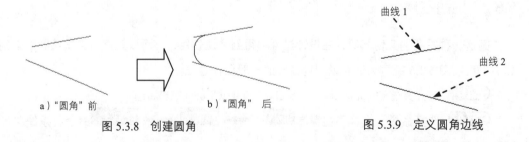

a）"圆角"前　　　　　　b）"圆角"后

图 5.3.8　创建圆角　　　　　　　　　　　图 5.3.9　定义圆角边线

步骤 06 单击 ● 确定 按钮，完成圆角的创建。

5.3.4 创建空间样条曲线

选择下拉菜单 插入 ➡ 线框 ▶ ➡ ⌒ 样条线… 命令，利用空间的一系列点可以创建图 5.3.10 所示样条曲线。其创建的方法与在草图中建立样条曲线类似，只是需要在空间先建立一些控制点，然后依次选择这些控制点。下面以图 5.3.10 为例来说明创建空间样条曲线的一般操作过程。

a）创建前　　　　　　　　　　　　　　b）创建后

图 5.3.10　创建样条曲线

步骤 01 打开文件 D:\catia2014\work\ch05.03.04\Spline.CATPart。

步骤 02 选择命令。选择下拉菜单 插入 ➡ 线框 ▶ ➡ ⌒ 样条线… 命令，系统弹出"样条线定义"对话框。

步骤 03 定义样条曲线。依次选取图 5.3.11 所示的 点 1、点 2、点 3 和点 4 为空间样条曲线的定义点，选中"样条线定义"对话框中的 ● 之后添加点 单选项（图 5.3.12）。

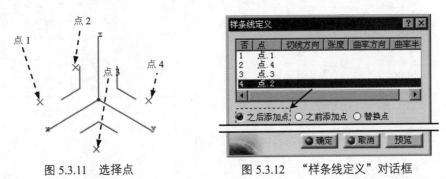

图 5.3.11　选择点　　　　　　图 5.3.12　"样条线定义"对话框

步骤 04 单击 ● 确定 按钮，完成空间样条曲线的创建。

5.3.5 创建连接曲线

使用下拉菜单 插入 ➡ 线框 ▶ ➡ ⌒ 连接曲线… 命令，可以把空间的多个点或线段用空间曲线进行连接。下面以图 5.3.13 所示的实例为例来说明创建连接曲线的一般操作过程。

步骤 01 打开文件 D:\catia2014\work\ch05.03.05\Connect_Curve.CATPart。

步骤 02 选择命令。选择下拉菜单 插入 ➡ 线框 ▶ ➡ 连接曲线... 命令，系统弹出图 5.3.14 所示的"连接曲线定义"对话框。

步骤 03 定义连接类型。在对话框的 连接类型: 下拉列表中选择 法线 选项。

步骤 04 定义第一条曲线。选取图 5.3.15 所示的点 1 为连接点，直线 1 为连接曲线，在 连续: 下拉列表中选择 相切 选项，在 张度: 文本框中输入数值 1.5。

步骤 05 定义第二条曲线。选取图 5.3.15 所示的点 2 为连接点，直线 2 为连接曲线，在 连续: 下拉列表中选择 相切 选项，在 张度: 文本框中输入数值 1.5，并单击 反转方向 按钮（图 5.3.14）。

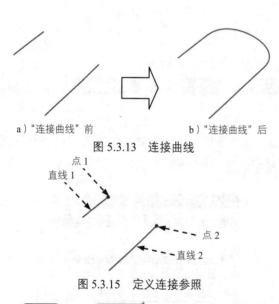

a)"连接曲线"前　　　　　　b)"连接曲线"后

图 5.3.13　连接曲线

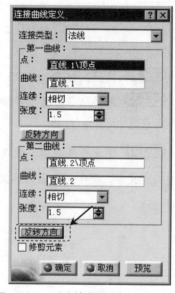

图 5.3.15　定义连接参照

图 5.3.14　"连接曲线定义"对话框

步骤 06 单击 ● 确定 按钮，完成曲线的连接。

5.3.6　创建二次曲线

使用"二次曲线"命令，可以在空间的两点之间建立一条二次曲线，通过输入不同的参数可以定义二次曲线为椭圆、抛物线和双曲线。下面以图 5.3.16 所示的模型为例来说明通过空间两点创建二次曲线的一般过程。

步骤 01 打开文件 D:\catia2014\work\ch05.03.06\conic.CATPart。

步骤 02 选择命令。选择下拉菜单 插入 ➡ 线框 ➡ 二次曲线... 命令，系统弹出"二次曲线定义"对话框。

步骤 03 定义支持面。激活对话框 支持面 后的文本框，在特征树中选取 xy 平面作为支持面。

步骤 04 定义约束限制。选取图 5.3.17 所示的点 1 为开始点，选取点 2 为结束点；选取直线 1 为开始切线，选取直线 2 为结束切线。

步骤 05 定义中间约束。在对话框 中间约束 区域 ☑ 参数 后的文本框中输入数值 0.2，其他参数采用系统默认设置值。

a）创建前   b）创建后

图 5.3.16 二次曲线

图 5.3.17 定义约束限制

二次曲线参数有三种类型。

类型 1：当二次曲线参数值大于 0 小于 0.5 时，曲线形状为椭圆。

类型 2：当二次曲线参数值等于 0.5 时，曲线形状为抛物线。

类型 3：当二次曲线参数值大于 0.5 小于 1 时，曲线形状为双曲线。

步骤 06 单击 ● 确定 按钮，完成二次曲线的创建。

5.3.7 创建投影曲线

使用"投影"命令，可以将空间的点向曲线或曲面上投影，也可以将曲线向一个曲面上投影，投影时可以选择法向投影或沿一个给定的方向进行投影。下面以图 5.3.18 所示的模型为例来说明沿某一方向创建投影曲线的一般过程。

步骤 01 打开文件 D:\catia2014\work\ch05.03.07\Projection.CATPart。

步骤 02 选择命令。选择下拉菜单 插入 ➡ 线框 ➡ 投影... 命令，系统弹出"投影定义"对话框。

步骤 03 确定投影类型。在对话框的 投影类型： 下拉列表中选择 沿某一方向 选项。

步骤 04 定义投影曲线。选取图 5.3.19 所示的曲线为投影曲线。

步骤 05 确定支持面。选取图 5.3.19 所示曲面为投影支持面。

步骤 06 定义投影方向。选取平面 1（在特征树中），系统会沿平面 1 的法线方向作为投影方向。

步骤 07 单击 ● 确定 按钮，完成曲线的投影。

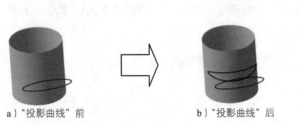

a）"投影曲线"前   b）"投影曲线"后

图 5.3.18　投影曲线

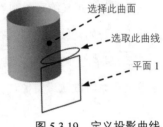

选择此曲面

选取此曲线

平面 1

图 5.3.19　定义投影曲线

5.3.8　创建相交曲线

使用"相交"命令，可以通过选取两个或多个相交的元素来创建相交曲线或交点。下面以图 5.3.20 所示的实例来说明创建相交曲线的一般过程。

步骤 01 打开文件 D:\catia2014\work\ch05.03.08\intersect.CATPart。

步骤 02 选择命令。选择下拉菜单 插入 ➡ 线框 ▶ ➡ ✦ 相交... 命令，系统弹出"相交定义"对话框。

步骤 03 定义相交曲面。选取图 5.3.21 所示的曲面 1 为第一元素，选取曲面 2 为第二元素。

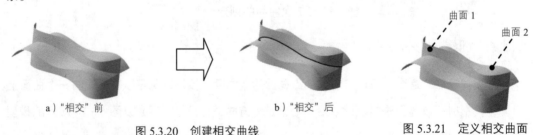

a）"相交"前   b）"相交"后

图 5.3.20　创建相交曲线

曲面 1

曲面 2

图 5.3.21　定义相交曲面

步骤 04 单击 ● 确定 按钮，完成相交曲线的创建。

5.3.9　创建螺旋线

使用"螺旋线"命令，可以通过定义起点、轴线、间距和高度等参数在空间建立等螺距或变螺距的螺旋线。下面以图 5.3.22 为例来说明创建螺旋线的一般操作过程。

步骤 01 打开文件 D:\catia2014\work\ch05.03.09\Helix.CATPart。

步骤 02 选择命令。选择下拉菜单 插入 ➡ 线框 ▶ ➡ 螺旋线... 命令，系统弹出 "螺旋曲线定义" 对话框。

步骤 03 定义起点。选取图 5.3.23 所示的点为螺旋线的起点。

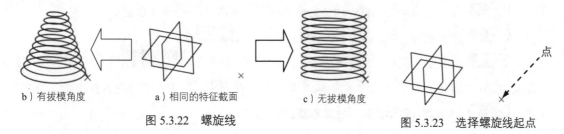

b）有拔模角度　　　　　　a）相同的特征截面　　　　　　c）无拔模角度

图 5.3.22　螺旋线

图 5.3.23　选择螺旋线起点

步骤 04 定义旋转轴。在对话框的 轴: 文本框中右击，选取 z 轴作为螺旋线的旋转轴。

步骤 05 定义螺旋线间距及高度。在对话框 类型 区域的 螺距: 文本框中输入数值 10，在 高度: 文本框中输入数值 100。

　　　在 "螺旋曲线定义" 对话框的 半径变化 区域中选中 ● 拔模角度: 单选项并在其后的文本框中输入数值 15，结果如图 5.3.22b 所示。

步骤 06 单击 ● 确定 按钮，完成图 5.3.22c 所示的螺旋线创建。

5.3.10　创建螺线

使用下拉菜单 插入 ➡ 线框 ▶ ➡ 螺线... 命令，可以通过现有的点创建螺线。下面以图 5.3.24 所示的例子说明通过已知的点创建螺线的操作过程。

创建的螺线

点 1

a）创建前　　　　　　　　　b）创建后

图 5.3.24　通过点创建螺线

步骤 01 打开文件 D:\catia2014\work\ch05.03.10\spiral.CATPart。

步骤 02 选择命令。选择下拉菜单 插入 ➡ 线框 ▶ ➡ 螺线... 命令，系统弹出 "螺线曲线定义" 对话框。

步骤 03 定义支持面。在 支持面： 右侧的文本框中右击，选取 xy 平面选项。

步骤 04 定义中心点。单击图 5.3.24a 所示的点 1 为中心点。

步骤 05 定义参考方向。在 参考方向： 右侧的文本框中右击，选择 X 部件选项。

步骤 06 定义起点半径。在 类型 区域的 起始半径： 文本框中输入数值 2。

步骤 07 定义旋转方向。在 方向： 下拉列表中选择 逆时针 选项。

步骤 08 定义参考类型。在 类型 区域的下拉列表中选择 角度和半径 选项；在 终止角度： 文本框中输入数值 0；在 转数： 文本框中输入数值 10；在 终止半径： 文本框中输入数值 20。

步骤 09 单击 ● 确定 按钮，完成螺旋线的创建。

5.3.11　创建混合曲线

使用"混合"命令，可以使用不平行的草图平面上的两条曲线创建出一条空间曲线，新创建的曲线实质上是通过两条原始曲线按指定的方向拉伸所得曲面的交线。下面以图 5.3.25 为例来说明创建混合曲线的一般操作过程。

步骤 01 打开文件 D:\catia2014\work\ch05.03.11\Combine.CATPart。

步骤 02 选择命令。选择下拉菜单 插入 ➡ 线框 ▶ ➡ 混合... 命令，系统弹出图 5.3.26 所示的"混合定义"对话框。

a）创建前

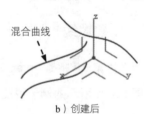
b）创建后

图 5.3.25　混合曲线

步骤 03 定义混合类型。在对话框 混合类型： 后的下拉列表中选择 法线 选项。

步骤 04 定义混合元素。选取图 5.3.27 所示的曲线 1 和曲线 2 为混合元素。

步骤 05 单击 ● 确定 按钮，完成混合曲线的创建。

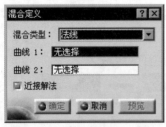

图 5.3.26　"混合定义"对话框

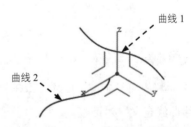

图 5.3.27　定义混合元素

5.3.12 创建反射线

使用"反射线"命令，可以在指定的曲面上创建一条曲线，该曲线上每个点在指定曲面上的法线或者切线与指定方向的夹角均为定义的角度。下面以图 5.3.28 所示的模型为例说明创建反射线的一般过程。

步骤 01 打开文件 D:\catia2014\work\ch05.03.12\reflect_lines.CATPart。

步骤 02 选择命令。选择下拉菜单 插入 ➡ 线框 ▶ ➡ 反射线... 命令，系统弹出图 5.3.29 所示的"反射线定义"对话框。

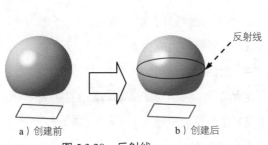

a）创建前   b）创建后

图 5.3.28   反射线

图 5.3.29   "反射线定义"对话框

步骤 03 定义反射线类型。在对话框的 类型：区域中选中 ⦿ 圆柱 单选项。

步骤 04 定义反射线参照。选取图 5.3.30 所示的曲面为支持面，选取 xy 平面为方向参照，在 角度：后的文本框中输入数值 90，在 角度参考：区域选中 ⦿ 法线 单选项，其他参数采用系统默认设置。

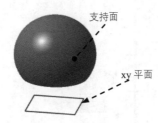

支持面

xy 平面

图 5.3.30   定义反射线参照

步骤 05 单击 ⦿ 确定 按钮，完成反射线的创建。

5.3.13 创建平行曲线

使用"平行曲线"命令，可以创建和参考曲线平行的曲线。下面以图 5.3.31 为例来说明创建平行曲线的一般操作过程。

a）创建前   平行曲线

b）创建后

图 5.3.31　平行曲线

步骤 01 打开文件 D:\catia2014\work\ch05.03.13\ ParallelCurves.CATPart。

步骤 02 选择命令。选择下拉菜单 **插入 ➡ 线框 ▶ ➡ ◈ 平行曲线...** 命令，系统弹出图 5.3.32 所示的"平行曲线定义"对话框。

步骤 03 定义参照曲线。选取图 5.3.33 所示的曲线作为参照曲线。

步骤 04 定义支持面。在特征树中选取 xy 平面作为支持面。

步骤 05 定义偏移距离。在对话框 **常量：** 后的文本框中输入数值 60。

步骤 06 定义平行参数。在 **平行模式：** 后的下拉列表中选择 **直线距离**，在 **平行圆角类型：** 后的下拉列表中选择 **圆的** 选项，其他参数采用系统默认设置值。

步骤 07 单击 **● 确定** 按钮，完成混合曲线的创建。

图 5.3.32 所示"平行曲线定义"对话框中部分选项的说明如下。

◆ **点：** 通过指定点来定义平行曲线的位置,如图 5.3.34 所示。

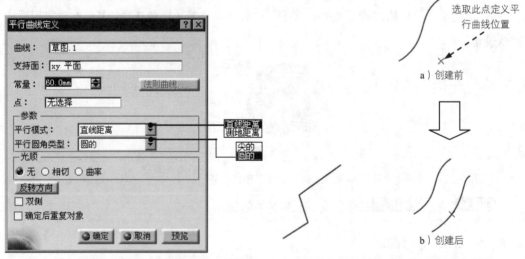

图 5.3.32　"平行曲线定义"对话框　　图 5.3.33　定义参照曲线　　图 5.3.34　平行曲线

◆ **平行模式：** 用于定义计算平行曲线和原始曲线之间距离的模式。

● **直线距离**：平行曲线和原始曲线之间的最短距离。

- 测地距离：平行曲线和原始曲线之间沿曲线测量。
- ◆ 平行圆角类型：：用于定义创建平行曲线时，尖角的处理类型。
  - 尖的：平行曲线保持和原始曲线一样的尖角类型。
  - 圆的：平行曲线在尖角处自动圆角。此选项只适用于向外偏移的情况。
- ◆ □ 双侧：选中此复选框，可以一次性在原始曲线两侧对称地创建平行曲线。

5.3.14 3D 曲线偏移

使用"3D 曲线偏移"命令，可以将 3D 曲线偏移，创建出新的 3D 曲线。下面以图 5.3.35 为例来说明创建 3D 曲线偏移的一般操作过程。

步骤 01 打开文件 D:\catia2014\work\ch05.03.14\3DCurveOffset.CATPart。

a）偏移前　　　　　　　　　　b）偏移后

图 5.3.35　3D 曲线偏移

步骤 02 选择命令。选择下拉菜单 插入 ➡ 线框 ▶ ➡ ↑ 偏移 3D 曲线... 命令，系统弹出图 5.3.36 所示的"3D 曲线偏移定义"对话框。

步骤 03 定义偏移曲线。选取图 5.3.37 所示的曲线作为偏移曲线。

步骤 04 定义拔模方向。在对话框 拔模方向：后的文本框中右击，选择 Z 部件选项。

步骤 05 定义偏移距离。在对话框 偏移：后的文本框中输入数值15，单击 反转方向 按钮。

步骤 06 定义偏移参数。在 3D 圆角参数 区域 半径：后的文本框中输入数值 10，在 张度：后的文本框中输入数值 0.5，其他参数采用系统默认设置值。

图 5.3.36　"3D 曲线偏移定义"对话框

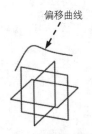

图 5.3.37　定义偏移曲线

步骤 07 单击 ● 确定 按钮，完成 3D 曲线偏移的创建。

5.3.15　曲线的曲率分析

曲线和曲面的曲率分析工具在创成式外形设计工作台的"分析"工具栏中（图 5.3.38），该工具栏有 8 个命令，本书中分析曲线与曲面的曲率所用到的命令分别是"箭状曲率分析"与"分析曲面曲率" 。

图 5.3.38　"分析"工具栏

下面简要说明曲线曲率分析的一般过程。

步骤 01 打开文件 D:\catia2014\work\ch05.03.15\curve_curvature_analysis. CATPart。

步骤 02 选择命令。确认系统此时处于"创成式外形设计"工作台。选择下拉菜单 插入 ➡ 分析 ▶ ➡ 箭状曲率分析 命令，系统弹出 "箭状曲率"对话框。

步骤 03 选择分析类型。在"箭状曲率"对话框 类型 区域的下拉列表中选择 曲率 选项。

步骤 04 选取要分析的项。在系统 选择要显示/移除分析曲率的曲线 的提示下，选取图 5.3.39 所示模型中的曲线 1 为要显示曲率分析的曲线。

步骤 05 查看分析结果。完成上步操作后，曲线 1 上出现曲率分析图，将鼠标移至曲率分析图的任意曲率线上，系统将自动显示该曲率线对应曲线位置的曲率数值（图 5.3.40）。

步骤 06 单击"箭状曲率"对话框中的 ● 确定 按钮，完成曲线曲率分析。

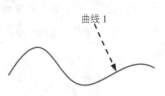

图 5.3.39　选取分析曲线

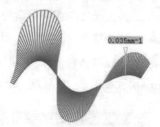

图 5.3.40　分析结果

　◆　在"箭状曲率"对话框中，用户可以根据实际情况调整曲率图的密度和振幅。

　◆　在"箭状曲率"对话框中单击"图表"区域的 按钮，系统将弹出图 5.3.41 所示的"2D 图表"对话框，在该对话框中可以选择不同的工程图模式，查看曲线的曲率分布。

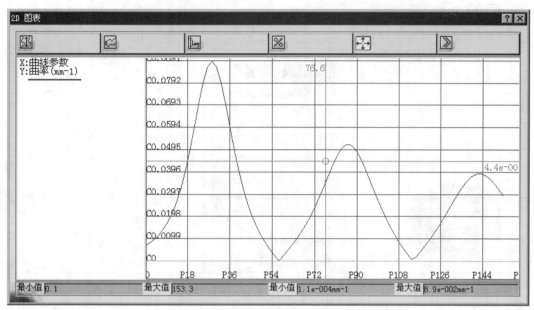

图 5.3.41   "2D 图表"对话框

5.4   曲面的创建

在创成式外形设计工作台中，可以创建拉伸、旋转、填充、扫掠、桥接和多截面扫掠六种基本曲面和偏移曲面，以及球和圆柱两种预定义曲面。

5.4.1   拉伸曲面的创建

拉伸曲面是将曲线、直线、曲面边线沿着指定方向进行拉伸而形成的曲面。下面以图 5.4.1 所示的实例来说明创建拉伸曲面的一般操作过程。

步骤 01 打开文件 D:\catia2014\work\ch05.04.01\Extrude.CATPart。

步骤 02 选择命令。选择下拉菜单 插入 ➡ 曲面 ▶ ➡ 拉伸... 命令，系统弹出图 5.4.2 所示的"拉伸曲面定义"对话框。

步骤 03 选择拉伸轮廓。选取图 5.4.3 所示的曲线为拉伸轮廓。

步骤 04 定义拉伸方向。选取 xy 平面，系统会以 xy 平面的法线方向作为拉伸方向。

步骤 05 定义拉伸类型。在对话框的 限制 1 区域的 类型: 下拉列表中选择 尺寸 选项。

步骤 06 确定拉伸高度。在对话框的 限制 1 区域的 尺寸: 文本框中输入拉伸高度值 100.0。

"拉伸曲面定义"对话框中的 限制 2 区域是用来设置与 限制 1 方向相对的拉伸参数。

步骤 07 单击 ● 确定 按钮，完成曲面的拉伸。

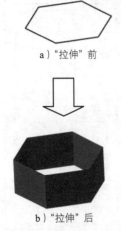

a）"拉伸"前

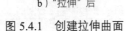

b）"拉伸"后

图 5.4.1 创建拉伸曲面

图 5.4.2 "拉伸曲面定义"对话框

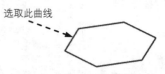

选取此曲线

图 5.4.3 选择拉伸轮廓线

5.4.2 旋转曲面的创建

旋转曲面是将曲线绕一根轴线进行旋转，从而形成的曲面。下面以图 5.4.4 为例来说明创建旋转曲面的一般操作过程。

a）"旋转"前　　　　b）"旋转"后

图 5.4.4 创建旋转曲面

步骤 01 打开文件 D:\catia2014\work\ch05.04.02\Revolve.CATPart。

步骤 02 选择命令。选择下拉菜单 插入 ➡ 曲面 ▶ ➡ 旋转 命令，系统弹出图 5.4.5 所示的"旋转曲面定义"对话框。

步骤 03 选择旋转轮廓。选取图 5.4.6 所示的曲线为旋转轮廓。

步骤 04 定义旋转轴。在对话框的 旋转轴: 文本框中右击，选取 Z 轴作为旋转轴。

步骤 05 定义旋转角度。在对话框 角限制 区域的 角度 1: 文本框中输入旋转角度值 360。

步骤 06 单击 ● 确定 按钮，完成旋转曲面的创建。

图 5.4.5 "旋转曲面定义"对话框

图 5.4.6 选择旋转轮廓线

5.4.3 创建球面

下面以图 5.4.7 为例来说明创建球面的一般操作过程。

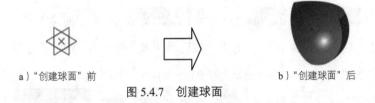

a)"创建球面"前

b)"创建球面"后

图 5.4.7 创建球面

步骤 01 打开文件 D:\catia2014\work\ch05.04.03\Sphere.CATPart。

步骤 02 选择命令。选择下拉菜单 插入 ➡ 曲面 ➡ 球面... 命令，系统弹出图 5.4.8 所示的"球面曲面定义"对话框。

步骤 03 定义球面中心。选取图 5.4.9 所示的点为球面中心。

步骤 04 定义球面半径。在对话框的 球面半径: 文本框中输入球半径值 20。

步骤 05 定义球面角度。在对话框的 纬线起始角度: 文本框中输入数值-90；在 纬线终止角度: 文本框中输入数值 30；在 经线起始角度: 文本框中输入数值 60；在 经线终止角度: 文本框中输入数值 220。

说明

单击对话框中的 ◉ 按钮（图 5.4.9），将创建一个完整的球面，如图 5.4.10 所示。

步骤 06 单击 ◉ 确定 按钮，得到图 5.4.7b 所示的球面。

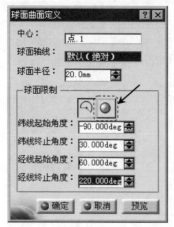

图 5.4.9　选择球面中点

图 5.4.8　"球面曲面定义"对话框

图 5.4.10　球面

5.4.4　创建圆柱面

使用下拉菜单 插入 ➡ 曲面 ▶ ➡ 圆柱面... 命令，可以通过空间一点及一个方向生成圆柱曲面。下面以图 5.4.11 所示的实例来说明创建圆柱面的一般操作过程。

步骤 01　打开文件 D:\catia2014\work\ch05.04.04\Cylinder.CATPart。

步骤 02　选择命令。选择下拉菜单 插入 ➡ 曲面 ▶ ➡ 圆柱面... 命令，系统弹出 "圆柱曲面定义" 对话框。

步骤 03　定义中心点。选取图 5.4.12 所示的点为圆柱面的中心点。

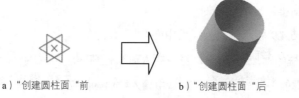

a) "创建圆柱面" 前　　　　　b) "创建圆柱面" 后

图 5.4.11　创建圆柱面

选择此点

图 5.4.12　定义圆柱面点

步骤 04　定义方向。在特征树中选择 xy 平面，系统会以 xy 平面的法线方向作为生成圆柱面的方向。

步骤 05　确定圆柱面的半径和长度。在对话框 参数: 区域的 半径: 文本框中输入数值 20，在 长度 1: 文本框中输入数值 50，如图 5.4.13 所示。

在 "圆柱曲面定义" 对话框 参数: 区域的 长度 2: 文本框中输入相应的值可沿 长度 1: 相反的方向生成圆柱面。

步骤 **06** 单击 ● 确定 按钮，完成圆柱曲面的创建。

图 5.4.13 "圆柱曲面定义"对话框

5.4.5 偏移曲面

曲面的偏移用于创建一个或多个现有面的偏移曲面，偏移曲面包括一般偏移曲面、可变偏移曲面和粗略偏移曲面，下面分别对三种偏移曲面进行介绍。

1. 一般偏移曲面

一般偏移曲面是指将选定曲面按指定方向偏移指定距离后生成的曲面。下面以图 5.4.14 所示的模型为例介绍一般偏移曲面的创建方法。

步骤 **01** 打开文件 D:\catia2014\work\ch05.04.05\general_offset.CATPart。

步骤 **02** 选择命令。选择下拉菜单 插入 ➡ 曲面 ▶ ➡ 偏移… 命令，系统弹出图 5.4.15 所示的"偏移曲面定义"对话框。

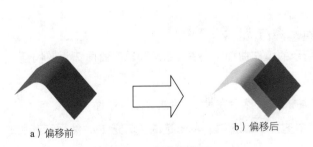

a）偏移前   b）偏移后

图 5.4.14 一般偏移曲面

图 5.4.15 "偏移曲面定义"对话框

步骤 03 定义偏移曲面和偏移距离。选取图 5.4.16 所示的曲面作为偏移曲面，在对话框 偏移：后的文本框中输入数值 25.0。

步骤 04 定义偏移曲面参数和偏移元素。采用系统默认的偏移参数，在对话框中单击 要移除的子元素 选项，然后在图形区选取图 5.4.17 所示的曲面为要移除的子元素。

步骤 05 单击 ● 确定 按钮，完成一般偏移曲面的创建。

要移除的子元素

图 5.4.16　选取偏移曲面　　　　　图 5.4.17　定义要移除的子元素

2. 可变偏移曲面

可变偏移曲面是指在创建偏移曲面时，曲面中的一个或几个子元素偏移值是可变的。下面以图 5.4.18 所示的模型为例介绍可变偏移曲面的创建方法。

a）偏移前　　　　　　　　　　　　　　　b）偏移后

图 5.4.18　可变偏移曲面

步骤 01 打开文件 D:\catia2014\work\ch05.04.05\variable_offset.CATPart。

步骤 02 选择命令。选择下拉菜单 插入 ➡ 曲面 ▶ ➡ 可变偏移...命令，系统弹出"可变偏移定义"对话框。

步骤 03 定义全局曲面。在特征树中选取"接合 1"为全局曲面。

步骤 04 定义偏移参数。

（1）在对话框的 参数 文本框中单击，激活"参数"文本框。

（2）在图形区依次选取图 5.4.19 所示的填充曲面 1、桥接曲面和填充曲面 2 为要偏移的曲面。

（3）在 参数 文本框中单击选取"填充.1"，然后在 偏移：后的文本框中输入数值 5.0；单击选取"桥接.1"，在 偏移：的下拉列表中选择 变量 选项；单击选取"填充.2"，然后在其后的文本框中输入数值 10.0。

（4）此时"可变偏移定义"对话框如图 5.4.20 所示。

步骤 05 单击 ● 确定 按钮，完成可变偏移曲面的创建。

　　本例中，在创建可变偏移曲面之前需对已完成的填充曲面 1、填充曲面 2 和桥接曲面进行提取并接合成一个曲面，否则无法进行偏移。

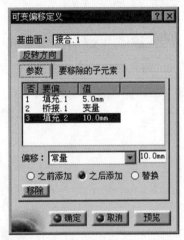

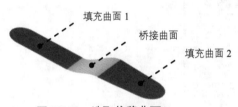

图 5.4.19　选取偏移曲面

图 5.4.20　"可变偏移定义"对话框

图 5.4.20 所示"可变偏移定义"对话框中各按钮的说明如下。

◆　基曲面：整体要偏移的曲面。

◆　常量：定义偏移参数为固定值，需要输入指定的偏移值。

◆　变量：定义偏移参数为可变值（即定义桥接曲面的偏移值是根据填充曲面 1 和填充曲面 2 的偏移值变化的，注意在定义填充曲面 1 和填充曲面 2 的偏移值时，不要让两曲面偏移值相差太大，否则桥接曲面可能无法偏移成功）。

◆　● 之前添加：选中此单选项，即在选定元素之前添加其他元素。

◆　● 之后添加：选中此单选项，即在选定元素之后添加其他元素。

◆　● 替换：选中此单选项，即替换选定元素。

◆　移除：移除选定元素。

3. 粗略偏移曲面

粗略偏移曲面主要用于完成曲面的大致偏移，并且在偏移时给定的偏差值（偏差值必须大于零小于曲面的偏移值）越大，其曲面变形也越大。下面以图 5.4.21 所示的模型为例介绍粗略偏移曲面的创建方法。

a）偏移前　　　　　　　　b）偏移后　　　　　　c）偏移后（右视图）

图 5.4.21　粗略偏移曲面

步骤 01 打开文件 D:\catia2014\work\ch05.04.05\rough_offset.CATPart。

步骤 02 选择命令。选择下拉菜单 插入 ➡ 曲面▶ ➡ 🍄粗略偏移... 命令，系统
弹出"粗略偏移曲面定义"对话框，如图 5.4.22 所示。

图 5.4.22　"粗略偏移曲面定义"对话框

步骤 03 定义偏移曲面。选取拉伸 1 为偏移曲面。

步骤 04 定义粗略偏移参数。在对话框 偏移：后的文本框中输入数值 15.0，在 偏差：后的
文本框中输入数值 10.0，然后单击 反转方向 按钮。

　　　　　本例中设置偏差值为 10.0 是为了让读者能更清楚地看到粗略偏移曲面和一
般偏移曲面的区别，通常情况下不会设置如此大的偏差。通过观察偏移后的右视
图，可以发现偏移后的曲面比偏移前的曲面窄了，并且窄了的距离值粗略地等于
前面设定的偏差值。

步骤 05 单击 ● 确定 按钮，完成粗略偏移曲面的创建。

5.4.6　扫掠曲面

1.　显式扫掠

　　使用显式扫掠方式创建曲面，需要定义一条轮廓线、一条或两条引导线，还可以使
用一条脊线。用此方式创建扫掠曲面时有三种方式，分别为：使用参考曲面、使用两条
引导曲线和使用拔模方向。

方法 1. 使用参考曲面

在创建显式扫掠曲面时，可以定义轮廓线与某一参考曲面始终保持一定的角度。下面以图 5.4.23 所示的实例来说明创建使用参考曲面的显式扫掠曲面的一般过程。

a）"显式扫掠"前　　　　　　　　　　　　　　　　b）"显式扫掠"后

图 5.4.23　使用参考曲面的显式扫掠

步骤 **01** 打开文件 D:\catia2014\work\ch05.04.06.01\explicit_sweep_01.CATPart。

步骤 **02** 选择命令。选择下拉菜单 插入 ➡ 曲面 ▶ ➡ 扫掠... 命令，此时系统弹出"扫掠曲面定义"对话框。

步骤 **03** 定义扫掠类型。在对话框的 轮廓类型: 中单击 按钮，在 子类型: 下拉列表中选择 使用参考曲面 选项，如图 5.4.24 所示。

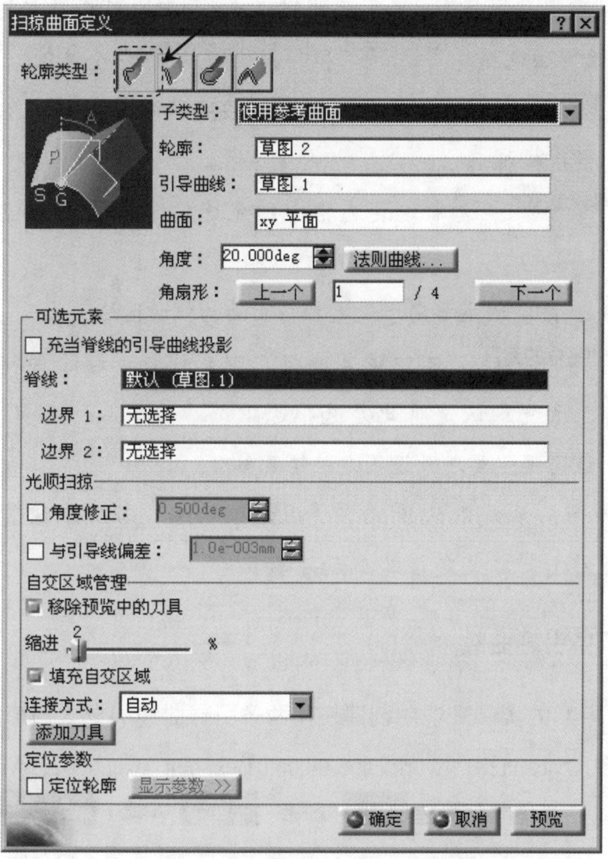

图 5.4.24　"扫掠曲面定义"对话框

步骤 04 定义扫掠轮廓和引导曲线。选取图 5.4.25 所示的曲线 1 为扫掠轮廓,选取图 5.4.25 所示的曲线 2 为引导曲线。

步骤 05 定义参考平面和角度。选取 xy 平面为参考平面, 在 **角度:** 后的文本框中输入数值 20,其他参数采用系统默认设置值。

步骤 06 单击 ● **确定** 按钮, 完成扫掠曲面的创建。

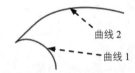

图 5.4.25 定义轮廓与引导曲线

图 5.4.24 所示"扫掠曲面定义"对话框中各选项的说明如下。

◆ **轮廓类型:** : 用于定义扫掠轮廓类型,包括 、 、 和 四种类型。

◆ **子类型:** : 用于定义指定轮廓类型下的子类型,此处指的是 类型下的子类型,包括 **使用参考曲面** 、 **使用两条引导曲线** 和 **使用拔模方向** 三种类型。

◆ **脊线:** : 系统默认脊线是第一条引导曲线,当然用户也可根据需要来从新定义脊线。

◆ **光顺扫掠** : 该区域包括 □**角度修正:** 和 □**与引导线偏差:** 两个选项。

　● □**角度修正:** : 选中该复选框,则允许按照给定角度值移除不连续部分,以执行光顺扫掠操作。

　● □**与引导线偏差:** : 选中该复选框,则允许按照给定偏差值来执行光顺扫掠操作。

◆ **自交区域管理** : 该区域主要用于设置扫掠曲面的扭曲区域。

　● ■**移除预览中的刀具** : 选中该复选框,则允许自动移除由扭曲区域管理添加的刀具,系统默认是将此复选框选中。

◆ **定位参数** : 该区域主要用于设置定位轮廓参数。

　● □**定位轮廓** : 系统默认情况下使用定位轮廓。若选中该复选框,则可以自定义的方式来定义定位轮廓的参数。

方法 2. 使用两条引导曲线

下面以图 5.4.26 所示的实例来说明创建使用两条引导曲线的显式扫掠曲面的一般过程。

步骤 01 打开文件 D:\catia2014\work\ch05.04.06.01\explicit_sweep_02.CATPart。

步骤 02 选择命令。选择下拉菜单 **插入** ➜ **曲面 ▶** ➜ **扫掠...** 命令,此时系统弹出"扫掠曲面定义"对话框。

图 5.4.26 使用两条引导曲线的显式扫掠

(步骤 **03**) 定义扫掠类型。在对话框的 轮廓类型： 中单击 按钮，在 子类型： 下拉列表中选择 使用两条引导曲线 选项，如图 5.4.27 所示。

(步骤 **04**) 定义扫掠轮廓和引导曲线。选取图 5.4.28 所示的曲线 1 为扫掠轮廓，选取图 5.4.28 所示的曲线 2 和曲线 3 为引导曲线。

(步骤 **05**) 定义定位类型和参考。在 定位类型： 下拉列表中选择 两个点 选项，此时系统自动计算得到图 5.4.29 所示的两个点，其他参数采用系统默认设置值。

定位类型包括"两个点"和"点和方向"两种类型。当选择"两个点"类型时，需要在图形区选取两个点来定义曲面形状，此时生成的曲面沿第一个点的法线方向。当选择"点和方向"类型时，需要在图形区选取一个点和一个方向参考（通常选取一个平面），此时生成的曲面通过点并沿平面的法线方向。

(步骤 **06**) 单击 ● 确定 按钮，完成扫掠曲面的创建。

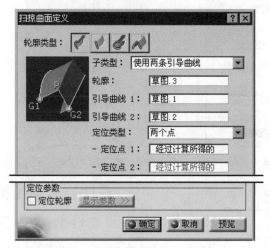

图 5.4.27 "扫掠曲面定义"对话框

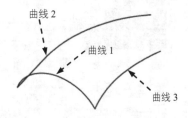

图 5.4.28 定义轮廓与引导曲线

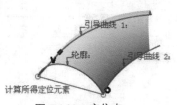

图 5.4.29 定位点

方法 3. 使用拔模方向

下面以图 5.4.30 所示的模型为例，说明创建使用拔模方向的显式扫掠曲面的一般过程。

a) "显式扫掠" 前　　　　　　　　　　　　　　b) "显式扫掠" 后

图 5.4.30　使用拔模方向的显式扫掠

步骤 01 打开文件 D:\catia2014\work\ch05.04.06.01\explicit_sweep_03.CATPart。

步骤 02 选择命令。选择下拉菜单 插入 ➡ 曲面 ▶ ➡ 扫掠... 命令，此时系统弹出 "扫掠曲面定义" 对话框。

步骤 03 定义扫掠类型。在对话框的 轮廓类型：中单击 按钮，在 子类型：下拉列表中选择 使用拔模方向 选项，如图 5.4.31 所示。

步骤 04 定义扫掠轮廓和引导曲线。选取图 5.4.32 所示的曲线 1 为扫掠轮廓，选取图 5.4.32 所示的曲线 2 为引导曲线。

步骤 05 定义拔模参照。在特征树中选取 yz 平面作为方向参照，在 角度：文本框中输入数值 10.0。

步骤 06 单击 确定 按钮，完成扫掠曲面的创建。

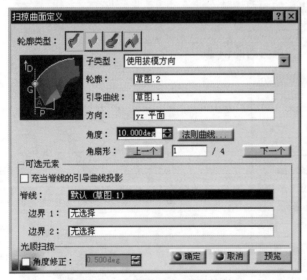

图 5.4.31　"扫掠曲面定义" 对话框

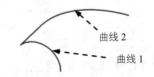

图 5.4.32　定义扫掠参照

2. 直线式扫掠

使用直线扫掠方式创建曲面时，系统自动以直线作为轮廓线，所以只需要定义两条引导线。用此方式创建扫掠曲面时有七种方式，下面将逐一对其进行介绍。

方法 1. 两极限

两极限是指通过定义曲面边界参照扫掠出的曲面，该曲面边界是通过选取两条曲线定义的。下面以图 5.4.33 所示的模型为例，介绍创建两极限类型的直线式扫掠曲面的一般过程。

a）"直线式扫掠"前 b）"直线式扫掠"后

图 5.4.33 两极限类型的直线式扫掠

步骤 01 打开文件 D:\catia2014\work\ch05.04.06.02\two_limits.CATPart。

步骤 02 选择命令。选择下拉菜单 插入 ➡ 曲面 ▶ ➡ 扫掠...命令，此时系统弹出"扫掠曲面定义"对话框。

步骤 03 定义扫掠类型。在对话框的 轮廓类型：中单击 按钮，在 子类型：下拉列表中选择 两极限 选项，如图 5.4.34 所示。

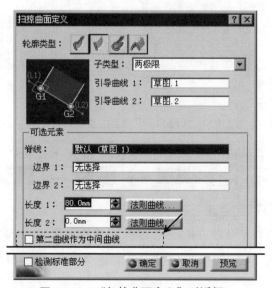

图 5.4.34 "扫掠曲面定义"对话框

步骤 04 定义引导曲线。选取图 5.4.35 所示的曲线 1 为引导曲线 1，选取图 5.4.35 所示的曲线 2 为引导曲线 2。

步骤 05 定义曲面边界。在对话框 长度 1: 后的文本框中输入数值 80.0，在 长度 2: 后的文本框中输入数值 0，其他参数采用系统默认设置值。

步骤 06 单击 ● 确定 按钮，完成扫掠曲面的创建。

 若在对话框中选中 □ 第二曲线作为中间曲线 复选框，则结果如图 5.4.36 所示。

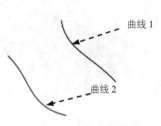

图 5.4.35 定义引导曲线

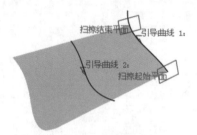

图 5.4.36 第二条曲线用作中间曲线

方法 2. 极限和中间

下面以图 5.4.37 所示的模型为例，介绍创建极限和中间类型的直线式扫掠曲面的一般过程。

a）"直线式扫掠" 前　　　　　　　　　　　　　　b）"直线式扫掠" 后

图 5.4.37 极限和中间类型的直线式扫掠

步骤 01 打开文件 D:\catia2014\work\ch05.04.06.02\limits_middle.CATPart。

步骤 02 选择命令。选择下拉菜单 插入 ➡ 曲面 ▶ ➡ 扫掠... 命令，此时系统弹出 "扫掠曲面定义" 对话框。

步骤 03 定义扫掠类型。在对话框的 轮廓类型: 中单击 按钮，在 子类型: 下拉列表中选择 极限和中间 选项，如图 5.4.38 所示，此时系统默认选中 □ 第二曲线作为中间曲线 复选框。

步骤 **04** 定义引导曲线。选取图 5.4.39 所示的曲线 1 为引导曲线 1，选取图 5.4.39 所示的曲线 2 为引导曲线 2。

步骤 **05** 单击 ⚪ **确定** 按钮，完成扫掠曲面的创建。

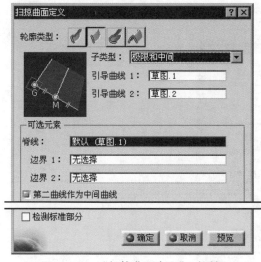

图 5.4.38 "扫掠曲面定义"对话框

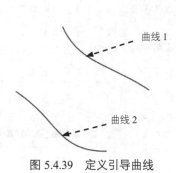

图 5.4.39 定义引导曲线

方法 3. 使用参考曲面

下面以图 5.4.40 所示的模型为例，介绍创建使用参考曲面的直线式扫掠曲面的一般过程。

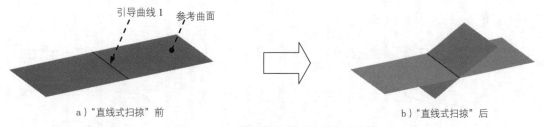

a）"直线式扫掠"前

b）"直线式扫掠"后

图 5.4.40 使用参考曲面的直线式扫掠

步骤 **01** 打开文件 D:\catia2014\work\ch05.04.06.02\reference_surface.CATPart。

步骤 **02** 选择命令。选择下拉菜单 插入 ➡ 曲面 ▶ ➡ 🖌扫掠... 命令，此时系统弹出"扫掠曲面定义"对话框。

步骤 **03** 定义扫掠类型。在对话框的 轮廓类型：中单击 按钮，在 子类型：下拉列表中选择 使用参考曲面 选项，如图 5.4.41 所示。

步骤 **04** 定义引导曲线和参考曲面。选取图 5.4.42 所示的曲线 1 为引导曲线，选取图 5.4.42

所示的曲面 1 为参考曲面。

步骤 05 定义扫掠曲面参数。在 角度：后的文本框中输入数值 30.0，在 长度 1：后的文本框中输入数值 30.0，在 长度 2：后的文本框中输入数值 20.0。

步骤 06 单击 ● 确定 按钮，完成扫掠曲面的创建。

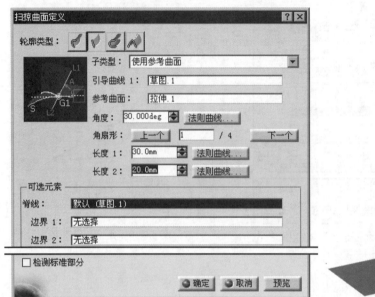

图 5.4.41 "扫掠曲面定义"对话框

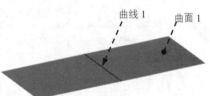

图 5.4.42 定义引导曲线

方法 4. 使用参考曲线

下面以图 5.4.43 所示的模型为例,介绍创建使用参考曲线的直线式扫掠曲面的一般过程。

a)"直线式扫掠"前   b)"直线式扫掠"后

图 5.4.43 使用参考曲线的直线式扫掠

步骤 01 打开文件 D:\catia2014\work\ch05.04.06.02\reference_cruve.CATPart。

步骤 02 选择命令。选择下拉菜单 插入 ➞ 曲面 ▶ ➞ 扫掠... 命令,此时系统弹出"扫掠曲面定义"对话框。

步骤 03 定义扫掠类型。在对话框的 轮廓类型：中单击 按钮，在 子类型：下拉列表中选择 使用参考曲线 选项，如图 5.4.44 所示。

步骤 04 定义引导曲线和参考曲线。选取图 5.4.45 所示的曲线为引导曲线，选取图 5.4.45 所示的曲线为参考曲线。

步骤 05 定义扫掠曲面参数。在 角度：后的文本框中输入数值 30.0，在 长度 1：后的文本框中输入数值 60.0，在 长度 2：后的文本框中输入数值 20.0。

步骤 06 单击 确定 按钮，完成扫掠曲面的创建。

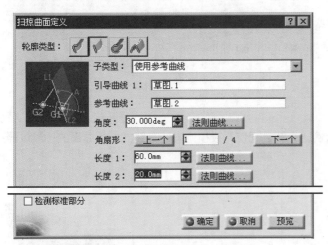

图 5.4.44 "扫掠曲面定义"对话框

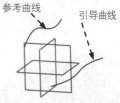

图 5.4.45 定义引导曲线

方法 5. 使用切面

使用切面创建直线式扫掠，是指以指定的引导曲线作为扫掠轮廓，以引导曲线上任意一点到指定面相切的连线作为轨迹线，扫掠出来的曲面。下面以图 5.4.46 所示的模型为例，介绍创建使用切面的直线式扫掠曲面的一般过程。

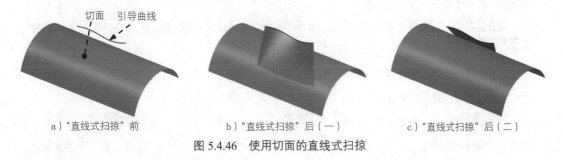

a)"直线式扫掠"前　　　　b)"直线式扫掠"后（一）　　　　c)"直线式扫掠"后（二）

图 5.4.46 使用切面的直线式扫掠

步骤 01 打开文件 D:\catia2014\work\ch05.04.06.02\tangency_surface.CATPart。

步骤 02 选择命令。选择下拉菜单 插入 ➡ 曲面 ▶ ➡ 扫掠... 命令，此时系统弹出"扫掠曲面定义"对话框。

步骤 03 定义扫掠类型。在对话框的 轮廓类型： 中单击 按钮，在 子类型： 下拉列表中选择 使用切面 选项。

步骤 04 定义引导曲线和切面。选取图 5.4.47 所示的曲线为引导曲线，选取图 5.4.47 所示的面为切面。

步骤 05 单击 确定 按钮，完成扫掠曲面的创建。

 通过单击"扫掠曲面定义"对话框中的 上一个 或 下一个 按钮，可以切换生成的曲面，结果如图 5.4.46b 和图 5.4.46c 所示。

方法 6. 使用拔模方向

下面以图 5.4.48 所示的模型为例，介绍创建使用拔模方向的直线式扫掠曲面的一般过程。

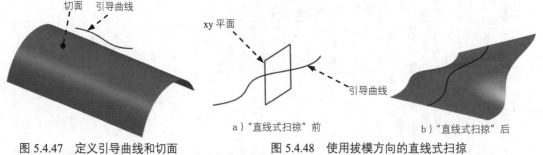

切面　引导曲线

xy 平面

引导曲线

a)"直线式扫掠"前　　　　b)"直线式扫掠"后

图 5.4.47　定义引导曲线和切面　　　　图 5.4.48　使用拔模方向的直线式扫掠

步骤 01 打开文件 D:\catia2014\work\ch05.04.06.02\draft_direction.CATPart。

步骤 02 选择命令。选择下拉菜单 插入 ➡ 曲面 ▶ ➡ 扫掠... 命令，此时系统弹出"扫掠曲面定义"对话框。

步骤 03 定义扫掠类型。在对话框的 轮廓类型： 中单击 按钮，在 子类型： 下拉列表中选择 使用拔模方向 选项，如图 5.4.49 所示。

步骤 04 定义引导曲线和拔模方向。选取图 5.4.48 所示的曲线为引导曲线，在特征树中选取 xy 平面为拔模方向参照。

步骤 05 定义曲面参数。选择 拔模计算模式： 类型为 ● 正方形 ；单击 法则曲线... 按钮，系统弹出"法则曲线定义"对话框，在 法则曲线类型 区域选中 ● S 型 单选项，在 起始值： 后的文本框中输入数值 0，在 结束值： 后的文本框中输入数值 30，如图 5.4.50 所示，单击 关闭 按钮，完成法则曲线的定义。

步骤 06 定义扫掠长度。在 **长度类型 1:** 区域选择 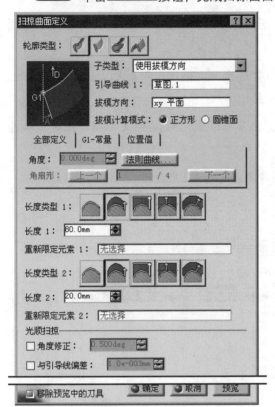（标准）选项，在 **长度 1:** 后的文本框中输入数值 80，在 **长度 2:** 后的文本框中输入数值 20，其他参数采用系统默认设置值。

步骤 07 单击 ● **确定** 按钮，完成扫掠曲面的创建。

图 5.4.49 "扫掠曲面定义"对话框

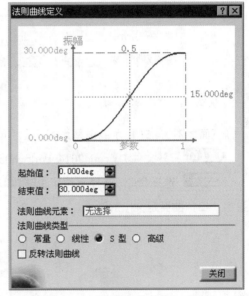

图 5.4.50 "法则曲线定义"对话框

图 5.4.49 所示"扫掠曲面定义"对话框中各按钮的说明如下。

◆ **全部定义**：该选项卡主要用于定义整个扫掠拔模斜度角。

◆ **G1-常量**：该选项卡主要用于定义引导曲线上任何相切连续部位的拔模斜度值。

◆ **位置值**：该选项卡主要用于定义引导曲线上给定点的拔模斜度值。

◆ **长度类型 1:**：用于定义扫掠曲面的长度。包括 （从曲线）、 （标准）、 （从/到）、 （从极限）和 （沿曲面）五种类型。

◆ **重新限定元素 1:**：该选项用于定义扫掠曲面从新限定的点或平面，以替换长度 1。

图 5.4.50 所示"法则曲线定义"对话框中各选项的说明如下。

◆ **起始值:**：用于定义法则曲线起始处的角度值。

◆ **结束值:**：用于定义法则曲线端点处的角度值。

◆ 法则曲线元素：用于定义法则曲线的参考。

◆ 法则曲线类型：用于定义法则曲线的种类，包括 ● 常量 、● 线性 、● S 型 和● 高级 四种类型。

● 常量：选中此单选项，法则曲线为一水平直线，此时只需定义起始值即可。

● 线性：选中此单选项，法则曲线为一次曲线，需要定义起始值和端值。

● S 型：选中此单选项，法则曲线为"S"形曲线，需要定义起始值和端值。

● 高级：选中此单选项，可以激活 法则曲线元素：后的文本框，此时可以选择一参考元素定义法则曲线。

◆ □反转法则曲线：选中此复选框，则将之前定义的法则曲线起始值和端值颠倒。

方法 7. 使用双切面

下面以图 5.4.51 所示的模型为例，介绍创建使用双切面的直线式扫掠曲面的一般过程。

步骤 01 打开文件 D:\catia2014\work\ch05.04.06.02\two_tangency_ surfaces.CATPart。

步骤 02 选择命令。选择下拉菜单 插入 ➡ 曲面 ▶ ➡ 扫掠… 命令，此时系统弹出"扫掠曲面定义"对话框。

a)"直线式扫掠"前   b)"直线式扫掠"后

图 5.4.51   使用双切面的直线式扫掠

步骤 03 定义扫掠类型。在对话框的 轮廓类型：中单击 按钮，在 子类型：下拉列表中选择 使用双切面 选项，如图 5.4.52 所示。

步骤 04 定义脊线和切面。选取图 5.4.53 所示的曲线为脊线，选取图 5.4.53 所示的面 1 为第一切面，选择面 2 为第二切面。

步骤 05 单击 ● 确定 按钮，完成扫掠曲面的创建。

3. 圆式扫掠

使用圆式扫掠方式创建曲面时，系统自动以圆弧作为轮廓线。用此方式创建扫掠曲面时有七种方式，下面对其重点方式进行介绍。

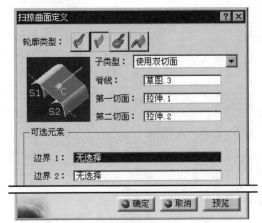

图 5.4.52　"扫掠曲面定义"对话框

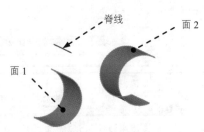

图 5.4.53　定义引导曲线和切面

方法 1. 三条引导线

下面以图 5.4.54 所示的模型为例，介绍创建三条引导线类型的圆式扫掠曲面的一般过程。

a）"圆式扫掠"前

b）"圆式扫掠"后

图 5.4.54　三条引导线类型的圆式扫掠

步骤 01　打开文件 D:\catia2014\work\ch05.04.06.03\three_guides.CATPart。

步骤 02　选择命令。选择下拉菜单 插入 ➡ 曲面 ▶ ➡ 扫掠... 命令，此时系统弹出"扫掠曲面定义"对话框。

步骤 03　定义扫掠类型。在对话框的 轮廓类型: 中单击 按钮，在 子类型: 下拉列表中选择 三条引导线 选项，如图 5.4.55 所示。

步骤 04　定义引导曲线。选取图 5.4.56 所示的曲线 1 为引导曲线 1，选取曲线 2 为引导曲线 2，选取曲线 3 为引导曲线 3。

步骤 05　单击 确定 按钮，完成扫掠曲面的创建。

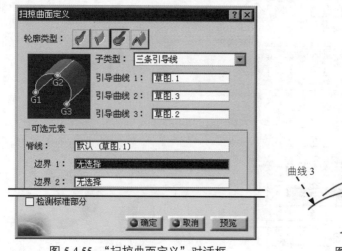

图 5.4.55　"扫掠曲面定义"对话框

图 5.4.56　定义引导曲线

方法 2. 两个点和半径

下面以图 5.4.57 所示的模型为例，介绍创建两个点和半径类型的圆式扫掠曲面的一般过程。

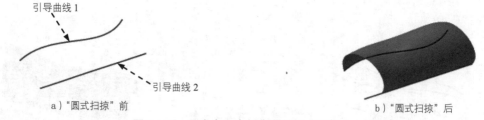

a) "圆式扫掠"前

b) "圆式扫掠"后

图 5.4.57　两个点和半径类型的圆式扫掠

步骤 01 打开文件 D:\catia2014\work\ch05.04.06.03\two_guides_radius.CATPart。

步骤 02 选择命令。选择下拉菜单 插入 ➡ 曲面 ▶ ➡ 扫掠... 命令，此时系统弹出"扫掠曲面定义"对话框。

步骤 03 定义扫掠类型。在对话框的 轮廓类型: 中单击 按钮，在 子类型: 下拉列表中选择 两个点和半径 选项，如图 5.4.58 所示。

步骤 04 定义引导曲线和半径。选取图 5.4.59 所示的曲线 1 为引导曲线 1，选取曲线 2 为引导曲线 2，在 半径: 后的文本框中输入数值 45.0。

步骤 05 定义生成的曲面。在对话框中单击 预览 按钮，此时可以看到生成的曲面有六种解法，单击两次 解法: 区域中的 下一个 按钮，选择第三种解法。

步骤 06 单击 确定 按钮，完成扫掠曲面的创建。

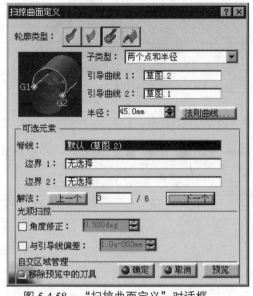

图 5.4.58 "扫掠曲面定义"对话框

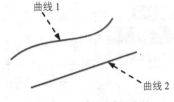

图 5.4.59 定义引导曲线

本例中生成的曲面有六种解法,下面列出每一种解法,如图 5.4.60 所示。

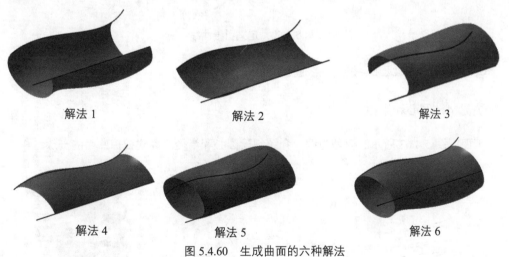

图 5.4.60 生成曲面的六种解法

方法 3. 中心和两个角度

下面以图 5.4.61 所示的模型为例,介绍创建中心和两个角度的圆式扫掠曲面的一般过程。

步骤 01 打开文件 D:\catia2014\work\ch05.04.06.03\center_two_angles.CATPart。

a）"圆式扫掠"前　　　　　　　　　b）"圆式扫掠"后

图 5.4.61　中心和两个角度类型的圆式扫掠

步骤 02 选择命令。选择下拉菜单 插入 ➡ 曲面 ▶ ➡ 扫掠... 命令，此时系统
弹出"扫掠曲面定义"对话框。

步骤 03 定义扫掠类型。在对话框的 轮廓类型：中单击 按钮，在 子类型：下拉列表中选
择 中心和两个角度 选项。

步骤 04 定义中心曲线、参考曲线和角度。选取图 5.4.62 所示的曲线 1 为中心曲线，选取
曲线 2 为参考曲线，在 角度 1：后的文本框中输入角度值 180，在 角度 2：的文本框中输入角度
值 0，其他参数采用系统默认设置值。

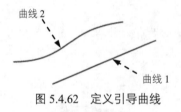

图 5.4.62　定义引导曲线

步骤 05 单击 确定 按钮，完成扫掠曲面的创建。

方法 4．圆心和半径

下面以图 5.4.63 所示的模型为例，介绍创建圆心和半径的圆式扫掠曲面的一般过程。

a）"圆式扫掠"前　　　　　　　　　b）"圆式扫掠"后

图 5.4.63　圆心和半径类型的圆式扫掠

步骤 01 打开文件 D:\catia2014\work\ch05.04.06.03\center_radius.CATPart。

步骤 02 选择命令。选择下拉菜单 插入 ➡ 曲面 ▶ ➡ 扫掠... 命令，此时系统
弹出"扫掠曲面定义"对话框。

步骤 03 定义扫掠类型。在对话框的 轮廓类型：中单击 ✐ 按钮，在 子类型：下拉列表中选
择 圆心和半径 选项，如图 5.4.64 所示。

步骤 04 定义中心曲线和半径。选取图 5.4.65 所示的螺旋线为中心曲线，单击 法则曲线...
按钮，系统弹出"法则曲线定义"对话框，在 法则曲线类型 区域选中 ● 线性 单选项，在 起始值：
后的文本框中输入数值 4，在 结束值：后的文本框中输入数值 10，单击 关闭 按钮，完成法
则曲线的定义。

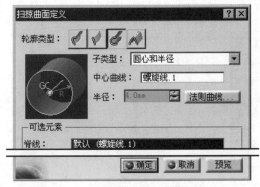

图 5.4.64 "扫掠曲面定义"对话框

图 5.4.65 定义中心曲线

步骤 05 单击 ● 确定 按钮，完成扫掠曲面的创建。

方法 5. 两条引导线和切面

下面以图 5.4.66 所示的模型为例，介绍创建两条引导线和切面的圆式扫掠曲面的一般过
程。

a）"圆式扫掠"前   b）"圆式扫掠"后

图 5.4.66 两条引导线和切面的圆式扫掠

步骤 01 打开文件 D:\catia2014\work\ch05.04.06.03\two_guides_tangency_ surfaces
.CATPart。

步骤 02 选择命令。选择下拉菜单 插入 ➡ 曲面 ▶ ➡ 🗲 扫掠... 命令，此时系统
弹出"扫掠曲面定义"对话框。

步骤 03 定义扫掠类型。在对话框的 轮廓类型：中单击 ✐ 按钮，在 子类型：下拉列表中选

择 两条引导线和切面 选项，如图 5.4.67 所示。

步骤 04 定义相切的限制曲线和切面。选取图 5.4.68 所示的边线为相切的限制曲线，然后选取面 1 为切面。

步骤 05 定义限制曲线。选取图 5.4.68 所示的曲线 1 为限制曲线，在对话框中单击 预览 按钮，单击 解法: 区域中的 下一个 按钮，选择第二种解法。

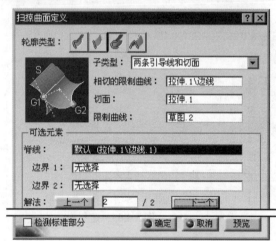

图 5.4.67　"扫掠曲面定义"对话框　　　　图 5.4.68　定义曲面参数

步骤 06 单击 ● 确定 按钮，完成扫掠曲面的创建。

4. 二次曲线式扫掠

通过二次曲线式扫掠来创建曲面共有四种形式，下面逐一对其进行介绍。

方法 1. 两条引导曲线

通过定义曲面边界参照扫掠出的曲面，该曲面边界是通过选取两条曲线定义的。下面以图 5.4.69 所示的模型为例，介绍创建两条引导曲线类型的二次曲线式扫掠曲面的一般过程。

a）"二次曲线式扫掠"前　　　　　　　　b）"二次曲线式扫掠"后

图 5.4.69　两条引导曲线类型的二次曲线式扫掠

步骤 01 打开文件 D:\catia2014\work\ch05.04.06.04\two_guides.CATPart。

步骤 **02** 选择命令。选择下拉菜单 插入 ➡ 曲面 ▶ ➡ 扫掠... 命令，此时系统弹出"扫掠曲面定义"对话框。

步骤 **03** 定义扫掠类型。在对话框的 轮廓类型: 中单击 按钮，在 子类型: 下拉列表中选择 两条引导曲线 选项，如图 5.4.70 所示。

步骤 **04** 定义引导曲线和参数。选取图 5.4.71 所示的曲线 1 为引导曲线 1，选取图 5.4.71 所示的面 1 为相切面；选取曲线 2 为结束引导曲线，选取图 5.4.71 所示的面 2 为相切面，在 参数: 后的文本框中输入数值 0.8，其他参数采用系统默认参数值。

步骤 **05** 单击 ● 确定 按钮，完成扫掠曲面的创建。

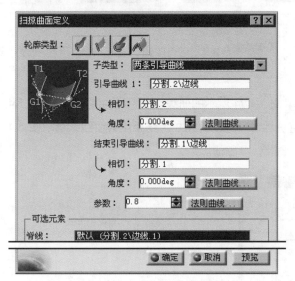

图 5.4.70　"扫掠曲面定义"对话框

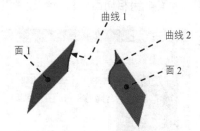

图 5.4.71　定义引导曲线

说明　此处的两条引导曲线类型的二次曲线式扫掠曲面与本书后面要讲述的桥接曲面有些类似，读者学习到桥接曲面时应加以区分。此处二次曲线参数用于定义系统默认扫掠轮廓的曲线形状：当参数大于 0 小于 0.5 时，轮廓为椭圆；当参数等于 0.5 时，轮廓为抛物线；当参数大于 0.5 小于 1 时，轮廓为双曲线。

方法 2. 三条引导曲线

下面以图 5.4.72 所示的模型为例，介绍创建三条引导曲线类型的二次曲线式扫掠曲面的一般过程。

　a）"二次曲线式扫掠"前　　　　　　　　　　　　　　　b）"二次曲线式扫掠"后

图 5.4.72　三条引导曲线类型的二次曲线式扫掠

步骤 01 打开文件 D:\catia2014\work\ch05.04.06.04\three_guides.CATPart。

步骤 02 选择命令。选择下拉菜单 插入 ➡ 曲面 ▶ ➡ 扫掠... 命令，此时系统弹出"扫掠曲面定义"对话框。

步骤 03 定义扫掠类型。在对话框的 轮廓类型: 中单击 按钮，在 子类型: 下拉列表中选择 三条引导曲线 选项，如图 5.4.73 所示。

步骤 04 定义引导曲线和参数。选取图 5.4.74 所示的曲线 1 为引导曲线 1，选取图 5.4.74 所示的面 1 为相切面；选取曲线 2 引导曲线 2，选取曲线 3 为结束引导曲线，选取图 5.4.74 所示的面 2 为相切面，其他参数采用系统默认参数值。

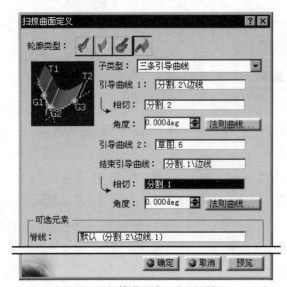

图 5.4.73　"扫掠曲面定义"对话框

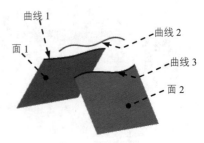

图 5.4.74　定义引导曲线

步骤 05 单击 确定 按钮，完成扫掠曲面的创建。

方法 3．四条引导曲线

下面以图 5.4.75 所示的模型为例，介绍创建四条引导曲线类型的二次曲线式扫掠曲面的一般过程。

a）"二次曲线式扫掠"前 　　　　　　　　　　　　b）"二次曲线式扫掠"后

图 5.4.75　四条引导曲线类型的二次曲线式扫掠

步骤 01 打开文件 D:\catia2014\work\ch05.04.06.04\four_guides.CATPart。

步骤 02 选择命令。选择下拉菜单 插入 ➡ 曲面 ▸ ➡ 扫掠... 命令，此时系统弹出"扫掠曲面定义"对话框。

步骤 03 定义扫掠类型。在对话框的 轮廓类型：中单击 按钮，在 子类型：下拉列表中选择 四条引导曲线 选项，如图 5.4.76 所示。

步骤 04 定义引导曲线和参数。选取图 5.4.77 所示的曲面边线为引导曲线 1，选取图 5.4.77 所示的面 1 为相切面；选取直线 1 为引导曲线 2；选取直线 2 为引导曲线 3；选取直线 3 为结束引导曲线，其他采用系统默认参数设置值。

图 5.4.76　"扫掠曲面定义"对话框

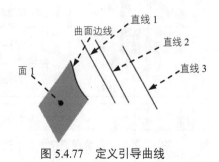

图 5.4.77　定义引导曲线

步骤 05 单击 ● 确定 按钮，完成扫掠曲面的创建。

方法 4．五条引导曲线

下面以图 5.4.78 所示的模型为例，介绍创建五条引导曲线类型的二次曲线式扫掠曲面的一般过程。

a）"二次曲线式扫掠"前　　　　　　　　　　　　b）"二次曲线式扫掠"后

图 5.4.78　五条引导曲线类型的二次曲线式扫掠

步骤 01 打开文件 D:\catia2014\work\ch05.04.06.04\five_guides.CATPart。

步骤 02 选择命令。选择下拉菜单 插入 ➡ 曲面 ▶ ➡ 扫掠... 命令，此时系统弹出"扫掠曲面定义"对话框。

步骤 03 定义扫掠类型。在对话框的 轮廓类型：中单击 按钮，在 子类型：下拉列表中选择 五条引导曲线 选项，如图 5.4.79 所示。

步骤 04 定义引导曲线和参数。在图形区依次选取图 5.4.80 所示的直线 1、直线 2、直线 3、直线 4 和直线 5。

步骤 05 单击 确定 按钮，完成扫掠曲面的创建。

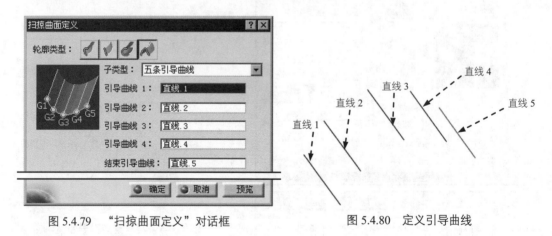

图 5.4.79　"扫掠曲面定义"对话框　　　　　　图 5.4.80　定义引导曲线

5.4.7　填充曲面

填充曲面是由一组曲线或曲面的边线围成封闭区域中形成的曲面，它也可以通过空间中的一个点。下面以图 5.4.81 所示的实例来说明创建填充曲面的一般操作过程。

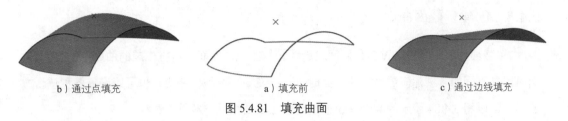

b）通过点填充　　　　　　　　a）填充前　　　　　　　c）通过边线填充

图 5.4.81　填充曲面

步骤 01 打开文件 D:\catia2014\work\ch05.04.07\fill_surfaces.CATPart。

步骤 02 选择命令。选择下拉菜单 插入 ➡ 曲面 ▶ ➡ 填充... 命令，此时系统弹出图 5.4.82 所示的"填充曲面定义"对话框。

步骤 03 定义填充边界。依次选取图 5.4.83 所示的曲线 1、曲线 2、曲线 3 和曲线 4 为填充边界。

◆　在选取填充边界曲线时要按顺序选取。

◆　选完轮廓线后在"填充曲面定义"对话框的 穿越元素：文本框中单击（图 5.4.82），选取图 5.4.83 所示的点，单击 ● 确定 按钮，结果如图 5.4.81b 所示。

步骤 04 单击 ● 确定 按钮，完成填充曲面的创建（图 5.4.81c）。

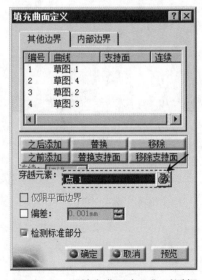

图 5.4.82　"填充曲面定义"对话框

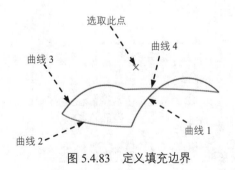

图 5.4.83　定义填充边界

5.4.8 创建多截面曲面

"多截面曲面"就是通过多个截面轮廓线扫掠生成的曲面，这样生成的曲面中的各个截面可以是不同的。创建多截面扫掠曲面时，可以使用引导线、脊线，也可以设置各种耦合方式。下面以图 5.4.84 所示的实例来说明创建多截面曲面的一般操作过程。

a）创建前   b）创建后

图 5.4.84 创建多截面曲面

步骤 01 打开文件 D:\catia2014\work\ch05.04.08\Multi_sections_Surface.CATPart。

步骤 02 选择命令。选择下拉菜单 插入 ➜ 曲面 ▸ ➜ 多截面曲面... 命令，此时系统弹出图 5.4.85 所示的"多截面曲面定义"对话框。

步骤 03 定义截面曲线。分别选取图 5.4.86 所示的曲线 1 和曲线 2 作为截面曲线。

步骤 04 定义引导曲线。单击对话框中的 引导线 列表框，分别选取图 5.4.87 所示的曲线 3 和曲线 4 为引导线。

步骤 05 单击 确定 按钮，完成多截面扫掠曲面的创建。

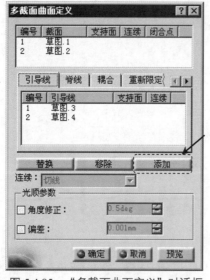

图 5.4.85 "多截面曲面定义"对话框

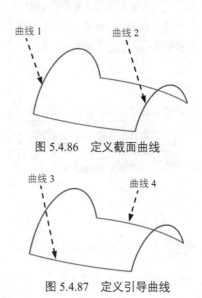

图 5.4.86 定义截面曲线

图 5.4.87 定义引导曲线

如果需要添加截面或引导线，只需激活相应的列表框后单击"多截面曲面定义"对话框中的 添加 按钮（图 5.4.85）。

5.4.9 创建桥接曲面

使用下拉菜单 插入 ➡ 曲面 ▶ ➡ 桥接曲面... 命令，是用一个曲面连接两个曲面或曲线，并可以使生成的曲面与被连接的曲面具有某种连续性。下面以图 5.4.88 所示的实例来说明创建桥接曲面的一般过程。

步骤 01 打开文件 D:\catia2014\work\ch05.04.09\Blend.CATPart。

步骤 02 选择命令。选择下拉菜单 插入 ➡ 曲面 ▶ ➡ 桥接... 命令，系统弹出"桥接曲面定义"对话框。

步骤 03 定义桥接曲线和支持面。选取曲线 1 和曲线 2 分别为第一曲线和第二曲线，选取图 5.4.89 所示的曲面 1 和曲面 2 分别为第一支持面和第二支持面。

步骤 04 定义桥接方式。单击对话框中的 基本 选项卡，在 第一连续： 下拉列表中选择 相切 选项，在 第一相切边框： 下拉列表中选择 双末端 选项，在 第二连续： 下拉列表中选择 相切 选项，在 第二相切边框： 下拉列表中选择 双末端 选项。

步骤 05 单击 ● 确定 按钮，完成桥接曲面的创建。

a）"桥接"前　　　　　　　　b）"桥接"后

图 5.4.88　桥接曲面

图 5.4.89　定义桥接曲线和支持面

5.5 曲面的编辑

5.5.1 接合曲面

使用"接合"命令可以将多个独立的元素（曲线或曲面）连接成为一个元素。下面以图 5.5.1 所示的实例来说明曲面接合的一般操作过程。

步骤 01 打开文件 D:\catia2014\work\ch05.05.01\join.CATPart。

步骤 02 选择命令。选择下拉菜单 插入 ➡ 操作 ▶ ➡ 接合... 命令，系统弹出 "接合定义" 对话框，如图 5.5.2 所示。

步骤 03 定义要接合的元素。在图形区选取图 5.5.3 所示的曲面 1、曲面 2 和曲面 3 作为要接合的曲面。

图 5.5.1 接合曲面

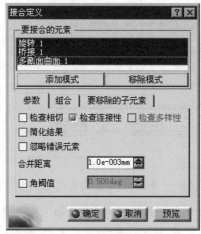

图 5.5.2 "接合定义" 对话框

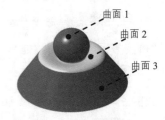

图 5.5.3 选取要接合的曲面

图 5.5.2 所示的 "接合定义" 对话框中各选项说明如下。

◆ 添加模式：单击此按钮，可以在图形区选取要接合的元素，默认情况下此按钮被按下。

◆ 移除模式：单击此按钮，可以在图形区选取已被选取的元素作为要移除的项目。

◆ 参数：用于定义接合的参数。

● □检查相切：用于检查要接合元素是否相切。选中此复选框，然后单击 预览 按钮，如果要接合的元素没有相切，系统会给出提示。

● ☑检查连接性：用于检查要接合元素是否相连接。

● ☑检查多样性：用于检查要接合元素接合后是否有多种选择，此选项只用于定义曲线。

● □简化结果：选中此复选框，系统自动尽可能地减少接合结果中的元素数量。

● □忽略错误元素：选中此复选框，系统自动忽略不允许创建接合的曲面和边线。

● 合并距离：用于定义合并距离的公差值，系统默认公差值为 0.001mm。

- ☐ 角阈值：选中此复选框并指定角度值，则只能接合小于此角度值的元素。
◆ 组合：该选项卡主要用于定义组合曲面的类型。
- 无组合：选择此选项，则不能选取任何元素。
- 全部：选择此选项，则系统默认选取所有元素。
- 点连续：选择此选项后，可以在图形区选取与选定元素存在点连续关系的元素。
- 切线连续：选择此选项后，可以在图形区选取与选定元素相切的元素。
- 无拓展：选择此选项，则不自动拓展任何元素，但是可以指定要组合的元素。
◆ 要移除的子元素：用于定义要从某元素中移除的子元素。

步骤 **04**　单击 ⬤ 确定 按钮，完成接合曲面的创建。

5.5.2　修复曲面

通过"修复曲面"命令可以完成两个或两个以上的曲面之间存在缝隙的修补。下面以图 5.5.4 所示的实例来说明修复曲面的一般操作过程。

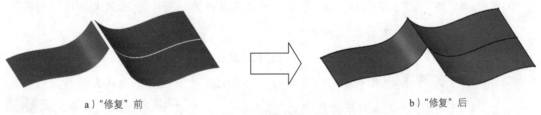

a)"修复"前　　　　　　　　　　　　　　b)"修复"后

图 5.5.4　修复曲面

步骤 **01**　打开文件 D:\catia2014\work\ch05.05.02\Healing.CATPart。

步骤 **02**　选择命令。选择下拉菜单 插入(I) ➡ 操作▶ ➡ ▲ 修复... 命令，系统弹出图 5.5.5 所示的"修复定义"对话框。

步骤 **03**　定义要修复的元素。在图形区依次选取拉伸 1、对称 1 和对称 2 为要修复的元素，如图 5.5.6 所示。

步骤 **04**　定义修复参数。在 参数 选项卡的 连续: 下拉列表中选取 点 选项；在 合并距离 后的文本框中输入数值 2；其他参数接受系统默认设置值。

图 5.5.5 "修复定义"对话框

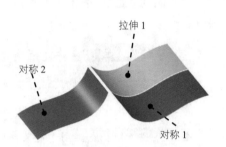

图 5.5.6 选取修复曲面

图 5.5.5 所示"修复定义"对话框中各选项的说明如下。

◆ 参数：该选项卡主要用于定义修复曲面基本参数。

● 连续：该下拉列表用于定义修复曲面的连接类型，包括 点 连续和 切线 连续两种。

● 合并距离：用于定义修复曲面间的最大距离，若小于此最大距离，则将这两个修复曲面视为一个元素。

● 距离目标：用于定义点连续的修复过程的目标距离。

● 相切角度：用于定义修复曲面间的最大角度，若小于此最大角度，则将这两个 修复曲面视为按相切连续。注意：只有在 连续 下拉列表中选择 切线 选项时，此文本框才可用。

● 相切目标：用于定义相切连续的修复过程中的目标角度。注意：只有在 连续 下拉列表中选择 切线 选项时，此文本框才可用。

◆ 冻结：该选项卡主要用于定义不受修复影响的边线或面。

◆ 锐度：该选项卡主要用于定义需要保持锐化的边线。

◆ 可视化：该选项卡主要用于定义显示修复曲面的解法。

如果在 参数 选项卡的 连续 下拉列表中选取 切线 选项，则结果如图 5.5.7b 所示。

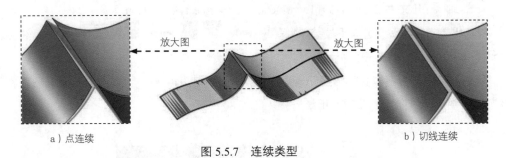

a）点连续

b）切线连续

图 5.5.7 连续类型

步骤 **05** 单击 ● **确定** 按钮，完成修复曲面的创建，结果如图 5.5.4b 所示。

5.5.3 取消修剪曲面

"取消修剪曲面"功能用于还原被修剪或者被分割的曲面。下面以图 5.5.8 所示的模型为例来讲解创建取消修剪曲面的一般过程。

a）"取消修剪"前

b）"取消修剪"后

图 5.5.8 取消修剪曲面

步骤 **01** 打开文件 D:\catia2014\work\ch05.05.03\untrim.CATPart。

步骤 **02** 选择命令。选择下拉菜单 插入 ➡ 操作 ▶ ➡ 取消修剪... 命令，系统弹出"取消修剪"对话框。

步骤 **03** 定义取消修剪元素。选取图 5.5.9 所示的曲面作为取消修剪的元素。

步骤 **04** 单击 ● **确定** 按钮，完成取消修剪曲面的创建。

5.5.4 拆解

"拆解"功能用于将包含多个元素的曲线或曲面分解成独立的单元。下面以图 5.5.10a 所示的模型为例来讲解创建拆解元素的一般过程，元素拆解前后特征树如图 5.5.11 所示。

选此曲面

a）"拆解"前

b）"拆解"后

图 5.5.9 定义取消修剪元素

图 5.5.10 拆解

步骤 01 打开文件 D:\catia2014\work\ch05.05.04\freestyle.CATPart。

步骤 02 选择命令。选择下拉菜单 插入 ➡ 操作 ▶ ➡ 拆解... 命令，系统弹出"拆解"对话框，如图 5.5.12 所示。

步骤 03 定义拆解模式和拆解元素。在"拆解"对话框中单击"所有单元"选项，在图形区选取图 5.5.13 所示的草图为拆解元素。

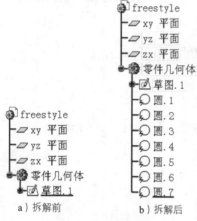

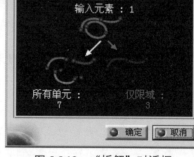

a）拆解前　　　　　　b）拆解后

图 5.5.11　特征树　　　　　　图 5.5.12　"拆解"对话框　　　　　　图 5.5.13　定义拆解元素

在"拆解"对话框中包括两种拆解模式，并且系统会自动统计出完全拆解和部分拆解后的元素数。

步骤 04 单击 确定 按钮，完成拆解元素的创建。

5.5.5　分割

"分割"是利用点、线元素对线元素进行分割，或者用线、面元素对面元素进行分割，即用其他元素对一个元素进行分割。下面以图 5.5.14 所示的模型为例介绍创建分割元素的一般过程。

a）"分割"前　　　　　　　　　　　　　　b）"分割"后

图 5.5.14　分割元素

步骤 01 打开文件 D:\catia2014\work\ch05.05.05\split.CATPart。

步骤 **02** 选择命令。选择下拉菜单 插入 ➡ 操作▶ ➡ 🔧分割... 命令，此时系统弹出"定义分割"对话框，如图 5.5.15 所示。

步骤 **03** 定义要切除的元素。在图形区选取图 5.5.16 所示的面 1 为要切除的元素。

步骤 **04** 定义切除元素。选取图 5.5.16 所示的面 2 为切除元素。

步骤 **05** 单击 另一侧 按钮，将分割方向调整到图 5.5.17 所示。单击 显示参数 >> 按钮，激活对话框 要移除的元素: 后的文本框，然后选取图 5.5.17 所示的曲线 1 为要切除的元素。

图 5.5.15 "定义分割"对话框

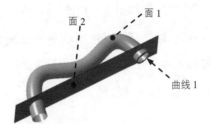

图 5.5.16 定义分割元素

图 5.5.17 定义移除元素

步骤 **06** 单击 ● 确定 按钮，完成分割元素的创建。

图 5.5.15 所示"定义分割"对话框中部分选项的说明如下。

◆ 🔧：单击此按钮，可以打开相应的对话框，用于定义多个要切除的元素。

◆ 支持面:：用于面上的线框之间的修剪，修剪曲线时，只保留曲面上的部分。

◆ 要移除的元素:：单击以激活此后的文本框，可以在图形区选取一条或多条边线来定义要移除的子元素。

◆ 要保留的元素:：单击以激活此后的文本框，可以在图形区选取一条或多条边线来定义要保留的子元素。

◆ □保留双侧：选中此复选框，则分割后不会移除元素，只是将一个整体分割为两部分。

◆ □相交计算：选中此复选框，则在分割曲面的同时在两曲面的相交处创建出曲线。

◆ ☑自动外插延伸：当切除元素不足够大，不足以切除要切除的元素时，可以选中此复选框，将切除元素延切线延伸至要切除元素边界。要注意避免切除元素延伸到要切除元素边界之前发生自身相交。

5.5.6 修剪

"修剪"同样也是利用点、线元素对线元素进行修剪，或者用线、面元素对面进行修剪。要注意区分"分割"与"修剪"的区别，分割后曲面为多个独立曲面，修剪后曲面合并为一个整体，并且修剪是两个同类元素之间相互进行修剪。下面以图 5.5.18 所示的实例来说明曲面修剪的一般操作过程。

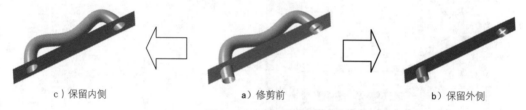

c）保留内侧　　　　　　　　　a）修剪前　　　　　　　　　b）保留外侧

图 5.5.18　曲面的修剪

步骤 01 打开文件 D:\catia2014\work\ch05.05.06\trim.CATPart。

步骤 02 选择命令。选择下拉菜单 插入 ➡ 操作 ▶ ➡ 🗁修剪... 命令，系统弹出图 5.5.19 所示的"修剪定义"对话框。

步骤 03 定义修剪类型。在对话框的 模式：下拉列表中选择 标准 选项，如图 5.5.19 所示。

步骤 04 定义修剪元素。选取图 5.5.20 所示的曲面 1 和曲面 2 为修剪元素。

步骤 05 单击 ● 确定 按钮，完成曲面的修剪操作。

在选取曲面后，单击"修剪定义"对话框中的 另一侧/下一元素 、另一侧/上一元素 按钮可以改变修剪方向，结果如图 5.5.18c 所示。

图 5.5.19 所示"修剪定义"对话框中各选项的说明如下。

◆ 模式：：用于定义修剪类型。

● 标准：此模式可用于一般曲线与曲线、曲面与曲面或曲线与曲面的修剪。

● 段：此模式只用于修剪曲线，选定的曲线全部保留。

◆ □ **结果简化**：选中此复选框，系统自动尽可能地减少修剪结果中面的数量。

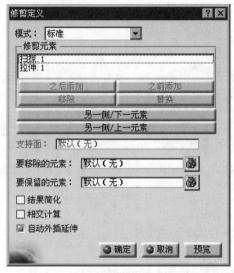

图 5.5.19 "修剪定义"对话框

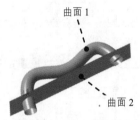

图 5.5.20 定义修剪元素

5.5.7 边/面的提取

本节主要讲解在实体模型中提取边界和曲面的方法，包括提取边界、提取曲面和多重提取，下面将逐一进行介绍。

1. 提取边界

下面以图 5.5.21 所示的模型为例，介绍从实体中提取边界的一般过程。

a）"提取"前

b）"提取"后

图 5.5.21 提取边界

步骤 **01** 打开文件 D:\catia2014\work\ch05.05.07\Boundary.CATPart。

步骤 **02** 选择命令。选择下拉菜单 插入(I) ➤ 操作 ➤ 边界... 命令，系统弹出图 5.5.22 所示的"边界定义"对话框。

步骤 **03** 定义要提取的边界曲面。在对话框的 拓展类型：下拉列表中选择 无拓展 类型，然后在图形区选取图 5.5.21a 所示的曲面为要提取边界的曲面，此时系统默认提取曲面的多个边界，如图 5.5.23 所示。

步骤 04 定义限制。在图形区选取图 5.5.24 所示的点 1 作为限制 1，其他参数采用系统默认设置值。

图 5.5.22 "边界定义"对话框

图 5.5.23 自动提取边界

图 5.5.24 定义限制

步骤 05 单击 ● 确定 按钮，完成曲面边界的提取。

2. 提取曲面

下面以图 5.5.25 所示的模型为例，介绍从实体中提取曲面的一般过程。

a) "提取" 前

b) "提取" 后

图 5.5.25 提取曲面

步骤 01 打开文件 D:\catia2014\work\ch05.05.07\Extract.CATPart。

步骤 02 选择命令。选择下拉菜单 插入 ➡ 操作 ▶ ➡ ▣ 提取... 命令，系统弹出图 5.5.26 所示的"提取定义"对话框。

步骤 03 定义拓展类型。在对话框的 拓展类型： 下拉列表中选择 切线连续 选项。

步骤 04 选取要提取的元素。在模型中选取图 5.5.27 所示的面 1 为要提取的元素。

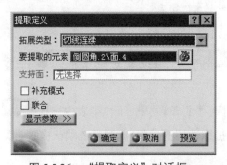
图 5.5.26 "提取定义"对话框

图 5.5.27 选取要提取的面

步骤 05 单击 ● 确定 按钮，完成曲面的提取。

3. 多重提取

下面以图 5.5.28 所示的模型为例，介绍创建多重提取的一般过程。

a）"提取"前　　　　　　　　　　　　　　　　b）"提取"后

图 5.5.28　多重提取

步骤 01 打开文件 D:\catia2014\ch05\ch05.05\ch05.05.07\Multiple Extract.CATPart。

步骤 02 选择命令。选择下拉菜单 插入 ➡ 操作▶ ➡ 🔧多重提取... 命令，系统弹出图 5.5.29 所示的"多重提取定义"对话框。

步骤 03 选取要提取的元素。在模型中选取图 5.5.30 所示的面 1、面 2 和面 3 为要提取的元素。

步骤 04 单击 ● 确定 按钮，完成多重提取，此时在特征树中显示为一个提取特征。

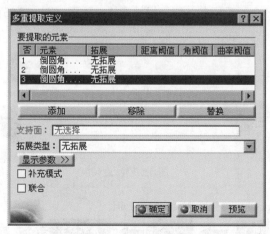

图 5.5.29　"多重提取定义"对话框

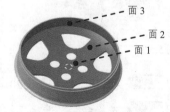

图 5.5.30　选取要提取的面

5.5.8　平移

使用"平移"命令可以将一个或多个元素平移。下面以图 5.5.31 所示的模型为例，介绍创建平移曲面的一般过程。

a）"平移"前　　　　　　　　　　　　　　　　　b）"平移"后

图 5.5.31　平移

步骤 01 打开文件 D:\catia2014\work\ch05.05.08\Translate.CATPart。

步骤 02 选择命令。选择下拉菜单 插入 ➡ 操作 ▶ ➡ 平移... 命令，系统弹出 "平移定义"对话框。

步骤 03 定义平移类型。在对话框的 向量定义： 下拉列表中选择 方向、距离 选项。

步骤 04 定义平移元素。选取图 5.5.32 所示的曲面 1 为要平移的元素。

步骤 05 定义平移参数。选择 zx 平面为平移方向参考，在 距离： 后的文本框中输入数值 35，其他参数采用系统默认设置值。

步骤 06 单击 ● 确定 按钮，完成曲面的平移。

5.5.9　旋转

使用"旋转"命令可以将一个或多个元素复制并绕一根轴旋转。下面以图 5.5.33 所示的模型为例，介绍创建旋转曲面的一般过程。

曲面 1

a）"旋转"前　　　　　　　　　　b）"旋转"后

图 5.5.32　定义修剪元素　　　　　　　　　　图 5.5.33　旋转

步骤 01 打开文件 D:\catia2014\work\ch05.05.09\Rotate.CATPart。

步骤 02 选择命令。选择下拉菜单 插入 ➡ 操作 ▶ ➡ 旋转... 命令，系统弹出 "旋转定义"对话框。

步骤 03 定义旋转类型。在对话框的 定义模式： 下拉列表中选择 轴线-角度 选项。

步骤 04 定义旋转元素。选取图 5.5.34 所示的曲面 1 为要旋转的元素。

步骤 05 定义旋转参数。在 轴线： 后的文本框中右击，选择 X 轴选项，在 角度： 后的文本框中输入数值-90，选中 □ 确定后重复对象 复选框。

步骤 06 单击 ● 确定 按钮，系统弹出"复制对象"对话框，在 实例： 后的文本框中输入数值 2，取消选中 □在新几何体中创建 复选框，单击 ◉ 确定 按钮，完成曲面的旋转。

5.5.10 对称

使用"对称"命令可以将一个或多个元素复制并与选定的参考元素对称放置。下面以图 5.5.35 所示的模型为例，介绍创建对称曲面的一般过程。

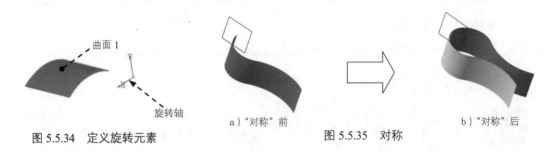

图 5.5.34 定义旋转元素   a)"对称"前   图 5.5.35 对称   b)"对称"后

步骤 01 打开文件 D:\catia2014\work\ch05.05.10\Symmetry.CATPart。

步骤 02 选择命令。选择下拉菜单 插入 ➡ 操作 ▶ ➡ ⬛ 对称… 命令，系统弹出图 5.5.36 所示的"对称定义"对话框。

步骤 03 定义对称元素。在图形区选取图 5.5.37 所示的曲面 1 作为对称元素。

步骤 04 定义对称参考。选取图 5.5.37 所示的 zx 平面作为对称参考。

步骤 05 单击 ◉ 确定 按钮，完成曲面的对称。

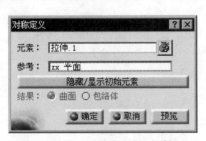

图 5.5.36 "对称定义"对话框

图 5.5.37 定义参考

5.5.11 缩放

"缩放"命令是将一个或多个元素复制，并以某参考元素为基准，在某个方向上进行缩小或者放大。下面以图 5.5.38 所示的模型为例，介绍创建缩放曲面的一般过程。

步骤 01 打开文件 D:\catia2014\work\ch05.05.11\scaling.CATPart。

a)"缩放"前   b)"缩放"后

图 5.5.38　缩放

步骤 02 选择命令。选择下拉菜单 **插入** ➡ **操作 ▶** ➡ **◎ 缩放...** 命令，系统弹出图 5.5.39 所示的"缩放定义"对话框。

步骤 03 定义缩放元素。在图形区选取图 5.5.40 所示的面 1 作为缩放元素。

步骤 04 定义缩放参考。选取 zx 平面为缩放参考。

　　　缩放参考也可以是一个点，且此点可以是现有的点，也可以创建新点。

步骤 05 定义缩放比率。在对话框 **比率：** 后的文本框中输入数值 2。

步骤 06 单击 **◎ 确定** 按钮，完成曲面的缩放。

图 5.5.39　"缩放定义"对话框

图 5.5.40　定义参考

5.5.12　仿射

　　"仿射"命令是将一个或多个元素复制，并以某参考元素为基准，在 X、Y 和 Z 三个方向上进行缩小或者放大，并且在这三个方向上的缩放值可以是不一样的。下面以图 5.5.41 所示的模型为例，介绍通过仿射创建曲面的一般过程。

步骤 01 打开文件 D:\catia2014\work\ch05.05.12\affinity.CATPart。

步骤 02 选择命令。选择下拉菜单 **插入** ➡ **操作 ▶** ➡ **◆ 仿射...** 命令，系统弹出"仿射定义"对话框。

a）"仿射"前　　　　　　　　　　　　　b）"仿射"后

图 5.5.41　仿射

步骤 03 定义仿射元素。在图形区选取图 5.5.42 所示的面 1 作为仿射元素。

步骤 04 定义仿射轴系。接受系统默认的坐标原点、xy 平面和 x 轴。

　　　　用户也可根据需要来更改仿射轴系，其更改方法为：分别激活 原点：、XY 平面：和 X 轴：后的文本框，选取用户需要的参考。

步骤 05 定义比率。在对话框 X：后的文本框中输入数值 2，在 Y：后的文本框中输入数值 1，在 Z：后的文本框中输入数值 1。

步骤 06 单击 ● 确定 按钮，完成仿射曲面的操作。

5.5.13　定位变换

使用"定位变换"命令可以将一个或多个元素复制并按选定的参考轴系来调整方位。下面以图 5.5.43 所示的模型为例，介绍通过定位变换创建曲面的一般过程。

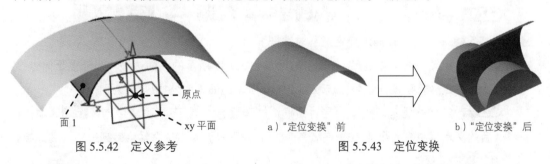

面 1　　　　　　　　　　原点　　　　　　　　a）"定位变换"前　　　　　　b）"定位变换"后

xy 平面

图 5.5.42　定义参考　　　　　　　　　　　图 5.5.43　定位变换

步骤 01 打开文件 D:\catia2014\work\ch05.05.13\Axis To Axis.CATPart。

步骤 02 选择命令。选择下拉菜单 插入 ➡ 操作 ▶ ➡ 定位变换... 命令，系统弹出图 5.5.44 所示的"'定位变换'定义"对话框。

步骤 03 定义定位变换元素。在图形区选取图 5.5.45 所示的面 1 作为定位变换元素。

步骤 04 定义定位变换轴系。在特征树中选择 轴系.1 为参考轴系统（图 5.5.45），在

特征树中选择 ⌐ 轴系.2 为目标轴系统（图 5.5.46）。

（步骤 **05**）单击 ● 确定 按钮，完成通过定位变换创建曲面的操作。

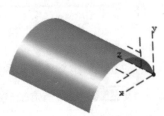

图 5.5.44 "'定位变换'定义"对话框　　图 5.5.45 参考轴系统　　图 5.5.46 目标轴系统

5.5.14 外插延伸

使用"外插延伸"命令可以将曲线或曲面沿指定的参照延伸。下面以图 5.5.47 所示的模型为例，介绍通过外插延伸创建曲面的一般过程。

a）"外插延伸"前　　　　　　　　　　　　　　b）"外插延伸"后

图 5.5.47 外插延伸

（步骤 **01**）打开文件 D:\catia2014\work\ch05.05.14\Extrapolate.CATPart。

（步骤 **02**）选择命令。选择下拉菜单 插入 ➡ 操作 ▶ ➡ 🞄 外插延伸... 命令，系统弹出图 5.5.48 所示的"外插延伸定义"对话框。

（步骤 **03**）定义外插延伸边界。在图形区选取图 5.5.49 所示的曲面边线作为外插延伸边界。

（步骤 **04**）定义外插延伸参照。选取图 5.5.49 所示的面 1 为外插延伸参照。

（步骤 **05**）定义外插延伸类型。在对话框 限制 区域的 类型: 下拉列表中选择 长度 选项，在 长度: 后的文本框中输入数值 10，在 拓展模式: 后的下拉列表中选择 相切连续 选项，其他参数采用系统默认设置值。

（步骤 **06**）单击 ● 确定 按钮，完成延伸曲面的创建。

图 5.5.48 所示"外插延伸定义"对话框中各选项的说明如下。

◆ 类型: 为延伸对象指定延伸类型。包括 长度 和 直到元素 两个选项。

● 长度: 通过输入长度值来定义曲面延伸的位置。

● 直到元素: 通过选取元素来定义延伸曲面的位置。

图 5.5.48 "外插延伸定义"对话框

图 5.5.49 参考轴系统

- ◆ **常量距离优化**：选中该复选框时，可以执行常量距离的外插延伸，并创建无变形的曲面。注意：当选中 **扩展已外插延伸的边线** 复选框时，此选项就不可用。
- ◆ **内部边线**：该选项可以确定外插延伸的优先方向，可以选择一条或多条边线进行相切外插延伸。
- ◆ **装配结果**：选中此复选框，则延伸的曲面部分和原始的曲面合并为一个整体。
- ◆ **扩展已外插延伸的边线**：选中该复选框后，可以重新连接基于外插延伸曲面的元素特征。

5.5.15 反转方向

通过"反转方向"命令可以轻松地完成反转曲线或曲面的方向。下面以图 5.5.50 所示的模型为例，介绍反转方向的一般过程。

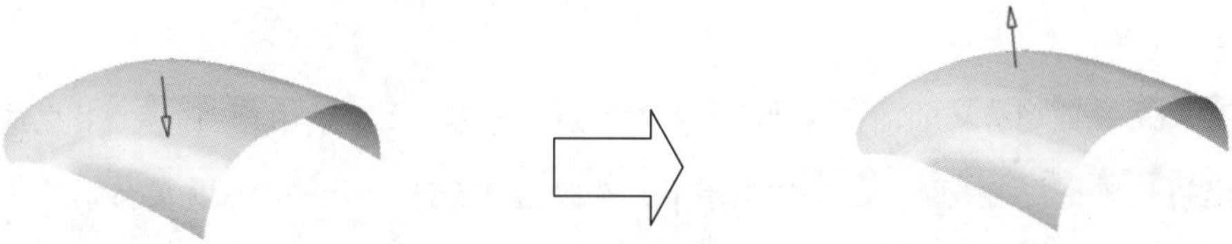

a）"反转方向"前   b）"反转方向"后

图 5.5.50 反转方向

步骤 **01** 打开文件 D:\catia2014\work\ch05.05.15\Invert_Orientation.CATPart。

步骤 **02** 选择命令。选择下拉菜单  命令，系统

弹出图 5.5.51 所示的"反转定义"对话框。

步骤 **03** 定义反转方向参照。在图形区选取图 5.5.52 所示的曲面为反转方向参照。

步骤 **04** 单击 ● 确定 按钮，完成曲面的反转方向。

5.5.16　曲面的曲率分析

曲面的曲率分析工具在创成式外形设计工作台的"分析"工具栏中，本节中分析曲面的曲率所用到的命令是"曲面曲率分析"按钮 。

下面简要说明曲面曲率分析的一般操作过程。

步骤 **01** 打开文件 D:\catia2014\work\ch05.05.16\surface_curvature_anal ysis.CATPart。

步骤 **02** 更改视图样式。选择下拉菜单 视图 ➡ 渲染样式 ▶ ➡ 自定义视图 命令，系统弹出图 5.5.53 所示的"视图模式自定义"对话框，在该对话框 网格 区域的 着色 选项卡中选中 ● 材料 单选项，单击对话框中的 ● 确定 按钮。

图 5.5.51　"反转定义"对话框

图 5.5.52　反转方向参照　　　　　图 5.5.53　"视图模式自定义"对话框

步骤 **03** 选择分析命令。选择下拉菜单 插入 ➡ 分析 ▶ ➡ 曲面曲率分析 命令，系统同时弹出图 5.5.54 所示的"曲面曲率"对话框（一）和图 5.5.55 所示的"曲面曲率分析.1"对话框（一）。

步骤 **04** 选取要分析的项。在"曲面曲率"对话框（一）中选中 无突出显示 复选框，然后在系统 选择要显示/移除分析的曲面 的提示下，选取图 5.5.56 所示的曲面为要分析的曲面，此时曲面上出现曲率分布图。

步骤 **05** 查看分析结果。同时在图 5.5.57 所示的"曲面曲率分析.1"对话框（二）中可以看到曲率分析的最大值和最小值。

图 5.5.54 "曲面曲率"对话框（一）

图 5.5.55 "曲面曲率分析.1"对话框（一）

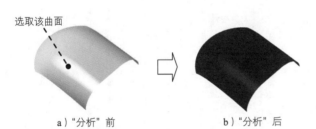

选取该曲面

a）"分析"前　　　　b）"分析"后

图 5.5.56 曲面分析

图 5.5.57 "曲面曲率分析.1"对话框（二）

◆ "曲面曲率分析.1"对话框（一）的含义是不同的色卡对应不同的曲率值。

◆ "曲面曲率"对话框（一）中相关选项的介绍如下。

● ☐色标：显示或隐藏色标，即"曲面曲率分析.1"对话框。

● ☐运行中：根据运行中的点进行分析，得出单个点的曲率，并以曲率箭头指示最大最小曲率的方位。

● ☐3D 最小值和最大值：在 3D 查看器中找到最大值和最小值。

● ☐无突出显示：无突出显示展示。

● ☐仅正值：要求系统进行正值分析。

● ☐半径模式：要求系统在半径模式下评估分析。

步骤 06 在"曲面曲率分析.1"对话框（二）中单击  按钮，曲面将显示介于最大值和最小值之间的曲率分布图（图 5.5.58），这样读者可以更清楚地观察到曲面上的曲率变化。然后在"曲面曲率"对话框（一）中单击 ● 确定 按钮，完成曲面曲率的分析。

图 5.5.58 曲率分布图

说明：

◆ 在"曲面曲率"对话框（一）的 类型 区域中，可以选择曲率显示的类型，如 最小值、最大值、平均、受限制、衍射区域 等，选择不同的曲率类型，曲面显示的曲率图谱和"曲面曲率分析.1"对话框中的 最小值 与 最大值 都会随之改变。如将类型设置为 最小值，"曲面曲率分析.1"对话框（二）将变为图 5.5.59 所示的"曲面曲率分析.1"对话框（三），曲率分布图也随之变化（图 5.5.60）。

图 5.5.59 "曲面曲率分析.1"对话框（三）

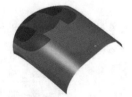

图 5.5.60 曲率分布图

◆ 在"曲面曲率"对话框（一）的 显示选项 区域和 分析选项 区域中，用户可以合理选择曲率的显示选项和分析选项，以便更清晰地观察曲面曲率图。例如，在图 5.5.61 所示"曲面曲率"对话框（二）的 显示选项 区域选中 运行中 复选框，再将鼠标移动到曲面曲率图上，此时系统会随鼠标移动指示所在位置的曲率值和最大值、最小值所在方位，如图 5.5.62 所示。

图 5.5.61 "曲面曲率"对话框（二）

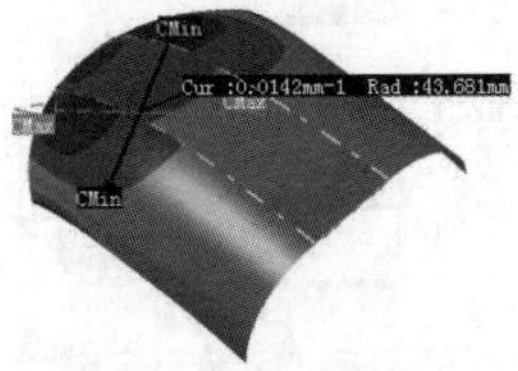

图 5.5.62 曲率分布图

5.6 曲面的圆角

倒圆角在曲面建模中具有相当重要的作用。倒圆角功能可以在两组曲面或者实体表面之间建立光滑连接的过渡曲面，也可以对曲面自身边线进行圆角，圆角的半径可以是定值，也可以是变化的。下面简要介绍简单圆角、倒圆角、可变圆角、面与面的圆角和三切线内圆角的创建过程。

5.6.1 简单圆角

使用"简单圆角"命令可以在两个曲面上直接生成圆角。该命令在"创成式外形设计"工作台中进行操作。下面以图 5.6.1 所示的实例来说明创建简单圆角的一般过程。

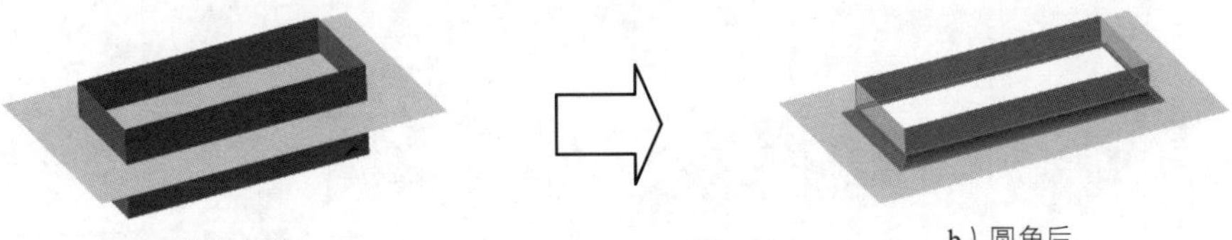

a）圆角前   b）圆角后

图 5.6.1 简单圆角

（步骤 **01**）打开文件 D:\catia2014\work\ch05.06.01\Simple_Fillet.CATPart。

（步骤 **02**）选择命令。选择下拉菜单 插入 ━━➤ 操作▶ ━━➤ 简单圆角...命令，系统弹出图 5.6.2 所示的"圆角定义"对话框。

（步骤 **03**）定义圆角类型。在对话框的 圆角类型：下拉列表中选择 双切线圆角 选项。

步骤 04 定义支持面。选取图 5.6.3 所示的支持面 1 和支持面 2。

步骤 05 确定圆角半径。在对话框的 **半径:** 文本框中输入数值 5。

步骤 06 定义圆角方向。将图形中的箭头方向调整至图 5.6.4 所示（单击箭头即可改变方向）。

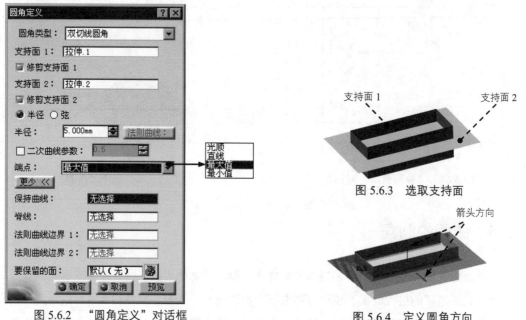

图 5.6.2　"圆角定义"对话框

图 5.6.3　选取支持面

图 5.6.4　定义圆角方向

步骤 07 单击 **● 确定** 按钮，完成简单圆角的创建。

说明：

◆ 图 5.6.5~图 5.6.8 为 **端点:** 下拉列表的四个选项。

◆ 如果需要创建异形圆角，则可以给圆角加上控制曲线或脊线和法则曲线，如图 5.6.9 所示。

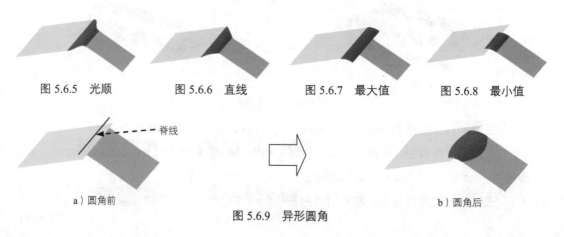

图 5.6.5　光顺　　　图 5.6.6　直线　　　图 5.6.7　最大值　　　图 5.6.8　最小值

a）圆角前

b）圆角后

图 5.6.9　异形圆角

5.6.2 倒圆角

使用“倒圆角”命令可以在某个曲面的边线上创建圆角。下面以图 5.6.10 所示的实例来说明创建倒圆角的一般过程。

步骤 01 打开文件 D:\catia2014\work\ch05.06.02\Shape_Fillet.CATPart。

步骤 02 选择命令。选择下拉菜单 插入 → 操作 ▸ → 倒圆角... 命令，此时系统弹出“倒圆角定义”对话框（一）。

步骤 03 定义圆角边线。选取图 5.6.11 所示的曲面边线 1 为圆角边线。

步骤 04 定义圆角半径。在对话框 半径： 后的文本框中输入数值 65。

步骤 05 定义拓展类型。在对话框的 选择模式： 下拉列表中选择 相切 选项。

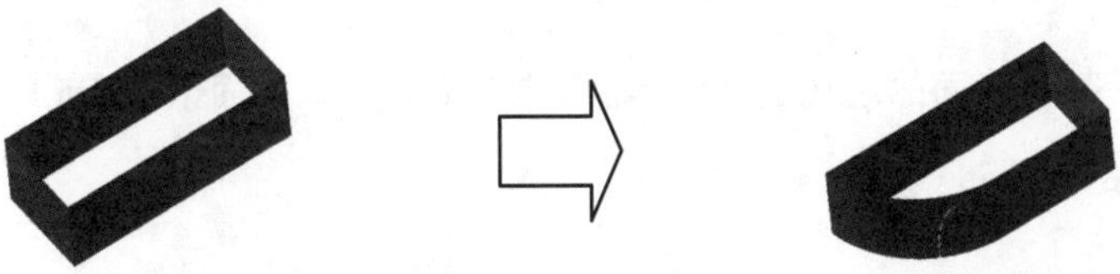

a）“倒圆角”前　　b）“倒圆角”后

图 5.6.10　创建倒圆角

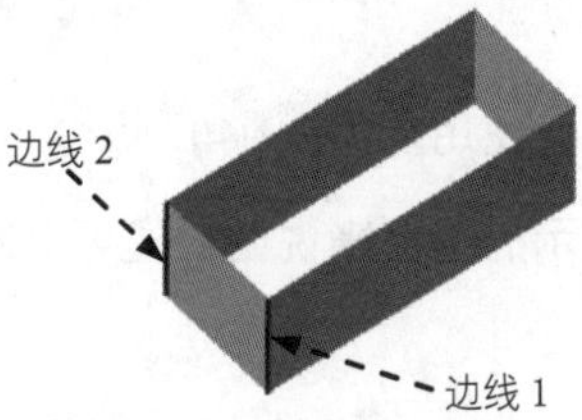

图 5.6.11　定义圆角参照

步骤 06 定义要保留的边线。在对话框中单击 更多>> 按钮，展开更多选项卡，如图 5.6.12 所示，单击以激活 要保留的边线： 后的文本框，然后在图形区选取图 5.6.11 所示的边线 2 为要保留的边线，其他参数采用系统默认设置值。

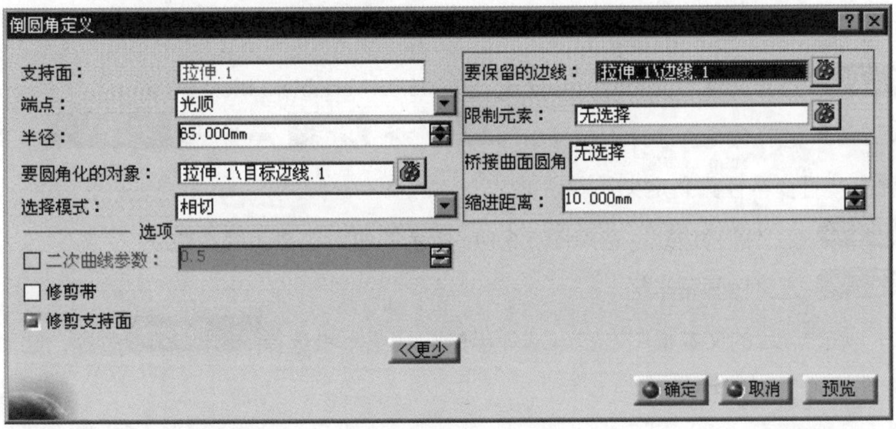

图 5.6.12　“倒圆角定义”对话框（二）

步骤 07 单击 确定 按钮，完成倒圆角的创建。

说明：

◆ 如果倒圆角的两条边线离得比较近且圆角半径较大，从而使两个圆角产生重叠时，

可以选中 ☐ 修剪带 复选框修剪重叠的部分。

◆ 如果不需要将一条边线整个倒圆角，则可以给要倒圆角的边加个限制元素，且限制方向如图 5.6.13a 所示（图 5.6.13b 隐藏了限制元素）。

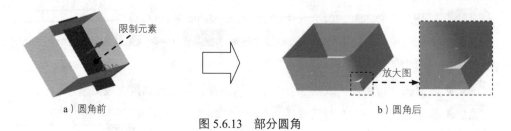

图 5.6.13 部分圆角

5.6.3 可变圆角

使用"可变圆角"命令可以在某个曲面的边线上创建半径不相同的圆角。下面以图 5.6.14 所示的实例来说明创建可变圆角的一般过程。

图 5.6.14 创建可变圆角

步骤 01 打开文件 D:\catia2014\work\ch05.06.03\Variable_Fillet.CATPart。

步骤 02 选择命令。选择下拉菜单 插入 ➡ 操作 ▶ ➡ 可变圆角... 命令，此时系统弹出"可变半径圆角定义"对话框。

步骤 03 定义圆角边线。选取图 5.6.14a 所示的曲面边线为圆角边线。

步骤 04 定义倒圆角半径。

（1）在 点: 后的文本框中右击，从弹出的快捷菜单中选择 创建中点 命令，此时系统弹出"运行命令"对话框。

（2）将鼠标指针放到圆角边线上，此时边线中点高亮显示，如图 5.6.15 所示。单击选择此中点，返回到"可变半径圆角定义"对话框，此时可以看到要圆角的边线上有三个点显示半径值。

（3）双击中点上的半径值，在系统弹出的"参数定义"对话框中输入数值 20，单击 确定 按钮。

（4）参照（3），将两端点的半径值均设置为 10。

（步骤 **05**）单击对话框中的 ●确定 按钮，完成可变半径圆角特征的创建。

5.6.4 面与面的圆角

使用"面与面的圆角"命令可以在相邻两个面的交线上创建半圆角，也可以在不相交的两个面间创建圆角。下面以图 5.6.16 所示的模型为例，说明在不相交的两个面间创建圆角的一般过程。

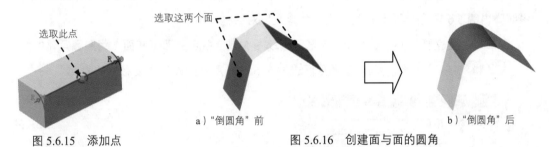

图 5.6.15 添加点

a）"倒圆角"前

图 5.6.16 创建面与面的圆角

b）"倒圆角"后

（步骤 **01**）打开文件 D:\catia2014\work\ch05.06.04\Face-Face_Fillet.CATPart。

（步骤 **02**）选择命令。选择下拉菜单 插入 ➡ 操作 ▶ ➡ 面与面的圆角... 命令，此时系统弹出"定义面与面的圆角"对话框。

（步骤 **03**）定义圆角面。选取图 5.6.16a 所示的两个曲面为要圆角面。

（步骤 **04**）定义圆角半径。在 半径: 文本框中输入数值 17。

（步骤 **05**）单击 ●确定 按钮，完成面与面圆角的创建。

◆ 如果需要创建不规则的面与面圆角，则可以给面与面圆角指定一条保持曲线和一条脊线，如图 5.6.17 所示。

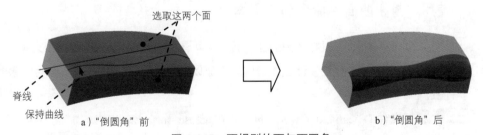

选取这两个面

脊线

保持曲线

a）"倒圆角"前

b）"倒圆角"后

图 5.6.17 不规则的面与面圆角

5.6.5 三切线内圆角

下面以图 5.6.18 所示的模型为例，介绍创建三切线内圆角的一般过程。

a）圆角前　　　　　　　　　　　　b）圆角后

图 5.6.18　三切线内圆角

步骤 01　打开文件 D:\ catia2014\work\ch05.06.05\Tritangent Fillet.CATPart。

步骤 02　选择命令。选择下拉菜单 插入 ➡ 操作▶ ➡ 三切线内圆角... 命令，
系统弹出图 5.6.19 所示的"三切线内圆角定义"对话框。

步骤 03　定义要圆角化的面。在图形区选取图 5.6.20 所示的面 1 和面 2 为要圆角化的面。

步骤 04　定义要移除的面。在图形区选取图 5.6.20 所示的面 3 为要移除的面。

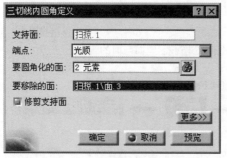

图 5.6.19　"三切线内圆角定义"对话框

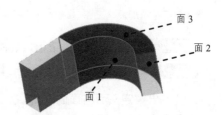

图 5.6.20　定义圆角参数

步骤 05　单击 确定 按钮，完成三切线内圆角的创建。

5.7　将曲面转化为实体

5.7.1　使用"封闭曲面"命令创建实体

通过"封闭曲面"命令可以将封闭的曲面转化为实体，若非封闭曲面则自动以线性的方式转化为实体。此命令在零部件设计工作台中。下面以图 5.7.1 所示的实例来说明创建封闭曲面的一般过程。

步骤 01　打开文件 D:\catia2014\work\ch05.07.01\Close_surface.CATPart。

　　　　如果当前打开的模型是在"创成式外形设计"工作台，则需要将当前的工作台切换到"零件设计"工作台。

步骤02 选择命令。选择下拉菜单 插入 ➡ 基于曲面的特征▶ ➡ 🔘 封闭曲面 命令，此时系统弹出图 5.7.2 所示的"定义封闭曲面"对话框。

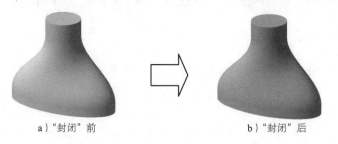

a)"封闭"前　　　　b)"封闭"后

图 5.7.1　用封闭的面组创建实体

图 5.7.2　"定义封闭曲面"对话框

步骤03 定义封闭曲面。选取图 5.7.3 所示的面组为要关闭的对象。

步骤04 单击 🔘 确定 按钮，完成封闭曲面的创建。

说明：

◆ 关闭对象是指需要进行封闭的曲面（实体化）。

◆ 利用 🔘 封闭曲面 命令也可以将非封闭的曲面转化为实体（图 5.7.4）。

图 5.7.3　选择面组

a)"封闭"前

图 5.7.4　用非封闭的曲面创建实体

b)"封闭"后

5.7.2　使用"分割"命令创建实体

"分割"命令是通过与实体相交的平面或曲面切除实体的某一部分，此命令在零部件设计工作台中。下面以图 5.7.5 所示的实例来说明使用分割命令创建实体的一般操作过程。

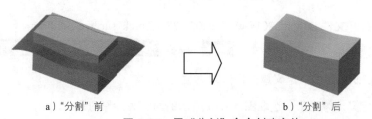

a)"分割"前　　　　　　　　　　　b)"分割"后

图 5.7.5　用"分割"命令创建实体

步骤01 打开文件 D:\catia2014\work\ch05.07.02\Split.CATPart。

步骤02 选择命令。选择下拉菜单 插入 ➡ 基于曲面的特征▶ ➡ 🔘 分割 命令，系统弹出图 5.7.6 所示的"定义分割"对话框。

步骤 03 定义分割元素。选取图 5.7.7 所示的曲面为分割元素，然后单击图 5.7.7 所示的箭头方向。

 图中的箭头所指方向代表着需要保留的实体方向，单击箭头可以改变箭头方向。

步骤 04 单击 ● 确定 按钮，完成分割的操作。

图 5.7.6 "定义分割"对话框

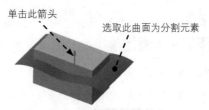
图 5.7.7 选择分割元素

5.7.3 使用"厚曲面"命令创建实体

"厚曲面"命令是将开放的曲面（或面组）转化为薄板实体特征，下面以图 5.7.8 所示的实例来说明使用"厚曲面"命令创建实体的一般操作过程。

a)"加厚"前   b)"加厚"后

图 5.7.8 用"厚曲面"创建实体

步骤 01 打开文件 D:\catia2014\work\ch05.07.03\Thick_surface.CATPart。

步骤 02 选择命令。选择下拉菜单 插入 ➡ 基于曲面的特征▶ ➡ 厚曲面...命令，系统弹出图 5.7.9 所示的"定义厚曲面"对话框。

步骤 03 定义加厚对象。选取图 5.7.10 所示的面组为加厚对象。

步骤 04 定义加厚值。在对话框 第一偏移: 后的文本框中输入数值 2，在 第二偏移: 后的文本框中输入数值 3。

步骤 05 单击 ⬤ 确定 按钮，完成曲面加厚的操作。

单击图 5.7.11 所示的箭头或者单击"定义厚曲面"对话框中的 反转方向 按钮，可以使曲面加厚的方向相反。

| 图 5.7.9 "定义厚曲面"对话框 | 图 5.7.10 选择加厚面组 | 图 5.7.11 切换方向 |

5.8 CATIA 创成式曲面设计实际应用 1——签字笔笔帽的设计

范例概述

本范例介绍了一款签字笔笔帽的设计过程。主要是讲述旋转体、抽壳、多截面实体及曲面的偏移等特征命令的应用。所建的零件模型及特征树如图 5.8.1 所示。

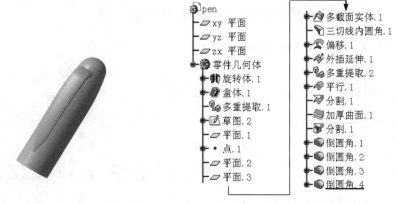

图 5.8.1 零件模型及特征树

步骤 01 新建一个零件模型，命名为 pen。

步骤 02 创建图 5.8.2 所示的特征——旋转体 1。

（1）选择命令。选择下拉菜单 **插入** ➡ **基于草图的特征** ➡ **旋转体...** 命令，系统弹出"定义旋转体"对话框。

（2）创建截面草图。单击 按钮，选取 xy 平面为草绘平面；绘制图 5.8.3 所示的截面草图；单击"工作台"工具栏中的 按钮，退出草绘工作台。

（3）定义旋转角度。在 限制 区域的 第一角度：文本框中输入数值 360。

（4）定义回转轴。单击 轴线 区域的 选择：文本框，选取草图中长度为 51 的直线为旋转轴，单击 确定 按钮，完成旋转体 1 的创建。

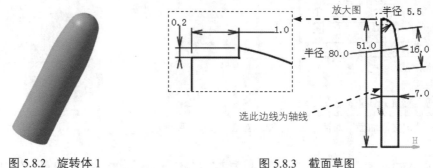

图 5.8.2　旋转体 1　　　　　　　　图 5.8.3　截面草图

步骤 03 创建图 5.8.4b 所示的零件特征——盒体 1。

（1）选择命令。选择下拉菜单 插入 ➡ 修饰特征 ▶ ➡ 抽壳... 命令，系统弹出"定义盒体"对话框。

（2）在 默认内侧厚度：文本框中输入数值 0.2，选取图 5.8.4a 所示的面为要移除的平面。

（3）单击对话框中的 确定 按钮，完成盒体 1 的创建。

a）抽壳前　　　　　　　　　　　　　　b）抽壳后

图 5.8.4　盒体 1

步骤 04 切换工作台。选择下拉菜单 开始 ➡ 形状 ▶ ➡ 创成式外形设计 命令，系统自动切换至创成式外形设计工作台。

步骤 05 创建特征——多重提取 1。选择下拉菜单 插入 ➡ 操作 ▶ ➡ 多重提取... 命令；在 拓展类型：下拉列表中选取 切线连续 选项，选取图 5.8.5 所示的面为要提取的元素。单击 确定 按钮，完成多重提取 1 的创建。

步骤 06 创建图 5.8.6 所示的特征——草图 2。选择下拉菜单 插入 ➡ 草图编辑器 ▶ ➡ 草图 命令；选取 xy 平面为草绘平面；绘制图 5.8.7 所示的草图，单击"工作台"工具栏中

的 ⬆ 按钮，退出草绘工作台。

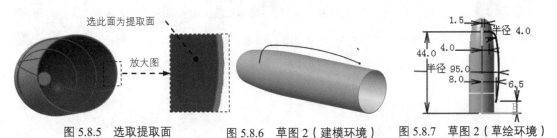

选此面为提取面

放大图

1.5
半径 4.0
4.0
44.0
半径 95.0
8.0
6.5

图 5.8.5　选取提取面　　图 5.8.6　草图 2（建模环境）　　图 5.8.7　草图 2（草绘环境）

步骤 **07** 创建图 5.8.8 所示的特征——平面 1。选择下拉菜单 插入 ➡ 线框 ▶ ➡

▱ 平面... 命令；在 平面类型：下拉列表中选取 平行通过点 选项；在 参考：文本框中右击，选取

yz 平面为参考平面；激活 点：文本框，选取图 5.8.9 所示的草图 2 的端点为参考点。单击 ● 确定

按钮，完成平面 1 的创建。

平面 1

选此点为参考点

图 5.8.8　平面 1　　　　　　　　图 5.8.9　选取参考点

步骤 **08** 创建图 5.8.10 所示的特征——点 1。选择下拉菜单 插入 ➡ 线框 ▶ ➡

⌐ 点... 命令；在 点类型：下拉列表中选取 曲线上 选项；选取草图 2 为参考曲线，选中

● 曲线长度比率 单选项，在 比率：文本框中输入数值 0.25；单击 ● 确定 按钮，完成点 1 的创

建。

步骤 **09** 创建图 5.8.11 所示的特征——平面 2。选择下拉菜单 插入 ➡ 线框 ▶ ➡

▱ 平面... 命令；在 平面类型：下拉列表中选取 平行通过点 选项；在 参考：文本框中右击，选取

zx 平面为参考平面；激活 点：文本框，选取图 5.8.10 所示的点 1 为参考点；单击 ● 确定 按钮，

完成平面 2 的创建。

点 1

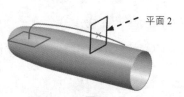
平面 2

图 5.8.10　点 1　　　　　　　　图 5.8.11　平面 2

步骤 10 创建图 5.8.12 所示的特征—— 平面 3。选择下拉菜单 插入 ➡ 线框 ▶ ➡
平面... 命令；在 平面类型：下拉列表中选取 平行通过点 选项；在 参考：文本框中右击，选取
zx平面为参考平面；激活 点：文本框，选取图 5.8.13 所示的草图 2 的端点为参考点；单击 ● 确定
按钮，完成平面 3 的创建。

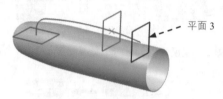

图 5.8.12　平面 3

图 5.8.13　选取参考点

步骤 11 创建图 5.8.14 所示的特征——草图 3。选取平面 1 为草绘平面；绘制图 5.8.14
所示的草图（草图关于水平轴对称）。

步骤 12 创建图 5.8.15 所示的特征——草图 4。选取平面 2 为草绘平面；绘制图 5.8.15
所示的草图（草图关于水平轴对称，图中长度为 5 的直线与点 1 相合）。

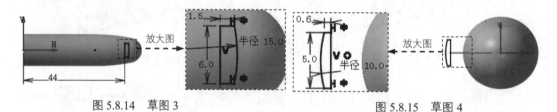

图 5.8.14　草图 3　　　　　　　　　　　　　　　图 5.8.15　草图 4

步骤 13 创建图 5.8.16 所示的特征——草图 5。选取平面 3 为草绘平面；绘制图 5.8.16
所示的草图（草图关于水平轴对称，图中长度为 0.5 的直线与草图 2 的端点相合）。

步骤 14 切换工作台。选择下拉菜单 开始 ➡ 机械设计 ▶ ➡ 零件设计 命
令，切换到零部件设计工作台。

步骤 15 创建图 5.8.17 所示的特征——多截面实体 1。

（1）选择命令。选择下拉菜单 插入 ➡ 基于草图的特征 ▶ ➡ 多截面实体... 命令。

（2）定义截面曲线。选取草图 3 为截面 1，选取草图 4 为截面 2，选取草图 5 为截面 3。

（3）单击 脊线 选项卡，激活 脊线：文本框后选取草图 2 为脊线。

（4）单击 ● 确定 按钮，完成多截面实体 1 的创建。

　　　　选取截面曲线时，应使三个截面的闭合点在同一侧，并且闭合方向一致。可
参照视频来完成。

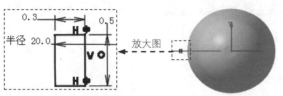

图 5.8.16 草图 5

图 5.8.17 多截面实体 1

步骤 16 创建图 5.8.18 所示的特征——三切线内圆角 1。

（1）选择命令。选择下拉菜单 插入 ➡️ 修饰特征 ▶ ➡️ 三切线内圆角… 命令，系统弹出"三切线内圆角定义"对话框。

（2）定义圆角的对象。选取图 5.8.19 所示的面为要圆角化的面；选取图 5.8.20 所示的面为要移除的面。

（3）单击 ● 确定 按钮，完成三切线内圆角 1 的创建。

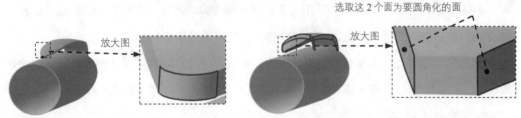

图 5.8.18 三切线内圆角 1

图 5.8.19 选取要圆角的面

步骤 17 切换工作台。选择下拉菜单 开始 ➡️ 形状 ▶ ➡️ 创成式外形设计 命令，系统自动切换至创成式外形设计工作台。

步骤 18 创建特征——偏移 1。选择下拉菜单 插入 ➡️ 曲面 ▶ ➡️ 偏移… 命令；选取图 5.8.21 所示的面为要偏移的元素，在 偏移：文本框中输入数值 0.2，单击 ● 确定 按钮，完成偏移 1 的创建。

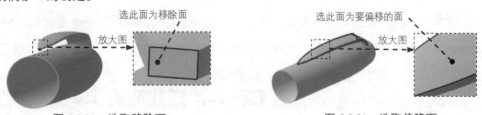

图 5.8.20 选取移除面

图 5.8.21 选取偏移面

步骤 19 创建图 5.8.22 所示的特征——外插延伸 1。选择下拉菜单 插入 ➡️ 操作 ▶ ➡️ 外插延伸… 命令；选取图 5.8.23 所示的偏移曲面的边线为外插边界；选取偏移 1

为外插延伸元素；在 限制 区域的 类型：下拉列表中选择 长度 选项；在 长度：文本框中输入数值 3，单击 ● 确定 按钮，完成外插延伸 1 的创建。

说明 为了清楚显示特征此步把实体隐藏。

图 5.8.22 外插延伸 1

图 5.8.23 选取外插边界

步骤 20 创建特征——多重提取 2。选择下拉菜单 插入 ➡ 操作 ▶ ➡ 多重提取...命令；在 拓展类型：下拉列表中选取 切线连续 选项，选取图 5.8.24 所示的偏移 1 的边线为要提取的元素；单击 ● 确定 按钮，完成多重提取 2 的创建。

步骤 21 创建图 5.8.25 所示的特征——平行 1。选择下拉菜单 插入 ➡ 线框 ▶ ➡ 平行曲线...命令；选取多重提取 2 为曲线元素，选取外插延伸 1 为支持面，在 常量：文本框中输入数值 0.5，单击 ● 确定 按钮，完成平行 1 的创建。

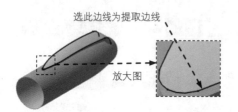

图 5.8.24 选取提取元素

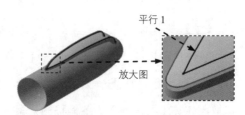

图 5.8.25 平行 1

步骤 22 创建图 5.8.26 所示的特征——分割 1。选择下拉菜单 插入 ➡ 操作 ▶ ➡ 分割...命令；选取外插延伸 1 为要切除的元素，选取平行 1 为切除元素（可以通过 另一侧 按钮调整分割方向），单击 ● 确定 按钮，完成分割 1 的创建。

步骤 23 切换工作台。选择下拉菜单 开始 ➡ 机械设计 ▶ ➡ 零件设计 命令，切换到零部件设计工作台。

步骤 24 创建图 5.8.27 所示的特征——加厚曲面 1。选择下拉菜单 插入 ➡ 基于曲面的特征 ▶ ➡ 厚曲面...命令；选取分割 1 为要加厚的对象，在 第一偏移：文本框中输入数值 0.3；单击 按钮，完成加厚曲面 1 的创建。

 完成此步后，将"分割 1"隐藏。

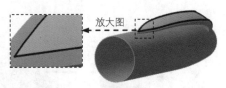

图 5.8.26 分割 1

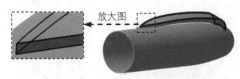

图 5.8.27 加厚曲面 1

步骤 25 创建图 5.8.28b 所示的特征——分割 2。选择下拉菜单 插入 ➡
基于曲面的特征 ➡ 分割... 命令；选取多重提取 1 为分割元素，定义分割方向朝外；单击 确定 按钮，完成分割 2 的创建。

 完成此步后，可将多重提取 1 隐藏。

a）分割前

图 5.8.28 分割 2

b）分割后

步骤 26 创建图 5.8.29b 所示的特征——倒圆角 1。

（1）选择命令。选择下拉菜单 插入 ➡ 修饰特征 ➡ 倒圆角... 命令，系统弹出"倒圆角定义"对话框。

（2）定义倒圆角的对象。在 选择模式：下拉列表中选取 相切 选项，选取图 5.8.29a 所示的边为倒圆角的对象。

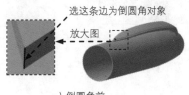

a）倒圆角前

图 5.8.29 倒圆角 1

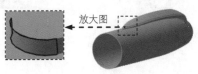

b）倒圆角后

（3）输入倒圆角半径。在对话框的 半径: 文本框中输入数值 0.3。

（4）单击 ● 确定 按钮，完成倒圆角 1 的创建。

步骤 27 创建图 5.8.30b 所示的特征——倒圆角 2。选取图 5.8.30a 所示的边链为倒圆角的对象，倒圆角半径值为 0.1。

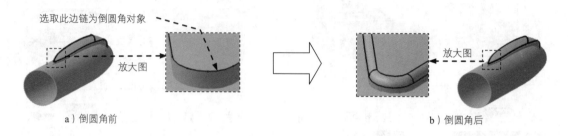

图 5.8.30 倒圆角 2

步骤 28 创建图 5.8.31b 所示的特征——倒圆角 3。选取图 5.8.31a 所示的边链为倒圆角的对象，倒圆角半径值为 0.1。

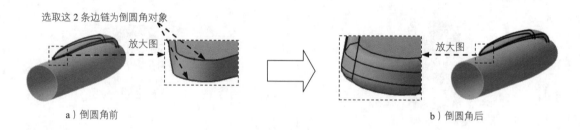

图 5.8.31 倒圆角 3

步骤 29 创建图 5.8.32b 所示的特征——倒圆角 4。选取图 5.8.32a 所示的边为倒圆角的对象，倒圆角半径值为 0.1。

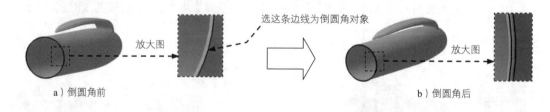

图 5.8.32 倒圆角 4

步骤 30 保存零件模型。选择下拉菜单 文件 ➡ ▤ 保存 命令，即可保存零件模型。

5.9 CATIA 创成式曲面设计实际应用 2——空调遥控器的设计

范例概述

本范例介绍了一款空调遥控器上盖的设计过程。主要是讲述了一些曲面的基本操作命令，如拉伸、多截面曲面、填充及倒圆角等特征命令的应用。所建的零件模型如图 5.9.1 所示。

 本范例的详细操作过程请参见随书光盘中 video\ch05.09\文件下的语音视频讲解文件。模型文件为 D:\catia2014\work\ch05.09\remote_control。

5.10 CATIA 创成式曲面设计实际应用 3——香皂的造型设计

范例概述

本范例主要讲述了一款香皂的创建过程，在整个设计过程中运用了曲面拉伸、旋转、修剪、开槽、倒圆角等命令。零件模型如图 5.10.1 所示。

 本范例的详细操作过程请参见随书光盘中 video\ch05.10\文件下的语音视频讲解文件。模型文件为 D:\catia2014\work\ch05.10\SOAP。

5.11 CATIA 创成式曲面设计实际应用 4——叶轮的设计

范例概述

本范例介绍了叶轮模型的设计过程。设计过程中的关键点是建立叶片，首先建立一个圆柱面，然后将草绘图形投影在曲面上，再根据曲面上的曲线生成填充曲面，最后通过加厚、阵列等方式完成整个模型。零件模型如图 5.11.1 所示。

图 5.9.1 零件模型 1

图 5.10.1 零件模型 2

图 5.11.1 零件模型 3

本范例的详细操作过程请参见随书光盘中 video\ch05.11\文件下的语音视频讲解文件。模型文件为 D:\catia2014\work\ch05.11\impeller。

5.12　CATIA 创成式曲面设计实际应用 5——全参数化齿轮的设计

范例概述

本范例介绍了一个由参数、关系控制的齿轮模型。设计过程是先创建参数及关系，然后利用这些参数创建出齿轮模型。用户可以通过修改参数值来改变齿轮的形状。这是一种典型的系列化产品的设计方法，它使产品的更新换代更加快捷、方便。零件模型如图 5.12.1 所示。

本范例的详细操作过程请参见随书光盘中 video\ch05.12\文件下的语音视频讲解文件。模型文件为 D:\catia2014\work\ch05.12\cy_gear。

5.13　CATIA 创成式曲面设计实际应用 6——矿泉水瓶的设计

范例概述

本范例讲解了矿泉水瓶的设计过程，其中使用了一些实体建模与曲面相结合的基本命令：旋转体、凸台、肋、圆形阵列、提取、投影、相交、填充、接合、多截面曲面等命令。本实例的设计亮点是瓶口螺纹收尾处的创建方法。通过本范例的学习，读者会对曲面造型有进一步的认识。零件模型如图 5.13.1 所示。

本范例的详细操作过程请参见随书光盘中 video\ch05.13\文件下的语音视频讲解文件。模型文件为 D:\catia2014\work\ch05.13\declivity。

图 5.12.1　零件模型 4

图 5.13.1　零件模型 5

5.14 CATIA 创成式曲面设计实际应用 7——热得快螺旋加热器的设计

范例概述

本范例介绍了一款热得快加热器的设计过程。其设计过程的关键点是曲线的构建，曲线的主体部分是一条螺旋线，通过样条线及连接命令将螺旋线与两条直线光滑连接，最后使用扫掠命令完成模型的创建。零件模型如图 5.14.1 所示。

 本范例的详细操作过程请参见随书光盘中 video\ch05.14\文件下的语音视频讲解文件。模型文件为 D:\catia2014\work\ch05.14\current_boiler。

图 5.14.1 零件模型 6

第 6 章　自由曲面设计

6.1　概述

用户可通过 开始 ➡ 形状 ▸ ➡ FreeStyle 命令，进入到"自由曲面设计"工作台。与"创成式外形设计"工作台相比，"自由曲面设计"工作台可以创建出更为复杂的曲面。该工作台还提供了一系列的辅助设计工具，可以使设计者方便、高效地创建和修改曲线或曲面。此外，为了确保创建的曲线、曲面的质量，该工作台还提供了大量的曲线和曲面的分析工具，以便实时地检查曲线和曲面的质量。

6.2　曲线的创建

6.2.1　概述

"自由曲面设计"工作台提供了多种创建曲线的方法，其操作与"创成式外形设计"工作台基本相似。其方法有空间曲线、曲面上的曲线、等参数曲线、投影曲线、桥接曲线、样式圆角、匹配曲线等。下面分别对它们进行介绍。

6.2.2　3D 曲线

3D 曲线命令可以通过空间上的一系列点创建样条曲线。下面通过图 6.2.1 所示的实例，说明创建 3D 曲线的过程。

步骤 01 打开文件 D: \catia2014\work\ch06.02.02\Throughpoints.CATPart。

a）创建前　　　　　　　　　　　　　　　　b）创建后

图 6.2.1　3D 曲线

步骤 02 选择命令。选择下拉菜单 插入 ➡ Curve Creation ▸ ➡ 3D Curve... 命令，系统弹出图 6.2.2 所示的"3D 曲线"对话框。

图 6.2.2　"3D 曲线"对话框

图 6.2.2 所示"3D 曲线"对话框中部分选项的说明如下。

◆　创建类型 下拉列表：用于设置创建 3D 曲线的类型，其包括 通过点 选项、控制点 选项和 近接点 选项。

●　通过点 选项：使用此选项创建的 3D 曲线为一条通过每个选定点的多弧曲线。

●　控制点 选项：使用此选项创建的 3D 曲线所单击的点为结果曲线的控制点。

●　近接点 选项：使用此选项创建的 3D 曲线为一条具有固定度数并平滑通过选定点的单弧。

◆　点处理 区域：用于编辑曲线，其包括 按钮、按钮和 按钮。

●　按钮：用于在两个现有点之间添加新点。

●　按钮：用于移除现有点。

●　按钮：用于给现有点添加约束或者释放现有点的约束。

◆　禁用几何图形检测 复选框：当选中此复选框时，允许用户在当前平面创建点（即使某些几何图形处于鼠标控制下）。使用"控制（CONTROL）"键，在当前平面中对几何图形上检测到的点进行投影。

◆　选项 区域：用于设置使用接近点创建样条曲线的参数，其包括 偏差: 文本框、分割: 文本框、最大阶次: 文本框和 隐藏预可视化曲线 复选框。

●　偏差: 文本框：用于设置曲线与构造点之间的最大偏差。

●　分割: 文本框：用于设置最大弧限制数。

- ● 最大阶次 ：文本框：用于设置单弧曲线的计算范围。

- ● □隐藏预可视化曲线 复选框：当选中此复选框时，可以隐藏正在创建的预可视化曲线。

◆ 光顺选项 区域：用于参数化曲线，其包括 ●弦长度 单选项、●统一 单选项和 光顺参数 文本框。此区域仅在 创建类型 为 近接点 时处于可用状态。

- ● 弦长度 单选项：用于设置使用弧长度的方式光顺曲线。

- ● 统一 单选项：用于设置使用均匀的方式光顺曲线。

- ● 光顺参数 文本框：用于定义光顺参数值。

步骤 03 定义类型。在"3D 曲线"对话框的 创建类型 下拉列表中选择 通过点 选项。

步骤 04 选取参考点。依次在图形区选取图 6.2.1a 所示的点 1、点 2、点 3 和点 4，保持"3D 曲线"对话框中的其他参数采用系统默认设置值。

步骤 05 单击 ● 确定 按钮，完成 3D 曲线的创建，如图 6.2.1b 所示。

说明：

◆ 若创建曲线时，欲给创建的曲线添加切线或曲率约束，需在曲线的控制点上右击，然后在弹出的快捷菜单中利用相应的命令给曲线添加相应的约束。双击创建成功的 3D 曲线，添加图 6.2.3 所示的控制点。然后在新添加的控制点上右击，系统弹出图 6.2.4 所示的快捷菜单。用户可以使用 强加切线 命令和 强加曲率 命令给曲线添加约束。这里主要说明一下 强加切线 命令，因为 强加曲率 命令和 强加切线 命令基本相似，所以在此就不再赘述。在弹出的快捷菜单中选择 强加切线 命令后，在新添加点的位置处会出现图 6.2.5 所示的切线矢量箭头和两个圆弧。用户可通过拖动两个圆弧上的高亮处来改变切线的方向，也可以通过在其切线矢量的箭头上右击，然后在弹出的快捷菜单中选择 编辑 命令，系统弹出图 6.2.6 所示的"向量调谐器"对话框，通过指定"向量调谐器"对话框中的参数改变切线方向和切线矢量长度。

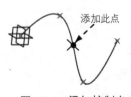

图 6.2.3　添加控制点

图 6.2.4　快捷菜单

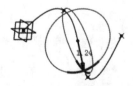

图 6.2.5　强加切线

◆ 在创建曲线时，用户可以通过"快速确定指南针方向"工具栏来确定点的位置。下面以添加完图 6.2.3 所示的点为例说明一下"快速确定指南针方向"工具栏。把鼠标指针放到新添加点上，在该点处会出现图 6.2.7 所示的方向控制器。用户可以通过拖动此方向控制器改变添加点的位置，单击 F5 键调出图 6.2.8 所示的"快速确定指南针方向"工具栏或者单击"工具仪表盘"工具栏中的  按钮，调出"快速确定指南针方向"工具栏，利用该工具栏中的前三个命令改变拖动方向。

图 6.2.6　"向量调谐器"对话框　　图 6.2.7　方向控制器　　图 6.2.8　"快速确定指南针方向"工具栏

◆ 在使用 控制点 选项创建 3D 曲线时，用户可以给两个曲线的交点添加连续性的约束。在图 6.2.9 所示的点连续位置右击，在弹出的图 6.2.10 所示的快捷菜单中选择所需的连续性。

图 6.2.9　设置连续性　　　　　　　　　图 6.2.10　快捷菜单

6.2.3　在曲面上创建空间曲线

在"自由曲面设计"工作台下也能在现有的曲面上创建空间曲线。下面通过图 6.2.11 所示的例子说明在曲面上创建空间曲线的操作过程。

步骤 01　打开文件 D:\catia2014\work\ch06.02.03\Curves on a surface.CATPart。

步骤 02　选择命令。选择下拉菜单 插入 ➡ Curve Creation ▶ ➡
Curve on Surface... 命令，系统弹出图 6.2.12 所示的"选项"对话框。

图 6.2.12 所示"选项"对话框中各选项的说明如下。

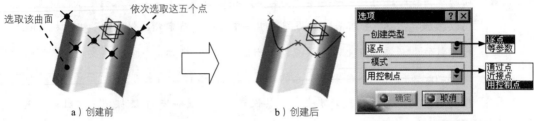

a）创建前　　　　　　　　　b）创建后

图 6.2.11　在曲面上创建空间曲线　　　　图 6.2.12　"选项"对话框

◆ 创建类型 下拉列表：用于选择在曲面上创建空间曲线的类型，其包括 逐点 选项和 等参数 选项。

● 逐点 选项：该选项为使用在曲面上指定每一点的方式创建空间曲线。

● 等参数 选项：该选项为在曲面上指定以一点的方式创建等参数空间曲线。

◆ 模式 下拉列表：用于选择在曲面上创建空间曲线的模式，其包括 通过点 选项、近接点 选项和 用控制点 选项。

● 通过点 选项：使用此选项是通过指定每个点来创建多弧曲线。

● 近接点 选项：使用此选项创建的曲线为一条具有固定度数并平滑通过选定点的单弧。

● 用控制点 选项：使用此选项创建的曲线所单击的点为结果曲线的控制点。

　　使用此命令创建出来的等参数曲线是无关联的。

步骤 03 定义类型。在"选项"对话框的 创建类型 下拉列表中选择 逐点 选项，在 模式 下拉列表中选择 通过点 选项。

步骤 04 选取创建空间曲线的约束面。在图形区选取图 6.2.11a 所示的曲面为约束面。

步骤 05 选取参考点。在图形区从左至右依次选取图 6.2.11a 所示的点。

步骤 06 单击 ● 确定 按钮，完成在曲面上空间曲线的创建，如图 6.2.11b 所示。

6.2.4　关联的等参数曲线

使用 等参数曲线... 命令可以创建关联的等参数曲线。下面通过图 6.2.13 所示的例子说明在曲面上创建关联的等参数曲线的操作过程。

a）创建前　　　　　　　　　　　　　b）创建后

图 6.2.13　创建等参数曲线

步骤 01 打开文件 D：\catia2014\work\ch06.02.04\Isoparametric Curve.CATPart。

步骤 02 选择命令。选择下拉菜单 **插入** ➡ **Curve Creation** ▶ ➡ **等参数曲线...** 命令，系统弹出"等参数曲线"对话框。

步骤 03 定义支持面。选取图 6.2.13a 所示的曲面为支持面。

步骤 04 定义参考点。选取图 6.2.13a 所示的直线的左端点为参考点。

步骤 05 定义等参数曲线的方向。选取图 6.2.13a 所示的直线为等参数曲线的方向。

步骤 06 单击 **确定** 按钮，完成等参数曲线的创建，如图 6.2.13b 所示。

6.2.5　投影曲线

使用 **Project Curve...** 命令可以创建投影曲线。下面通过图 6.2.14 所示的例子说明在曲面上创建投影曲线的操作过程。

a）创建前　　　　　　　　　　　　　b）创建后

图 6.2.14　创建投影曲线

步骤 01 打开文件 D：\catia2014\work\ch06.02.05\ProjectCurv.CATPart。

步骤 02 选 择 命 令 。 选 择 下 拉 菜 单 **插入** ➡ **Curve Creation** ▶ ➡ **Project Curve...** 命令，系统弹出图 6.2.15 所示的"投影"对话框。

图 6.2.15 所示"投影"对话框中部分选项的说明如下。

◆ **按钮**：该按钮是根据曲面的法线投影。

◆ **按钮**：该按钮是沿指南针给出的方向投影。

步骤 03 定义投影曲线和投影面。选取图 6.2.14a 所示的曲线为投影曲线，然后按住 Ctrl 键选取图 6.2.14a 所示的曲面为投影面。

步骤 04 定义投影方向。在"投影"对话框中单击 ![按钮] 按钮（系统默认此方向）。

步骤 05 单击 ● 确定 按钮，完成投影曲线的创建，如图 6.2.14b 所示。

说明 若定义的投影方向为根据曲面的法线投影，则投影曲线如图 6.2.16 所示。

图 6.2.15 "投影"对话框

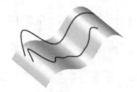

图 6.2.16 根据曲面的法线投影

6.2.6 桥接曲线

使用 ![Blend Curve] 命令可以创建桥接曲线，即通过创建第三条曲线把两条不相连的曲线连接起来。下面通过图 6.2.17 所示的例子说明桥接曲线的操作过程。

a）创建前　　　　　　　　　　　　　　　　　　　b）创建后

图 6.2.17 创建桥接曲线

步骤 01 打开文件 D:\catia2014\work\ch06.02.06\Blendcurve.CATPart。

步骤 02 选择命令。选择下拉菜单 插入 ➡ Curve Creation ▶ ➡ Blend Curve 命令，系统弹出图 6.2.18 所示的"桥接曲线"对话框。

步骤 03 定义桥接曲线。选取图 6.2.17a 所示的曲线 1 为要桥接的一条曲线，然后选取曲线 2 为要桥接的另一条曲线，此时在绘图区出现图 6.2.19 所示的两个桥接点的连续性显示。

说明
◆ 在选择曲线时若靠近曲线的某一个端点，则创建的桥接点就会显示在选择靠近曲线的端点处。

◆ 用户可以通过拖动图 6.2.19 所示的控制器改变桥接点的位置，也可在桥接点处右击，然后选择 编辑 命令，在弹出的图 6.2.20 所示的"调谐器"对话框中设置桥接点的相关参数来改变桥接点的位置。

图 6.2.18 "桥接曲线"对话框

图 6.2.19 连续性

图 6.2.20 "调谐器"对话框

步骤 04 设置桥接点的连续性。在上部的"曲率"两个字上右击，在系统弹出的快捷菜单中选择 切线连续 命令，将上部桥接点的曲率连续改为相切连续。同样方法，把下部的曲率连续改为相切连续。

步骤 05 单击 确定 按钮，完成桥接曲线的创建，如图 6.2.17b 所示。

6.2.7 样式圆角

使用 Styling Corner... 命令可以创建样式圆角，即在两条相交直线的交点处创建圆角。下面通过图 6.2.21 所示的例子说明创建样式圆角的操作过程。

步骤 01 打开文件 D: \catia2014\work\ch06.02.07\StylingCorner.CATPart。

步骤 02 选择命令。选择下拉菜单 插入 ➡ Curve Creation ▶ ➡ Styling Corner... 命令，系统弹出图 6.2.22 所示的"样式圆角"对话框。

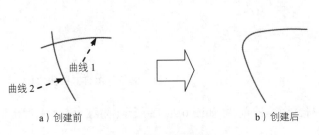

a）创建前　　　　　　　　　　b）创建后

图 6.2.21 样式圆角

图 6.2.22 "样式圆角"对话框

图 6.2.22 所示"样式圆角"对话框中部分选项的说明如下。

◆ 半径 文本框：用于定义样式圆角的半径值。

◆ 单个分割 复选框：该选项是强制限定圆角曲线的控制点数量，从而获得单一弧曲线。

◆ **修剪** 单选项：用于设置创建限制在初始曲线端点的三单元曲线，使用圆角线段在接触点上复制并修剪初始曲线，如图 6.2.23a 所示。

◆ **不修剪** 单选项：用于设置仅在初始曲线的相交处创建圆角，未修改初始曲线，如图 6.2.23b 所示。

◆ **连接** 单选项：创建限制在初始曲线端点的单一单元曲线，使用圆角线段在接触点上复制并修剪初始曲线，且初始曲线与圆角线段连接，如图 6.2.23c 所示。

a）修剪   b）无修剪   c）连接

图 6.2.23 修剪、无修剪和连接

步骤 03 定义样式圆角边。在绘图区选取图 6.2.21a 所示的曲线 1 和曲线 2 为样式圆角的两条边线。

步骤 04 设置样式圆角的参数。在 **半径** 文本框中输入数值 10，选中 **☐单个分割** 复选框和 **修剪** 单选项。

步骤 05 单击 **应用** 按钮，同时在绘图区显示出图 6.2.24 所示的四个符合上面设置的参数的样式圆角。

步骤 06 定义要保留的圆角。在图 6.2.24 所示的圆角处单击，同时样式圆角预览图变成图 6.2.25 所示。

选取此圆角

图 6.2.24 应用样式圆角的参数   图 6.2.25 选取保留样式圆角之后

步骤 07 单击 **确定** 按钮，完成样式圆角的创建，如图 6.2.21b 所示（隐藏原有的曲线）。

6.2.8 匹配曲线

使用 **Match Curve** 命令可以创建匹配曲线，即把一条曲线按照定义的连续性连接到另一条曲线上。下面通过图 6.2.26 所示的例子说明创建匹配曲线的操作过程。

步骤 01 打开文件 D:\catia2014\work\ch06.02.08\MatchCurve.CATPart。

步骤 02 选择命令。选择下拉菜单 插入 ──▶ Curve Creation ▶ ──▶ Match Curve 命令，系统弹出图 6.2.27 所示的"匹配曲线"对话框。

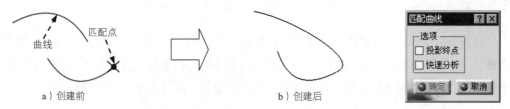

a）创建前　　　　　　　　　　　　　b）创建后

图 6.2.26　匹配曲线　　　　　　　　　图 6.2.27　"匹配曲线"对话框

图 6.2.27 所示"匹配曲线"对话框中部分选项的说明如下。

◆ □投影终点 复选框：选中此复选框，系统会将初始曲线的终点沿初始曲线匹配点的切线方向直线最小距离投影到目标曲线上。

◆ □快速分析 复选框：用于诊断匹配点的质量，其包括距离、连续角度和曲率差异。

步骤 03 定义初始曲线和匹配点。选取图 6.2.26a 所示的曲线为初始曲线，然后选取图 6.2.26a 所示的匹配点，此时在绘图区显示匹配曲线的预览曲线，如图 6.2.28 所示。同时在预览曲线下出现个小叹号，说明匹配曲线受到过多的约束。

　　　在选取曲线时要靠近匹配点的一侧。

步骤 04 调整匹配曲线的约束。在匹配曲线的阶次上右击，在系统弹出快捷菜单中选择匹配曲线的阶次为 6 ；在"点"字上右击，在系统弹出的快捷菜单中选择 切线连续 命令。

步骤 05 单击 ● 确定 按钮，完成匹配曲线的创建，如图 6.2.26b 所示。

　　　如果在创建匹配曲线时，没有显示匹配曲线的连续、接触点、张度和阶次，用户可以通过单击"工具仪表盘"工具栏中的"连续"按钮 、"接触点"按钮 、"张度" 按钮 和"阶次"按钮 显示相关参数。如果想修改这些参数，在绘图区相应的参数上右击，在弹出的快捷菜单中选择相应的命令即可。图 6.2.29 显示了这四种参数。

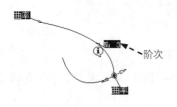

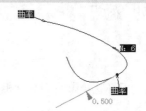

图 6.2.28　匹配曲线过约束　　　图 6.2.29　"连续""接触点""张度"和"阶次"参数

6.3 曲线的编辑

6.3.1 概述

"自由曲面设计"工作台提供了多种曲线编辑的方法：对称、控制点调整、扩展、中断、取消修剪、连接、分割、拆解、近似/分段过程曲线和复制几何参数。由于前面九个既能对曲线进行编辑又能对曲面进行编辑，而编辑方法又基本相似，所以放在 6.7 节中讲解。

6.3.2 复制几何参数

使用 `Copy Geometric Parameters...` 命令可以将目标曲线的阶次和段数等参数复制到其他曲线上。下面通过图 6.3.1 所示的实例，说明复制几何参数的操作过程。

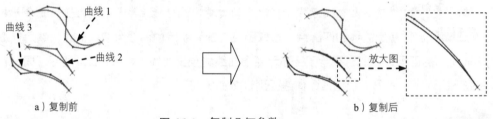

曲线 3　曲线 1　曲线 2　放大图

a) 复制前　　　　　　　　　　　　　　　　b) 复制后

图 6.3.1　复制几何参数

步骤 01　打开文件 D:\catia2014\work\ch06.03\CopyParameters.CATPart。

步骤 02　选择命令。选择下拉菜单 插入 ➡ Operations ▶ ➡ `Copy Geometric Parameters...` 命令，系统弹出"复制几何参数"对话框。

步骤 03　显示控制点。在"工具仪表盘"工具栏中单击"隐秘显示"按钮 ▦，显示控制点。

步骤 04　定义模板曲线。选取曲线 1 为模板曲线。

步骤 05　定义目标曲线。按住 Ctrl 键选取曲线 2 和曲线 3 为目标曲线。

步骤 06　单击 应用 按钮，观察复制结果，单击 确定 按钮，完成几何参数的复制。

6.4 曲线的分析

6.4.1 概述

曲线质量的好坏直接影响到与之相关联的曲面、模型等。CATIA 为用户提供了多种曲线分析的工具，如箭状曲率（此分析已经在 5.3.15 节中介绍过，此处就不再进行介绍）、曲线连接检查等。箭状曲率是指系统用箭状图形的方式来显示样条曲线上各点的曲率变化情况。而曲线的连续性分析可以检查曲线的连续性，其包括点连续分析、相切连续分析、曲率连续分析和交叠分析等。组合应用这两种分析工具可以得到高质量的曲线，从而也可以得到满足设计要求的曲面或模型。

6.4.2 连续性分析

使用 **连接检查器分析...** 命令可以分析曲线的连续性。下面通过图 6.4.1 所示的实例，说明连续性分析的操作过程。

a）分析前　　　　　　　　　　　　　　　　　　　b）分析后

图 6.4.1 连续性分析

步骤 01 打开文件 D:\catia2014\work\ch06.04.02\Curve_Connect_Checker.CAT Part。

步骤 02 选择命令。选择下拉菜单 **插入** ➡ **Shape Analysis ▶** ➡
连接检查器分析... 命令，系统弹出"连接检查器"对话框。

步骤 03 定义分析类型。在 **类型** 区域中单击"曲线-曲线连接"按钮 ⇄，并选中 ● **边界**
单选项。

步骤 04 选择分析对象。选取图 6.4.1a 所示的曲线为分析对象。

步骤 05 单击 ● **确定** 按钮，完成曲线连接的分析，如图 6.4.1b 所示。

在 **完全** 选项卡中分别单击 G1、G2、G3 和 ◇ 按钮的情况分别如图 6.4.2~
图 6.4.5 所示。

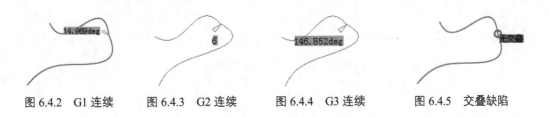

图 6.4.2 G1 连续　　　图 6.4.3 G2 连续　　　图 6.4.4 G3 连续　　　图 6.4.5 交叠缺陷

6.5 曲面的创建

6.5.1 概述

与"创成式外形设计"工作台相比，"自由曲面设计"工作台提供了多种更为自由的建立曲面的方法，并且建立的曲面还可以进行参数的编辑。其方法有缀面、在现有曲面上创建曲面、延伸曲面、旋转曲面、偏移曲面、外插延伸、桥接、圆角、填充、自由填充、网状曲面和扫掠曲面。

6.5.2 缀面

使用 Planar Patch 命令、 3-Point Patch 命令和 4-Point Patch 命令都可以通过已知点来创建曲面，主要有两点缀面、三点缀面和四点缀面。下面分别介绍它们的创建操作过程。

1. 两点缀面

步骤 01 打开文件 D:\catia2014\work\ch06.05.02\Planar_Patch.CATPart。

步骤 02 选择命令。选择下拉菜单 插入 ➡ Surface Creation ▶ ➡ Planar Patch 命令。

步骤 03 定义两点缀面的所在平面。单击"工具仪表盘"工具栏中的 ⬥ 按钮，系统弹出"快速确定指南针方向"对话框，单击 按钮（设置两点缀面的所在平面为 xy 平面）。

步骤 04 指定两点缀面的一个点。选取图 6.5.1a 所示的点 1。

步骤 05 设置两点缀面的阶次。在图 6.5.2 所示的位置右击，在弹出的快捷菜单中选择 编辑阶次 命令，同时系统弹出图 6.5.3 所示的"阶次"对话框。在"阶次"对话框的 U 文本框和 V 文本框中均输入数值 5，单击 关闭 按钮，完成阶次的设置。

a）创建前   b）创建后

图 6.5.1 两点缀面

说明：

◆ 使用 Ctrl 键，创建的缀面将以对应于最初单击处的点为中心，如图 6.5.4 所示；否则，默认情况下，该点对应于一个角或该缀面。

图 6.5.2 设置阶次

图 6.5.3 "阶次"对话框

◆ 如果用户想定义两点缀面的尺寸，可以在图 6.5.2 所示的位置右击，在弹出的快捷菜单中选择 编辑尺寸 命令，同时系统弹出图 6.5.5 所示的"尺寸"对话框。通过该对话框可以设置两点缀面的尺寸。

图 6.5.4 使用 Ctrl 键之后

图 6.5.5 "尺寸"对话框

步骤 06 指定两点缀面的另一个点。选取图 6.5.1a 所示的点 2，完成图 6.5.1b 所示的两点缀面的创建。

2. 三点缀面

步骤 01 打开文件 D:\catia2014\work\ch06.05.02\3-point_Patch.CATPart。

步骤 02 选择命令。选择下拉菜单 插入 ➡ Surface Creation ▶ ➡ 3-Point Patch 命令。

步骤 03 指定三点缀面的点。依次选取图 6.5.6a 所示的点 1、点 2 和点 3，完成图 6.5.6b 所示的三点缀面的创建。

a）创建前   b）创建后

图 6.5.6 三点缀面

3. 四点缀面

步骤 01 打开文件 D:\catia2014\work\ch06.05.02\4-point_Patch.CATPart。

步骤 02 选择命令。选择下拉菜单 插入 ➡ Surface Creation ▶ ➡

4-Point Patch 命令。

步骤 03 指定四点缀面的点。依次选取图 6.5.7a 所示的点 1、点 2、点 3 和点 4，完成图 6.5.7b 所示的四点缀面的创建。

图 6.5.7　四点缀面

6.5.3　在现有曲面上创建曲面

使用 Geometry Extraction 命令可以在现有的曲面上创建新的曲面。下面通过图 6.5.8 所示的实例，说明在现有曲面上创建曲面的操作过程。

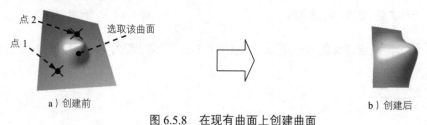

图 6.5.8　在现有曲面上创建曲面

步骤 01 打开文件 D:\catia2014\work\ch06.05.03\Geometry_Extraction.CATPart。

步骤 02 选择命令。选择下拉菜单 插入 ➡ Surface Creation ➡ Geometry Extraction 命令。

步骤 03 选择现有的曲面。在绘图区选取图 6.5.8a 所示的曲面。

步骤 04 定义创建曲面的范围。在绘图区分别选取图 6.5.8a 所示点 1 和点 2，完成曲面的创建，结果如图 6.5.8b 所示（隐藏原有曲面）。

6.5.4　拉伸曲面

使用 拉伸曲面... 命令可以选择已知的曲线创建拉伸曲面。下面通过图 6.5.9 所示的实例，说明创建拉伸曲面的操作过程。

a）创建前   b）创建后

图 6.5.9 拉伸曲面

步骤 01 打开文件 D:\catia2014\work\ch06.05.04\Extrude_Surface.CATPart。

步骤 02 选择命令。选择下拉菜单 插入 ➡ Surface Creation ▶ ➡ 拉伸曲面...
命令，系统弹出"拉伸曲面"对话框。

步骤 03 定义拉伸类型和长度。在对话框中单击 按钮；在 长度 文本框中输入数值 20。

步骤 04 定义拉伸曲线。在绘图区选取图 6.5.9a 所示的曲线为拉伸曲线。

步骤 05 单击 确定 按钮，完成拉伸曲面的创建。

6.5.5 旋转曲面

使用 Revolve... 命令可以选择已知的曲线和一个旋转轴创建旋转曲面。下面通过图
6.5.10 所示的实例，说明创建旋转曲面的操作过程。

a）创建前   b）创建后

图 6.5.10 旋转曲面

步骤 01 打开文件 D:\catia2014\work\ch06.05.05\Revolution_Surface.CATPart。

步骤 02 选择命令。选择下拉菜单 插入 ➡ Surface Creation ▶ ➡ Revolve... 命
令，系统弹出图 6.5.11 所示的"旋转曲面定义"对话框。

图 6.5.11 "旋转曲面定义"对话框

图 6.5.11 所示"旋转曲面定义"对话框中部分选项的说明如下。

◆ 轮廓：文本框：单击此文本框，用户可以在绘图区指定旋转曲面的轮廓。

◆ 旋转轴：文本框：单击此文本框，用户可以在绘图区指定旋转曲面的旋转轴。

◆ 角限制区域：用于定义旋转曲面的起始角度和终止角度，其包括 角度 1：文本框和 角度 2：文本框。

● 角度 1：文本框：用于定义旋转曲面的起始角度。

● 角度 2：文本框：用于定义旋转曲面的终止角度。

(步骤 03) 定义旋转曲面的轮廓。在绘图区选取图 6.5.10a 所示的曲线为旋转曲面的轮廓。

(步骤 04) 定义旋转轴。在 旋转轴：文本框中右击，选取 Y 轴选项。

(步骤 05) 定义旋转曲面的旋转角度。在 角度 1：文本框中输入数值 180，在 角度 2：文本框中输入数值 0。

(步骤 06) 单击 ● 确定 按钮，完成旋转曲面的创建，如图 6.5.10b 所示。

6.5.6 偏移曲面

使用 ⬆ Offset... 命令可以通过偏移已知的曲面来创建新的曲面。下面通过图 6.5.12 所示的实例，说明创建偏移曲面的操作过程。

a）创建前   b）创建后

图 6.5.12 偏移曲面

(步骤 01) 打开文件 D:\catia2014\work\ch06.05.06\Offset_Surface.CATPart。

(步骤 02) 选择命令。选择下拉菜单 插入 ➡ Surface Creation ▶ ➡ ⬆ Offset... 命令，系统弹出图 6.5.13 所示的"偏移曲面"对话框。

图 6.5.13 所示"偏移曲面"对话框中部分选项的说明如下。

◆ 类型区域：用于设置偏移曲面的创建类型，其包括 ● 简单 单选项和 ● 变量 单选项。

● 简单 单选项：使用该单选项创建的偏移曲面是偏移曲面上的所有点到初始曲面的距离均相等。

● 变量 单选项：使用该单选项创建的偏移曲面是由用户指定每个角的偏移距离。

◆ 限制 区域：用于设置限制参数，其包括 ⦿公差 单选项、⦿公差 单选项后的文本框、⦿阶次 单选项、增量 U: 文本框和 增量 V: 文本框。

● ⦿公差 单选项：用于设置使用公差限制偏移曲面。

● ⦿阶次 单选项：用于设置使用阶次限制偏移曲面。

● 增量 U: 文本框：用于定义 U 方向上的增量值。

● 增量 V: 文本框：用于定义 V 方向上的增量值。

◆ 更多… 按钮：用于显示"偏移曲面"对话框中的其他参数。单击此按钮，"偏移曲面"对话框会变成图 6.5.14 所示。

图 6.5.13 "偏移曲面"对话框

图 6.5.14 改变后的"偏移曲面"对话框

图 6.5.14 所示"偏移曲面"对话框中的部分说明如下。

◆ 显示 区域：用于显示偏移曲面的相关参数，其包括 ▣偏移值 复选框、▢阶次 复选框、▢法线 复选框、▢公差 复选框和 ▢圆角 复选框。

● ▣偏移值 复选框：用于显示偏移曲面的偏移值。用户可以通过在偏移值上右击，在弹出的快捷菜单中选择 编辑 命令，之后在系统弹出的"编辑框"对话框中设置偏移值。

● ▢阶次 复选框：用于显示偏移曲面的阶次。

● ▢法线 复选框：用于显示偏移曲面的偏移方向。用户可以通过单击图 6.5.15 所示的偏移方向箭头改变其方向。

● ▢公差 复选框：用于显示偏移曲面的公差。

● ▢圆角 复选框：用于显示偏移曲面的四个角的顶点，如图 6.5.16 所示。在使用"变量"方式创建偏移曲面时，此复选框处于默认选中状态，方便设置。

图 6.5.15　偏移方向

图 6.5.16　圆角

步骤 03 定义偏移初始面。在绘图区选取图 6.5.12a 所示的曲面为偏移初始面。

步骤 04 定义偏移距离。在图 6.5.17 所示的尺寸上右击，在弹出的快捷菜单中选择 编辑 命令，此时系统弹出图 6.5.18 所示的"编辑框"对话框。在"编辑框"对话框的 编辑值 文本框中输入数值 15，单击 关闭 按钮。

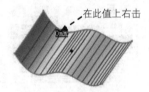

图 6.5.17　定义偏移距离

图 6.5.18　"编辑框"对话框

步骤 05 设置限制参数。在"偏移曲面"对话框的 限制 区域选中 ● 阶次 单选项，并在 增量 U: 文本框和 增量 V: 文本框中分别输入数值 2。

步骤 06 单击 ● 确定 按钮，完成偏移曲面的创建，如图 6.5.12b 所示。

6.5.7　外插延伸

使用 ◆ Styling Extrapolate... 命令可以将曲线或曲面沿着与原始曲线或曲面的相切方向延伸。下面通过图 6.5.19 所示的实例，说明创建外插延伸曲面的操作过程。

步骤 01 打开文件 D:\catia2014\work\ch06.05.07\Styling_Extrapolate.CATPart。

步骤 02 选择命令。选择下拉菜单 插入 ➡ Surface Creation ▶ ➡ ◆ Styling Extrapolate... 命令，系统弹出图 6.5.20 所示的"外插延伸"对话框。

a）创建前　　　　　　　　b）创建后

图 6.5.19　外插延伸曲面

图 6.5.20　"外插延伸"对话框

图 6.5.20 所示"外插延伸"对话框中部分选项的说明如下。

◆ 类型 区域：用于设置外插延伸的类型，其包括 ⦿切线 单选项和 ⦿曲率 单选项。

　● ⦿切线 单选项：使用该单选项是按照指定元素处的切线方向延伸。

　● ⦿曲率 单选项：使用该单选项是按照指定元素处的曲率方向延伸。

◆ 长度:文本框：用于定义外插延伸的长度值。

◆ ☐精确 复选框：当选中此复选框时，外插延伸使用精确的延伸方式；反之，则使用粗糙的延伸方式。

步骤 03 定义延伸边线。在绘图区选取图 6.5.19a 所示的边线为延伸边线。

步骤 04 定义外插延伸的延伸类型。在对话框的 类型 区域选中 ⦿切线 单选项。

步骤 05 定义外插延伸的长度值。在对话框的 长度:文本框中输入数值 50。

步骤 06 单击 ⦿ 确定 按钮，完成外插延伸曲面的创建，如图 6.5.19b 所示。

6.5.8 桥接

使用 🔶 Blend Surface... 命令可以在两个不相交的已知曲面间创建桥接曲面。下面通过图 6.5.21 所示的实例，说明创建**桥接**曲面的操作过程。

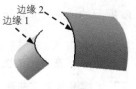

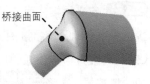

a）创建前　　　　　　　　　　　　　　　　　b）创建后

图 6.5.21　桥接曲面

步骤 01 打开文件 D:\catia2014\work\ch06.05.08\Blend_Surfaces.CATPart。

步骤 02 选择命令。选择下拉菜单 插入 ➡ Surface Creation ▶ ➡ Blend Surface... 命令，系统弹出图 6.5.22 所示的"桥接曲面"对话框。

图 6.5.22 所示"桥接曲面"对话框中部分选项的说明如下。

◆ 桥接曲面类型 下拉列表：用于选择桥接曲面的桥接类型，其包括 分析 选项、近似 选项和 自动 选项。

　● 分析 选项：该选项是当选取的桥接曲面边缘为等参数的曲线时，系统将根据选取的面的控制点创建精确的桥接曲面。

　● 近似 选项：该选项是无论选取的桥接曲面边缘为什么类型的曲线，系统都将根据初始曲面的近似值创建桥接曲面。

- **自动** 选项：该选项是最优的计算模式，系统将使用"分析"方式创建桥接曲面，如果不能创建桥接曲面，则使用"近似"方式创建桥接曲面。

◆ **信息** 区域：用于显示桥接曲面的相关信息，其包括"类型""补面数"和"阶数"等相关信息的显示。

◆ **☐投影终点** 复选框：当选中此复选框时，系统会将先选取的较小边缘的终点投影到与之桥接的边缘上，如图 6.5.23 所示。

相应文件存放于 D:\catia2014\work\ch06.05.08\Blend_Surfaces_01.CATPart。

a) 未投影终点

b) 投影终点

图 6.5.22　"桥接曲面"对话框　　　　图 6.5.23　是否选中"投影终点"复选框

步骤 03　定义桥接类型。在对话框的 **桥接曲面类型** 下拉列表中选择 **分析** 选项。

步骤 04　定义桥接曲面的桥接边缘。在绘图区选取图 6.5.21a 所示的边缘 1 和边缘 2 为桥接边缘，系统自动预览桥接曲面，如图 6.5.24 所示。

步骤 05　设置桥接边缘的连续性。右击图 6.5.24 所示的"点"连续，在弹出的图 6.5.25 所示的快捷菜单中选择 **曲率连续** 命令，同样方法将另一处的"点"连续设置为"曲率连续"。

在此连续上右击

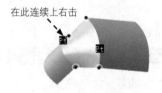

图 6.5.24　预览桥接曲面　　　　　　　图 6.5.25　快捷菜单

图 6.5.25 所示"快捷菜单"中各命令的说明如下。

◆ **点连续**：连接曲面分享它们公共边上的每一点，其间没有间隙。

◆ **切线连续性**：连接曲面分享连接线上每一点的切平面。

◆ **比例**：与切线连续性相似，也是分享在连接线上每一点的切平面，但是从一点到另一点的纵向变化是平稳的。

◆ **曲率连续**：连接曲面分享连接线上每一点的曲率和切平面。

步骤 06 单击 ⬤ 确定 按钮，完成桥接曲面的创建，如图 6.5.21b 所示。

6.5.9 样式圆角

使用 🟥FSS 样式圆角... 命令可以在两个相交的已知曲面间创建圆角曲面。下面通过图 6.5.26 所示的实例，说明创建圆角曲面的操作过程。

a）创建前   b）创建后

图 6.5.26 圆角

步骤 01 打开文件 D:\catia2014\work\ch06.05.09\ACA_Fillet.CATPart。

步骤 02 选择命令。选择下拉菜单 插入 ➡ Surface Creation ▶ ➡ 🟥FSS 样式圆角... 命令，系统弹出图 6.5.27 所示的"样式圆角"对话框（一）。

步骤 03 定义圆角对象。选取图 6.5.26a 所示的两个曲面为圆角对象。

步骤 04 定义圆角曲面的连续性。在 连续 区域中单击 G2 选项。

步骤 05 定义圆角曲面的阶次。单击 近似值 选项卡，"样式圆角"对话框变为图 6.5.28 所示的"样式圆角"对话框（二），在 轨迹方向的几何图形 区域中的 最大阶次: 文本框中输入数值 6。

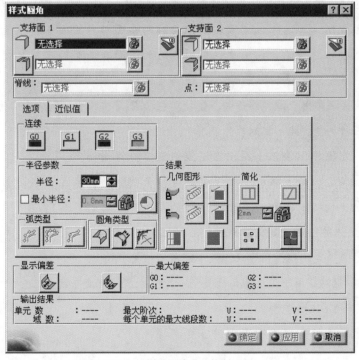

图 6.5.27 "样式圆角"对话框(一)

图 6.5.28　"样式圆角"对话框(二)

图 6.5.27 所示 "样式圆角" 对话框（一）中部分选项的说明如下。

◆ 连续 区域：用于选择连续性的类型，其包括 G0 、 G1 、 G2 和 G3 四种类型。

  ● G0 按钮：若选择该选项，则圆角后的曲面与源曲面保持位置连续关系。

  ● G1 按钮：若选择该选项，则圆角后的曲面与源曲面保持相切连续关系。

  ● G2 按钮：若选择该选项，则圆角后的曲面与源曲面保持曲率连续关系。

◆ 弧类型 区域：用于选择圆弧的类型，其包括 （桥接）、 （近似值）和 （精确）三种类型；此下拉列表只使用于 G1 连续。

  ● （桥接）按钮：用于在迹线间创建桥接曲面。

  ● （近似值）按钮：用于创建近似于圆弧的贝塞尔曲线曲面。

  ● （精确）按钮：用于使用圆弧创建有理曲面。

◆ 半径：文本框：用于定义圆角的半径。

◆ 最小半径：复选框：用于设置最小圆角的相关参数。

◆ 圆角类型 区域：用于设置圆角的类型，其包括 （可变半径）、 （弦圆角）和 （最小真值）三种类型。

  ● 复选框：用于设置使用可变半径。

- 复选框：用于设置使用弦的长度的穿越部分取代半径来定义圆角面。

- 复选框：用于设置最小半径受到系统依靠 G2、 G3 连续计算出来的迹线

  约束。此复选框仅当连续类型为 G2、 G3 连续时可用。

图 6.5.28 所示"样式圆角"对话框（二）中部分选项的说明如下。

◆ 文本框：用于设置创建的圆角曲面的公共边的公差。

◆ 轨迹方向的几何图形 区域：用于设置圆角面公共边的阶次。用户可以在其下的 最大阶次：

  文本框中输入圆角曲面的阶次值。

◆ 参数 下拉列表：用于设置圆角曲面的参数类型，其包括 默认值 选项、 补面1 选项、

  补面2 选项、 平均值 选项、 桥接 选项和 弦 选项。

  - 默认值 选项：用于设置采用计算的最佳参数。

  - 补面1 选项：用于设置采用第一个初始曲面的参数。

  - 补面2 选项：用于设置采用第二个初始曲面的参数。

  - 平均值 选项：用于设置采用两个初始曲面的平均参数。

  - 桥接 选项：用于设置采用与混合迹线相应的参数。

  - 弦 选项：用于设置采用弦的参数。

步骤 06 定义圆角半径。单击 选项 选项卡，在 半径：文本框中输入数值 30。

步骤 07 单击 ● 确定 按钮，完成圆角的创建，如图 6.5.26b 所示。

6.5.10 填充

使用 ◆ Fill... 命令可以在一个封闭区域内创建曲面。下面通过图 6.5.29 所示的实例，说明

创建**填充**曲面的操作过程。

a）创建前

b）创建后

图 6.5.29 填充

说明
　　使用此种方式创建的填充曲面是没有关联性的。

步骤 01 打开文件 D:\catia2014\work\ch06.05.10\Filling_Surfaces.CATPart。

步骤 02 选择命令。选择下拉菜单 插入 ➡ Surface Creation ▶ ➡ Fill...命令，系统弹出图 6.5.30 所示的"填充"对话框。

图 6.5.30 所示"填充"对话框中部分选项的说明如下。

◆ 按钮: 该按钮根据曲面的法线填充。

◆ 按钮: 该按钮沿指南针给出的方向填充。

步骤 03 定义填充区域。选取图 6.5.29a 所示的三角形的三条边线为填充区域，此时在绘图区显示图 6.5.31 所示的填充曲面的预览图。

说明   填充区域为奇数时才会出现图 6.5.31 所示的相交点，填充区域为偶数时是不会出现相交点的。

步骤 04 定义相交点的坐标。右击相交点，在系统弹出的快捷菜单中选择 编辑 命令，系统弹出图 6.5.32 所示的"调谐器"对话框。按照从上到下的顺序依次在 位置 区域的三个文本框中输入数值 2、8、8，单击 关闭 按钮，关闭"调谐器"对话框。

图 6.5.30 "填充"对话框

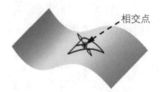
图 6.5.31 填充曲面预览

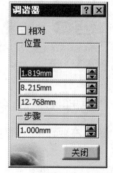
图 6.5.32 "调谐器"对话框

步骤 05 单击 确定 按钮，完成填充曲面的创建，如图 6.5.29b 所示。

6.5.11 自由填充

使用 FreeStyle Fill...命令可以在一个封闭区域内创建曲面。下面通过图 6.5.33 所示的实例，说明创建自由填充曲面的操作过程。

说明   使用此种方式创建的填充曲面是有关联性的。

a）创建前   b）创建后

图 6.5.33 自由填充

步骤 01 打开文件 D:\catia2014\work\ch06.05.11\FreeSyle_Filling.CATPart。

步骤 02 选 择 命 令 。 选 择 下 拉 菜 单 `插入` ➡ `Surface Creation` ➡ `FreeStyle Fill...` 命令，系统弹出图 6.5.34 所示的"填充"对话框。

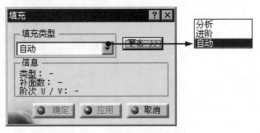

图 6.5.34 "填充"对话框

图 6.5.34 所示"填充"对话框中部分选项的说明如下。

◆ `填充类型` 下拉列表：用于选择填充曲面的创建类型，其包括 `分析` 选项、`进阶` 选项和 `自动` 选项。

- `分析` 选项：用于根据选定的填充元素数目创建一个或多个填充曲面，如图 6.5.35 所示。

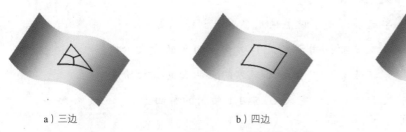

a）三边   b）四边   c）六边

图 6.5.35 "分析"选项

- `进阶` 选项：用于创键一个填充曲面。

- `自动` 选项：该选项是最优的计算模式，系统将使用"分析"方式创建填充曲面，如果不能创建填充曲面，则使用"进阶"方式创建填充曲面。

◆ `信息` 区域：用于显示填充曲面的相关信息，其包括"类型""补面数"和"阶次"

等相关信息的显示。

◆ 更多 >> 按钮：用于显示"填充"对话框中的其他参数。单击此按钮，显示"填充"对话框的更多参数，如图 6.5.36 所示。

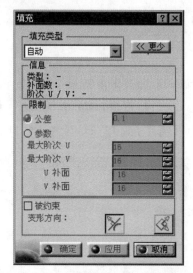

图 6.5.36　"填充"对话框的其他参数

图 6.5.36 所示"填充"对话框中部分选项的说明如下。

◆ 限制 区域：用于设置限制参数，其包括 公差 单选项、公差 单选项后的文本框、参数 单选项、最大阶次U 文本框、最大阶次V 文本框、U补面 文本框和 V补面 文本框。此区域仅当 填充类型 为 进阶 时可用。

● 公差 单选项：用于设置使用公差限制填充曲面，用户可以在其后的文本框中定义公差值。

● 参数 单选项：用于设置使用参数限制填充曲面。

● 最大阶次U 文本框：用于定义 U 方向上曲面的最大阶次。

● 最大阶次V 文本框：用于定义 V 方向上曲面的最大阶次。

● U补面 文本框：用于定义 U 方向上曲面的补面数。

● V补面 文本框：用于定义 V 方向上曲面的补面数。

◆ 被约束 区域：用于设置使用约束方向控制曲面的形状，其包括 按钮和 按钮。

● 按钮：该按钮根据曲面的法线控制填充曲面的形状。

● 按钮：该按钮沿指南针给出的方向控制填充曲面的形状。

步骤 03　定义填充曲面创建类型。在 填充类型 下拉列表中选择 自动 选项。

步骤 04　定义填充范围。依次选取图 6.5.33a 所示的边线 1、边线 2 和边线 3 为填充范围。

步骤 05 单击 ● 确定 按钮，完成自由填充曲面的创建，如图 6.5.33b 所示。

6.5.12 网状曲面

使用 ✖ Net Surface... 命令可以通过已知的网状曲线创建面。下面通过图 6.5.37 所示的实例，说明创建网状曲面的操作过程。

步骤 01 打开文件 D:\catia2014\work\ch06.05.12\Net_Surface.CATPart。

步骤 02 选择命令。选择下拉菜单 插入 ➡ Surface Creation ▶ ➡ ✖ Net Surface... 命令，系统弹出图 6.5.38 所示的"网状曲面"对话框。

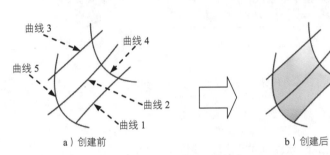

a）创建前   b）创建后

图 6.5.37 网状曲面   图 6.5.38 "网状曲面"对话框

步骤 03 定义引导线。按住 Ctrl 键，在绘图区依次选取图 6.5.37a 所示的曲线 1 为主引导线，曲线 2 和曲线 3 为引导线。

步骤 04 定义轮廓。在对话框中单击"轮廓"字样，然后按住 Ctrl 键，在绘图区依次选取图 6.5.37a 所示的曲线 4 为主轮廓，曲线 5 为轮廓。

步骤 05 单击 ● 应用 按钮，预览创建的网状曲面，如图 6.5.39 所示。

步骤 06 复制主线的参数到曲面上。在对话框中单击"设置"字样进入"设置页"，然后在"工具仪表盘"工具栏中单击 ▦ 按钮，显示曲面阶次，如图 6.5.40 所示。然后单击"复制（d）网格曲面上"字样，单击 ● 应用 按钮，此时曲面阶次如图 6.5.41 所示。

说明   "复制（d）网格曲面上"是将主引导线和主轮廓曲线上的参数复制到曲面上。

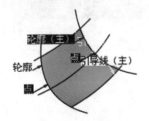   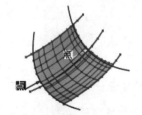   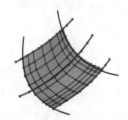

图 6.5.39 预览网状曲面   图 6.5.40 显示网状曲面的阶次   图 6.5.41 复制主线参数到曲面上

步骤 07 定义轮廓沿引导线的位置。单击"选择"字样,回到"选择页",单击"显示"字样进入"显示页";然后单击"移动框架"字样,在绘图区显示图 6.5.42 所示的框架。用鼠标指针靠近绘图区的框架,当在绘图区出现"平面的平行线"字样时右击,系统弹出图 6.5.43 所示的快捷菜单。在该快捷菜单中选择 主引导曲线的垂线 命令,此时在绘图区的框架变成图 6.5.44 所示的方向。

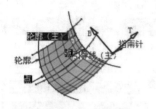

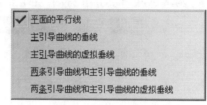

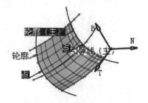

图 6.5.42　显示框架　　　　图 6.5.43　快捷菜单　　　　图 6.5.44　调整框架方向

图 6.5.43 所示的快捷菜单用于定义轮廓沿着引导线的位置。

步骤 08 单击 ● 确定 按钮,完成网状曲面的创建,如图 6.5.37b 所示。

6.5.13　扫掠曲面

使用 Styling Sweep... 命令可以通过已知的廓曲线、脊线和引导线创建曲面。下面通过图 6.5.45 所示的实例,说明创建扫掠曲面的操作过程。

步骤 01 打开文件 D:\catia2014\work\ch06.05.13\Styling_Sweep.CATPart。

步骤 02 选择命令。选择下拉菜单 插入 ➡ Surface Creation ▶ ➡ Styling Sweep... 命令,系统弹出图 6.5.46 所示的"样式扫掠"对话框。

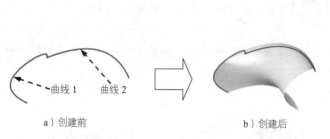

曲线 1　　曲线 2

a)创建前　　　　　　　　　　b)创建后

图 6.5.45　扫掠曲面

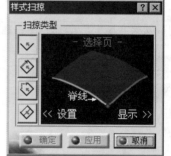

图 6.5.46　"样式扫掠"对话框

图 6.5.46 所示"样式扫掠"对话框中部分选项的说明如下。

◆ ☑按钮:用于使用轮廓线和脊线创建简单扫掠。

◆ 按钮: 用于使用轮廓线、脊线和引导线创建扫掠和捕捉。在此模式中，轮廓未变形且仅在引导线上捕捉。

◆ ◇按钮: 用于使用轮廓线、脊线和引导线创建扫掠和拟合。在此模式中，轮廓被变形以拟合引导线。

◆ ◇按钮: 用于使用轮廓线、脊线、引导线和参考轮廓创建近轮廓扫掠。在此模式中，轮廓被变形以拟合引导线，并确保在引导线接触点处参考轮廓的 G1 连续。

步骤 03 定义轮廓。在绘图区选取图 6.5.45a 所示的曲线 1 为轮廓曲线。

步骤 04 定义脊线。在对话框中单击"脊线"字样，然后在绘图区选取图 6.5.45a 所示的曲线 2 为脊线。

步骤 05 单击 ● **确定** 按钮，完成扫掠曲面的创建，如图 6.5.45b 所示。

◆ 用户可以通过单击"设置"字样对扫掠曲面的"最大偏差"和"阶次"进行设置。

◆ 用户可以通过单击"显示"字样对扫掠曲面的"限制点""信息"和"移动框架"等参数进行设置。其中 "移动框架"命令提供了四个子命令，分别为 平移 命令、 在轮廓上 命令、 固定方向 命令和 轮廓的切线 命令。 平移 命令: 表示在扫掠过程中，轮廓沿着脊线做平移运动。 在轮廓上 命令: 表示轮廓沿脊线外形扫掠并保证它们的相对位置不发生改变。 固定方向 命令: 表示轮廓沿着指南针方向做平移扫掠。 轮廓的切线 命令: 表示轮廓沿着指南针方向做平移扫掠，并确保与脊线始终不变的相切位置。

6.6　曲面的分析

6.6.1　概述

在曲面设计过程中或者曲面设计完成之后都需要对曲面进行必要的分析，从而检查曲面是否达到设计的要求。"自由曲面设计"工作台提供了多种评估曲面的质量，找出曲面缺陷位置的曲面分析工具，以便曲面的修改和编辑。下面具体介绍"自由曲面设计"工作台的曲面分析工具（曲面的曲率分析在 5.5.16 节中已经介绍过，此处就不再进行介绍）。

6.6.2　连续性分析

使用 **连接检查器分析...** 命令可以对已知曲面进行距离分析、切线分析和曲率分析。下面通过图 6.6.1 所示的实例，说明连续性分析的操作过程。

a）分析前   b）分析后

图 6.6.1 连续性分析

步骤 01 打开文件 D:\catia2014\work\ch06.06.02\Connect Checker.CATPart。

步骤 02 选择命令。选择下拉菜单 **插入** ➞ **Shape Analysis** ➞ **连接检查器分析...** 命令，系统弹出图 6.6.2 所示的"连接检查器"对话框。

步骤 03 定义分析类型。在对话框的 **类型** 区域中单击 按钮，并在 **连接** 区域确认 按钮被按下，然后在 **最大间隔** 文本框中输入数值 0.1。

步骤 04 定义离散参数。在对话框的 **离散化** 区域确认 按钮被按下。

步骤 05 定义显示参数。在对话框的 **显示** 区域中确认 按钮处于弹起状态，并单击 按钮，系统弹出图 6.6.3 所示的"连接检查器分析"对话框，在 **振幅** 区域中确认 按钮被按下。

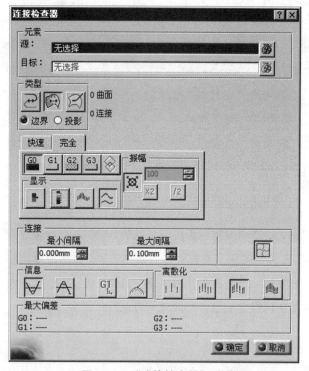

图 6.6.2 "连接检查器"对话框

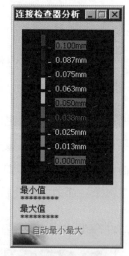

图 6.6.3 "连接检查器分析"对话框

步骤 06 定义要分析面。在绘图区选取图 6.6.1a 所示的曲面为要分析面。

步骤 07 更新最小值和最大值。在"连接检查器分析"对话框中选中 □自动最小最大 复选框。

步骤 08 单击 ● 确定 按钮，完成连续性的分析，如图 6.6.1b 所示，并关闭"连接检查器分析"对话框。

图 6.6.2 所示"连接检查器"对话框中部分选项的说明如下。

◆ 类型 区域：用于选择连接类型，其包括⇄（曲线-曲线连接）、（曲面-曲面连接）和（曲面-曲线连接）三种类型。

◆ G0（G0 连续）按钮：用于对指定曲面进行距离分析。

◆ G1（G1 连续）按钮：用于对指定曲面进行相切分析。

◆ G2（G2 连续）按钮：用于对指定曲面进行曲率分析。

◆ 显示 区域：用于显示连续性的相关参数，其包括、、和四种类型。

● （有限色标）按钮：用于显示色度标尺。选中此复选框会弹出图 6.6.4 所示的"连接检查器分析"对话框。

● （完整色标）按钮：用于显示色度标尺。选中此复选框会弹出图 6.6.3 所示的"连接检查器分析"对话框。

● （梳）按钮：用于显示与距离对应的各点处的尖峰，当选中此复选框时，分析如图 6.6.5 所示。

● （包络）按钮：用于连接所有的尖峰从而形成曲线，当选中此复选框时，分析如图 6.6.6 所示。

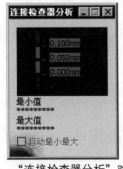

图 6.6.4 "连接检查器分析"对话框

图 6.6.5 梳　　　　　图 6.6.6 包络

◆ 振幅 区域：用于设置梳缩放的方式，其包括 按钮和 100 文本框。（自动缩放）按钮：用于自动调整梳的缩放比。 100 文本框：用于定义调整梳的缩放比。

◆ [图标]（内部边线）按钮：用于分析内部连接。

◆ 最小间隔文本框：用于定义最小间隔值，低于此值将不执行任何分析。

◆ 最大间隔文本框：用于定义最大间隔值，高于此值将不执行任何分析。

◆ 离散化区域：用于设置梳中的尖峰数，其包括[图标]、[图标]、[图标]和[图标]四种类型。

 ● [图标]（轻度离散化）按钮：用于显示 5 个峰值。

 ● [图标]（粗糙离散化）按钮：用于显示 15 个峰值。

 ● [图标]（中度离散化）按钮：用于显示 30 个峰值。

 ● [图标]（精细离散化）按钮：用于显示 45 个峰值。

◆ 信息区域：用于显示 3D 几何图形的最小值（[图标]按钮）和最大值（[图标]按钮）。当选择多个连续类型时，此区域被禁用。

◆ 快速选项卡：用于获取考虑公差的简化分析。单击此按钮，系统弹出图 6.6.7 所示的界面。

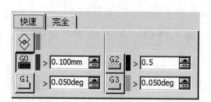

图 6.6.7　"快速分析"界面

图 6.6.3 所示"连接检查器分析"对话框中部分选项的说明如下。

◆ [图标]自动最小最大复选框：用于在每次修改最小值和最大值后自动对其进行更新。

 用户可以通过双击"连接检查器分析"对话框中的颜色和尺寸对其进行修改。

6.6.3　距离分析

使用 [图标]Distance Analysis...命令可以对已知元素间进行距离分析。下面通过图 6.6.8 所示的实例，说明距离分析的操作过程。

（步骤 01）　打开文件 D:\catia2014\work\ch06.06.03\Distance Analysis.CATPart。

（步骤 02）　选择命令。选择下拉菜单 插入 ➡ Shape Analysis ▶ ➡
[图标]Distance Analysis...命令，系统弹出图 6.6.9 所示的"距离分析"对话框。

步骤 03 定义"源"元素。在绘图区选取图 6.6.8a 所示的曲面 1 为"源"元素。

步骤 04 定义"目标"元素。在"距离分析"对话框的 元素 区域单击 目标 文本框，

然后在绘图区选取图 6.6.8a 所示的曲面 2 为"目标"元素。

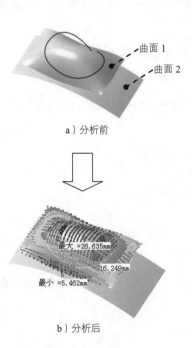

a）分析前

b）分析后

图 6.6.8　距离分析

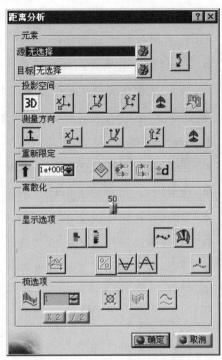

图 6.6.9　"距离分析"对话框

图 6.6.9 所示"距离分析"对话框中部分选项的说明如下。

◆ 元素 区域：用于定义要分析的元素，其包括 源 文本框、目标 文本框和 5 按钮。

● 源 文本框：用于定义分析的源元素。

● 目标 文本框：用于定义分析的目标元素。

● 5 按钮：用于反转计算方向。当在有些情况下无法进行反转计算方向时，该按钮被禁用，如其中一个元素为平面。

◆ 投影空间 区域：定义用于计算的输入元素的预处理，其包括 3D 按钮、x↑ 按钮、Y 按钮、↑Z 按钮、▲ 按钮和 按钮。

● 3D 按钮：若单击此按钮，则设置不修改元素并在初始元素之间进行计算。

● x↑ 按钮：若单击此按钮，则计算沿 X 方向进行的元素投影之间的距离。仅在分析曲线之间的距离时可用。

● ↑Y 按钮：若单击此按钮，则计算沿 Y 方向进行的元素投影之间的距离。

仅在分析曲线之间的距离时可用。

- ⬚按钮：若单击此按钮，则计算沿 Z 方向进行的元素投影之间的距离。仅在分析曲线之间的距离时可用。

- ⬚按钮：若单击此按钮，则根据指南针当前的方向进行投影，并在选定元素的投影之间进行计算。

- ⬚按钮：若单击此按钮，则计算曲线与包含该曲线的平面交线之间的距离。仅在分析曲线与平面之间的距离时可用。

◆ 测量方向 区域：用于定义计算距离的方向，其包括⬚按钮、⬚按钮、⬚按钮、⬚按钮和⬚按钮。

- ⬚按钮：用于设置根据源元素的法线计算距离。

- ⬚按钮：用于设置根据 X 轴计算距离。

- ⬚按钮：用于设置根据 Y 轴计算距离。

- ⬚按钮：用于设置根据 Z 轴计算距离。

- ⬚按钮：用于设置根据指南针方向计算距离。

◆ 显示选项 区域：用于定义显示选项，其包括⬚按钮、⬚按钮、⬚按钮、⬚按钮、⬚按钮、⬚按钮、⬚按钮、⬚按钮和⬚按钮。

- ⬚按钮：用于显示表示距离变化的 2D 图。

- ⬚按钮：用于设置基于选择的颜色范围进行完全分析。

- ⬚按钮：用于设置仅使用默认显示的三个值和四种颜色进行简化分析。

- ⬚按钮：用于设置在几何图形上仅显示点外形的距离分析。

- ⬚按钮：用于显示最大距离值，以及在几何图形上的位置。

- ⬚按钮：用于显示最小距离值，以及在几何图形上的位置。

- ⬚按钮：用于显示两个值之间点的百分比。

- ⬚按钮：用于使用颜色分布检查分析。当此按钮处于选中状态时，⬚按钮、⬚按钮、⬚按钮和⬚按钮不可用。

- ⬚按钮：当选中该按钮，允许将鼠标指针移动到离散化元素上时，显示指针下方的点与其他组元素之间更精确的距离。

◆ 梳选项 区域：用于显示尖峰外形的距离分析，其包括⬚按钮、1 ⬚文本框、⬚按钮、⬚按钮和⬚按钮。

- ⬚按钮：当选中按钮时，梳选项 区域被激活。

- 1 文本框：用于设置尖峰大小的比率。当选中 按钮时，该文本框不可用。

- 按钮：用于设置仅使用默认显示的三个值和四种颜色进行简化分析。

- 按钮：用于设置自动优化的尖峰大小。

- 按钮：用于反转几何图形上的尖峰可视化。

- 按钮：用于显示将所有尖峰连接在一起的包络线。

◆ 离散化 区域：用于设置离散化参数，其中 ——————52——————— 滑块是用于减少或增加计算距离时所要考虑"源"元素的点数。

◆ 文本框：用于设置显示的最大距离值，小于该距离值的结果在模型和图 6.6.11 所示的"Colors"对话框中能够显示，否则系统不予显示。图 6.6.10 和图 6.6.11 所示是最大距离值为 20mm 时的显示结果。

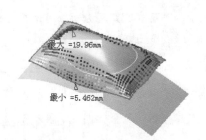

图 6.6.10　分析结果

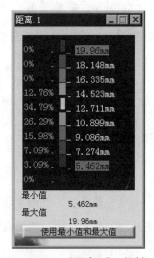

图 6.6.11　"距离.1"对话框

步骤 **05** 定义测量方向。在"距离分析"对话框的 测量方向 区域单击 按钮，将测量方向改为法向距离，当鼠标指针移至曲面某位置时会在绘图区显示图 6.6.12 所示的当前分析距离。

步骤 **06** 定义显示选项。单击 显示选项 区域的 按钮，系统弹出"Colors"对话框。在"Colors"对话框中单击 使用最小值和最大值 按钮。

步骤 **07** 分析统计分布。在"距离分析"对话框中单击"显示统计信息"按钮 ，此时"Colors"对话框如图 6.6.13 所示。

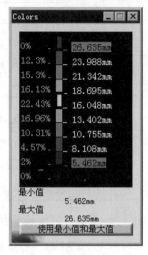

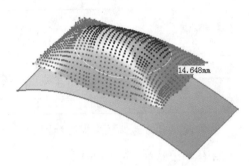

图 6.6.12　方向距离分析　　　　　　　　　图 6.6.13　"Colors" 对话框

步骤 08　显示最小值和最大值。在 "距离分析" 对话框中单击 "最小值" 按钮 和 "最大值" 按钮 ，此时在绘图区域显示最小值和最大值，如图 6.6.14 所示。

步骤 09　单击　确定　按钮，完成距离的分析，如图 6.6.8b 所示。

> 若需要在两个面之间做颜色检查，则需在一开始选中图 6.6.8a 所示的曲面 1 为 "源" 元素，曲面 2 为 "目标" 元素，之后在 "距离分析" 对话框的 测量方向 区域单击 按钮调整测量方向，再单击 显示选项 区域的 按钮，系统弹出 "Colors" 对话框。在 "Colors" 对话框中单击 使用最小值和最大值 按钮更新最小值和最大值。然后单击 "结构映射模式" 按钮 并单击 "距离分析" 对话框 的 确定 按钮，完成两个面之间的距离分析，结果如图 6.6.15 所示。

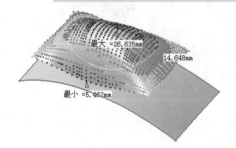

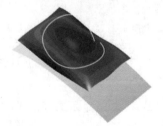

图 6.6.14　最小值和最大值　　　　　　　图 6.6.15　面与面之间的颜色分布检查

6.6.4　切除面分析

使用 切除面分析... 命令可以在已知曲面上创建若干切割平面，并对这些切割平面与已知曲面的交线进行曲率分析。下面通过图 6.6.16 所示的实例说明切除面分析的操作过程。

a）分析前　　　　　　　　　　　　　　　　　　　b）分析后

图 6.6.16　切除面分析

步骤 01 打开文件 D:\catia2014\work\ch06.06.04\Cutting_Planes.CATPart。

步骤 02 选择命令。选择下拉菜单 **插入** ➡ **Shape Analysis ▶** ➡ **切除面分析...**

命令，系统弹出图 6.6.17 所示的"分析切除面"对话框。

图 6.6.17　"分析切除面"对话框

图 6.6.17 所示"分析切除面"对话框中部分选项的说明如下。

◆ **截面类型** 区域：用于定义截面的创建类型，其包括 按钮、 按钮和 按钮。

● 按钮：用于创建平行的截面。

● 按钮：用于创建与指定曲线垂直的截面。

● 按钮：用于创建独立的截面，并且此独立截面必须是前面创建好的平面或曲面。

◆ 数目/步幅 区域：用于设置创建截面的相关参数，其包括 ⊙数目 单选项、⊙步幅 单选项和 ⊙曲线上 单选项。

- ⊙数目 单选项：用于定义创建截面的数量，用户可以在其后的文本框中输入值来定义切割平面的数量。

- ⊙步幅 单选项：用于定义截面的间距，用户可以在其后的文本框中输入值来定义切割平面的间距。

- ⊙曲线上 单选项：用于设置沿曲线的截面位置。

◆ 边界 区域：用于定义平行截面的相关参数，其包括 ⊙自动 单选项、⊙手动 单选项、开始：文本框和 结束：文本框。

- ⊙自动 单选项：用于设置系统自动根据选择的几何图形定义截面的位置。

- ⊙手动 单选项：用于将截面的位置定义在指定开始值和结束值之间。

- 开始：文本框：用于定义截面的开始值。

- 结束：文本框：用于定义截面的结束值。

◆ 显示 区域：用于设置显示的相关选项，其包括 ▦、◈、▥和 设置... 按钮。

- ▦（平面）按钮：用于设置显示创建的截面。

- ◈（弧长）按钮：用于设置显示创建的弧长。

- ▥（曲率）按钮：用于显示截面与指定曲面交线的曲率。

- 设置... 按钮：用于显示"箭状曲率"的相关参数。单击此按钮，系统弹出图 6.6.18 所示的"箭状曲率"对话框，用户可以在该对话框中对"箭状曲率"进行相关的设置。

图 6.6.18　"箭状曲率"对话框

步骤 03 设置截面类型。在"分析切除面"对话框的 截面类型 区域中单击"与曲线垂直的平面"按钮 。

步骤 04 设置截面数量。在 数目/步幅 区域选中 ● 数目 单选项，并在其后的文本框中输入数值 5。

步骤 05 定义要分析的曲线和面。在绘图区选取图 6.6.16a 所示的曲线和曲面为分析对象。

步骤 06 定义显示参数。在 显示 区域中单击"平面"按钮 和"曲率"按钮 。

步骤 07 定义箭状曲率的相关参数。在 显示 区域单击 设置... 按钮，系统弹出"箭状曲率"对话框；在 类型 下拉列表中选择 曲率 选项，在 密度 区域的文本框中输入数值 50，在 振幅 区域的文本框中输入数值 300，单击 ● 确定 按钮，完成箭状曲率的参数设置。

步骤 08 单击"分析切除面"对话框中的 ● 确定 按钮，完成切除面分析，如图 6.6.16b 所示。

6.6.5　反射线分析

使用 Reflection Lines... 命令可以利用反射线对已知曲面进行分析。下面通过图 6.6.19 所示的实例说明反射线分析的操作过程。

a）分析前　　　　　　　　　　　　b）分析后

图 6.6.19　反射线分析

步骤 01 打开文件 D:\catia2014\work\ch06.06.05\Analyzing Reflect Curves.CATPart。

步骤 02 选择命令。选择下拉菜单 插入 ➡ Shape Analysis ▸ ➡ Reflection Lines... 命令，系统弹出图 6.6.20 所示的"反射线"对话框。

图 6.6.20 所示"反射线"对话框中部分选项的说明如下。

◆ 霓虹 区域：用于定义霓虹的相关参数，其包括 N 文本框、 D 文本框和 位置 按钮。

● N 文本框：用于定义霓虹的条数。

● D 文本框：用于定义每条霓虹的间距。

● 位置 按钮：用于自动霓虹定位。

◆　视角 区域：用于定义视角的位置，其包括 按钮和 按钮。

- 按钮：用于将视角设置到视点位置。
- 按钮：将用户定义的视角定义到固定的位置。

步骤 03　定义要分析的对象。在绘图区选取图 6.6.19a 所示的曲面为要分析的对象。

步骤 04　定义霓虹参数。在对话框 霓虹 区域的 N 文本框中输入数值 10，在 ID 文本框中输入数值 8。

步骤 05　定义视角。在"视图"工具栏的 下拉列表中选择 命令调整视角为"等轴视图"，并在 视角 区域单击 按钮。

步骤 06　定义指南针位置。在图 6.6.21 所示的指南针的原点位置右击，然后在系统弹出的快捷菜单中选择 编辑... 命令，系统弹出"用于指南针操作的参数"对话框。在 沿X 的位置 文本框中输入数值 0，在 沿Y 的位置 文本框中输入数值 0，在 沿Z 的位置 文本框中输入数值 15，在 沿X 的角度 文本框中输入数值 30，在 沿Y 的角度 文本框中输入数值 0，在 沿Z 的角度 文本框中输入数值 0；单击 应用 按钮，此时指南针方向如图 6.6.22 所示。单击 关闭 按钮，关闭"用于指南针操作的参数"对话框。

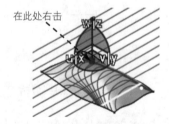

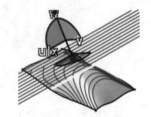

图 6.6.20　"反射线"对话框　　　图 6.6.21　定义指南针位置　　　图 6.6.22　改变后的指南针位置

步骤 07　在"反射线"对话框中单击 确定 按钮，完成反射线分析，如图 6.6.19b 所示。

6.6.6　衍射线分析

使用 Inflection Lines... 命令可以利用衍射线对已知曲面进行分析。下面通过图 6.6.23 所示的实例说明衍射线分析的操作过程。

步骤 01　打开文件 D:\catia2014\work\ch06.06.06\Analyzing Inflection Lines.CAT Part。

步骤 02　选择命令。选择下拉菜单 插入 ➡ Shape Analysis ▶ ➡ Inflection Lines... 命令，系统弹出图 6.6.24 所示的"衍射线"对话框。

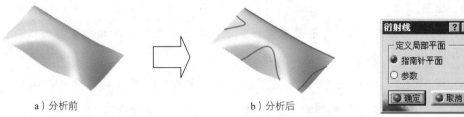

a）分析前　　　　　　　　b）分析后

图 6.6.23　衍射线分析　　　　　　图 6.6.24　"衍射线"对话框

图 6.6.24 所示"衍射线"对话框中部分选项的说明如下。

◆ 定义局部平面 区域：用于选择局部平面的方式，其包括 指南针平面 单选项和 参数 单
选项。

● 指南针平面 单选项：用于根据指南针定义每个点的局部平面。

● 参数 单选项：用于设置根据两个参数方向定义每个点的局部平面。

步骤 **03** 定义要分析的对象。在绘图区选取图 6.6.23a 所示的曲面为要分析的对象。

步骤 **04** 定义局部平面方式。在对话框的 定义局部平面 区域中选中 指南针平面 单选项。

步骤 **05** 单击 确定 按钮，完成衍射线分析，如图 6.6.23b 所示。

6.6.7　强调线分析

使用 Highlight lines... 命令可以利用强调线对已知曲面进行分析。下面通过图 6.6.25 所示
的实例说明强调线分析的操作过程。

步骤 **01** 打开文件 D：\catia2014\work\ch06.06.07\AnalyzingHighlight Lines.CAT Part。

步骤 **02** 选择命令。选择下拉菜单 插入 ➡ Shape Analysis ➡ Highlight lines...
命令，系统弹出图 6.6.26 所示的"强调线"对话框。

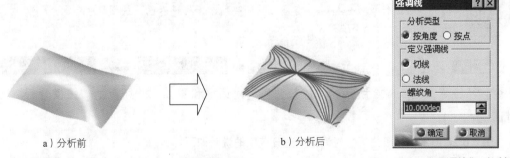

a）分析前　　　　　　　　b）分析后

图 6.6.25　强调线分析　　　　　　图 6.6.26　"强调线"对话框

图 6.6.26 所示"强调线"对话框中部分选项的说明如下。

◆ 定义强调线 区域：用于选择强调线的突出显示类型，其包括 切线 单选项和 法线 单

选项。

- ● 切线 单选项：用于设置突出显示指定曲面上的点的切线方向与指南针的 Z 轴方向成定义的螺旋角度位置。

- ● 法线 单选项：用于设置突出显示指定曲面上的点的法向与指南针的 Z 轴方向成定义的螺旋角度位置。

◆ 螺纹角 文本框：用于定义螺旋角度值。

（步骤 03） 定义要分析的对象。在绘图区选取图 6.6.25a 所示的曲面为要分析的对象。

（步骤 04） 定义突出显示类型。在"强调线"对话框的 定义强调线 区域中选中 ● 切线 单选项。

（步骤 05） 定义螺旋角度。在 螺纹角 文本框中输入数值 15。

（步骤 06） 单击 ● 确定 按钮，完成强调线分析，如图 6.6.25b 所示。

6.6.8 拔模分析

使用 Draft Analysis... 命令可以对已知曲面进行拔模分析。下面通过图 6.6.27 所示的实例说明拔模分析的操作过程。

（步骤 01） 打开文件 D:\catia2014\work\ch06.06.08\Draft Analysis.CATPart。

a）分析前

b）分析后

图 6.6.27　拔模分析

在进行拔模分析时，需将视图调整到"含材料着色"视图环境下。

（步骤 02） 选择命令。选择下拉菜单 插入 ➡ Shape Analysis ▶ ➡ Draft Analysis... 命令，系统弹出图 6.6.28 所示的"拔模分析"对话框和图 6.6.29 所示的"拔模分析.1"对话框（一）。

图 6.6.28 所示"拔模分析"对话框中部分选项的说明如下。

◆ 模式 区域：用于定义分析模式，其包括 按钮和 按钮。

- ● 按钮：用于设置基于选择的颜色范围进行快速分析。

- ● 按钮：用于设置仅使用默认显示的值和颜色进行全面分析。

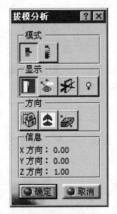

图 6.6.28 "拔模分析"对话框

图 6.6.29 "拔模分析.1"对话框（一）

◆ 显示 区域：用于定义分析类型，其包括🔳按钮、🔅按钮、✳和♀按钮。

● 🔳按钮：用于以完整颜色范围或有限颜色范围显示（或隐藏）距离分析。单击此按钮，系统弹出图 6.6.29 所示的"拔模分析.1"对话框（一）。

● 🔅按钮：用于进行局部分析。当选中此按钮时，将鼠标指针移动到要进行局部分析的位置，此时在指针下方显示箭头，用于标识指针位置上曲面的法线方向（绿色箭头）、拔模方向（红色箭头）和切线方向（蓝色箭头），如图 6.6.30 所示。在曲面上移动指针时，显示将动态更新。同时将显示圆弧，以指示该点处曲面的相切平面。

● ✳按钮：用于突出显示展示部分的隐藏。

● ♀按钮：用于进行环境光源明暗的调整。

◆ 方向 区域：用于设置方向的相关参数，其包括🔳按钮、🔺按钮和🖊按钮。

● 🔳按钮：单击该按钮并选择一个方向（直线、平面或使用其法线的平面），或者在指南针操作器可用时使用它的选择方向可以锁定方向。

● 🔺按钮：使用指南针定义新的当前拔模方向。单击此按钮后，指南针会出现在要做拔模分析的曲面上，用户可以通过定义指南针的位置改变拔模分析的方向，如图 6.6.31 所示。

图 6.6.30 局部拔模分析

图 6.6.31 改变拔模方向之后

● 按钮：用于反转拔模方向。

◆ 信息 区域：用于显示指南针的位置信息。

步骤 03 定义要分析的对象。在绘图区选取图 6.6.27a 所示的曲面为要分析的对象。

步骤 04 定义显示选项。单击 模式 区域的 按钮，系统弹出"拔模分析.1"对话框（二）。

步骤 05 在"拔模分析"对话框（二）中单击 确定 按钮，完成拔模分析，如图 6.6.27b 所示。

若想在拔模分析的状态下调整曲面形状，则需先选择下拉菜单 插入 ━━▶ Shape Modification ▶ ━━▶ 控制点... 命令，然后再进行拔模分析。

6.6.9 映射分析

使用 Environment Mapping... 命令可以对已知曲面进行映射分析。下面通过图 6.6.32 所示的实例说明映射分析的操作过程。

步骤 01 打开文件 D:\catia2014\work\ch06.06.09\Environment Mapping Analysi s.CATPart。

a）分析前　　　　　　　　b）分析后

图 6.6.32　映射分析

在进行映射分析时，需将视图调整到"带材料着色"视图环境下。

步骤 02 选择命令。选择下拉菜单 插入 ━━▶ Shape Analysis ▶ ━━▶ Environment Mapping... 命令，系统弹出图 6.6.33 所示的"映射"对话框。

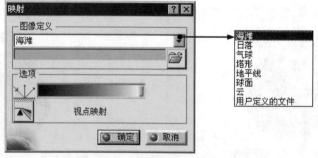

图 6.6.33　"映射"对话框

图 6.6.33 所示"映射"对话框中部分选项的说明如下。

- ◆ 图像定义 下拉列表: 用于定义图像的类型,其包括 海滩 选项、日落 选项、气球 选项、塔形 选项、地平线 选项、球面 选项、云 选项和 用户定义的文件 选项。

  - 海滩 选项: 用于定义使用海滩图片作为映射对象。
  - 日落 选项: 用于定义使用日落图片作为映射对象。
  - 气球 选项: 用于定义使用气球图片作为映射对象。
  - 塔形 选项: 用于定义使用塔形图片作为映射对象。
  - 地平线 选项: 用于定义使用地平线图片作为映射对象。
  - 球面 选项: 用于定义使用球形图片作为映射对象。
  - 云 选项: 用于定义使用云图片作为映射对象。
  - 用户定义的文件 选项: 用于定义使用自定义图片作为映射对象。

- ◆ 📁 按钮: 用户可以通过单击该按钮添加自定义图片。

- ◆ 选项 区域: 用于设置映射的参数,其包括 📐 滑块和 📐 按钮。

  - 📐 滑块: 用于定义反射率值,即结构使用的透明度。
  - 📐 按钮: 定义映射是逐个零件完成还是在零部件上全局完成。

步骤 03 定义分析图像。在"映射"对话框的 图像定义 下拉列表中选择 气球 选项。

步骤 04 定义要分析的对象。在绘图区选取图 6.6.32a 所示的曲面为要分析的对象。

步骤 05 单击 ● 确定 按钮,完成映射分析,如图 6.6.32b 所示。

说明　在执行映射分析后,用户可以转动模型从不同角度观察映射结果。

6.6.10　斑马线分析

使用 ▦ Isophotes Mapping... 命令可以对已知曲面进行斑马线分析。下面通过图 6.6.34 所示的实例说明斑马线分析的操作过程。

步骤 01 打开文件 D:\catia2014\work\ch06.06.10\Isophotes Mapping Analysi s.CATPart。

　　a) 分析前　　　　　　　　　　　　　　　　　　　　　b) 分析后

图 6.6.34　斑马线分析

在进行斑马线分析时，需将视图调整到"带材料着色"视图环境下。

步骤02 选 择 命 令 。 选择下拉菜单 插入 ➝ Shape Analysis ▶ ➝
Isophotes Mapping... 命令，系统弹出图 6.6.35 所示的"等照度线映射分析"对话框。

图 6.6.35 所示"等照度线映射分析"对话框中部分选项的说明如下。

◆ 类型选项 区域：用于设置映射分析的相关选项，其包括 下拉列表、 按钮、
   下拉列表、 下拉列表、 按钮和 按钮。

   ● 下拉列表：用于设置分析类型，其包括 按钮、 按钮和 按钮。
      按钮：用于设置圆柱模式分析。 按钮：用于设置球面模式分析。 按
      钮：用于设置多区域模式分析。

   ● 按钮：用于定义映射是逐个零件完成还是在零部件上全局完成。

   ● 下拉列表：用于使用屏幕定义，其包括 选项和 选项。 选项：
      用于将视角设置到视点位置。 选项：将用户定义的视角定义到固定的
      位置。选择此选项，在绘图区会出现图 6.6.36 所示的视角点，用户可以
      通过此点来定义视角位置。

   ● 下拉列表：用于使用用户视角位置定义映射分析入射方向，其包括
      选项和 选项。 选项：使用屏幕平面法向作为映射分析入射方向。
      选项：使用用户视角位置作为映射分析入射方向。

   ● 按钮：用于突出显示展示部分的隐藏。

   ● 按钮：用于进行环境光源明暗的调整。

◆ 条纹参数 区域：用于设置条纹的相关参数，其包括 滑块、
   滑块、 滑块、半径 文本框、 按钮
   和 按钮。

   ● 滑块：用于设置条纹相对数量。

   ● 滑块：用于设置黑白条纹相对宽度。

   ● 滑块：用于设置颜色锐化和光顺的相对值。

   ● 半径 文本框：用于设置圆柱或球面的半径值。

   ● 按钮：用于通过移动指南针改变映射分析方向。

   ● 按钮：用于隐藏 3D 操作器。

图 6.6.35 "等照度线映射分析"对话框

图 6.6.36 视角点

步骤 03 定义映射类型。在"等照度线映射分析"对话框 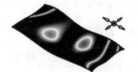 区域的 下拉列表中单击 按钮。

步骤 04 定义要分析的对象。在绘图区选取图 6.6.34a 所示的曲面为要分析的对象。

步骤 05 单击 确定 按钮，完成映射分析，如图 6.6.34b 所示。

在分析完成后，用户可以转动模型观察映射。

6.7 自由曲面的编辑

6.7.1 概述

完成曲面的分析，我们只是对曲面的质量有了一定的了解。要想真正得到高质量、符合要求的曲面，就要在分析后对曲面进行修整，这就涉及曲面的编辑。下面我们就介绍一下"自由曲面设计"工作台中曲面编辑的工具。

6.7.2 对称

使用 Symmetry... 命令可以对已知元素相对于一个中心元素进行对称复制。下面通过图 6.7.1 所示的实例，说明对称的操作过程。

步骤 01 打开文件 D:\catia2014\work\ch06.07.02\Symmetry.CATPart。

步骤 02 选择命令。选择下拉菜单 插入 ➡ Shape Modification ▶ ➡ Symmetry... 命令，系统弹出图 6.7.2 所示的"对称定义"对话框。

图 6.7.1 对称

图 6.7.2 所示"对称定义"对话框中部分选项的说明如下。

◆ 元素：文本框：激活此文本框，用户可以在绘图区选取要对称的元素。

◆ 参考：文本框：激活此文本框，用户可以在绘图区选取要对称的中心参考元素。

◆ 隐藏/显示初始元素 按钮：用于显示或者隐藏初始元素。

步骤 03 定义对称元素。在绘图区选取图 6.7.1a 所示的曲面为对称元素。

步骤 04 定义参考元素。在绘图区选取图 6.7.1a 所示的直线为参考元素。

步骤 05 单击 ● 确定 按钮，完成对称的创建，如图 6.7.1b 所示。

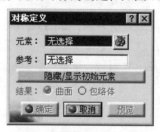

图 6.7.2 "对称定义"对话框

6.7.3 控制点调整

使用 控制点... 命令可以对已知曲线或者曲面上的控制点进行调整，以使其变形。下面通过图 6.7.3 所示的实例，说明控制点调整的操作过程。

图 6.7.3 控制点调整

步骤 01 打开文件 D:\catia2014\work\ch06.07.03\Control_Points.CATPart。

步骤 02 选择命令。选择下拉菜单 插入 ➡ Shape Modification ▶ ➡ 控制点... 命

令，系统弹出图 6.7.4 所示的"控制点"对话框。

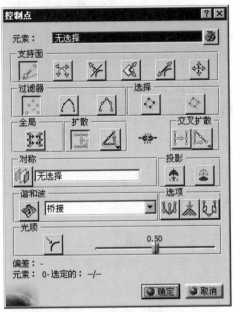

图 6.7.4　"控制点"对话框

图 6.7.4 所示"控制点"对话框中部分选项的说明如下。

◆ 元素：文本框：激活此文本框，用户可以在绘图区选取要调整的元素。

◆ 支持面 区域：用于设置平移控制点的方式，其包括⊿按钮、⊹按钮、⊁按钮、⊗按钮、⊿按钮和⊹按钮。

● ⊿按钮：单击此按钮，则沿指南针法线平移控制点。

● ⊹按钮：单击此按钮，则沿网格线平移控制点。

● ⊁按钮：单击此按钮，则沿元素的局部法线平移控制点。

● ⊗按钮：单击此按钮，则在指南针主平面中平移控制点。

● ⊿按钮：单击此按钮，则沿元素的局部切线平移控制点。

● ⊹按钮：单击此按钮，则在屏幕平面中平移控制点。

◆ 过滤器 区域：用于设置过滤器的过滤类型，包括⊡按钮、⌒按钮和⌒按钮。

● ⊡按钮：单击此按钮，则仅对点进行操作。

● ⌒按钮：单击此按钮，则仅对网格进行操作。

● ⌒按钮：单击此按钮，则允许同时对点和网格进行操作。

◆ 选择 区域：用于选择或取消选择控制点，其包括⊹按钮和⊹按钮。

● ⊹按钮：用于选择网格的所有控制点。

- 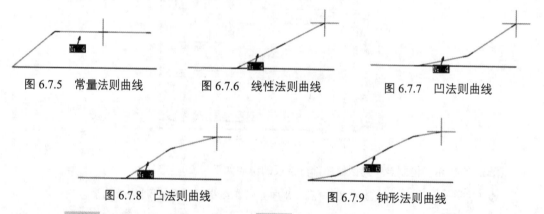按钮：用于取消选择网格的所有控制点。

◆ 扩散区域：用于设置扩散的方式，其包括按钮和下拉列表。

- 按钮：用于设置以同一个方式将变形拓展至所有选定的点（常量法则曲线）。

- 下拉列表：用于设置以指定方式将变形拓展至所有选定的点。其包括选项、选项、选项和选项。选项：线性法则曲线。选项：凹法则曲线、选项：凸法则曲线。选项：钟形法则曲线。各法则曲线分别如图 6.7.5~图 6.7.9 所示。

图 6.7.5　常量法则曲线　　　　图 6.7.6　线性法则曲线　　　　图 6.7.7　凹法则曲线

图 6.7.8　凸法则曲线　　　　　　图 6.7.9　钟形法则曲线

◆ 按钮：用于设置是否链接。表示取消链接，此时使用扩散方式编辑。当前状态为表示启用链接时，此时使用交叉扩散方式编辑。

◆ 交叉扩散区域：用于设置交叉扩散的方式，其包括按钮和下拉列表。

- 按钮：用于设置以同一个方式将变形拓展至另一网格线上的所有选定点。

- 下拉列表：用于设置以指定方式将变形拓展至另一网格线上的所有选定点，其包括选项、选项、选项和选项。选项：交叉线性法则曲线。选项：交叉凹法则曲线、选项：交叉凸法则曲线。选项：交叉钟形法则曲线。

◆ 对称区域：用于设置对称参数，其包括按钮和按钮后的文本框。

- 按钮：用于设置使用指定的对称平面进行网格对称计算，如图 6.7.10 所示。

- 按钮后的文本框：单击此文本框，用户可以在绘图区选取对称平面。

◆ 投影区域：用于定义投影方式，其包括按钮和按钮。

- ❖ 按钮：单击此按钮，按指南针法线对一些控制点进行投影。
- ❖ 按钮：单击此按钮，按指南针平面对一些控制点进行投影。

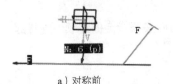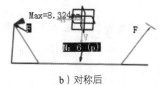

a）对称前   b）对称后

图 6.7.10　对称

◆ 谐和波 区域：用于设置谐和波的相关选项，其包括 ❖ 按钮和 桥接 ▾ 下拉列表。

- ❖ 按钮：单击此按钮，使用选定的谐和波运算法则计算网格谐和波。
- 桥接 ▾ 下拉列表：用于设置谐和波的控制方式，其包括 桥接 选项、平均平面 选项和 三点平面 选项。桥接 选项：使用桥接曲面的方式控制谐和波。平均平面 选项：使用平均平面的方式控制谐和波。三点平面 选项：使用 3 点平面的方式控制谐和波。

◆ 选项 区域

- 🔱 按钮：用于设置在控制点位置显示箭头，以示局部法线并推导变形。
- ⚜ 按钮：用于设置显示当前几何图形和它以前的版本的最大偏差。
- 🔱 按钮：用于设置显示谐和波平面。

步骤 03 定义控制元素。在绘图区选取图 6.7.3a 所示的曲面为控制元素，此时在绘图区显示图 6.7.11 所示的指定曲面的所有控制点。

步骤 04 定义支持面局部法线方向。在"控制点"对话框的 支持面 区域中单击 ✗ 按钮。

步骤 05 定义过滤器。在 过滤器 区域单击 ⌂ 按钮，指定过滤方式为网格。

步骤 06 定义变形网格。将鼠标指针移至图 6.7.12 所示的网格线上，按住鼠标左键向左拖拽一定距离，在 光顺 区域中单击 ✓ 按钮，将其线条调整至光顺，此时曲面变成图 6.7.13 所示。

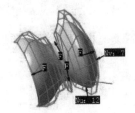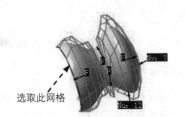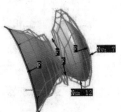

选取此网格

图 6.7.11　控制点   图 6.7.12　定义变形网格   图 6.7.13　变形后

步骤 07 单击 ● 确定 按钮，完成曲面控制点的调整，如图 6.7.3b 所示。

6.7.4　匹配曲面

匹配曲面（图 6.7.14）可以通过已知曲面变形从而与其他曲面按照指定的连续性连接起来。下面介绍匹配曲面的创建过程。

a）创建前　　　　　　　　　　　　　　　b）创建后

图 6.7.14　单边匹配

1. 单边

步骤 01 打开文件 D:\catia2014\work\ch06.07.04\Matching_Surfaces.CATPart。

步骤 02 选择命令。选择下拉菜单 插入 ➡ Shape Modification ▶ ➡ Match Surface... 命令，系统弹出图 6.7.15 所示的"匹配曲面"对话框。

图 6.7.15 所示"匹配曲面"对话框中部分选项的说明如下。

◆ 类型 下拉列表：用于设置创建匹配曲面的类型，其包括 分析 选项、近似 选项和 自动 选项。

  ● 分析 选项：用于利用指定匹配边的控制点参数创建匹配曲面。

  ● 近似 选项：用于将指定的匹配边离散从而近似地创建匹配曲面。

  ● 自动 选项：该选项是最优的计算模式，系统将使用"分析"方式创建匹配曲面，如果不能创建匹配曲面，则使用"近似"方式创建匹配曲面。

  ● 更多 >> 按钮：单击此按钮，显示"匹配曲面"对话框的更多选项，如图 6.7.16 所示。

◆ 信息 区域：用于显示匹配曲面的相关信息，其包括"补面数""阶次""类型"和"增量"等相关信息的显示。

◆ 选项 区域：用于设置匹配曲面的相关选项，其包括 □投影终点 复选框、□投影边界 复选框、□在主轴上移动 复选框和 □扩散 复选框。

  ● □投影终点 复选框：用于投影目标曲线上的边界终点。

  ● □投影边界 复选框：用于投影目标面上的边界。

- ▣ 在主轴上移动 复选框：用于约束控制点，使其在指南针的主轴方向上移动。
- ▣ 扩散 复选框：用于沿截线方向拓展变形。

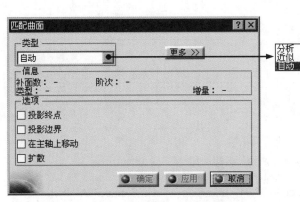

图 6.7.15 "匹配曲面"对话框

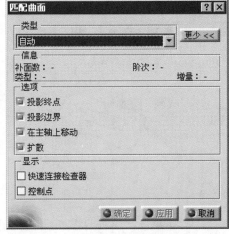

图 6.7.16 "匹配曲面"对话框的更多选项

图 6.7.16 所示"匹配曲面"对话框中部分选项的说明如下。

◆ 显示 区域：用于设置显示的相关选项，其包括 快速连接检查器 复选框和 控制点 复选框。

- ▣ 快速连接检查器 复选框：用于显示曲面之间的最大偏差。
- ▣ 控制点 复选框：选中此复选框，系统弹出"控制点"对话框。用户可以通过此对话框对曲面的控制点进行调整。

步骤 03 定义匹配边。在绘图区选取图 6.7.14a 所示的边线 1 和边线 2 为匹配边，此时在绘图区显示图 6.7.17 所示的匹配面，然后在"点"连续的位置上右击，在系统弹出的快捷菜单中选择 曲率连续 命令。

步骤 04 检查连接。选中 快速连接检查器 复选框，此时在绘图区显示图 6.7.18 所示的连接检查。

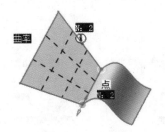

图 6.7.17 匹配面

图 6.7.18 连接检查

步骤 05 设置曲面阶次。在图 6.7.18 所示的阶次上右击，在系统弹出的快捷菜单中选择 **6** 选项，将曲面的阶次改为六阶。

步骤 06 单击 **● 确定** 按钮，完成单边匹配曲面的创建，如图 6.7.14b 所示。

2. 多边（图 6.7.19）

a）创建前　　　　　　　　　　　　　　　b）创建后

图 6.7.19　多边匹配

步骤 01 打开文件 D:\catia2014\work\ch06.07.04\Multi-Side_Match_Surface.CAT Part。

步骤 02 选择命令。选择下拉菜单 **插入** ➡ **Shape Modification ▶** ➡ **Multi-Side Match Surface...** 命令，系统弹出图 6.7.20 所示的"多边匹配"对话框。

图 6.7.20 所示"多边匹配"对话框中部分选项的说明如下。

◆ **选项** 区域：用于设置匹配的参数，其包括 **☐散射变形** 复选框和 **☐优化连续** 复选框。

● **☐散射变形** 复选框：用于设置变形将遍布整个匹配的曲面，而不仅是数量有限的控制点。

● **☐优化连续** 复选框：用于设置优化用户定义的连续时变形，而不是根据控制点和网格线变形。

步骤 03 定义匹配边。在绘图区选取图 6.7.19a 所示的边线 1 和边线 2 为相对应的匹配边，边线 3 和边线 4 为相对应的匹配边，边线 5 和边线 6 为相对应的匹配边，边线 7 和边线 8 为相对应的匹配边，此时在绘图区显示图 6.7.21 所示的匹配面。

步骤 04 定义连续性。在"点"连续上右击，并在系统弹出的快捷菜单中选择 **曲率连续** 命令。用同样的方法将其余的"点"连续改成"曲率连续"，如图 6.7.22 所示。

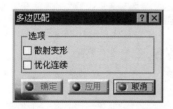

图 6.7.20　"多边匹配"对话框

图 6.7.21　匹配面

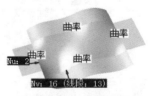

图 6.7.22　曲率连续

在定义连续性时，若系统已默认为"曲率连续"，此时读者就不需要进行此步的操作。

步骤 05 单击 ● 确定 按钮，完成多边匹配曲面的创建，如图 6.7.19b 所示。

6.7.5 外形拟合

使用  Fit to Geometry... 命令可以对已知曲线或曲面与目标元素的外形进行拟合，以达到逼近目标元素的目的。下面通过图 6.7.23 所示的实例，说明外形拟合的操作过程。

曲面 2　　　曲面 1

a）创建前　　　　　　　　　　　　　b）创建后

图 6.7.23　外形拟合

步骤 01 打开文件 D:\catia2014\work\ch06.07.05\Fit_to_Geometry.CATPart。

步骤 02 选择命令。选择下拉菜单 插入 ➡ Shape Modification ▸ ➡ Fit to Geometry... 命令，系统弹出图 6.7.24 所示的"拟合几何图形"对话框。

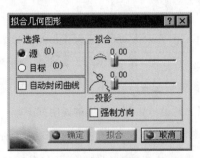

图 6.7.24　"拟合几何图形"对话框

图 6.7.24 所示"拟合几何图形"对话框中部分选项的说明如下。

◆ **选择** 区域：用于定义选取源和目标元素，其包括 ● 源 (0) 单选项和 ● 目标 (0) 单选项。

● ● 源 (0) 单选项：用于允许要拟合的元素。

● ● 目标 (0) 单选项：用于允许选择目标元素。

◆ **拟合** 区域：用于定义拟合的相关参数，其包括 滑块和 滑块。

● 滑块：用于定义张度系数。

● 滑块: 用于定义光顺系数。

◆ ▣ 自动封闭曲线复选框: 用于设置自动封闭拟合曲线。

◆ ▣ 强制方向复选框: 用于允许定义投影方向, 而不是源曲面或曲线的投影法线。

步骤 03 定义源元素和目标元素。在绘图区选取图 6.7.23a 所示的曲面 1 为源元素, 在 选择 区域中选中 ● 目标 (0) 单选项, 选取图 6.7.23a 所示的曲面 2 为目标元素。

步骤 04 设置拟合参数。在 拟合 区域滑动 ⌒ 滑块, 将张度系数调整为 0.6, 然后滑动 ⅄ 滑块, 将光顺系数调整为 0.51, 单击 拟合 按钮。

步骤 05 单击 ● 确定 按钮, 完成外形拟合的创建, 如图 6.7.23b 所示。

6.7.6 全局变形

使用 ⚠ Global Deformation... 命令可以沿指定元素改变已知曲面的形状。下面通过图 6.7.25 所示的实例, 说明全局变形的操作过程。

a) 创建前   b) 创建后

图 6.7.25 中间平面全局变形

1. 中间曲面

步骤 01 打开文件 D:\catia2014\work\ch06.07.06\Global Deformation_01.CAT Part。

步骤 02 选择命令。选择下拉菜单 插入 ➜ Shape Modification ▶ ➜ ⚠ Global Deformation... 命令, 系统弹出图 6.7.26 所示的 "全局变形" 对话框。

图 6.7.26 所示 "全局变形" 对话框中部分选项的说明如下。

◆ 类型 区域: 用于定义全局变形, 包括 ▨ 按钮和 凸 按钮。

● ▨ 按钮: 用于设置使用中间曲面全局变形所选曲面集。

● 凸 按钮: 用于设置使用轴全局变形所选曲面集。

◆ 引导线 区域: 用于设置引导线的相关参数, 其包括 引导线 下拉列表和 ▣ 引导线连续 复选框。

● 引导线 下拉列表: 用于设置引导线数量, 其包括 无引导线 选项、1条引导线 选项和 2条引导线 选项。

● ▣ 引导线连续 复选框: 用于设置保留变形元素与引导曲面之间的连续性。

步骤 03 定义全局变形类型。在对话框的 类型 区域中单击 ▨ 按钮。

步骤 04 定义全局变形对象。在绘图区选取图 6.7.25a 所示的曲面为全局变形的对象。此时在绘图区会出现图 6.7.27 所示的中间曲面，单击 运行 按钮，系统弹出"控制点"对话框。

步骤 05 设置"控制点"对话框参数。在"控制点"对话框的 支持面 区域单击 按钮；在 过滤器 区域单击 按钮。

步骤 06 进行全局变形。在中间曲面的右上角处向上拖动，拖动至图 6.7.28 所示的形状。

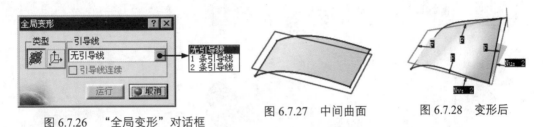

图 6.7.26   "全局变形"对话框   图 6.7.27   中间曲面   图 6.7.28   变形后

步骤 07 单击 ● 确定 按钮，完成全局变形的创建，如图 6.7.25b 所示。

2. 引导曲面

步骤 01 打开文件 D：\catia2014\work\ch06.07.06\Global Deformation_02.CAT Part。

步骤 02 选择命令。选择下拉菜单 插入 ➡ Shape Modification ▶ ➡ Global Deformation... 命令，系统弹出"全局变形"对话框。

步骤 03 定义全局变形类型。在对话框的 类型 区域中单击 按钮。

步骤 04 定义全局变形对象。按住 Ctrl 键，在绘图区选取图 6.7.29a 所示的圆柱曲面为全局变形对象。

选取该圆柱面为全局变形对象
选取该曲面为引导曲面

a）创建前   b）创建后

图 6.7.29   引导曲面全局变形

步骤 05 定义引导线数目。在 引导线 区域的下拉列表中选择 1条引导线 选项，取消选中 □引导线连续 复选框，单击 运行 按钮。

步骤 06 定义引导曲面。在绘图区选取图 6.7.29a 所示的曲面为引导曲面，此时在绘图区出现图 6.7.30 所示的方向控制器。

步骤 07 进行全局变形。在绘图区向左拖动图 6.7.30 所示的方向控制器，拖动到图 6.7.31 所示的位置。

步骤 08 单击 确定 按钮，完成全局变形的创建，如图 6.7.29b 所示。

> 如果在 引导线 区域下拉列表中选择 2条引导线 选项，然后选取上下两个曲面，则全局变形对象将沿着两条引导曲面进行移动，如图 6.7.32 所示。

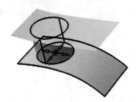

图 6.7.30 方向控制器

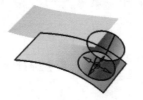

图 6.7.31 变形后

图 6.7.32 两条引导曲面

6.7.7 扩展

使用 Extend... 命令可以扩展已知曲面或曲线的长度。下面通过图 6.7.33 所示的实例，说明扩展的操作过程。

a）创建前

b）创建后

图 6.7.33 扩展

步骤 01 打开文件 D:\catia2014\work\ch06.07.07\Extend.CATPart。

步骤 02 选择命令。选择下拉菜单 插入 ➡ Shape Modification ▶ ➡ Extend... 命令，系统弹出图 6.7.34 所示的"扩展"对话框。

图 6.7.34 所示"扩展"对话框中部分选项的说明如下。

◆ 保留分段 复选框：用于设置允许负值扩展。

步骤 03 定义要扩展的曲面。在绘图区选取图 6.7.33a 所示的曲面为要扩展的曲面。

步骤 04 设置扩展参数。在对话框中选中 保留分段 复选框。

步骤 05 编辑扩展。拖动图 6.7.35 所示的方向控制器,拖动后结果如图 6.7.36 所示。

步骤 06 单击  按钮,完成扩展曲面的创建,如图 6.7.33b 所示。

图 6.7.34　"扩展"对话框　　　图 6.7.35　方向控制器　　　图 6.7.36　拖动结果

6.7.8　中断

使用 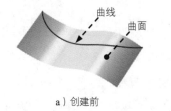 命令可以中断已知曲面或曲线,从而达到修剪的效果。下面通过图 6.7.37
所示的实例,说明中断的操作过程。

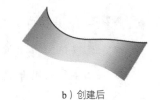

a)创建前　　　　　　　　　　　　　　　　　　b)创建后

图 6.7.37　中断

步骤 01 打开文件 D:\catia2014\work\ch06.07.08\Break Surface.CATPart。

步骤 02 选择命令。选择下拉菜单 插入 ➡ Operations ➡ 断开... 命令,系
统弹出图 6.7.38 所示的"断开"对话框。

图 6.7.38 所示"断开"对话框中部分选项的说明如下。

◆ 中断类型:区域:用于定义中断的类型,其包括 按钮和 按钮。

● 按钮:用于通过一个或多个点,一条或多条曲线,一个或多个曲面中
断一条或多条曲线。

● 按钮:用于一条或多条曲线,一个或多个平面或曲面中断一个或多个
曲面。

◆ 选择 区域:用于定义要切除元素和限制元素,其包括 元素:文本框、限制:文本框
和 按钮。

● 元素:文本框:单击此文本框,用户可以在绘图区选择要切除的元素。

● 限制:文本框:单击此文本框,用户可以在绘图区选择要切除的元素的限
制元素。

- 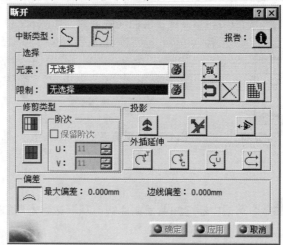按钮：用于中断元素和限制元素。

图 6.7.38　"断开"对话框

◆ 修剪类型 区域：用于设置修剪后控制点网格的类型，其包括 按钮和 按钮。

- 按钮：用于设置保留原始元素上的控制点网格。

- 按钮：用于设置按 U/V 方向输入缩短控制点网格。

◆ 投影 区域：用于设置投影的类型，其包括 按钮、 按钮和 按钮。当限制元素没有在要切除的元素上时，可以用此区域中的命令进行投影。

- 按钮：用于设置沿指南针方向投影。

- 按钮：用于设置沿法线方向投影。

- 按钮：用于设置沿用户视角投影。

◆ 阶次 子区域：用于定义阶数的相关参数，其包括 保留阶次 复选框、U: 文本框和 V: 文本框。

- 保留阶次 复选框：用于设置将结果元素的阶数保留为与初始元素的阶数相同。

- U: 文本框：用于定义 U 方向上的阶数。

- V: 文本框：用于定义 V 方向上的阶数。

◆ 外插延伸 区域：用于设置外插延伸的类型，其包括 按钮、 按钮、 按钮和 按钮。当限制元素没有贯穿要切除的元素时，可以用此区域中的命令进行延伸。

- 按钮：用于设置沿切线方向外插延伸。

- 按钮：用于设置沿曲率方向外插延伸。

- 按钮：用于设置沿标准方向 U 外插延伸。

● ⊟按钮：用于设置沿标准方向 V 外插延伸。

◆ ⓘ按钮：用于显示中断操作的报告。

步骤 03 定义要中断类型。在对话框中单击 ◯ 按钮。

步骤 04 定义要中断的曲面。在绘图区选取图 6.7.37a 所示的曲面为要中断的曲面。

步骤 05 定义限制元素。在绘图区选取图 6.7.37a 所示的曲线为限制元素。

步骤 06 单击 ● 应用 按钮，此时在绘图区显示曲面已经被中断，如图 6.7.39 所示。

步骤 07 定义保留部分。在绘图区选取图 6.7.40 所示的曲面为要保留的曲面。

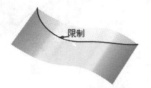

图 6.7.39　中断曲面

图 6.7.40　定义保留部分

步骤 08 单击 ● 确定 按钮，完成中断曲面的创建，如图 6.7.37b 所示。

6.7.9　取消修剪

使用 ✳ Untrim... 命令可以取消以前对曲面或曲线所创建的所有修剪操作，从而使其恢复修剪前的状态。下面通过图 6.7.41 所示的实例，说明取消修剪的操作过程。

a）修剪前

b）修剪后

图 6.7.41　取消修剪

步骤 01 打开文件 D:\catia2014\work\ch06.07.09\Untrim Surface.CATPart。

步骤 02 选择命令。选择下拉菜单 插入 ➡ Operations ▶ ➡ ✳ Untrim...命令，系统弹出图 6.7.42 所示的"取消修剪"对话框。

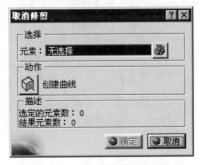

图 6.7.42　"取消修剪"对话框

步骤 03 定义取消修剪对象。在绘图区选取图 6.7.41a 所示的曲面为取消修剪的对象。

步骤 04 单击 ● 确定 按钮，完成取消修剪的编辑，如图 6.7.41b 所示。

6.7.10　连接

使用 Concatenate... 命令可以将已知的两个曲面或曲线连接到一起，从而使它们成为一个曲面。下面通过图 6.7.43 所示的实例，说明连接的操作过程。

a) 连接前　　　　　　　　　　　　　　　　b) 连接后

图 6.7.43　连接

步骤 01 打开文件 D:\catia2014\work\ch06.07.10\Concatenate.CATPart。

步骤 02 选择命令。选择下拉菜单 插入 ➡ Operations ▶ ➡ Concatenate... 命令，系统弹出图 6.7.44 所示的"连接"对话框。

图 6.7.44 所示"连接"对话框中部分选项的说明如下。

◆ 文本框：用于设置连接公差值。

◆ 更多 >> 按钮：用于显示"连接"对话框更多的选项。单击此按钮，"连接"对话框显示图 6.7.45 所示的更多选项。

图 6.7.44　"连接"对话框

图 6.7.45　"连接"对话框更多选项

图 6.7.45 所示"连接"对话框中部分选项的说明如下。

◆ 信息复选框：用于显示偏差值、序号和线段数。

◆ 自动更新公差复选框：如果用户设置的公差值过小，系统会自动更新误差。

步骤 03 定义连接公差值。在 文本框中输入数值 0.1。

步骤 04 定义连接对象。按住 Ctrl 键，在绘图区选取图 6.7.43 所示的曲面 1 和曲面 2。

步骤 05 单击 ● 应用 按钮，然后单击 ● 确定 按钮，完成连接曲面的编辑，如图 6.7.43b 所示。

6.7.11 分割

使用 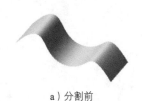命令可以将一个已知的多弧几何体沿 U/V 方向分割成若干个单弧几何体,其对象可以是曲线或者曲面。下面通过图 6.7.46 所示的实例,说明分割的操作过程。

步骤 01 打开文件 D:\catia2014\work\ch06.07.11\Fragmentation.CATPart。

步骤 02 选择命令。选择下拉菜单 插入 ➡️ Operations▶ ➡️ 命令,系统弹出图 6.7.47 所示的"分割"对话框。

a) 分割前   b) 分割后

图 6.7.46 分割   图 6.7.47 "分割"对话框

图 6.7.47 所示"分割"对话框中部分选项的说明如下。

◆ U方向 单选项:用于设置在 U 方向上分割元素。

◆ V方向 单选项:用于设置在 V 方向上分割元素。

◆ UV方向 单选项:用于设置在 U 方向和 V 方向上分割元素。

步骤 03 定义分割类型。在 类型 区域中选中 U方向 单选项,设置在 U 方向上分割元素。

步骤 04 定义分割对象。在绘图区选取图 6.7.46a 所示的曲面为分割对象。

步骤 05 单击 确定 按钮,完成分割曲面的创建,如图 6.7.46b 所示。

6.7.12 拆解

使用 Disassemble... 命令可以将多单元的曲线或曲面拆解为单一单元或单一域几何体。下面通过图 6.7.48 所示的实例,说明拆解的操作过程。

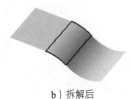

a) 拆解前   b) 拆解后

图 6.7.48 拆解

步骤 01 打开文件 D:\catia2014\work\ch06.07.12\Disassemble.CATPart。

步骤 02 选择命令。选择下拉菜单 插入 ➡ Operations ▶ ➡ Disassemble...命令，系统弹出图 6.7.49 所示的"拆解"对话框。

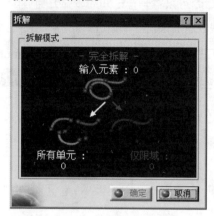

图 6.7.49 "拆解"对话框

步骤 03 定义拆解对象。在绘图区选取图 6.7.48a 所示的曲面为拆解对象。

步骤 04 定义拆解类型。在"拆解"对话框中单击"所有单元"字样，选择拆解类型为单一单元。

步骤 05 单击 确定 按钮，完成拆解曲面的创建，如图 6.7.48b 所示。

6.7.13 近似/分段过程曲线

使用 Converter Wizard...命令可以将有参曲线或曲面转换为 NUPBS（非均匀多项式 B 样条线）曲线或曲面，并修改所有曲线或曲面上的弧数量。下面通过图 6.7.50 所示的实例，说明创建近似/分段过程曲线的操作过程。

因为其他样式的曲线或者曲面在"自由曲面"工作台下不可用，所有就要将它们进行转换。

a）创建前   b）创建后

图 6.7.50 近似/分段过程曲线

步骤 01 打开文件 D:\catia2014\work\ch06.07.13\Converter Wizard.CATPart。

步骤 02 选择命令。选择下拉菜单 插入 ➡ Operations ▶ ➡ Converter Wizard...命

令，系统弹出图 6.7.51 所示的"转换器向导"对话框。

图 6.7.51 所示"转换器向导"对话框中部分选项的说明如下。

◆ ⛰ 按钮：用于设置转换公差值。当此按钮处于按下状态时，公差 文本框被激活。

◆ ⛰ 按钮：用于设置定义最大阶次控制曲线或者曲面的值。当此按钮处于按下状态时，阶次 区域被激活。

◆ ⛰ 按钮：用于设置定义最大段数控制的曲线或者曲面。当此按钮处于按下状态时，分割 区域被激活。

◆ 公差 文本框：用于设置初始曲线的偏差公差。

◆ 阶次 区域：用于设置最大阶数的相关参数，其包括☐优先级 复选框、沿U 文本框和 沿V 文本框。

  ● ☐优先级 复选框：用于指示阶数参数的优先级。

  ● 沿U 文本框：用于定义 U 方向上的最大阶数。

  ● 沿V 文本框：用于定义 V 方向上的最大阶数。

◆ 分割 区域：用于设置最大段数的相关参数，其包括☐优先级 复选框、☐单个 复选框、 沿U 文本框和 沿V 文本框。

  ● ☐优先级 复选框：：用于指示分段参数的优先级。

  ● ☐单个 复选框：用于设置创建单一线段曲线。

  ● 沿U 文本框：用于定义 U 方向上的最大段数。

  ● 沿V 文本框：用于定义 V 方向上的最大段数。

◆ ∿ 按钮：用于将曲面上的曲线转换为 3D 曲线。

◆ ▦ 按钮：用于保留曲面上的 2D 曲线。

◆ 更多... 按钮：用于显示"转换器向导"对话框的更多选项。单击该按钮，可显示图 6.7.52 所示的更多选项。

图 6.7.51 "转换器向导"对话框

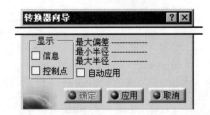

图 6.7.52 "转换器向导"对话框的更多选项

图 6.7.52 所示"转换器向导"对话框中部分选项的说明如下。

◆ ■ 信息 复选框: 用于设置显示有关该元素的更多信息, 其包括"最大值""控制点的数量""曲线的阶数"和"曲线中的线段数"。

◆ ■ 控制点 复选框: 用于设置显示曲线的控制点。

◆ ■ 自动应用 复选框: 用于以动态更新结果曲线。

步骤 03 定义转换对象。在特征树中选取 拉伸.1 为转换对象。

步骤 04 设置转换参数。在"转换器向导"对话框中单击 按钮, 然后在 阶次 区域的 沿 U 文本框中输入数值 6, 在 沿 V 文本框中输入数值 6。

步骤 05 单击 ● 应用 按钮, 然后单击 ● 确定 按钮, 完成曲面的转换并隐藏拉伸 1 后如图 6.7.50b 所示。

6.8 CATIA 自由曲面实际应用——吸尘器上盖的造型设计

范例概述

本范例介绍了吸尘器上盖的设计过程。主要是讲述了一些自由曲面的基本操作命令, 如 3D 曲线、样式扫掠、断开、填充等特征命令的应用。所建的零件模型及特征树如图 6.8.1 所示。

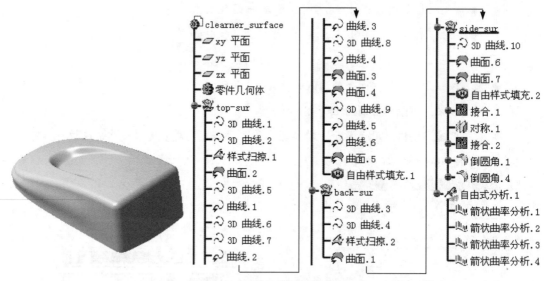

图 6.8.1 零件模型及特征树

本范例前面的详细操作过程请参见随书光盘中 video\ch06\ch06.08\reference\ 文件下的语音视频讲解文件 clearner_surface01.avi。

步骤01 打开文件 D:\catia2014\work\ch06.08\clearner_surface_ex.CATPart。

步骤02 创建图 6.8.2 所示的扫掠曲面——样式扫掠 1。选择下拉菜单 插入 ➡ Surface Creation ▶ ➡ Styling Sweep... 命令；选取图 6.8.3 所示的 3D 曲线 2 为轮廓曲线，选取图 6.8.3 所示的 3D 曲线 1 为脊线；单击 ● 确定 按钮，完成扫掠曲面的创建。

图 6.8.2 样式扫掠 1

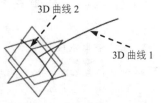

图 6.8.3 选取曲线

步骤03 创建几何图形集 back-sur。选择下拉菜单 插入 ➡ 几何图形集... 命令；在 "插入几何图形集" 对话框的 名称: 文本框中输入 back-sur；并单击 ● 确定 按钮，完成几何图形集的创建。

步骤04 创建图 6.8.4 所示的 3D 曲线 3。选择下拉菜单 插入 ➡ Curve Creation ➡ 3D Curve... 命令；在 "3D 曲线" 对话框的 创建类型 下拉列表中选择 通过点 选项，并选中 ☐ 禁用几何图形检测 复选框；绘制图 6.8.5 所示的 3D 曲线并调整 (在 "视图" 工具栏的 下拉列表中选择 选项，单击 "工具仪表盘" 工具栏中的 按钮，调出 "快速确定指南针方向" 工具栏，并按下 按钮)；单击 ● 确定 按钮，完成 3D 曲线 3 的创建。

 在调整曲线过程中分别在曲线的控制点 1、点 2 和点 3 上右击，然后在弹出的快捷菜单中选择 编辑 命令，系统弹出 "调谐器" 对话框，分别设置其参数如图 6.8.6 所示。

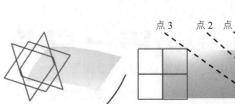

图 6.8.4 3D 曲线 3   图 6.8.5 编辑 3D 曲线

图 6.8.6 "调谐器" 对话框

步骤 05 创建图 6.8.7 所示的 3D 曲线 4。选择下拉菜单 插入 ➡ Curve Creation ▶
➡ 3D Curve... 命令；在"3D 曲线"对话框的 创建类型 下拉列表中选择 通过点 选项，
并选中 禁用几何图形检测 复选框；绘制图 6.8.8 所示的 3D 曲线并调整（在"视图"工具栏
的 下拉列表中选择 选项，单击"工具仪表盘"工具栏中的 按钮，调出"快速确定指南
针方向"工具栏，并按下 按钮）；单击 确定 按钮，完成 3D 曲线 4 的创建。

 注意 在调整曲线过程中分别在曲线的控制点 1、点 2 上右击，然后在弹出的快捷
菜单中选择 编辑 命令，系统弹出"调谐器"对话框，分别设置其参数如图 6.8.9
所示。

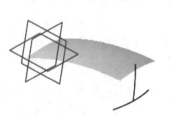

图 6.8.7　3D 曲线 4

图 6.8.8　编辑 3D 曲线

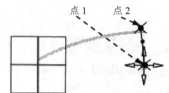

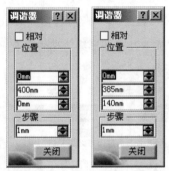

图 6.8.9　"调谐器"对话框

步骤 06 创建图 6.8.10 所示的扫掠曲面——样式扫掠 2。选择下拉菜单 插入
➡ Surface Creation ▶ ➡ Styling Sweep... 命令；选取 3D 曲线 3 为轮廓曲线，选取 3D
曲线 4 为脊线；单击 确定 按钮，完成扫掠曲面的创建。

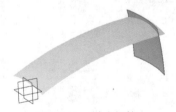

图 6.8.10　样式扫掠 2

步骤 07 创建图 6.8.11b 所示的断开曲面 1。选择下拉菜单 插入 ➡ Operations ▶
➡ 断开... 命令；在"断开"对话框中单击 按钮，选取样式扫掠 2 为要中断的曲
面，选取样式扫掠 1 为限制元素；单击 应用 按钮，此时在绘图区显示曲面已经被中断，
选取图 6.8.11a 所示的曲面为要保留的曲面；单击 确定 按钮，完成断开曲面 1 的创建。

图 6.8.11 断开曲面 1

步骤 08 创建图 6.8.12b 所示的断开曲面 2。选取 ![top-sur] 选项并右击，在弹出的快捷菜单中选择 定义工作对象 命令，选择下拉菜单 插入 ➡ Operations ➡ 断开… 命令；在"断开"对话框中单击 ![~] 按钮，选取样式扫掠 1 为要中断的曲面，选取曲面 1 为限制元素；单击 应用 按钮，此时在绘图区显示曲面已经被中断，选取图 6.8.12a 所示的曲面为要保留的曲面；单击 确定 按钮，完成断开曲面 2 的创建。

图 6.8.12 断开曲面 2

步骤 09 创建图 6.8.13b 所示的断开曲面 3。选择下拉菜单 插入 ➡ Operations ➡ 断开… 命令；在"断开"对话框中单击 ![~] 按钮，选取曲面 2 为要中断的曲面，选取 yz 平面为限制元素；单击 应用 按钮，此时在绘图区显示曲面已经被中断，选取图 6.8.13a 所示的曲面为要保留的曲面；单击 确定 按钮，完成断开曲面 3 的创建。

图 6.8.13 断开曲面 3

步骤 10 后面的详细操作过程请参见随书光盘中 video\ch06\ch06.08\reference\文件下的语音视频讲解文件 clearner_surface02.avi。

第 **7** 章　钢结构设计

7.1　概述

7.1.1　结构设计概述

在工程设计中，结构设计就是将各种型材使用焊接技术焊接成一定框架结构的结构组件。因为结构件具有方便灵活、价格相对便宜、材料利用率高、设计及操作方便等特点，所以结构件在实际中的应用非常普遍，如机械设备中的机架、液压设备及管道工程中的框架，还有厂房、车间的框架等，都是用结构件设计的。一般结构设计也称作钢结构设计。

使用 CATIA 提供的结构设计工作台（Structure Design）能够很方便地进行结构设计。

7.1.2　CATIA 结构设计工作台简介

选择下拉菜单 开始 ➡ 机械设计 ➡ Structure Design 命令，系统进入到结构设计工作台。结构设计工作台界面如图 7.1.1 所示。

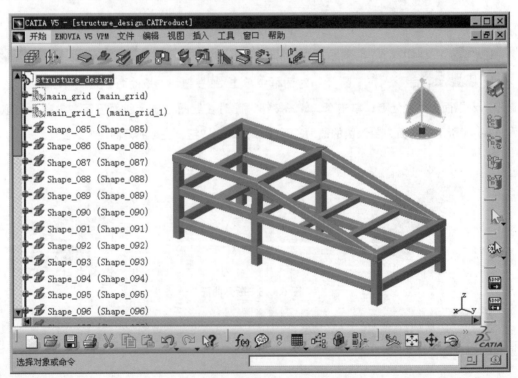

图 7.1.1　结构设计工作台界面

7.1.3 CATIA 结构设计命令工具介绍

进入 CATIA 结构设计工作台后，界面上会出现结构设计中所需要的各种工具条。下面具体介绍这些工具条的含义。

1. "Tools" 工具条

使用图 7.1.2 所示 "Tools" 工具条中的命令，可以创建结构网格以及平面系。

图 7.1.2 "Tools" 工具条

图 7.1.2 所示 "Tools" 工具条中各按钮的功能说明如下。

A: 创建网格。

B: 创建平面系。

2. "Physical Plates and Shapes" 工具条

使用图 7.1.3 所示 "Physical Plates and Shapes" 工具条中的命令，可以创建结构平板、结构截面形状以及对结构进行编辑。

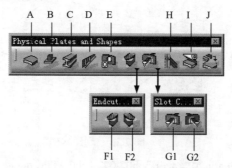

图 7.1.3 "Physical Plates and Shapes" 工具条

图 7.1.3 所示 "Physical Plates and Shapes" 工具条中各按钮的功能说明如下。

A: 创建结构平板。

B: 创建结构端平板。

C: 定义结构截面形状。

D: 创建小组件。

E: 创建切除。

F1: 创建标准端切。

F2: 创建关联端切。

G1: 创建标准槽。

G2: 创建关联槽。

H: 创建结构修剪。

I: 创建结构分割。

J: 创建结构合并。

3. "Miscellaneous" 工具条

使用图 7.1.4 所示 "Miscellaneous" 工具条的命令，可以对结构进行各种高级处理。

图 7.1.4 "Miscellaneous" 工具条

图 7.1.4 所示 "Miscellaneous" 工具条中各按钮的功能说明如下。

A：结构零件生成器。

B：复制平板和截面形状。

7.2 创建网格

网格是结构构件中的基础，而每个结构构件又必须包括两个要素：框架草图线段和轮廓。如果用人体来比喻结构构件的话，"轮廓"相当于人体的"肌肉"，而"框架草图线段"相当于人体的"骨骼"。

下面说明创建网格的一般过程，如图 7.2.1 所示。

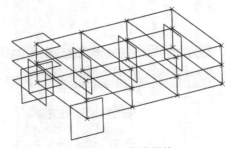

图 7.2.1 创建网格

步骤 01 打开文件 D:\catia2014\work\ch07.02\grid.CATProduct。

步骤 02 选择命令。选择下拉菜单 插入 ➡ Tools ▶ ➡ Grid 命令，系统弹出图 7.2.2 所示的 "Grid Definition" 对话框（一）。

步骤 03 设置网格参数。

（1）设置网格名称及模式。在 "Grid Definition" 对话框（一）的 Name: 文本框中输入网格的名称 grid，在 Mode: 下拉列表中选择 Relative 选项。

（2）定义网格原点。在 Origin 区域采用系统默认的设置，即以坐标原点作为网格原点。

（3）定义网格结构参数。单击 Cartesian 选项卡，在 Spacing along X axis: 文本框中输入值

1000，在其后面的文本框中为值 1；在 `Spacing along Y axis:` 文本框中输入值 500，在其后面的文本框中为值 3；在 `Spacing along Z axis:` 文本框中输入值 200，在其后面的文本框中为值 2。

步骤 04 其他参数采用系统默认设置，单击 ● 确定 按钮，完成网格的创建。

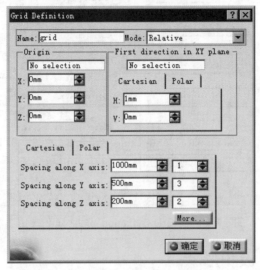

图 7.2.2 "Grid Definition" 对话框（一）

图 7.2.2 所示 "Grid Definition" 对话框（一）中部分选项的说明如下。

- `Name:` 文本框：用于输入网格的名称。

- `Mode:` 下拉列表：用于选择网格中的基准面是否与定义的原点相关联。选择 `Absolute` 选项，如果定义的原点位置改变时，网格中的基准面位置保持不变；选择 `Relative` 选项，如果定义的原点位置发生改变，网格中的基准面位置随着原点位置的改变而改变。

- `Origin` 区域：选择空间中的一个点作为创建网格的原点或者在 X、Y、Z 文本框中输入坐标来确定。

- `First direction in XY plane` 区域：选择一个线性对象来确定网格在 xy 平面上 X 轴的方向，或者在 `Cartesian` 选项卡 `H:` 和 `V:` 文本框中输入值来确定，也可以在 `Polar` 文本框中输入与 X 轴的夹角来确定。

- `Cartesian` 选项卡：用于输入创建矩形网格在 X、Y、Z 轴线的长度值以及沿着相应轴线所产生基准面的数量。

- `Polar` 选项卡：用于输入创建柱形网格半径、角度和 Z 轴线的长度值以及沿着相应方向所产生基准面的数量。

- 单击对话框中的 `More...` 按钮，此时的对话框如图 7.2.3 所示。在对话框中的 `Second Set of Coordinates`、`Third Set of Coordinates` 和 `Fourth Set of Coordinates` 区域

继续定义网格结构参数，可以同时创建四个网格。

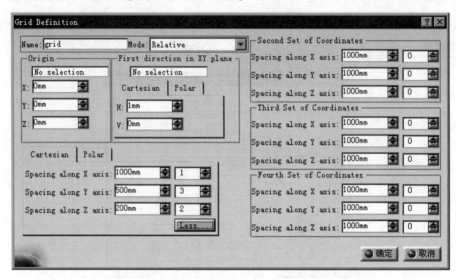

图 7.2.3　"Grid Definition" 对话框（二）

7.3　创建结构平板和形状

7.3.1　创建结构形状

在创建好网格的基础上可以很方便地创建结构形状。下面通过图 7.3.1 所示的实例，说明创建结构形状的过程。

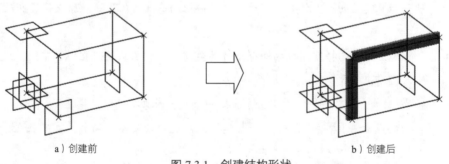

a）创建前　　　　　　　　　　　　b）创建后

图 7.3.1　创建结构形状

步骤 **01**　打开文件 D:\catia2014\work\ch07.03.01\shape.CATProduct。

步骤 **02**　选择命令。选择下拉菜单 插入 ➡ Physical Plates & Shapes ➡

 Shape 命令，系统弹出图 7.3.2 所示的 "Point Definition" 对话框和图 7.3.3 所示的 "Shape" 对话框。

图 7.3.3 所示 "Shape" 对话框中部分选项的说明如下。

Geometry 选项卡

- **Type:** 下拉列表：用于选择创建结构构件支撑元素的方式。
- **Support:** 文本框：当在 **Type:** 下拉列表中选择 **Support and contour** 选项时，该文本框被激活，用于选择创建结构形状所支撑的元素。

图 7.3.2 "Point Definition" 对话框

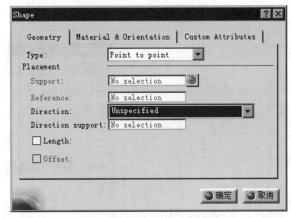

图 7.3.3 "Shape" 对话框

- **Reference:** 文本框：用于选择一个参照对象来确定创建的结构形状相对于支撑元素的方位。
- **Direction:** 下拉列表：用于选择结构形状截面的法线方向。
- **☐ Length:** 复选框：选中此复选框，用于输入创建结构形状的长度值。
- **☐ Offset:** 复选框：选中此复选框，用于输入结构形状支撑元素点的偏移值。

Material & Orientation 选项卡

- **Material:** 下拉列表：用于选择创建结构形状的材料。
- **Grade:** 下拉列表：用于选择创建结构形状材料的型号。
- **Section:** 下拉列表：用于选择创建结构形状的截面形状。
- **Anchor Point:** 下拉列表：用于选择创建结构形状的截面锚点的位置。
- **Angle:** 文本框：在此文本框输入数值，可将结构形状的截面旋转一定的角度。
- **Flip** 按钮：单击此按钮，用于调整结构形状的方位。

步骤 03 设置结构形状参数。

（1）确定选择方式和支撑线框。在 **Geometry** 选项卡的 **Type:** 下拉列表中选择 **Select support** 选项，然后选择图 7.3.4 所示的直线 1 为参照。

（2）设置结构材料和截面。单击 **Material & Orientation** 选项卡，在 **Material:** 下拉列表中选择 **Steel** 选项；在 **Grade:** 下拉列表中选择 **A45** 选项；在 **Section:** 下拉列表中选择 **More . . . . .** 选

项，在弹出的图 7.3.5 所示的"Section List"对话框中选择 C7x12.25 选项，单击 ●确定 按钮。

（3）调整结构形状方向。单击 Flip 按钮，调整结构形状方向如图 7.3.6 所示。

步骤 04 单击 ●确定 按钮，完成结构形状的创建。

步骤 05 参照 **步骤 02** ~ **步骤 04** 的详细操作步骤，选择图 7.3.4 所示的直线 2 为参照，创建另一个结构形状，结果如图 7.3.1b 所示。

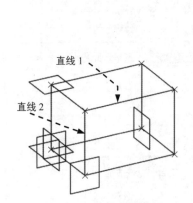
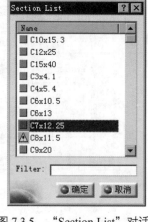
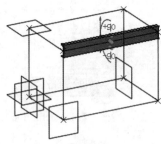

图 7.3.4　选择参照线框　　　图 7.3.5　"Section List"对话框　　　图 7.3.6　调整结构形状方向

7.3.2　创建结构平板

结构平板是在两个相交结构形状的相邻两个面之间创建的一块材料，起加固结构构件的作用。结构平板的形状可以由其绘制的截面轮廓来任意定义。下面介绍创建结构平板的一般过程，如图 7.3.7 所示。

a）创建前　　　　　　　　　　　　　　　　　　b）创建后

图 7.3.7　创建结构平板

步骤 01 打开文件 D:\catia2014\work\ch07.03.02\plate.CATProduct。

步骤 02 选择命令。选择下拉菜单 插入 ➡ Physical Plates & Shapes ▶ ➡

Plate 命令，系统弹出图 7.3.8 所示的 "Plate" 对话框。

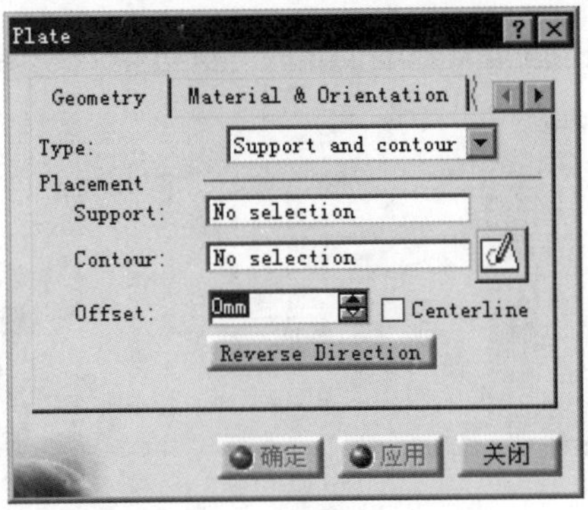

图 7.3.8 "Plate" 对话框

图 7.3.8 所示 "Plate" 对话框中部分选项的说明如下。

- Contour 文本框：用于选择结构平板的截面轮廓草图或选择基准平面。单击 按钮进行绘制。

- Offset: 文本框：在该文本框中输入数值用于指定结构平板一侧和选择的草图平面的距离。

- □Centerline 复选框：选中此复选框，结构平板关于选择的草图平面对称创建。

- Reverse Direction 按钮：单击该按钮可以调节结构平板的拉伸方向。

- Thickness: 文本框：在该文本框中输入数值来确定结构平板的厚度。

步骤 03 绘制结构平板截面草图。在 Type: 下拉列表中选择 Support and contour 选项，选择图 7.3.9 所示的基准平面，单击 按钮，绘制图 7.3.10 所示的截面草图。

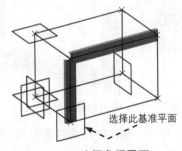

图 7.3.9 选择参照平面

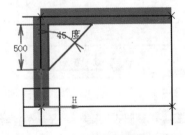

图 7.3.10 绘制结构平板截面草图

步骤 04 设置结构平板厚度。在 Geometry 选项卡中选中 □Centerline 选项，单击 Material & Orientation 选项卡，然后在 Thickness: 下拉列表中选择 More... 选项，在弹出的 "Thickness List" 对话框中选择 10mm 选项，单击 确定 按钮。

步骤 05 单击 确定 按钮，完成结构平板的创建。

7.3.3　创建结构端板

结构端板就是在结构构件的开放端创建的一块材料，用来封闭开放的端口。下面介绍创建结构端板的一般过程，如图 7.3.11 所示。

a）创建前　　　　　　　　　　　　　　　b）创建后

图 7.3.11　创建结构端板

步骤 01 打开文件 D:\catia2014\work\ch07.03.03\end_plate.CATProduct。

步骤 02 选择命令。选择下拉菜单 插入 ➡ Physical Plates & Shapes ➡ End-Plate 命令，系统弹出图 7.3.12 所示的 "End Plate" 对话框。

步骤 03 设置参数。在图形区选择图 7.3.13 所示的结构构件，在 Length: 和 Width: 文本框中分别输入值 170，然后单击 Material & Orientation 选项卡，在 Thickness: 下拉列表中选择 More .... 选项，在弹出的 "Thickness List" 对话框中选择 ▢ 10mm 选项，单击 确定 按钮。

步骤 04 单击 确定 按钮，完成结构端板的创建。

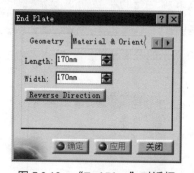

图 7.3.12　"End Plate" 对话框

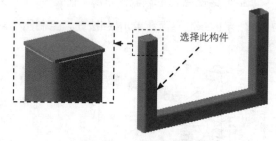

选择此构件

图 7.3.13　选择参照对象

步骤 05 参照 **步骤 02**~**步骤 04** 的详细操作步骤，选择另一侧的结构构件为参照，创建另一个结构端板，结果如图 7.3.11b 所示。

7.4　创建结构修剪

结构修剪是对结构构件中相交的部分进行剪裁，或将另外的结构构件延伸至与其他构件相交。下面介绍创建结构修剪的一般过程，如图 7.4.1 所示。

步骤 01 打开文件 D:\catia2014\work\ch07\ch07.04\ cut_back.CATProduct。

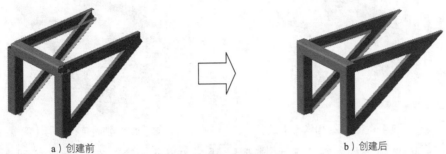

a）创建前　　　　　　　　　　　　　　　　b）创建后

图 7.4.1　创建结构修剪

步骤 02 创建结构修剪（一）。

（1）选择命令。选择下拉菜单 插入 ➡ Physical Plates & Shapes ▶ ➡ Cutback 命令，系统弹出图 7.4.2 所示的"CutBack"对话框。

（2）在 Type: 下拉列表中选择 Miter cut 选项，然后依次选择图 7.4.3 所示的两结构构件，单击 确定 按钮，结果如图 7.4.4 所示。

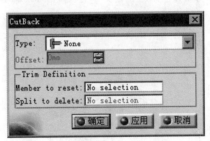

图 7.4.2　"CutBack"对话框

步骤 03 创建结构修剪（二）。参照**步骤 02**的操作步骤，创建结构修剪（二），结果如图 7.4.5 所示。

选择此两结构构件

图 7.4.3　选择参照对象　　图 7.4.4　创建结构修剪（一）　　图 7.4.5　创建结构修剪（二）

步骤 04 创建结构修剪（三）。参照**步骤 02**的操作步骤，创建结构修剪（三），结果如图 7.4.6 所示。

步骤 05 创建结构修剪（四）。参照**步骤 02**的操作步骤，创建结构修剪（四），结果如图 7.4.7 所示。

图 7.4.6　创建结构修剪（三）

图 7.4.7　创建结构修剪（四）

步骤 06 创建结构修剪（五）。参照**步骤 02**的操作步骤，在 `Type:` 下拉列表中选择 `Normal cut` 选项，然后依次选择图 7.4.8 所示的两结构构件，单击 `● 确定` 按钮，结果如图 7.4.9 所示。

步骤 07 创建结构修剪（六）。参照**步骤 06**的操作步骤，创建结构修剪（六），结果如图 7.4.10 所示。

注意：在此处进行修剪结构时，一定要注意选择构件的顺序，首先选择的是要被修剪的构件，然后选择进行修剪的构件，具体操作请参看随书光盘；在后面使用 `Weld cut` 命令修剪构件时，也要遵循这个原则。

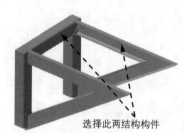

选择此两结构构件

图 7.4.8　选择参照对象

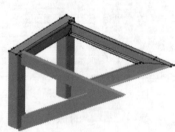

图 7.4.9　创建结构修剪（五）

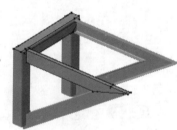

图 7.4.10　创建结构修剪（六）

步骤 08 创建结构修剪（七）。参照**步骤 02**的操作步骤，在 `Type:` 下拉列表中选择 `Weld cut` 选项，然后依次选择图 7.4.11 所示的两结构构件，单击 `● 确定` 按钮，结果如图 7.4.12 所示。

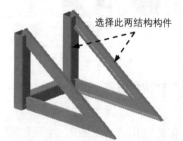

选择此两结构构件

图 7.4.11　选择参照对象

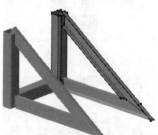

图 7.4.12　创建结构修剪（七）

图 7.4.13　创建结构修剪（八）

步骤 09 创建结构修剪（八）。参照**步骤 06**的操作步骤，创建结构修剪（八），结果如图 7.4.13 所示。

7.5 创建结构分割

结构分割可以将一个结构构件分成两段或多段结构构件。下面介绍创建结构分割的一般过程，如图 7.5.1 所示。

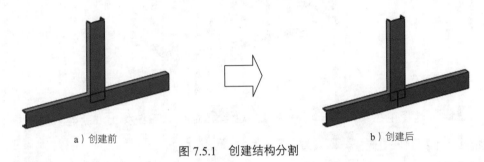

a）创建前   b）创建后

图 7.5.1 创建结构分割

步骤 01 打开文件 D:\catia2014\work\ch07.05\split.CATProduct。

步骤 02 选择命令。单击 "Physical Plates and Shapes" 工具条中的 按钮，系统弹出图 7.5.2 所示的 "Split" 对话框。

步骤 03 在图形区选择图 7.5.3 所示的结构构件为被分割对象，然后激活 By: 文本框，选择图 7.5.3 所示的直线为分割元素。

步骤 04 单击 ● 确定 按钮，完成结构分割的创建。

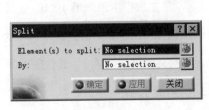

图 7.5.2 "Split" 对话框

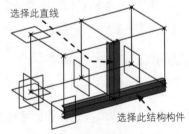

选择此直线

选择此结构构件

图 7.5.3 选择参照对象

7.6 结构设计实例

7.6.1 实例概述

本实例介绍了图 7.6.1 所示的机架钢结构，其在车间主要用来固定大型机械设备，对机械设备起支撑作用。在设计过程中，主要使用了网格（Grid），物理平板和形状工具完成该钢结构的设计。下面介绍其具体设计过程。

7.6.2 设计过程

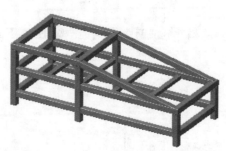

图 7.6.1 机架钢结构设计

步骤 01 选择下拉菜单 文件 ➡ 新建... 命令，系统弹出"新建"对话框，在 类型列表: 下拉列表中选择 Product 选项，单击 ● 确定 按钮。

步骤 02 确认当前工作台为结构设计工作台。在特征树的 Product1 上右击，在弹出的快捷菜单中选择 属性 选项，系统弹出"属性"对话框。在 零件编号 文本框中输入文件名 structure_design；单击 ● 确定 按钮，完成文件名的修改。

步骤 03 创建网格（一）。

（1）选择下拉菜单 插入 ➡ Tools ▶ ➡ Grid 命令，系统弹出"Grid Definition"对话框。

（2）在 Name: 文本框中输入网格的名称 main_grid，在 Mode: 下拉列表中选择 Relative 选项。

（3）单击 Cartesian 选项卡，在 Spacing along X axis: 文本框中输入值 1000，在其后面的文本框中为值 1；在 Spacing along Y axis: 文本框中输入值 750，在其后面的文本框中为值 5；在 Spacing along Z axis: 文本框中输入值 250，在其后面的文本框中为值 1。其他参数采用系统默认设置，单击 ● 确定 按钮，完成网格的创建，结果如图 7.6.2 所示。

步骤 04 创建网格（二）。

（1）选择下拉菜单 插入 ➡ Tools ▶ ➡ Grid 命令，系统弹出"Grid Definition"对话框。

（2）在 Name: 文本框中输入网格的名称 main_grid_1，在 Mode: 下拉列表中选择 Relative 选项，在 Origin 区域的 Z: 文本框中输入值 250。

（3）单击 `Cartesian` 选项卡，在 `Spacing along X axis:` 文本框中输入值 1000，在其后面的文本框中为值 1；在 `Spacing along Y axis:` 文本框中输入值 750，在其后面的文本框中为值 5；在 `Spacing along Z axis:` 文本框中输入值 500，在其后面的文本框中为值 2。其他参数采用系统默认设置，单击 `确定` 按钮，完成网格的创建，结果如图 7.6.3 所示。

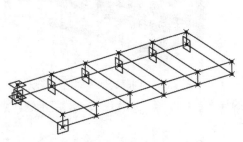

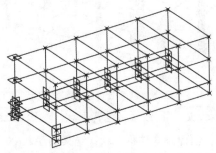

图 7.6.2　创建网格（一）　　　　图 7.6.3　创建网格（二）

步骤 05 创建结构形状（一）。

（1）选择命令。选择下拉菜单 插入 → `Physical Plates & Shapes` ▸ → `Shape` 命令，系统弹出"Point Definition"对话框和"Shape"对话框。

（2）在 `Geometry` 选项卡的 `Type:` 下拉列表中选择 `Point to point` 选项，然后选择图 7.6.4 所示的两点为参照。

（3）单击 `Material & Orientation` 选项卡，在 `Material:` 下拉列表中选择 `Steel` 选项；在 `Grade:` 下拉列表中选择 `A45` 选项；在 `Section:` 下拉列表中选择 `More...` 选项，在弹出的"Section List"对话框中选择 `SQUA_5x5x0.25` 选项，单击两次 `确定` 按钮，完成结构形状的创建，结果如图 7.6.5 所示。

选择这两点
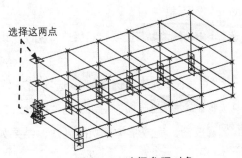

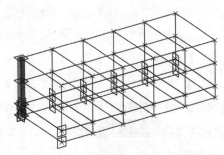

图 7.6.4　选择参照对象　　　　图 7.6.5　创建结构形状（一）

步骤 06 创建其他纵向结构形状。参照**步骤 05**的详细操作步骤，选择相应的点创建其他纵向结构形状，结果如图 7.6.6 所示。

步骤 07 创建其他横向结构形状。参照 **步骤 05** 的详细操作步骤，选择相应的点创建其他横向结构形状，结果如图 7.6.7 所示。

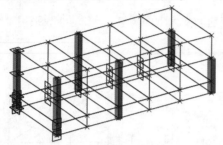

图 7.6.6 创建其他纵向结构形状

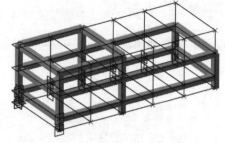

图 7.6.7 创建其他横向结构形状

步骤 08 创建倾斜结构形状。参照 **步骤 05** 的详细操作步骤，选择图 7.6.8 所示的两点为参照，创建倾斜结构形状，结果如图 7.6.9 所示。

步骤 09 创建另一侧的倾斜结构形状。参照 **步骤 08** 的详细操作步骤，选择相应的两点为参照，创建另一侧倾斜结构形状，结果如图 7.6.9 所示。

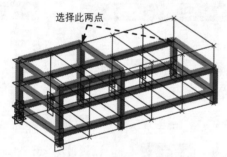

图 7.6.8 选择参照对象

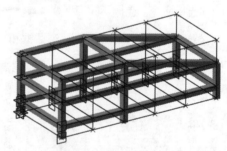

图 7.6.9 创建倾斜结构形状

步骤 10 创建结构形状（二）

（1）选择命令。选择下拉菜单 插入 ➡ Physical Plates & Shapes ▶ ➡ Shape 命令，系统弹出"Point Definition"对话框和"Shape"对话框。

（2）在 Geometry 选项卡的 Type: 下拉列表中选择 Point to point 选项，然后选择图 7.6.10 所示的两点为参照。

（3）单击 Material & Orientation 选项卡，在 Material: 下拉列表中选择 Steel 选项；在 Grade: 下拉列表中选择 A45 选项；在 Section: 下拉列表中选择 More... 选项，在弹出的"Section List"对话框中选择 L4x3x0.3125 选项，单击两次 确定 按钮，完成结构形状的创建，结果如图 7.6.11 所示。

说明：在创建图 7.6.11 所示的结构形状时，要注意结构形状的方向，如果方向不对，要通过单击图形区的-90、+90 或 Material & Orientation 选项卡中的 Flip 按钮来调整，具体操作请参看随书光盘。

图 7.6.10　选择参照对象

图 7.6.11　创建结构形状（二）

步骤 11　创建其他结构形状。参照**步骤 10**的详细操作步骤，选择相应的点创建其他结构形状，结果如图 7.6.12 所示。

图 7.6.12　创建其他结构形状

步骤 12　创建结构分割（一）。

（1）选择命令。单击 "Physical Plates and Shapes" 工具条中的 按钮，系统弹出 "Split" 对话框。

（2）在图形区选择图 7.6.13 所示的结构构件为被分割对象，然后激活 **By:** 文本框，选择图 7.6.13 所示的直线为分割元素。单击 确定 按钮，完成结构分割的创建。

步骤 13　创建结构分割（二）。

（1）选择命令。单击 "Physical Plates and Shapes" 工具条中的 按钮，系统弹出 "Split" 对话框。

（2）在图形区选择图 7.6.14 所示的结构构件为被分割对象，然后激活 **By:** 文本框，选择图 7.6.13 所示的直线为分割元素。单击 确定 按钮，完成结构分割的创建。

步骤 14　创建结构分割（三）。参照**步骤 12**~**步骤 13**的详细操作步骤，创建另一侧对应位置结构构件的分割。

选取此直线

选取此结构构件

图 7.6.13 创建结构分割（一）

选取此结构构件

图 7.6.14 创建结构分割（二）

步骤 15 创建结构修剪（一）。

（1）选择命令。选择下拉菜单 插入 ➡ Physical Plates & Shapes ▶ ➡ Cutback 命令，系统弹出 "CutBack" 对话框。

（2）在 Type: 下拉列表中选择 Normal cut 选项，然后依次选择图 7.6.15 所示的被修剪结构构件和修剪结构构件，单击 确定 按钮，结果如图 7.6.15 所示。

步骤 16 创建结构修剪（二）。参照**步骤 15**的详细操作步骤，分别选择图 7.6.16 所示的两结构构件为参照。

步骤 17 创建结构修剪（三）。参照**步骤 15**的详细操作步骤，分别选择图 7.6.17 所示的两结构构件为参照。

被修剪结构构件   修剪结构构件

图 7.6.15 创建结构修剪（一）

图 7.6.16 创建结构修剪（二）

图 7.6.17 创建结构修剪（三）

步骤 18 创建结构修剪（四）。参照**步骤 15**的详细操作步骤，分别选择图 7.6.18 所示的两结构构件为参照。

步骤 19 创建结构修剪（五）。参照**步骤 15**的详细操作步骤，分别选择图 7.6.19 所示的两结构构件为参照。

图 7.6.18 创建结构修剪（四）   图 7.6.19 创建结构修剪（五）   图 7.6.20 创建结构修剪（六）

步骤 20 创建结构修剪（六）。参照**步骤 15**的详细操作步骤，分别选择图 7.6.20 所示的两结构构件为参照。

步骤 21 创建结构修剪（七）。参照**步骤 15**的详细操作步骤，分别选择图 7.6.21 所示的两结构构件为参照。

步骤 22 创建结构修剪（八）。参照**步骤 15**的详细操作步骤，分别选择图 7.6.22 所示的两结构构件为参照。

步骤 23 创建结构修剪（九）。参照**步骤 15**的详细操作步骤，分别选择图 7.6.23 所示的两结构构件为参照。

步骤 24 创建结构修剪（十）。参照**步骤 15**的详细操作步骤，分别选择图 7.6.24 所示的两结构构件为参照。

步骤 25 创建结构修剪（十一）。参照**步骤 15**的详细操作步骤，分别选择图 7.6.25 所示的两结构构件为参照。

图 7.6.21　创建结构修剪（七）　图 7.6.22　创建结构修剪（八）　图 7.6.23　创建结构修剪（九）

步骤 26 创建结构修剪（十二）。参照**步骤 15**的详细操作步骤，分别选择图 7.6.26 所示的两结构构件为参照。

图 7.6.24　创建结构修剪（十）　图 7.6.25　创建结构修剪（十一）图 7.6.26　创建结构修剪（十二）

步骤 27 创建结构修剪（十三）。参照**步骤 15**的详细操作步骤，分别选择图 7.6.27 所示的两结构构件为参照。

步骤 28 创建结构修剪（十四）。参照**步骤 15**的详细操作步骤，分别选择图 7.6.28 所示的两结构构件为参照。

步骤 29 创建另一侧的结构修剪。参照**步骤 15**~**步骤 28**的详细操作步骤，分别选择相应的结构构件为参照，创建另一侧相对应位置的结构修剪（具体操作参见光盘）。

步骤 30 创建结构修剪（十五）。参照**步骤 15** 的详细操作步骤，在 `Type:` 下拉列表中选择 `Miter cut` 选项，分别选择图 7.6.29 所示的两结构构件为参照。

 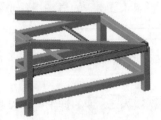 

图 7.6.27 创建结构修剪（十三）　图 7.6.28 创建结构修剪（十四）　图 7.6.29 创建结构修剪（十五）

步骤 31 创建结构修剪（十六）。参照**步骤 30** 的详细操作步骤，分别选择图 7.6.30 所示的两结构构件为参照。

步骤 32 创建结构修剪（十七）。参照**步骤 30** 的详细操作步骤，分别选择图 7.6.31 所示的两结构构件为参照。

步骤 33 创建另一侧拐角的结构修剪。参照**步骤 30**~**步骤 32** 的详细操作步骤，分别选择相应的结构构件为参照，创建另一侧相对应位置的结构修剪（具体操作参见光盘）。

图 7.6.30 创建结构修剪（十六）　　　　图 7.6.31 创建结构修剪（十七）

步骤 34 创建结构修剪（十八）。参照**步骤 15** 的详细操作步骤，在 `Type:` 下拉列表中选择 `Normal cut` 选项，分别选择图 7.6.32 所示的两结构构件为参照。

说明： 当结构构件变红时，单击工具栏中的 按钮进行更新。

步骤 35 创建结构修剪（十九）。参照**步骤 34** 的详细操作步骤，分别选择图 7.6.33 所示的两结构构件为参照。

步骤 36 创建结构修剪（二十）。参照**步骤 34** 的详细操作步骤，分别选择图 7.6.34 所示的两结构构件为参照。

步骤 37 创建另一侧的结构修剪。参照**步骤 34**~**步骤 36** 的详细操作步骤，分别选择相应的结构构件为参照，创建另一侧相对应位置的结构修剪（具体操作参见光盘）。

步骤 38 创建结构修剪（二十一）。参照**步骤 15** 的详细操作步骤，在 `Type:` 下拉列表中选择 `Weld cut` 选项，分别选择图 7.6.35 所示的两结构构件为参照。

图 7.6.32　创建结构修剪（十八）　图 7.6.33　创建结构修剪（十九）　图 7.6.34　创建结构修剪（二十）

步骤 39 创建结构修剪（二十二）。参照 **步骤 38** 的详细操作步骤，分别选择图 7.6.36 所示的两结构构件为参照。

步骤 40 创建另一侧的结构修剪。参照 **步骤 38** 和 **步骤 39** 的详细操作步骤，分别选择相应的结构构件为参照，创建另一侧相对应位置的结构修剪（具体操作参见光盘）。

图 7.6.35　创建结构修剪（二十一）　　　　图 7.6.36　创建结构修剪（二十二）

步骤 41 创建结构端板。

（1）选择命令。选择下拉菜单 插入 ➜ Physical Plates & Shapes ▶ ➜ End-Plate 命令，系统弹出 "End Plate" 对话框。

（2）设置参数。在图形区选择图 7.6.37 所示的结构构件，在 Length: 和 Width: 文本框中分别输入值 118，然后单击 Material & Orientation 选项卡，在 Thickness: 下拉列表中选择 More ... 选项，在弹出的 "Thickness List" 对话框中选择 □3mm 选项，单击两次 ● 确定 按钮，完成结构端板的创建。

步骤 42 创建其他结构端板。参照 **步骤 41** 的详细操作步骤，创建其他结构端板，结果如图 7.6.38 所示。

 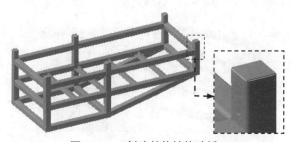

图 7.6.37　选择参照对象　　　　　　图 7.6.38　创建其他结构端板

步骤 43 创建结构平板（一）。

（1）选择命令。选择下拉菜单 插入 ➡ Physical Plates & Shapes ▶ ➡ ◆Plate 命令，系统弹出"Plate"对话框。

（2）绘制结构平板截面草图。在 Type: 下拉列表中选择 Support and contour 选项，选择图 7.6.39 所示的基准平面，单击 按钮，绘制图 7.6.40 所示的截面草图。

（3）设置结构平板厚度。在 Geometry 选项卡中选中 ☐ Centerline 选项，单击 Material & Orientation 选项卡，然后在 Thickness: 下拉列表中选择 More... 选项，在弹出的 "Thickness List"对话框中选择 ☐ 15mm 选项，单击两次 ● 确定 按钮，结果如图 7.6.41 所示。

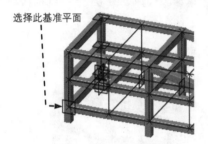

图 7.6.39　选择参照平面

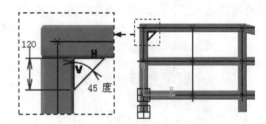

图 7.6.40　绘制结构平板截面草图

步骤 44 创建结构平板（二）。参照 **步骤 43** 的详细操作步骤，选取图 7.6.39 所示的基准平面，绘制图 7.6.42 所示的截面草图，结果如图 7.6.43 所示。

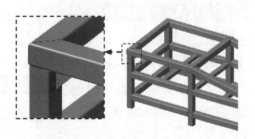

图 7.6.41　创建结构平板（一）

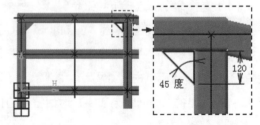

图 7.6.42　绘制结构平板截面草图

步骤 45 创建结构平板（三）。参照 **步骤 43** 的详细操作步骤，选取图 7.6.44 所示的基准平面，绘制图 7.6.45 所示的截面草图，结果如图 7.6.46 所示。

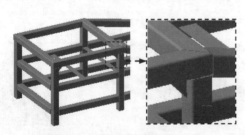

图 7.6.43　创建结构平板（二）

图 7.6.44　选择参照平面

步骤 46 创建另一侧结构平板。参照 **步骤 43** ~ **步骤 45** 的详细操作步骤，创建另一侧对应位置的结构平板。

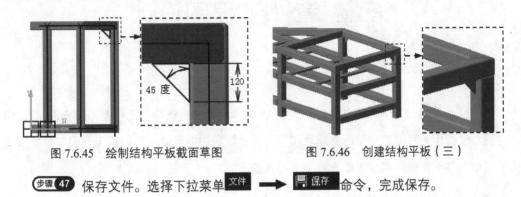

图 7.6.45　绘制结构平板截面草图　　　　图 7.6.46　创建结构平板（三 ）

步骤 47 保存文件。选择下拉菜单 文件 ➡ 📙 保存 命令，完成保存。

第 8 章 工程图设计

8.1 工程图设计概述

使用 CATIA 工程图工作台可方便、高效地创建三维模型的工程图（图样），且工程图与模型相关联，工程图能够反映模型在设计阶段中的更改，可以使工程图与装配模型或单个零部件保持同步更新。其主要特点如下。

◆ 用户界面直观、简洁、易用，可以方便快捷地创建图样。

◆ 可以快速地将视图放置到图样上，并且系统会自动正交对齐视图。

◆ 能在图形窗口编辑大多数制图对象（如剖面线、尺寸、符号等），用户可以创建制图对象，并立即对其进行编辑。

◆ 图样中的视图可以有多种显示方式。

◆ 使用"对图样进行更新"功能可以有效地提高工作效率。

8.1.1 工程图的组成

在学习本节前，请打开图 8.1.1 所示的工程图 D:\catia2014\work\ch08.01\rear_support_ok.CATDrawing，CATIA 的工程图主要由三个部分组成。

◆ 视图：包括六个基本视图（主视图、后视图、左视图、右视图、仰视图和俯视图）、轴测视图、各种剖视图、局部放大图、折断视图、断面图等。在制作工程图时，根据实际零件的特点，选择不同的视图组合，以便简单清楚地把各个设计、制造等诸多要求表达清楚。

◆ 标注：一般包括尺寸标注、尺寸公差标注、表面粗糙度标注、形状公差标注、位置公差标注、焊接标注及注释文本标注等。

◆ 图框、标题栏及其他表格。

8.1.2 工程图制图工具简介

CATIA 工程图的制图工具类型分为下拉菜单和工具条两种。打开工程图 D:\catia2014\work\ch08.01\rear_support_ok.CATDrawing，进入工程图工作台，此时系统的下

z 拉菜单和工具条将会发生一些变化。

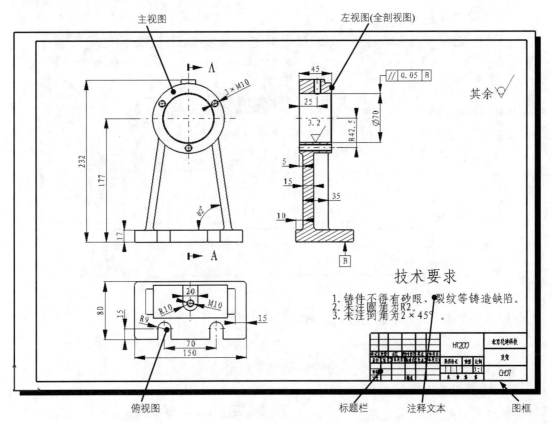

图 8.1.1　工程图的组成

8.2　设置符合国标的工程图环境

我国国标对工程图做出了许多规定，如尺寸文本的方位与字高、尺寸箭头的大小等都有明确的规定。本书随书光盘中的 drafting 文件夹中提供了一个 CATIA 软件的系统文件，该系统文件中的配置可以使创建的工程图基本符合我国国标。请读者按下面的方法将这些文件复制到指定目录，并对其进行相关设置。

步骤 01 复制配置文件。进入 CATIA 软件后，将随书光盘 drafting 文件夹中的 GB.XML 文件复制到 C:\Program Files\Dassault Systemes\B24\win_b64\resources\standard\drafting 文件夹中。

　　　　如果 CATIA 软件不是安装在 C:\Program Files 目录中，则需要根据用户的安装目录，找到相应的文件夹。

步骤 02 选择下拉菜单 工具 ➡️ 选项... 命令，系统弹出"选项"对话框。

步骤 03 设置图 8.2.1 所示的制图标准。

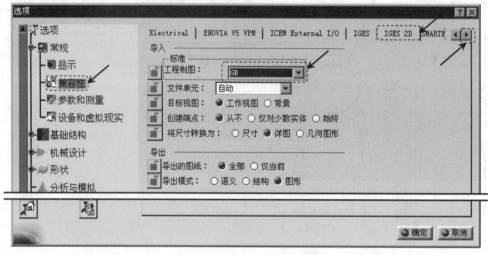

图 8.2.1 "IGES 2D"选项卡

（1）在"选项"对话框的左侧选取 兼容性 选项。

（2）连续单击对话框右上角的 ▶ 按钮，直至出现 IGES 2D 选项卡并单击该选项卡。

（3）在 工程制图: 下拉列表中选中 GB 选项作为制图标准。

步骤 04 设置图形生成。

（1）在"选项"对话框的左侧依次选取 机械设计 ➡️ 工程制图选项，单击 视图 选项卡。

（2）在 视图 选项卡的 生成/修饰几何图形 区域中分别选中 生成轴 、 生成中心线 、 生成圆角 和 应用 3D 规格 复选框，结果如图 8.2.2 所示。

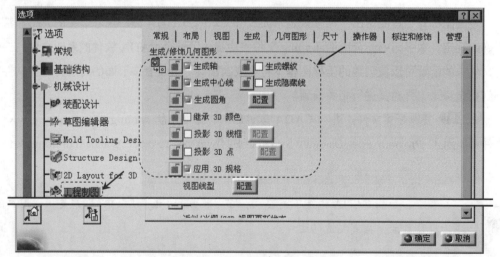

图 8.2.2 "视图"选项卡

步骤 05 设置尺寸生成。

（1）在"选项"对话框中选取 生成 选项卡。

（2）在 生成 选项卡的 尺寸生成 区域中选中 ☑生成前过滤 和 ☑生成后分析 复选框，结果如图
8.2.3 所示。

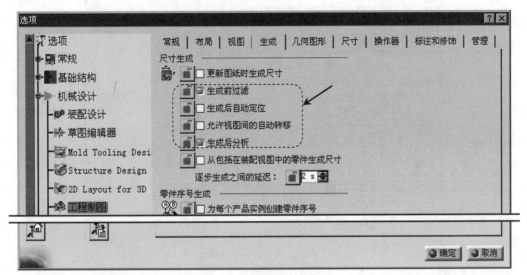

图 8.2.3 "生成"选项卡

步骤 06 单击 ● 确定 按钮，完成工程图环境的设置。

8.3 新建工程图

新建工程图的一般操作过程为：

步骤 01 选择下拉菜单 文件 ➡ □ 新建... 命令，系统弹出"新建"对话框。

步骤 02 在"新建"对话框的 类型列表: 选项组中选取 Drawing 选项以创建工程图文件，
单击 ● 确定 按钮，系统弹出"新建工程图"对话框。

步骤 03 选择制图标准。

（1）在"新建绘图"对话框的 标准 下拉列表中选择 GB。

（2）在 图纸样式 下拉列表中选取 A1 ISO 选项，选中 ● 横向 单选项，取消选中
□启动工作台时隐藏 复选框（系统默认取消选中）。

（3）单击 ● 确定 按钮，至此系统进入工程图工作台。

在特征树中右击 □ 页.1，在弹出的快捷菜单中选择 📇 属性 命令，系统弹
出图 8.3.1 所示的"属性"对话框。

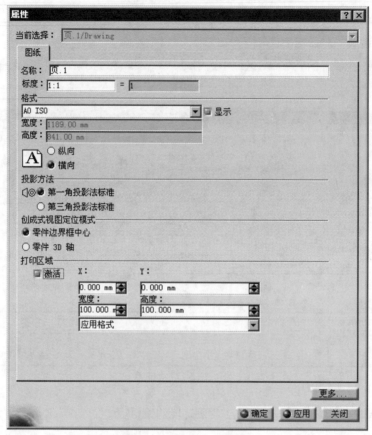

图 8.3.1　"属性"对话框

图 8.3.1 所示的"属性"对话框中各选项的说明如下。

◆ 名称：文本框：设置当前图纸页的名称。

◆ 标度：文本框：设置当前图纸页中所有视图的比例。

◆ 格式区域：在该区域中可进行图纸格式的设置。

● A1 ISO 下拉列表中可设置图纸的幅面大小。选中 显示复选框，则在

图形区显示该图纸页的边框，取消选中则不显示。

● 宽度：文本框：显示当前图纸的宽度，不可编辑。

● 高度：文本框：显示当前图纸的高度，不可编辑。

● 纵向单选项：纵向放置图纸。

● 横向单选项：横向放置图纸。

◆ 投影方法区域：该区域可设置投影视角的类型，包括 第一角投影法标准单选项和

第三角投影法标准单选项。

● 第一角投影法标准单选项：用第一视角的投影方式排列各个视图，即以主

视图为中心，俯视图在其下方，仰视图在其上方，左视图在其右侧，右
视图在其左侧，后视图在其左侧或右侧；我国以及欧洲采用此标准。

- 第三角投影法标准 单选项：用第三视角的投影方式排列各个视图，即以主
  视图为中心，俯视图在其上方，仰视图在其下方，左视图在其左侧，右
  视图在其右侧，后视图在其左侧或右侧；美国常用此标准。

◆ 创成式视图定位模式 区域：该区域包括 零件边界框中心 单选项和 零件 3D 轴 单选项。

- 零件边界框中心 单选项：选中该单选项，表示根据零部件边界框中心的对
  齐来对齐视图。
- 零件 3D 轴 单选项：选中该单选项，表示根据零部件 3D 轴的对齐来对齐
  视图。

◆ 打印区域 区域：用于设置打印区域。选中 激活 复选框，后面的各选项显示为可用；
用户可以在 应用格式 ▼ 下拉列表中选择一种打印图纸规格，
也可以自己设定打印图纸的尺寸，在 宽度： 和 高度： 文本框中输入打印图纸的宽度和
高度尺寸即可。

8.4 工程图视图的创建

工程图视图是按照三维模型的投影关系生成的，主要用来表达部件模型的外部和内部结构及形状。在 CATIA 的工程图工作台中，视图包括基本视图、轴测图、各种剖视图、局部放大图、折断视图和断面图等。下面分别以具体的实例来介绍各种视图的创建方法。

8.4.1 基本视图

基本视图包括主视图和投影视图，本节主要介绍主视图、右视图和俯视图这三种基本视图的一般创建过程。

1. 创建主视图

主视图是工程图中最主要的视图。下面以 base.CATpart 零件模型的主视图为例（图 8.4.1）来说明创建主视图的一般操作过程。

步骤 01 打开零件文件 D: \catia2014\work\ch08.04.01.01\base.CATPart。

步骤 02 新建一个工程图文件。

（1）选择下拉菜单 文件 ➡ 新建... 命令，系统弹出"新建"对话框。

（2）在"新建"对话框的 类型列表： 选项组中选取 Drawing 选项，单击 ● 确定 按钮，系统弹出"新建工程图"对话框。

（3）在"新建工程图"对话框的 标准 下拉列表中选择 GB 选项，在 图纸样式 选项组中选择 A4ISO 选项，选中 ● 纵向 单选项，单击 ● 确定 按钮，进入工程图工作台。

步骤 03 选择命令。选择图 8.4.2 所示的下拉菜单 插入 ➡ 视图▶ ➡ 投影▶ ➡ 回 正视图 命令。

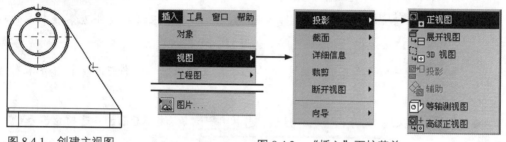

图 8.4.1 创建主视图 　　　　　　　　　　图 8.4.2 "插入"下拉菜单

步骤 04 切换窗口。在系统 在 3D 几何图形上选择参考平面 的提示下。选择下拉菜单 窗口 ➡ 1 base.CATPart 命令，切换到零件模型窗口。

步骤 05 选择投影平面。在零件模型窗口中，将鼠标指针放置（不单击）在图 8.4.3 所示的模型表面时，在绘图区右下角会出现图 8.4.4 所示的预览视图；单击图 8.4.3 所示的模型表面作为参考平面，此时系统返回到图 8.4.5 所示的工程图窗口。

图 8.4.3 选取参考平面

图 8.4.4 预览视图

◆ 读者也可以通过选取一点和一条直线（或中心线）、两条不平行的直线（或中心线）、三个不共线的点来确定投影平面。

◆ 当投影视图的投影方位不是很理想时，可单击图 8.4.5 所示控制器的各按钮，来调整视图方位。

● 单击方向控制器中的"向右箭头"，图 8.4.6 所示的预览图向右旋转 90°。

● 单击方向控制器中的"顺时针旋转箭头"，图 8.4.7 所示的预览图沿顺时针旋转 30°。

步骤 06 放置视图。在图纸上单击以放置主视图，完成主视图的创建。

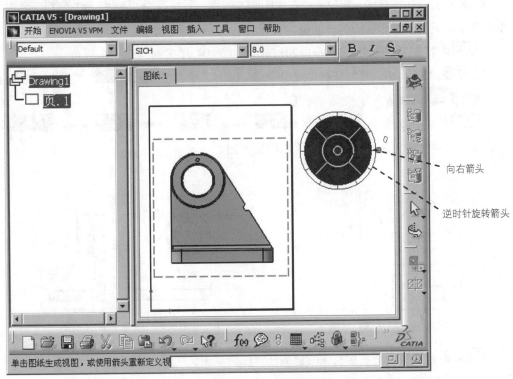

图 8.4.5 主视图预览图

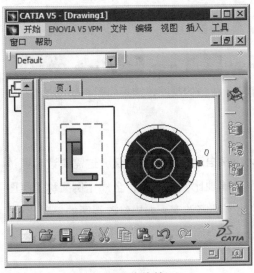

图 8.4.6 向右旋转 90°

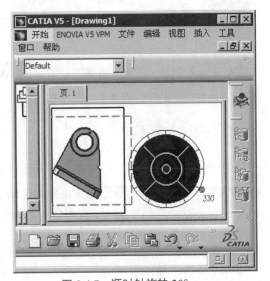

图 8.4.7 顺时针旋转 30°

2. 创建投影视图

投影视图包括仰视图、俯视图、右视图和左视图。下面以图 8.4.8 所示的俯视图和左视图为例来说明创建投影视图的一般操作过程。

步骤 01 打开工程图文件 D:\catia2014\work\ch08.04.01.02\base.CATDrawing。

步骤 02 激活视图。在特征树中双击 ⊞ **正视图**（或右击 ⊞ **正视图**，在弹出的快捷菜单中选择 **激活视图** 命令），激活主视图。

步骤 03 选择命令。选择下拉菜单 **插入** ➡ **视图▶** ➡ **投影▶** ➡ **■投影** 命令，在窗口中出现图 8.4.9 所示投影视图的预览图。

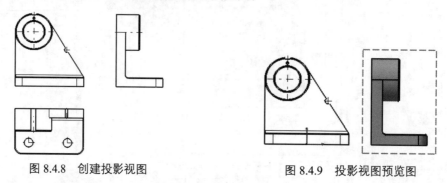

图 8.4.8　创建投影视图　　　　　　　　图 8.4.9　投影视图预览图

步骤 04 放置视图。在主视图右侧的任意位置单击，生成左视图。

　　　　将鼠标指针分别放在主视图的上、下、左或右侧，投影视图会相应地变成仰视图、俯视图、右视图或左视图。

步骤 05 创建俯视图。选择下拉菜单 **插入** ➡ **视图▶** ➡ **投影▶** ➡ **■投影** 命令，在系统 **单击视图** 的提示下，在主视图的下方单击，生成俯视图，结果如图 8.4.8 所示。

8.4.2　视图的比例

在创建视图时，系统不会根据图纸幅面的大小来自动调整视图比例，这需要读者通过手动来修改视图比例。视图的比例分为全局比例和单独比例；其中，全局比例又称工程图比例，修改全局比例之后，工程图中所有视图的比例都将改变；如果修改视图的单独比例，只有所选视图的比例会发生变化。下面分别介绍修改全局比例和单独比例的操作方法。

1. 修改全局比例

修改全局比例的操作步骤如下。

步骤01 打开文件 D:\catia2014\work\ch08.04.02\01\base_01.CATDrawing。

步骤02 选择命令。在特征树中右击□ 页.1，在弹出的快捷菜单中选择 属性 命令，系统弹出图 8.4.10 所示的"属性"对话框。

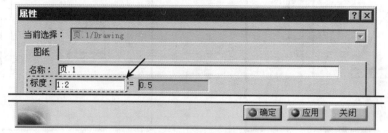

图 8.4.10 "属性"对话框

步骤03 修改比例。在"属性"对话框的 标度: 文本框中输入比例值1:2，单击 确定 按钮，完成全局比例的修改，结果如图 8.4.11b 所示。

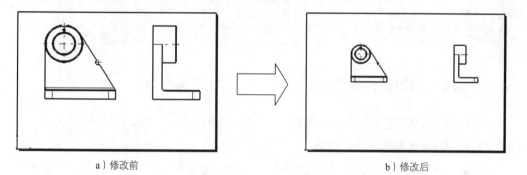

a）修改前   b）修改后

图 8.4.11 修改全局比例

2. 修改单独比例

修改单独比例的操作步骤如下。

步骤01 打开文件 D:\catia2014\work\ch08.04.02.02\base_02.CATDrawing。

步骤02 选择命令。在特征树中右击 正视图，在弹出的快捷菜单中选择 属性 命令，系统弹出图 8.4.12 所示的"属性"对话框。

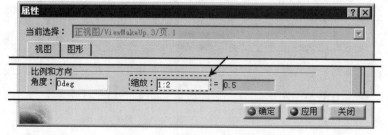

图 8.4.12 "属性"对话框

步骤 03 修改比例。在"属性"对话框 比例和方向 区域的 缩放： 文本框中输入比例值 1∶2，单击 ● 确定 按钮，完成对主视图单独比例的修改，结果如图 8.4.13b 所示。

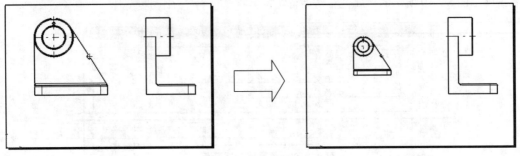

a）修改前　　　　　　　　　　　　　　b）修改后

图 8.4.13　修改单独比例

　如果在修改视图的单独比例之后，再修改全局比例，含有单独比例的视图将继续按全局比例值进行缩放。

8.4.3　移动视图和锁定视图

在创建完主视图和投影视图后，如果它们在图纸上的位置不合适、视图间距太小或太大，用户可以根据自己的需要移动视图。

当视图创建完成后，可以启动"锁定视图"功能，使该视图无法进行编辑，但是还可以将其移动。

1. 移动视图

移动视图有以下两种方法。

方法一：将鼠标指针停放在视图的虚线框上，此时指针会变成 🖐，按住鼠标左键并移动至合适的位置后放开。

　◆　如果窗口中没有显示视图的虚线框，请在特征树中分别右击各视图，在弹出的快捷菜单中选择 属性 命令，确认 显示视图框架 复选框处于选中状态，然后单击"可视化"工具条中的 按钮，即可显示视图的虚线框。

◆　当移动主视图时，由主视图生成的第一级子视图也会随着主视图的移动而移动，但移动子视图时父视图不会随着移动。

由于系统默认选择的是"根据参考视图定位",根据"高平齐、宽相等"的原则(即左、右视图与主视图水平对齐,俯、仰视图与主视图竖直对齐),故用户移动投影视图时只能横向或纵向移动视图。在特征树中选中要移动的视图并右击(主视图除外),在弹出的图 8.4.14 所示的快捷菜单中依次选择 视图定位► ➡ 不根据参考视图定位 命令,可移动视图至任意位置。当用户再次右击选择 视图定位► ➡ 根据参考视图定位 命令时,被移动的视图又会自动以主视图为基准横向或纵向对齐。

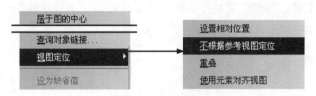

图 8.4.14 快捷菜单

方法二:打开文件 D:\catia2014\work\ch08.04.03\move.CATDrawing。在特征树中右击 🔲⊡ 左视图 ,在弹出的快捷菜单中依次选择 视图定位► ➡ 设置相对位置 命令,系统弹出图 8.4.15 所示的操作器。在系统 在图纸上单击结束命令,或使用操作器更改视图位置 的提示下,将鼠标指针移至操纵器的拖动手柄处并按住鼠标左键,移动鼠标可将左视图绕中心点移动,如图 8.4.16 所示。若单击图 8.4.17 所示的圆环,可设置该圆环为拖动手柄,如图 8.4.18 所示。

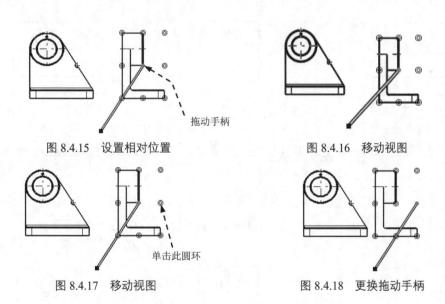

图 8.4.15 设置相对位置   图 8.4.16 移动视图

图 8.4.17 移动视图   图 8.4.18 更换拖动手柄

2. 锁定视图

锁定视图的一般操作过程为:

步骤 01 在特征树中选中要锁定的视图并右击，在弹出的快捷菜单中选择 属性 命令，系统弹出"属性"对话框。

步骤 02 在"属性"对话框的 可视化和操作 区域中选中 锁定视图 复选框，单击 确定 按钮，完成视图的锁定。

8.4.4 删除视图

要将某个视图删除，先选中该视图并右击，然后在弹出的快捷菜单中选择 删除 命令或直接按 Delete 键即可删除。

8.4.5 视图的显示模式

在 CATIA 的工程图工作台中，在特征树中右击视图，在弹出的快捷菜单中选择 属性 命令，系统弹出"属性"对话框，利用该对话框可以设置视图的显示模式。下面介绍几种常用的显示模式。

◆ 隐藏线：选中该复选框，视图中的不可见边线以虚线显示，如图 8.4.19 所示。

◆ 中心线：选中该复选框，视图中显示中心线，如图 8.4.20 所示。

◆ 3D 规格：选中该复选框，视图中只显示可见边，如图 8.4.21 所示。

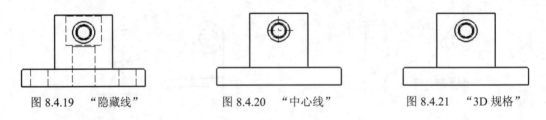

图 8.4.19 "隐藏线"　　　　图 8.4.20 "中心线"　　　　图 8.4.21 "3D 规格"

◆ 3D 颜色：选中该复选框，视图中的线条颜色显示为三维模型的颜色，如图 8.4.22 所示。

◆ 轴：选中该复选框，视图中显示轴线，如图 8.4.23 所示。

◆ 圆角：选中该复选框，可控制视图切边的显示，如图 8.4.24 所示。

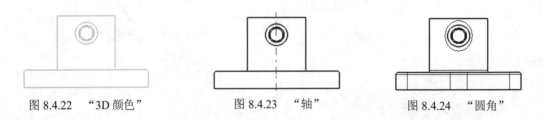

图 8.4.22 "3D 颜色"　　　　图 8.4.23 "轴"　　　　图 8.4.24 "圆角"

下面以模型 base 的左视图为例来说明如何通过"视图显示"操作将左视图设置为

隐藏线 显示状态，如图 8.4.19 所示。

步骤 01 打开工程图文件 D:\catia2014\work\ch08.04.05\view.CATDrawing。

步骤 02 在特征树中右击 正视图 ，在弹出的快捷菜单中选择 属性 命令，系统弹出图 8.4.25 所示的"属性"对话框。

步骤 03 在"属性"对话框中选中 隐藏线 复选框，其他参数设置值如图 8.4.25 所示。

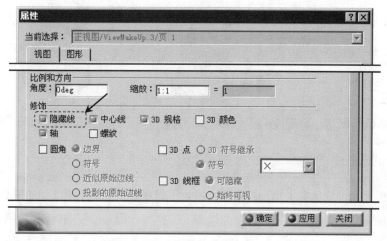

图 8.4.25 "属性"对话框

步骤 04 单击 确定 按钮，完成操作。

说明　一般情况下，在工程图中选中 中心线 、 3D 规格 和 轴 三个复选框来定义视图的显示模式。

8.4.6 轴测图

创建轴测图的目的主要是为了方便读图。下面创建图 8.4.26 所示的轴测图，其操作过程如下。

步骤 01 打开零件文件 D:\catia2014\work\ch08.04.06\base.CATPart。

步骤 02 新建一个工程图文件。标准采用 GB ，图纸采用 A4 ISO ，图纸方向为 纵向 。

步骤 03 选择命令。选择下拉菜单 插入 ➞ 视图▶ ➞ 投影▶ ➞ 等轴测视图 命令。

步骤 04 切换窗口。在系统 在 3D 几何图形上选择参考平面 的提示下，选择下拉菜单 窗口 ➞ 1 base.CATPart 命令，切换到零件模型窗口。

步骤 05 选择参考平面。同时按住鼠标中键和右键，将视图调整到图 8.4.27 所示的方位，然后选取图 8.4.27 所示的模型表面为参考平面，此时系统返回到图 8.4.28 所示的工程图窗口。

步骤 06 调整投影方向。利用图 8.4.28 所示的"方向控制器"可调整视图的方向，本例将不进行操作，直接在图形区任意位置单击以完成轴测图的创建，结果如图 8.4.26 所示。

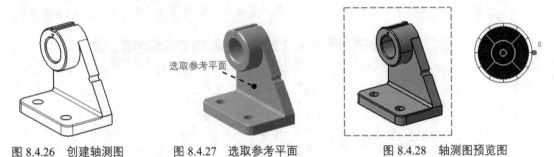

图 8.4.26　创建轴测图　　　　图 8.4.27　选取参考平面　　　　图 8.4.28　轴测图预览图

8.4.7　全剖视图

全剖视图是用剖切面完全地剖开零件，将处于观察者和剖切平面之间的部分移去，而将其余部分向投影面投影所得的图形。下面以图 8.4.29 所示的全剖视图为例来说明创建全剖视图的操作过程。

步骤 01 打开文件 D:\catia2014\work\ch08.04.07\cutaway_view.CATDrawing。

步骤 02 选择命令。在特征树中双击 🔲 **正视图** 来激活主视图，选择下拉菜单 **插入** ➡ **视图▶** ➡ **截面▶** ➡ **⚙️ 偏移剖视图** 命令，如图 8.4.30 所示。

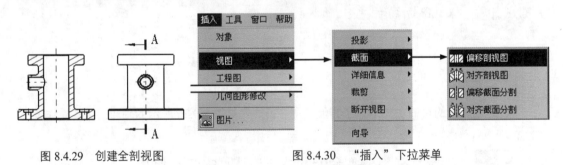

图 8.4.29　创建全剖视图　　　　　　图 8.4.30　"插入"下拉菜单

步骤 03 绘制剖切线。在系统 选择起点、圆弧边或轴线 的提示下，绘制图 8.4.31 所示的剖切线（绘制剖切线时，根据系统 选择边线、单击或双击以结束轮廓定义 的提示，双击鼠标左键可以结束剖切线的绘制），系统显示图 8.4.31 所示的全剖视图预览图。

步骤 04 放置视图。在主视图的左侧单击来放置全剖视图，完成全剖视图的创建。

说明

◆ 双击全剖视图中的剖面线，系统弹出"属性"对话框，利用该对话框可以修改剖面线的类型、角度、颜色、间距、线型、偏移量、厚度等属性。

◆ 本书后面的其他剖视图也可利用"属性"对话框来修改剖面线的属性。

8.4.8 阶梯剖视图

阶梯剖视图属于 2D 截面视图，其与全剖视图在本质上没有区别，但它的截面是偏距截面。创建阶梯剖视图的关键是创建好偏距截面，可以根据不同的需要创建偏距截面来实现阶梯剖视以达到充分表达视图的需要。下面创建图 8.4.32 所示的阶梯剖视图，其操作过程如下。

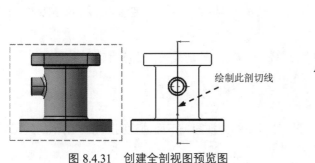

图 8.4.31 创建全剖视图预览图

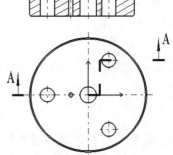

图 8.4.32 创建阶梯剖视图

步骤 01 打 开 工 程 图 文 件 D:\catia2014\work\ch08.04.08\stepped_cutting_view. CATDrawing。

步骤 02 选择命令。在特征树中双击 📷 正视图 来激活主视图，选择下拉菜单 插入 ➡ 视图▶ ➡ 截面▶ ➡ ▨ 偏移剖视图 命令。

步骤 03 绘制剖切线。绘制图 8.4.33 所示的剖切线，系统显示阶梯剖视图的预览图。

步骤 04 放置视图。在主视图的上方单击来放置阶梯剖视图，完成阶梯剖视图的创建。

8.4.9 旋转剖视图

旋转剖视图是完整的截面视图，但它的截面是一个偏距截面（因此需要创建偏距剖截面），其显示绕某一轴的展开区域的截面视图，且该轴是一条折线。下面创建图 8.4.34 所示的旋转剖视图，其操作过程如下。

步骤 01 打 开 工 程 图 文 件 D:\catia2014\work\ch08.04.09\revolved_cutting_view.

CATDrawing。

步骤 02 选择命令。在特征树中双击 正视图 来激活主视图，选择下拉菜单

插入 ➡ 视图▶ ➡ 截面▶ ➡ 对齐剖视图 命令。

步骤 03 绘制剖切线。绘制图 8.4.35 所示的剖切线，系统显示旋转剖视图的预览图。

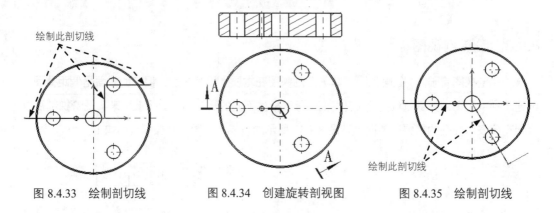

图 8.4.33　绘制剖切线　　　图 8.4.34　创建旋转剖视图　　　图 8.4.35　绘制剖切线

步骤 04 放置视图。在主视图的上方单击来放置旋转剖视图，完成旋转剖视图的创建。

8.4.10　局部剖视图

局部剖视图是用剖切面局部地剖开零件所得的剖视图。下面创建图 8.4.36 所示的局部剖视图，其操作过程如下。

步骤 01 打开文件 D:\catia2014\work\ch08.04.10\part_cutaway_view. CATDrawing。

步骤 02 选择命令。在特征树中双击 正视图 来激活主视图，选择下拉菜单 插入

➡ 视图▶ ➡ 断开视图▶ ➡ 剖面视图 命令，如图 8.4.37 所示。

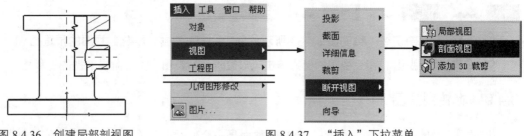

图 8.4.36　创建局部剖视图　　　　图 8.4.37　"插入"下拉菜单

步骤 03 绘制图 8.4.38 所示的剖切范围，系统弹出图 8.4.39 所示的"3D 查看器"对话框。

步骤 04 单击 确定 按钮，完成局部剖视图的创建。

单击剖切平面并按住鼠标左键，移至所需的位置即可移动剖切平面。

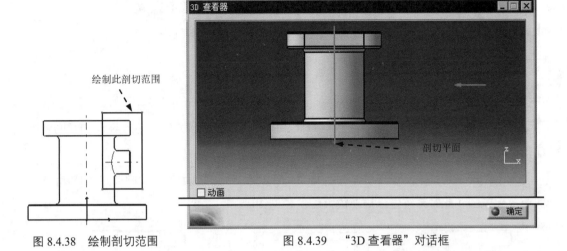

图 8.4.38 绘制剖切范围   图 8.4.39 "3D 查看器"对话框

8.4.11 局部放大图

局部放大图是将零件的部分结构用大于原图形所采用的比例画出的图形，根据需要可画成视图、剖视图、断面图，放置时应尽量放在被放大部位的附近。下面创建图 8.4.40 所示的局部放大图，其操作过程如下。

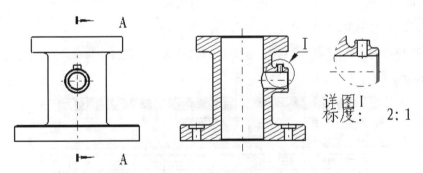

图 8.4.40 创建局部放大图

步骤 **01** 打开文件 D:\catia2014\work\ch08.04.11\coupling_hook. CATDrawing。

步骤 **02** 选择命令。在特征树中双击 剖视图A-A ，激活全剖视图；选择下拉菜单 插入 ➡ 视图 ▶ ➡ 详细信息 ▶ ➡ 详细信息 命令，如图 8.4.41 所示。

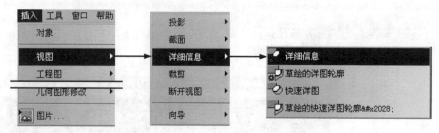

图 8.4.41   "插入"下拉菜单

步骤 03 定义放大区域。

（1）选取放大范围的圆心。在系统 选择一点或单击以定义圆心 的提示下，在全剖视图中选取图 8.4.42 所示的点为圆心位置。

（2）绘制放大范围。在系统 选择一点或单击以定义圆半径 的提示下，绘制图 8.4.43 所示的圆为放大范围，此时系统显示局部放大图的预览图。

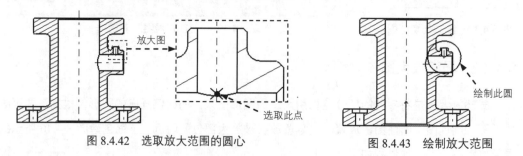

图 8.4.42   选取放大范围的圆心   图 8.4.43   绘制放大范围

步骤 04 选择合适的位置单击，来放置局部放大视图。

步骤 05 修改局部放大视图的比例和标识。

（1）在特征树中右击 详图B，在弹出的快捷菜单中选择 属性 命令，系统弹出图 8.4.44 所示的"属性"对话框。

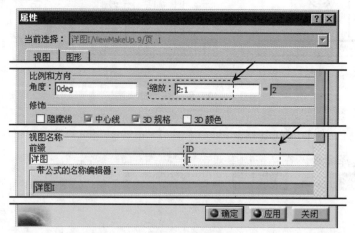

图 8.4.44   "属性"对话框

（2）修改局部放大视图的比例。在 比例和方向 区域的 缩放: 文本框中输入比例值"2：1"。

（3）修改局部放大视图的标识。在 视图名称 区域的 ID 文本框中输入文本"I"。

（4）单击 ● 确定 按钮，完成局部放大视图比例和标识的修改，结果如图 8.4.40 所示。

8.4.12 折断视图

在机械制图中，经常遇到一些较长且没有变化的零件，若要整个反映零件的尺寸形状，需用大幅面的图纸来绘制。为了既节省图纸幅面，又可以反映零件形状尺寸，在实际绘图中常采用折断视图。折断视图指的是从零件视图中删除选定两点之间的视图部分，将余下的两部分合并成一个带折断线的视图。下面创建图 8.4.45 所示的折断视图，其操作过程如下。

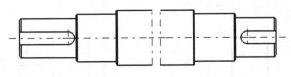

图 8.4.45　创建折断视图

步骤 01 打开文件 D:\catia2014\work\ch08.04.12\broken_view.CATDrawing。

步骤 02 在特征树中双击 ⬚ 正视图 来激活主视图，选择下拉菜单 插入 ➡ 视图▶ ➡ 断开视图▶ ➡ ▣ 局部视图 命令。

步骤 03 在系统 在视图中选择一个点以指示第一剖面线的位置 的提示下，在图 8.4.46 所示选择的位置单击中心线，以选择折断起点。

 说明　此时系统出现图 8.4.46 所示的一条绿色实线和一条绿色虚线，两者相互垂直，实线表示折断的起始位置，将鼠标指针移至虚线上，则实线和虚线相互转换，在竖直线上单击。

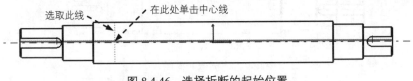

图 8.4.46　选择折断的起始位置

步骤 04 在系统 单击所需区域以获取垂直剖面或水平剖面 的提示下，单击图 8.4.46 所示的竖直剖切线，即折断视图的折断方向为竖直折断。

步骤 05 在系统 在视图中选择一个点以指示第二剖面线的位置 的提示下，在图 8.4.47 所示的位置单击以确定终止位置。

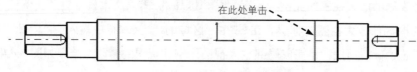

图 8.4.47　选择折断的终止位置

步骤 06 放置视图。在窗口中的任意位置单击，完成折断视图的创建，如图 8.4.45 所示。

8.4.13　断面图

断面图常用在只需表达零件断面的场合下，这样可以使视图简化，又能使视图所表达的零件结构清晰易懂。下面创建图 8.4.48 所示的断面图，其操作过程如下。

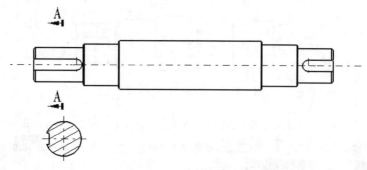

图 8.4.48　创建断面图

步骤 01 打开文件 D:\catia2014\work\ch08.04.13\sectional_drawing.CATDrawing。

步骤 02 在特征树中双击 📄 正视图 来激活主视图，选择下拉菜单 插入 ➡ 视图▶ ➡ 截面▶ ➡ █ 偏移截面分割 命令。

步骤 03 绘制图 8.4.49 所示的断面线，在绘制断面线的第二个端点时，双击结束绘制。

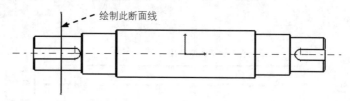

图 8.4.49　创建断面图

步骤 04 放置视图。在断面线的正下方单击以放置断面图，结果如图 8.4.48 所示。

8.5　工程图的尺寸标注

尺寸标注是工程图的一个重要组成部分。CATIA 工程图工作台具有方便的尺寸标注功能，既可以由系统根据已存在的约束自动生成尺寸，也可以由用户根据需要自行标注。本节将详细介绍尺寸标注的各种方法。

8.5.1 自动标注尺寸

自动生成尺寸是将三维模型中已有的约束条件自动转换为尺寸标注。草图中存在的全部约束都可以转换为尺寸标注；零件之间存在的角度、距离约束也可以转换为尺寸标注；部件中的拉伸特征转换为长度约束，旋转特征转换为角度约束，光孔和螺纹孔转换为长度和角度约束，倒圆角特征转换为半径约束，薄壁、筋板转换为长度约束；装配件中的约束关系转换为装配尺寸。在 CATIA 工程图工作台中，自动生成尺寸有"生成尺寸"和"逐步生成尺寸"两种方式。

1. 生成尺寸

"生成尺寸"命令可以一步生成全部的尺寸标注（图 8.5.1）；其操作过程如下。

步骤 01 打开工程图文件 D:\catia2014\work\ch08.05.01.01\autogeneration_dimension_01.CATDrawing。

步骤 02 选择命令。双击特征树中的 正视图 来激活主视图，在图形区空白处任意位置单击；然后选择下拉菜单 插入 ➡ 生成 ▶ ➡ 生成尺寸 命令（图 8.5.2），系统弹出图 8.5.3 所示的"尺寸生成过滤器"对话框。

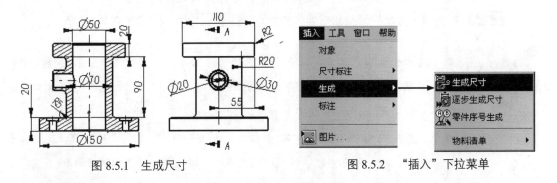

图 8.5.1 生成尺寸　　　　　图 8.5.2 "插入"下拉菜单

步骤 03 尺寸生成过滤。在"尺寸生成过滤器"对话框中设置图 8.5.3 所示的参数，然后单击 确定 按钮，系统弹出图 8.5.4 所示的"生成的尺寸分析"对话框，并显示自动生成尺寸的预览。

图 8.5.4 所示的"生成的尺寸分析"对话框中各选项的功能说明如下。

◆ 3D 约束分析 选项组：该选项组用于控制在三维模型中尺寸标注的显示。

● □已生成的约束：在三维模型中显示所有在工程图中标出的尺寸标注。

- □其他约束：在三维模型中显示没有在工程图中标出的尺寸标注。
- □排除的约束：在三维模型中显示自动标注时未考虑的尺寸标注。

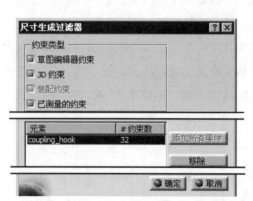

图 8.5.3 "尺寸生成过滤器"对话框 　　图 8.5.4 "生成的尺寸分析"对话框

◆ 2D 尺寸分析 选项组：该选项组用于控制在工程图中尺寸标注的显示。

- □新生成的尺寸：在工程图中显示最后一次生成的尺寸标注。
- □生成的尺寸：在工程图中显示所有已生成的尺寸标注。
- □其他尺寸：在工程图中显示所有手动标注的尺寸标注。

步骤 04 单击"生成的尺寸分析"对话框中的 ● 确定 按钮，完成尺寸的自动生成。

- ◆ 自动生成后的尺寸标注在视图中的排列较凌乱，可通过手动来调整尺寸的位置，尺寸的相关操作将在 8.7 节中讲到；图 8.5.1 所示的尺寸标注为调整后的结果。
- ◆ 如果生成尺寸的文本字体太小，为了方便看图，可在生成尺寸前，在"文本属性"工具条中的"字体大小"文本框中输入尺寸的文本高度 14.0（或其他值，如图 8.5.5 所示），再进行尺寸标注，此方法在手动标注时同样适用。

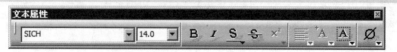

图 8.5.5 "文本属性"工具条

2. 逐步生成尺寸

"逐步生成尺寸"命令可以逐个地生成尺寸标注，生成时可以决定是否生成某个尺寸，还可以选择标注尺寸的视图。下面以图 8.5.6 为例来说明其一般操作过程。

步骤 01 打开文件 D:\catia2014\work\ch08.05.01.02\autogeneration_dimension_02. CATDrawing。

步骤 02 选择命令。双击特征树中的 正视图 来激活主视图，在图形区空白处任意位置单击；然后选择下拉菜单 插入 ➡ 生成▶ ➡ 逐步生成尺寸 命令，系统弹出"尺寸生成过滤器"对话框。

步骤 03 尺寸生成过滤。在"尺寸生成过滤器"对话框中单击 确定 按钮，以接受默认的过滤选项，系统弹出图 8.5.7 所示的"逐步生成"对话框。

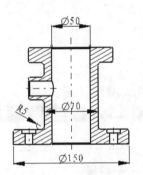
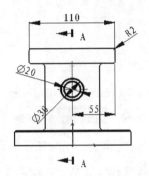

图 8.5.6　逐步生成尺寸

图 8.5.7　"逐步生成"对话框

图 8.5.7 所示的"逐步生成"对话框中各命令说明如下。

◆ ▶ 按钮：生成下一个尺寸，每单击一次生成一个尺寸标注。

◆ ▶▶ 按钮：一次生成剩余的尺寸标注。

◆ ■ 按钮：停止生成剩余的尺寸标注。

◆ ▮▮ 按钮：暂停生成尺寸标注，使用该命令还可以删除已生成的尺寸标注和选择标注尺寸的视图。

◆ 按钮：删除最后一个生成的尺寸标注。

◆ 按钮：将已生成的最后一个尺寸标注至其他的视图上。

◆ 在 3D 中可视化 复选框：选中该复选框，当前生成的尺寸标注显示在三维模型上。

◆ 超时：复选框：选中该复选框，系统在生成每个尺寸标注后休息一段时间，在该复选框后的文本框中可以输入休息的时间。

步骤 04 单击 ▶ 按钮，系统逐个地生成尺寸标注。

步骤 05 生成完想要标注的尺寸后，单击 ■ 按钮，系统弹出"生成的尺寸分析"对话框。

步骤 06 单击 确定 按钮，完成尺寸标注的生成。

8.5.2　手动标注尺寸

当自动生成尺寸不能全面地表达零件的结构或在工程图中需要增加一些特定的标注时，

就需要通过手动标注尺寸。这类尺寸受零件模型所驱动，所以又常被称为"从动尺寸"。手动标注尺寸与零件或组件具有单向关联性，即这些尺寸受零件模型所驱动。当零件模型的尺寸改变时，工程图中的这些尺寸也随之改变，但这些尺寸的值在工程图中不能被修改。

1. "工具控制板"工具条

选择下拉菜单 插入 ➡ 尺寸标注 ▶ ➡ 尺寸 ▶ ➡ 尺寸 命令，系统弹出"工具控制板"工具条。

2. 标注长度和距离

下面以图 8.5.8b 为例来说明标注长度的一般过程。

步骤 01 打开文件 D:\catia2014\work\ch08.05.02.02\dimension_01.CATDrawing。

步骤 02 选择下拉菜单 插入 ➡ 尺寸标注 ▶ ➡ 尺寸 ▶ ➡ 长度/距离尺寸 命令，系统弹出"工具控制板"工具条，选取图 8.5.8a 所示的直线，系统出现尺寸的预览。

步骤 03 移动到合适的位置来放置尺寸，然后在空白区域单击完成操作。

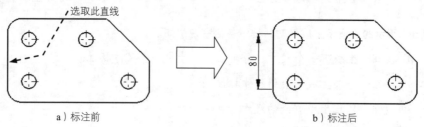

a）标注前   b）标注后

图 8.5.8　标注长度

说明：

◆ 在 步骤 02 中选取直线后，右击，在弹出的图 8.5.9 所示的快捷菜单中选择 部分长度 命令，在图 8.5.10a 所示的两点处单击（系统将这两点投影到该直线上），可标注这两投影点之间的线段长度，结果如图 8.5.10b 所示。

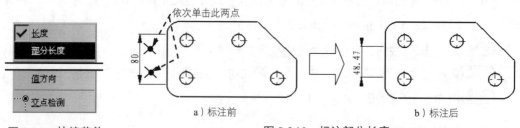

图 8.5.9　快捷菜单

图 8.5.10　标注部分长度

◆ 在 步骤 02 中选取直线后，右击，在弹出的快捷菜单中选择 添加尺寸标注 命令，系统弹出"尺寸标注"对话框,在该对话框中设置图 8.5.11 所示的参数,单击 确定 按钮,结果如图 8.5.12 所示。

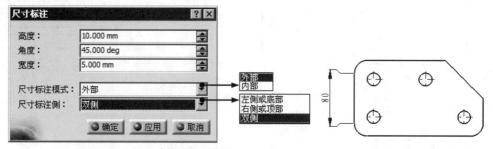

图 8.5.11 "尺寸标注"对话框   图 8.5.12 尺寸标注侧

◆ 在 步骤 02 中选取直线后,右击,在弹出的快捷菜单中选择 值方向 命令,系统弹出"值方向"对话框,利用该对话框可以设置尺寸文字的放置方向;在该对话框中添加图 8.5.13 所示的设置,单击 确定 按钮,结果如图 8.5.14 所示。

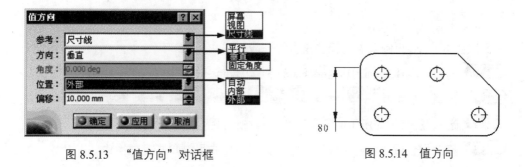

图 8.5.13 "值方向"对话框   图 8.5.14 值方向

下面标注图 8.5.15b 所示的直线和圆之间的距离,其操作过程如下。

步骤 01 打开文件 D:\catia2014\work\ch08.05.02.02\dimension_02.CATDrawing。

步骤 02 选择下拉菜单 插入 ➡ 尺寸标注▶ ➡ 尺寸▶ ➡ 长度/距离尺寸 命令,系统弹出"工具控制板"工具条。

步骤 03 选取图 8.5.15a 所示的直线和圆,系统出现尺寸标注的预览。

步骤 04 移动到合适的位置来放置尺寸,然后在空白区域单击完成操作。

说明:

◆ 在 步骤 02 中,右击,在弹出的图 8.5.16 所示的快捷菜单中选择 最小距离 命令,结果如图 8.5.17 所示。

◆ 右击,在弹出的快捷菜单中选择 一半尺寸 命令,结果如图 8.5.18 所示。

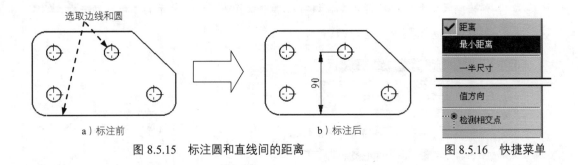

图 8.5.15　标注圆和直线间的距离

图 8.5.16　快捷菜单

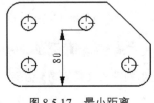

图 8.5.17　最小距离

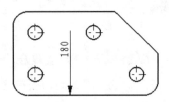

图 8.5.18　尺寸减半

3. 标注角度

下面以图 8.5.19b 为例来说明标注角度的一般过程。

步骤 01　打开文件 D:\catia2014\work\ch08.05.02.03\dimension_03.CATDrawing。

步骤 02　选择下拉菜单 插入 ➡ 尺寸标注 ▶ ➡ 尺寸 ▶ ➡ 角度尺寸 命令。

步骤 03　选取图 8.5.19a 所示的两条直线，系统出现尺寸标注的预览。

步骤 04　移动到合适的位置来放置尺寸，然后在空白区域单击完成操作。

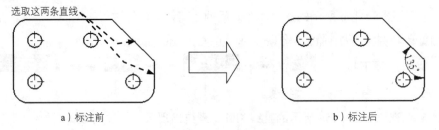

a）标注前

b）标注后

图 8.5.19　标注角度

◆　在 **步骤 03** 中，右击，在弹出的图 8.5.20 所示的快捷菜单中选择 角扇形 ▶ ➡ 扇形 2 命令，结果如图 8.5.21 所示。

◆　右击，在弹出的快捷菜单中选择 角扇形 ▶ ➡ 补充 命令，结果如图 8.5.22 所示。

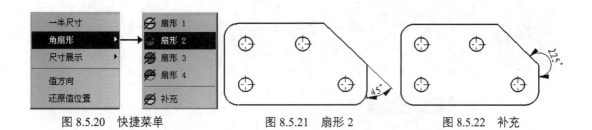

图 8.5.20 快捷菜单　　　　图 8.5.21 扇形 2　　　　图 8.5.22 补充

4. 标注半径

下面以图 8.5.23b 为例来说明标注半径的一般过程。

步骤 01 打开文件 D:\catia2014\work\ch08.05.02.04\dimension_04.CATDrawing。

步骤 02 选择下拉菜单 插入 ➡ 尺寸标注 ▸ ➡ 尺寸 ▸ ➡ ⊾ 半径尺寸 命令。

步骤 03 选取图 8.5.23a 所示的圆弧，系统出现尺寸标注的预览。

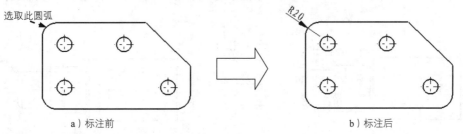

a）标注前　　　　　　　　　　　　b）标注后

图 8.5.23 标注半径

步骤 04 移动到合适的位置来放置尺寸，然后在空白区域单击完成操作。

5. 标注直径

下面以图 8.5.24b 为例来说明标注直径的一般过程。

步骤 01 打开文件 D:\catia2014\work\ch08.05.02.05\dimension_05.CATDrawing。

步骤 02 选择下拉菜单 插入 ➡ 尺寸标注 ▸ ➡ 尺寸 ▸ ➡ ⌀ 直径尺寸 命令。

步骤 03 选取图 8.5.24a 所示的圆弧，系统出现尺寸标注的预览。

步骤 04 移动到合适的位置来放置尺寸，然后在空白区域单击完成操作。

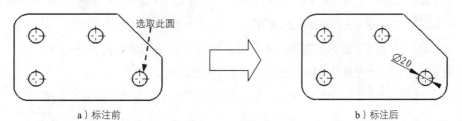

a）标注前　　　　　　　　　　　　b）标注后

图 8.5.24 标注直径

在 步骤 03 中，右击，在弹出的图 8.5.25 所示的快捷菜单中选择 1个符号 命令，则箭头显示为单箭头，结果如图 8.5.26 所示。

图 8.5.25　快捷菜单

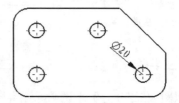

图 8.5.26　一个符号

6. 标注倒角

标注倒角需要指定倒角边和参考边。下面以图 8.5.27b 为例来说明标注倒角的一般过程。

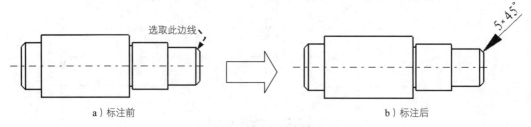

a）标注前　　　　　　　　　　　　　　　　b）标注后

图 8.5.27　标注倒角

步骤 01 打开文件 D:\catia2014\work\ch08.05.02.06\chamfer.CATDrawing。

步骤 02 选择下拉菜单 插入 ➡ 尺寸标注 ▶ ➡ 尺寸 ▶ ➡ 倒角尺寸 命令，系统弹出图 8.5.28 所示的"工具控制板"工具条。

图 8.5.28　"工具控制板"工具条

步骤 03 单击"工具控制板"工具条中的"单符号"按钮 ，选中 长度×角度 单选项。

步骤 04 选取图 8.5.27a 所示的边线。

步骤 05 移动到合适的位置来放置尺寸，然后在空白区域单击完成操作。

图 8.5.28 所示"工具控制板"工具条中各选项的说明如下。

◆ 长度×长度：倒角尺寸以"长度×长度"的方式标注，如图 8.5.29 所示。

◆ 长度×角度：倒角尺寸以"长度×角度"的方式标注，如图 8.5.27b 所示。

◆ ●角度×长度: 倒角尺寸以"角度×长度"的方式标注,如图 8.5.30 所示。

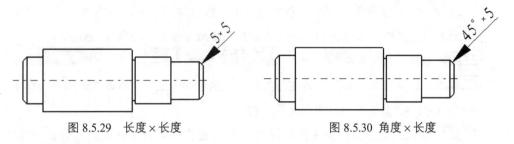

图 8.5.29 长度×长度　　　　　　　　图 8.5.30 角度×长度

◆ ●长度: 倒角尺寸以只显示倒角长度的方式标注,如图 8.5.31 所示。

◆ ▤: 倒角尺寸以单箭头引线的方式标注,该选项为默认选项,以上各图均使用此选项进行标注。

◆ ▤: 倒角尺寸以线性尺寸的方式标注,如图 8.5.32 所示。

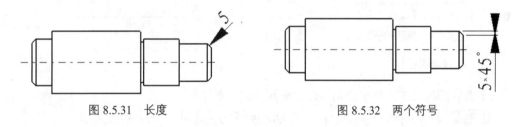

图 8.5.31 长度　　　　　　　　　　　图 8.5.32 两个符号

7. 标注螺纹

下面以图 8.5.33b 为例来说明标注螺纹的一般过程。

步骤 01 打开文件 D:\catia2014\work\ch08.05.02.07\screw_hole.CATDrawing。

步骤 02 选择下拉菜单 插入 ➡ 尺寸标注 ▶ ➡ 尺寸 ▶ ➡ 螺纹尺寸 命令,系统弹出图 8.5.34 所示的"工具控制板"工具条。

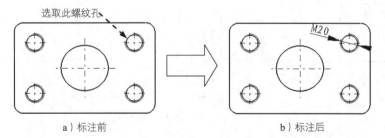

a) 标注前　　　　　　　　　　　　　b) 标注后

图 8.5.33 标注螺纹

图 8.5.34 "工具控制板"工具条

步骤 03 选取图 8.5.33a 所示的螺纹孔,系统生成图 8.5.33b 所示的尺寸。

8. 标注链式尺寸

下面以图 8.5.35 为例来说明标注链式尺寸的一般过程。

步骤 01 打开文件 D:\catia2014\work\ch08.05.02.08\dimension_08.CATDrawing。

步骤 02 选择下拉菜单 插入 ➡ 尺寸标注 ▶ ➡ 尺寸 ▶ ➡ 链式尺寸 命令。

步骤 03 先选取图 8.5.36 所示边线作为尺寸链的起始位置，然后依次选取中心线 1、中心线 2 和中心线 3，此时图形区中显示尺寸链。

步骤 04 移动到合适的位置来放置尺寸，然后在空白区域单击完成操作，结果如图 8.5.35 所示。

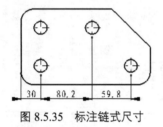

图 8.5.35 标注链式尺寸

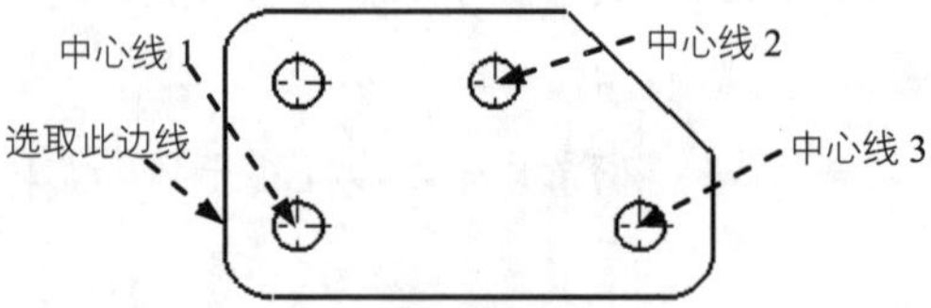

图 8.5.36 选择对象

9. 标注累积尺寸

下面以图 8.5.37 为例来说明标注累积尺寸的一般过程。

步骤 01 打开文件 D:\catia2014\work\ch08.05.02.09\dimension_09.CATDrawing。

步骤 02 选择下拉菜单 插入 ➡ 尺寸标注 ▶ ➡ 尺寸 ▶ ➡ 累积尺寸 命令。

步骤 03 先选取图 8.5.38 所示边线作为累积尺寸的基准，然后依次选取中心线 1、中心线 2 和中心线 3，此时图形区中显示尺寸链。

步骤 04 移动到合适的位置来放置尺寸，然后在空白区域单击完成操作，结果如图 8.5.37 所示。

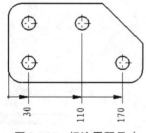

图 8.5.37 标注累积尺寸

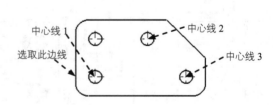

图 8.5.38 选择对象

10. 标注堆叠式尺寸

下面以图 8.5.39 为例来说明标注堆叠式尺寸的一般过程。

步骤 01 打开文件 D:\catia2014\work\ch08.05.02.10\dimension_10.CATDrawing。

步骤 02 选择下拉菜单 插入 ➡ 尺寸标注▶ ➡ 尺寸▶ ➡ 堆叠式尺寸 命令。

步骤 03 先选取图 8.5.40 所示边线作为堆叠式尺寸的基准，然后依次选取中心线 1、中心线 2 和中心线 3，此时图形区中显示尺寸链。

步骤 04 移动到合适的位置来放置尺寸，然后在空白区域单击完成操作，结果如图 8.5.39 所示。

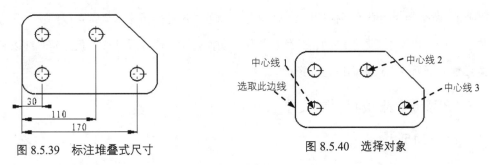

图 8.5.39 标注堆叠式尺寸

图 8.5.40 选择对象

8.6 尺寸公差

下面标注图 8.6.1b 所示的尺寸公差，其操作过程如下。

步骤 01 打开文件 D:\catia2014\work\ch08.06\common_difference.CATDrawing。

步骤 02 选择命令。选择下拉菜单 插入 ➡ 尺寸标注▶ ➡ 尺寸▶ ➡ 尺寸 命令。

步骤 03 选取图 8.6.1a 所示的两条边线。

步骤 04 定义公差。在图 8.6.2 所示"尺寸属性"工具栏的"公差描述"下拉列表中选取 TOL_1.0 选项，在"公差"文本框中输入公差值+0.02/-0.05，在图 8.6.3 所示"数字属性"工具栏的"数字显示描述"下拉列表中选取 mm 选项，其他参数采用系统默认设置值。

步骤 05 移动到合适的位置来放置尺寸，然后在空白区域单击完成操作。

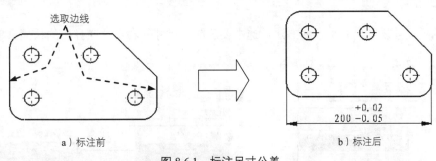

a）标注前

b）标注后

图 8.6.1 标注尺寸公差

图 8.6.2 "尺寸属性"工具栏

图 8.6.3 "数字属性"工具栏

8.7 尺寸的操作

从前一节标注尺寸的操作中，我们注意到，由系统自动显示的尺寸在工程图上有时会显得杂乱无章，尺寸相互遮盖，尺寸间距过松或过密，某个视图上的尺寸太多，出现重复尺寸（例如：两个半径相同的圆标注两次）。这些问题通过尺寸的操作工具都可以解决。尺寸的操作包括尺寸和尺寸文本的移动、隐藏、删除、切换视图、修改尺寸线、尺寸延长线以及尺寸的属性。下面分别对它们进行介绍。

8.7.1 移动、隐藏和删除尺寸

1. 移动尺寸

移动尺寸及尺寸文本的方法：选择要移动的尺寸，当尺寸加亮后，再将鼠标指针放到要移动的尺寸文本上，按住鼠标的左键并移动鼠标，尺寸及尺寸文本会随着鼠标移动，选择合适的位置松开鼠标左键。

2. 隐藏尺寸

隐藏尺寸及其尺寸文本的方法：选中要隐藏的尺寸并右击，在弹出的快捷菜单中选择 隐藏/显示 命令，如图 8.7.1 所示。

如果想显示已被隐藏的尺寸，其方法为：选择下拉菜单 视图 ➡ 隐藏/显示▶ ➡ 交换可视空间 命令，如图 8.7.2 所示。

3. 删除尺寸

删除尺寸及其尺寸文本的方法：选中要删除的尺寸并右击，在弹出的快捷菜单中选择 删除 命令。

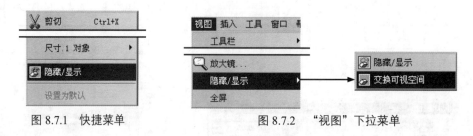

图 8.7.1　快捷菜单　　　　　图 8.7.2　"视图"下拉菜单

8.7.2 创建中断与移除中断

1. 创建中断

"创建中断"命令可将尺寸延长线在某个位置打断。下面以图 8.7.3 为例来说明其操作过程。

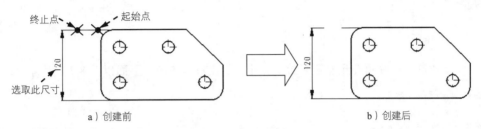

a）创建前   b）创建后

图 8.7.3　创建中断

步骤 01 打开文件 D:\catia2014\work\ch08.07.02.01\dimension_01.CATDrawing。

步骤 02 选择下拉菜单 插入 ➡ 尺寸标注▶ ➡ 尺寸编辑▶ ➡ 创建中断 命令，如图 8.7.4 所示，系统弹出图 8.7.5 所示的"工具控制板"工具条。

图 8.7.4　"插入"下拉菜单

图 8.7.5 所示"工具控制板"工具条中各按钮的说明如下。

◆ 按钮：单击该按钮，打断一边的尺寸延长线。

◆ 按钮：单击该按钮，打断两边的尺寸延长线，如图 8.7.6 所示。

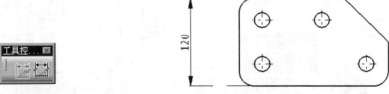

图 8.7.5　"工具控制板"工具条　　　图 8.7.6　打断两边的尺寸延长线

步骤 03 在"工具控制板"工具条中单击 按钮。

步骤 04 选取图 8.7.3a 所示的尺寸。

步骤 05 选取图 8.7.3a 所示尺寸线中断的起始点。

步骤 06 选取图 8.7.3a 所示尺寸线中断的终止点，结果如图 8.7.3b 所示。

说明 创建尺寸中断时，起始点和终止点可以不在尺寸线的一侧，但打断的位置应在起始位置的一侧。

2. 移除中断

"移除中断"命令可在尺寸延长线的某个位置上移除中断。下面以图 8.7.7 为例，说明其一般操作过程。

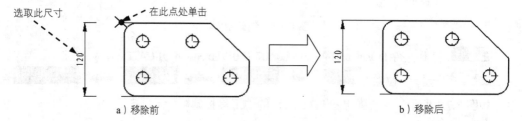

图 8.7.7　移除尺寸中断

步骤 01 打开文件 D:\catia2014\work\ch08.08.02.02\dimension_02.CATDrawing。

步骤 02 选择下拉菜单 插入 ➡ 尺寸标注 ▶ ➡ 尺寸编辑 ▶ ➡ 移除中断 命令，系统弹出图 8.7.8 所示的"工具控制板"工具条。

图 8.7.8 所示的"工具控制板"工具条中各按钮的功能说明如下。

◆ 按钮：单击该按钮，移除一个尺寸延长线上的单个打断。

◆ 按钮：当一个尺寸延长线上有多个打断时，单击该按钮，可移除该尺寸延长线上的所有打断。

◆ 按钮：单击该按钮，可移除所选尺寸上的所有打断，如图 8.7.9 所示。

图 8.7.8　"工具控制板"工具条

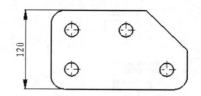

图 8.7.9　移除所有打断

步骤 03 在"工具控制板"中单击 按钮。

步骤 04 选取要取消中断的尺寸，如图 8.7.7a 所示。

步骤 05 单击图 8.7.7a 所示的取消中断的位置，完成操作。

8.7.3 创建/修改剪裁与移除剪裁

1. 创建剪裁

"创建剪裁"命令可裁剪尺寸延长线或（和）尺寸线。下面以裁剪图 8.7.10 所示的尺寸延长线为例，说明其操作过程。

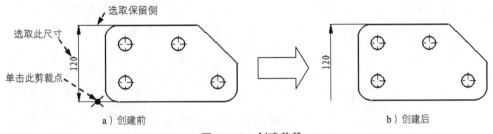

图 8.7.10　创建剪裁

步骤01 打开文件 D:\catia2014\work\ch08.07.03.01\dimension_01.CATDrawing。

步骤02 选择下拉菜单 插入 ➡ 尺寸标注▶ ➡ 尺寸编辑▶ ➡ 创建/修改裁剪 命令。

步骤03 选取图 8.7.10a 所示的尺寸为要剪裁的尺寸。

步骤04 选取图 8.7.10a 所示的尺寸延长线为保留侧。

步骤05 选取图 8.7.10a 所示的剪裁点，完成操作，结果如图 8.7.10b 所示。

2. 修改剪裁

"修改剪裁"命令可对已被剪裁的尺寸延长线或和尺寸线进行修改。下面以图 8.7.11 为例，说明其操作过程。

步骤01 打开文件 D:\catia2014\work\ch08.07.03.02\dimension_02.CATDrawing。

步骤02 选择下拉菜单 插入 ➡ 尺寸标注▶ ➡ 尺寸编辑▶ ➡ 创建/修改裁剪 命令。

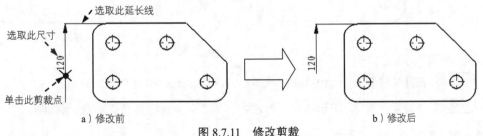

图 8.7.11　修改剪裁

步骤03 选取图 8.7.11a 所示的尺寸为要修改剪裁的尺寸。

步骤04 选取图 8.7.11a 所示的尺寸延长线为保留侧。

步骤 05 选取图 8.7.11a 所示的剪裁点，完成操作，结果如图 8.7.11b 所示。

3. 移除剪裁

移除剪裁命令可移除对尺寸延长线或/和尺寸线的剪裁。下面以图 8.7.12 为例，说明其操作过程。

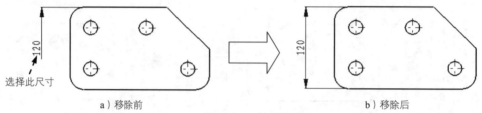

a）移除前　　　　　　　　　　　　　　b）移除后

图 8.7.12　移除剪裁

步骤 01 打开件 D:\catia2014\work\ch08.07.03.03\dimension_03.CATDrawing。

步骤 02 选择下拉菜单 插入 ➡ 尺寸标注 ▶ ➡ 尺寸编辑 ▶ ➡ 移除裁剪 命令。

步骤 03 选取图 8.7.12a 所示的尺寸为要移除裁剪的尺寸，结果如图 8.7.12b 所示。

8.7.4　修改尺寸的属性

修改尺寸属性包括修改尺寸的文本位置、文本格式、尺寸公差和尺寸线的形状等。

1. 修改文本位置

下面以图 8.7.13 为例来说明修改文本位置的一般操作过程。

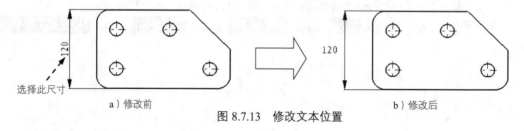

a）修改前　　　　　　　　　　　　　　b）修改后

图 8.7.13　修改文本位置

步骤 01 打开文件 D:\catia2014\work\ch08.07.04.01\dimension_01.CATDrawing。

步骤 02 选取图 8.7.13a 所示的尺寸并右击，在弹出的快捷菜单中选择 属性 命令，系统弹出图 8.7.14 所示的"属性"对话框。

步骤 03 单击 值 选项卡，在 值方向 区域中添加图 8.7.14 所示的设置。

步骤 04 单击 确定 按钮，完成操作，结果如图 8.7.13b 所示。

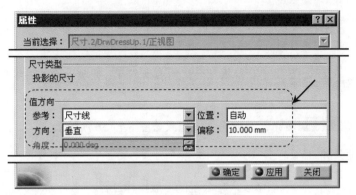

图 8.7.14 "属性"对话框

2. 修改文本格式

下面以图 8.7.15 为例来说明修改文本格式的一般操作过程。

步骤 01 打开文件 D:\catia2014\work\ch08.07.04.02\dimension_02.CATDrawing。

步骤 02 选取图 8.7.15a 所示的尺寸并右击,在弹出的快捷菜单中选择 属性 命令,系统弹出图 8.7.16 所示的"属性"对话框。

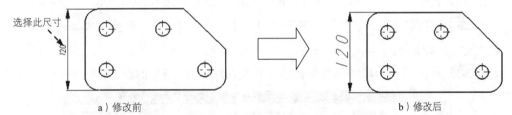

a)修改前　　　　　　　　　　　　b)修改后

图 8.7.15 修改文本格式

图 8.7.16 "属性"对话框

步骤 03 单击 字体 选项卡，在该选项卡中添加图 8.7.16 所示的设置。

说明 在 大小: 区域中如果没有合适的选项，可直接输入具体的数值。

步骤 04 单击 ● 确定 按钮，完成操作，结果如图 8.7.15b 所示。

3. 修改尺寸公差

下面以图 8.7.17 为例来说明修改尺寸公差的一般操作过程。

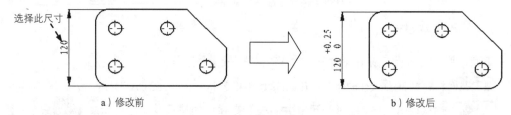

a）修改前   b）修改后

图 8.7.17 修改尺寸公差

步骤 01 打开文件 D:\catia2014\work\ch08.07.04.03\dimension_03.CATDrawing。

步骤 02 选择要修改属性的尺寸并右击，在弹出的快捷菜单中选择 ▦ 属性 命令，系统弹出"属性"对话框。

步骤 03 单击 公差 选项卡，在该选项卡中添加图 8.7.18 所示的设置。

图 8.7.18 "属性"对话框

步骤 04 单击 ● 确定 按钮，完成操作，结果如图 8.7.17b 所示。

4. 修改尺寸线的形状

下面以图 8.7.19 为例来说明修改尺寸线形状的一般操作过程。

步骤 01 打开文件 D:\catia2014\work\ch08.07.04.04\dimension_04.CATDrawing。

步骤 02 选择要修改属性的尺寸并右击，在弹出的快捷菜单中选择 属性 命令，系统弹出"属性"对话框。

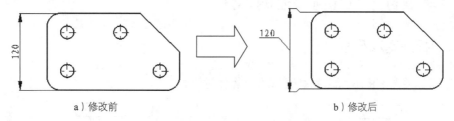

a）修改前　　　　　　　　　　　　　　b）修改后

图 8.7.19　修改尺寸线的形状

步骤 03 单击 尺寸线 选项卡，在该选项卡中添加图 8.7.20 所示的设置，单击 应用 按钮，则尺寸由图 8.7.19a 所示变为图 8.7.21 所示。

步骤 04 单击对话框中的 尺寸界线 选项卡，然后选中 尺寸标注 复选框，在该选项卡中添加图 8.7.22 所示的设置。

图 8.7.20　"尺寸线"选项卡

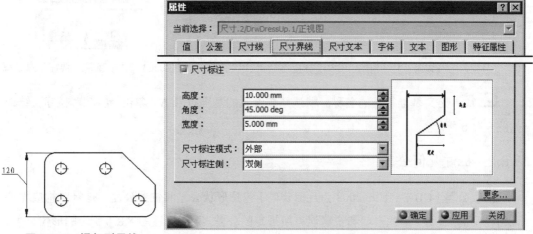

图 8.7.21　添加引导线　　　　　　图 8.7.22　"尺寸界线"选项卡

步骤 **05** 单击 ⚪ **确定** 按钮，完成操作，结果如图 8.7.19b 所示。

8.8 基准符号与几何公差的标注

8.8.1 标注基准符号

下面标注图 8.8.1b 所示的基准符号，操作过程如下。

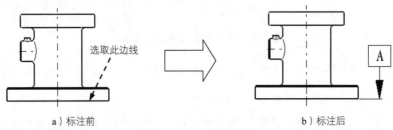

a）标注前　　　　　　　　　　　　　　b）标注后

图 8.8.1　标注基准符号

步骤 **01** 打开文件 D:\catia2014\work\ch08.08.01\datum_plane.CATDrawing。

步骤 **02** 选择下拉菜单 **插入** ➡ **尺寸标注 ▶** ➡ **公差 ▶** ➡ **🅰基准特征** 命令，如图 8.8.2 所示。

步骤 **03** 选取图 8.8.1a 所示的边线为要标注基准特征的对象。

步骤 **04** 定义放置位置。选择合适的放置位置并单击，系统弹出图 8.8.3 所示的"创建基准特征"对话框。

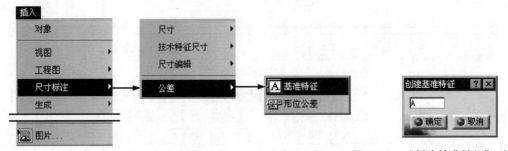

图 8.8.2　"插入"下拉菜单　　　　　　图 8.8.3　"创建基准特征"对话框

步骤 **05** 定义基准符号的名称。默认系统设置的基准符号 A。单击 ⚪ **确定** 按钮，结果如图 8.8.1b 所示。

8.8.2 标注几何公差

形位公差（GB/T 1182—2008 为几何公差）包括形状公差和位置公差，是针对构成零件几何特征的点、线、面的形状和位置误差所规定的公差。下面标注图 8.8.4 所示的形位公差，操作过程如下。

步骤 01 打 开 工 程 图 文 件 D:\catia2014\work\ch08.08.02\geometric_tolerance. CATDrawing。

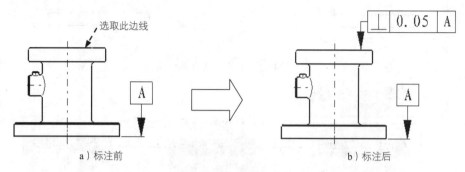

图 8.8.4 标注形位公差

步骤 02 选择下拉菜单 插入 ➡ 尺寸标注▶ ➡ 公差▶ ➡ 形位公差 命令。

步骤 03 定义放置位置。选取图 8.8.4a 所示的边线为要标注形位公差符号的对象，按住 Shift 键，选择合适的放置位置并单击，系统弹出图 8.8.5 所示的"形位公差"对话框。

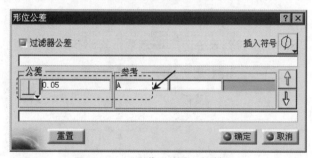

图 8.8.5 "形位公差"对话框

步骤 04 定义公差。在对话框的文本框中单击 🔲 按钮，在弹出的快捷菜单中选取 ⊥ 按钮，在 公差 文本框中输入公差数值 0.05，在 参考 文本框中输入基准字母 A。

步骤 05 单击 ● 确定 按钮，完成形位公差的标注，结果如图 8.8.4b 所示。

8.9 表面粗糙度的标注

表面粗糙度是指加工表面上具有较小的间距和峰谷所组成的微观几何特征（该软件基于标准 GB/T 131—1993）。下面标注图 8.9.1 所示的表面粗糙度，操作过程如下。

步骤 01 打开工程图文件 D:\catia2014\work\ch08.09\surfaceness.CATDrawing。

步骤 02 选择下拉菜单 插入 ➡ 标注▶ ➡ 符号▶ ➡ 粗糙度符号 命令，如图 8.9.2 所示。

a）标注前　　　　　　　　　　　　　　b）标注后

图 8.9.1　标注表面粗糙度

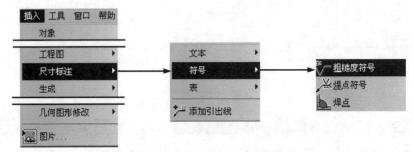

图 8.9.2　"插入"下拉菜单

步骤 03 选取图 8.9.1 所示的边线来放置表面粗糙度符号，系统弹出"粗糙度符号"对话框。

步骤 04 在对话框中的下拉列表中选择 Ra 选项，其他参数设置如图 8.9.3 所示。

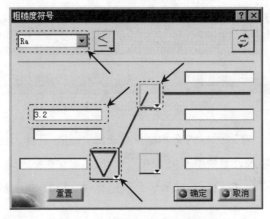

图 8.9.3　"粗糙度符号"对话框

步骤 05 单击 确定 按钮，完成表面粗糙度的标注。

8.10　焊接标注

在 CATIA 工程图工作台中有两种标注焊接的方法，分别为标注焊点和标注焊接符号。

8.10.1 标注焊点

下面讲解标注焊点的操作步骤。

步骤 01 打开文件 D:\catia2014\work\ch08.10.01\mark_weld.CATDrawing。

步骤 02 选择下拉菜单 插入 ➡ 标注▶ ➡ 符号▶ ➡ 焊接 命令。

步骤 03 在系统 选择第一边线 的提示下选取图 8.10.1 所示的边线 1；在系统 选择第二边线 的提示下选取图 8.10.1 所示的边线 2，此时系统弹出图 8.10.2 所示的"焊接编辑器"对话框。

步骤 04 在对话框的 厚度 文本框中输入厚度值 8.0，其他参数采用系统默认设置值。

步骤 05 在对话框中单击 确定 按钮，完成焊点的标注，结果如图 8.10.3 所示。

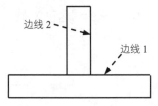

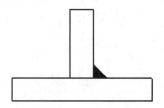

图 8.10.1 选取边线　　　　图 8.10.2 "焊接编辑器"对话框　　　　图 8.10.3 标注焊点

8.10.2 标注焊接符号

下面讲解标注焊接符号的操作步骤。

步骤 01 打开文件 D:\catia2014\work\ch08.10.02\mark_weld.CATDrawing。

步骤 02 选择下拉菜单 插入 ➡ 标注▶ ➡ 符号▶ ➡ 焊接符号 命令。

步骤 03 在系统 选择第一元素或指示引出线定位点 的提示下选取图 8.10.4 所示的边线；在系统 选择第二元素 的提示下，在图形区空白处单击，此时显示焊接符号引线的预览，在合适的位置单击来放置引线，系统弹出图 8.10.5 所示的"创建焊接"对话框。

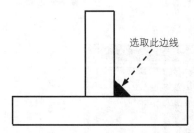
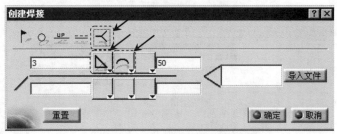

图 8.10.4 选取边线　　　　图 8.10.5 "创建焊接"对话框

步骤 04 在"创建焊接"对话框中添加图 8.10.5 所示的设置。

步骤 05 在对话框中单击 确定 按钮，完成焊接符号的标注，结果如图 8.10.6 所示。

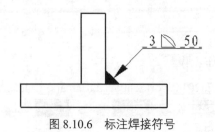

图 8.10.6　标注焊接符号

8.11　注释文本

在工程图中，除了尺寸标注外，还应有相应的文字说明，即技术说明，如工件的热处理要求、表面处理要求等。所以在创建完视图的尺寸标注后，还需要创建相应的注释标注。下面分别介绍不带引导线文本（即技术要求等）、带有引导线文本的创建和文本的编辑。

8.11.1　创建文本

下面创建图 8.11.1 所示的文本，操作步骤如下。

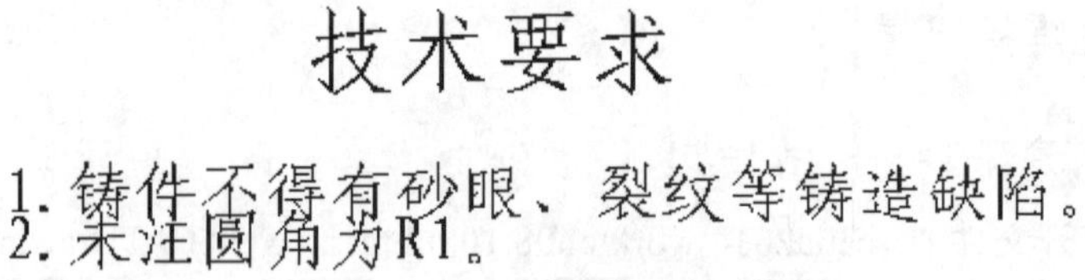

技术要求

1. 铸件不得有砂眼、裂纹等铸造缺陷。
2. 未注圆角为R1。

图 8.11.1　创建注释文本

步骤 01　打开文件 D:\catia2014\work\ch08.11.01\annotation.CATDrawing。

步骤 02　选择下拉菜单 **插入** ➡ **标注 ▶** ➡ **文本 ▶** ➡ **⊤ 文本** 命令，如图 8.11.2 所示。

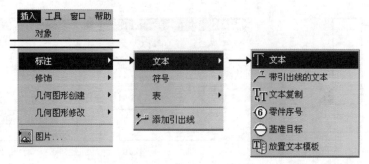

图 8.11.2　"插入"下拉菜单

步骤 03　在图样中任意位置单击，确定文本放置位置，系统弹出"文本编辑器"对话框（一）。

步骤 04 在"文本属性"工具条中设置文本的高度值为 10，输入图 8.11.3 所示的文本，单击 ● 确定 按钮，结果如图 8.11.4 所示。

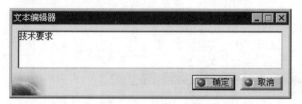

图 8.11.3 "文本编辑器"对话框（一）　　　　　图 8.11.4 文本 1

步骤 05 选择下拉菜单 插入 ➡ 标注▶ ➡ 文本▶ ➡ T̲ 文本 命令，选择放置位置（放在文本 1 的下方），在"文本属性"工具条中设置文本的高度值为 8，然后在"文本编辑器"对话框（二）中输入图 8.11.5 所示的文本，单击 ● 确定 按钮，结果如图 8.11.6 所示。

在创建文本的过程中，如果"文本属性"工具条没有出现，需手动将其显示。

图 8.11.5 "文本编辑器"对话框（二）　　　　　图 8.11.6 文本 2

8.11.2　创建带有引线的文本

下面创建图 8.11.7 所示的带有引线的文本，操作过程如下。

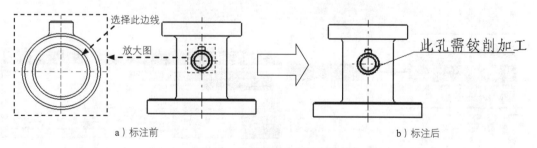

a）标注前　　　　　　　　　　　　　　　b）标注后

图 8.11.7　创建带有引线的文本

步骤 01 打开文件 D:\catia2014\work\ch08.11.02\annotation.CATDrawing。

步骤 02 选择下拉菜单 插入 ➡ 标注▶ ➡ 文本▶ ➡ ⌐̲ 带引出线的文本 命令。

步骤 03 选取图 8.11.7a 所示的边线为引线起始位置。

步骤 04 在合适的位置单击以放置文本，此时系统弹出"文本编辑器"对话框。

步骤 05 在"文本编辑器"对话框中输入图 8.11.8 所示的文本，单击 <u>确定</u> 按钮，结果如图 8.11.7b 所示。

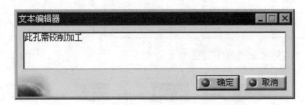

图 8.11.8　"文本编辑器"对话框

8.11.3　编辑文本

下面以图 8.11.9 为例来说明编辑文本的一般操作过程。

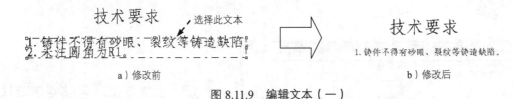

图 8.11.9　编辑文本（一）

步骤 01 打开文件 D:\catia2014\work\ch08.11.03\annotation.CATDrawing。

步骤 02 选取图 8.11.9a 所示的文本，右击，在弹出的图 8.11.10 所示的快捷菜单中选择 <u>文本.2 对象</u> ▶ ➡ <u>定义...</u> 命令（或直接双击需要编辑的文本），系统弹出图 8.11.11 所示的"文本编辑器"对话框（一）。

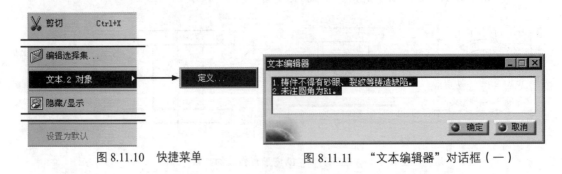

图 8.11.10　快捷菜单　　　　　　图 8.11.11　"文本编辑器"对话框（一）

步骤 03 在对话框中删除第二行文字，如图 8.11.12 所示，单击 <u>确定</u> 按钮，完成文本的编辑，如图 8.11.13 所示。

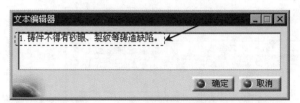

图 8.11.12 "文本编辑器"对话框（二）

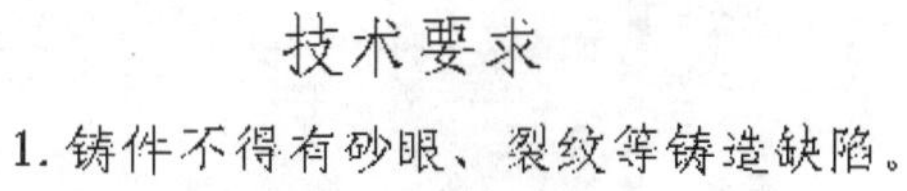

技术要求

1. 铸件不得有砂眼、裂纹等铸造缺陷。

图 8.11.13 编辑文本（二）

步骤 04 右击在**步骤 03**中修改后的文本，在弹出的快捷菜单中选择 属性 命令，系统弹出"属性"对话框。

步骤 05 单击"属性"对话框中的 字体 选项卡，在 大小: 区域的文本框中输入数值 5，如图 8.11.14 所示。

步骤 06 单击 确定 按钮，完成操作。

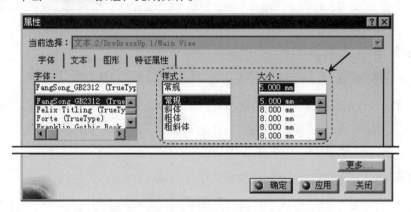

图 8.11.14 "属性"对话框

8.12 CATIA 软件的图纸打印

打印出图是 CAD 工程图设计中必不可少的一个环节。在 CATIA 软件中的工程图（Drawing）工作台中，选择下拉菜单 文件 ➡ 打印... 命令，就可以进行打印出图操作。

下面举例说明工程图打印的一般步骤。

步骤 01 打开工程图文件 D:\catia2014\work\ch08.12\rear_support.CATDrawing。

步骤 02 选择命令。选择下拉菜单 文件 ➡ 打印... 命令，系统弹出图 8.12.1 所示的"打印"对话框。

步骤 03 选择打印机。单击"打印"对话框中的 打印机名称: 按钮，在系统弹出的图 8.12.2 所示的"打印机选择"对话框中选择当前可用的打印机，单击 确定 按钮，返回到"打印"对话框。

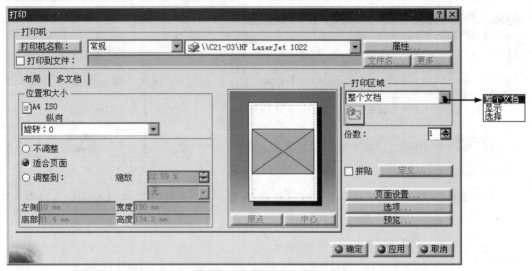

图 8.12.1　"打印"对话框

步骤 04 定义打印选项。

（1）在 布局 选项卡的 纵向 下拉列表中选择 旋转：0 选项，选中 适合页面 单选项，即在打印时，系统会根据工程图图纸大小和出图所使用的纸张大小来自动调整打印比例。

（2）在 打印区域 区域的下拉列表中选取 整个文档 选项，在 份数：文本框中输入打印份数 1。

步骤 05 页面设置。

（1）单击"打印"对话框中的 页面设置... 按钮，系统弹出"页面设置"对话框。

（2）在"页面设置"对话框中添加图 8.12.3 所示的设置；由于当前工程图的图纸大小为 A2，而系统不含该图纸，所以在本例中采用了自定义的图纸大小，在 宽度 文本框中输入数值 594.0，在 高度 文本框中输入数值 420.0；单击 确定 按钮，在弹出的"警告"对话框中单击 确定 按钮，返回到"打印"对话框。

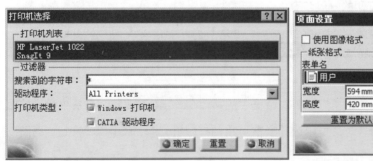

图 8.12.2　"打印机选择"对话框

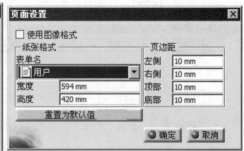

图 8.12.3　"页面设置"对话框

步骤 **06** 打印预览。其他参数采用系统默认设置值，单击 预览... 按钮，

结果弹出图 8.12.4 所示的"打印预览"对话框。

步骤 **07** 单击"打印预览"对话框中的 确定 按钮，返回到"打印"对话框。

步骤 **08** 单击"打印"对话框中的 确定 按钮，即可打印工程图。

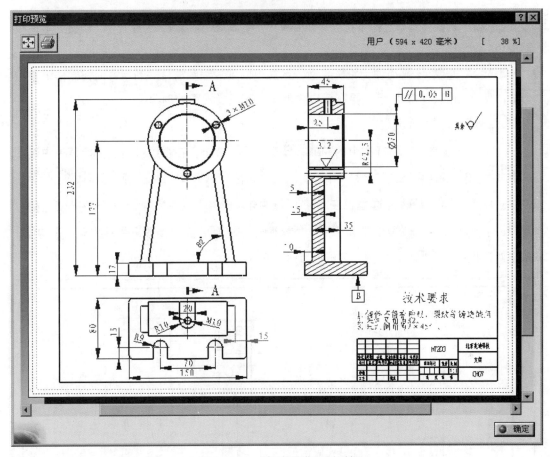

图 8.12.4 "打印预览"对话框

8.13 工程图设计综合实际应用

范例概述

本范例详细讲解一个图 8.13.1 所示完整工程图的创建过程，读者通过对本范例的学习可以进一步掌握创建工程图的整个过程及具体操作方法。

下面讲解创建图 8.13.1 所示工程图的操作过程。

1. 创建图 8.13.2 所示的主视图

步骤 01 打开零件文件 D:\catia2014\work\ch08.13\rear_support.CATPart。

步骤 02 调入 A2 图框。选择下拉菜单 文件 ➡ 打开... 命令，打开工程图文件 D:\catia2014\work\ch08.13\A2.CATDrawing。

步骤 03 选择命令。选择下拉菜单 插入 ➡ 视图▶ ➡ 投影▶ ➡ 正视图 命令。

步骤 04 切换窗口。选择下拉菜单 窗口 ➡ 1 rear_support.CATPart 命令，切换到零件模型窗口。

步骤 05 选取 yz 平面作为投影平面，系统返回到工程图窗口。利用方向控制器调整投影方向使之如图 8.13.2 所示，再在窗口内单击，完成主视图的创建。

步骤 06 调整主视图

（1）更改设置。在特征树中的 正视图 选项上右击，在系统弹出的快捷菜单中选择 属性 命令，系统弹出"属性"对话框，在"属性"对话框 视图 选项卡的 可视化和操作 区域中选中 显示视图框架 复选框，在 修饰 区域中依次选中 中心线 复选框、轴 复选框、螺纹 复选框、圆角 复选框和 投影的原始边线 单选项，其他参数采用系统默认设置值，单击对话框中的 确定 按钮，完成设置。

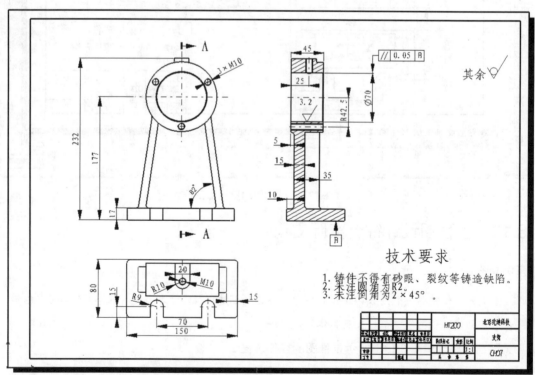

图 8.13.1　工程图设计范例

（2）调整视图放置位置。在图形区下方的工具栏中，按下 按钮来显示视图框架；通过拖动视图框架将视图移动到图纸的左侧,结果如图 8.13.3 所示；移动完成后,再次单击 按钮，取消视图框架的显示。

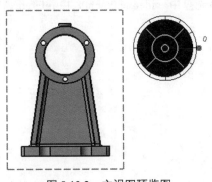

图 8.13.2 主视图预览图

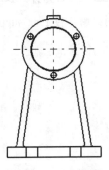

图 8.13.3 主视图

2. 创建图 8.13.4 所示的投影视图

步骤 01 选择命令。选择下拉菜单 插入 ➡ 视图▶ ➡ 投影▶ ➡ 投影 命令。

> 说明 在选择命令前，请确认主视图是否激活，如果没有激活，需在特征树中双击 正视图。

步骤 02 将鼠标指针移至主视图的下侧并单击，生成俯视图。

3. 创建图 8.13.5 所示的全剖视图

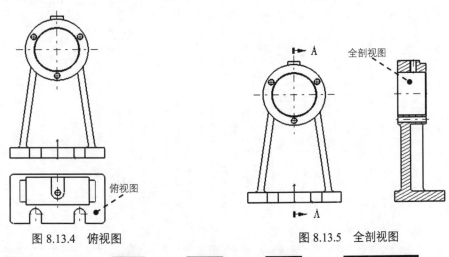

图 8.13.4 俯视图

图 8.13.5 全剖视图

步骤 01 选择下拉菜单 插入 ➡ 视图▶ ➡ 截面▶ ➡ 偏移剖视图 命令。

步骤 02 绘制剖切线。绘制图 8.13.5 所示的直线作为剖切线，其中在绘制直线的第二点时，请双击结束绘制。

步骤 03 在主视图的右侧单击来放置全剖视图，结果如图 8.13.5 所示。

步骤 04 后面的详细操作过程请参见随书光盘中 video\ch06\ch08.13\reference\文件下的语音视频讲解文件 rear_support01.exe。

第 9 章 钣 金 设 计

9.1 钣金设计概述

钣金件一般是指具有均一厚度的金属薄板零件，机电设备的支撑结构（如电器控制柜）、护盖（如机床的外围护罩）等一般都是钣金件。与实体零件模型一样，钣金件模型的各种结构也是以特征的形式创建的，但钣金件的设计也有自己独特的规律。使用 CATIA 软件创建钣金件的过程大致如下。

步骤 01 通过新建一个钣金件模型，进入钣金设计环境。

步骤 02 以钣金件所支持或保护的内部零部件大小和形状为基础，创建第一钣金壁（主要钣金壁）。例如，设计机床床身护罩时，先要按床身的形状和尺寸创建第一钣金壁。

步骤 03 添加附加钣金壁。在第一钣金壁创建之后，往往需要在其基础上添加另外的钣金壁，即附加钣金壁。

步骤 04 在钣金模型中，还可以随时添加一些实体特征，如实体切削特征、孔特征、圆角特征和倒角特征等。

步骤 05 创建钣金冲孔和切口特征，为钣金的折弯做准备。

步骤 06 进行钣金的折弯。

步骤 07 进行钣金的展平。

步骤 08 创建钣金的工程图。

9.2 钣金设计用户界面

在学习本节时，请先打开指定的模型文件。具体打开方法是：选择下拉菜单 **文件** ➡️ **打开...** 命令，在弹出的"选择文件"对话框的 **查找范围(I):** 下拉列表中选择目录 D:\catia2014\work\ch09.02，选中 HEATER_COVER-OK.CATPar 文件后，单击 **打开(0)** 按钮。

打开文件 HEATER_COVER-OK.CATPar 后，系统显示图 9.2.1 所示的钣金工作界面。下面对该工作界面进行简要说明。

钣金工作界面包括特征树、下拉菜单区、右工具栏按钮区、消息区、功能输入区、下部工具栏按钮区及图形区。

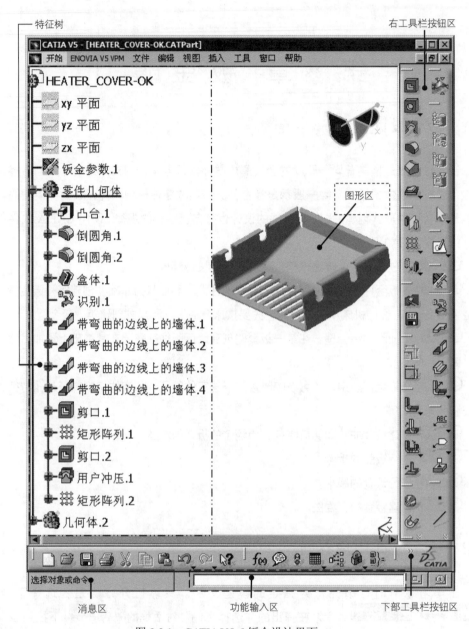

特征树

右工具栏按钮区

图形区

消息区

功能输入区

下部工具栏按钮区

图 9.2.1　CATIA V5-6 钣金设计界面

9.3　进入"钣金设计"工作台

下面介绍进入钣金设计环境的一般操作过程。

步骤 01 选择命令。选择下拉菜单 **文件** ➜ **新建...** 命令（或在"标准"工具栏中单击"新建"按钮 ），此时系统弹出"新建"对话框。

步骤 02 选择文件类型。

（1）在"新建"对话框的 类型列表： 栏中选择文件类型为 Part 选项，然后单击 ● 确定 按钮，此时系统弹出"新建零件"对话框。

（2）在"新建零件"对话框中单击 ● 确定 按钮，此时系统进入"零件设计"工作台。

步骤 03 切换工作台。选择下拉菜单 开始 ➡ ▶机械设计▶ ➡ ▨ Generative Sheetmetal Design 命令，此时系统切换到"钣金设计"工作台下。

9.4 创建钣金壁

9.4.1 钣金壁概述

钣金壁（Wall）是指厚度一致的薄板，它是一个钣金零件的"基础"，其他的钣金特征（如冲孔、成形、折弯、切割等）都要在这个"基础"上构建，因而钣金壁是钣金件最重要的部分。钣金壁操作的有关命令位于 插入 下拉菜单的 Walls ▶ 和 Rolled Walls ▶ 子菜单中。

9.4.2 创建第一钣金壁

在创建第一钣金壁之前首先需要对钣金的参数进行设置，然后再创建第一钣金壁，否则钣金设计模块的相关钣金命令处于不可用状态。

选择下拉菜单 插入 ➡ ▨ Sheet Metal Parameters... 命令（或者在"Walls"工具栏中单击 ▨ 按钮），系统弹出图 9.4.1 所示的"Sheet Metal Parameters"对话框。

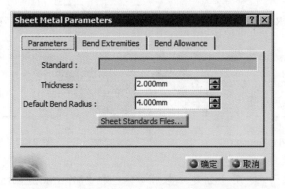

图 9.4.1　"Sheet Metal Parameters"对话框

图 9.4.1 所示"Sheet Metal Parameters"对话框中的部分选项说明如下。

◆ Parameters 选项卡：用于设置钣金壁的厚度和折弯半径值，其包括 Standard： 文本框、Thickness： 文本框、Default Bend Radius： 文本框和 Sheet Standards Files... 按钮。

- Standard : 文本框：用于显示所使用的标准钣金文件名。
- Thickness : 文本框：用于定义钣金壁的厚度值。
- Default Bend Radius : 文本框：用于定义钣金壁的折弯半径值。
- Sheet Standards Files... 按钮：用于调入钣金标准文件。单击此按钮，用户可以在相应的目录下载入钣金设计参数表。

◆ Bend Extremities 选项卡：用于设置折弯末端的形式，其包括 Minimum with no relief ▼ 下拉列表、 下拉列表、L1: 文本框和 L2: 文本框。

- Minimum with no relief ▼ 下拉列表：用于定义折弯末端的形式，其包括 Minimum with no relief 选项、 Square relief 选项、 Round relief 选项、 Linear 选项、 Tangent 选项、 Maximum 选项、 Closed 选项和 Flat joint 选项。部分折弯末端形式如图 9.4.2~图 9.4.7 所示。

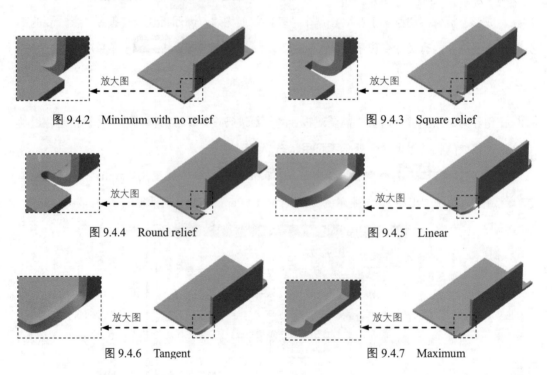

图 9.4.2　Minimum with no relief　　　　　　图 9.4.3　Square relief

图 9.4.4　Round relief　　　　　　图 9.4.5　Linear

图 9.4.6　Tangent　　　　　　图 9.4.7　Maximum

- 下拉列表：用于创建止裂槽，其包括"Minimum with no relief"选项 、"Minimum with square relief"选项 、"Minimum with round relief"选项 、"Linear shape"选项 、"Curved shape"选项 、"Maximum bend"选项 、"Closed"选项 和"Flat joint"选项 。此下拉列表是与 Minimum with no relief ▼ 下拉列表相对应的。

- **L1:**文本框:用于定义折弯末端为 Square relief 选项和 Round relief 选项的宽度限制。

- **L2:**文本框:用于定义折弯末端为 Square relief 选项和 Round relief 选项的长度限制。

◆ Bend Allowance 选项卡:用于设置钣金的折弯系数,其包括 K Factor: 文本框、f(x)按钮和 Apply DIN 按钮。

  - K Factor: 文本框:用于指定折弯系数 K 的值。

  - f(x)按钮:用于打开允许更改驱动方程的对话框。

  - Apply DIN 按钮:用于根据 DIN 公式计算并应用折弯系数。

创建第一钣金壁的命令位于下拉菜单 插入 ➡ Walls ▶ 子菜单中的 Wall... 命令和 Extrusion... 命令,两者都可以创建拉伸类型的第一钣金壁。另外,还有两个命令位于下拉菜单 插入 ➡ Rolled Walls ▶ 子菜单中(图 9.4.8),使用这些命令也可以创建第一钣金壁,其原理和方法与创建相应类型的曲面特征极为相似。

1. 第一钣金壁——平整钣金壁

平整钣金壁是一个平整的薄板(图 9.4.9),在创建这类钣金壁时,需要先绘制钣金壁的正面轮廓草图(必须为封闭的线条),然后给定钣金厚度值即可。注意:拉伸钣金壁与平整钣金壁创建时最大的不同在于:拉伸(凸缘)钣金壁的轮廓草图不一定要封闭,而平整钣金壁的轮廓草图则必须是封闭的。详细操作步骤说明如下。

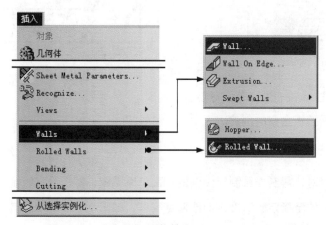

图 9.4.8 "Walls"子菜单和"Rollde Walls"子菜单

图 9.4.9 平整钣金壁

步骤01 新建一个钣金件模型,将其命名为 Wall_Definition。

步骤02 设置钣金参数。选择下拉菜单 插入 ➡  命令,系统

弹出 "Sheet Metal Parameters" 对话框。在 `Thickness :` 文本框中输入值 3，在 `Default Bend Radius :` 文本框中输入数值 2；单击 `Bend Extremities` 选项卡，然后在 `Minimum with no relief ▼` 下拉列表中选择 `Minimum with no relief` 选项。单击 ● 确定 按钮，完成钣金参数的设置。

步骤 03 创建平整钣金壁。

（1）选择命令。选择下拉菜单 `插入` ➡ `Walls ▶` ➡ `Wall...` 命令，系统弹出图 9.4.10 所示的 "Wall Definition" 对话框。

图 9.4.10 所示 "Wall Definition" 对话框中的部分选项说明如下。

◆ `Profile:` 文本框：单击此文本框，用户可以在绘图区选取钣金壁的轮廓。

◆ 按钮：用于绘制平整钣金的截面草图。

◆ 按钮：用于定义钣金厚度的方向（单侧）。

◆ 按钮：用于定义钣金厚度的方向（对称）。

◆ `Tangent to:` 文本框：单击此文本框，用户可以在绘图区选取与平整钣金壁相切的金属壁特征。

◆ `Invert Material Side` 按钮：用于转换材料边，即钣金壁的创建方向。

（2）定义截面草图平面。在对话框中单击 按钮，在特征树中选取 xy 平面为草图平面。

（3）绘制截面草图。绘制图 9.4.11 所示的截面草图。

图 9.4.10 "Wall Definition" 对话框

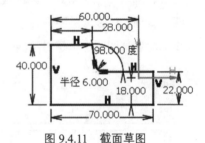

图 9.4.11 截面草图

（4）在"工作台"工具栏中单击 按钮退出草图环境。

（5）单击 ● 确定 按钮，完成平整钣金壁的创建。

2. 第一钣金壁——拉伸钣金壁

在以拉伸的方式创建第一钣金壁时，需要先绘制钣金壁的侧面轮廓草图，然后给定钣金的拉伸深度值，则系统将轮廓草图延伸至指定的深度，形成薄壁实体，如图 9.4.12 所示。其详细操作步骤说明如下。

步骤 01 新建一个钣金件模型，将其命名为 Extrusion Definition。

步骤 02 设置钣金参数。选择下拉菜单 `插入` ➡ `Sheet Metal Parameters...` 命令，系统

弹出"Sheet Metal Parameters"对话框。在 Thickness: 文本框中输入数值 3，在 Default Bend Radius: 文本框中输入数值 2；单击 Bend Extremities 选项卡，然后在 Minimum with no relief ▾ 下拉列表中选择 Minimum with no relief 选项。单击 ● 确定 按钮，完成钣金参数的设置。

步骤 03 创建拉伸钣金壁。

（1）选择命令。选择下拉菜单 插入 ➡ Walls ▶ ➡ Extrusion... 命令，系统弹出图 9.4.13 所示的"Extrusion Definition"对话框。

图 9.4.12　拉伸钣金壁　　　　　图 9.4.13　　"Extrusion Definition"对话框

图 9.4.13 所示"Extrusion Definition"对话框中的部分选项说明如下。

◆ Profile: 文本框：用于定义拉伸钣金壁的轮廓。

◆ ▨ 按钮：用于绘制拉伸钣金的截面草图。

◆ ▨↑ 按钮：用于定义钣金厚度的方向（单侧）。

◆ ▨↕ 按钮：用于定义钣金厚度的方向（对称）。

◆ Limit 1 dimension: ▾ 下拉列表：该下拉列表用于定义拉伸第一方向属性，其中包含 Limit 1 dimension: 、Limit 1 up to plane 和 Limit 1 up to surface: 三个选项。选择 Limit 1 dimension: 选项时激活其后的文本框，可输入数值以数值的方式定义第一方向限制；选择 Limit 1 up to plane 选项时激活其后的文本框，可选取一平面来定义第一方向限制；选择 Limit 1 up to surface: 选项时激活其后的文本框，可选取一曲面来定义第一方向限制。

◆ Limit 2 dimension: ▾ 下拉列表：该下拉列表用于定义拉伸第二方向属性，其中包含 Limit 2 dimension: 、Limit 2 up to plane 和 Limit 2 up to surface: 三个选项。选择 Limit 2 dimension: 选项时激活其后的文本框，可输入数值以数值的方式定义第二方向限制；选择 Limit 2 up to plane 选项时激活其后的文本框，可选取一平面来定义第二方向限制；选择 Limit 2 up to surface: 选项时激活其后的文本框，可选取一曲面来定义第二方向限制。

◆ ☐ Mirrored extent 复选框：用于镜像当前的拉伸偏置。

◆ ☐ Automatic bend 复选框：选中该复选框，当草图中有尖角时，系统自动创建圆角。

◆ ☐ Exploded mode 复选框：选中该复选框，用于设置分解，依照草图实体的数量自动将钣金壁分解为多个单位。

◆ Invert Material Side 按钮：用于转换材料边，即钣金壁的创建方向。

◆ Invert direction 按钮：单击该按钮，可反转拉伸方向。

（2）定义截面草图平面。在对话框中单击 ⬚ 按钮，在特征树中选取 yz 平面为草图平面。

（3）绘制截面草图。绘制图 9.4.14 所示的截面草图。

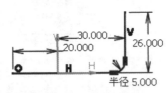

图 9.4.14　截面草图

（4）退出草图环境。在"工作台"工具栏中单击 ⬆ 按钮退出草图环境。

（5）设置拉伸参数。在"Extrusion Definition"对话框的 Limit 1 dimension: ▼ 下拉列表中选择 Limit 1 dimension: 选项，然后在其后的文本框中输入数值 30。

（6）单击 ● 确定 按钮，完成拉伸钣金壁的创建。

3. 第一钣金壁——滚动钣金壁

创建滚动钣金壁时，需要先绘制钣金壁的侧面轮廓草图，然后给定钣金的拉伸深度值，则系统将轮廓草图延伸至指定的深度，形成薄壁实体，如图 9.4.15 所示。其详细操作步骤说明如下。

步骤 01 新建一个钣金件模型，将其命名为 Rolled_Wall_Definition。

步骤 02 设置钣金参数。选择下拉菜单 插入 ➡ ⬚ Sheet Metal Parameters... 命令，系统弹出"Sheet Metal Parameters"对话框。在 Thickness: 文本框中输入数值 3，在 Default Bend Radius: 文本框中输入数值 2；单击 Bend Extremities 选项卡，然后在 Minimum with no relief ▼ 下拉列表中选择 Minimum with no relief 选项。单击 ● 确定 按钮，完成钣金参数的设置。

步骤 03 创建滚动钣金壁。

（1）选择命令。选择下拉菜单 插入 ➡ Rolled Walls ▶ ➡ ⬚ Rolled Wall... 命令，系统弹出图 9.4.16 所示的"Rolled Wall Definition"对话框。

图 9.4.16 所示"Rolled Wall Definition"对话框中的部分选项说明如下。

◆ First Limit 选项界面的下拉列表: 用于指定第一方向深度类型, 有 Dimension 、 Up to Plane 和 Up to Surface 三种类型可选。当选择 Dimension 选项时, 可在 Length 1: 文本框中输入深度值; 当选择 Up to Plane 选项时, 可在 Limit: 文本框中选取一个平面以确定深度值; 当选择 Up to Surface 选项时, 可在 Limit: 文本框中选取一个曲面以确定深度值。

◆ ☐ Mirrored Extent 复选框: 用于镜像当前的拉伸偏置。

◆ ☐ Symmetrical Thickness 复选框: 用于设置钣金厚度方向 (对称)。

◆ Unfold Reference 区域的 Sketch Location: 下拉列表: 用于设置展平静止点的位置, 图 9.4.17 所示是未展平状态, 其包括 Start Point 选项、 End Point 选项和 Middle Point 选项。

● Start Point 选项: 用于设置展平静止点为草图的起始点, 如图 9.4.18 所示。

● End Point 选项: 用于设置展平静止点为草图的终止点, 如图 9.4.19 所示。

● Middle Point 选项: 用于设置展平静止点为草图的中点, 如图 9.4.20 所示。

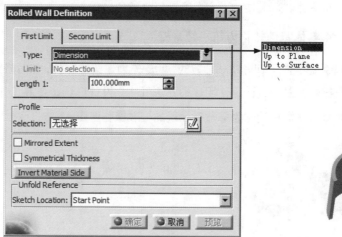

图 9.4.15 滚动钣金壁   图 9.4.16 "Rolled Wall Definition" 对话框   图 9.4.17 未展平

图 9.4.18 Start Point   图 9.4.19 End Point   图 9.4.20 Middle Point

（2）定义截面草图平面。在对话框的 Profile: 区域中单击 ☑ 按钮, 在特征树中选取 yz 平面为草图平面。

（3）绘制截面草图。绘制图 9.4.21 所示的截面草图。

在此草图只能绘制单个圆弧，否则会弹出图 9.4.22 所示的对话框提示错误。

图 9.4.21　截面草图

图 9.4.22　"Error" 对话框

（4）退出草图环境。在 "工作台" 工具栏中单击 按钮退出草图环境。

（5）设置参数。在对话框的 Type: 下拉列表中选择 Dimension 选项，然后在 Length 1: 文本框中输入数值 60。

（6）单击 ● 确定 按钮，完成滚动钣金壁的创建。

4. 将实体零件转化为第一钣金壁

创建钣金零件还有另外一种方式，就是先创建实体零件，然后将实体零件转化为钣金件。对于复杂钣金护罩的设计，使用这种方法可简化设计过程，提高工作效率。下面以图 9.4.23 为例说明将实体零件转化为第一钣金壁的一般操作步骤。

a）实体模型

b）钣金模型

图 9.4.23　将实体零件转化为第一钣金壁

步骤 01　打开模型文件 D:\catia2014\work\ch09.04.02\Recognze Definition.CATPart，如图 9.4.23a 所示。

步骤 02　选择命令。选择下拉菜单 插入(I) ➡ ✦ Recognize... 命令，系统弹出图 9.4.24 所示的 "Recognize Definition" 对话框。

图 9.4.24 所示 "Recognize Definition" 对话框中的部分选项说明如下。

◆ Reference face 文本框：单击此文本框，用户可以在绘图区模型上选取一个平面作为识别钣金壁的参考平面。

◆ ☐ Full recognition 复选框：用于设置识别多个特征，如钣金壁、折弯圆角等。

◆ Walls 选项卡：用于设置钣金壁识别的相关参数，其包括 Mode 下拉列表、Faces to keep

文本框、 Faces to remove 文本框和 Color 下拉列表。

● Mode 下拉列表：用于定义识别钣金壁的形式，其包括 Full recognition 选项和 Partial recognition 选项。 Full recognition 选项：全部识别。 Partial recognition 选项：部分识别。

● Faces to keep 文本框：单击此文本框，用户可以在绘图区的模型上选取要保留的面。

● Faces to remove 文本框：单击此文本框，用户可以在绘图区的模型上选取要移除的面。

● Color 下拉列表：用于定义钣金壁的颜色。用户可以在此下拉列表中选择钣金壁的颜色。

◆ Display recognized features 按钮：用于以指定的颜色显示钣金壁、折弯圆角和折弯线的位置。

◆ Faces to ignore 文本框：单击此文本框，用户可以在绘图区选取可以忽视的面。

步骤 03 定义识别的参考平面。在对话框中单击 Reference face 文本框，然后在绘图区选取图 9.4.25 所示的面为识别参考平面。

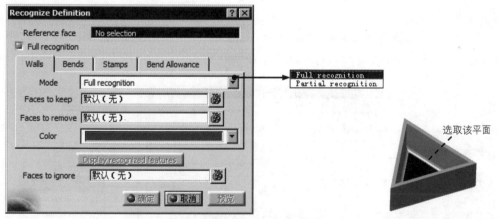

图 9.4.24 "Recognize Definition" 对话框   图 9.4.25 定义识别参考平面

步骤 04 设置识别选项。在 "Recognize Definition" 对话框中选中 Full recognition 复选框，其他参数采用系统默认设置值。

步骤 05 单击 确定 按钮，完成实体零件的识别，如图 9.4.23b 所示。

9.4.3　创建附加钣金壁

在创建了第一钣金壁后，就可以通过其他命令创建附加钣金壁了。附加钣金壁主要是通过 插入 ➡ Walls ▶ ➡ Wall On Edge... 命令和位于 插入 ➡ Walls ▶ ➡ Swept Walls ▶ 子菜单中的命令来创建。

1.　平整附加钣金壁

平整附加钣金壁是一种正面平整的钣金薄壁，其壁厚与主钣金壁相同。其主要是通过 插入 ➡ Walls ▶ ➡ Wall On Edge... 命令来创建的。下面通过图 9.4.26 所示的实例介绍三种平整附加钣金壁的创建过程。

a）创建前　　　　　　　　　图 9.4.26　完全平整壁　　　　　　　　b）创建后

步骤 01　完全平整壁。

（1）打开模型文件 D:\catia2014\work\ch09.04.03\Wall_On_Edge_Definition_01.CAT Part，如图 9.4.26a 所示。

（2）选择命令。选择下拉菜单 插入 ➡ Walls ▶ ➡ Wall On Edge... 命令，系统弹出图 9.4.27 所示的"Wall On Edge Definition"对话框。

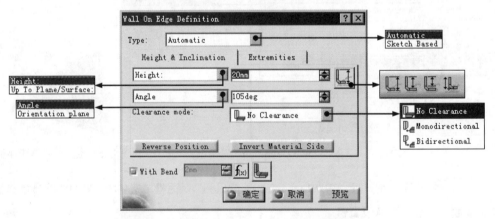

图 9.4.27　"Wall On Edge Definition"对话框

图 9.4.27 所示"Wall On Edge Definition"对话框中的部分选项说明如下。

◆ Type: 下拉列表：用于设置创建折弯的类型，其包括 Automatic 选项和 Sketch Based 选项。

- **Automatic** 选项：用于设置使用自动的方式创建钣金壁。
- **Sketch Based** 选项：用于设置使用所绘制的草图的方式创建钣金壁。

◆ **Height & Inclination** 选项卡：用于设置创建的平整钣金壁的相关参数，如高度、角度、长度类型、间隙类型、位置等。其包括 **Height:** ▼ 下拉列表、**Angle** ▼ 下拉列表、⌐ 下拉列表、**Clearance mode:** 下拉列表、**Reverse Position** 按钮和 **Invert Material Side** 按钮。

- **Height:** ▼ 下拉列表：用于设置限制平整钣金壁高度的类型，其包括 **Height:** 选项和 **Up To Plane/Surface:** 选项。**Height:** 选项：用于设置使用定义的高度值限制平整钣金壁高度，用户可以在其后的文本框中输入值来定义平整钣金壁高度。**Up To Plane/Surface:** 选项：用于设置使用指定的平面或者曲面限制平整钣金壁的高度。单击其后的文本框，用户可以在绘图区选取一个平面或者曲面限制平整钣金壁的高度。

- **Angle** ▼ 下拉列表：用于设置限制平整钣金壁弯曲的形式，其包括 **Angle** 选项和 **Orientation plane** 选项。**Angle** 选项：用于使用指定的角度值限制平整钣金的弯曲。用户可以在其后的文本框中输入值来定义平整钣金壁的弯曲角度。**Orientation plane** 选项：用于使用方向平面的方式限制平整钣金壁的弯曲。

- ⌐ 下拉列表：用于设置长度的类型，其包括 ⌐ 选项、⌐ 选项、⌐ 选项和 ⌐ 选项。⌐ 选项：用于设置平整钣金壁的开放端到第一钣金壁下端面的距离。⌐ 选项：用于设置平整钣金壁的开放端到第一钣金壁上端面的距离。⌐ 选项：用于设置平整钣金壁的开放端到平整平面下端面的距离。⌐ 选项：用于设置平整钣金壁的开放端到折弯圆心的距离。

- **Clearance mode:** 下拉列表：用于设置平整钣金壁与第一钣金壁的位置关系，其包括 **No Clearance** 选项、**Monodirectional** 选项和 **Bidirectional** 选项。**No Clearance** 选项：用于设置第一钣金壁与平整钣金壁之间无间隙。**Monodirectional** 选项：用于设置以指定的距离限制第一钣金壁与平整钣金壁之间的水平距离。**Bidirectional** 选项：用于设置以指定的距离限制第一钣金壁与平整钣金壁之间的双向距离。

- **Reverse Position** 按钮：用于改变平整钣金壁的位置，如图 9.4.28 所示。
- **Invert Material Side** 按钮：用于改变平整钣金壁的附着边，如图 9.4.29 所示。

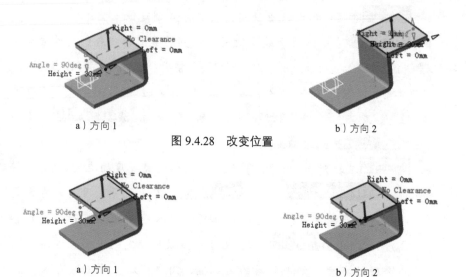

a）方向1 　　　　　　　　　　　　　　　　b）方向2

图 9.4.28　改变位置

a）方向1 　　　　　　　　　　　　　　　　b）方向2

图 9.4.29　改变附着边

◆ 　Extremities 选项卡：用于设置平整钣金壁的边界限制，其包括 Left limit: 文本框、

Left offset: 文本框、 Right limit: 文本框、 Right offset: 文本框和两个 下拉列表，如图

9.4.30 所示。

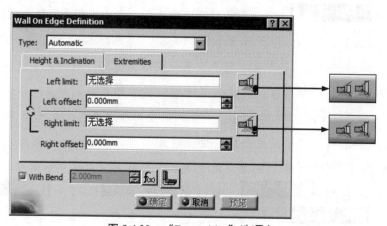

图 9.4.30　"Extremities" 选项卡

- Left limit: 文本框：单击此文本框，用户可以在绘图区选取平整钣金壁的左
  边界限制。

- Left offset: 文本框：用于定义平整钣金壁左边界与第一钣金壁相应边的距
  离值。

- Right limit: 文本框：单击此文本框，用户可以在绘图区选取平整钣金壁的右

边界限制。

- **Right offset:** 文本框：用于定义平整钣金壁右边界与第一钣金壁相应边的距离值。

- ▦ 下拉列表：用于定义限制位置的类型，其包括 ◁▤ 选项和 ◁▤ 选项。

◆ ▢ **With Bend** 复选框：用于设置创建折弯半径。

◆ **2mm** ▦ 文本框：用于定义弯曲半径值。

◆ **f(x)** 按钮：用于打开允许更改驱动方程式的对话框。

◆ ⬒ 按钮：用于定义折弯参数。单击此按钮，系统弹出图 9.4.31 所示的 "Bend Definition" 对话框。用户可以通过此对话框对折弯参数进行设置。

（3）设置创建折弯的类型。在对话框的 **Type:** 下拉列表中选择 **Automatic** 选项。

（4）定义附着边。在绘图区选取图 9.4.32 所示的边为附着边。

（5）设置平整钣金壁的高度和折弯参数。在 **Height:** ▾ 下拉列表中选择 **Height:** 选项，并在其后的文本框中输入数值 30；在 **Angle** ▾ 下拉列表中选择 **Angle** 选项，并在其后的文本框中输入数值 105；在 **Clearance mode:** 下拉列表中选择 ◁▤ **No Clearance** 选项。

（6）设置折弯圆弧。在对话框中选中 ▢ **With Bend** 复选框。

（7）单击 ● **确定** 按钮，完成平整壁的创建，如图 9.4.26b 所示。

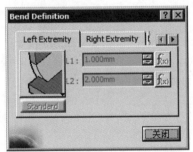

图 9.4.31 "Bend Definition" 对话框

选取此边

图 9.4.32 定义附着边

步骤 02 部分平整壁。

（1）打开模型文件 D:\catia2014\work\ch09.04.03\Wall_On_Edge_Definition_02.CAT Part，如图 9.4.33a 所示。

（2）选择命令。选择下拉菜单 **插入** ➡ **Walls** ▸ ➡ ✎ **Wall On Edge...** 命令，系统弹出 "Wall On Edge Definition" 对话框。

（3）设置创建折弯的类型。在对话框的 **Type:** 下拉列表中选择 **Automatic** 选项。

（4）设置折弯圆弧。在对话框中取消选中 □ **With Bend** 复选框。

（5）设置平整钣金壁的高度和折弯参数。在 Height: ▼ 下拉列表中选择 Height: 选项，并在其后的文本框中输入数值 10；在 Angle ▼ 下拉列表中选择 Angle 选项，并在其后的文本框中输入数值 180；在 Clearance mode: 下拉列表中选择 No Clearance 选项。

（6）定义附着边。在绘图区选取图 9.4.34 所示的边为附着边。

（7）定义限制参数。单击 Extremities 选项卡，在 Left offset: 文本框中输入数值-5，在 Right offset: 文本框中输入数值-5。

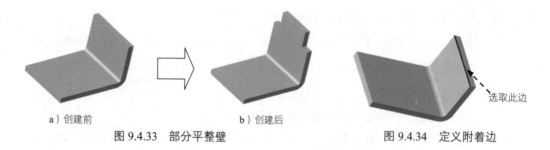

a）创建前　　　　　　b）创建后

图 9.4.33　部分平整壁　　　　　　图 9.4.34　定义附着边

（8）单击 ● 确定 按钮，完成平整壁的创建，如图 9.4.33b 所示。

步骤 03　自定义形状的平整壁。

（1）打开模型文件 D:\catia2014\work\ch09.04.03\Wall_On_Edge_Definition_03.CAT Part，如图 9.4.35a 所示。

a）创建前　　　　　　　　　　　　　　　b）创建后

图 9.4.35　自定义形状的平整壁

（2）选择命令。选择下拉菜单 插入 ➡ Walls ▶ ➡ Wall On Edge... 命令，系统弹出 "Wall On Edge Definition" 对话框。

（3）设置创建折弯的类型。在对话框的 Type: 下拉列表中选择 Sketch Based 选项。

（4）定义附着边。在绘图区选取图 9.4.36 所示的边为附着边。

（5）定义草图平面并绘制截面草图。单击 按钮，在绘图区选取图 9.4.37 所示的模型表面为草图平面；绘制图 9.4.38 所示的截面草图；单击 按钮退出草图环境。

（6）单击 ● 确定 按钮，完成平整壁的创建，如图 9.4.35b 所示。

图 9.4.36 定义附着边

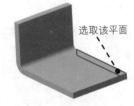

图 9.4.37 定义草图平面

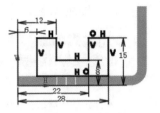

图 9.4.38 截面草图

2. 凸缘

凸缘是一种可以定义其侧面形状的钣金薄壁，其壁厚与第一钣金壁相同。在创建凸缘附加钣金壁时，须先在现有的钣金壁（第一钣金壁）上选取某条边线作为附加钣金壁的附着边，其次需要定义其侧面形状和尺寸等参数。下面介绍图 9.4.39 所示的凸缘的创建过程。

步骤 01 打开模型文件 D:\catia2014\work\ch09.04.03\Flange_Definition.CATPart，如图 9.4.39a 所示。

a）创建前

图 9.4.39 凸缘

b）创建后

步骤 02 选择命令。选择下拉菜单 插入 —➤ Walls ▶ —➤ Swept Walls ▶ —➤ Flange... 命令，系统弹出图 9.4.40 所示的 "Flange Definition" 对话框。

图 9.4.40 所示 "Flange Definition" 对话框中的部分选项说明如下。

◆ Basic ▼ 下拉列表：用于设置创建凸缘的类型，其包括 Basic 选项和 Relimited 选项。

● Basic 选项：用于设置创建的凸缘完全附着在指定的边上。

● Relimited 选项：用于设置创建的凸缘截止在指定的点上。

● Length: 文本框：用于定义凸缘的长度值。

● 下拉列表：用于设置长度的类型，其包括 选项、 选项、 选项 和 选项。

● Angle: 文本框：用于定义凸缘的折弯角度。

◆ 下拉列表：用于设置限制折弯角的方式，其包括 选项和 选项。

● 选项：用于设置从第一钣金壁绕附着边旋转到凸缘钣金壁所形成的角

度限制折弯。

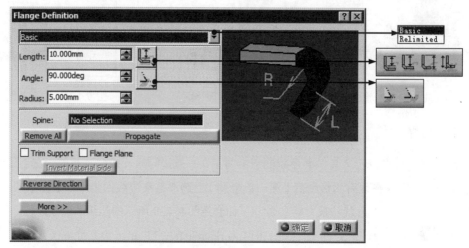

图 9.4.40　"Flange Definition" 对话框

● 　选项：用于设置从第一钣金壁绕 Y 轴旋转到凸缘钣金壁所形成的角度的反角度限制折弯。

◆ Radius: 文本框：用于指定折弯的半径值。

◆ Spine: 文本框：单击此文本框，用户可以在绘图区选取凸缘的附着边。

◆ Remove All 按钮：用于清除所选择的附着边。

◆ Propagate 按钮：用于选择与指定边相切的所有边。

◆ Trim Support 复选框：用于设置裁剪指定的边线，如图 9.4.41 所示。

◆ Flange Plane 复选框：选取该复选框后，可选取一平面作为凸缘平面。

◆ Invert Material Side 按钮：用于更改材料边，如图 9.4.42 所示。

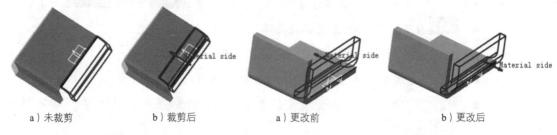

<table>
<tr><td>a）未裁剪</td><td>b）裁剪后</td><td>a）更改前</td><td>b）更改后</td></tr>
<tr><td colspan="2" align="center">图 9.4.41　裁剪对比</td><td colspan="2" align="center">图 9.4.42　更改材料边对比</td></tr>
</table>

◆ Reverse Direction 按钮：用于更改凸缘的方向，如图 9.4.43 所示。

◆ More >> 按钮：用于显示 "Flange Definition" 对话框的更多参数。单击此按钮，"Flange Definition" 对话框显示图 9.4.44 所示的更多参数。

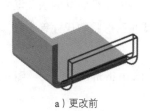

a）更改前

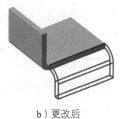

b）更改后

图 9.4.43　更改凸缘方向对比

步骤 03 定义附着边。在绘图区选取图 9.4.45 所示的边为附着边。

步骤 04 定义创建的凸缘类型。在对话框的 Basic ▼ 下拉列表中选择 Basic 选项。

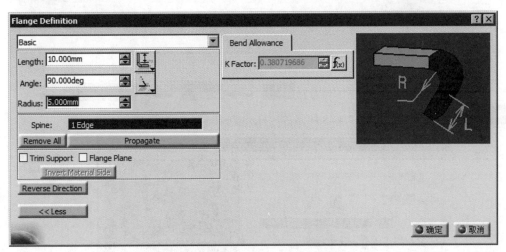

图 9.4.44　"Flange Definition" 对话框

步骤 05 设置凸缘参数。在 Length: 文本框中输入值 10，然后在 下拉列表中选择 选项；在 Angle: 文本框中输入数值 90，在其后的 下拉列表中选择 选项；在 Radius: 文本框中输入数值 5；单击 Reverse Direction 按钮调整图 9.4.46 所示的凸缘方向。

步骤 06 单击 ● 确定 按钮，完成凸缘的创建，如图 9.4.39b 所示。

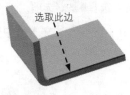

选取此边

图 9.4.45　定义附着边

图 9.4.46　调整后的凸缘方向

3.　边缘

边缘是一种可以定义其侧面形状的钣金薄壁，其壁厚与第一钣金壁相同。它与凸缘不同之处在于边缘的角度是不能定义的。在创建边缘附加钣金壁时，须先在现有的钣金壁（第一钣金壁）上选取某条边线作为附加钣金壁的附着边，再定义其侧面形状和尺寸等参数。下面介绍创建图 9.4.47 所示的边缘的一般操作过程。

步骤 01 打开模型文件 D:\catia2014\work\ch09.04.03\Hem_Definition.CATPart，如图 9.4.47a 所示。

a）创建前　　　　　　　　　　　　　　　　　　　　　　　　b）创建后

图 9.4.47　边缘

步骤 02 选择命令。选择下拉菜单 插入 ➡ Walls ▶ ➡ Swept Walls ▶ ➡ Hem... 命令，系统弹出图 9.4.48 所示的"Hem Definition"对话框。

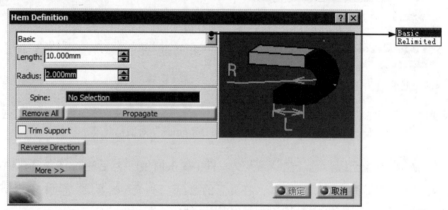

图 9.4.48　"Hem Definition"对话框

步骤 03 定义附着边。在绘图区选取图 9.4.49 所示的边为附着边。

步骤 04 定义边缘类型。在对话框的 Basic ▼ 下拉列表中选择 Basic 选项。

步骤 05 设置边缘参数。在 Length: 文本框中输入数值 10；在 Radius: 文本框中输入数值 2；单击 Reverse Direction 按钮调整图 9.4.50 所示的边缘方向。

选取此边

图 9.4.49　定义附着边

图 9.4.50　调整后的边缘方向

步骤 06 单击 ● 确定 按钮，完成边缘的创建。

4. 滴料折边

滴料折边是一种可以定义其侧面形状的钣金薄壁，并且其开放端的边缘与第一钣金壁相切，其壁厚与第一钣金壁相同。在创建边缘附加钣金壁时，须先在现有的钣金壁（第一钣金壁）上选取某条边线作为附加钣金壁的附着边，再定义其侧面形状和尺寸等参数。下面介绍创建图 9.4.51 所示的滴料折边的一般过程。

a）创建前   b）创建后

图 9.4.51 滴料折边

步骤 01 打开模型文件 D:\catia2014\work\ch09.04.03\Tear_Drop_Definition.CATPart，如图 9.4.51a 所示。

步骤 02 选择命令。选择下拉菜单 插入 ➡ Walls ▸ ➡ Swept Walls ▸ ➡ Tear Drop... 命令，系统弹出图 9.4.52 所示的 "Tear Drop Definition" 对话框。

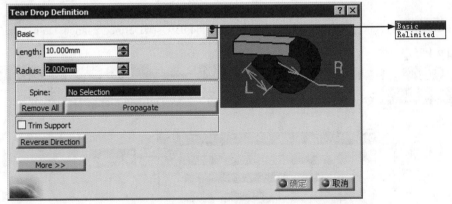

图 9.4.52 "Tear Drop Definition" 对话框

步骤 03 定义附着边。在绘图区选取图 9.4.53 所示的边为附着边。

步骤 04 定义创建的滴料折边类型。在对话框的 Basic ▾ 下拉列表中选择 Basic 选项。

步骤 05 设置滴料折边参数。在 Length: 文本框中输入数值 10；在 Radius: 文本框中输入数值 2；单击 Reverse Direction 按钮，调整图 9.4.54 所示的滴料折边方向。

步骤 06 单击 ● 确定 按钮，完成滴料折边的创建，如图 9.4.51b 所示。

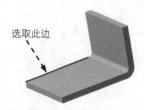

图 9.4.53 定义附着边

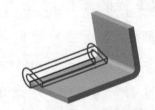

图 9.4.54 调整后的滴料折边方向

5. 用户凸缘

用户凸缘是一种可以自定义其截面形状的钣金薄壁，其壁厚与第一钣金壁相同。在创建时，须先在现有的钣金壁（第一钣金壁）上选取某条边线作为附加钣金壁的附着边，其次需要定义其侧面形状和尺寸等参数。下面介绍创建图 9.4.55 所示的用户凸缘的一般过程。

a）创建前   b）创建后

图 9.4.55 用户凸缘

步骤 01 打开模型文件 D:\catia2014\workch09.04.03\User-Defined_Flange_Definition.CATPart，如图 9.4.55a 所示。

步骤 02 选择命令。选择下拉菜单 插入 ➡ Walls ▶ ➡ Swept Walls ▶ ➡

 User Flange... 命令，系统弹出图 9.4.56 所示的 "User-Defined Flange Definition" 对话框。

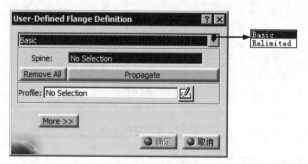

图 9.4.56 "Use-Defined Flange Definition" 对话框

图 9.4.56 所示 "Use-Defined Flange Definition" 对话框中的部分选项说明如下。

◆ Basic ▼ 下拉列表：用于设置创建凸缘的类型，其包括 Basic 选项和 Relimited 选项。

- Basic 选项：用于设置创建的凸缘完全附着在指定的边上。
- Relimited 选项：用于设置创建的凸缘在附着边的起始位置和终止位置。

◆ Spine: 文本框：单击此文本框，用户可以在绘图区选取凸缘的附着边。

◆ Remove All 按钮：用于清除所选择的附着边。

◆ Propagate 按钮：用于选择与指定边相切的所有边。

◆ Profile: 文本框：单击此文本框，用户可以在绘图区选取凸缘的截面轮廓。

◆ 按钮：用于绘制截面草图。

◆ More >> 按钮：用于显示 "Use-Defined Flange Definition" 对话框的更多参数。单击此按钮，"Use-Defined Flange Definition" 对话框显示图 9.4.57 所示的更多参数。

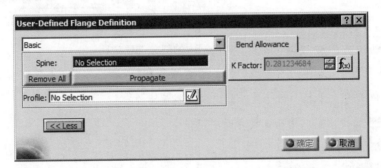

图 9.4.57　"Use-Defined Flange Definition" 对话框

步骤 03　定义附着边。在 "User-Defined Flange Definition" 对话框中单击 Spine: 文本框，然后在绘图区选取图 9.4.58 所示的边为附着边。

步骤 04　绘制截面草图。单击 按钮，选取图 9.4.58 所示的模型表面为草图平面，绘制图 9.4.59 所示的截面草图；单击 按钮退出草图环境。

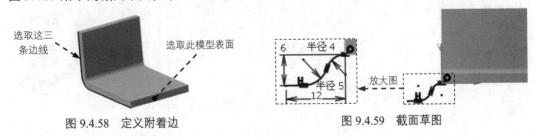

图 9.4.58　定义附着边　　　　　图 9.4.59　截面草图

步骤 05　单击 确定 按钮，完成用户凸缘的创建，如图 9.4.55b 所示。

6. 柱面弯曲

使用 Bend... 命令可以创建两个钣金壁之间的柱面折弯圆角，即柱面弯曲。下面介绍创建图 9.4.60 所示的柱面弯曲的一般过程。

步骤 01 打开模型文件 D:\catia2014\work\ch09.04.03\Bend_Definition_01.CATPart，如图 9.4.60a 所示。

步骤 02 选择命令。选择下拉菜单 **插入** ➡ **Bending ▶** ➡ **Bend...** 命令，系统弹出图 9.4.61 所示的"Bend Definition"对话框。

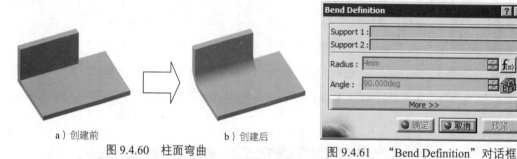

a）创建前   b）创建后

图 9.4.60 柱面弯曲

图 9.4.61 "Bend Definition"对话框

图 9.4.61 所示"Bend Definition"对话框中的部分选项说明如下。

◆ **Support 1:** 文本框：用于显示指定的支持元素 1。

◆ **Support 2:** 文本框：用于显示指定的支持元素 2。

◆ **Radius :** 文本框：用于定义弯曲半径值。

◆ **Angle:** 文本框：用于定义弯曲角度值。

◆ **More >>** 按钮：用于显示"Bend Definition"对话框的更多参数。单击此按钮，"Bend Definition"对话框显示图 9.4.62 所示的更多参数。

步骤 03 定义支持元素。在绘图区依次选取图 9.4.63 所示的钣金壁 1 和钣金壁 2 为支持元素。

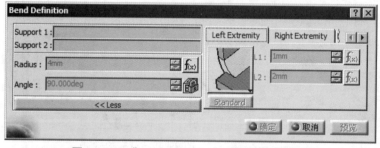

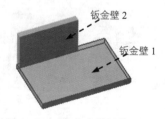

钣金壁 2

钣金壁 1

图 9.4.62 "Bend Definition"对话框的更多参数

图 9.4.63 定义支持元素

步骤 04 单击 **确定** 按钮，完成柱面弯曲的创建，如图 9.4.60b 所示。

7. 圆锥弯曲

使用 **Conical Bend...** 命令可以创建两个钣金壁之间的锥面折弯圆角，即圆锥弯曲。下面介绍创建图 9.4.64 所示的圆锥弯曲的一般过程。

步骤 01 打开模型文件 D:\catia2014\work\ch09.04.03\Bend_Definition_02.CATPart，如图 9.4.64a 所示。

步骤 02 选择命令。选择下拉菜单 插入 ➡ Bending ▶ ➡ Conical Bend... 命令，系统弹出图 9.4.65 所示的"Bend Definition"对话框。

图 9.4.65 所示"Bend Definition"对话框中的部分选项说明如下。

◆ Support 1: 文本框：用于显示指定的支持元素 1。

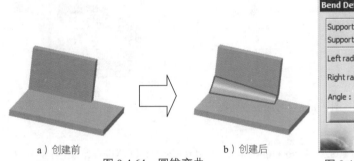

a）创建前   b）创建后

图 9.4.64 圆锥弯曲

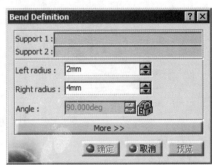

图 9.4.65 "Bend Definition"对话框

◆ Support 2: 文本框：用于显示指定的支持元素 2。

◆ Left radius: 文本框：用于定义圆锥弯曲的左边弯曲半径。

◆ Right radius: 文本框：用于定义圆锥弯曲的右边弯曲半径。

◆ Angle: 文本框：用于定义弯曲角度值。

◆ More >> 按钮：用于显示"Bend Definition"对话框的更多参数。单击此按钮，"Bend Definition"对话框显示图 9.4.66 所示的更多参数。

步骤 03 定义支持元素。在绘图区依次选取图 9.4.67 所示的钣金壁 1 和钣金壁 2 为支持元素。

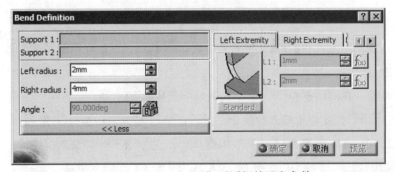

图 9.4.66 "Bend Definition"对话框的更多参数

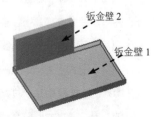

钣金壁 2

钣金壁 1

图 9.4.67 定义支持元素

步骤 04 定义圆锥弯曲半径参数。在"Bend Definition"对话框的 Left radius: 文本框中输入数值 2，在 Right radius: 文本框中输入数值 4。

步骤 05 单击 ● 确定 按钮，完成圆锥弯曲的创建，如图 9.4.64b 所示。

8. 附加钣金壁练习

下面介绍图 9.4.68 所示的附加钣金壁的创建过程。创建这种附加钣金壁有两种方法，下面分别介绍。

a）创建前   b）创建后

图 9.4.68 附加钣金壁练习

方法一：

步骤 01 打开模型文件 D:\catia2014\work\ch09.04.03\Add_Fla_Wall.CATPart，如图 9.4.69a 所示。

步骤 02 创建凸缘。

（1）选择命令。选择下拉菜单 插入 ➡ Walls ▶ ➡ Swept Walls ▶ ➡ Flange... 命令，系统弹出"Flange Definition"对话框。

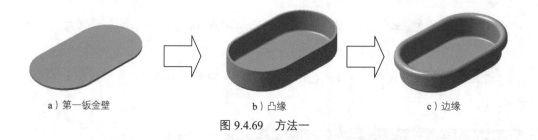

a）第一钣金壁   b）凸缘   c）边缘

图 9.4.69 方法一

（2）定义附着边。在"视图"工具栏的 下拉列表中选择 选项，然后在绘图区选取图 9.4.70 所示的边为附着边。

（3）定义创建的凸缘类型。在对话框的 Basic ▾ 下拉列表中选择 Basic 选项。

（4）设置凸缘参数。在 Length: 文本框中输入数值 26，然后在 下拉列表中选择 选项；在 Angle: 文本框中输入数值 90，在其后的 下拉列表中选择 选项；在 Radius: 文本框中输入值 2；单击 Reverse Direction 按钮调整图 9.4.71 所示的凸缘方向；单击 Propagate 按钮，选取与指定边线相切的所有边线。

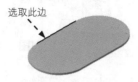

图 9.4.70 定义附着边

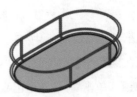

图 9.4.71 调整后的凸缘方向

（5）单击 ⬤ 确定 按钮，完成凸缘的创建，如图 9.4.69b 所示。

步骤 03 创建边缘。

（1）选择命令。选择下拉菜单 插入 ➡ Walls ▸ ➡ Swept Walls ▸ ➡ Hem...命令，系统弹出"Hem Definition"对话框。

（2）定义附着边。在绘图区选取图 9.4.72 所示的边为附着边。

（3）定义创建的边缘类型。在对话框的 Basic ▾ 下拉列表中选择 Basic 选项。

（4）设置边缘参数。在 Length: 文本框中输入数值 5；在 Radius: 文本框中输入数值 2；单击 Reverse Direction 按钮调整图 9.4.73 所示的边缘方向；单击 Propagate 按钮，选取与指定边线相切的所有边线。

图 9.4.72 定义附着边

图 9.4.73 调整后的边缘方向

（5）单击 ⬤ 确定 按钮，完成边缘的创建，如图 9.4.69c 所示。

方法二：

步骤 01 打开模型文件 D:\catia2014\work\ch09.04.03\Add_Fla_Wall.CATPart，如图 9.4.74a 所示。

a）创建前

b）创建后

图 9.4.74 方法二

步骤 02 选择命令。选择下拉菜单 插入 ➡ Walls ▸ ➡ Swept Walls ▸ ➡ User Flange...命令，系统弹出"User-Defined Flange Definition"对话框。

步骤 03 定义附着边。在"视图"工具栏的 ▾ 下拉列表中选择 选项，然后在对话框

中单击 Spine: 文本框，在绘图区选取图 9.4.75 所示的边为附着边，然后单击
 Propagate 按钮。

步骤 04 绘制截面草图。单击 按钮，选取 yz 平面为草图平面，绘制图 9.4.76 所示的截面草图；单击 按钮退出草图环境。

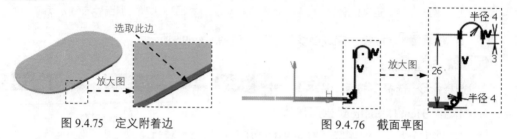

图 9.4.75　定义附着边　　　　　　图 9.4.76　截面草图

步骤 05 单击 确定 按钮，完成用户凸缘的创建，如图 9.4.74b 所示。

9.4.4　止裂槽

当附加钣金壁部分地与附着边相连，并且弯曲角度不为 0 时，需要在连接处的两端创建止裂槽，否则在弯曲部分的局部应力过大，从而导致龟裂或者材料的堆积。

1. 扯裂止裂槽

在附加钣金壁的连接处，通过垂直切割主壁材料至折弯线处来构建止裂槽，如图 9.4.77 所示。当创建该类止裂槽时，无须定义止裂槽的尺寸。打开模型文件 D：\catia2014\work\ch09.04.04\Minimum_With_No_Relief.CATPart。

2. 矩形止裂槽

在附加钣金壁的连接处，将主壁材料切割成矩形缺口来构建止裂槽，如图 9.4.78 所示。当创建该类止裂槽时，需要定义矩形的宽度及深度。打开模型文件 D：\catia2014\work\ch09.04.04\Mini_With_Spuare_Relief.CATPart。

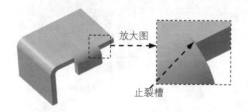

图 9.4.77　扯裂止裂槽

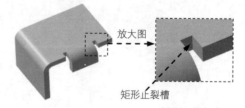

图 9.4.78　矩形止裂槽

3. 圆形止裂槽

在附加钣金壁的连接处，将主壁材料切割成长圆弧形缺口来构建止裂槽，如图 9.4.79 所

示。当创建该类止裂槽时，需要定义圆弧的直径及深度。打开模型文件 D:\catia2014\work\ch09.04.04\Mini_With_Round_Relief.CATPart。

4. 线性止裂槽

在附加钣金壁的连接处，将主壁材料切割成线性缺口来构建止裂槽，如图 9.4.80 所示。当创建该类止裂槽时，无须定义止裂槽的尺寸。打开模型文件 D:\catia2014\work\ch09.04.04\Linear_Shape.CATPart。

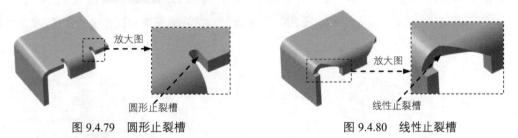

图 9.4.79　圆形止裂槽　　　　　　　　图 9.4.80　线性止裂槽

5. 相切止裂槽

在附加钣金壁的连接处，将主壁材料切割成线性缺口并在其两端添加相切圆弧来构建止裂槽，如图 9.4.81 所示。当创建该类止裂槽时，无须定义止裂槽的尺寸。打开模型文件 D:\catia2014\work\ch09.04.04\Curved_Shape.CATPart。

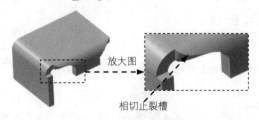

图 9.4.81　相切止裂槽

下面介绍图 9.4.82 所示的止裂槽的创建过程。

步骤 01 打开模型文件 D:\catia2014\work\ch09.04.04\relief_fla.CATPart，如图 9.4.82a 所示。

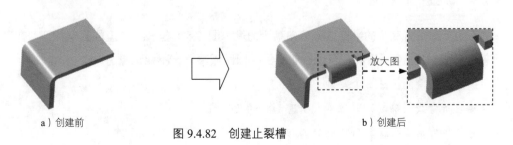

a）创建前　　　　　　　　　　　　　　　b）创建后

图 9.4.82　创建止裂槽

步骤 02 选择命令。选择下拉菜单 插入 ➡️ Walls ▶ ➡️ 📁 Wall On Edge... 命令，系统弹出"Wall On Edge Definition"对话框。

步骤 03 设置创建折弯的类型。在对话框的 Type: 下拉列表中选择 Automatic 选项。

步骤 04 定义附着边。在绘图区选取图 9.4.83 所示的边为附着边。

步骤 05 设置平整钣金壁的高度和折弯参数。在 Height: ▼ 下拉列表中选择 Height: 选项，并在其后的文本框中输入数值 10；在 Angle ▼ 下拉列表中选择 Angle 选项，并在其后的文本框中输入数值 90；在 Clearance mode: 下拉列表中选择 📁 No Clearance 选项。通过单击 Reverse Position 按钮和 Invert Material Side 按钮调整附加钣金壁的位置，结果如图 9.4.84 所示。

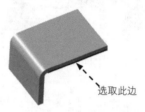

图 9.4.83 定义附着边

图 9.4.84 调整方向结果

步骤 06 设置折弯圆弧。在"Wall On Edge Definition"对话框中选中 ☑ With Bend 复选框。

步骤 07 定义限制参数。单击 Extremities 选项卡，在 Left offset: 文本框中输入数值-10，在 Right offset: 文本框中输入数值-10。

步骤 08 设置止裂槽参数。单击 📄 按钮，系统弹出"Bend Definition"对话框。在 📄 下拉列表中选择"Mini_With_Round_Relief"选项 📄；单击 Right Extremity 选项卡，在 📄 下拉列表中选择"Mini_With_Square_Relief"选项 📄。

步骤 09 单击 ● 确定 按钮，完成止裂槽的创建，如图 9.4.82b 所示。

9.5 钣金的折弯

9.5.1 钣金折弯概述

钣金折弯是将钣金的平面区域弯曲某个角度，图 9.5.1 是一个典型的折弯特征。在进行折弯操作时，应注意折弯特征仅能在钣金的平面区域建立，不能跨越另一个折弯特征。

钣金折弯特征包括三个要素（图 9.5.1）。

◆ 折弯线：确定折弯位置和折弯形状的几何线。

◆ 折弯角度：控制折弯的弯曲程度。

◆ 折弯半径：折弯处的内侧或外侧半径。

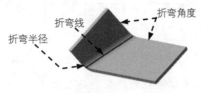

图 9.5.1 折弯特征三个要素

9.5.2 选取钣金折弯命令

选取钣金折弯命令有如下两种方法。

方法一：在"Bending"工具栏中单击 按钮。

方法二：选择下拉菜单 插入 ➡ Bending ➡ Bend From Flat... 命令。

9.5.3 折弯操作

步骤01 打开模型文件 D:\catia2014\work\ch09.05.03\Bend_From_Flat_Definition.CATPart，如图 9.5.2a 所示。

a）创建前

b）创建后

图 9.5.2 折弯

步骤02 选择命令。选择下拉菜单 插入 ➡ Bending ➡ Bend From Flat... 命令，系统弹出图 9.5.3 所示的"Bend From Flat Definition"对话框。

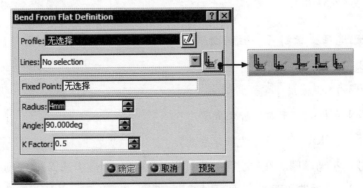

图 9.5.3 "Bend From Flat Definition"对话框

图 9.5.3 所示"Bend From Flat Definition"对话框中的部分选项说明如下。

◆ Profile: 文本框：单击此文本框，用户可以在绘图区选取现有的折弯草图。

◆ ⬚按钮：用于绘制折弯草图。

◆ Lines: 下拉列表：用于选择折弯草图中的折弯线，以便于定义折弯线的类型。

◆ ⬚下拉列表：用于定义折弯线的类型，其包括⬚选项、⬚选项、⬚选项、⬚选项和⬚选项。

● ⬚选项：用于设置折弯半径对称分布于折弯线两侧，如图 9.5.4 所示。

● ⬚选项：用于设置折弯半径与折弯线相切，如图 9.5.5 所示。

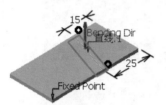

图 9.5.4　Axis

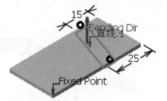

图 9.5.5　BTL Base Feature

● ⬚选项：用于设置折弯线为折弯后两个钣金壁板内表面的交叉线，如图 9.5.6 所示。

● ⬚选项：用于设置折弯线为折弯后两个钣金壁板外表面的交叉线，如图 9.5.7 所示。

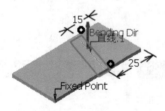

图 9.5.6　IML

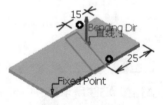

图 9.5.7　OML

● ⬚选项：使折弯半径与折弯线相切，并且使折弯线在折弯侧平面内，如图 9.5.8 所示。

◆ Radius: 文本框：用于定义折弯半径。

◆ Angle: 文本框：用于定义折弯角度。

◆ K Factor : 文本框：用于定义折弯系数。

步骤 03　绘制折弯草图。在"视图"工具栏的⬚下拉列表中选择⬚选项，然后在对话框中单击⬚按钮，之后选取图 9.5.9 所示的模型表面为草图平面，并绘制图 9.5.10 所示的折弯草图；单击 按钮退出草图环境。

步骤 04 定义折弯线的类型。在 下拉列表中选择 "Axis" 选项 。

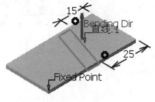

图 9.5.8 BTL Support

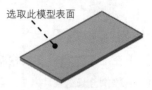

选取此模型表面

图 9.5.9 定义草图平面

步骤 05 定义固定侧。单击 Fixed Point: 文本框，选取图 9.5.11 所示的点为固定点以确定该点所在的一侧为折弯固定侧。

步骤 06 定义折弯参数。在 Radius: 文本框中输入数值 4，在 Angle: 文本框中输入数值 90，其他参数保持系统默认设置值。

步骤 07 单击 确定 按钮，完成折弯的创建，如图 9.5.2b 所示。

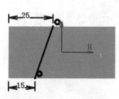

图 9.5.10 折弯草图

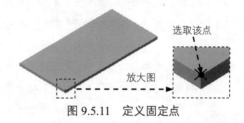

选取该点

放大图

图 9.5.11 定义固定点

9.5.4 折弯练习

1. 折弯练习 1（图 9.5.12）

步骤 01 新建一个钣金件模型，将其命名为 Bend_01。

步骤 02 设置钣金参数。选择下拉菜单 插入 ➡ Sheet Metal Parameters... 命令，系统弹出 "Sheet Metal Parameters" 对话框。在 Thickness: 文本框中输入数值 2，在 Default Bend Radius: 文本框中输入数值 2；单击 Bend Extremities 选项卡，然后在 Minimum with no relief 下拉列表中选择 Minimum with no relief 选项。单击 确定 按钮，完成钣金参数的设置。

步骤 03 创建图 9.5.13 所示的平整钣金壁。

（1）选择命令。选择下拉菜单 插入 ➡ Walls ▶ ➡ Wall... 命令，系统弹出 "Wall Definition" 对话框。

（2）定义截面草图平面。在对话框中单击 按钮，在特征树中选取 xy 平面为草图平面。

（3）绘制截面草图。绘制图 9.5.14 所示的截面草图。

图 9.5.12　折弯练习 1

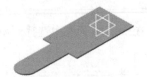
图 9.5.13　平整钣金壁

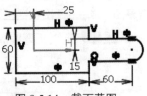
图 9.5.14　截面草图

（4）在"工作台"工具栏中单击 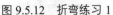 按钮退出草图环境。

（5）单击 ● 确定 按钮，完成平整钣金壁的创建。

步骤 04 创建图 9.5.15 所示的折弯 1。

（1）选择命令。选择下拉菜单 插入 ➡ Bending ▶ ➡ Bend From Flat... 命令，系统弹出"Bend From Flat Definition"对话框。

（2）绘制折弯草图。在"视图"工具栏的 下拉列表中选择 选项，然后在对话框中单击 按钮，选取图 9.5.16 所示的模型上表面为草图平面，并绘制图 9.5.17 所示的折弯草图；单击 按钮退出草图环境。

（3）定义折弯线的类型。在 下拉列表中选择"Axis"选项 。

（4）定义固定点。单击 Fixed Point: 文本框，选取图 9.5.15 所示的点为固定点。

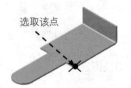
图 9.5.15　折弯 1

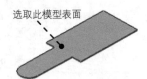
图 9.5.16　定义草图平面

图 9.5.17　折弯草图

（5）定义折弯参数。在 Radius: 文本框中输入数值 2，在 Angle: 文本框中输入数值 90，其他参数保持系统默认设置值。

（6）单击 ● 确定 按钮，完成折弯 1 的创建。

步骤 05 创建图 9.5.18 所示的折弯 2。

（1）选择命令。选择下拉菜单 插入 ➡ Bending ▶ ➡ Bend From Flat... 命令，系统弹出"Bend From Flat Definition"对话框。

（2）绘制折弯草图。在对话框中单击 按钮，然后选取图 9.5.19 所示的模型表面为草图平面，绘制图 9.5.20 所示的折弯草图；单击 按钮退出草图环境。

图 9.5.18　折弯 2

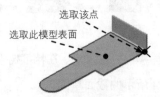
图 9.5.19　定义草图平面

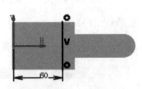
图 9.5.20　折弯草图

（3）定义折弯线的类型。在  下拉列表中选择"Axis"选项 。

（4）定义固定点。单击 `Fixed Point:` 文本框，选取图 9.5.19 所示的点为固定点。

（5）定义折弯参数。在 `Radius:` 文本框中输入数值 2，在 `Angle:` 文本框中输入数值 90，其他参数保持系统默认设置值。

（6）单击 ● **确定** 按钮，完成折弯 2 的创建。

步骤 06 创建图 9.5.21 所示的折弯 3。

（1）选择命令。选择下拉菜单 **插入** ➡ **Bending ▶** ➡ **Bend From Flat...** 命令，系统弹出"Bend From Flat Definition"对话框。

（2）绘制折弯草图。在对话框中单击 按钮，然后选取图 9.5.22 所示的模型上表面为草图平面，并绘制图 9.5.23 所示的折弯草图；单击 按钮退出草图环境。

图 9.5.21 折弯 3　　　　图 9.5.22　定义草图平面　　　　图 9.5.23　折弯草图

选取该点

选取此模型表面

（3）定义折弯线的类型。在 下拉列表中选择"Axis"选项 。

（4）定义固定点。单击 `Fixed Point:` 文本框，选取图 9.5.22 所示的点为固定点。

（5）定义折弯参数。在 `Radius:` 文本框中输入数值 2，在 `Angle:` 文本框中输入数值 90，其他参数保持系统默认设置值。

（6）单击 ● **确定** 按钮，完成折弯 3 的创建。

2. 折弯练习 2（图 9.5.24）

图 9.5.24　折弯练习 2

步骤 01 新建一个钣金件模型，将其命名为 Bend_02。

步骤 02 设置钣金参数。选择下拉菜单 **插入** ➡ **Sheet Metal Parameters...** 命令，系统弹出"Sheet Metal Parameters"对话框。在 `Thickness:` 文本框中输入数值 1，在 `Default Bend Radius:` 文本框中输入数值 2；单击 `Bend Extremities` 选项卡，然后在 `Minimum with no relief ▾` 下拉列表中选择 `Minimum with no relief` 选项。单击 ● **确定** 按钮，完成钣金参数的设置。

步骤 03 创建图 9.5.25 所示的平整钣金壁。

（1）选择命令。选择下拉菜单 插入 ➡ Walls ▶ ➡ Wall... 命令，系统弹出"Wall Definition"对话框。

（2）定义截面草图平面。在对话框中单击 按钮，在特征树中选取 xy 平面为草图平面。

（3）绘制截面草图。绘制图 9.5.26 所示的截面草图。

（4）在"工作台"工具栏中单击 按钮退出草图环境。

（5）单击 确定 按钮，完成平整钣金壁的创建。

图 9.5.25　平整钣金壁

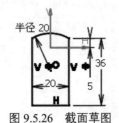

图 9.5.26　截面草图

步骤 04 滴料折边。

（1）选择命令。选择下拉菜单 插入 ➡ Walls ▶ ➡ Swept Walls ▶ ➡ Tear Drop... 命令，系统弹出"Tear Drop Definition"对话框。

（2）定义附着边。在"视图"工具栏的 下拉列表中选择 选项，然后在绘图区选取图 9.5.27 所示的边为附着边。

（3）定义创建的滴料折边类型。在对话框的 Basic ▼ 下拉列表中选择 Basic 选项。

（4）设置滴料折边参数。在 Length: 文本框中输入数值 26；在 Radius: 文本框中输入数值 5；选中 Trim Support 复选框；单击 Reverse Direction 按钮，调整图 9.5.28 所示的滴料折边方向。

图 9.5.27　定义附着边

图 9.5.28　调整后的滴料折边方向

（5）单击 确定 按钮，完成滴料折边的创建，如图 9.5.24 所示。

步骤 05 创建图 9.5.29 所示的折弯。

（1）选择命令。选择下拉菜单 插入 ➡ Bending ▶ ➡ Bend From Flat... 命令，系统弹出"Bend From Flat Definition"对话框。

（2）绘制折弯草图。在"视图"工具栏的⬜下拉列表中选择⬜选项，然后在对话框中单击✏️按钮，之后选取图 9.5.30 所示的模型表面为草图平面，绘制图 9.5.31 所示的折弯草图；单击⬆️按钮退出草图环境。

图 9.5.29　折弯

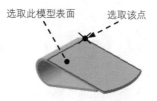

选取此模型表面　　选取该点

图 9.5.30　定义草图平面

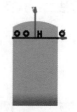

图 9.5.31　折弯草图

（3）定义折弯线的类型。在下拉列表中选择"Axis"选项。

（4）定义固定点。单击 Fixed Point: 文本框，选取图 9.5.30 所示的点为固定点。

（5）定义折弯参数。在 Radius: 文本框中输入数值 1，在 Angle: 文本框中输入数值 120，其他参数采用系统默认设置值。

（6）单击 ⚫ 确定 按钮，完成折弯的创建。

9.6　钣金的展开

9.6.1　钣金展开概述

在钣金设计中，可以使用展开命令将三维的折弯钣金件展开为二维平面板，如图 9.6.1 所示。

钣金展开的作用：

◆　钣金展开后，可更容易地了解如何剪裁薄板以及各部分的尺寸。

◆　有些钣金特征，如止裂槽需要在钣金展开后创建。

◆　钣金展开对钣金的下料和钣金工程图的创建十分有用。

a）展开前

b）展开后

图 9.6.1　钣金展开

9.6.2 展开的一般操作过程

选取钣金展开命令有如下两种方法。

方法一：在"Bending"工具栏的 下拉列表中选择 选项。

方法二：选择下拉菜单 插入 ━━▶ Bending ▶ ━━▶ Unfolding... 命令。

1. 全部展开（图 9.6.2）

a）展开前　　　　　　　　　　　　　　　　　　b）展开后

图 9.6.2　全部展开

步骤 01　打开模型文件 D:\catia2014\work\ch09.06.02\Folding_Definition_01.CATPart，如图 9.6.2a 所示。

步骤 02　选择命令。选择下拉菜单 插入 ━━▶ Bending ▶ ━━▶ Unfolding... 命令，系统弹出图 9.6.3 所示的"Unfolding Definition"对话框。

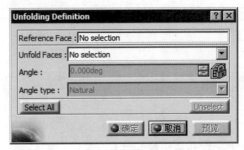

图 9.6.3　"Unfolding Definition"对话框

图 9.6.3 所示"Unfolding Definition"对话框中的部分选项说明如下。

◆ Reference Face : 文本框：用于选取展开固定几何平面。

◆ Unfold Faces : 下拉列表：用于选择展开面。

◆ Select All 按钮：用于自动选取所有展开面。

◆ Unselect 按钮：用于自动取消选取所有展开面。

步骤 03　定义固定几何平面。在绘图区选取图 9.6.4 所示的平面为固定几何平面。

步骤 04　定义展开面。在对话框中单击 Select All 按钮，然后选取图 9.6.5 所示的四个展开面。

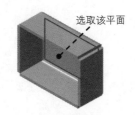
图 9.6.4 定义固定几何平面

图 9.6.5 定义展开面

步骤 **05** 单击 ● 确定 按钮，完成展开的创建，如图 9.6.2b 所示。

2. 部分展开

步骤 **01** 打开模型文件 D:\catia2014\work\ch09.06.02\Folding_Definition_02.CATPart，如图 9.6.6a 所示。

a）展开前

b）展开后

图 9.6.6 部分展开

步骤 **02** 选择命令。选择下拉菜单 插入 ➞ Bending ➞ Unfolding... 命令，系统弹出"Unfolding Definition"对话框。

步骤 **03** 定义固定几何平面。在绘图区选取图 9.6.7 所示的平面为固定几何平面。

步骤 **04** 定义展开面。选取图 9.6.8 所示的曲面为展开面。

图 9.6.7 定义固定几何平面

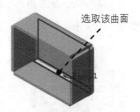
图 9.6.8 定义展开面

步骤 **05** 单击 ● 确定 按钮，完成展开的创建，如图 9.6.6b 所示。

3. 展开练习

步骤 **01** 打开模型文件 D:\catia2014\work\ch09.06.02\Folding_Definition_03.CATPart，如图

9.6.9a 所示。

a）展开前   b）展开后

图 9.6.9　展开练习

步骤 02　选择命令。选择下拉菜单 插入 ➡ Bending ▶ ➡ Unfolding... 命令，系统弹出"Unfolding Definition"对话框。

步骤 03　定义固定几何平面。在绘图区选取图 9.6.10 所示的平面为固定几何平面。

步骤 04　定义展开面。在对话框中单击 Select All 按钮，选取图 9.6.11 所示的两个展开面。

选取该平面

图 9.6.10　定义固定几何平面

图 9.6.11　定义展开面

步骤 05　单击 ● 确定 按钮，完成展开的创建，如图 9.6.9b 所示。

9.7　钣金的折叠

9.7.1　关于钣金折叠

可以将展开钣金壁部分或全部重新折弯，使其还原至展开前的状态，这就是钣金的折叠，如图 9.7.1 所示。

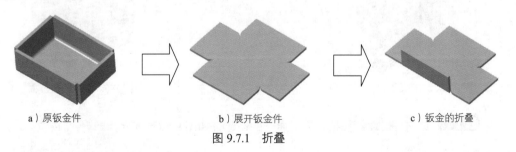

a）原钣金件   b）展开钣金件   c）钣金的折叠

图 9.7.1　折叠

使用折叠的注意事项：

◆　如果进行展开操作（增加一个展开特征），只是为了查看钣金件在一个二维（平面）

平整状态下的外观，那么在执行下一个操作之前必须将之前创建的展开特征删除。

◆ 不要增加不必要的展开/折叠特征，否则会增大模型文件大小，并且延长更新模型
时间或可能导致更新失败。

◆ 如果需要在二维平整状态下建立某些特征，则可以先增加一个展开特征，在二维平
面状态下再进行某些特征的创建，然后增加一个折叠特征来恢复钣金件原来的三维
状态。注意：在此情况下，无需删除展开特征，否则会使参照其创建的其他特征更
新失败。

9.7.2 钣金折叠的一般操作过程

选取钣金折叠命令有如下两种方法。

方法一：在"Bending"工具栏的 下拉列表中选择 选项。

方法二：选择下拉菜单 插入 ➡ Bending ▶ ➡ Folding... 命令。

1. 全部折叠

步骤 01 打开模型文件 D:\catia2014\work\ch09.07\Folding_Definition_01.CATPart，如图
9.7.2a 所示。

a）折叠前

b）折叠后

图 9.7.2　折叠

步骤 02 选择命令。选择下拉菜单 插入 ➡ Bending ▶ ➡ Folding... 命令，系统
弹出图 9.7.3 所示的"Folding Definition"对话框。

图 9.7.3 所示"Folding Definition"对话框中的部分说明如下。

◆ Reference Face : 文本框：用于选取折弯固定几何平面。

◆ Fold Faces 下拉列表：用于选择折弯面。

◆ Angle: 文本框：用于定义折弯角度值。

◆ Angle type : 下拉列表：用于定义折弯角度类型，其包括 Natural 选项、Defined 选项和
Spring back 选项。

● Natural 选项：用于设置使用展开前的折弯角度值。

● Defined 选项：用于设置使用用户自定义的角度值。

● **Spring back** 选项：用于使用用户自定义的角度值的补角值。

◆ **Select All** 按钮：用于自动选取所有折弯面。

◆ **Unselect** 按钮：用于自动取消选取所有折弯面。

图 9.7.3 "Folding Definition" 对话框

步骤 03 定义固定几何平面。在"视图"工具栏的 下拉列表中选择 选项，然后在绘图区选取图 9.7.4 所示的平面为固定几何平面。

步骤 04 定义折弯面。在对话框中单击 **Select All** 按钮，选取图 9.7.5 所示的折弯面。

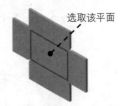

图 9.7.4 定义固定几何平面

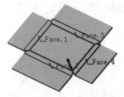

图 9.7.5 定义折弯面

步骤 05 单击 ● **确定** 按钮，完成折叠的创建，如图 9.7.2b 所示。

2. 部分折叠

步骤 01 打开模型文件 D:\catia2014\work\ch09.07.02\Folding_Definition_02.CATPart，如图 9.7.6a 所示。

步骤 02 选择命令。选择下拉菜单 **插入** ➡ **Bending ▶** ➡ **Folding...** 命令，系统弹出"Folding Definition"对话框。

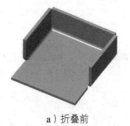

a）折叠前

b）折叠后

图 9.7.6 部分折叠

步骤 03 定义固定几何平面。在"视图"工具栏的 ⬚▾ 下拉列表中选择 ⬚ 选项，然后在绘图区选取图 9.7.7 所示的平面为固定几何平面。

步骤 04 定义折弯面。选取图 9.7.8 所示的平面为折弯面。

选取该平面

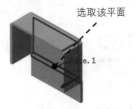
选取该平面

图 9.7.7　定义固定几何平面

图 9.7.8　定义折弯面

步骤 05 单击 ⬤ 确定 按钮，完成部分折叠的创建，如图 9.7.6b 所示。

9.8　钣金的视图

平整形态特征与展开特征的功能基本相同，都可以将三维钣金件全部展开为二维平整薄板。但与展开特征的功能相比，平整形态特征的操作更为简单。

9.8.1　快速展开和折叠钣金零件

展开钣金图命令有如下两种方法。

方法一： 在"Views"工具栏的 🔃 下拉列表中选择 🔃 选项。

方法二： 选择下拉菜单 插入 ➡ Views ▸ ➡ 🔃 Fold/Unfold... 命令。

步骤 01 打开模型文件 D:\catia2014\work\ch09.08.01\flat_pattern.CAT Part。

步骤 02 选择命令。选择下拉菜单 插入 ➡ Views ▸ ➡ 🔃 Fold/Unfold... 命令，展开钣金零件，如图 9.8.1 所示。

说明

　　　　单击"Views"工具栏中的 🔃 按钮，将钣金零件图展开，如图 9.8.1 所示。再次单击 🔃 按钮，可以将钣金零件折叠起来，如图 9.8.2 所示。

图 9.8.1　展开钣金零件

图 9.8.2　折叠钣金零件

9.8.2 同时观察两个视图

同时观察两个视图命令有如下两种方法。

方法一： 在"Views"工具栏的 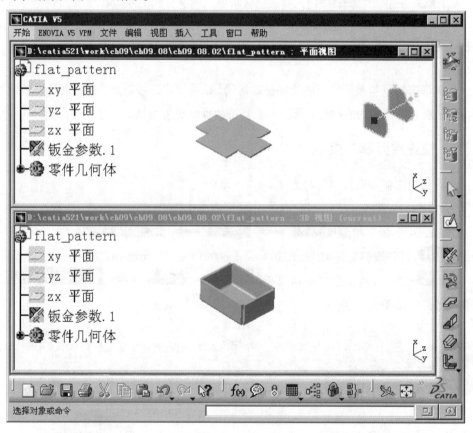 下拉列表中选择 选项。

方法二： 选择下拉菜单 插入 ➡ Views ▶ ➡ Multi Viewer... 命令。

步骤 01 打开模型文件 D:\catia2014\work\ch09.08.02\flat_pattern.CATPart。

步骤 02 选择命令。选择下拉菜单 插入 ➡ Views ▶ ➡ Multi Viewer... 命令，打开两个视图。

步骤 03 调整两个视图的分布。选择下拉菜单 窗口 ➡ 水平平铺 命令，调整两个视图的分布，结果如图 9.8.3 所示。

图 9.8.3 水平平铺

9.8.3 激活/未激活视图

激活/未激活视图命令有如下两种方法。

方法一： 在"Views"工具栏中单击 按钮。

方法二： 选择下拉菜单 插入 ➡ Views ▶ ➡ Views Management 命令。

步骤 01 打开模型文件 D:\catia2014\work\ch09.08.03\flat_pattern.CATPart。

步骤 02 选择命令。选择下拉菜单 插入 ➡ Views ▶ ➡ Views Management 命令，系统弹出图 9.8.4 所示的"视图"对话框。

步骤 03 激活视图。在"视图"对话框中选中 平面视图 活动的 选项，然后单击 当前 按钮激活视图，此时在绘图区显示图 9.8.5 所示的平面视图。

步骤 04 单击 ● 确定 按钮，完成视图的激活。

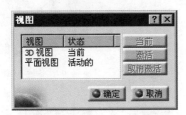

图 9.8.4 "视图"对话框

图 9.8.5 平面视图

9.9 钣金的切削

钣金的切削是在成形后的钣金零件上创建去除材料的特征，如凹槽、孔和切口等，如图 9.9.1 所示。但是钣金的切削与实体的切削有所不同，在下面小节将有介绍。

图 9.9.1 钣金切削

9.9.1 钣金切削和实体切削的区别

钣金切削与实体切削有所不同，它们之间的区别为当草图平面与钣金平面平行时，二者没有区别；当草图平面与钣金平面不平行时，钣金切削是将截面草图投影至模型的实体面，然后垂直于该表面去除材料，形成垂直孔，如图 9.9.2 所示。实体切削的孔是垂直于草图平面去除材料，形成斜孔，如图 9.9.3 所示。

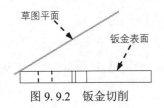

图 9.9.2 钣金切削

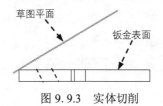

图 9.9.3 实体切削

9.9.2 钣金切削的一般创建过程

钣金切削有凹槽切削、孔切削和圆形切削三种类型，下面将分别介绍。

1. 凹槽切削

步骤 01 打开模型文件 D:\catia2014\work\ch09.09.02\Cutout_01.CATPart，如图 9.9.4a 所示。

a）创建前　　　　　　　　　　　　　　　　　　b）创建后

图 9.9.4　凹槽切削

步骤 02 选择命令。选择下拉菜单 插入 ➡ Cutting ▶ ➡ Cut Out... 命令，系统弹出图 9.9.5 所示的"Cutout Definition"对话框。

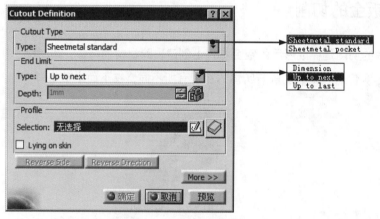

图 9.9.5　"Cutout Definition"对话框

步骤 03 设置对话框参数。在 Cutout Type 区域的 Type: 下拉列表中选择 Sheetmetal standard 选项；在 End Limit 区域的 Type: 下拉列表中选择 Up to next 选项。

步骤 04 定义轮廓参数。在"Cutout Definition"对话框的 Profile: 区域中单击 按钮，选取图 9.9.6 所示平面为草图平面，绘制图 9.9.7 所示的截面草图；单击 按钮退出草图环境。

步骤 05 调整轮廓方向。通过单击 Reverse Side 按钮和 Reverse Direction 按钮调整轮廓方向，结果如图 9.9.8 所示。

步骤 06 单击 确定 按钮，完成钣金切削的创建，如图 9.9.9 所示。

步骤 07 参照 步骤 02～步骤 06 创建图 9.9.10 所示的钣金切削，截面草图如图 9.9.11 所示。

图 9.9.6 定义草图平面

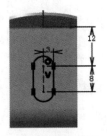

图 9.9.7 截面草图

图 9.9.8 调整方向结果图

图 9.9.9 结果图

图 9.9.10 钣金切削特征

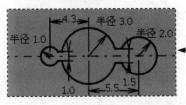 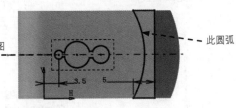

图 9.9.11 截面草图

图 9.9.11 所示的最大的圆弧与 R1 圆弧的圆心重合。

2. 孔切削

步骤 01 打开模型文件 D:\catia2014\work\ch09.09.02\Cutout_02.CATPart，如图 9.9.12a 所示。

a）创建前

b）创建后

图 9.9.12 孔切削

步骤 02 选择命令。选择下拉菜单 插入 —→ Cutting ▶ —→ ▣ Hole... 命令。

步骤 03 定义放置面。在绘图区选取图 9.9.13 所示的模型表面为放置面，此时系统弹出

图 9.9.14 所示的"定义孔"对话框。

步骤 04 设置孔的参数。在"定义孔"对话框的 盲孔 ▼ 下拉列表中选择 直到最后 选项；在 直径： 文本框中输入数值 10。

步骤 05 编辑点的位置。在 定位草图 区域单击 按钮，进入草图环境；添加图 9.9.15 所示的尺寸；单击 按钮退出草图环境。

步骤 06 单击 ● 确定 按钮，完成孔切削的创建，如图 9.9.12b 所示。

图 9.9.13 定义放置面

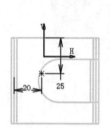

图 9.9.15 截面草图

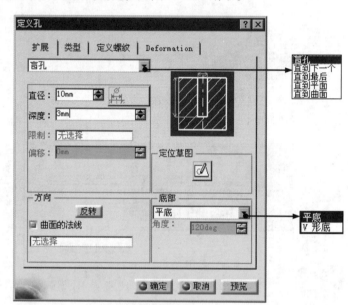

图 9.9.14 "定义孔"对话框

3. 圆形切口

步骤 01 打开模型文件 D:\catia2014\work\ch09.09.02\Circular_Cutout.CATPart，如图 9.9.16a 所示。

a）创建前

b）创建后

图 9.9.16 圆形切口

步骤 02 选择命令。选择下拉菜单 插入 ➡ Cutting ▶ ➡ 📎 Circular Cutout... 命令，系统弹出图 9.9.17 所示的"Circular Cutout Definition"对话框。

图 9.9.17 所示"Circular Cutout Definition"对话框中的部分选项说明如下。

◆ `Point` 区域的 `Selection:` 文本框：单击此文本框，用户可以在绘图区选取孔的中心点。

◆ `Support` 区域的 `Object:` 文本框：单击此文本框，用户可以在绘图区选取孔的支持面。

◆ `Diameter` 区域的 `Diameter:` 文本框：用于定义孔的直径值。

图 9.9.17 "Circular Cutout Definition"对话框

◆ `Standard` 区域：用于设置孔的标准的相关参数，其包括 `Standard:` 文本框和 `Standards Files...` 按钮。

● `Standard:` 文本框：用于定义孔的标准。

● `Standards Files...` 按钮：用于打开"选择文件"对话框，用户可以通过 "选择文件"对话框导入孔的标准值。

(步骤 03) 设置孔的参数。在对话框的 `Diameter` 文本框中输入数值 8。

(步骤 04) 定义放置位置和支持面。在绘图区选取图 9.9.18 所示的模型表面为支持面，然后再次单击该面的某一位置，此时在绘图区出现创建孔的预览图，如图 9.9.19 所示。

(步骤 05) 单击 ● 确定 按钮，完成圆形切口的创建。

(步骤 06) 编辑圆形切口的位置。在特征树中双击" 圆形剪口.1"节点下的草图进入草图环境，添加图 9.9.20 所示的尺寸；单击 按钮退出草图环境。

图 9.9.18 定义放置位置和支持面

图 9.9.19 圆形切口的预览

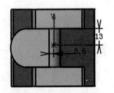

图 9.9.20 截面草图

说明　在折弯处创建孔特征与在平面上创建孔特征不同，它在创建过程中不能对孔的位置进行编辑，需创建完控制后再进入草图环境对孔的位置进行定义。

9.10 钣金成形特征

9.10.1 成形特征概述

把一个实体零件上的某个形状印贴在钣金件上，这就是钣金成形特征，成形特征也称之为印贴特征。例如，图 9.10.1a 所示的实体零件为成形冲模，该冲模中的凸起形状可以印贴在一个钣金件上而产生成形特征。

a）创建前　　　　　　　　　　　　　　　　　　　　　　b）创建后

图 9.10.1　钣金成形特征

9.10.2 以现有模具方式创建成形特征

CATIA 的"钣金设计"工作台为用户提供了多种模具来创建成形特征，如曲面冲压、圆缘槽冲压、曲线冲压、凸缘开口、散热孔冲压、桥形冲压、凸缘孔冲压、环状冲压、加强筋的冲压和销子冲压。下面将分别对这些命令进行讲解。

1. 曲面冲压

步骤 01 打开模型文件 D:\catia2014\work\ch09.10.02\Surface_Stamp.CATPart，如图 9.10.2a 所示。

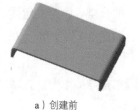 

a）创建前　　　　　　　　　　　　　　　　　　　　　　b）创建后

图 9.10.2　曲面冲压

步骤 02 选择命令。选择下拉菜单 插入 ➡ Stamping ▶ ➡ Surface Stamp... 命令，系统弹出图 9.10.3 所示的"Surface Stamp Definition"对话框。

图 9.10.3 所示"Surface Stamp Definition"对话框中的部分选项说明如下。

◆ Definition Type：区域：用于定义曲面冲压的类型，其包括 Parameters choice：下拉列表和 Half pierce 复选框。

● Parameters choice：下拉列表：用于选择限制曲面冲压的参数类型，其包括

Angle 选项、 Punch & Die 选项和 Two profiles 选项。 Angle 选项：用于使用角度

和深度限制冲压曲面。 Punch & Die 选项：用于使用高度限制冲压曲面。

Two profiles 选项：用于使用两个截面草图限制冲压曲面。

- Half pierce 复选框：用于设置使用半穿刺方式创建冲压曲面，如图 9.10.4
  所示。

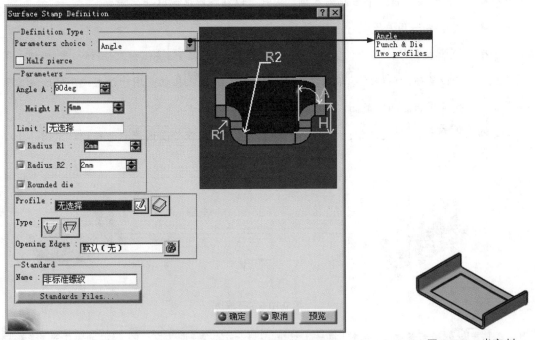

图 9.10.3 "Surface Stamp Definition" 对话框   图 9.10.4 半穿刺

◆ Parameters 区域：用于设置限制冲压曲面的相关参数，其包括 Angle A：文本框、 Height H：文

本框、 Limit：文本框、 Radius R1：复选框、 Radius R2：复选框和 Rounded die 复选框。

- Angle A：文本框：用于定义冲压后竖直内边与草图平面间的夹角值。

- Height H：文本框：用于定义冲压深度值。

- Limit：文本框：单击此文本框，用户可以在绘图区选取一个平面限制冲压深度。

- Radius R1：复选框：用于设置创建圆角 R1，用户可以在其后的文本框中
  定义圆角 R1 的值。

- Radius R2：复选框：用于设置创建圆角 R2，用户可以在其后的文本框中
  定义圆角 R2 的值。

- Rounded die 复选框：用于设置自动创建过渡圆角，如图 9.10.5 所示。

a）创建前　　　　　　　　　　　　　　　　　　　　　b）创建后

图 9.10.5　过渡圆角

◆ Profile: 文本框：单击此文本框，用户可以在绘图区选取冲压轮廓。

◆ 按钮：用户绘制冲压轮廓。

◆ Type: 按钮组：用于设置冲压轮廓的类型，其包括 按钮和 按钮。 按钮：用于设置使用所绘轮廓限制冲压曲面的上截面。 按钮：用于设置使用所绘轮廓限制冲压曲面的下截面。

◆ Opening Edges : 文本框：单击此文本框，用户可以在绘图区选取开放边，如图 9.10.6 所示。

a）创建前　　　　　　　　　　　　　　　　　　　　　b）创建后

图 9.10.6　开放边

步骤 03　设置参数。在对话框 Definition Type : 区域的 Parameters choice : 下拉列表中选择 Angle 选项；在 Parameters 区域的 Angle A : 文本框中输入数值 90，在 Height H : 文本框中输入数值 4，选中 Radius R1 : 复选框和 Radius R2 : 复选框，并分别在其后的文本框中输入数值 2，选中 Rounded die 复选框。

步骤 04　绘制冲压曲面的轮廓。在对话框中单击 按钮，选取图 9.10.7 所示的模型表面为草图平面，然后绘制图 9.10.8 所示的截面草图，单击 按钮退出草图环境。

图 9.10.7　定义草图平面　　　　　　　　　　　　　图 9.10.8　截面草图

步骤 05　单击 确定 按钮，完成曲面冲压的创建，如图 9.10.2b 所示。

使用 `Punch & Die` 和 `Two profiles` 类型创建冲压曲面的草图与使用 `Angle` 类型创建冲压曲面有所不同。

◆ 使用 `Punch & Die` 类型创建冲压曲面时其草图一般为相似的两个轮廓，如图 9.10.9 所示。

a）轮廓草图

b）创建后

图 9.10.9　Punch & Die

◆ 使用 `Two profiles` 类型创建冲压曲面时其草图一般为分布在两个不同的平行草图平面上的两个轮廓，同时添加图 9.10.10a 所示的耦合点，结果如图 9.10.10b 所示。

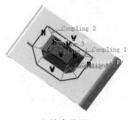

a）轮廓草图

b）创建后

图 9.10.10　Two profiles

2. 圆缘槽冲压

步骤 **01** 打开模型文件 D:\catia2014\work\ch09.10.02\Bead.CATPart，如图 9.10.11a 所示。

a）创建前

b）创建后

图 9.10.11　圆缘槽冲压

步骤 **02** 选择命令。选择下拉菜单 插入 ━━▶ Stamping ▶ ━━▶ Bead... 命令，系统弹出图 9.10.12 所示的"Bend Definition"对话框。

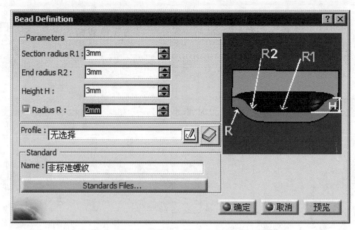

图 9.10.12　"Bead Definition" 对话框

图 9.10.12 所示 "Bead Definition" 对话框中的部分选项说明如下。

◆ Parameters 区域：用于定义圆缘槽的相关参数，其包括 Section radius R1：文本框、End radius R2：文本框、Height H：文本框和 Radius R：复选框。

● Section radius R1：文本框：用于定义 R1 的半径值。

● End radius R2：文本框：用于定义 R2 的半径值。

● Height H：文本框：用于定义圆缘槽的深度值。

● Radius R：复选框：用于设置创建圆角 R，用户可以在其后的文本框中定义 R 的半径值。

◆ Profile：文本框：单击此文本框，用户可以在绘图区选取圆缘槽的轮廓。

◆ 按钮：用于创建圆缘槽的截面草图。

步骤 03 设置参数。在对话框 Parameters 区域的 Section radius R1：文本框中输入数值 3，在 End radius R2：文本框中输入数值 3，在 Height H：文本框中输入数值 3，选中 Radius R：复选框，并在其后的文本框中输入数值 2。

步骤 04 绘制圆缘槽冲压的轮廓。在对话框中单击 按钮，选取图 9.10.13 所示的模型表面为草图平面，然后绘制图 9.10.14 所示的截面草图，单击 按钮退出草图环境。

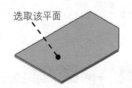

图 9.10.13　定义草图平面

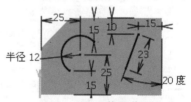

图 9.10.14　截面草图

步骤 05 单击 确定 按钮，完成圆缘槽冲压的创建，如图 9.10.11b 所示。

3. 曲线冲压

步骤 01 打开模型文件 D:\catia2014\work\ch09.10.02\Curve_Stamp.CATPart，如图 9.10.15a 所示。

a）创建前 b）创建后

图 9.10.15 曲线冲压

步骤 02 选择命令。选择下拉菜单 插入 ➡ Stamping ▶ ➡ ⌃ Curve Stamp... 命令，系统弹出图 9.10.16 所示的"Curve stamp definition"对话框。

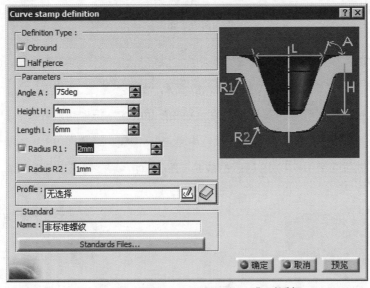

图 9.10.16 "Curve stamp definition"对话框

图 9.10.16 所示"Curve stamp definition"对话框中的部分选项说明如下。

◆ Definition Type ：区域：用于设置曲线冲压的创建类型，其包括 Obround 复选框和 Half pierce 复选框。

● Obround 复选框：用于在冲压曲线草图的末端创建圆弧，如图 9.10.17 所示。

● Half pierce 复选框：用于设置使用半穿刺方式创建冲压。

◆ Parameters 区域：用于设置曲线冲压的相关参数，其包括 Angle A ：文本框、Height H ：文本框、Length L ：文本框、Radius R1 ：复选框和 Radius R2 ：复选框。

● Angle A ：文本框：用于定义 A 的角度值。

- **Height H:**文本框：用于定义冲压的深度。
- **Length L:**文本框：用于定义冲压口的截面长度 L 值。
- **☐ Radius R1:**复选框：用于设置创建圆角 R1，用户可以在其后的文本框中定义圆角 R1 的值。
- **☐ Radius R2:**复选框：用于设置创建圆角 R2，用户可以在其后的文本框中定义圆角 R2 的值。

a）未选中"Obround"复选项　　　　　　　　　　　　　　　　　　　b）选中"Obround"复选项

图 9.10.17　圆弧

步骤 03 设置参数。在对话框的 **Definition Type:** 区域中选中 **☐ Obround** 复选框，在 **Angle A:** 文本框中输入数值 75，在 **Height H:** 文本框中输入数值 4，在 **Length L:** 文本框中输入数值 6；选中 **☐ Radius R1:** 复选框和 **☐ Radius R2:** 复选框，并分别在其后的文本框中输入数值 2 和 1。

步骤 04 绘制曲线冲压的轮廓。在对话框中单击 ✍ 按钮，选取图 9.10.18 所示的模型表面为草图平面，然后绘制图 9.10.19 所示的截面草图，单击 ⤴ 按钮退出草图环境。

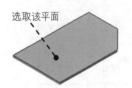

图 9.10.18　定义草图平面

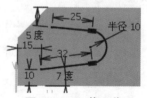

图 9.10.19　截面草图

步骤 05 单击 ● **确定** 按钮，完成曲线冲压的创建，如图 9.10.15b 所示。

4．凸缘开口

步骤 01 打开模型文件 D:\catia2014\work\ch09.10.02\Flanged_cutout.CATPart，如图 9.10.20a 所示。

步骤 02 选择命令。选择下拉菜单 **插入** ➡ **Stamping ▶** ➡ **✍ Flanged Cut Out...** 命令，系统弹出图 9.10.21 所示的"Flanged cutout Definition"对话框。

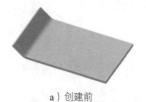

a）创建前

图 9.10.20 凸缘开口

b）创建后

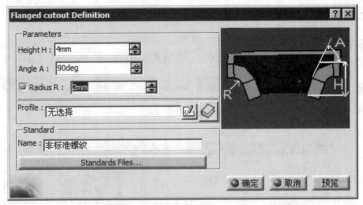

图 9.10.21 "Flanged cutout Definition" 对话框

图 9.10.21 所示 "Flanged cutout Definition" 对话框中的部分选项说明如下。

◆ Parameters 区域：用于设置凸缘开口的相关参数，其包括 Height H : 文本框、Angle A : 文本框、Length L : 文本框和 Radius R : 复选框。

● Height H : 文本框：用于定义冲压的深度。

● Angle A : 文本框：用于定义 A 的角度值。

● Length L : 文本框：用于定义冲压口的截面长度 L 值。

● Radius R : 复选框：用于设置创建圆角 R，用户可以在其后的文本框中定义圆角 R 的值。

步骤 03 设置参数。在对话框 Parameters 区域的 Height H : 文本框中输入数值 4，在 Angle A : 文本框中输入数值 90，选中 Radius R : 复选框，并在其后的文本框中输入数值 2。

步骤 04 绘制凸缘开口的轮廓。在对话框中单击 按钮，选取图 9.10.22 所示的模型表面为草图平面，然后绘制图 9.10.23 所示的截面草图，单击 按钮退出草图环境。

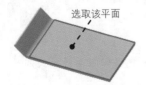

图 9.10.22 定义草图平面

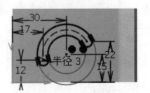

图 9.10.23 截面草图

步骤 05 单击 ● 确定 按钮，完成凸缘开口的创建，如图 9.10.20b 所示。

5. 散热孔冲压

步骤 01 打开模型文件 D:\catia2014\work\ch09.10.02\Louver.CATPart，如图 9.10.24a 所示。

a）创建前　　　　　　　　　　　　　　　　　b）创建后

图 9.10.24　散热孔冲压

步骤 02 选择命令。选择下拉菜单 插入 ➡ Stamping ▶ ➡ 🔊 Louver... 命令，系统弹出图 9.10.25 所示的"Louver Definition"对话框。

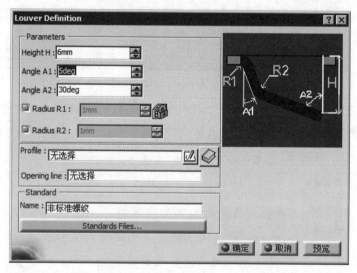

图 9.10.25　"Louver Definition"对话框

图 9.10.25 所示"Louver Definition"对话框中的部分选项说明如下。

◆ **Parameters** 区域：用于设置散热孔的相关参数，其包括 **Height H:** 文本框、**Angle A1:** 文本框、**Angle A2:** 文本框、**☐ Radius R1:** 复选框和 **☐ Radius R2:** 复选框。

- **Height H:** 文本框：用于定义冲压的深度。
- **Angle A1:** 文本框：用于定义 A1 的角度值。
- **Angle A2:** 文本框：用于定义 A2 的角度值。
- **☐ Radius R1:** 复选框：用于设置创建圆角 R1，用户可以在其后的文本框中定义圆角 R1 的值。

- ☑ Radius R2：复选框：用于设置创建圆角 R2，用户可以在其后的文本框中定义圆角 R2 的值。

◆ Opening line：文本框：单击此文本框，用户可以在绘图区选取开放边。

步骤 03 设置参数。在 Parameters 区域的 Height H：文本框中输入数值 6，在 Angle A1：文本框中输入数值 5，在 Angle A2：文本框中输入数值 30，选中 ☑ Radius R1：复选框和 ☑ Radius R2：复选框，并分别在其后的文本框中输入数值 2。

步骤 04 绘制散热孔冲压的轮廓。在对话框中单击 ☑ 按钮，选取图 9.10.26 所示的模型表面为草图平面，然后绘制图 9.10.27 所示的截面草图，单击 ⬆ 按钮退出草图环境。

步骤 05 定义开放边。选取图 9.10.28 所示的边为开放边。

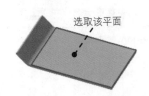

图 9.10.26 定义草图平面

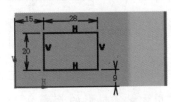

图 9.10.27 截面草图

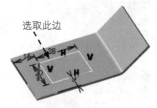

图 9.10.28 定义开放边

步骤 06 单击 ● 确定 按钮，完成散热孔的创建，如图 9.10.24b 所示。

6. 桥形冲压

步骤 01 打开模型文件 D:\catia2014\work\ch09.10.02\Bridge.CATPart，如图 9.10.29a 所示。

a）创建前

图 9.10.29 桥形冲压

b）创建后

步骤 02 选择命令。选择下拉菜单 插入 ➡ Stamping ▶ ➡ Bridge...命令。

步骤 03 定义放置面。选取图 9.10.30 所示的模型表面为放置面，系统弹出图 9.10.31 所示的 "Bridge Definition" 对话框。

图 9.10.31 所示 "Bridge Definition" 对话框中的部分选项说明如下。

◆ Parameters 区域：用于设置桥形冲压的相关参数，其包括 Height H：文本框、Length L：文本框、Width W：文本框、Angle A：文本框、Radius R1：文本框和 Radius R2：文本框。

- Height H：文本框：用于定义冲压的深度。

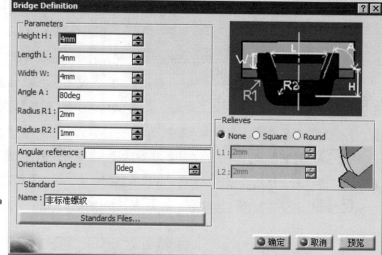

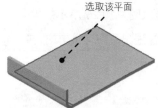

图 9.10.30　定义放置面　　　　　　　图 9.10.31　"Bridge Definition" 对话框

- Length L : 文本框：用于定义桥形的长度 L 值。
- Width W : 文本框：用于定义桥形的长度 W 值。
- Angle A : 文本框：用于定义桥形的角度 A 值。
- Radius R1 : 文本框：用于定义圆角 R1 的值。
- Radius R2 : 文本框：用于定义圆角 R2 的值。

◆ Angular reference : 文本框：单击此文本框，用户可以在绘图区选取桥形冲压的方向参考直线。

◆ Orientation Angle : 文本框：用于定义桥形冲压的方向角度值。

◆ Relieves 区域：用于设置止裂槽的相关参数，其包括 ● None 单选项、● Square 单选项、● Round 单选项、L1 : 文本框和 L2 : 文本框。

- ● None 单选项：用于设置无止裂槽。
- ● Square 单选项：用户设置使用方形止裂槽。当选中此单选项时，其下的 L1 : 文本框和 L2 : 文本框被激活。
- ● Round 单选项：用于设置使用圆形止裂槽。当选中此单选项时，其下的 L1 : 文本框和 L2 : 文本框被激活。
- L1 : 文本框：用于设置止裂槽的长度值。
- L2 : 文本框：用于设置止裂槽的宽度值。

步骤 04　设置参数。在对话框 Parameters 区域的 Height H : 文本框中输入数值 10，在 Length L : 文本框中输入数值 30，在 Width W : 文本框中输入数值 15，在 Angle A : 文本框中输入数值 80，在

Radius R1: 文本框中输入数值 2，在 Radius R2: 文本框中输入数值 1。

步骤 **05** 单击 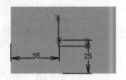 确定 按钮，完成桥形冲压的创建。

步骤 **06** 编辑桥形冲压的位置。在特征树的 🚃 桥接.1 节点下双击草图进入草图环境，添加图 9.10.32 所示的尺寸；单击 📤 按钮退出草图环境。

图 9.10.32 截面草图

说明 创建桥形冲压与前面所述的创建冲压命令不同，它在创建过程中不能对其位置进行编辑，需创建完控制后再进入草图环境对桥形冲压的位置进行定义。

7. 凸缘孔冲压

步骤 **01** 打开模型文件 D:\catia2014\work\ch09.10.02\Flanged_Hole.CATPart，如图 9.10.33a 所示。

步骤 **02** 选择命令。选择下拉菜单 插入 ➡ Stamping ▶ ➡ 🚃 Flanged Hole... 命令。

步骤 **03** 定义放置面。选取图 9.10.34 所示的模型表面为放置面，系统弹出图 9.10.35 所示的 "Flanged Hole Definition" 对话框。

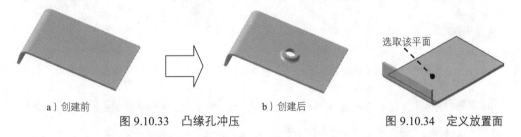

a）创建前   b）创建后

图 9.10.33 凸缘孔冲压   图 9.10.34 定义放置面

图 9.10.35 所示 "Flanged Hole Definition" 对话框中的部分选项说明如下。

◆ Definition Type: 区域：用于定义创建凸缘孔的类型，其包括 Parameters choice: 下拉列表、● Without cone 单选项和 ● With cone 单选项。

● Parameters choice: 下拉列表：用于定义创建凸缘孔的限制参数类型，其包括 Major Diameter 选项、 Minor Diameter 选项、 Two diameters 选项和 Punch & Die 选项。 Major Diameter 选项：用于使用最大半径为限制参数。 Minor Diameter 选项：用于使用最小半径为限制参数。 Two diameters 选项：用于使用两端半径为限制参数。 Punch & Die 选项：用于使用中间半径和最小半径为限制参数。

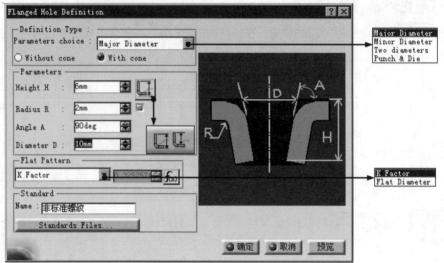

图 9.10.35 "Flanged Hole Definition" 对话框

- Without cone 单选项：用于设置不在凸缘孔末端创建圆锥，如图 9.10.36 所示。

- With cone 单选项：用于设置在凸缘孔末端创建圆锥，如图 9.10.37 所示。

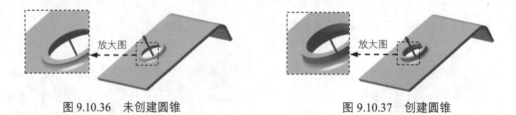

图 9.10.36 未创建圆锥　　　　　　　　　　图 9.10.37 创建圆锥

◆ Parameters 区域：用于设置凸缘孔冲压的相关参数，其包括 Height H :文本框、Radius R : 文本框、Angle A :文本框、Diameter D :文本框和 下拉列表。

- Height H :文本框：用于定义冲压的深度。

- Radius R :文本框：用于定义冲压的半径 R 值。当选中其后的复选框时，此 文本框可用。

- Angle A :文本框：用于定义凸缘孔的角度 A 值。

- Diameter D :文本框：用于定义冲压的直径 D 值。

- 下拉列表：用于定义创建凸缘孔限制长度的类型，其包括 选项和 选项。

◆ Flat Pattern 区域：用于设置折弯的相关参数，其包括 K Factor ▼ 下拉列表、一个文本框和 f(x) 按钮。

● K Factor ▼ 下拉列表：用于设置限制凸缘折弯的参数类型，其包括 K Factor 选项和 Flat Diameter 选项。 K Factor 选项：使用折弯系数限制折弯。 Flat Diameter 选项：平面直径限制折弯。用户可以在其后的文本框中指定折弯限制值。

● f(x) 按钮：用于打开允许更改驱动方程的对话框。

步骤 04 设置参数。在对话框 Parameters 区域的 Height H: 文本框中输入数值 6，选中 Radius R : 后的复选框，并在 Radius R : 文本框中输入数值 2，在 Angle A: 文本框中输入数值 90，在 Diameter D: 文本框中输入数值 10，在 Flat Pattern 区域的 K Factor ▼ 下拉列表中选择 K Factor 选项。

步骤 05 单击 ● 确定 按钮，完成凸缘孔冲压的创建。

步骤 06 编辑凸缘孔冲压的位置。在特征树的 🔩 凸缘孔.1 节点下双击草图进入草图环境，添加图 9.10.38 所示的尺寸；单击 🖆 按钮退出草图环境。

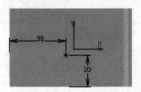

图 9.10.38 截面草图

8. 环状冲压

步骤 01 打开模型文件 D:\catia2014\work\ch09.10.02\Circular_Stamp.CATPart，如图 9.10.39a 所示。

步骤 02 选择命令。选择下拉菜单 插入 ➡ Stamping ▶ ➡ 🔩 Circular Stamp... 命令。

步骤 03 定义放置面。选取图 9.10.40 所示的模型表面为放置面，系统弹出图 9.10.41 所示的"Circular Stamp Definition"对话框。

a）创建前　　　　　　　　b）创建后　　　　　　　　　选取该平面

图 9.10.39 环状冲压　　　　　　　　　　图 9.10.40 定义放置面

图 9.10.41 所示"Circular Stamp Definition"对话框中的部分选项说明如下。

◆ Definition Type: 区域：用于定义创建环状冲压的类型，其包括 Parameters choice: 下拉列表和 ☐ Half-pierce 复选框。

● Parameters choice:下拉列表：用于定义创建环状冲压的限制参数类型，其包括 Major Diameter 选项、Minor Diameter 选项、Two diameters 选项和 Punch & Die 选项。 Major Diameter 选项：用于使用最大半径为限制参数。 Minor Diameter 选项：用于使用最小半径为限制参数。 Two diameters 选项：用于使用两端半径为限制参数。 Punch & Die 选项：用于使用中间半径和最小半径为限制参数。

● ☐ Half-pierce 复选框：用于设置使用半穿刺方式创建环状冲压。

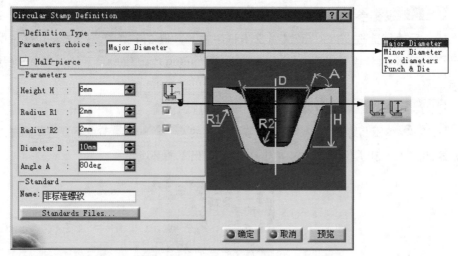

图 9.10.41 "Circular Stamp Definition" 对话框

◆ Parameters 区域：用于设置环状冲压的相关参数，其包括 Height H:文本框、Radius R1:文本框、Radius R2:文本框、Diameter D:文本框、Angle A:文本框和 下拉列表。

● Height H:文本框：用于定义冲压的深度。

● Radius R1:文本框：用于定义圆角 R1 的值。当选中其后的复选框时，此文本框可用。

● Radius R2:文本框：用于定义圆角 R2 的值。当选中其后的复选框时，此文本框可用。

● Diameter D:文本框：用于定义冲压的直径 D 值。

● Angle A:文本框：用于定义环状冲压的角度 A 值。

● 下拉列表：用于定义创建环状冲压限制长度的类型，其包括 选项和 选项。

步骤 04 设置参数。在对话框 Parameters 区域的 Height H:文本框中输入数值 6，选中 Radius R1:后的复选框，并在 Radius R1:文本框中输入数值 2，选中 Radius R2:后的复选框，并在 Radius R2:文本框中输入数值 2，在 Diameter D:文本框中输入数值 10，在 Angle A:文本框中输入数值 80。

步骤 05 单击 ● **确定** 按钮，完成环状冲压的创建。

步骤 06 编辑环状冲压的位置。在特征树的 ⬢ **环状冲压.1** 节点下双击草图进入草图环境，添加图 9.10.42 所示的尺寸；单击 ⬆ 按钮，退出草图环境。

9. 加强筋冲压

步骤 01 打开模型文件 D:\catia2014\work\ch09.10.02\Stiffening_Rib.CATPart，如图 9.10.43a 所示。

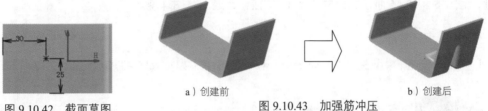

图 9.10.42 截面草图 a）创建前 图 9.10.43 加强筋冲压 b）创建后

步骤 02 选择命令。选择下拉菜单 **插入** ➡ **Stamping ▶** ➡ **Stiffening Rib...** 命令。

步骤 03 定义附着面。选取图 9.10.44 所示的模型表面为附着面，系统弹出图 9.10.45 所示的 "Stiffening Rib Definition" 对话框。

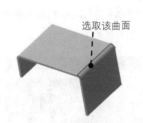

选取该曲面

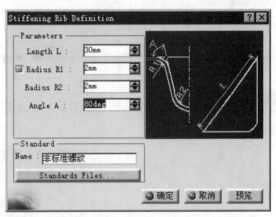

图 9.10.44 定义附着面 图 9.10.45 "Stiffening Rib Definition" 对话框

图 9.10.45 所示 "Stiffening Rib Definition" 对话框中的部分选项说明如下。

◆ **Parameters** 区域：用于设置加强筋冲压的相关参数，其包括 **Length L:** 文本框、**☑ Radius R1:** 复选框、**Radius R2:** 文本框和 **Angle A:** 文本框。

● **Length L:** 文本框：用于定义加强筋长度 L 的值。

● **☑ Radius R1:** 复选框：用于设置创建加强筋圆角 R1。用户可以在其后的文本框中指定圆角 R1 的值。

● Radius R2:文本框：用于定义加强筋圆角 R2 的值。

● Angle A:文本框：用于定义加强筋角度 A 的值。

步骤 04 设置参数。在对话框 Parameters 区域的 Length L:文本框中输入数值 30，选中 ☐ Radius R1:复选框，并在其后的文本框中输入数值 2，在 Radius R2:文本框中输入数值 2，在 Angle A:文本框中输入数值 80。

步骤 05 单击 ● 确定 按钮，完成加强筋冲压的创建。

步骤 06 编辑加强筋冲压的位置。在 加强肋.1 节点的 草图.2 上双击进入草图环境，添加图 9.10.46 所示的尺寸；单击 按钮，退出草图环境。

10. 销子冲压

步骤 01 打开模型文件 D:\catia2014\work\ch09.10.02\Dowel.CATPart，如图 9.10.47a 所示。

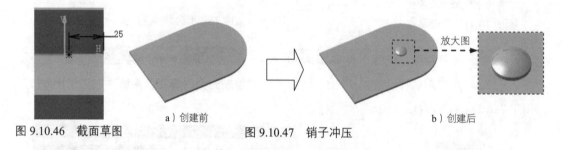

图 9.10.46 截面草图   a）创建前   图 9.10.47 销子冲压   b）创建后

步骤 02 选择命令。选择下拉菜单 插入 ➡ Stamping ▶ ➡ Dowel... 命令。

步骤 03 定义附着面。在"视图"工具栏的 下拉列表中选择 选项，然后在绘图区选取图 9.10.48 所示的模型表面为附着面，系统弹出图 9.10.49 所示的"Dowel Definition"对话框。

图 9.10.48 定义附着面

图 9.10.49 "Dowel Definition"对话框

图 9.10.49 所示"Dowel Definition"对话框中的部分选项说明如下。

◆ Diameter D:文本框：用于定义销子的直径值。

◆ Positioning Sketch: 按钮：用于编辑销子的位置。单击此按钮，进入草图环境。

步骤 04 定义销子直径。在对话框 Parameters 区域的 Diameter D: 文本框中输入数值 4。

步骤 05 定义销子位置。单击 按钮，进入草图环境。添加图 9.10.50 所示的"同心"几何约束；单击 按钮，退出草图环境。

步骤 06 单击 确定 按钮，完成销子冲压的创建。

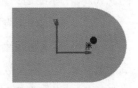

图 9.10.50　截面草图

9.10.3　以自定义方式创建成形特征

钣金设计工作台为用户提供了多种模具来创建成形特征，同时也为用户提供了能自定义模具的命令，用户可以通过这个命令创建自定义的模具来完成特殊的成形特征。下面对其进行介绍。

步骤 01 新建一个钣金件模型，将其命名为 User-Defined_Stamp。

步骤 02 设置钣金参数。选择下拉菜单 插入 ➡ Sheet Metal Parameters... 命令，系统弹出"Sheet Metal Parameters"对话框。在 Thickness: 文本框中输入数值 2，在 Default Bend Radius: 文本框中输入数值 4；单击 Bend Extremities 选项卡，然后在 Minimum with no relief ▼ 下拉列表中选择 Minimum with no relief 选项。单击 确定 按钮，完成钣金参数的设置。

步骤 03 创建图 9.10.51 所示的平整钣金壁。

（1）选择命令。选择下拉菜单 插入 ➡ Walls ▶ ➡ Wall... 命令，系统弹出"Wall Definition"对话框。

（2）定义截面草图平面。在对话框中单击 按钮，在特征树中选取 xy 平面为草图平面。

（3）绘制截面草图。绘制图 9.10.52 所示的截面草图。

图 9.10.51　平整钣金壁

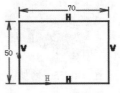

图 9.10.52　截面草图

（4）在"工作台"工具栏中单击 按钮退出草图环境。

（5）单击 确定 按钮，完成平整钣金壁的创建。

步骤 04 创建图 9.10.53 所示的附加钣金壁 1。

（1）选择命令。选择下拉菜单 插入 ➡ Walls ▶ ➡ Wall On Edge... 命令，系统弹出"Wall On Edge Definition"对话框。

（2）定义附着边。在"视图"工具栏的 ⬚ 下拉列表中选择 ⬚ 选项，然后在绘图区选取图 9.10.54 所示的边为附着边。

（3）设置创建折弯的类型。在对话框的 Type: 下拉列表中选择 Automatic 选项。

（4）设置平整钣金壁的高度和折弯参数。在 Height: ▼ 下拉列表中选择 Height: 选项，并在其后的文本框中输入数值 30；在 Angle ▼ 下拉列表中选择 Angle 选项，并在其后的文本框中输入数值 90；在 Clearance mode: 下拉列表中选择 🔲 No Clearance 选项。

（5）设置折弯圆弧。在对话框中选中 ☐ With Bend 复选框。

图 9.10.53　附加钣金壁 1

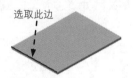

选取此边

图 9.10.54　定义附着边

（6）单击 ● 确定 按钮，完成附加钣金壁 1 的创建。

步骤 05 创建图 9.10.55 所示的附加钣金壁 2。选择下拉菜单 插入 ➡ Walls ➡ 🗔 Wall On Edge... 命令；选取图 9.10.56 所示的边为附着边；在对话框的 Type: 下拉列表中选择 Automatic 选项；在 Height: ▼ 下拉列表中选择 Height: 选项，并在其后的文本框中输入数值 20；在 Angle ▼ 下拉列表中选择 Angle 选项，并在其后的文本框中输入数值 90；在 Clearance mode: 下拉列表中选择 🔲 No Clearance 选项；单击 Extremities 选项卡，然后在 Left offset: 文本框中输入数值 -15，在 Right offset: 文本框中输入数值 -15，选中 ☐ With Bend 复选框；单击 🔧 按钮，在 🔧 下拉列表中选择"Mini_With_Round_Relief"选项 🔧；单击 Right Extremity 选项卡，在 🔧 下拉列表中选择"Mini_With_Round_Relief"选项 🔧；单击 ● 确定 按钮，完成附加钣金壁 2 的创建。

图 9.10.55　附加钣金壁 2

选取此边

图 9.10.56　定义附着边

步骤 06 创建图 9.10.57 所示的冲压模具。

（1）创建几何体。选择下拉菜单 插入 ➡ 🌼 几何体 命令，创建几何体。

（2）切换工作台。选择下拉菜单 开始 ➡ ▶ 机械设计 ▶ ➡ ⚙ 零件设计 命令切换至"零件设计"工作台。

（3）创建图 9.10.58 所示的拉伸特征。

① 选择命令。选择下拉菜单 插入 ➡ 基于草图的特征 ▶ ➡ 🗗 凸台... 命令，系

统弹出"定义凸台"对话框。

图 9.10.57 冲压模具

图 9.10.58 拉伸特征

② 绘制截面草图。在"定义凸台"对话框中单击 ▨ 按钮，选取 yz 平面为草图平面，并绘制图 9.10.59 所示的截面草图，单击 ⛃ 按钮，退出草图环境。

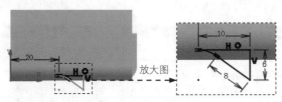

图 9.10.59 截面草图

③ 定义拉伸距离。在 第一限制 区域的 类型: 下拉列表中选取 直到平面 选项，在 限制: 文本框中右击，在弹出的快捷菜单中选择 创建平面 命令，系统弹出"平面定义"对话框，选取 yz 平面为参考元素，在 偏移: 文本框中输入数值 15，如图 9.10.60 所示的方向，单击 ● 确定 按钮，完成平面的创建；单击 更多>> 按钮，在 第二限制 区域的 类型: 下拉列表中选择 直到平面 选项，在 限制: 文本框中右击，在弹出的快捷菜单中选择 创建平面 命令，系统弹出"平面定义"对话框，选取 yz 平面为参考元素，在 偏移: 文本框中输入数值 50，如图 9.10.61 所示的方向，单击 ● 确定 按钮，完成平面的创建。

④ 单击 ● 确定 按钮，完成拉伸特征的创建。

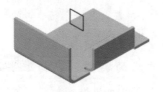

图 9.10.60 定义方向

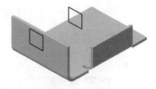

图 9.10.61 定义方向

步骤 07 创建图 9.10.62 所示的用户冲压。

（1）切换工作台。选择下拉菜单 开始 ➡ ▶ 机械设计 ▶ ➡ Generative Sheetmetal Design 命令，切换至"钣金设计"工作台。

（2）定义工作对象。在 🔩 零件几何体 上右击，然后在弹出的快捷菜单中选择

定义工作对象 命令。

（3）选择命令。选择下拉菜单 插入 ➡ Stamping ▶ ➡ User Stamp... 命令，系统弹出图 9.10.64 所示的"User-Defined Stamp Definition"对话框。

（4）定义附着面。在绘图区选取图 9.10.63 所示的模型表面为附着面。

图 9.10.62　用户冲压

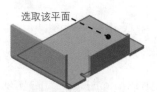

图 9.10.63　定义附着面

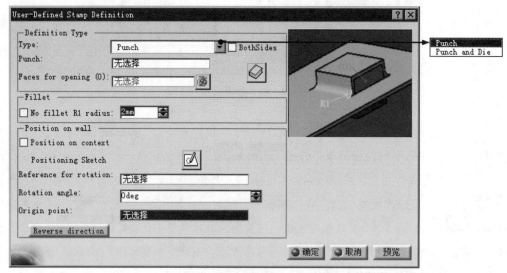

图 9.10.64　"User-Defined Stamp Definition" 对话框

图 9.10.64 所示"User-Defined Stamp Definition"对话框中的部分选项说明如下。

◆ Definition Type：区域：该区域用于设置冲压的类型、冲压模及开放面，包含 Type: 下拉列表、□ BothSides 复选框、Punch: 文本框和 Faces for opening (O): 文本框。

● Type: 下拉列表：用于设置创建用户冲压的类型，包括 Punch 选项和 Punch & Die 选项。当选择 Punch 选项时，只使用冲头进行冲压，在冲压时可创建开放面；当选择 Punch & Die 选项时，同时使用冲头和冲模进行冲压，不可选择开放面。

● □ BothSides 复选框：当选中该复选框时，使用双向冲压；当取消选中该复选框时，使用单向冲压。

◆ Punch: 文本框：单击此文本框，用户可以在绘图区选取冲头。

◆ Faces for opening (O): 文本框：单击此文本框，用户在绘图区选取开方面。

◆ 🔷按钮：用于打开"Catalog Browse"对话框，用户可以通过此对话框插入标准件。

◆ Fillet 区域：用于设置圆角的相关参数，其包括 ☐ No fillet 复选框和 R1 radius: 文本框。

● ☐ No fillet 复选框：用于设置是否创建圆角。当选中此复选框时不创建圆角，如图 9.10.65 所示；反之，则创建圆角，如图 9.10.66 所示。

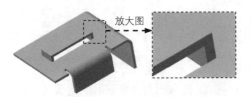

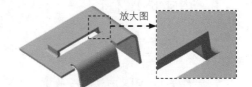

图 9.10.65　不创建圆角　　　　　　　　　　图 9.10.66　创建圆角

● R1 radius: 文本框：用于定义创建圆角的半径值。

◆ Position on wall 区域：用于设置冲压的位置参数，其包括 Reference for rotation: 文本框、Rotation angle: 文本框、Origin point: 文本框、☐ Position on context 复选框和 **Reverse direction** 按钮。

● Reference for rotation: 文本框：单击此文本框，用户可以在绘图区选取一个参考旋转的草图。一般系统会自动创建一个由一个点构成的草图为默认草图。

● Rotation angle: 文本框：用于设置旋转角度值。

● Origin point: 文本框：单击此文本框，用户可以在绘图区选取一个旋转参考点。

● ☐ Position on context 复选框：用于设置冲头在最初创建的位置。当选中此复选框时，Position on wall 区域的其他参数均不可用。

● **Reverse direction** 按钮：用于设置冲压的方向。

（5）定义冲压类型。在 Type: 下拉列表中选择 Punch 选项。

（6）定义冲压模具。在特征树中选取 🔷几何体.2 为冲压模具。

（7）定义圆角参数。在 Fillet 区域选中 ☐ No fillet 复选框。

（8）定义冲压模具的位置。在 Position on wall 区域选中 ☐ Position on context 复选框。

（9）定义开放面。选取图 9.10.67 所示的三个面为开方面。

（10）单击 🔘 确定 按钮，完成用户冲压的创建。

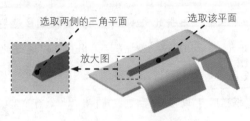

图 9.10.67 定义开放面

9.11 钣金的工程图

9.11.1 钣金工程图概述

钣金工程图的创建方法与一般零件工程图的创建方法基本相同，所不同的是钣金件的工程图需要创建展开视图。

9.11.2 钣金工程图创建范例

图 9.11.1 所示的是一个钣金件的工程图，下面介绍其创建方法。

任务 **01** 工程图环境的设置

步骤 **01** 复制配置文件。将随书光盘 drafting 文件夹中的 GB.XML 文件复制到 C:\Program Files\Dassault Systemes\B21\intel_a\resources\standard\drafting 文件夹中。

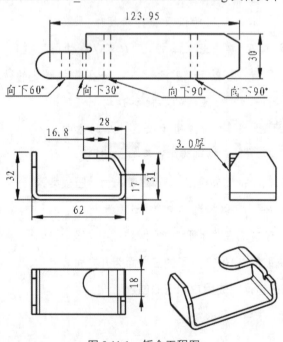

图 9.11.1 钣金工程图

如果 CATIA 软件不是安装在 C:\Program Files 目录中，则需要根据用户的安装目录，找到相应的文件夹。

步骤 02 选择下拉菜单 **工具** ➡ **选项...** 命令，系统弹出"选项"对话框。

步骤 03 设置制图标准（图 9.11.2）。

（1）在"选项"对话框中的左侧选择 **兼容性** 选项。

（2）连续单击对话框右上角的 ▶ 按钮，直至出现 **IGES 2D** 选项卡并单击该选项卡。

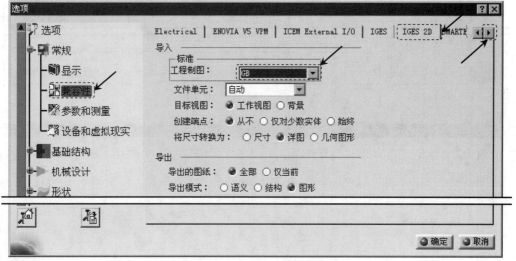

图 9.11.2 "IGES 2D"选项卡

（3）在 **工程制图:** 下拉列表中选择 **GB** 选项作为制图标准。

步骤 04 设置图形生成。

（1）在"选项"对话框中的左侧依次选取 **机械设计** ➡ **工程制图** 选项，选择 **视图** 选项卡。

（2）在 **视图** 选项卡的 **生成/修饰几何图形** 区域中选中 **生成轴**、**生成中心线**、**生成圆角**、**应用 3D 规格** 复选框（图 9.11.3）。

步骤 05 设置尺寸生成。

（1）在"选项"对话框中选择 **生成** 选项卡。

（2）在 **生成** 选项卡的 **尺寸生成** 区域中选中 **在生成前过滤** 和 **生成后分析** 复选框（图 9.11.4）。

步骤 06 单击 **确定** 按钮，完成工程图环境的设置。

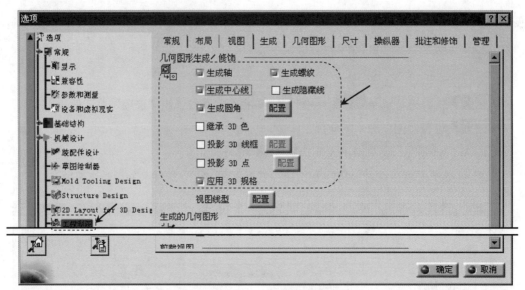

图 9.11.3　"视图"选项卡

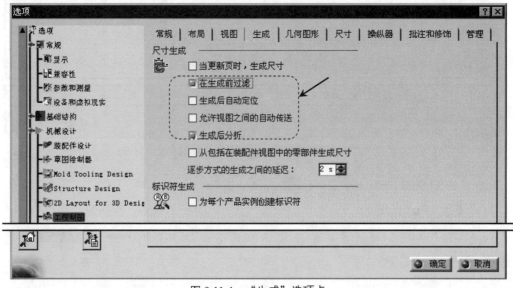

图 9.11.4　"生成"选项卡

任务 02 创建工程图

步骤 01 打开模型文件 D:\catia2014\work\ch09.11\SM_EXTRUDE_RELIEF.CAT Part，如图 9.11.5 所示。

步骤 02 选择命令。选择下拉菜单 文件 ➡ 新建... 命令，系统弹出图 9.11.6 所示的"新建"对话框。

图 9.11.5 钣金零件

图 9.11.6 "新建"对话框

步骤 03 选择类型。在"新建"对话框的 类型列表： 选项组中选取 Drawing 选项以创建工程图文件，单击 ● 确定 按钮，系统弹出"新建工程图"对话框。

步骤 04 选择制图标准。

（1）在"新建工程图"对话框的 标准 下拉列表中选择 GB 选项。

（2）在 图纸样式 下拉列表中选取 A4 ISO 选项，选中 ● 纵向 单选项，取消选中 □ 启动工作台时隐藏 复选框（系统默认取消选中）。

（3）单击 ● 确定 按钮，至此系统进入工程图工作台。

任务 03 创建视图

步骤 01 创建主视图。

（1）选择命令。选择下拉菜单 插入 ➡ 视图▶ ➡ 投影▶ ➡ ◎ 正视图 命令。

（2）切换窗口。在系统 在 3D 几何图形上选择参考平面 的提示下，选择下拉菜单 窗口 ➡ 1 SM_EXTRUDE_RELIEF.CATPart 命令，切换到零件模型的窗口。

（3）定义视图参考平面。选取图 9.11.7 所示的模型表面为参考平面，同时在工程图窗口显示图 9.11.8 所示的视图。

图 9.11.7 定义参考平面

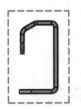

图 9.11.8 视图

（4）调整视图方向。在窗口的右上角将"旋转箭头"绕顺时针旋转 90°，以调整视图方向，调整后如图 9.11.9 所示。

（5）放置视图。在图纸上单击放置主视图，完成主视图的创建。

步骤 02 创建左视图。

（1）选择命令。选择下拉菜单 插入 ➡ 视图▶ ➡ 投影▶ ➡ 投影 命令，在窗口中出现投影视图的预览图。

（2）放置视图。在主视图右侧的任意位置单击，生成左视图，如图 9.11.10 所示。

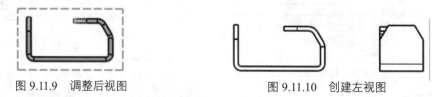

图 9.11.9　调整后视图　　　　　　　　　　　图 9.11.10　创建左视图

步骤 03 创建俯视图。参照 步骤 02 创建图 9.11.11 所示的俯视图。

步骤 04 创建轴测图。

（1）选择命令。选择下拉菜单 插入 ➡ 视图▶ ➡ 投影▶ ➡ 等轴测视图 命令。

（2）切换窗口。在系统 在 3D 几何图形上选择参考平面 的提示下，选择下拉菜单 窗口 ➡ 1 SM_EXTRUDE_RELIEF.CATPart 命令，切换到零件模型的窗口。

（3）定义视图参考平面。选取 yz 平面为参考平面，同时在工程图窗口显示图 9.11.12 所示的轴侧图。

（4）放置视图。在主视图右侧的任意位置单击，生成轴测图，如图 9.11.13 所示。

图 9.11.11　俯视图　　　　　图 9.11.12　轴测图预览　　　　　图 9.11.13　轴测图

步骤 05 创建展开图。

（1）选择命令。选择下拉菜单 插入 ➡ 视图▶ ➡ 投影▶ ➡ 展开视图 命令。

（2）切换窗口。在系统 在 3D 几何图形上选择参考平面 的提示下，选择下拉菜单 窗口 ➡ 1 SM_EXTRUDE_RELIEF.CATPart 命令，切换到零件模型的窗口。

（3）定义视图参考平面。选取 xy 平面为参考平面，同时在工程图窗口显示图 9.11.14 所示的展开图。

（4）调整视图方向。在窗口的右上角单击一次方向控制器中的"向下"，然后在窗口的右上角将"旋转箭头"绕顺时针旋转 90°，以调整视图方向，调整后如图 9.11.15 所示。

（5）放置视图。在主视图上面的任意位置单击，生成展开图，如图 9.11.16 所示。

任务 04 尺寸标注

步骤 01 标注图 9.11.17 所示的水平尺寸。

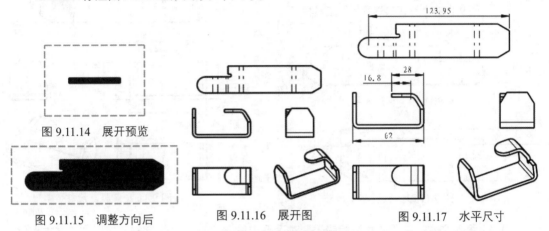

图 9.11.14　展开预览

图 9.11.15　调整方向后　　　图 9.11.16　展开图　　　图 9.11.17　水平尺寸

（1）选择命令。选择下拉菜单 插入 ➡ 尺寸标注▶ ➡ 尺寸▶ ➡ 尺寸 命令，系统弹出图 9.11.18 所示的"工具选用板"工具栏。

（2）标注尺寸。在"文本属性"工具栏的 5.0 下拉列表中选择 3.5 mm 选项，在"工具选用板"工具栏中单击 按钮，然后选取图 9.11.19 所示的圆弧和直线，在图 9.11.19 所示的位置单击放置尺寸。

（3）标注其他水平尺寸。参照步骤（2）添加图 9.11.17 所示的其余三个水平尺寸。

步骤 02 标注图 9.11.20 所示的竖直尺寸。

（1）选择命令。选择下拉菜单 插入 ➡ 尺寸标注▶ ➡ 尺寸▶ ➡ 尺寸 命令，系统弹出"工具控制板"工具栏。

（2）标注尺寸。在"文本属性"工具栏的 5.0 下拉列表中选择 3.5 mm 选项，在"工具控制版"工具栏中单击 按钮，然后选取图 9.11.21 所示的两条直线，在图 9.11.21 所示的位置单击放置尺寸。

（3）标注其他水平尺寸。参照步骤（2）添加图 9.11.20 所示的其余四个竖直尺寸。

步骤 03 标注图 9.11.22 所示的折弯尺寸和厚度。

（1）选择命令。选择下拉菜单 插入 ➡ 标注▶ ➡ 文本▶ ➡ 带引出线的文本 命令。

（2）标注尺寸。在"文本属性"工具栏的 5.0 下拉列表中选择 3.5 mm 选项，然后选取图 9.11.23 所示的直线，在图 9.11.23 所示的位置单击放置尺寸，系统弹出"文本框编辑器"对话框。

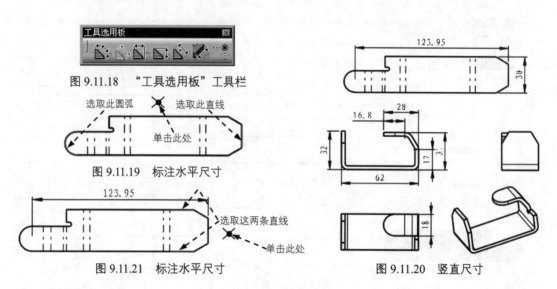

图 9.11.18　"工具选用板"工具栏

图 9.11.19　标注水平尺寸

图 9.11.21　标注水平尺寸

图 9.11.20　竖直尺寸

（3）输入文本。在"文本框编辑器"对话框中输入"向下 60"字样，然后在"文本属性"工具栏的下拉列表中选择选项。单击 确定 按钮，完成文本的输入。

（4）调整引线位置。在折弯尺寸上单击并按住不放，同时按住 Shift 键，拖动鼠标指针至图 9.11.22 所示的位置。

（5）参照步骤（1）～（4）添加图 9.11.22 所示的其余三个折弯尺寸和厚度。

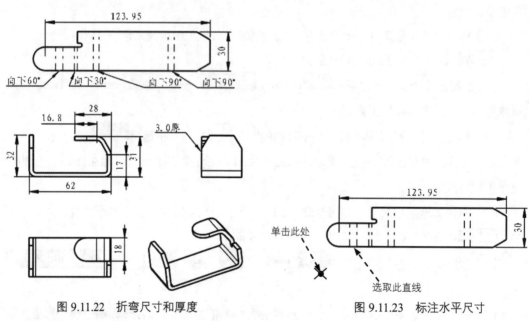

图 9.11.22　折弯尺寸和厚度

图 9.11.23　标注水平尺寸

任务 05 保存工程图

选择下拉菜单 文件 ➡ 保存 命令，保存工程图文件。

9.12 CATIA 钣金设计综合实际应用 1——钣金固定架

范例概述

本范例介绍了钣金固定架的设计过程，通过"折弯"命令对模型进行折弯操作，再对钣金进行冲压。钣金件模型如图 9.12.1 所示。

说明 本范例的详细操作过程请参见随书光盘中 video\ch09.12\文件下的语音视频讲解文件。模型文件为 D:\catia2014\work\ch09.12\IMMOBILITY.CATPart。

9.13 CATIA 钣金设计综合实际应用 2——打火机挡风罩

范例概述

本范例介绍了一个常见的打火机挡风罩的设计，首先创建一个平整钣金壁特征，然后依次创建附加钣金壁特征、切削特征和成形特征。该钣金件模型如图 9.13.1 所示。

图 9.12.1　　钣金件模型 1　　　　　　图 9.13.1　　钣金件模型 2

说明 本范例的详细操作过程请参见随书光盘中 video\ch09.13\文件下的语音视频讲解文件。模型文件为 D:\catia2014\work\ch09.13\LIGHT_COVER.prt。

第 10 章　模型的外观设置与渲染

10.1　概述

产品的三维建模完成以后，为了更好地观察产品的造型、结构和外观颜色及纹理情况，需要对产品模型进行外观设置和渲染处理。

利用材质的技术规范，生成模型的逼真渲染图：渲染产品可以通过利用材质的技术规范来生成模型的逼真渲染显示。纹理可以通过草图创建，也可以由导入的数字图像或选择库中的图案来修改。材质库和零件的指定材质之间具有关联性，可以通过规范驱动方法或直接选择来指定材质。显示算法可以快速地将模型转化为逼真渲染图。

10.2　渲染工作台用户界面

10.2.1　进入渲染设计工作台

进入 CATIA 软件环境后，系统默认创建了一个装配文件，名称为 Product1。关闭此窗口，然后选择下拉菜单 开始 ➡ 基础结构 ➡ 图片工作室 命令，即可进入图片工作室渲染设计工作台。图片工作室可以将渲染成功的产品模型非常精致地输出成图片和视频，可用于内部和外部的沟通协调。这个工作台的渲染拥有强大的光线跟踪功能。

10.2.2　用户界面简介

打开文件 D:\catia2014\work\ch10.02\cup_render.CATProduct。

CATIA 渲染工作台包括下拉菜单区、工具栏区、信息区（命令联机帮助区）、特征树区、图形区及功能输入区等，如图 10.2.1 所示。

CATIA 渲染工作台中包含有应用材料、渲染、场景编辑器、视点和动画工具栏，工具栏中的命令按钮为快速进入命令及设置工作环境提供了极大方便，用户根据实际情况可以定制工具栏。

以下是渲染工作台相应的工具栏中快捷按钮的功能介绍。

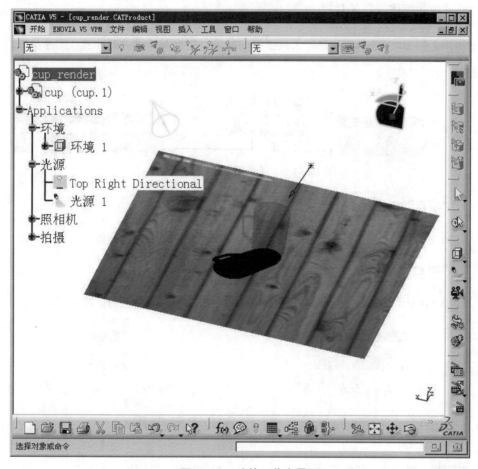

图 10.2.1　渲染工作台界面

1. "应用材料"工具栏

使用图 10.2.2 所示"应用材料"工具栏中的命令，可以对模型进行材料的添加、渲染环境和光源的设置。

2. "渲染"工具栏

图 10.2.3 所示"渲染"工具栏中的命令，用于对图片的拍摄及渲染操作。

图 10.2.2　"应用材料"工具栏

图 10.2.3　"渲染"工具栏

3. "场景编辑器" 工具栏

图 10.2.4 所示 "场景编辑器" 工具栏中的命令，用于对场景中的环境、光源及相机的创建操作。

图 10.2.4 "场景编辑器" 工具栏

4. "视点" 工具栏

图 10.2.5 所示 "视点" 工具栏中的命令，用于观察局部模型的操作。

5. "动画" 工具栏

图 10.2.6 所示 "动画" 工具栏中的命令，用于对渲染的模型进行动画模拟。

图 10.2.5 "视点" 工具栏   图 10.2.6 "动画" 工具栏

10.3 CATIA 模型的外观设置与渲染实际应用

下面首先以一个杯子的零件为例介绍在 CATIA 中进行渲染的一般过程。

10.3.1 渲染一般流程

在 CATIA 中进行渲染一般流程如下。

（1）将渲染模型导入渲染工作台。

（2）添加模型的材质。

（3）定义渲染环境。

（4）添加光源。

（5）定义渲染效果。

（6）对产品进行渲染。

10.3.2 渲染操作步骤

1. 将渲染模型导入渲染工作台

步骤 01 新建一个渲染文件。选择下拉菜单 开始 ➡ 基础结构 ▶ ➡

图片工作室 命令，进入渲染设计工作台。

步骤 02 更改名称。在特征树中将 Product1 选项的名称更改为 cup_render。

步骤 03 加载模型。

（1）在特征树中单击 cup_render 选项将其激活，然后选择下拉菜单 插入 ➡

现有部件... 命令，系统弹出"选择文件"对话框。

（2）在"选择文件"对话框中选择目录 D:\catia2014\work\ch10.03，然后在列表框中选择
文件 cup.CATPart，单击 打开(O) 按钮。

2．添加模型的材质（注：本步的详细操作过程请参见随书光盘中
video\ch10\reference\文件下的语音视频讲解文件 cup_render01.avi）

3．设置渲染环境

设置渲染环境就是将模型放置到特定的环境中，从而在渲染时能够产生特定的效果，主要是
影响渲染中的反射效果。

步骤 01 添加环境。在"场景编辑器"工具条中单击"创建箱环境"按钮，添加一个立
方体的环境。

步骤 02 调整环境大小。

（1）在特征树中依次单击 Applications ➡ 环境 节点，然后在其节点下右击
环境 1 选项，在弹出的快捷菜单中选择 属性 命令，系统弹出"属性"对话框。

（2）在"属性"对话框中选择 尺寸 选项卡，在 长度 和 高度 文本框中分别输入数值 500，
单击 确定 按钮。

步骤 03 调整环境位置。

（1）将视图的方位调整到仰视图的方位，如图 10.3.1 所示。

（2）在特征树中右击 环境 1 选项，在弹出的快捷菜单中选择 属性 命令，系统弹
出"属性"对话框。

（3）在"属性"对话框中选择 位置 选项卡，在 原点 区域的 Y 文本框中输入数值 84.3，使
其接近模型的底部，单击 确定 按钮，结果如图 10.3.2 所示。

步骤 04 隐藏墙壁特征。

（1）将视图方位调整到大致如图 10.3.3 所示的状态。

图 10.3.1　仰视图方位

图 10.3.2　调整位置后

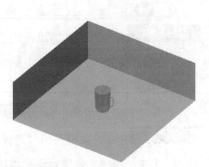

图 10.3.3　视图方位

（2）在特征树 ＋□ 环境 1 节点下将除选项 ▦ 西 以外的所有选项进行隐藏，如图 10.3.4 所示，此时视图的状态如图 10.3.5 所示。

步骤 05 对地板面进行贴图。

（1）在特征树 ＋□ 环境 1 节点下右击 ▦ 西 选项，在弹出的快捷菜单中依次选择  西 对象 ▶ ➡ 定义... 命令，系统弹出"属性"对话框。

（2）在"属性"对话框中选择 纹理 选项卡，然后在 图像名称 区域后单击 ... 按钮，系统弹出"选择文件"对话框。

（3）在"选择文件"对话框中选择 D:\catia2014\work\ch10.03，然后在列表框中选择"地板.jpg"文件，单击 打开(0) 按钮。

（4）在"属性"对话框中单击 ● 确定 按钮，结果如图 10.3.6 所示。

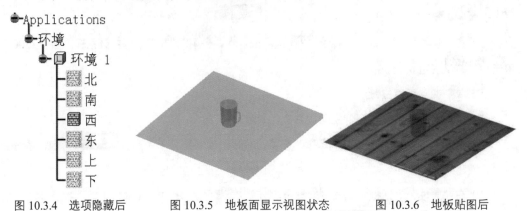

图 10.3.4　选项隐藏后　　　图 10.3.5　地板面显示视图状态　　　图 10.3.6　地板贴图后

4. 添加光源

步骤 01 添加一个系统自带的定向光源。

（1）定义路径。在"应用材料"工具条中单击"目录浏览器"按钮 ◇ ，在弹出的"目录浏览器"对话框中单击 📁 按钮，选择安装目录 C:\Program Files\Dassault

Systemes\B21\intel_a\startup\components\Rendering，然后在列表框中选择"Scene.catalog"文件，单击 打开(0) 按钮。

（2）选择类型。在"目录浏览器"对话框的列表区域中双击 Lights 选项，然后在其列表中双击 Top Right Directional选项，此时对话框如图 10.3.7 所示，单击 关闭 按钮。

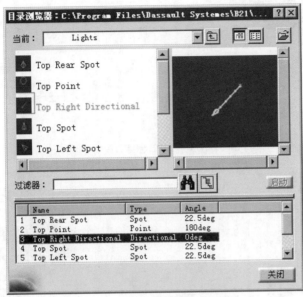

图 10.3.7 "目录浏览器"对话框

（3）定义阴影。在特征树中单击 光源前的节点，然后右击 Top Right Directional 选项，在弹出的快捷菜单中依次选择 Top Right Directional 对象 ➡ 定义... 命令，在弹出的"属性"对话框中选择 阴影 选项卡，然后在 实时 区域中选中 在环境上 复选框，单击 确定 按钮，结果如图 10.3.8 所示。

 图 10.3.8 所示的定向光源可进行位置的调整，具体操作为在特征树中单击 光源前的节点，然后选择 Top Right Directional选项，此时在图形中会出现两个绿点，拖动绿点即可进行位置的调整。

步骤 **02** 添加一个自定义的聚光源。

（1）选择命令。在"场景编辑器"工具条中单击"创建聚光源"按钮 ，如图 10.3.9 所示。

（2）调整位置（一）。将视图调整到正视图状态，然后通过拖动绿点将光源调整到图 10.3.10 所示的位置。

图 10.3.8　系统自带定向光源

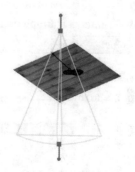

图 10.3.9　聚光源

（3）调整位置（二）。将视图调整到左视图状态，然后通过拖动绿点将光源调整到图 10.3.11 所示的位置。

（4）将视图调整到便于观察的一个状态，结果如图 10.3.12 所示。

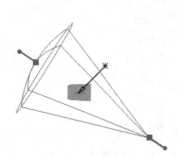

图 10.3.10　调整位置（一）

图 10.3.11　调整位置（二）

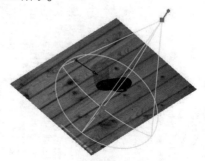

图 10.3.12　聚光源位置调整后

5. 定义渲染效果

步骤 01 创建照相机（一）。

（1）选择命令。在"**场景编辑器**"工具条中单击"**创建照相机**"按钮 ，在图形区会出现相机轮廓，将其绿点拖动到杯子模型上。

在创建照相机前可将视图先调整到拍摄的一个理想状态，以便于得到一个好的图片视觉效果。

（2）修改照相机参数。

① 在特征树中单击 照相机 前的节点，然后右击节点下的 照相机　1 选项，在弹出的快捷菜单中选择 属性 命令，系统弹出"属性"对话框。

② 在"属性"对话框中选择 镜头 选项卡，然后在 焦点 区域的 缩放 文本框中输入数值

0.009（或通过滚轮来进行调整），结果如图 10.3.13 所示（显示效果相似即可）。

（3）在"属性"对话框中单击 ⚪确定 按钮，完成照相机（一）的创建。

步骤 **02** 参照 步骤 **01** 步骤，创建图 10.3.14 所示的照相机（二）和图 10.3.15 所示的照相机（三）。

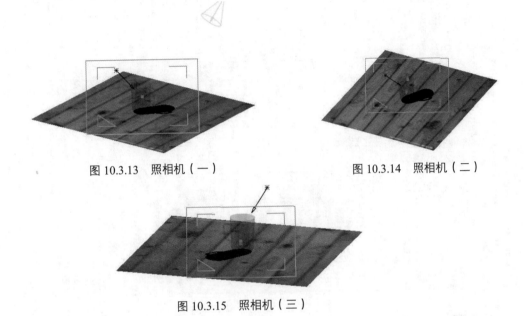

图 10.3.13　照相机（一）　　　　　图 10.3.14　照相机（二）

图 10.3.15　照相机（三）

6. 对产品进行渲染

任务 **01** 渲染拍摄（一）

步骤 **01** 定义拍摄。在"渲染"工具条中单击"创建拍摄"按钮 ▦，系统弹出图 10.3.16 所示的"拍摄定义"对话框。

步骤 **02** 选择场景。在"拍摄定义"对话框 场景 区域的 📷照相机: 下拉列表中选择 照相机 1 选项，其余参数采用默认设置值。

步骤 **03** 定义渲染质量。在"拍摄定义"对话框中选择 质量 选项卡，然后在 精确度 区域中将 预定义: 的滑块拖动到 高 区域。

步骤 **04** 定义保存路径。在"拍摄定义"对话框中选择 帧 选项卡，然后在 输出 区域中选中 ⚫在磁盘上 单选项，在 目录: 区域后单击 📁 按钮，然后将保存路径指定到 D:\catia2014\work\ch10.03，单击 ⚪确定 按钮，完成拍摄（一）的定义。

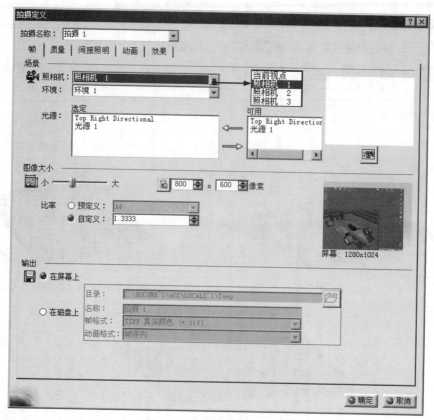

图 10.3.16　"拍摄定义"对话框

步骤 05 进行渲染。

（1）在"渲染"工具条中单击"渲染拍摄"按钮 ，系统弹出图 10.3.17 所示的"渲染"对话框。

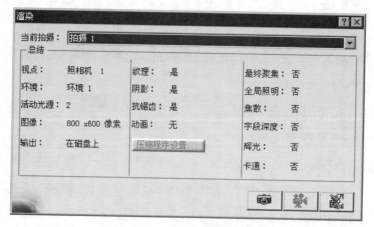

图 10.3.17　"渲染"对话框

（2）在"渲染"对话框的 当前拍摄: 下拉列表中选择 拍摄1 选项，然后单击 📷 按钮，系统会弹出"正在渲染输出"对话框，经过几秒后，渲染后的效果如图 10.3.18 所示。单击 ✅确定 按钮，完成拍摄（一）的渲染。

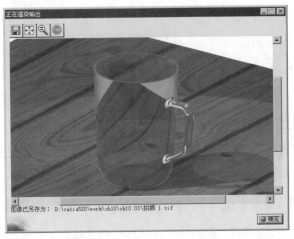

图 10.3.18 拍摄（一）渲染后

任务 **02** 渲染拍摄（二）

参照 任务 **01** 步骤，完成图 10.3.19 所示的渲染效果。

任务 **03** 渲染拍摄（三）

参照 任务 **01** 步骤，完成图 10.3.20 所示的渲染效果。

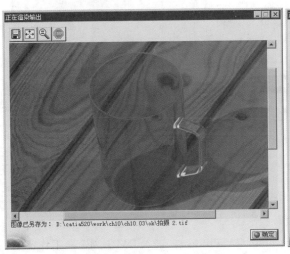

图 10.3.19 拍摄（二）渲染后

图 10.3.20 拍摄（三）渲染后

第11章 DMU 电子样机设计

11.1 概述

电子样机（Digital Mock_UP，DMU）是对产品的真实化计算机模拟，满足各种各样的功能，提供用于工程设计、加工制造、产品拆装维护的模拟环境；是支持产品和流程、信息传递、决策制定的公共平台；覆盖产品从概念设计到维护服务的整个生命周期。电子样机具有从产品设计、制造到产品维护各阶段所需的所有功能，为产品和流程开发以及从产品概念设计到产品维护整个产品生命周期的信息交流和决策提供了一个平台。

CATIA V5-6 的电子样机功能由专门的模块完成，包括 DMU 浏览器、空间分析、运动机构、配件、2D 查看器、优化器等多种模块，从产品的造型、上下关联的并行设计环境、产品的功能分析、产品浏览和干涉检查、信息交流、产品可维护性分析、产品易用性分析、支持虚拟实现技术的实时仿真、多 CAX 支持和产品结构管理等各方面提供了完整的电子样机功能，能够完成与物理样机同样的分析、模拟功能，从而减少制作物理样机的费用，并能进行更多的设计方案验证。

11.2 DMU 工作台

11.2.1 进入 DMU 浏览器工作台

打开 CATIA 软件后，系统默认创建了一个装配文件，名称为 Product1。选择下拉菜单 开始 ➡ 数字化装配 ➡ DMU Navigator 命令，即可进入 DMU 浏览器工作台。

 如果选择 数字化装配 菜单下的其他选项，则会进入相应的 DMU 工作台。

11.2.2 工作台界面简介

打开文件 D:\catia2014\work\ch11.02\asm_cluth.CATProduct，进入 DMU 浏览器工作台。CATIA DMU 工作台包括下拉菜单区、工具栏区、信息区（命令联机帮助区）、特征树区、图形区及功能输入区等，如图 11.2.1 所示。

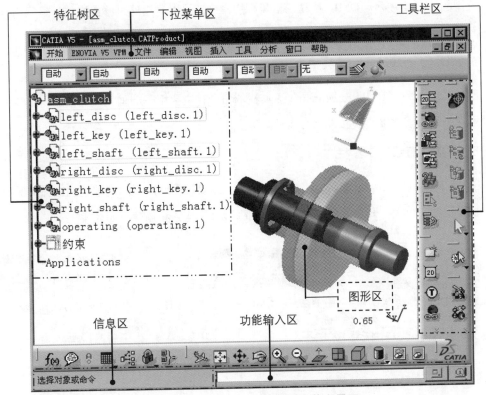

图 11.2.1 CATIA DMU 浏览器工作台界面

工具栏中的命令按钮为快速进入命令及设置工作环境提供了极大方便，用户根据实际情况可以定制工具栏。以下是 DMU 浏览器工作台工具栏的功能介绍。

1. "DMU 审查浏览" 工具栏

使用图 11.2.2 所示"DMU 审查浏览"工具栏中的命令，可以管理带 2D 标注的视图、转至超级链接、打开场景浏览器、进行空间查询和应用重新排序等。

2. "DMU 审查创建" 工具栏

使用图 11.2.3 所示"DMU 审查创建"工具栏中的命令，可以创建审查、2D 标记、3D 批注、超级链接、产品组、增强型场景、展示和切割。

图 11.2.2 "DMU 审查浏览"工具栏

图 11.2.3 "DMU 审查创建"工具栏

3. "DMU 移动"工具栏

使用图 11.2.4 所示"DMU 移动"工具栏的命令，可以对组件平移或旋转、累积捕捉、对称和重置定位。

4. "DMU 一般动画"工具栏

图 11.2.5 所示"DMU 一般动画"工具栏的命令，主要用于动画的模拟播放、跟踪、编辑动画序列、设置碰撞检测和录制视点动画等。

5. "DMU 查看"工具栏

图 11.2.6 所示"DMU 查看"工具栏的命令，主要用于对产品的局部结构或细节进行查看、切换视图、放大、开启深度效果、显示或隐藏水平地线和创建光照效果。

图 11.2.4 "DMU 移动"工具栏　图 11.2.5 "DMU 一般动画"工具栏　图 11.2.6 "DMU 查看"工具栏

11.3 创建 2D 和 3D 标注

11.3.1 标注概述

在电子样机工作台中，可以直接在 3D 模型中，以目前的屏幕显示画面为基准面，绘制标注符号、图形与文字，创建对模型的解释性 2D 标注。也可创建与模型相接触的 3D 标注。此功能无需通过工程图或其他书面工具进行记录，用户打开产品模型后，可以直接看到这些标注，增进用户之间的沟通或帮助下游厂商了解上游设计的理念，简化信息传递流程。

11.3.2 创建 2D 标注

下面以一个实例来说明创建 2D 标注的一般过程。

步骤 01 打开文件 D:\catia2014\work\ch11.03.02\ asm_bush_2d.CATProduct。

 确认当前进入的是 DMU 浏览器工作台，此时工具栏中会显示 图标。否则，可选择下拉菜单 开始 ➡ 数字化装配 ➡ DMU Navigator 命令，即可进入 DMU 浏览器工作台。

步骤02 选择命令。在"DMU 审查创建"工具栏中单击  按钮（或选择 **插入**

➡ **2D 带标注的视图** 命令），此时系统弹出图 11.3.1 所示的"DMU 2D 标记"工具栏，同时

特征树显示如图 11.3.2 所示。

图 11.3.1　"DMU 2D 标记"工具栏　　　　图 11.3.2　特征树

步骤03 绘制直线。在"DMU 2D 标记"工具条中选择 ／ 命令，在图 11.3.3a 所示的位

置 1 按住鼠标左键不放，然后拖动鼠标指针到位置 2，绘制图 11.3.3b 所示的直线后，松开鼠

标左键。

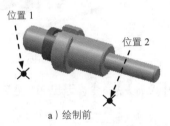

a）绘制前

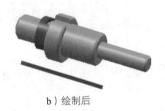

b）绘制后

图 11.3.3　绘制直线

步骤04 绘制圆。在"DMU 2D 标记"工具条中选择 ○ 命令，在图 11.3.4a 所示的位置 1

按住鼠标左键不放，然后拖动鼠标指针到位置 2，完成后选中刚刚创建的圆边线，在"图形

属性"工具条中调整线条宽度为 ▬▬ 3：0.7 mm，结果如图 11.3.4b 所示。

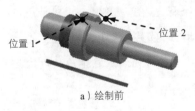

位置 1　　　　位置 2

a）绘制前

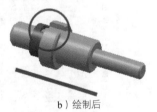

b）绘制后

图 11.3.4　绘制圆

步骤05 绘制箭头。在"DMU 2D 标记"工具条中选择 ← 命令，在图 11.3.5a 所示的位

置 1 按住鼠标左键不放，然后拖动鼠标指针到位置 2，完成后选中刚刚创建的箭头，在"图

形属性"工具条中调整线条宽度为 ▬▬ 3：0.7 mm，结果如图 11.3.5b 所示。

a）绘制前   b）绘制后

图 11.3.5 绘制箭头

步骤 **06** 添加文本。在"DMU 2D 标记"工具条中选择 **T** 命令，在图 11.3.5b 所示的位置 1 单击，此时系统弹出图 11.3.6 所示的"标注文本"对话框，在"文本属性"工具条中调整字体高度值为 10，输入文本"配对"，然后单击 **● 确定** 按钮，结果如图 11.3.7 所示。

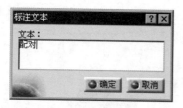

图 11.3.6 "标注文本"对话框   图 11.3.7 标注文本

步骤 **07** 完成标注。在"DMU 2D 标记"工具条中选择 命令，退出 2D 视图的创建。

◆ 通过"DMU 2D 标记"工具条可以添加直线、徒手线、圆、箭头、矩形、文本、图片和声音等标注形式，单击 按钮，可将当前 2D 视图的所有标注删除。

◆ 退出 2D 视图的标注后，可以在特征树上双击对应的 2D 视图节点，显示所有的标注内容并进行编辑。

◆ 在 2D 视图的编辑状态下，单击某个标记内容，此时会出现对应的一个或两个黑色方框，拖动方框可以改变标记的位置或大小。

◆ 在 2D 视图的编辑状态下，右击某个标记内容，在弹出的快捷菜单中选择 **属性** 命令，可以设定更多的属性参数。

11.3.3 创建 3D 标注

创建的 3D 标注必须与模型相接触，在旋转模型时，2D 标注会消失，而 3D 标注会始终处于可视状态。下面介绍创建 3D 标注的一般过程。

步骤 01 打开文件 D:\catia2014\work\ch11.03.03\ asm_bush_3d.CATProduct。

步骤 02 选择命令。在"DMU 审查创建"工具栏中单击 ⓣ 按钮（或选择 插入 ➡ ⓣ 3D 标注 命令），此时系统提示 在查看器中选择对象 ，在图形区单击图 11.3.8 所示的位置选择轴零件，此时系统弹出"标注文本"对话框。

步骤 03 输入文字。在"文本属性"工具条中调整字体高度值为 10，输入文本"表面渗碳"，然后单击 ● 确定 按钮，结果如图 11.3.9 所示。

图 11.3.8　选择对象

图 11.3.9　添加 3D 标注

步骤 04 调整文字位置。双击刚刚创建的标注文本，系统再次弹出"标注文本"对话框，移动鼠标指针到注释文本上，指针会出现绿色的十字箭头，此时拖动该十字箭头到新的位置，结果如图 11.3.10 所示。

步骤 05 在"标注文本"对话框中单击 ● 确定 按钮，完成 3D 标注的添加。

◆ 在 3D 标注的编辑状态下，用户可以通过旋转模型来选择更加合适的标注位置，图 11.3.11 显示了模型旋转后的标注结果。

图 11.3.10　拖动十字箭头

图 11.3.11　调整标注位置

11.4　创建增强型场景

场景是用来记录当前产品的显示画面，在一个保存的视点里，场景能够捕捉和存储组件在装配中的位置和状态，控制组件的显示和颜色，并创建三维的装配关系图，来明确产品的装配顺序等。

下面通过一个例子来说明创建增强型场景的一般操作过程。

步骤 **01** 打开文件 D:\catia2014\work\ch11.04\asm_clutch.CATProduct。

步骤 **02** 选择命令。在"DMU 审查创建"工具栏中单击 按钮（或选择 插入 ▶ 增强型场景 命令），此时系统弹出图 11.4.1 所示的"增强型场景"对话框。

步骤 **03** 在"增强型场景"对话框中取消选中 □ 自动命名 选项，在 名称： 文本框中输入名称"场景 1"，单击 确定 按钮，系统进入"增强型场景"编辑环境。

系统可能会弹出图 11.4.2 所示的"警告"对话框，此时单击 关闭 按钮即可。

图 11.4.1 "增强型场景"对话框

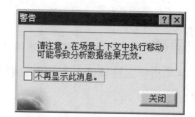

图 11.4.2 "警告"对话框

步骤 **04** 在"DMU 移动"工具条中单击 按钮（或选择 工具 ▶ 移动 ▶ 平移或旋转 命令），此时系统弹出图 11.4.3 所示的"移动"对话框。

图 11.4.3 "移动"对话框

步骤 **05** 按住 Ctrl 键，在特征树中选择"left_key"和"left_shaft"组件，然后在"移动"对话框的 偏移 X 文本框中输入数值-50，其余偏移值保持为 0，单击 应用 按钮，结果如图 11.4.4b 所示。

步骤 **06** 在特征树中单击"left_key"组件，然后在"移动"对话框的 偏移 X 文本框中输入数值 0，在 `偏移 Y` 文本框中输入数值 0，在 `偏移 Z` 文本框中输入数值 20，单击 `应用` 按钮，结果如图 11.4.5 所示。

a）移动前

b）移动后

图 11.4.4　移动组件（一）

步骤 07 按住 Shift 键，在特征树中依次单击 "left_disc" 和 "left_shaft" 组件（此时应该是特征树上的前 3 个组件被选中），然后在 "移动" 对话框的 `偏移 X` 文本框中输入数值-40，在 `偏移 Y` 文本框中输入数值 0，在 `偏移 Z` 文本框中输入数值 0，单击 `应用` 按钮，结果如图 11.4.6 所示。

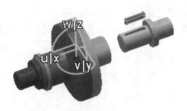

图 11.4.5　移动组件（二）

图 11.4.6　移动组件（三）

步骤 08 在特征树中单击 "right_key" 组件，然后按住 Ctrl 键单击 "right_shaft" 组件（此时应该是特征树上的 2 个组件被选中），然后在 "移动" 对话框的 `偏移 X` 文本框中输入数值 60，在 `偏移 Y` 文本框中输入数值 0，在 `偏移 Z` 文本框中输入数值 0，单击 `应用` 按钮，结果如图 11.4.7 所示。

步骤 09 在特征树中单击 "right_key" 组件，然后在 "移动" 对话框的 `偏移 X` 文本框中输入数值 0，在 `偏移 Y` 文本框中输入数值 0，在 `偏移 Z` 文本框中输入数值 20，单击 `应用` 按钮，结果如图 11.4.8 所示。

图 11.4.7　移动组件（四）

图 11.4.8　移动组件（五）

步骤 **10** 在特征树中单击"operating"组件，然后在"移动"对话框的 偏移 X 文本框中输入数值 0，在 偏移 Y 文本框中输入数值 0，在 偏移 Z 文本框中输入数值 60，单击 应用 按钮，结果如图 11.4.9 所示。

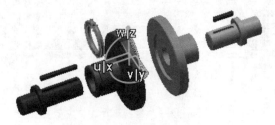

图 11.4.9　移动组件（六）

步骤 **11** 在"移动"对话框中单击 ● 确定 按钮，完成组件的移动。

步骤 **12** 保存视点。旋转模型到图 11.4.10 所示的方位，然后在"增强型场景"工具条中单击 按钮，保存当前的视点。

 说明　保存视点后再次进入该场景的编辑环境时，系统将显示已经保存的视点。

图 11.4.10　保存视点

步骤 **13** 在"增强型场景"工具条中单击 按钮，退出场景的编辑环境。

步骤 **14** 应用场景到装配。在特征树中展开 Applications 节点，右击 场景1 节点，在弹出的快捷菜单中选择 场景1 对象 ➡ 在装配上应用场景 ➡ 应用整个场景 命令，此时产品装配体将按照场景中组件的位置发生移动。

 说明　用户可以选择 工具 ➡ 移动 ➡ 重置定位 命令，恢复组件的原始装配位置。

11.5 DMU 装配动画工具

11.5.1 创建模拟动画

模拟动画是将图形区的模型移动、旋转和缩放等操作步骤记录下来，从而可以重复观察的一种动画形式。下面说明创建模拟动画的一般过程。

步骤 01 打开文件 D:\catia2014\work\ ch11.05.01\ asm_clutch-01.CATProduct。

确认当前进入的是"DMU 配件"工作台，此时工具栏中会显示 图标。否则，可选择下拉菜单 开始 ➡ 数字化装配 ➡ DMU 配件 命令，即可进入 DMU 配件工作台。

步骤 02 创建组件的往返（注：本步的详细操作过程请参见随书光盘中 video\ch11\ch11.05\ch11.05.01\reference\文件下的语音视频讲解文件 asm_bush01.avi）。

步骤 03 调整视图方位。在"视图"工具栏中单击 按钮处的小三角，在弹出的菜单中选择 选项，调整模型方位为右视图。

步骤 04 创建模拟。选择 插入 ➡ 模拟 命令，此时系统弹出图 11.5.1 所示的"选择"对话框，在列表框中选择"往返.1"，然后单击 确定 按钮，系统弹出"预览"对话框和图 11.5.2 所示的"编辑模拟"对话框。

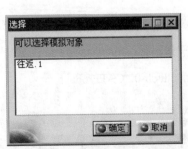
图 11.5.1 "选择"对话框

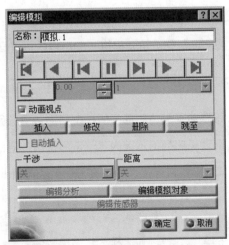
图 11.5.2 "编辑模拟"对话框

步骤 05 调整视图方位。在"视图"工具栏中单击 按钮处的小三角，在弹出的菜单中选择 选项，调整模型方位为等轴测视图，在"编辑模拟"对话框中单击 插入 按钮，记录当前的视点。

步骤 06 调整组件位置。此时在产品模型上会出现图 11.5.3 所示的指南针,拖动图 11.5.4 所示的指南针边线向左侧移动大约 70mm 的距离,此时组件"right_key"和"right_shaft"的位置发生相应的变化,在"编辑模拟"对话框中单击 插入 按钮,记录当前的视点。

用户也可以在此时系统弹出的"操作"工具栏中选择其他的操作工具,对往返 1 的对象进行必要的移动或旋转。

图 11.5.3 等轴测视图方位

图 11.5.4 调整组件方位 1

步骤 07 参照 **步骤 05**、**步骤 06** 的操作方法,对模型进行放大、缩小的操作,并分别单击 插入 按钮。

步骤 08 在"编辑模拟"对话框中单击 按钮,将时间滑块归零,在 1 下拉列表中选择内插步长为 0.02,确认选中 动画视点 复选框,然后单击 按钮播放模拟动画。

步骤 09 在"编辑模拟"对话框中单击 确定 按钮,完成操作。

11.5.2 创建跟踪动画

跟踪动画是将图形区的模型移动步骤分别记录下来,并保存成轨迹的形式,它是创建复杂装配动画序列的基础内容。下面说明创建跟踪动画的一般过程。

步骤 01 打开文件 D:\catia2014\work\ch11.05.02\ asm_clutch-02.CATProduct。

确认当前进入的是"DMU 配件"工作台,此时工具栏中会显示 图标。否则,可选择下拉菜单 开始 ━━▶ 数字化装配 ━━▶ DMU 配件 命令,即可进入 DMU 配件工作台。

步骤 02 选择命令。选择 插入 ➡ 序列和工作指令 ➡ 跟踪 命令，此时系统弹出图 11.5.5 所示的"跟踪"对话框、"记录器"工具栏和"播放器"工具栏。

图 11.5.5   对话框

步骤 03 选择对象。在特征树中选择组件"Operating"，此时该组件上会出现图 11.5.6 所示的指南针，同时系统弹出图 11.5.7 所示的"操作"工具栏。

图 11.5.6   选择对象

图 11.5.7   "操作"工具栏

步骤 04 编辑位置参数。

（1）在"操作"工具栏中单击"编辑器"按钮 ，系统弹出图 11.5.8 所示的"用于指南针操作的参数"对话框，单击 按钮重置增量参数，在 沿 U 文本框中输入数值 50，然后单击该文本框后面的 按钮，此时组件"operating"将移动到图 11.5.9 所示的位置，在"记录器"工具栏中单击"记录"按钮 ，记录此时的组件位置。

（2）在"用于指南针操作的参数"对话框中单击 按钮重置增量参数，在 沿 V 文本框中输入数值 60，然后单击该文本框后面的 按钮，此时组件"operating"将移动到图 11.5.10 所示的位置；在"记录器"工具栏中单击"记录"按钮 ，记录此时的组件位置。

（3）在"用于指南针操作的参数"对话框中单击 关闭 按钮，完成组件位置的编辑。

步骤 05 编辑跟踪参数。在"跟踪"对话框中选中 时间 单选项，并在其后的文本框中输入数值 5，单击 ●确定 按钮，完成追踪 1 的创建。

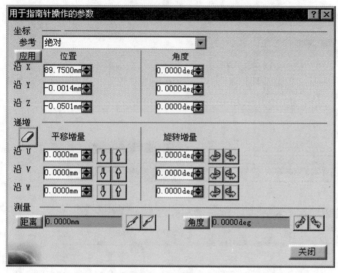

图 11.5.9　编辑位置 1

图 11.5.8　"用于指南针操作的参数"对话框

图 11.5.10　编辑位置 2

步骤 06 创建追踪 2。

（1）选择 插入 ➡ 序列和工作指令 ▶ ➡ 跟踪 命令，此时系统弹出"跟踪"对话框、"记录器"工具栏和"播放器"工具栏。在特征树中选择组件"right_shaft"，此时该组件上会出现绿色的指南针，同时系统弹出"操作"工具栏。

（2）在"操作"工具栏中单击"编辑器"按钮 ，系统弹出"用于指南针操作的参数"对话框，单击 按钮重置增量参数，在 沿 U 文本框中输入数值 100，然后单击该文本框后面的 按钮，此时组件"right_shaft"将移动到图 11.5.11 所示的位置，在"记录器"工具栏中单击"记录"按钮 ，记录此时的组件位置。

（3）在"用于指南针操作的参数"对话框中单击 关闭 按钮，完成组件位置的编辑。

（4）在"跟踪"对话框中选中 时间 单选项，并在其后的文本框中输入数值 5，单击 ●确定 按钮，完成追踪 2 的创建。

图 11.5.11　编辑对象位置

11.5.3 编辑动画序列

编辑动画序列是将已经创建的追踪轨迹或模拟动画进行必要的排列，以便生成所需要的动画效果。下面说明编辑动画序列的一般过程。

步骤 01 打开文件 D:\catia2014\work\ ch11.05.03\asm_clutch-03.CATProduct。

步骤 02 选择命令。选择 插入 ➡ 序列和工作指令 ▶ ➡ 编辑序列 命令，此时系统弹出图 11.5.12 所示的"编辑序列"对话框和"播放器"工具栏。

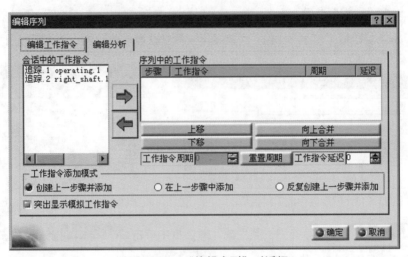

图 11.5.12 "编辑序列"对话框

步骤 03 编辑序列（注：本步的详细操作过程请参见随书光盘中 video\ch11\ch11.05\ch11.05.03\reference\文件下的语音视频讲解文件 asm_bush01.avi）。

步骤 04 观察动画。

（1）在"播放器"工具栏中单击 ▶ 按钮，观察组件的动画效果。

（2）在"编辑序列"对话框 序列中的工作指令 列表框中选中"追踪.2"，单击 上移 按钮，使其位于此列表框的最顶部。在"播放器"工具栏中依次单击 ◀◀ 和 ▶ 按钮，观察调整后组件的动画效果。

（3）在"编辑序列"对话框 序列中的工作指令 列表框中选中"追踪.2"，然后在 工作指令周期 文本框中输入数值 30；在 序列中的工作指令 列表框中选中"追踪.1"，然后在 工作指令延迟 文本框中输入数值 10；在"播放器"工具栏中依次单击 ◀◀ 和 ▶ 按钮，观察调整后组件的动画效果。

（4）在"编辑序列"对话框中单击 确定 按钮，完成序列的编辑。

11.5.4　生成动画视频

下面紧接着上一小节的操作，来介绍生成动画视频的一般操作方法。

步骤 01　选择命令。选择下列菜单 **工具** ➡ **模拟** ▶ ➡ **生成视频** 命令，系统弹出"播放器"工具栏。

步骤 02　选择模拟对象。在特征树中选择 **序列.1** 节点，系统弹出图 11.5.13 所示的"视频生成"对话框。

步骤 03　设置视频参数。在"视频生成"对话框中单击 **设置** 按钮，系统弹出"Choose Compressor"对话框（图 11.5.14），这里采用系统默认的压缩程序，单击 **确定** 按钮。

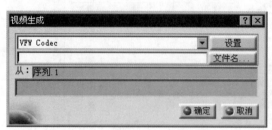

图 11.5.13　"视频生成"对话框

图 11.5.14　"Choose Compressor"对话框

步骤 04　定义文件名。在"视频生成"对话框中单击 **文件名...** 按钮，系统弹出"另存为"对话框，输入文件名称 DEMO，单击 **保存(S)** 按钮。

步骤 05　在"视频生成"对话框中单击 **确定** 按钮，系统开始生成视频。

第12章 模具设计

12.1 模具设计概述

注塑模具设计一般包括两大部分：模具元件（Mold Component）设计和模架（Moldbase）设计。模具元件主要包括上模（型腔）、下模（型芯）、浇注系统（主流道、分流道、浇口和冷料穴）、滑块、销等；而模架则包括固定和移动侧模板、顶出销、回位销、冷却水道、加热管、止动销、定位螺栓、导柱、导套等。

模具元件（即模仁）是注射模具的关键部分，其作用是构建塑件的结构和形状，它主要包括型腔和型芯，当我们设计的塑件较复杂时，则在设计的模具中还需要滑块、销等成型元件；模架及组件库包含在特征树多个目录中，自定义组件包括滑块，抽芯和镶件，这些在标准件模块里都能找到，并生成合适大小的腔体，而且能够保持相关性。

分型是基于一个塑料零件模型生成型腔和型芯的过程。分型过程是塑料模具设计的一个重要部分，特别对于外形复杂的零件来说，通过关键的自动工具及分型模块让这个过程非常自动化。此外，分型操作与原始塑料模型是完全相关的。

CATIA V5-6 为我们提供了两个工作台来进行模具设计，分别是"型芯/型腔设计"工作台和"模具设计"工作台，其中"型芯/型腔设计"工作台主要是用于完成开模前的一些分析和模具分型面的设计；而"模具设计"工作台则主要是在创建好的分型面基础上加载标准模架、添加标准件、创建浇注系统及冷却系统等。当然，在"型芯/型腔设计"工作台中进行分型面的设计时，可以切换到其他工作台（如"创成式外形设计"工作台、"线框和曲面设计"工作台和"零件设计"工作台等）共同完成合理的分型面设计。可以说 CATIA V5-6 是一个具有强大模具设计功能的软件。本章中将分别对这两个工作台进行介绍。

12.2 "型芯/型腔设计"工作台

12.2.1 概述

本节主要介绍 CATIA V5-6 模具"型芯/型腔设计"工作台中部分命令的功能及使用方法，并结合典型的实例来介绍这些命令的使用。可以分为导入产品模型、开模方向、分型线设计和分型面设计，其中这里介绍的分型线/分型面设计命令大多都和曲面设计模块中的命令相类似。建议读者首先熟悉一下"零件设计"和"创成式外形设计"两个工作台。通过本节的学习，读者能够熟练使用这些命令完成产品模型上一些破孔的修补。

采用 CATIA V5-6 进行模具分型前，必须完成型芯/型腔分型面的设计。设计型芯/型腔分型面的一般过程为：首先，加载产品模型，并定义开模方向；其次，完成产品模型上存在的破孔或凹槽等处的修补；最后，设计分型线和分型面。

12.2.2 导入模型

在进行模具设计时，需要将产品模型导入到"型芯/型腔设计"工作台中，导入模型是 CATIA V5-6 设计模具的准备阶段，在整个模具设计中起着关键性的作用，包括加载模型、设置收缩率和添加缩放后实体三个过程。

任务 01 加载模型

下面介绍导入产品模型的一般操作方法。

步骤 01 新建产品。新建一个 Product 文件，并激活该产品 Product1。

步骤 02 选择命令。选择下拉菜单 开始 ➡ 机械设计 ▶ ➡ Core & Cavity Design 命令。

步骤 03 修改文件名。在 Product1 上右击，在系统弹出的快捷菜单中选择 属性 选项，系统弹出"属性"对话框，在系统弹出的"属性"对话框中选择 产品 选项卡，在 产品 区域的 零件编号 文本框中输入文件名"down_cover_mold"；单击 确定 按钮，完成文件名的修改。

步骤 04 选择命令。选择下拉菜单 插入 ➡ Models ▶ ➡ Import... 命令，系统弹出"Import Molded Part"对话框。

步骤 05 在"Import Molded Part"对话框的 Model 区域中单击"打开"按钮，此时系统弹出"选择文件"对话框，选择文件 D:\catia2014\work\ch12.02\down_cover.CATPart，单击 打开(0) 按钮。此时"Import Molded Part"对话框改名为"Import down_cover.CATPart"。

步骤 06 选择要开模的实体。在"Import down_cover.CATPart"对话框 Model 区域的 Body 下拉列表中选择 零件几何体 选项。

在 Body 下拉列表中有两个 零件几何体 选项，此例中选取任何一个都不会有影响。

任务 02 设置收缩率

步骤 01 设置坐标系。

（1）选取坐标类型。在"Import down_cover.CATPart"对话框 `Axis System` 区域的下拉列表中选择 `Coordinates` 选项，如图 12.2.1 所示。

（2）定义坐标值。分别在 `Origin` 区域的 `X`、`Y` 和 `Z` 文本框中输入数值 0、0 和 0。

步骤 02 设置收缩数值。在 `Shrinkage` 区域的 `Ratio` 文本框中输入值 1.006。

步骤 03 在"Import down_cover.CATPart"对话框中单击 `● 确定` 按钮，完成零件模型的加载，结果如图 12.2.2 所示。

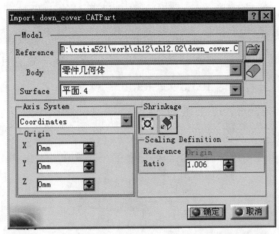

图 12.2.1　"Import down_cover.CATPart"对话框

图 12.2.1 所示的"Import down_cover.CATPart"对话框中各选项说明如下。

◆ `Model`（模型）：该区域用于定义模型的路径及需要开模的特征。

● `Reference`（参考）：单击该选项后的"打开"按钮 📂，系统会弹出"选择文件"对话框，用户可以通过该对话框来选择需要开模的产品。

● `Body`（实体）：在该选项的下拉列表中显示参考文件的元素，如果导入的是一个实体特征，则在该选项的下拉列表中就会显示"零件几何体"选项；如果要导入一组曲面，应先单击 ⬗ 按钮，此时显示出导入一组曲面的 🔲 按钮，再选择文件。

● `Surface`（曲面）：若 `Body` 后显示的是 ⬗ 图标，则 `Surface` 以列表形式显示几何集中特征，在默认的状态下显示几何集中的最后一个曲面（即最完整的曲面），如图 12.2.1 所示，平面.4 为几何集中最完整曲面；若 `Body` 后显示的是 🔲 图标，则 `Surface` 以文本框形式显示几何集中共有的面数。

◆ `Axis System`（坐标系）：该区域用于定义模型的原点及其他坐标系，如图 12.2.1 所示。

● `Bounding box center`（边框中心）：选择该选项后，将模型的虚拟边框中心定义为原点。

- Center of gravity（重心）：选择该选项后，将模型的重力中心定义为原点。
- Coordinates（坐标）：选择该选项后，Origin（原点）区域的 X、Y 和 Z 坐标会处于显示状态，用户可以在此文本框中输入数值来定义原点的坐标。

◆ Shrinkage（收缩率）：该区域可通过两种方法来设置模型的收缩率，如图 12.2.3 所示。

- ☒（缩放比例）：单击该按钮后，用户可以在 Ratio（比率）文本框中输入收缩值，缩放的参考点是用户前面设置的坐标原点，系统默认的情况下收缩值为 1，如图 12.2.3a 所示。
- ☒（关联关系）：单击该按钮后，相应的区域会显示出来，用户可根据在给定 3 个坐标轴的 Ratio X、Ratio Y 和 Ratio Z 文本框中设定比率，系统默认值为 1,如图 12.2.3b 所示。

图 12.2.2　零件几何体

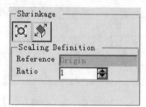

a）缩放比例收缩率

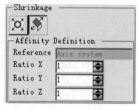

b）关联关系收缩率

图 12.2.3　收缩率

任务 03 添加缩放后的实体

步骤 01 切换工作台。选择下拉菜单 开始 ➡ 机械设计 ▶ ➡ 零件设计 命令，切换至"零件设计"工作台。

步骤 02 显示特征。在特征树中依次单击 MoldedPart（MoldedPart.1）➡ MoldedPart 前的"+"号，显示出 零件几何体 的结果。

步骤 03 定义工作对象。在特征树中右击 零件几何体，在系统弹出的快捷菜单中选择 定义工作对象 命令，将其定义为工作对象。

步骤 04 创建封闭曲面。

（1）选择命令。选择下拉菜单 插入 ➡ 基于曲面的特征 ▶ ➡ 封闭曲面... 命令，系统弹出"定义封闭曲面"对话框。

（2）选取封闭曲面。单击 零件几何体 的结果 前的"+"号，选择 ☒ 缩放.1 选项，单击 确定 按钮。

步骤 05 隐藏产品模型。在特征树中单击 🔩 零件几何体 前的 "+"号，然后选取 📄 封闭曲面.1 并右击，在系统弹出的快捷菜单中选择 🔲 隐藏/显示 命令，将产品模型隐藏起来。

这里将产品模型隐藏起来，是为了便于以下的操作。

步骤 06 切换工作台。选择下拉菜单 开始 ➡ ▷ 机械设计 ▶ ➡ 🖱 Core & Cavity Design 命令，切换至"型腔和型芯设计"工作台。

步骤 07 定义工作对象。在特征树中右击 🔩 零件几何体 的结果，在系统弹出的快捷菜单中选择 定义工作对象 命令，将其定义为工作对象。

12.2.3 定义主开模方向

主开模方向用来定义产品模型在模具中的开模方向，并定义型芯面、型腔面、其他面及无拔模角度面在产品模型上的位置；当修改主开模方向时需重新计算型芯和型腔等部分。下面继续以前面的模型为例，介绍定义主开模方向的一般操作过程。

步骤 01 选择命令。选择下拉菜单 插入 ➡ Pulling Direction ▶ ➡ ↑ Pulling Direction... 命令，系统弹出图 12.2.4 所示的"Main Pulling Direction Definition"对话框。

步骤 02 设置坐标系。接受系统默认的坐标值。

步骤 03 锁定坐标系。接受系统默认的开模方向，在系统弹出的对话框的 Pulling Axis System 区域中选中 ☐ Locked 复选框。

步骤 04 设置区域颜色。在图形区中选取前面加载的零件几何体。

步骤 05 分解区域视图。在 Visualization 区域中选中 ⚪ Explode 单选项，然后在下面的文本框中输入数值 50，单击 预览 按钮，选择 ⚪ Faces display 单选项。

通过分解区域视图，可以清楚看到产品模型上存在的型芯面、型腔面、其他面及无拔模角度的面，为后续的定义做好准备。

步骤 06 在该对话框中单击 ⚪ 确定 按钮，系统计算完成后在几何图形集上会显示出四个区域，如图 12.2.5 和图 12.2.6 所示，同时在特征树中也会增加四个几何图形集。

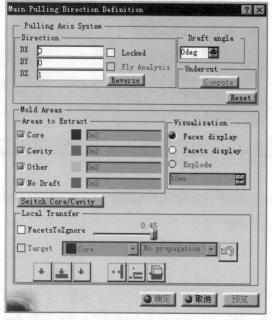

图 12.2.4 "Main Pulling Direction Definition" 对话框

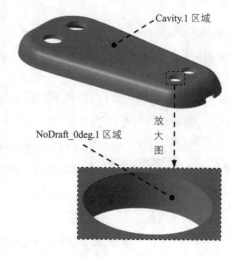

图 12.2.5 区域颜色

图 12.2.6 区域颜色

说明   图 12.2.5 和图 12.2.6 中的区域并没有完全显示出来，只是指出了四个区域，便于读者观察。

12.2.4 移动元素

移动元素是指从一个区域向另一个区域转移元素，但必须在零件上至少定义一个主开模方向。下面继续以前面的模型为例，讲述移动元素的一般操作过程。

步骤 01 选择命令。选择下拉菜单 插入 ➡️ Pulling Direction ▶ ➡️ ⊒ Transfer... 命令，系统弹出"Transfer Element"对话框。

步骤 02 定义型芯区域。在该对话框的 Destination 下拉列表中选择 Core.1 选项，然后选取图 12.2.7 所示的面（共 14 个）。

图 12.2.7 定义型芯区域

步骤 **03** 定义型腔区域。在该对话框的 `Destination` 下拉列表中选择 `Cavity.1` 选项，然后在该对话框的 `Propagation type` 下拉列表中选择 `Point continuity` 选项，选取图 12.2.8 所示面（共 4 个）。

图 12.2.8 定义型腔区域

步骤 **04** 在 "Transfer Element" 对话框中单击 🔘 确定 按钮，完成型芯和型腔区域元素的移动。

12.2.5 集合曲面

由于前面将"其他区域"和"非拔模区域"中的面定义到型芯或型腔中后，此时型芯和型腔区域都是由很多个曲面构成的，不利于后续的操作，可以通过 CATIA 提供的"集合曲面"命令将这些小面连接成一个整体，以便于提高操作效率。下面继续以前面的模型为例，讲述集合曲面的一般操作过程。

步骤 **01** 集合型芯曲面。

（1）选择命令。选择下拉菜单 `插入` ➡ `Pulling Direction` ▶ ➡ `🔲 Aggregate Mold Area..` 命令，系统弹出 "Aggregate Surfaces" 对话框。

（2）选择要集合的区域。在 "Aggregate Surfaces" 对话框的 `Select a mold area` 下拉列表中选择 `Core.1` 选项，此时系统会自动在 `List of surfaces` 的区域中显示要集合的曲面。

（3）定义连接数据。在 "Aggregate Surfaces" 对话框中选中 `☐ Create a datum Join` 复选框，单击 🔘 确定 按钮，完成型芯曲面的集合，在特征树中显示的结果如图 12.2.9 所示。

步骤 **02** 集合型腔曲面。

（1）选择命令。选择下拉菜单 `插入` ➡ `Pulling Direction` ▶ ➡ `🔲 Aggregate Mold Area..` 命令，系统弹出 "Aggregate Surfaces" 对话框。

（2）选择要集合的区域。在"Aggregate Surfaces"对话框的 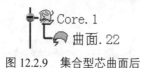 下拉列表中选择 Cavity.1 选项，此时系统会自动在 List of surfaces 的区域中显示要集合的曲面。

（3）定义连接数据。在"Aggregate Surfaces"对话框中选中 ☑ Create a datum Join 复选框，单击 ● 确定 按钮，完成型腔曲面的集合，在特征树中显示的结果如图 12.2.10 所示。

图 12.2.9   集合型芯曲面后   图 12.2.10   集合型腔曲面后

12.2.6   创建爆炸曲面

在完成型芯面与型腔面的定义后，需要通过"爆炸曲面"命令来观察定义后的型芯面与型腔面是否正确，这样零件表面上可能存在的问题可以直观地反映出来。下面继续以前面的模型为例，介绍创建爆炸曲面的一般操作过程。

步骤01   选择命令。选择下拉菜单 插入 ➡ Pulling Direction ▶ ➡ 🔲 Explode View... 命令，系统弹出图 12.2.11 所示的"Explode View"对话框。

步骤02   定义移动距离。在 Explode Value 文本框中输入数值 50，单击 Enter 键，结果如图 12.2.12 所示。

图 12.2.11   "Explote View"对话框

图 12.2.12   爆炸结果

 此例中只有一个主方向，系统会自动选取移动方向，图 12.2.12 中的型芯面与型腔面完全分开，没有多余的面，说明前面移动元素没有错误。

步骤03   在"Explode View"对话框中单击 ● 取消 按钮，完成爆炸视图的创建。

12.2.7   创建修补面

在进行模具分型前，有些产品体上有开放的凹槽或孔，此时就要对产品模型进行修补，否则无法完成模具的分型操作。继续以前面的模型为例，介绍模型修补的一般操作过程。

任务 01 创建填充曲面 1

步骤 01 新建几何图形集。

（1）选择命令。选择下拉菜单 [插入] ➡ [几何图形集...] 命令，系统弹出"插入几何图形集"对话框。

（2）在系统弹出的对话框的 [名称：] 文本框中输入"Repair_surface"，在 [父级：] 文本框中接受系统默认的 [MoldedPart] 选项，然后单击 [确定] 按钮。

步骤 02 创建边界线 1。

（1）选择下拉菜单 [插入] ➡ [Operations ▸] ➡ [Boundary...] 命令，系统弹出"边界定义"对话框。

（2）选择拓展类型。在该对话框的 [拓展类型：] 下拉列表中选择 [点连续] 选项。

（3）选择边界线。在模型中选取图 12.2.13 所示的边界 1，单击 [确定] 按钮。

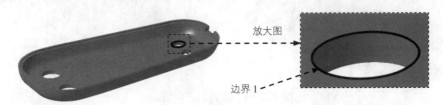

图 12.2.13　选取边界线

步骤 03 选择命令。选择下拉菜单 [插入] ➡ [Surfaces ▸] ➡ [Fill...] 命令，系统弹出"填充曲面定义"对话框。

步骤 04 选取填充边界。选取图 12.2.13 所示的边界 1，在"填充曲面定义"对话框中单击 [确定] 按钮，创建结果如图 12.2.14 所示。

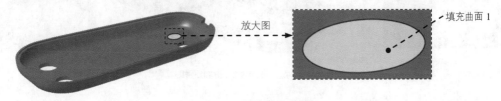

图 12.2.14　创建填充曲面 1

任务 02 创建填充曲面 2

步骤 01 创建边界线 2。

（1）选择下拉菜单 [插入] ➡ [Operations ▸] ➡ [Boundary...] 命令，系统弹出"边界定义"对话框。

（2）选择拓展类型。在该对话框的 拓展类型：下拉列表中选择 点连续 选项。

（3）选择边界线。在模型中选取图 12.2.15 所示的边界 2，单击 ● 确定 按钮。

图 12.2.15　选取边界线

步骤 02 选择命令。选择下拉菜单 插入 ━━▶ Surfaces ▶ ━━▶ Fill... 命令，系统弹出"填充曲面定义"对话框。

步骤 03 选取填充边界。选取图 12.2.15 所示的边界 2，在"填充曲面定义"对话框中单击 ● 确定 按钮，创建结果如图 12.2.16 所示。

图 12.2.16　创建填充曲面 2

任务 03 创建填充曲面 3 和 4

参照 **任务 02**，创建图 12.2.17 所示的填充曲面 3 和填充曲面 4。

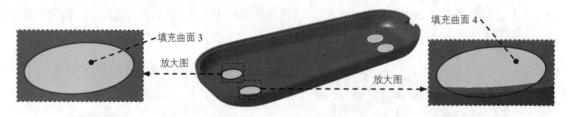

图 12.2.17　创建填充曲面 3 和 4

12.2.8　创建分型面

创建模具分型面一般可以使用拉伸、扫掠、填充和混合曲面等方法来完成。其分型面的创建是在分型线的基础上完成的，并且分型线的形状直接决定分型面创建的难易程度。通过创建分型面可以将工件分割成型腔和型芯零件。继续以前面的模型为例，介绍创建分型面的一般过程。

步骤 01 选择命令。选择下拉菜单 插入 ━━▶ 🌫 几何图形集... 命令，系统弹出"插入几何图形集"对话框。

步骤 02 在系统弹出的对话框的 名称: 文本框中输入"Parting_surface"，在 父级: 文本框中接受系统默认的 MoldedPart 选项，然后单击 ● 确定 按钮。

步骤 03 创建 PrtSrf_接合.1。

（1）选择下拉菜单 插入 ━━▶ Surfaces ▶ ━━▶ ⊕ Parting Surface... 命令，系统弹出"Parting surface Definition"对话框。

（2）在绘图区中选取零件几何体，此时在零件几何体上会显示许多边界点，然后选取图12.2.18 所示的点 1 和点 2 作为拉伸边界点。

（3）定义拉伸方向和长度。在该对话框中选择 Direction+Length 选项卡，然后在 Length 文本框中输入数值 60，在坐标系中选取 X 轴，结果如图 12.2.19 所示。

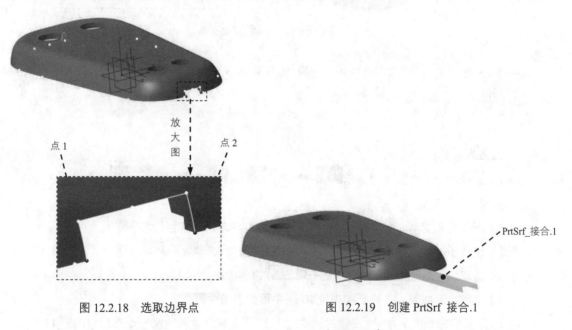

图 12.2.18　选取边界点　　　　图 12.2.19　创建 PrtSrf 接合.1

（4）在"Parting surface Definition"对话框中单击 ● 确定 按钮，完成 PrtSrf_接合.1 的创建。

步骤 04 创建边界 1。

（1）选择命令。选择下拉菜单 插入 ━━▶ Operations ▶ ━━▶ ⌒ Boundary... 命令，系统弹出"边界定义"对话框。

（2）选择曲线边线。在模型中选取图 12.2.20 所示的边线为边界线。

（3）选择限制点。在模型中分别选取图 12.2.20 所示的点 1 和点 2。

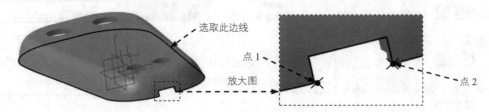

图 12.2.20　选取边界线和限制点

（4）在该对话框中单击 ● 确定 按钮，结果如图 12.2.21 所示。

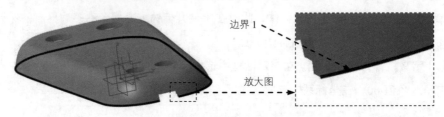

图 12.2.21　创建边界 1

　　　图 12.2.20 和图 12.2.21 中是将 PrtSrf_接合.1 隐藏的结果，以便于选取限制点和观察。

步骤 05 创建扫掠曲面。

（1）选择命令。选择下拉菜单 插入 ➡ Surfaces ▶ ➡ Sweep... 命令，系统弹出"扫掠曲面定义"对话框。

（2）选择轮廓类型。在该对话框的 轮廓类型: 区域中单击"直线"按钮 。

（3）选择子类型。在该对话框的 子类型: 下拉列表中选择 使用参考曲面 选项。

（4）选取引导曲线 1。在模型中选取 **步骤 04** 中创建的边界 1。

（5）选取参考曲面。在特征树中选取 xy 平面为参考曲面。

（6）定义扫掠长度及方向。在该对话框的 长度 1: 区域中输入数值 60，然后单击图 12.2.22 所示的箭头。

（7）在该对话框中单击 ● 确定 按钮，完成扫掠曲面的创建，结果如图 12.2.23 所示。

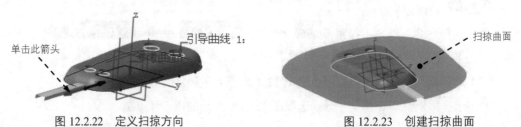

图 12.2.22　定义扫掠方向　　　　　　　　　图 12.2.23　创建扫掠曲面

步骤 06 创建型芯分型面。

（1）隐藏曲线。选择下拉菜单 工具 ➡ 隐藏 ▶ ➡ 所有曲线 命令。

（2）选择命令。选择下拉菜单 插入 ➡ Operations ▶ ➡ Join... 命令，系统弹出"接合定义"对话框。

（3）选择接合对象。分别在特征树中 Core.1 前的"+"号下选取 曲面.22；在 Repair_surface 前的"+"号下选取 填充.1 、 填充.2 、 填充.3 和 填充.4；在 Parting_surface 前的"+"号下选取 PrtSrf_接合.1 和 扫掠.1。

（4）在该对话框中单击 确定 按钮，完成型芯分型面的创建。

（5）重命名型芯分型面。右击 接合.2，在弹出的快捷菜单中选择 属性 选项，然后在弹出的"属性"对话框中选择 特征属性 选项卡，在 特征名称: 文本框中输入文件名"Core_surface"，单击 确定 按钮，完成型芯分型面的重命名。

步骤 07 创建型腔分型面。

（1）选择命令。选择下拉菜单 插入 ➡ Operations ▶ ➡ Join... 命令，系统弹出"接合定义"对话框。

（2）选择接合对象。分别在特征树中 Cavity.1 "+"号下选取 曲面.23；在 Repair_surface "+"号下选取 填充.1 、 填充.2 、 填充.3 和 填充.4；在 Parting_surface "+"号下选取 PrtSrf_接合.1 和 扫掠.1。

（3）在该对话框中单击 确定 按钮，完成型腔分型面的创建。

（4）重命名型腔分型面。右击 接合.3，在弹出的快捷菜单中选择 属性 选项；然后在 特征名称: 文本框中输入文件名"Cavity_surface"，单击 确定 按钮，完成型腔分型面的重命名。

为了便于直观地观察型腔分型面与型芯分型面，可以对分型面的颜色进行设置。如对型芯分型面颜色的修改，具体方法：右击 Core_surface 图标，在弹出的快捷菜单中选择 属性 选项，然后在弹出的"属性"对话框中选择 图形 选项卡，在 颜色 下拉列表中选择一种颜色，单击 确定 按钮，完成型芯分型面的颜色修改。

步骤 08 激活产品文件并保存。在特征树中双击 down_cover_mold，选择下拉菜单 文件 ➡ 保存 命令，此时系统弹出"保存"对话框，单击 保存(S) 按钮。

12.3 模具设计工作台

12.3.1 概述

本节主要介绍 CATIA V5-6 模具设计工作台中部分命令的功能及使用方法,并结合了实例来介绍这些命令的使用,主要包括模架的设计、标准件的加载以及浇注系统设计等。建议用户在熟悉型芯型腔设计和模具设计一般过程的基础上,进一步掌握如何使用用户自定义和标准的目录库从模具架到组件设计出完整的注塑模。

学习本节时请先打开文件 D:\catia2014\work\ch12.03\ok\down_cover_mold. CATProduct。打开文件 down_cover _mold.CATProduct 后,系统显示图 12.3.1 所示的模具设计工作界面。

如图 12.3.1 所示,"模具设计"工作台中包含实际模具中的所有零件,如模架(标准模架和自定义模架)、模架中的标准件(导柱、导套、螺钉及推杆)、浇注系统(定位圈、浇口套、流道和浇口)及其他的零件。

本节仍以上节的模型为例,紧接完成分型面的创建后,在模具设计工作台中进行模架的设计、标准件的加载以及浇注系统设计等操作。

图 12.3.1 CATIA V5-6 "模具设计" 工作台界面

12.3.2 模架的设计

模架是模具组成的基本部件，是用来承载型芯和型腔并帮助开模的机构。模架被固定在注塑机上，每次注塑机完成一次注射后通过推出机构帮助开模，同时顶出系统将成型产品推出。

模具的正常运作除了有承载型芯和型腔的模架外，同时还需要借助标准件（滑块、螺钉、定位圈、导柱、顶杆等）来完成。标准件在很大程度上可以互换，这为提高工作效率提供了有力保障。标准件一般由专业厂家大批量生产和供应。标准件的使用可以提高专业化协作生产水平、缩短模具生产周期、提高模具制造质量和使用性能。并且标准件的使用可以使模具设计工作者摆脱大量重复的一般性设计，以便有更多的精力用于改进模具设计、解决模具关键技术问题等。

通过"模具设计"工作台来进行模具设计可以简化模具的设计过程，减少不必要的重复性工作，提高设计效率。在 CATIA V5-6 中提供的模架和标准件可供用户直接选择和添加，但有些基本尺寸还需用户自行设置，从而满足使用要求。

模架一般分为二板式注射模架（单分型面注射模架）和三板式注射模架（双分型面注射模架），这两种模架是实际生产当中最为常用的。

模架作为模具的基础机构，在整个模具的使用过程中起着十分重要的作用。模架选用的合适与否将直接影响模具的使用，所以模架的选用在模具设计过程中不可忽视。本节将讲解 CATIA V5-6 中模架的加载和编辑的一般操作。

打开文件 D:\catia2014\work\ch12.03\down_cover_mold.CATProduct。

在"Mold Base Components"工具条中单击"Create a new mold"按钮圁，系统弹出图 12.3.2 所示的"Create a new mold..."对话框（一）。

1. 非标准模架的定义

在标准模架不能满足使用要求的情况下，我们必须通过自定义的方式来创建适合自己使用的非标准模架。模架的尺寸定义是通过修改图 12.3.2 所示的"Create a new mold..."对话框（一）中的"模板尺寸"定义区和"模架尺寸"定义区的参数来完成的。

2. 标准模架的定义

（1）标准模架的目录和类型

CATIA V5-6 中的标准模架都由"Dme""Eoc""Futaba"及"Hasco"等供应商提供。单击"Create a new mold..."对话框中的按钮，系统弹出图 12.3.3 所示"目录浏览器:"对话框（一），以选择标准模架的供应商。

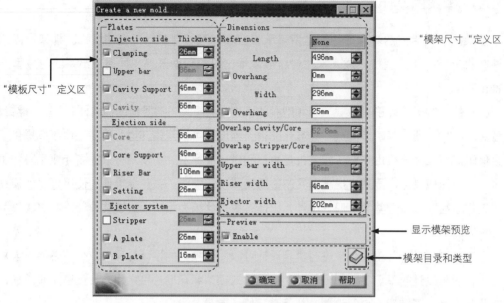

图 12.3.2   "Create a new mold…" 对话框（一）

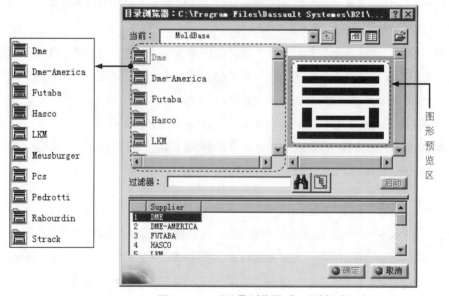

图 12.3.3   "目录浏览器:" 对话框（一）

在 CATIA V5-6 中有多种供应商提供的模架可供用户选择，并且每个供应商提供的模架都有很多不同的类型。如选取 "Futaba" 供应商提供的模架时，则会显示图 12.3.4 所示的几种类型。

（2）标准模架尺寸的选择

当定义完模架的类型后，模架的尺寸还需要确定，这就要从产品特点和生产成本等方面综合考虑,最后来确定模架的尺寸。在"目录浏览器"对话框的"模架尺寸"列表(图 12.3.5)中,选择适合产品特点和模具结构的模架尺寸(尺寸的命名是以 X、Y 方向的基础尺寸为参照,前一部分是模架的宽度,后一部分是模架的长度),此时在"模板尺寸"列表中就会出现所选择模架的各个模板的相关尺寸(如果系统给定的尺寸不够理想还可以修改,模板尺寸的修改在后面会介绍)。

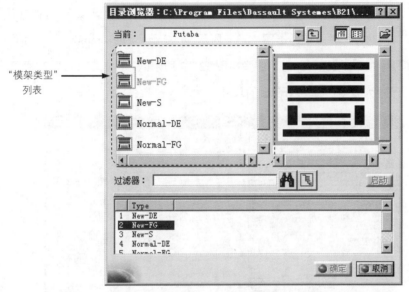

图 12.3.4 "目录浏览器"对话框(二)

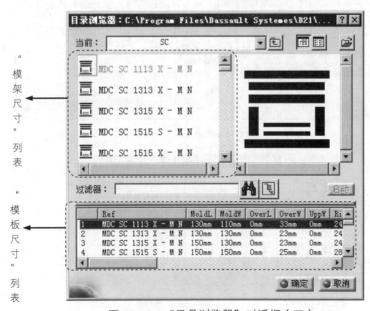

图 12.3.5 "目录浏览器"对话框(三)

选取模架尺寸为"1113"的模架，则说明选用的模具主长度为 130mm，模具主宽度为 110mm。

（3）标准模架尺寸的修改

完成模架尺寸的选定后，接下来就需要对模板的尺寸进行修改。选取一个合适模架尺寸后，单击 ⊙ 确定 按钮，此时系统弹出图 12.3.6 所示的"Create a new mold..."对话框（二），若单击该对话框所示的 ▦ 按钮，此时系统弹出图 12.3.7 所示的"PlateChoice"对话框，用户可在该对话框的尺寸列表中选择一个合适的尺寸。

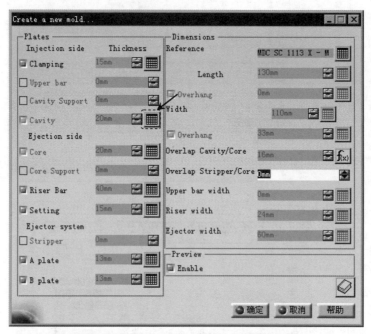

图 12.3.6 "Create a new mold..."对话框（二）

图 12.3.7 "PlateChoice"对话框

说明 通过该对话框可以完成型腔模板厚度的定义。

3. 标准模架设计

任务 01 旋转轴系统主坐标系

步骤 01 打开文件。打开文件 D:\catia2014\work\ch12.03\down_cover_mold.CATProduct，单击 打开(O) 按钮，并确定进入"模具设计"工作台。

说明 在打开本节模型后，请读者确认在"模具设计"工作台中。若不在"模具设计"工作台中，则需要先激活 down cover mold 选项，通过选择下拉菜单 开始 ➡ 机械设计 ➡ Mold Tooling Design 命令，将系统切换到"模具设计"工作台。

步骤 02 激活产品。在特征树中双击 MoldedPart (MoldedPart.1) "+"号下的 MoldedPart ，然后在特征树 轴系 "+"号下双击 Main Pulling Direction.1，系统弹出"轴系定义"对话框。

步骤 03 旋转坐标系。在 Z 轴: 文本框中右击，在弹出的快捷菜单中选择 旋转... 命令，系统弹出"Z 轴旋转"对话框，在 角度: 文本框中输入数值 90；单击 确定 按钮。

步骤 04 单击"轴系定义"对话框中的 确定 按钮，完成主坐标系的旋转；旋转前后结果如图 12.3.8 所示。

a）旋转前   b）旋转后

图 12.3.8 旋转轴系统主坐标系

任务 02 确定模架类型

步骤 01 激活产品文件。在特征树中双击 down cover mold，将其激活。

步骤 02 选择命令。在"Mold Base Components"工具条中单击"Create a new mold"按钮 ，系统弹出"Create a new mold…"对话框。

步骤 03 选择模架。

（1）在"Create a new mold…"对话框中单击 ⬦ 按钮，系统弹出"目录浏览器"对话框。

（2）在此对话框中双击 📇 Futaba ➡ 📇 Normal-S ➡ 📇 SC 选项，在系统弹出的"模架尺寸"列表中选择 📇 MDC SC 3035 S - M N 选项（图 12.3.9）；单击 ● 确定 按钮；系统返回至"Create a new mold…"对话框。

任务 03 修改模板尺寸

步骤 01 修改型腔模板尺寸。

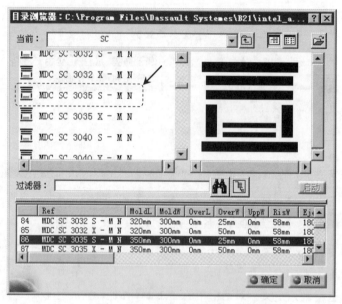

图 12.3.9 "目录浏览器"对话框

（1）在"Create a new mold…"对话框中单击 ☐ Cavity 后的 ▦ 按钮，此时系统弹出"PlateChoice…"对话框。

（2）在该对话框中选择 431　A40-3035-S　MDC SC 3035 S - M N　40mm 选项，单击 ● 确定 按钮，完成型腔模板尺寸的修改。

步骤 02 修改垫块尺寸。

（1）在"Create a new mold…"对话框中单击 ☐ Riser Bar 后的 ▦ 按钮，此时系统弹出"PlateChoice"对话框。

（2）在该对话框中选择 191　C110-3035-S　MDC SC 3035 S - M N　110mm 选项，单击 ● 确定 按钮，完成型垫块尺寸的修改。

（3）在"Create a new mold…"对话框中单击 <kbd>● 确定</kbd> 按钮，结果如图 12.3.10 所示。

步骤 03 修改型腔板和型芯板的重叠尺寸。

（1）选择命令。在特征树中右击 `Mold (Mold.1)`，在弹出的快捷菜单中选择 `Mold.1 对象` ▶ ➡ `Edit Mold` 命令，系统弹出"Edit Mold"对话框。

（2）单击对话框 `Overlap Cavity/Core` 文本框后的 `f(x)` 按钮，系统弹出"公式编辑器：CorCavS"对话框。

（3）单击该对话框右上角的"清除文本字段"按钮 ⟨⟩，单击 <kbd>● 确定</kbd> 按钮。

（4）在对话框的 `Overlap Cavity/Core` 文本框中输入数值 0；单击 <kbd>● 确定</kbd> 按钮，完成型腔板和型芯板重叠尺寸的修改，结果如图 12.3.11 所示。

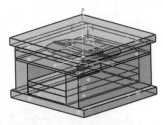

图 12.3.10　加载模架后

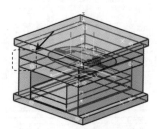

图 12.3.11　修改模架重叠尺寸后

4．添加模板

任务 01 添加动模支撑板

步骤 01 选择命令。选择下拉菜单 `插入` ➡ `Mold Base Components` ▶ ➡ `New Mold Plate…` 命令，系统弹出图 12.3.12 所示的"Add a plate…"对话框。

步骤 02 定义模板类型和参数。在该对话框 `Configuration` 区域的 `Type` 下拉列表中选择 `Core support` 选项；在 `Parameters` 选项卡的 `Thickness` 文本框中输入数值 20；其他参数接受系统默认设置值。

步骤 03 单击 <kbd>● 确定</kbd> 按钮，完成动模支撑板的添加，结果如图 12.3.13 所示。

任务 02 重定义装配约束

步骤 01 修改模架坐标系。

（1）激活零件。在特征树中依次单击 `Mold (Mold.1)` ➡ `EjectionSide (EjectionSide.1)` ➡ `CorePlate (CorePlate.1)` 前的"+"号，然后双击其"+"号下的 `CorePlate`，此时系统激活该零件。

（2）选择坐标系。在特征树中依次单击 `CorePlate` ➡ `轴系` 前的"+"

号，然后右击其"+"号下的 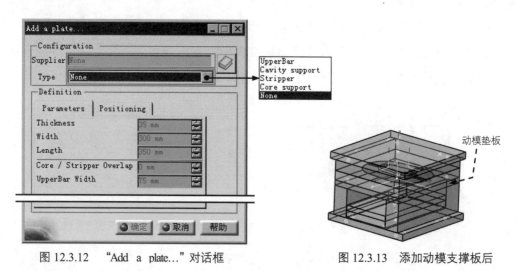轴系.1，在弹出的快捷菜单中选择 轴系.1 对象 ▶ ➡

定义... 命令，此时系统弹出"轴系定义"对话框。

（3）在该对话框的 原点: 文本框中右击，在弹出的快捷菜单中选择 坐标... 命令，系统弹出"原点"对话框，并在 Z = 文本框中输入数值35。

（4）单击"原点"对话框中的 关闭 按钮；然后单击"轴系定义"对话框中的 ● 确定 按钮，完成模架坐标系的修改。

图 12.3.12 "Add a plate..."对话框   图 12.3.13 添加动模支撑板后

步骤 02 修改产品坐标系。

（1）激活零件。在特征树中依次单击 MoldedPart (MoldedPart.1) ➡ MoldedPart 前的"+"号，然后双击其"+"号下的 MoldedPart，此时系统激活该零件。

（2）选择坐标系。在特征树中右击 MoldedPart ➡ 轴系 "+"号下 Main Pulling Direction.1，在弹出的快捷菜单中选择 Main Pulling Direction.1 对象 ▶ ➡ 定义... 命令，系统弹出"轴系定义"对话框。

（3）在该对话框的 原点: 文本框中右击，在弹出的快捷菜单中选择 坐标... 命令，系统弹出"原点"对话框，并在 Y = 文本框中输入数值55，在 Z = 文本框中输入数值3。

（4）单击"原点"对话框中的 关闭 按钮；然后单击"轴系定义"对话框中的 ● 确定 按钮，完成产品坐标系的修改。

步骤 03 激活产品。在特征树中双击 down cover mold，完成产品的激活。

步骤 04 移动产品。在"Move"工具栏中单击 按钮，选取图 12.3.14 所示的点 1 和点 2，完成产品的移动。

若图形区没有"Move"工具栏，用户可在图形区右侧的任意工具栏上右击，在弹出的快捷菜单中选择 Move 命令，此时在图型区就可看见"Move"工具栏。

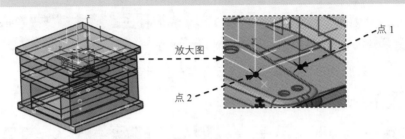

图 12.3.14　定义约束点

5. 添加镶件

任务 **01** 创建型芯 1

步骤 **01** 隐藏定模侧组件。在特征树中单击 Mold（Mold.1）前的"+"号，然后右击 InjectionSide（InjectionSide.1），在弹出的快捷菜单中选择 隐藏/显示 命令。

步骤 **02** 加载型芯工件 1。

（1）选择命令。选择下拉菜单 插入 ➡ Mold Base Components ➡ New Insert... 命令，系统弹出"Define Insert"对话框。

（2）定义放置平面和点。选取图 12.3.15 所示的动模板的上表面为放置平面；在型芯分型面上单击任意位置，然后在"Define Insert"对话框的 X 文本框中输入数值-55，在 Y 文本框中输入数值 0，在 Z 文本框中输入数值 60。

（3）选择工件类型。在"Define Insert"对话框中单击 按钮，在弹出的对话框中双击 Pad_with_chamfer 类型，然后在弹出的对话框中双击 Pad 类型，单击 确定 按钮。

（4）定义工件参数。在"Define Insert"对话框中选择 Parameters 选项卡，然后在 L 文本框中输入数值 110，在 W 文本框中输入数值 170，在 H 文本框中输入数值 60，在 Draft 文本框中输入数值 0，其他参数接受系统默认设置值。

（5）在"Define Insert"对话框中单击 确定 按钮，结果如图 12.3.16 所示。

图 12.3.15　定义放置平面

图 12.3.16　型芯工件 1

步骤 03 分割型芯工件 1。

（1）选择命令。在特征树中右击 `EjectionSide (EjectionSide.1)` "+" 号下的 `Insert_2 (Insert_2.1)`，在弹出的快捷菜单中选择 `Insert_2.1 对象` ▶ `Split component...` 命令，系统弹出"Split Definition"对话框。

（2）定义分割曲面。在特征树中依次单击 `MoldedPart (MoldedPart.1)` `MoldedPart` `Parting_surface` 前的"+"号，然后选取 `Core_surface`，单击 `确定` 按钮，结果如图 12.3.17 所示（将分型面隐藏）。

任务 02 分型面布局

步骤 01 切换工作台。选择下拉菜单 `开始` `机械设计` ▶ `装配设计` 命令，系统切换到"装配件设计"工作台。

步骤 02 选择命令。选择下拉菜单 `插入` `对称` 命令，系统弹出"装配对称向导"对话框。

步骤 03 选择对称平面和要变换的特征。在特征树中依次单击 `Mold (Mold.1)` `EjectionSide (EjectionSide.1)` `CorePlate (CorePlate.1)` `CorePlate` 前的"+"号，选取 `yz 平面`；然后在特征树中选取 `MoldedPart (MoldedPart.1)`，系统弹出"装配对称向导"对话框。

步骤 04 定义对话框参数。在该对话框的 `选择部件的对称类型：` 区域中选择 `旋转，新实例` 和 `YZ 平面` 单选项，单击"装配对称向导"对话框中的 `完成` 按钮，系统弹出"装配对称结果"对话框。

步骤 05 单击"装配对称结果"对话框中的 `关闭` 按钮，结果如图 12.3.18 所示。

图 12.3.17　分割型芯工件 1 后

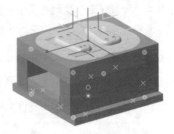

图 12.3.18　分型面布局后

任务 03 创建型芯 2

步骤 01 激活组件。在特征树中双击 `EjectionSide (EjectionSide.1)`，使其激活。

步骤 **02** 选择命令。选择下拉菜单 插入 ➡ 对称 命令，系统弹出"装配对称向导"对话框。

步骤 **03** 选择对称平面和要变换的特征。在特征树中依次单击 Mold (Mold.1) EjectionSide (EjectionSide.1) CorePlate (CorePlate.1) ➡ CorePlate 前的"+"号，选取 yz 平面；然后在特征树中选取 Insert_2 (Insert_2.1)，系统弹出"装配对称向导"对话框。

步骤 **04** 定义对话框参数。在该对话框的 选择部件的对称类型：区域中选中 旋转，新实例 和 xz 平面 单选项，单击"装配对称向导"对话框中的 完成 按钮，系统弹出"装配对称结果"对话框。

步骤 **05** 单击"装配对称结果"对话框中的 关闭 按钮。

步骤 **06** 在动模板中创建型芯 2 特征。

（1）激活产品。在特征树中双击 Mold (Mold.1)，使其激活。

（2）选择命令。选择下拉菜单 插入 ➡ 装配特征 ▶ ➡ 移除 命令。

（3）选择创建的特征。在图形区中选取刚创建的型芯 2，系统弹出"定义装配特征"对话框。

（4）在该对话框 可能受影响的零件 区域中单击 ⌄ 按钮，此时系统弹出"移除"对话框，在 受影响零件 区域中选择除 CorePlate 选项以外的所有选项，然后单击 ⌃ 按钮，在"移除"对话框中单击 确定 按钮，完成在动模板中创建型芯 2 特征，结果如图 12.3.19 所示。

图 12.3.19 创建型芯 2 特征后

观察结果时，可将分型面进行隐藏。

任务 **04** 创建型腔 1

步骤 **01** 显示定模侧组件。在特征树中右击 Mold (Mold.1) "+"号下的 InjectionSide (InjectionSide.1)，在弹出的快捷菜单中选择 隐藏/显示 命令。

步骤 02 隐藏动模侧组件及推出系统。在特征树中右击 ♣ 宣 Mold (Mold.1) "+" 号下的 ▱ EjectionSide (EjectionSide.1)，在弹出的快捷菜单中选择 ⊘ 隐藏/显示 命令；然后右击 ▱ EjectorSystem (EjectorSystem.1)，在弹出的快捷菜单中选择 ⊘ 隐藏/显示 命令。

步骤 03 切换工作台。选择下拉菜单 开始 ➡ ▶机械设计 ▶ ➡ ▱ Mold Tooling Design 命令，切换到"模具设计"工作台。

步骤 04 加载型腔工件 1。

（1）选择命令。选择下拉菜单 插入 ➡ Mold Base Components▶ ➡ ▱ New Insert... 命令，系统弹出"Define Insert"对话框。

（2）定义放置平面和点。选取图 12.3.20 所示的定模板的上表面为放置平面；在型腔分型面上单击任意位置，然后在"Define Insert"对话框的 ˣ 文本框中输入数值-55，在 ʸ 文本框中输入数值 0，在 ᶻ 文本框中输入数值 0。

（3）选择工件类型。在"Define Insert"对话框中单击 ▱ 按钮，在弹出的对话框中双击 ▱ Pad_with_chamfer 类型，然后在弹出的对话框中双击 ▱ Pad 类型，单击 ● 确定 按钮。

（4）定义工件参数。在"Define Insert"对话框中选择 Parameters 选项卡，然后在 ᴸ 文本框中输入数值 110，在 ᵂ 文本框中输入数值 170，在 ᴴ 文本框中输入数值 60，在 Draft 文本框中输入数值 0，其他参数接受系统默认设置值。

（5）在"Define Insert"对话框中单击 ● 确定 按钮，结果如图 12.3.21 所示。

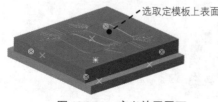

图 12.3.20 定义放置平面

图 12.3.21 型腔工件 1

步骤 05 分割型腔工件 1。

（1）选择命令。在特征树中右击 ♣ ▱ InjectionSide (InjectionSide.1) "+" 号下的 ▱ Insert 3 (Insert 3.1)，在弹出的快捷菜单中选择 Insert_3.1 对象 ▶ ➡ ▱ Split component... 命令，系统弹出"Split Definition"对话框。

（2）定义分割曲面。在特征树中依次单击 ▱ MoldedPart (Part1.1) ➡ ▱ MoldedPart ➡ ▱ Parting_surface 前的"+"号，然后在其"+"号下选取 ▱ Cavity_surface，单击 ● 确定 按钮，结果如图 12.3.22 所示。

任务 05 创建型腔 2

步骤 01 切换工作台。选择下拉菜单 开始 ➡ ▶机械设计 ▶ ➡ ⚙装配设计 命令，系统切换到"装配设计"工作台。

步骤 02 激活组件。在特征树中双击 ✦🗐 InjectionSide (InjectionSide.1)，使其激活。

步骤 03 选择命令。选择下拉菜单 插入 ➡ 🔨对称 命令，系统弹出"装配对称向导"对话框。

步骤 04 选择对称平面和要变换的特征。在特征树中依次单击 ✦🔲 Mold (Mold.1) ✦🗐 InjectionSide (InjectionSide.1) ➡ ✦🖉 ClampingPlate (ClampingPlate.1) ➡ ✦⚙ ClampingPlate 前的"+"号，选取 🖉 yz 平面；然后在特征树中选择 🖉 Insert_3 (Insert_3.1)，系统弹出"装配对称向导"对话框。

步骤 05 定义对话框参数。在该对话框的 选择部件的对称类型： 区域中选中 ⦿ 旋转，新实例 和 ⦿ xz 平面 单选项，单击"装配对称向导"对话框中的 完成 按钮，系统弹出"装配对称结果"对话框。

步骤 06 单击"装配对称结果"对话框中的 关闭 按钮。

步骤 07 在定模板中创建型腔 2 特征。

（1）在特征树中双击 ✦🖉 CavityPlate (CavityPlate.1) "+"号下的 ⚙ CavityPlate，使其激活，确保进入"零件设计"工作台。

（2）选择命令。选择下拉菜单 插入 ➡ 布尔操作 ▶ ➡ 🔧装配... 命令，系统弹出"装配"对话框。

（3）选择创建的特征。在特征树中依次单击 ✦🔧 Insert_3 (Symmetry of Insert_3.1.1) ➡ ✦⚙ Insert_3 前的"+"号，然后选取 🔧 _DrillHole，单击 ⬤ 确定 按钮，此时系统弹出"警告"对话框。

（4）在该对话框中单击 是(Y) 按钮，结果如图 12.3.23 所示（隐藏分型面）。

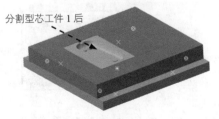

分割型芯工件 1 后

图 12.3.22 分割型腔工件 1 后

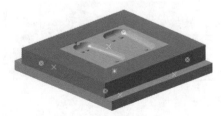

图 12.3.23 创建型腔 2 特征后

6. 修改动模板

任务 01 创建型芯固定凸台

步骤 01 隐藏定模侧组件。在特征树中单击 ✛宣 Mold (Mold.1) 前的"+"号，然后右击 宣 InjectionSide (InjectionSide.1)，在弹出的快捷菜单中选择 🗐 隐藏/显示 命令。

步骤 02 显示动模侧组件。在特征树中右击 ✛ EjectionSide (EjectionSide.1)，在弹出的快捷菜单中选择 🗐 隐藏/显示 命令，然后将除两个型芯板以外的所有板块隐藏。

步骤 03 激活型芯零件。在特征树中双击 ✛ Insert_2 (Insert_2.1) "+"号下的 Insert_2 零件，此时系统激活该零件（"零件设计"工作台）。

步骤 04 创建图 12.3.24 所示的凸台 2。

图 12.3.24 凸台 2

 因为该零件中已创建过一个凸台，所以此处创建的凸台为凸台 2。

（1）选择命令。选择下拉菜单 插入 ➡ 基于草图的特征 ▶ ➡ 🗐 凸台... 命令，系统弹出"定义凸台"对话框。

（2）定义草图平面。在"定义凸台"对话框中单击 🖉 按钮，选取图 12.3.25 所示的平面为草图平面。

（3）绘制截面草图。在图形区绘制图 12.3.26 所示的截面草图，单击"退出工作台"按钮 🖳，系统返回至"定义凸台"对话框。

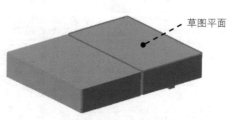

图 12.3.25 定义草图平面

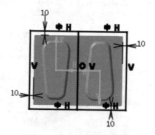

图 12.3.26 截面草图

（4）确定凸台开始值和终点值。在"定义凸台"对话框 第一限制 区域的 长度：文本框中输入数值 10；然后单击 反转方向 按钮（即 Z 轴正方向）。

（5）单击 ● 确定 按钮，完成凸台 2 的创建。

 两个型芯是关联的，只需在一个型芯上绘制一个矩形即可，系统会自动在另一个型芯上绘制出同样的一个矩形。

步骤 05 创建图 12.3.27 所示的倒角 3。

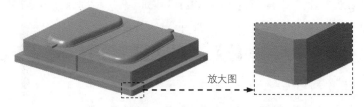

图 12.3.27　倒角 3

 因为该零件中已创建过两个倒角，所以此处创建的倒角为倒角 3。

（1）选择命令。选择下拉菜单 插入 ➡ 修饰特征 ▶ ➡ ◆ 倒角… 命令，系统弹出"定义倒角"对话框。

（2）选取图 12.3.28 所示的两条边线为倒角对象，倒角长度为 2；倒角角度为 45°。

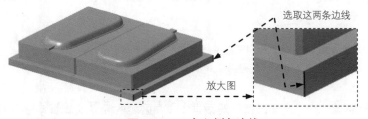

图 12.3.28　定义倒角边线

（3）单击 ● 确定 按钮，完成倒角 3 的创建。

 两个型芯是关联的，只需在一个型芯上选取两条边线即可。

任务 02 创建固定型芯凹槽

步骤 01 显示动模板。在特征树中右击 ✚📄 **EjectionSide (EjectionSide.1)** "+" 号下 📄 **CorePlate (CorePlate.1)**，在弹出的快捷菜单中选择 📄 **隐藏/显示** 命令。

若此时动模板显示红色就表示需要更新。

步骤 02 激活动模板零件。在特征树中依次单击 ✚🔲 **Mold (Mold.1)** ➡
✚📄 **EjectionSide (EjectionSide.1)** ➡ ✚📄 **CorePlate (CorePlate.1)** 前的 "+" 号，然后双击其 "+" 号下的 📄 **CorePlate** 零件，此时系统激活该零件。

步骤 03 创建图 12.3.29 所示的凹槽 1（只显示动模板）。

（1）选择命令。选择下拉菜单 **插入** ➡ **基于草图的特征** ▶ ➡ **📄 凹槽...** 命令，系统弹出"定义凹槽"对话框。

（2）定义草图平面。单击 📄 按钮，选取图 12.3.30 所示的平面为草图平面。

（3）绘制截面草图。绘制图 12.3.31 所示的截面草图，单击"退出工作台"按钮 📄。

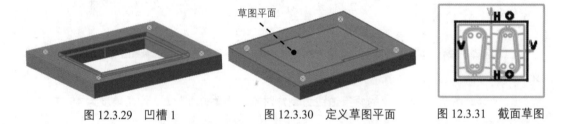

图 12.3.29　凹槽 1　　　　　图 12.3.30　定义草图平面　　　　图 12.3.31　截面草图

在绘制草图时，需将视图的透明度进行调整，否则选不到边线。

（4）定义凹槽类型。在"定义凹槽"对话框 **第一限制** 区域的 **深度：** 文本框中输入数值 10，然后单击 **反转方向** 按钮（即 Z 轴正方向）。

（5）单击 **● 确定** 按钮，完成凹槽 1 的创建。

步骤 04 创建倒圆角 1（隐藏型芯）。

（1）选择命令。选择下拉菜单 **插入** ➡ **修饰特征** ➡ **📄 倒圆角...** 命令，系统弹出"倒圆角定义"对话框。

（2）定义倒圆角对象。选取图 12.3.32 所示的 4 条边线为倒圆角对象，倒圆角半径值为 2。

（3）单击 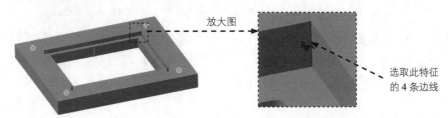 按钮，完成倒圆角1的创建。

图 12.3.32 定义倒圆角边线

步骤 05 创建凹槽 2。

（1）选择命令。选择下拉菜单 插入 ➡ 基于草图的特征 ▶ ➡ 凹槽... 命令，系统弹出"定义凹槽"对话框。

（2）定义草图平面。单击 按钮，选取图 12.3.33 所示的平面为草图平面。

（3）绘制截面草图。绘制图 12.3.34 所示的截面草图，单击"退出工作台"按钮 。

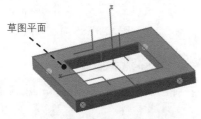

图 12.3.33 定义草图平面

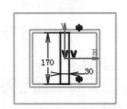

图 12.3.34 截面草图

（4）定义凹槽类型。在对话框 第一限制 区域的 类型: 下拉列表中选择 直到最后 选项。

（5）单击 确定 按钮，完成凹槽 2 的创建。

7. 修改定模板

步骤 01 隐藏动模板。在特征树中右击 CorePlate (CorePlate.1) 选项，在弹出的快捷菜单中选择 隐藏/显示 命令。

步骤 02 显示定模侧组件。在特征树中右击 InjectionSide (InjectionSide.1)，在弹出的快捷菜单中选择 隐藏/显示 命令。

步骤 03 激活定模板零件。在特征树中依次单击 Mold (Mold.1) ➡ InjectionSide (InjectionSide.1) ➡ CavityPlate (CavityPlate.1) 前的"+"号，然后双击其"+"号下的 CavityPlate 零件，此时系统激活该零件。

步骤 04 创建凹槽 1。

（1）选择命令。选择下拉菜单 插入 ➡ 基于草图的特征 ▶ ➡ 凹槽... 命令，系统弹出"定义凹槽"对话框。

（2）定义草图平面。单击 按钮，选取图 12.3.35 所示的平面为草图平面。

（3）绘制截面草图。绘制图 12.3.36 所示的截面草图，单击"退出工作台"按钮 。

（4）定义凹槽类型。在"定义凹槽"对话框 第一限制 区域的 深度： 文本框中输入数值 25。

（5）单击 确定 按钮，完成凹槽 1 的创建。

在绘制草图时，将视图状态调整到"带边和隐藏边着色"以便于绘制。

图 12.3.35　定义草图平面

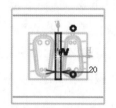

图 12.3.36　截面草图

步骤 05 隐藏定模侧组件。在特征树中单击 Mold (Mold.1) 前的"+"点，然后右击 InjectionSide (InjectionSide.1)，在弹出的快捷菜单中选择 隐藏/显示 命令。

步骤 06 显示动模侧组件。在特征树中右击 EjectionSide (EjectionSide.1)，在弹出的快捷菜单中选择 隐藏/显示 命令，然后将其"+"号下的所有组件显示出来。

步骤 07 显示推出机构。在特征树中右击 EjectorSystem (EjectorSystem.1)，在弹出的快捷菜单中选择 隐藏/显示 命令。

步骤 08 切换工作台。选择下拉菜单 开始 ➡ 机械设计 ▶ ➡ Mold Tooling Design 命令，切换至"模具设计"工作台。

12.3.3　标准件的加载

模架添加完成后，接下来就需要进行标准件的添加。模架中的标准件是指已标准化的一部分零件，这部分零件可以替换使用，以便提高模具的生产效率及修复效率。本节将讲述如何加载及编辑标准件。下面是对常用标准件的介绍。

◆　模架组件

●　滑块（Slide），如图 12.3.37 所示。

●　导轨固定器（Retainers），如图 12.3.38 所示。

●　镶嵌件（Insert），如图 12.3.39 所示。

◆　导向组件，如图 12.3.40 所示。

◆ 固定组件，如图 12.3.41 所示。

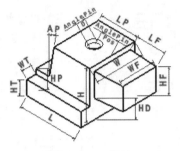

L—滑块支撑长度　　　　W—滑块支撑宽度

H—滑块支撑高度　　　　WT—滑块导轨宽度

HT—滑块导轨高度　　　　LP—滑块体长度

HP—滑块体高度　　　　AP—滑块体角度

LF—滑块成型部位长度　　HF—滑块成型部位高度

WT—滑块成型部位宽度　　HD—滑块成型部位抬高尺寸

AnglePinPos—斜导柱定位角度

AnglePinD—斜导柱孔直径

图 12.3.37　滑块

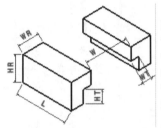

L—导轨长度

W—导轨间宽度

WT—导轨固定部分宽度

HT—导轨固定部分高度

WR—导轨宽度

HR—导轨高度

图 12.3.38　导轨固定器

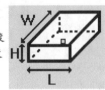

L—镶嵌件长度

W—镶嵌件宽度

H—镶嵌件高度

D—镶嵌件直径

a）矩形　　　b）圆形

图 12.3.39　镶嵌件

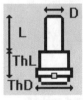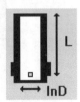

a）导柱　　　b）导套　　　c）斜导柱

图 12.3.40　导向组件

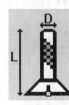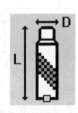

a）圆头螺钉　　b）锥形螺钉　　c）锁定螺钉

图 12.3.41　固定组件

◆ 定位组件，如图 12.3.42 所示。

◆ 退料组件，如图 12.3.43 所示。

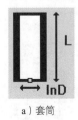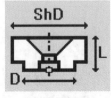

a）套筒　　　　　b）定位圈　　　　　c）直销

图 12.3.42　定位组件

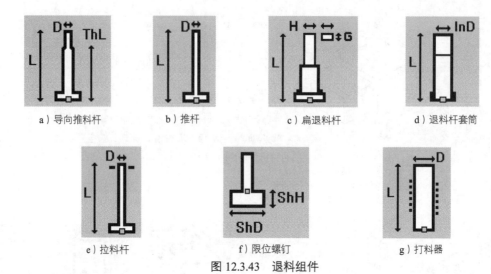

a) 导向推料杆　　　b) 推杆　　　　　c) 扁退料杆　　　d) 退料杆套筒

e) 拉料杆　　　　　f) 限位螺钉　　　　g) 打料器

图 12.3.43　退料组件

◆　注塑组件, 如图 12.3.44 所示。

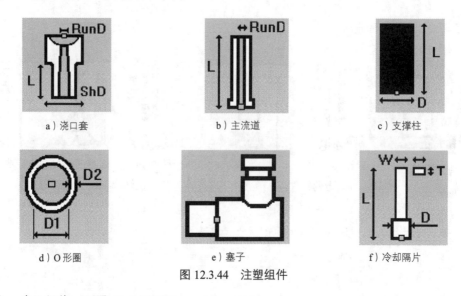

a) 浇口套　　　　　b) 主流道　　　　　c) 支撑柱

d) O 形圈　　　　　e) 塞子　　　　　f) 冷却隔片

图 12.3.44　注塑组件

◆　其他组件, 如图 12.3.45 所示。

a) 用户组件　　　　b) 吊环螺栓　　　　c) 弹簧

图 12.3.45　其他组件

在 CATIA V5-6 中标准件的加载如同模架加载一样简单，并且尺寸的修改也同样可以在系统弹出的相关对话框中完成。本节将对标准件中的某一个零件的加载和编辑进行简要说明。

在"Guiding Components"工具条中单击"Add LeaderPin"按钮 ▉，系统弹出"Define LeaderPin"对话框（一）。

1. 标准件的目录和类型

CATIA V5-6 中的标准件都由"Dme""Eoc""Futaba"及"Hasco"等供应商提供。单击"Define LeaderPin"对话框中的 ▉ 按钮，系统弹出"目录浏览器"对话框（一），在此对话框中显示出提供标准件的供应商，如图 12.3.46 所示。

图 12.3.46 "目录浏览器"对话框（一）

在 CATIA V5-6 中有多种供应商提供的标准件供用户选择，并且每个供应商提供的标准件都有很多不同的类型。在选用标准件的时候，首先，要考虑的是与选用的模架是同一个供应商提供的标准件；其次，若此供应商不能提供你需要的标准件或型号不能满足要求，再考虑选用其他的供应商提供的标准件。如选取"Futaba"供应商提供的标准件时，就会显示图 12.3.47 所示的几种类型。

2. 标准件尺寸的选择

当定义完标准件的类型后，标准件的尺寸还需要确定，这就要从选定的模架尺寸、产品特点和生产成本等方面综合考虑，最后来确定该标准件的尺寸。在"目录浏览器"对话框（一）

中选择"LeaderPin_M—GPA"类型。

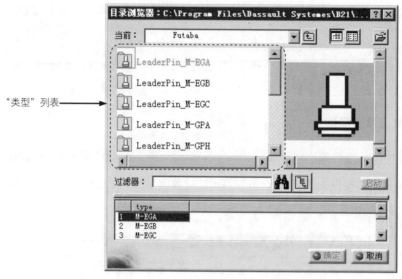

"类型"列表 ←

图 12.3.47　"目录浏览器"对话框（二）

方法一：

在"目录浏览器"对话框（三）的"尺寸"列表（图 12.3.48）中，选择适合模具结构和产品特点的尺寸，此时在"细节尺寸"列表中就会出现组成所选择标准件的全部尺寸，并且单击 ● 确定 按钮，系统返回至"Define LeaderPin"对话框（二），完成尺寸的选择。

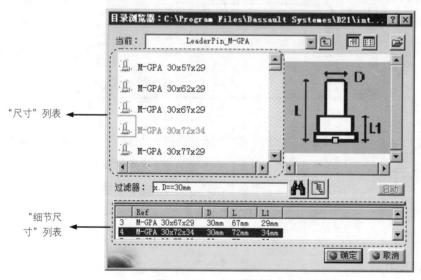

"尺寸"列表 ←

"细节尺寸"列表 ←

图 12.3.48　"目录浏览器"对话框（三）

方法二：

在"目录浏览器"对话框（三）的"尺寸"列表（图 12.3.48）中任意选择一个尺寸，单

击 ● 确定 按钮，系统返回至图 12.3.49 所示的"Define LeaderPin"对话框（二），在此对话框中单击"设计表"按钮 ▦，系统弹出图 12.3.50 所示的"TableM-GPA，配置行：4"对话框，在此对话框中选择合适的尺寸。

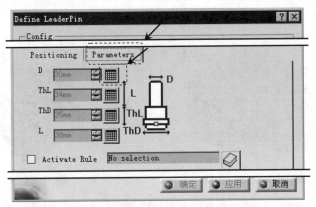

图 12.3.49　"Define LeaderPin"对话框（二）

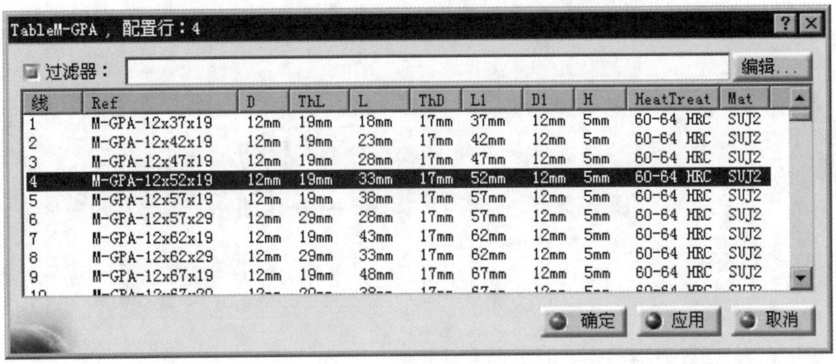

图 12.3.50　"TableM-GPA，配置行：4"对话框

3. 添加导向组件

任务 **01** 添加导柱

步骤 **01** 激活动模侧组件。在特征树中双击 ✚ 直 Mold (Mold.1) "+"号下的 ✚ ⌐ EjectionSide (EjectionSide.1)，此时系统激活该组件。

步骤 **02** 加载导柱。

（1）选择命令。选择下拉菜单 插入 ➡ Guiding Components ▸ ➡ 🔧 LeaderPin... 命令（在"Guiding Components"工具条中单击"Add LeaderPin"按钮 🔧），系统弹出"Define LeaderPin"对话框。

（2）定义导柱属性。在"Define LeaderPin"对话框中单击 ⬭ 按钮，系统弹出"目录浏览器"对话框；在该对话框中双击 🔩 Futaba ➡ 🔩 LeaderPin_M-GPA 选项，在系统弹出的"尺寸"列表中选择 M-GPA-30x72x34 选项；单击 ● 确定 按钮，系统返回至 "Define LeaderPin"
对话框。

（3）定义放置点。在模型中选取图 12.3.51 所示的 4 个点为导柱放置点，
方向如图 12.3.52 所示。

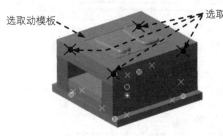

图 12.3.51　定义放置点

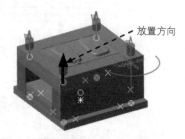

图 12.3.52　定义放置方向

（4）选择打孔对象。在该对话框中选择 Positioning 选项卡，然后在 Standard Drillings 区域的
Drill from 文本框中单击一次使其激活，在图形区中选取图 12.3.51 所示的动模板。

　　　　若导柱的方向相反，可在该对话框中选择 Positioning 选项卡，然后在
-Direction- 区域中单击 "反转方向" 按钮 Reverse Direction 来调整方向。另外
用户也可以通过选择下拉菜单 工具 ➡ Drill Component... 命令，来创建导柱
腔体。

（5）单击 ● 确定 按钮，完成导柱的加载。

任务 02 添加导套

步骤 01 显示定模侧组件。在特征树中右击 InjectionSide (InjectionSide.1)，
在弹出的快捷菜单中选择 隐藏/显示 命令，将定模侧组件显示出来。

步骤 02 激活组件。在特征树中双击 Mold (Mold.1) "+" 号下的
InjectionSide (InjectionSide.1)，此时系统激活该组件，同时隐藏动模侧和推出
机构组件。

步骤 03 加载导套。

（1）选择命令。选择下拉菜单 插入 ➡ Guiding Components ▶ ➡
Bushing... 命令（或在 "Guiding Components" 工具条中单击 "Bushing" 按钮 ），系统
弹出 "Define Bushing" 对话框。

（2）定义导套属性。在"Define Bushing"对话框中单击 按钮，系统弹出"目录浏览器"对话框；在此对话框中双击 Futaba ➡ Bushing_M-GBA 选项，在系统弹出的"尺寸"列表中选择 M-GBA-30x39 选项；单击 确定 按钮，系统返回至"Define Bushing"对话框。

（3）定义放置点。在模型中选取图 12.3.53 所示的 4 个点为导套放置点，方向如图 12.3.54 所示。

选取定模板

选取这 4 个点

放置方向

图 12.3.53　定义放置点　　　　　图 12.3.54　定义放置方向

　　　　若添加的导套方向不对，我们可以通过单击对话框中的 Positioning 选项卡，在 —Direction— 区域中单击"反转方向"按钮 Reverse Direction 来调整方向。

（4）选择打孔对象。在该对话框中选择 Positioning 选项卡，然后在 Standard Drillings 区域的 Drill from 文本框中单击一次使其激活，在图形区中选取图 12.3.53 所示的定模板。

（5）单击 确定 按钮，完成导套的加载。

4. 添加固定组件

（任务 **01**）加载定模座板和定模板间的紧固螺钉

（步骤 **01**）选择命令。选择下拉菜单 插入 ➡ Fixing Components ➡ CapScrew... 命令（或在"Fixing Components"工具条中单击"CapScrew"按钮 ），系统弹出"Define CapScrew"对话框。

（步骤 **02**）定义螺钉属性。在"Define CapScrew"对话框中单击 按钮，系统弹出"目录浏览器"对话框；在此对话框中双击 Hasco ➡ CapScrew_Z30 选项，在系统弹出的"尺寸"列表中选择 Z30/16x35 选项；单击 确定 按钮，系统返回至"Define CapScrew"对话框。

（步骤 **03**）定义放置点。在模型中选取图 12.3.55 所示的 6 个点为紧固螺钉放置点，方向如图 12.3.56 所示。

　　　　若添加的紧固螺钉方向不对，我们可以通过单击对话框中的 Positioning 选项卡，在 —Direction— 区域中单击"反转方向"按钮 Reverse Direction 来调整方向。

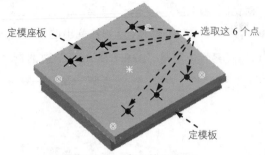

图 12.3.55 定义放置点

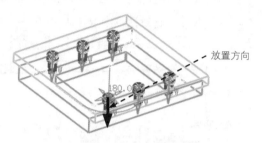

图 12.3.56 定义放置方向

（步骤 04）选择打孔对象。在该对话框中选择 Positioning 选项卡，然后在 Standard Drillings 区域的 Drill from 文本框中单击一次使其激活，在图形区中选取图 12.3.55 所示的定模座板；在 Standard Drillings 区域的 To 文本框中单击一次使其激活，在图形区中选取图 12.3.55 所示的定模板。

（步骤 05）单击 ● 确定 按钮，完成紧固螺钉的加载。

（任务 02）加载定模板和型腔间的紧固螺钉

（步骤 01）激活零件（隐藏定模座板和螺钉）。在特征树中依次单击 ╀ 亘 Mold (Mold.1) ➡ 《 InjectionSide (InjectionSide.1) ➡ ⤳ CavityPlate (CavityPlate.1) 前的"+"号，然后在其"+"号下双击 ⊗ CavityPlate，此时系统激活该零件（"零件设计"工作台）。

（步骤 02）定义工作对象。在特征树中右击 ⊗ CavityPlate "+"号下的 ⤳ 几何图形集.1，在弹出的快捷菜单中选择 定义工作对象 命令。

（步骤 03）创建草图 3。

（1）选择下拉菜单 插入 ➡ 草图编辑器 ▶ ➡ ⤳ 草图 命令。

（2）定义草图平面。选取图 12.3.57 所示的平面为草图平面。

（3）绘制截面草图。绘制图 12.3.58 所示的截面草图（截面草图为 8 个点）。

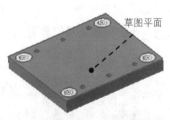

图 12.3.57 定义草图平面

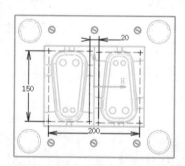

图 12.3.58 截面草图

（4）单击"退出工作台"按钮 ，完成草图 3 的创建。

步骤 04 激活组件。在特征树中双击 InjectionSide (InjectionSide.1)，完成组件的激活。

步骤 05 选择命令。选择下拉菜单 插入 ➡ Fixing Components ▶ ➡ CapScrew... 命令（或在"Fixing Components"工具条中单击"CapScrew"按钮 ），系统弹出"Define CapScrew"对话框。

步骤 06 定义螺钉属性。在"Define CapScrew"对话框中单击 按钮，系统弹出"目录浏览器"对话框；在此对话框中双击 Hasco ➡ CapScrew_Z30 选项，在系统弹出的"尺寸"列表中选择 Z30/10x16 选项；单击 确定 按钮，系统返回至"Define CapScrew"对话框。

步骤 07 定义放置点。在模型中选取 步骤 03 创建的 8 个点为紧固螺钉放置点，方向如图 12.3.59 所示。

在选取放置点的时候，只需选取草图中的任意一个点，系统自动将草图上的所有点选中。

步骤 08 选择打孔对象。在 Standard Drillings 区域的 To 文本框中单击一次使其激活，然后在特征树中选取 Insert_3 (Insert_3.1)。

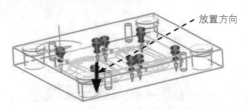

放置方向

图 12.3.59 定义放置方向

因为型腔是关联的关系，所以只需选取一个型腔即可。

步骤 09 单击 确定 按钮，完成紧固螺钉的添加（显示定模座板和螺钉）。

任务 03 加载动模座板、垫板、动模支撑板和动模板间的紧固螺钉

步骤 01 隐藏定模侧组件。在特征树中右击 InjectionSide (InjectionSide.1)，在弹出的快捷菜单中选择 隐藏/显示 命令。

步骤 02 显示动模侧组件。在特征树中右击 EjectionSide (EjectionSide.1)，在弹出的快捷菜单中选择 隐藏/显示 命令。

步骤 03 激活组件。在特征树中双击 EjectionSide (EjectionSide.1)，激活此组件。

步骤 04 加载紧固螺钉。

（1）选择命令。选择下拉菜单 插入 ➡ Fixing Components ▶ ➡ CapScrew... 命令（或在"Fixing Components"工具条中单击"CapScrew"按钮 ），系统弹出"Define CapScrew"对话框。

（2）定义螺钉属性。在"Define CapScrew"对话框中单击 按钮，系统弹出"目录浏览器"对话框；在此对话框中双击 Dme ➡ CapScrew_Is610 选项，在系统弹出的"尺寸"列表中选择 Is 610-M20x160 选项，单击 确定 按钮，系统返回至"Define CapScrew"对话框。

（3）定义放置点。在模型中选取图 12.3.60 所示的 6 个点为紧固螺钉放置点，方向如图 12.3.61 所示。

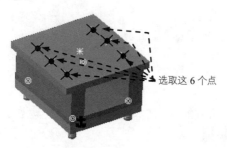

图 12.3.60 定义放置点

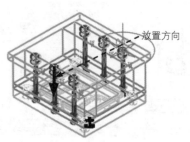

图 12.3.61 定义放置方向

（4）单击 确定 按钮，完成紧固螺钉的加载。

步骤 05 创建紧固螺钉腔。

（1）选择命令。选择下拉菜单 工具 ➡ Drill Component... 命令，系统弹出"Define Drill Components"对话框。

（2）定义打孔属性。激活对话框 Components to Drill 后的文本框，选择取动模座板、垫板（2块）、动模支撑板和动模板为打孔对象；激活对话框 Drilling Components 后的文本框，选取 **步骤 04** 中加载的 6 个紧固螺钉为孔特征。

（3）单击 确定 按钮，完成腔体的创建。

任务 04 加载推板和推杆固定板的紧固螺钉

步骤 01 隐藏动模侧组件。在特征树中右击 EjectionSide (EjectionSide.1)，在弹出的快捷菜单中选择 隐藏/显示 命令。

步骤 02 显示推出机构。在特征树中右击 EjectorSystem (EjectorSystem.1)，在弹出的快捷菜单中选择 隐藏/显示 命令。

步骤 03 激活组件。在特征树中双击 EjectorSystem (EjectorSystem.1)，完成组件的激活。

步骤 04 加载紧固螺钉。

（1）选择命令。选择下拉菜单 插入 ➡ Fixing Components ➡ CapScrew... 命令（或在"Fixing Components"工具条中单击"CapScrew"按钮），系统弹出"Define CapScrew"对话框。

（2）定义螺钉属性。在"Define CapScrew"对话框中单击 按钮，系统弹出"目录浏览器"对话框；在此对话框中双击 Hasco ➡ CapScrew_Z30 选项，在系统弹出的"尺寸"列表中选择 Z30/10x30 选项；单击 确定 按钮，系统返回至"Define CapScrew"对话框。

（3）定义放置点。在模型中选取图 12.3.62 所示的点为紧固螺钉放置点，方向如图 12.3.63 所示。

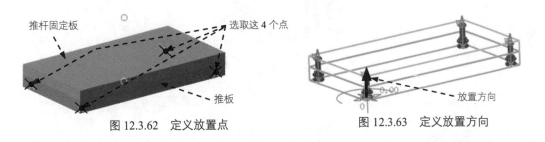

图 12.3.62 定义放置点　　　　图 12.3.63 定义放置方向

（4）选择打孔对象。在该对话框中选择 Positioning 选项卡，然后在 Standard Drillings 区域的 Drill from 文本框中单击一次使其激活，然后选取图 12.3.62 所示的推板；在 Standard Drillings 区域的 To 文本框中单击一次使其激活，然后选取图 12.3.62 所示的推杆固定板。

（5）单击 确定 按钮，完成紧固螺钉的添加。

5. 添加退料组件

任务 01 加载推杆

步骤 01 显示动模侧组件。在特征树中右击 EjectionSide (EjectionSide.1)，在弹出的快捷菜单中选择 隐藏/显示 命令。

步骤 02 隐藏推板。在特征树中右击 EjectorSystem (EjectorSystem.1) "+"号下的 EjectorPlateB (EjectorPlateB.1)，在弹出的快捷菜单中选择 隐藏/显示 命令。

步骤 03 激活零件。在特征树中双击 EjectorPlateA (EjectorPlateA.1) "+"号下的 EjectorPlateA，此时系统激活该零件。

步骤 04 定义工作对象。在特征树中右击 ⚙EjectorPlateA "+" 号下的 🐢几何图形集.2，在弹出的快捷菜单中选择 定义工作对象 命令。

步骤 05 创建草图 2（隐藏动模座板）。

 说明 因为该零件中已存在一个草图，所以此处创建的草图为草图 2。

（1）选择下拉菜单 插入 ➡ 草图编辑器 ▶ ➡ ⧄草图 命令。

（2）定义草图平面。选取图 12.3.64 所示的平面为草图平面。

图 12.3.64 定义草图平面

（3）绘制截面草图。绘制图 12.3.65 所示的截面草图（截面草图为 16 个点）。

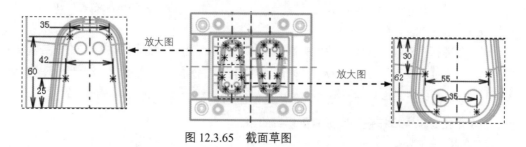

图 12.3.65 截面草图

 说明 图 12.3.65 所示的放大图中只显示了 8 个点，还有 8 个点是相关联的，可以通过旋转复制的方法进行创建。在绘制点时应按照从一个型芯区域到另一个型芯区域的顺序，否则对后面创建腔体时会有一些影响。

（4）单击"退出工作台"按钮 ⬆，完成草图 2 的创建。

步骤 06 激活产品。在特征树中双击 ➕📄EjectorSystem（EjectorSystem.1），完成产品的激活。

步骤 07 加载推杆。

（1）选择命令。选择下拉菜单 插入 ➡ Ejection Components▶ ➡ ⊥ Ejector... 命令（或在"Ejection Components"工具条中单击"Ejector"按钮 ⊥ ），系统弹出"Define Ejector"对话框。

（2）定义推杆属性。在"Define Ejector"对话框中单击 ◈ 按钮，系统弹出"目录浏览器"对话框；在此对话框中双击 ▯▯ Dme ➡ ▯▯ Ejector_A 选项，在系统弹出的"尺寸"列表中选择 ⊥ EA 4-160 选项；单击 ● 确定 按钮，系统返回至"Define Ejector"对话框。

 若参数超出了模具范围，可能会弹出"知识工程报告"对话框，单击 关闭 按钮。

（3）定义放置点。选取 步骤05 创建草图中的任意一个点为推杆放置点。

 若添加的推杆方向不对，我们可以通过单击对话框中的 Positioning 选项卡，在 Direction 区域中单击"反转方向"按钮 Reverse Direction 来调整方向。

（4）单击 ● 确定 按钮，完成推杆的加载，结果如图12.3.66所示。

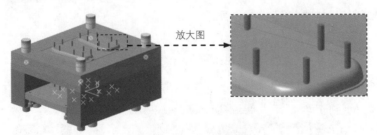

放大图

图12.3.66 创建推杆

步骤08 创建推杆腔。

（1）激活产品。在特征树中双击 亘Mold (Mold.1)，使其激活。

（2）选择命令。选择下拉菜单 工具 ➡ Drill Component... 命令，系统弹出"Define Drill Components"对话框。

（3）定义打孔属性。激活对话框 Components to Drill 后的文本框，选取动模支撑板、动模板和两个型芯为打孔对象；激活对话框 Drilling Components 后的文本框，选择 步骤07 加载的16个推杆为孔特征。

（4）在该对话框中单击 ● 确定 按钮，完成创建推杆腔的操作（显示动模座板和推板）。

步骤09 修剪推杆1~8。

（1）选择命令。在特征树中 ➕亘Mold (Mold.1) ➡

╋ ▦ EjectorSystem (EjectorSystem.1) "+"号下依次选取
╢ Ejector_A_2 (Ejector_A_2.1) ~ ╢ Ejector_A_9 (Ejector_A_9.1)（即前 8 个推杆），然后右击，在弹出的快捷菜单中选择 选定的对象 ▶ ➡ ▦ Split component... 命令，系统弹出 "Split Definition" 对话框。

（2）定义分割曲面。在特征树中依次单击 ╋ ▦ MoldedPart (MoldedPart.1) ➡ ╋ ▦ MoldedPart ➡ ╋ ▦ Parting_surface 前的 "+" 号，然后选取 ▦ Core_surface 为分割曲面，单击 ● 确定 按钮。

步骤 10 修剪推杆 9~16。

（1）选择命令。在特征树中 ╋ 亘 Mold (Mold.1) ➡ ╋ ▦ EjectorSystem (EjectorSystem.1) " + " 号 下 选 取 ╢ Ejector_A_10 (Ejector_A_10.1) ~ ╢ Ejector_A_17 (Ejector_A_17.1)（即后 8 个推杆），然后右击，在弹出的快捷菜单中选择 选定的对象 ▶ ➡ ▦ Split component... 命令，系统弹出 "Split Definition" 对话框。

（2）定义分割曲面。在特征树中依次单击 ╋ ▦ MoldedPart (Symmetry of MoldedPart.1.1) ➡ ╋ ▦ MoldedPart ➡ ╋ ▦ Parting_surface 前的 "+" 号，然后选取 ▦ Core_surface 为分割曲面，单击 ● 确定 按钮，结果如图 12.3.67 所示。

说明　　若在推杆修剪后出现个别推杆结果错误时，可在特征树中修改相应的推杆。如第 11 个推杆出现错误，具体操作为：

（1）单击 ╋ ╢ Ejector_A_11 (Ejector_A_11.1) ➡ ╋ ▦ Ejector_A_11 前的 "+" 号，然后双击 ╋ ▦ PartBody。

（2）右击 ╋ ▦ PartBody 前的 "+" 号下的 ▦ 分割.1，在弹出的快捷菜单中选择 分割.1 对象 ▶ ➡ 定义... 命令，此时系统弹出 "定义分割" 对话框。

（3）定义分割曲面。在 "定义分割" 对话框 分割元素: 文本框中单击，然后在特征树中依次单击 ╋ ▦ MoldedPart (Symmetry of MoldedPart.1.1) ➡ ╋ ▦ MoldedPart ➡ ╋ ▦ Parting_surface 前的 "+" 号，选取 ▦ Core_surface 为分割曲面，单击箭头方向。

（4）在 "定义分割" 对话框中单击 ● 确定 按钮。

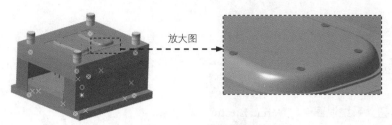

图 12.3.67　修剪推杆

任务 02 加载复位杆

步骤 01 激活零件。在特征树中双击 ➕ ⬛ EjectorPlateA (EjectorPlateA.1) "+" 号下的 ⚙ EjectorPlateA，此时系统激活该零件。

步骤 02 定义工作对象。在特征树中右击 📄 EjectorPlateA "+" 号下的 🖉 几何图形集.2，在弹出的快捷菜单中选择 定义工作对象 命令。

步骤 03 创建草图 3（隐藏动模座板和推板）。

　　　　　　　因为该零件中已存在两个草图，所以此处创建的草图为草图 3。

（1）选择下拉菜单 插入 ➡ 草图编辑器 ▶ ➡ 🖉 草图 命令。

（2）定义草图平面。选取图 12.3.68 所示的平面为草图平面。

（3）绘制截面草图。绘制图 12.3.69 所示的截面草图（截面草图为 4 个点）。

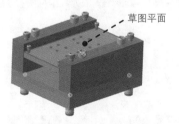

图 12.3.68　定义草图平面

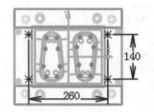

图 12.3.69　截面草图

（4）单击"退出工作台"按钮 🔼，完成草图 3 的创建。

步骤 04 激活推出机构。在特征树中双击 ➕ ⬛ EjectorSystem (EjectorSystem.1)，完成推出机构的激活。

步骤 05 加载复位杆。

（1）选择命令。选择下拉菜单 插入 ➡ Ejection Components ▶ ➡ ┃ Ejector... 命令（或在"Ejection Components"工具条中单击"Ejector"按钮 ⬇），系统弹出"Define Ejector"

对话框。

（2）定义复位杆属性。在"Define Ejector"对话框中单击 按钮，系统弹出"目录浏览器"对话框；在此对话框中双击 Dme ➡ Ejector_A 选项，在系统弹出的"尺寸"列表中选择 EA 14-160 选项；系统弹出"知识工程报告"对话框，单击 关闭 按钮。单击 确定 按钮，系统返回至"Define Ejector"对话框。

（3）定义放置点。在模型中选取 步骤 03 中创建的草图 3 上的 4 个点为复位杆放置点。

（4）单击 确定 按钮，系统弹出"知识工程报告"对话框，单击 关闭 按钮，完成复位杆的加载，结果如图 12.3.70 所示。

图 12.3.70 复位杆

步骤 06 修剪复位杆。

（1）激活零件。在特征树中双击 MoldedPart（MoldedPart.1） "+"号下的 MoldedPart，此时系统激活该零件（"零件设计"工作台）。

（2）定义工作对象。在特征树中右击 Parting_Surface，在弹出的快捷菜单中选择 定义工作对象 命令。

 说明　若已经定义为工作对象，此时就不需要再进行定义。

（3）切换工作台。选择下拉菜单 开始 ➡ 形状 ▶ ➡ 创成式外形设计 命令，系统切换到"创成式外形设计"工作台。

（4）创建拉伸曲面。选择下拉菜单 插入 ➡ 曲面 ➡ 拉伸... 命令，系统弹出"拉伸曲面定义"对话框，选取图 12.3.71 所示的边线，然后在 方向: 文本框中单击一下使其激活，右击该文本框，在弹出的快捷菜单中选择 Y 部件（当前）命令，在 尺寸: 文本框中输入数值 300，单击 确定 按钮，结果如图 12.3.72 所示。

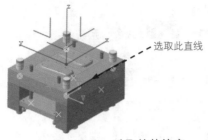

图 12.3.71　选取拉伸轮廓

图 12.3.72　创建拉伸曲面

（5）激活推出机构。在特征树中双击 ✚🗐 EjectorSystem (EjectorSystem.1)，完成推出机构的激活。

（6）分割复位杆。

① 在特征树中选取（步骤 05）加载的四个复位杆并右击，在弹出的快捷菜单中选择 选定的对象 ▶ ⟶ 🗐 Split component... 命令，系统弹出"Split Definition"对话框。

② 选取分割曲面。选取图 12.3.72 所示的拉伸曲面为分割面；单击箭头方向，使箭头朝下，单击 ● 确定 按钮（隐藏 🗐 Parting Surface）。

（步骤 07）创建复位杆腔。

（1）选择命令。选择下拉菜单 工具 ⟶ 📖 Drill Component... 命令，系统弹出"Define Drill Components"对话框。

（2）定义打孔属性。激活对话框 Components to Drill 后的文本框，选取动模板和动模支撑板为打孔对象；激活对话框 Drilling Components 后的文本框，选取（步骤 05）加载的 4 个复位杆为孔特征。

（3）单击 ● 确定 按钮，完成复位杆腔的创建。

（4）更新产品。在特征树中双击 直 Mold (Mold.1)，激活此产品，在"Tools"工具栏中单击"更新"按钮 🔄，完成产品的更新。

（任务 03）加载拉料杆

（步骤 01）激活零件。在特征树中依次单击 ✚🗐 EjectorSystem (EjectorSystem.1 ⟶ ✚🗐 EjectorPlateA (EjectorPlateA.1)前的"+"号，然后双击其"+"号下的 🗐 EjectorPlateA，此时系统激活该零件。

（步骤 02）切换工作台。选择下拉菜单 开始 ⟶ 形状 ▶ ⟶ 创成式外形设计 命令，系统切换到"创成式外形设计"工作台。

（步骤 03）定义工作对象。在特征树中右击 🗐 EjectorPlateA "+"号下的 几何图形集.2，在弹出的快捷菜单中选择 定义工作对象 命令。

步骤 04 创建拉料杆放置点（隐藏动模座板和推板）。

（1）选择下拉菜单 插入 ➡ 线框 ▶ ➡ ┘ 点… 命令，系统弹出"点定义"对话框。

（2）定义点类型和坐标值。在 点类型: 下拉列表中选择 平面上 选项，选取图 12.3.73 所示的平面为点放置平面，在 H: 文本框中输入数值 0，在 V: 文本框中输入数值 0。

草图平面

图 12.3.73　定义草图平面

（3）单击 ● 确定 按钮，完成拉料杆放置点的创建。

步骤 05 激活推出机构。在特征树中双击 ✚📄 EjectorSystem (EjectorSystem.1)，完成推出机构的激活。

步骤 06 加载图 12.3.74 所示的拉料杆。

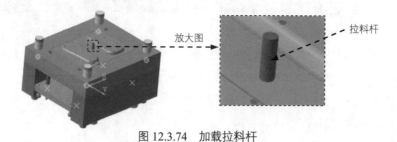

放大图　　　　　　　拉料杆

图 12.3.74　加载拉料杆

（1）选择命令。选择下拉菜单 插入 ➡ Ejection Components▶ ➡ ┃ CorePin… 命令（或在"Ejection Components"工具条中单击"CorePin"按钮 ┃），系统弹出"Define CorePin"对话框。

（2）定义拉料杆属性。在"Define CorePin"对话框中单击 ⬦ 按钮，系统弹出"目录浏览器"对话框；在此对话框中双击 ┃┃ Dme ➡ ┃┃ CorePin_AHX 选项，在系统弹出的"尺寸"列表中选择 ┃ AHX 8-160 选项；单击 ● 确定 按钮，系统返回至"Define CorePin"对话框。

（3）定义放置点。在模型中选取 **步骤 04** 创建的拉料杆放置点。

说明　　　若添加的拉料杆方向不对，我们可以通过单击对话框中的 Positioning 选项卡，在 Direction 区域中单击"反转方向"按钮 Reverse Direction 来调整方向。

（4）单击 ⬤ 确定 按钮，完成拉料杆的加载。

步骤 07 创建拉料杆腔。

（1）激活产品。在特征树中双击 ▤ Mold（Mold.1），使其激活。

（2）选择命令。选择下拉菜单 工具 ➡ 🗏 Drill Component... 命令，系统弹出"Define Drill Components"对话框。

（3）定义打孔属性。激活对话框 Components to Drill 后的文本框，选取推杆固定板、动模支撑板、动模板和两个型芯为打孔对象；激活对话框 Drilling Components 后的文本框，选取 **步骤 06** 加载的拉料杆为孔特征。

（4）单击该对话框中的 ⬤ 确定 按钮，完成拉料杆腔的操作。

步骤 08 分割拉料杆（图 12.3.75）。

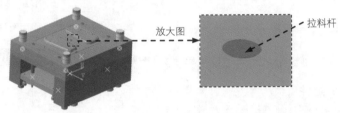

图 12.3.75　分割拉料杆

（1）选择命令。在特征树中双击 ⫟ CorePin_AHX_2（CorePin_AHX_2.1）将其激活，然后右击，在弹出的快捷菜单中选择 CorePin_AHX_2.1 对象 ▶ ➡ 🗏 Split component... 命令，系统弹出"Split Definition"对话框。

（2）选取分割曲面。在特征树中依次单击 🔩 MoldedPart（MoldedPart.1）➡ 🔩 MoldedPart ➡ ▨ Parting Surface 前的"+"号，然后在其"+"号下选取 ⬙ 拉伸.2；方向为 Z 轴负方向，单击 ⬤ 确定 按钮。

（3）更新产品。在特征树中双击 ▤ Mold（Mold.1），激活此产品，在"Tools"工具栏中单击"更新"按钮 ⟳，完成产品的更新。

步骤 09 修整拉料杆。

（1）在特征树中右击 🔩 EjectorSystem（EjectorSystem.1）"+"号下的 ⫟ CorePin_AHX_2（CorePin_AHX_2.1），在弹出的快捷菜单中选择 CorePin_AHX_2.1 对象 ▶ ➡ 在新窗口中打开 命令，此时系统切换至"创成式外形设计"工作台。

（2）切换工作台。选择下拉菜单 开始 ➡ ▶ 机械设计 ▶ ➡ ⚙ 零件设计 命令，系统切换到"零件设计"工作台。

（3）创建图 12.3.76 所示的凹槽 1。选择下拉菜单 插入 ➡ 基于草图的特征 ▶ ➡

▐ 凹槽... 命令；单击 按钮，选择"yz 平面"为草图平面；绘制图 12.3.77 所示的截面草图；在对话框第一限制区域的 类型: 下拉列表中选择尺寸选项；在 深度: 文本框中输入数值 4；在对话框中选中 ▢ 镜像范围复选框；单击 ● 确定 按钮，完成凹槽 1 的创建。

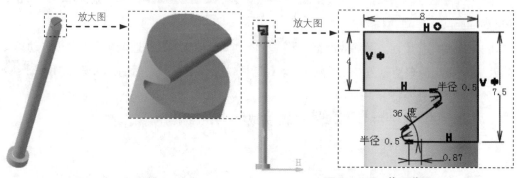

图 12.3.76　凹槽 1　　　　　　　　　　图 12.3.77　截面草图

步骤 10 转换显示模型。选择下拉菜单窗口 ▬▶ 1 down_cover_mold.CATProduct 命令。

6. 添加定位组件

任务 01 加载定位圈

步骤 01 显示定模侧组件。在特征树中右击 ✛▨ InjectionSide (InjectionSide.1)，在弹出的快捷菜单中选择 隐藏/显示 命令，同时将动模座板和推板显示出来（图 12.3.78）。

步骤 02 激活产品。在特征树中单击 ✛▤ Mold (Mold.1) 前的"+"号，然后双击其"+"号下的 ✛▨ InjectionSide (InjectionSide.1)，此时系统激活该产品。

步骤 03 加载图 12.3.79 所示的定位圈。

图 12.3.78　模架模型　　　　　　　　图 12.3.79　加载定位圈

（1）选择命令。选择下拉菜单插入 ▬▶ Locating Components ▶ ▬▶ Locating Ring... 命令（或在"Locating Components"工具条中单击"LocatingRing"按钮 ▨），系统弹出"Define LocatingRing"对话框。

（2）定义定位圈属性。在"Define LocatingRing"对话框中单击 ⬜ 按钮，系统弹出"目录浏览器"对话框；在此对话框中双击 📁Dme ➡ 📁LocatingRing_R100选项，在系统弹出的"尺寸"列表中选择📁 R-100选项；单击 ⬤ 确定 按钮，系统返回至"Define LocatingRing"对话框。

（3）定义放置点。在模型中选取图12.3.80所示的点为定位圈放置点，方向如图12.3.81所示。

选择此点

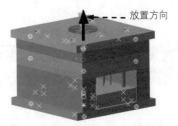
放置方向

图 12.3.80　定义放置点　　　　　　　　图 12.3.81　定义放置方向

　　若加载的定位圈方向不对，我们可以通过单击对话框中的 Positioning 选项卡，在 Direction 区域中单击"反转方向"按钮 Reverse Direction 来调整方向。

（4）定义 Z 轴尺寸。在"Define LocatingRing"对话框的 W 文本框中输入数值-5。

　　在 W 文本框中输入值-5后，Z 文本框由 100 变成 95。

（5）单击 ⬤ 确定 按钮，完成定位圈的加载。

步骤04 创建定位圈腔体。

（1）选择命令。选择下拉菜单 工具 ➡ 📄Drill Component... 命令，系统弹出"Define Drill Components"对话框。

（2）定义打孔属性。激活对话框 Components to Drill 后的文本框，选取定模座板为打孔对象；激活对话框 Drilling Components 后的文本框，选取 步骤03 中加载的定位圈为孔特征。

（3）单击 ⬤ 确定 按钮，完成腔体的创建。

任务02 加载定位圈与定模座板间的紧固螺钉和定位销

步骤01 创建图 12.3.82 所示的 4 个点。

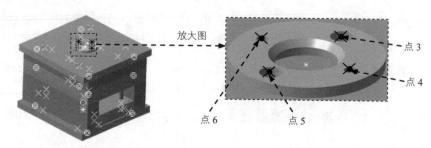

图 12.3.82　创建点 3、点 4、点 5 和点 6

（1）激活零件。在特征树中依次单击 ✚📄 Mold（Mold.1） ➡
✚📄 InjectionSide（InjectionSide.1） ➡
✚📄 LocatingRing_R100_2（LocatingRing_R100_2.1） 前的 "+" 号，然后双击其 "+"
号下的 📄 LocatingRing R100 2 零件。

（2）切换工作台。选择下拉菜单 开始 ➡ 🟥 形状 ▶ ➡ 🟦 创成式外形设计 命令，系
统切换到 "创成式外型设计" 工作台。

（3）定义工作对象。在特征树中右击 ✚📄 LocatingRing R100 2 "+" 号下的
📄 BaseBody，在弹出的快捷菜单中选择 定义工作对象 命令。

（4）创建图 12.3.83 所示的点 3。

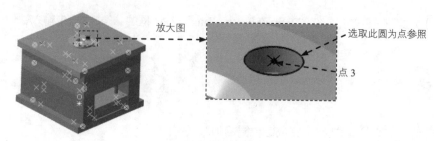

图 12.3.83　创建点 3

由于已存在两个点，所以创建的此点为点 3。

① 选择下拉菜单 插入 ➡ 线框 ▶ ➡ ⌐点... 命令，系统弹出 "点定义" 对
话框。

② 定义点类型和点参照。在 点类型: 下拉列表中选择 圆/球面/椭圆中心 选项；选取图 12.3.83
所示的圆为点参照。

③ 单击 ● 确定 按钮，完成点 3 的创建。

（5）参照步骤（4）创建图 12.3.83 所示的其余 3 个点。

步骤 02 激活定模组件。在特征树中双击 InjectionSide (InjectionSide.1)，
完成定模组件的激活。

步骤 03 加载紧固螺钉。

（1）选择命令。选择下拉菜单 插入 ➡ Fixing Components ▶ ➡ CapScrew... 命令（或
在"Fixing Components"工具条中单击"CapScrew"按钮 ），系统弹出"Define CapScrew"
对话框。

（2）定义螺钉属性。在"Define CapScrew"对话框中单击 按钮，系统弹出"目录浏览
器"对话框；在此对话框中双击 Hasco ➡ CapScrew_Z30 选项，在系统弹出的"尺寸"
列表中选择 Z30/8x20 选项；单击 确定 按钮，系统返回至"Define CapScrew"对话框。

（3）定义放置点。在模型中选取 **步骤 01** 所创建的点 3 和点 5 为紧固螺钉放置点，单击
Reverse Direction 按钮。

（4）单击 确定 按钮，完成紧固螺钉的加载。

步骤 04 加载定位销。

（1）选择命令。选择下拉菜单 插入 ➡ Locating Components ▶ ➡ Dowel Pin... 命
令（或在"Locating Components"工具条中单击"Dowel Pin"按钮 ），系统弹出"Define
DowelPin"对话框。

（2）定义螺钉属性。在"Define DowelPin"对话框中单击 按钮，系统弹出"目录浏览
器"对话框；在此对话框中双击 Hasco ➡ DowelPin_Z25 选项，在系统弹出的"尺寸"
列表中选择 Z25/8x28 选项；单击 确定 按钮，系统返回至"Define DowelPin"对话框。

（3）定义放置点和方向。在模型中选取 **步骤 01** 所创建的点 4 和点 6 为定位销放置点，单
击 Reverse Direction 按钮。

（4）定义 Z 轴尺寸。在"Define CapScrew"对话框的 W 文本框中输入数值 14。

在 W 文本框中输入数值 14 后，Z 文本框由 107 变成 93。

（5）单击 确定 按钮，完成定位销的加载。

步骤 05 创建图 12.3.84 所示的腔体。

（1）选择命令。选择下拉菜单 工具 ➡ Drill Component... 命令，系统弹出"Define
Drill Components"对话框。

（2）定义打孔属性。激活对话框 Components to Drill 后的文本框，选取定模座板为打孔对象；激活对话框 Drilling Components 后的文本框，选取 步骤 03 加载的 2 个紧固螺钉和 步骤 04 加载的 2 个定位销为孔特征。

（3）单击 确定 按钮，完成腔体的创建。

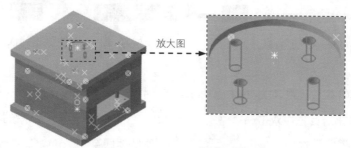

图 12.3.84　创建腔体

7. 添加注塑组件（显示定模侧）

步骤 01 选择命令。选择下拉菜单 插入 ➡ Injection Components ▶ ➡ SprueBushing... 命令（或在"Injection Components"工具条中单击"SprueBushing"按钮 ），系统弹出"Define SprueBushing"对话框。

步骤 02 定义浇口套属性。在"Define SprueBushing"对话框中单击 按钮，系统弹出"目录浏览器"对话框；在此对话框中双击 Dme ➡ SprueBushing_AGN ➡ AGN 46-3.5-R40 选项，单击 确定 按钮，系统返回至"Define SprueBushing"对话框。

步骤 03 定义放置点。在模型中选取图 12.3.85 所示的点为浇口套放置点；单击 Reverse Direction 按钮，方向如图 12.3.86 所示。

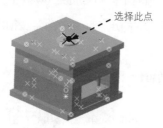

图 12.3.85　定义放置点

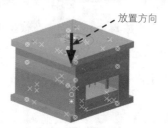

图 12.3.86　定义放置方向

步骤 04 单击 确定 按钮，完成浇口套的加载。

步骤 05 修剪浇口套。

（1）隐藏组件。在特征树中分别右击 EjectionSide (EjectionSide.1) 和 EjectorSystem (EjectorSystem.1)，在弹出的快捷菜单中选择 隐藏/显示 命令，将组件隐藏起来，结果如图 12.3.87 所示。

（2）在特征树中选取刚加载的浇口套并右击，在弹出的快捷菜单中选择 SprueBushing_AGN_2.1 对象 ▶ ➡ Split component... 命令，系统弹出"Split Definition"对话框。

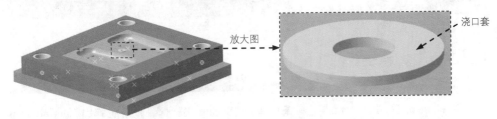

放大图

浇口套

图 12.3.87 显示结果

（3）选取分割曲面。在特征树中依次单击 MoldedPart (MoldedPart.1) ➡ MoldedPart ➡ Parting Surface 前的"+"点，然后在其"+"号下选取 Cavity_surface；方向为 Z 轴正方向；单击 ● 确定 按钮，结果如图 12.3.88 所示。

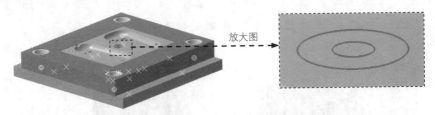

放大图

图 12.3.88 浇口套修剪后

步骤 06 创建浇口套腔体。

（1）选择命令。选择下拉菜单 工具 ➡ Drill Component... 命令，系统弹出"Define Drill Components"对话框。

（2）定义打孔属性。激活对话框 Components to Drill 后的文本框，选取定模座板、定模板和型腔（两个）为打孔对象；激活对话框 Drilling Components 后的文本框，然后选取修剪后的浇口套为孔特征。

（3）单击 ● 确定 按钮，完成浇口套腔体的创建。

（4）更新产品。在特征树中双击 Mold (Mold.1)，激活此产品，在"Tools"工具栏中单击"更新"按钮 ，完成产品的更新。

8．添加其他组件

步骤 01 显示动模侧组件和推出结构。在特征树中分别选取 EjectionSide (EjectionSide.1) 和 EjectorSystem (EjectorSystem.1)，然后右击，在弹出的快捷菜单中选择 隐藏/显示 命令。

步骤 02 隐藏定模侧组件。在特征树中右击 ✚📇 InjectionSide (InjectionSide.1)，在弹出的快捷菜单中选择 🖉 隐藏/显示 命令。

步骤 03 激活产品。在特征树中双击 ✚📇 EjectorSystem (EjectorSystem.1)，完成产品的激活。

步骤 04 加载复位弹簧。

（1）选择命令。选择下拉菜单 插入 ➡ Miscellaneous Components▶ ➡ 🖉 Spring... 命令（或在"Miscellaneous Components"工具条中单击"Spring"按钮 🖉），系统弹出"Define Spring"对话框。

（2）定义复位弹簧属性。在"Define Spring"对话框中单击 🖉 按钮，系统弹出"目录浏览器"对话框；在此对话框中双击 🖉 Dme ➡ 🖉 Spring_Wz8065 选项，在系统弹出的"尺寸"列表中选择 🖉 Wz 8065 32x69 选项；单击 ⬤ 确定 按钮，系统返回至"Define Spring"对话框。

（3）定义放置平面和轴。在模型中选取图 12.3.89 所示的平面为放置平面；选取图 12.3.89 所示的 4 根轴为放置轴；方向如图 12.3.90 所示。

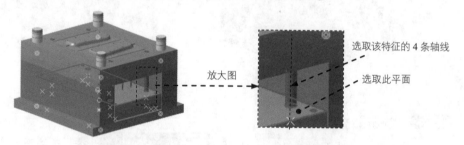

图 12.3.89　定义放置平面和轴

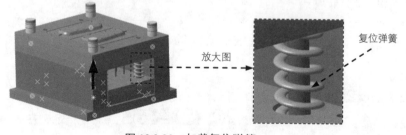

图 12.3.90　加载复位弹簧

◆ 若添加的复位弹簧方向不对，我们可以通过单击对话框中的 Positioning 选项卡，在 Direction 区域中单击"反转方向"按钮 Reverse Direction 来调整方向。

◆ 选取轴线时，单击相应的复位杆即可。

（4）定义复位弹簧在 Z 轴上尺寸。在"Define Spring"对话框的 ^W 文本框中输入数值-5。

（5）选择打孔对象。在该对话框中选择 Positioning 选项卡，在 Standard Drillings 区域的 To 文本框中单击一次使其激活，在图形区中选取动模支撑板为打孔对象。

（6）单击 ● 确定 按钮，完成复位弹簧的加载，如图 12.3.90 所示。

12.3.4　浇注系统设计

浇注系统是指模具中由注射机喷嘴到型腔之间的进料通道。普通浇注系统一般由主流道、分流道、浇口和冷料穴四部分组成，如图 12.3.91 所示。

图 12.3.91　浇注系统

主流道：是指在浇注系统中从注射机喷嘴与模具接触处开始到分流道为止的塑料熔体的流动通道。主流道是熔体最先流经模具的部分，它的形状与尺寸对塑料熔体的流动速度和充模时间有较大的影响，因此，在设计主流道时应尽可能地将熔体的温度和压力损失降到最小。

分流道：是指主流道末端与浇口之间的一段塑料熔体的流道。其作用是改变熔体流向，使塑料熔体以平稳的流态均衡地分配到各个型腔。设计时应注意尽量减少流动过程中的温度损失与压力损失。

浇口：也称进料口，是连接分流道与型腔的熔体通道。浇口位置选择的合理与否，将直接影响到塑件高质量的成型。

冷料穴：其作用是容纳浇注系统中塑料熔体的前锋冷料，以免这些冷料注入型腔。

在一模多穴的模具中，分流道的设计必须解决如何使塑料熔体对所有型腔同时填充的问题。如果所有型腔体积形状相同，分流道最好采用等截面和等距离。否则，必须在流速相等的条件下，再用不等截面来达到流量不等，使所有型腔差不多同时充满。有时还可以改变流道长度来调节阻力大小，保证型腔同时充满。还有分流道的截面形状有很多种，它因塑料和模具结构不同而异，如圆形、半圆形、梯形、U 形和六边形等。

分流道所需要定义的截面参数说明如下。

◆　圆形截面：只需给定流道直径，如图 12.3.92 所示。

◆　半圆形截面：只需给定流道半径，如图 12.3.93 所示。

◆　梯形截面：梯形截面参数较多，需给定流道宽度、流道深度、流道侧角度及流道拐角半径，如图 12.3.94 所示。

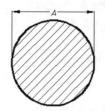

图 12.3.92　圆形流道截面

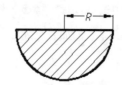

图 12.3.93　半圆形流道截面

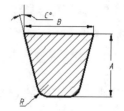

图 12.3.94　梯形流道载面

◆　U 形截面：需给定流道高度、流道拐角半径及流道角度，如图 12.3.95 所示。

◆　六边形截面：只需给定流道宽度，如图 12.3.96 所示。

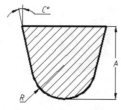

图 12.3.95　U 形流道截面

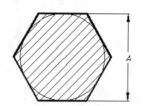

图 12.3.96　六边形流道截面

本节我们将介绍采用"S"形平衡布置方式进行分流道的设计。继续以前面的模型为例，介绍分流道的一般设计过程。

任务 01 创建分流道

步骤 01 激活产品。在特征树中双击 **量 Mold (Mold.1)**，完成产品的激活。

步骤 02 新建零件。

（1）选择命令。选择下拉菜单 插入 **➡** 新建零件 命令，在系统 选择部件以插入新零件 的提示下，在特征树中选取 **量 Mold (Mold.1)**，此时系统弹出"新零件：原点"对话框，在该对话框中单击 是(Y) 按钮，完成零件的新建。

（2）修改新建零件名称。在特征树中选择步骤（1）创建的 **Part1 (Part1.1)** 并右击，在弹出的快捷菜单中选择 属性 命令；在系统弹出的"属性"对话框中选择 产品 选项卡，在 部件 区域的 实例名称 文本框中输入 fill.1；在 产品 区域的 零件编号 文本框中输入 fill，单击 确定 按钮。

步骤 03 激活零件。在特征树中单击 **fill (fill.1)** 前的"+"号，然后双击其下的 **fill** 零件，完成零件的激活（"创成式外形设计"工作台）。选中 零件几何体 并右击，在弹出的快捷菜单中选择 定义工作对象。

步骤 04 创建草图 1。

（1）选择命令。选择下拉菜单 插入 ➡ 草图编辑器 ▶ ➡ 草图命令。

（2）定义草图平面。选取图 12.3.97 所示的平面为草图平面。

（3）绘制截面草图。在图形区绘制图 12.3.98 所示的截面草图，单击"退出工作台"按钮 。

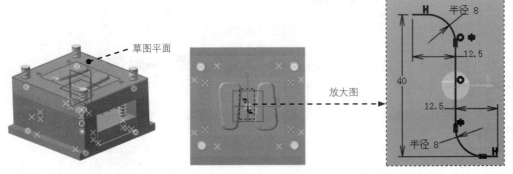

图 12.3.97　草图平面　　　　　　　图 12.3.98　截面草图

步骤 05 创建图 12.3.99 所示的平面 1。

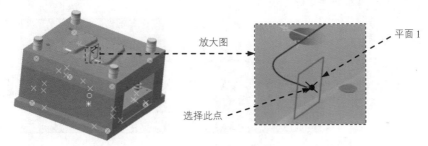

图 12.3.99　创建平面 1

（1）选择下拉菜单 插入 ➡ 线框 ▶ ➡ 平面...命令，系统弹出"平面定义"对话框。

（2）定义平面类型。在"平面定义"对话框 平面类型：区域的下拉菜单中选择 平行通过点 选项。

（3）选取参考平面和通过点。在特征树中选取"yz"平面为参考平面，然后选取图 12.3.99 所示的点为通过点。

（4）在该对话框中单击 确定 按钮，完成平面 1 的创建。

步骤 06 切换工作台。选择下拉菜单 开始 ➡ 机械设计 ▶ ➡ 零件设计命令，系统切换到"零件设计"工作台。

步骤 07 创建图 12.3.100 所示的肋 1。

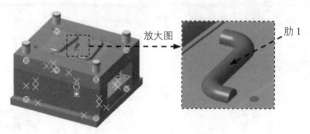

图 12.3.100　创建肋 1

（1）选择命令。选择下拉菜单 插入 ➡ 基于草图的特征 ▶ ➡ 肋... 命令，系统弹出"定义肋"对话框。

（2）定义中心曲线。在 中心曲线 文本框中单击一次使其激活，然后在图形区中选取 步骤 04 中创建的草图 1。

（3）选取轮廓。在 轮廓 文本框中单击一次使其激活，然后单击 按钮，此时系统弹出"运行命令"对话框，选取图 12.3.101 所示的平面 1 为草图平面。

（4）绘制截面草图。在图形区绘制图 12.3.101 所示的截面草图，单击"退出工作台"按钮，系统返回至"定义肋"对话框。

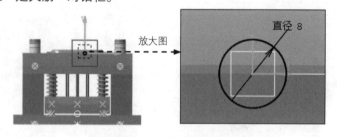

图 12.3.101　截面草图

（5）单击 确定 按钮，完成肋 1 的创建。

步骤 08 创建图 12.3.102 所示的旋转体 1。

（1）选择命令。选择下拉菜单 插入 ➡ 基于草图的特征 ▶ ➡ 旋转体... 命令，系统弹出"定义旋转体"对话框。

（2）定义草图平面。在"定义旋转体"对话框中单击 按钮，系统弹出"运行命令"对话框，然后选取图 12.3.103 所示的平面为草图平面。

（3）绘制截面草图。在图形区绘制图 12.3.104 所示的截面草图，单击"退出工作台"按钮，系统返回至"定义旋转体"对话框。

 为了便于绘制，可先创建一条轴线。

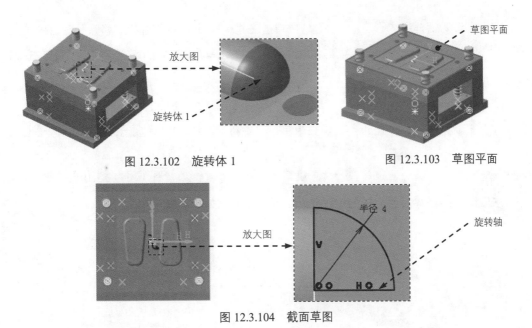

图 12.3.102　旋转体 1　　　　　　　　　　图 12.3.103　草图平面

图 12.3.104　截面草图

（4）选取旋转轴。选取图 12.3.104 所示的直线为旋转轴，其他参数采用系统默认设置值。

（5）单击 ● 确定 按钮，完成旋转体 1 创建。

步骤 09 创建图 12.3.105 所示的旋转体 2。参照 步骤 08 ，在肋 1 的另一端创建旋转体 2。

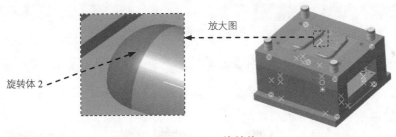

图 12.3.105　旋转体 2

步骤 10 创建分流道腔体。

（1）激活产品。在特征树中双击 直 Mold (Mold.1)，完成产品的激活，同时显示定模侧组件。

（2）切换工作台。选择下拉菜单 开始 ➡ 机械设计 ▶ ➡ 装配设计 命令，系统切换到"装配件设计"工作台。

（3）选择命令。选择下拉菜单 插入 ➡ 装配特征 ▶ ➡ 移除 命令，在特征树中选择 直 Mold (Mold.1) ➡ fill (fill.1) ➡ fill "+"号下的 零件几何体 图标，此时系统弹出"定义装配特征"对话框。

（4）在该对话框的 可能受影响的零件 区域中单击 ⌄ 按钮，此时系统弹出"移除"对话框，在 -受影响零件 区域中选取除 Insert_3 、 Insert_2 和 SprueBushing_AGN_2 以外的所有选项，然后单击 ⌃ 按钮。

（5）在"移除"对话框中单击 ● 确定 按钮，完成腔体的创建。

（6）更新产品。在"Tools"工具栏中单击"更新"按钮 ◎ ，完成产品的更新。

 说明　将分流道隐藏后，可观察到腔体中有多余的材料（图 12.3.106），这是由于软件原因而出现的，这时就需要将多余的材料进行切除。

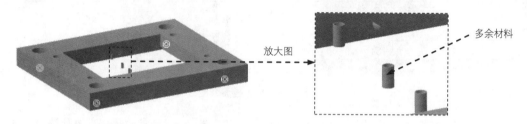

放大图

多余材料

图 12.3.106　多余材料

步骤 11 在动模板中切除多余的材料。

（1）激活动模板零件。在特征树中依次单击 ✚壸Mold (Mold.1) ➡ ✚☞EjectionSide (EjectionSide.1) ➡ ✚⬚CorePlate (CorePlate.1) 前的"+"号，然后双击其"+"号下的 ✚☐CorePlate 零件，此时系统激活该零件。

（2）定义工作对象。单击 ✚☐CorePlate 前的"+"号，然后右击 ✚❋零件几何体 ，在弹出的快捷菜单中选择 定义工作对象 命令，将其定义为工作对象。

（3）创建凹槽 3（只显示动模板）。

① 选择命令。选择下拉菜单 插入 ➡ 基于草图的特征 ▸ ➡ ◻ 凹槽... 命令，系统弹出"定义凹槽"对话框。

② 定义草图平面。单击 ⬛ 按钮，选取图 12.3.107 所示的平面为草图平面。

③ 绘制截面草图。绘制图 12.3.108 所示的截面草图，单击"退出工作台"按钮 ⬆ 。

草图平面

图 12.3.107　定义草图平面

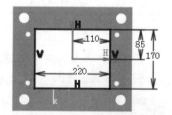

图 12.3.108　截面草图

④ 定义凹槽类型。在"定义凹槽"对话框 第一限制 区域的 深度：文本框中输入数值 25。

⑤ 单击 ● 确定 按钮，完成凹槽 3 的创建。

任务 02 创建浇口

步骤 01 将动模侧组件和推出机构显示出来。

步骤 02 切换工作台。选择下拉菜单 开始 ➡ ▶ 机械设计 ▶ ➡

 Mold Tooling Design 命令，系统切换到"模具设计"工作台。

步骤 03 激活产品。在特征树中双击 亘 Mold (Mold.1) ，完成产品的激活。

步骤 04 激活零件。在特征树中单击 fill (fill.1) 前的"+"号，然后双击其下的 fill 零件，完成零件的激活。

步骤 05 创建图 12.3.109 所示的旋转体 3。

（1）选择命令。选择下拉菜单 插入 ➡ 基于草图的特征 ▶ ➡ 旋转体 命令，系统弹出"定义旋转体"对话框。

（2）定义草图平面。在"定义旋转体"对话框中单击 按钮，系统弹出"运行命令"对话框，然后选取图 12.3.110 所示的平面为草图平面。

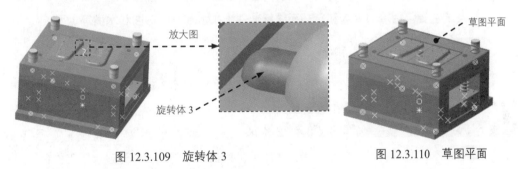

图 12.3.109 旋转体 3   图 12.3.110 草图平面

（3）绘制截面草图。在图形区绘制图 12.3.111 所示的截面草图，单击"退出工作台"按钮 ，系统返回至"定义旋转体"对话框。

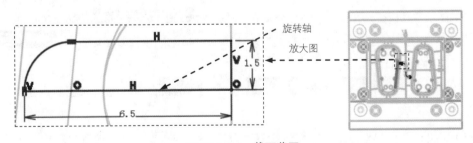

图 12.3.111 截面草图

（4）选取旋转轴。选取图 12.3.111 所示的直线为旋转轴，其他参数采用系统默认设置值。

（5）单击 ● 确定 按钮，完成旋转体 3 创建。

在分流道的一端创建浇口以后，在分流道的另一端系统会创建浇口腔特征。

（6）更新产品。在特征树中双击 直 Mold（Mold.1），然后在"Tools"工具栏中单击"更新"按钮 ⟳，完成产品的更新。

步骤 06 显示定模侧组件。在特征树中右击 InjectionSide（InjectionSide.1），在弹出的快捷菜单中选择 隐藏/显示 命令，同时隐藏浇注系统。

步骤 07 激活产品。在特征树中双击 down_cover_mold，完成产品的激活。

12.3.5 冷却系统设计

冷却系统的作用是对模具进行冷却或加热，它既关系到塑件的质量（塑件的尺寸精度、塑件的力学性能和塑件的表面质量），又关系到生产效率。因此，必须根据要求使模具温度控制在一个合理的范围之内，以得到高品质的塑件和较高的生产效率。

冷却系统主要包括冷却水道和冷却系统标准件（如水塞、O 形圈和水嘴等）。

任务 01 创建冷却水道 1 和 2

步骤 01 激活零件。在特征树中依次单击 直 Mold（Mold.1） ➡ InjectionSide（InjectionSide.1 ➡ CavityCooling（CavityCooling.1）前的"+"号，然后双击其"+"号下的 CavityCooling零件，此时系统激活该零件。确保在"创成式外形设计"工作台。

步骤 02 定义工作对象。在特征树中选择 CavityCooling "+"号下的 几何图形集.1并右击，在弹出的快捷菜单中选择 定义工作对象命令（隐藏下模和推出机构）。

步骤 03 创建图 12.3.112 所示的点 1。

（1）显示"几何图形集.1"中的五个平面。单击 几何图形集.1图标前的"+"号，选择"xy1""yz1""yz2""zx1"和"zx2"并右击，在弹出的快捷菜单中选择 隐藏/显示命令，结果如图 12.3.113 所示。

（2）选择下拉菜单 插入 ➡ 线框 ▶ ➡ ˩点…命令，系统弹出"点定义"对话框。

（3）定义点类型和坐标值。在 点类型：下拉列表中选择平面上选项；选取"zx2"为点放置平面；在 H: 文本框中输入数值 80；在 V: 文本框中输入数值 54。

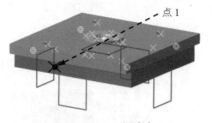

图 12.3.112 创建点 1

图 12.3.113 显示平面

（4）单击 ● 确定 按钮，完成点 1 的创建。

步骤 04 创建图 12.3.114 所示的点 2。选择下拉菜单 插入 ➡ 线框 ▶ ➡ ⌐ 点… 命令，系统弹出"点定义"对话框；在 点类型： 下拉列表中选择 平面上 选项；选取"zx2"为点放置平面；在 H： 文本框中输入数值 30；在 V： 文本框中输入数值 54；单击 ● 确定 按钮，完成点 2 的创建。

步骤 05 创建图 12.3.114 所示的平面 6。选择下拉菜单 插入 ➡ 线框 ▶ ➡ ◢ 平面… 命令，系统弹出"平面定义"对话框，在"平面定义"对话框 平面类型： 区域的下拉菜单中选择 偏移平面 选项；在"偏移"文本框中输入数值 210，在特征树中选取"zx2"平面为参考平面；单击 ● 确定 按钮，完成平面 6 的创建。

步骤 06 创建图 12.3.115 所示的点 3 和点 4。

参照 **步骤 04**，在 **步骤 05** 中创建的平面 6 上创建点 3 和点 4，点 3 的坐标为（80，54），点 4 的坐标为（30，54）。

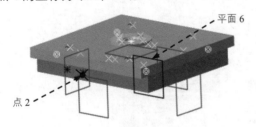

图 12.3.114 创建点 2 和平面 6

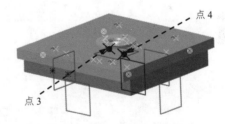

图 12.3.115 创建点 3 和点 4

步骤 07 激活产品。在特征树中双击 ✚ 🗐 InjectionSide (InjectionSide.1) "+"号下的 CavityCooling (CavityCooling.1)，此时系统激活该产品。

步骤 08 创建图 12.3.116 所示的冷却水道 1。

（1）选择命令。选择下拉菜单 插入 ➡ Injection Components ▶ ➡ 卅 Coolant Channel… 命令（或在"Injection Components"工具条中单击"Coolant"按钮 卅）。

（2）定义水道通过点。在图形中依次选取前面所创建的点 1 和点 3 为水道通过点，此时系统弹出"Coolant Channel definition"对话框。

（3）修改尺寸。修改对话框中的尺寸如图 12.3.117 所示；单击 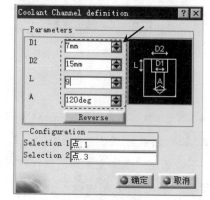 确定 按钮。

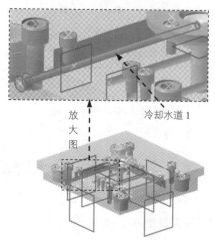

图 12.3.116　冷却水道 1

图 12.3.117　"Coolant Channel defintion" 对话框

（4）激活零件。在特征树中双击 CavityCooling (CavityCooling.1) "+" 号下的 CavityCooling，激活该零件。

（5）定义孔特征。

① 双击 CoolingBody "+" 号下的 CoolantChannel.1，此时系统弹出图 12.3.118 所示的 "定义孔" 对话框。

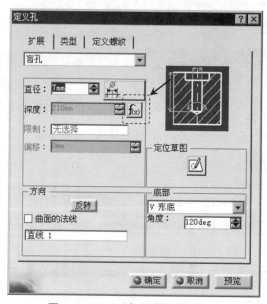

图 12.3.118　"定义孔" 对话框

② 在 扩展 选项卡中单击 ƒ(x) 按钮，此时系统弹出图 12.3.119 所示的"公式编辑器"对话框。

③ 单击该对话框右上角的"清除文本字段"按钮 ⌀ ，单击 ● 确定 按钮。

④ 在对话框的 深度: 文本框中输入数值 215；单击 ● 确定 按钮；完成孔特征定义。

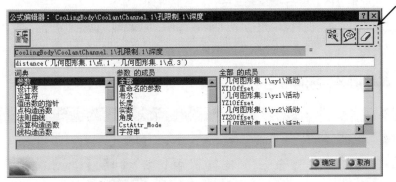

图 12.3.119 "公式编辑器"对话框

（6）更新产品。在特征树中双击 down_cover_mold ，激活此产品，在"Tools"工具栏中单击"更新"按钮 ↻，完成产品的更新。

步骤 09 创建图 12.3.120 所示的冷却水道 2。

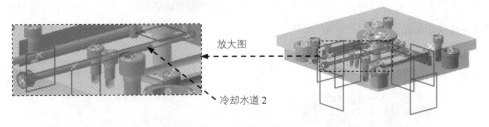

放大图

冷却水道 2

图 12.3.120 冷却水道 2

（1）激活产品。在特征树中双击 ✚ InjectionSide (InjectionSide.1) "+"号下的 CavityCooling (CavityCooling.1)，此时系统激活该产品。

（2）选择命令。选择下拉菜单 插入 ➡ Injection Components ▶ ➡ Coolant Channel... 命令（或在"Injection Components"工具条中单击"Coolant"按钮 ⁂ ）。

（3）定义水道通过点。在图形中依次选取前面所创建的点 2 和点 4 为水道通过点，此时系统弹出"Coolant Channel definition"对话框。

（4）修改尺寸。接受系统默认的尺寸（和 步骤 08 中的尺寸一样）；单击 ● 确定 按钮。

（5）激活零件。在特征树中双击 CavityCooling (CavityCooling.1) "+"号下的

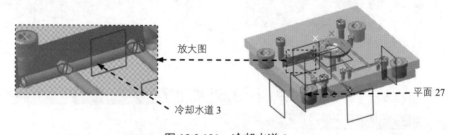

CavityCooling，激活该零件。

（6）定义孔特征。双击 CoolingBody "+"号下的 CoolantChannel.2，此时系统弹出"定义孔"对话框；在 扩展 选项卡中单击 f(x) 按钮，此时系统弹出"公式编辑器"对话框；单击该对话框右上角的"清除文本字段"按钮 ✎，单击 ● 确定 按钮，在对话框的 深度: 文本框中输入数值 215；单击 ● 确定 按钮；完成孔特征定义。

（7）更新产品。在特征树中双击 down_cover_mold，激活此产品，在"Tools"工具栏中单击"更新"按钮 ⟳，完成产品的更新。

任务 02 创建冷却水道 3

步骤 01 激活零件。在特征树中双击 CavityCooling (CavityCooling.1) "+"号下的 CavityCooling，激活该零件。确定其在"创成式外形设计"工作台。

步骤 02 定义工作对象。在特征树中选择 CavityCooling "+"号下的 几何图形集.1 并右击，在弹出的快捷菜单中选择 定义工作对象 命令。

步骤 03 创建图 12.3.121 所示的平面 27。选择下拉菜单 插入 ➡ 线框 ▶ ➡ 平面... 命令，系统弹出"平面定义"对话框；在"平面定义"对话框 平面类型: 区域的下拉菜单中选择 偏移平面 选项；在"偏移"文本框中输入数值 65，在特征树中选取"yz2"平面为参考平面；单击 ● 确定 按钮，完成平面 27 的创建。

步骤 04 定义工作对象。在特征树中右击 CoolingBody，然后在弹出的快捷菜单中选择 定义工作对象 命令。

步骤 05 创建图 12.3.121 所示的冷却水道 3。

放大图

平面 27

冷却水道 3

图 12.3.121　冷却水道 3

（1）激活产品。在特征树中双击 InjectionSide (InjectionSide.1) "+"号下的 CavityCooling (CavityCooling.1)，此时系统激活该产品。

（2）选择命令。选择下拉菜单 插入 ➡ Injection Components ▶ ➡ Coolant Channel. 命令（或在"Injection Components"工具条中单击"Coolant"按钮 ⊞ ）。

（3）定义水道通过点。在图形中依次选取前面所创建的点 3 和点 4 为水道通过点，此时系统弹出"Coolant Channel definition"对话框。

（4）修改尺寸。接受系统默认的尺寸；单击 确定 按钮。

（5）激活零件。在特征树中双击 CavityCooling（CavityCooling.1）"+"号下的 CavityCooling，激活该零件。

（6）定义孔特征。双击 CoolingBody "+"号下的 CoolantChannel.3，此时系统弹出"定义孔"对话框；在对话框的 类型 选项卡下拉列表中选择 简单；在 扩展 选项卡中单击 f(x) 按钮，此时系统弹出"公式编辑器"对话框，单击该对话框右上角的"清除文本字段"按钮 ，单击 确定 按钮，在对话框的 深度: 文本框中输入数值 85；然后单击 确定 按钮，完成孔特征定义。

（7）更改草图基准。在特征树中单击 CoolantChannel.3 前的"+"号，然后选取 草图.5 并右击，在弹出的快捷菜单中选择 草图.5 对象 ▶ ➡ 更改草图支持面... 命令，此时系统弹出"警告"对话框，在该对话框中单击 确定 按钮，系统弹出"草图定位"对话框，在特征树中选择 CavityCooling ➡ 几何图形集.1 "+"号下的 平面.27 为草图基准；单击 确定 按钮；完成草图基准的更改。

（8）更新产品。在特征树中双击 down_cover_mold，激活此产品，在"Tools"工具栏中单击"更新"按钮 ，完成产品的更新。

　　若方向相反，可通过双击 CoolantChannel.3，在弹出的对话框中单击"反转"按钮进行调整。

任务 03 创建冷却水道 4 和 5

步骤 01 激活零件。在特征树中双击 CavityCooling（CavityCooling.1）"+"号下的 CavityCooling，激活该零件。确定其在"创成式外形设计"工作台。

步骤 02 定义工作对象。在特征树中选择 CavityCooling "+"号下的 几何图形集.1 并右击，在弹出的快捷菜单中选择 定义工作对象 命令。

步骤 03 创建图 12.3.122 所示的点 7。

（1）选择下拉菜单 插入 ➡ 线框 ▶ ➡ 点... 命令，系统弹出"点定义"对话框。

（2）定义点类型和坐标值。在 点类型: 下拉列表中选择 平面上 选项；选取"zx1"为点放置平面；在 H: 文本框中输入数值-80；在 V: 文本框中输入数值 54。

（3）单击 确定 按钮，完成点 7 的创建。

步骤 04 创建图 12.3.122 所示的点 8。选择下拉菜单 插入 ➞ 线框 ▶ ➞ ⌐点... 命令，系统弹出"点定义"对话框；在 点类型: 下拉列表中选择 平面上 选项；选取"zx1"为点 放置平面；在 H: 文本框中输入数值-30；在 V: 文本框中输入数值 54；单击 ● 确定 按钮，完成点 8 的创建。

步骤 05 创建图 12.3.122 所示的平面 43。选择下拉菜单 插入 ➞ 线框 ▶ ➞ ▱平面... 命令，系统弹出"平面定义"对话框；在"平面定义"对话框 平面类型: 区域的下拉菜单中选择 偏移平面 选项；在"偏移"文本框中输入数值 65，在特征树中选取"zx1"平面为参考平面；然后单击 反转方向 按钮，单击 ● 确定 按钮，完成平面 43 的创建。

步骤 06 创建图 12.3.123 所示的点 9 和点 10。

参照 步骤 04 ，在 步骤 05 中创建的平面 43 上创建点 9 和点 10，点 9 的坐标为（−80，54），点 10 的坐标为（−30，54）。

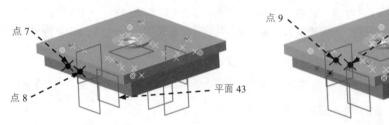

图 12.3.122　创建点 7、点 8 和平面 43　　　　图 12.3.123　创建点 9 和点 10

步骤 07 定义工作对象。在特征树中右击 CoolingBody，然后在弹出的快捷菜单中选择 定义工作对象 命令。

步骤 08 激活产品。在特征树中双击 InjectionSide (InjectionSide.1) "+" 号下的 CavityCooling (CavityCooling.1)，此时系统激活该产品。

步骤 09 创建图 12.3.124 所示的冷却水道 4。

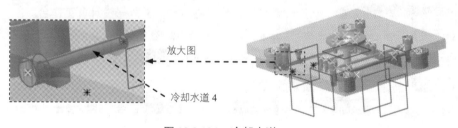

图 12.3.124　冷却水道 4

（1）选择命令。选择下拉菜单 插入 ➞ Injection Components ▶ ➞ ⊹Coolant Channel... 命令（或在"Injection Components"工具条中单击"Coolant"按钮 ）。

（2）定义水道通过点。在图形中依次选取前面所创建的点 7 和点 9 为水道通过点，此时系统弹出"Coolant Channel definition"对话框。

（3）修改尺寸。接受系统默认的尺寸，单击 ● 确定 按钮。

（4）更新产品。在特征树中双击 down_cover_mold ，激活此产品，在"Tools"工具栏中单击"更新"按钮 ，完成产品的更新。

步骤 **10** 创建图 12.3.125 所示的冷却水道 5。

（1）激活产品。在特征树中双击 InjectionSide (InjectionSide.1 "+"号下的 CavityCooling (CavityCooling.1) ，此时系统激活该产品。

（2）选择命令。选择下拉菜单 插入 ━━▶ Injection Components ▶ ━━▶ Coolant Channel... 命令（或在"Injection Components"工具条中单击"Coolant"按钮 ）。

（3）定义水道通过点。在图形中依次选取前面所创建的点 8 和点 10 为水道通过点，此时系统弹出"Coolant Channel definition"对话框。

（4）修改尺寸。接受系统默认的尺寸，单击 ● 确定 按钮。

（5）更新产品。在特征树中双击 Mold (Mold.1) ，完成产品的更新。

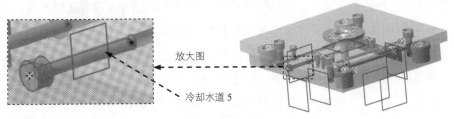

放大图

冷却水道 5

图 12.3.125　冷却水道 5

步骤 **11** 后面的详细操作过程请参见随书光盘中 video\ch12.03\reference\文件下的语音视频讲解文件。

第13章 数控加工

13.1 概述

数控技术即数字控制技术（Numerical Control Technology，NC），指用计算机以数字指令方式控制机床动作的技术。

数控加工具有产品精度高、自动化程度高、生产效率高以及生产成本低等特点，在制造业及航天工业，数控加工是所有生产技术中相当重要的一环。尤其是汽车或航天产业零部件，其几何外形复杂且精度要求较高，更突出了 NC 加工制造技术的优点。

数控加工技术集传统的机械制造、计算机、信息处理、现代控制、传感检测等光机电技术于一体，是现代机械制造技术的基础。

数控编程一般可以分为手工编程和自动编程。手工编程是指从零件图样分析、工艺处理、数值计算、编写程序单直到程序校核等各步骤的数控编程工作均由人工完成。该方法适用于零件形状不太复杂、加工程序较短的情况。而复杂形状的零件，如具有非圆曲线、列表曲面和组合曲面的零件，或形状虽不复杂、但是程序很长的零件，则比较适合于自动编程。

自动数控编程是从零件的设计模型（即参考模型）直接获得数控加工程序，其主要任务是计算加工进给过程中的刀位点（Cutter Location Point，简称 CL 点），从而生成 CL 数据文件。采用自动编程技术可以帮助人们解决复杂零件的数控加工编程问题，其大部分工作由计算机来完成，编程效率大大提高，还能解决手工编程无法解决的许多复杂形状零件的加工编程问题。

13.2 CATIA V5-6 数控加工的一般过程

13.2.1 CATIA V5-6 数控加工流程

CATIA V5-6 能够模拟数控加工的全过程，其一般流程如下（图 13.2.1）。

（1）创建零件模型（包括目标加工零件以及毛坯零件）。

（2）加工工艺分析及规划。

（3）零件操作定义（包括设置机床、夹具、加工坐标系、零件和毛坯等）。

（4）设置加工参数（包括几何参数、刀具参数、进给率以及刀具路径参数等）。

（5）生成数控刀路。

（6）检验数控刀路。

（7）利用后处理器生成数控程序。

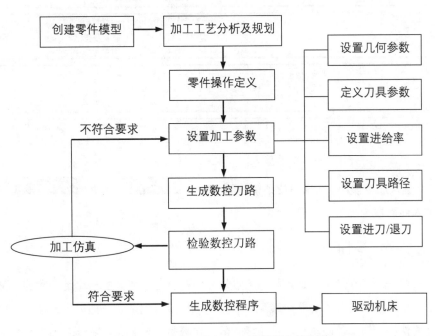

图 13.2.1　CATIA V5-6 数控加工流程图

13.2.2　进入加工工作台

在进入 CATIA V5-6 数控加工工作台之前，应先进行如下操作。

选择下拉菜单 工具 ➡ 选项... 命令，系统弹出"选项"对话框。在对话框左侧选择 ◆加工 选项，然后单击 General 选项卡，选中 ☐ Create a CATPart to store geometry. 复选框（图 13.2.2 ）。

　　　　　在"选项"对话框中选择 ☐ Create a CATPart to store geometry. 复选框后，系统会自动创建一个毛坯文件。如果在进行加工前，已经将目标加工零件和毛坯零件装配在一起，则应取消选中该复选框。

在进行数控加工操作之前，首先需要进入 CATIA V5-6 数控加工工作台，其操作步骤如下。

步骤 01 打开模型文件。选择下拉菜单 文件 ➡ 📂 打开... 命令，系统弹出"选择文件"对话框。在"查找范围"下拉列表中选择文件目录 D:\catia2014\work\ch13.02，然后在中间的列表框中选择文件 pocketing.CATPart，单击 打开(O) 按钮，系统打开模型并进入建模工作台。

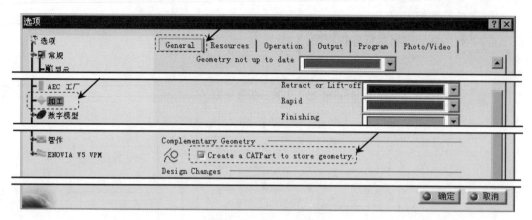

图 13.2.2　"选项"对话框

步骤 02 进入加工模块。选择下拉菜单 开始 ➡ 加工 ➡ Surface Machining 命令，系统进入曲面铣削加工工作台。

13.2.3　定义毛坯零件

在进行 CATIA V5-6 加工制造流程的各项规划之前，应该先建立一个毛坯零件。常规的制造模型由一个目标加工零件和一个装配在一起的毛坯零件组成。一般来说，在加工过程结束时，毛坯零件的几何参数应与目标加工零件的几何参数一致。如果不涉及加工余量分析和过切，则不必定义毛坯零件。因此，加工组件的最低配置为一个参照零件。

毛坯零件可以通过在加工工作台中创建或者装配的方法来引入，本例介绍创建工件的一般步骤。

步骤 01 选择命令。在图 13.2.3 所示的 "Geometry Management" 工具栏中单击 "Creates rough stock" 按钮 🔲，系统弹出 "Rough Stock" 对话框。

步骤 02 选择毛坯参照零件。在图形区中选取图 13.2.4 所示的目标加工零件作为参照，系统自动创建一个毛坯零件，且在 "Rough Stock" 对话框中显示毛坯零件的尺寸参数，如图 13.2.5 所示。

图 13.2.3　"Geometry Management" 工具栏

图 13.2.4　目标加工零件

步骤 03 单击 "Rough Stock" 对话框中的 确定 按钮，完成毛坯零件的创建（图 13.2.6）。

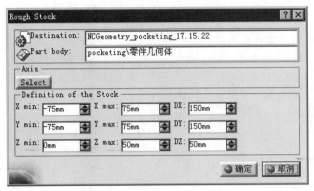

图 13.2.5 "Rough Stock"对话框

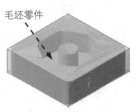

图 13.2.6 创建毛坯零件

13.2.4 定义零件操作

定义零件操作主要包括选择数控机床、定义加工坐标系、定义毛坯零件及目标加工零件等内容。

定义零件操作的一般步骤如下。

步骤01 切换工作台。选择下拉菜单 开始 —▶ 加工 ▶ —▶ Prismatic Machining 命令，系统进入 2 轴半铣削加工工作台。

步骤02 在图 13.2.7 所示的特征树中双击"Part Operation.1"，系统弹出图 13.2.8 所示的"Part Operation"对话框。

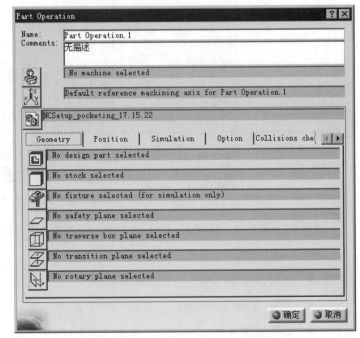

图 13.2.7 特征树

图 13.2.8 "Part Operation"对话框

图 13.2.8 所示 "Part Operation" 对话框中各按钮的说明如下。

◆ 按钮: 用于选择数控机床和设置机床参数。

◆ 按钮: 设定加工坐标系。

◆ 按钮: 加入一个装配模型文件或一个加工目标模型文件。

◆ 按钮: 选择目标加工零件。

◆ 按钮: 选择毛坯零件。

◆ 按钮: 选择夹具。

◆ 按钮: 设定安全平面。

◆ 按钮: 选定 5 个平面定义一个整体的阻碍体。

◆ 按钮: 选定一个平面作为零件整体移动平面。

◆ 按钮: 选定一个平面作为零件整体旋转平面。

步骤 03 选择数控机床。单击 "Part Operation" 对话框中的 按钮，系统弹出图 13.2.9 所示的 "Machine Editor" 对话框，单击其中的 "3-axis Machine" 按钮 ，然后单击 确定 按钮，完成机床的选择。

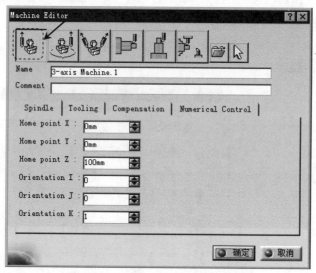

图 13.2.9 "Machine Editor" 对话框

图 13.2.9 所示的 "Machine Editor" 对话框中的各项说明如下。

◆ : 三轴联动机床。

◆ : 带旋转工作台的 3 轴联动机床。

◆ : 五轴联动机床。

◆ : 卧式车床。

◆ 　: 立式车床。

◆ 　: 多滑座车床。

◆ 　: 单击该按钮后, 在弹出的"选择文件"对话框中选择所需要的机床文件。

◆ 　: 单击该按钮后, 在特征树上选择用户创建的机床。

步骤 04 定义加工坐标系。

（1）单击"Part Operation"对话框中的　按钮,系统弹出图 13.2.10 所示的"Default reference machining axis for Part Operation.1"对话框。

图 13.2.10　"Default reference machining axis for Part Operation.1"对话框

（2）单击"Default reference machining axis for Part Operation.1"对话框中的加工坐标系原点感应区, 然后在图形区选取图 13.2.11 所示的圆, 系统默认此圆的圆心为加工坐标系的原点（"Default reference machining axis for Part Operation.1"对话框中的基准面、基准轴和原点均由红色变为绿色, 表明已定义加工坐标系）, 系统创建图 13.2.12 所示的加工坐标系。

图 13.2.11　选取参照圆

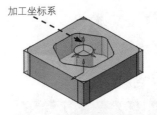

图 13.2.12　创建加工坐标系

（3）单击"Default reference machining axis for Part Operation.1"对话框中的　确定　按钮, 完成加工坐标系的设置。

步骤 05 定义目标加工零件。单击"Part Operation"对话框中的　按钮, 在特征树中选取"零件几何体"作为目标加工零件。在图形区空白处双击鼠标左键,系统回到"Part Operation"对话框。

步骤 06 定义毛坯零件。单击"Part Operation"对话框中的　按钮, 在特征树中选取

"Rough Stock.1"作为毛坯零件。在图形区空白处双击鼠标左键，系统回到"Part Operation"对话框。

步骤 07 定义安全平面。

（1）单击"Part Operation"对话框中的◻按钮，在图形区选取图 13.2.13 所示的面（毛坯零件的上表面）为安全平面参照，系统创建图 13.2.14 所示的安全平面。

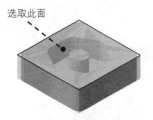

图 13.2.13　选取参照平面

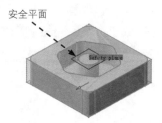

图 13.2.14　定义安全平面

（2）右击系统创建的安全平面，系统弹出图 13.2.15 所示的快捷菜单，选择其中的 Offset... 命令，系统弹出图 13.2.16 所示的"Edit Parameter"对话框，在其中的 Thickness 文本框中输入数值 5。

（3）单击"Edit Parameter"对话框中的 ● 确定 按钮。

图 13.2.15　快捷菜单

图 13.2.16　"Edit Parameter"对话框

步骤 08 定义换刀点。在"Part Operation"对话框中单击 Position 选项卡，然后在 -Tool Change Poin 区域的 X: 、 Y: 、 Z: 文本框中分别输入数值 0、0、50（图 13.2.17），设置的换刀点如图 13.2.18 所示。

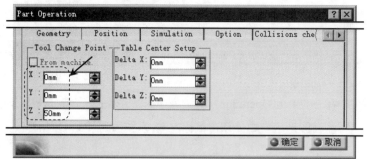

图 13.2.17　定义换刀点

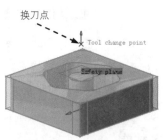

图 13.2.18　显示换刀点

步骤 09 单击 "Part Operation" 对话框中的 确定 按钮，完成零件操作的定义。

13.2.5　定义几何参数

在 "Pocketing.1" 对话框中的 "几何参数" 选项卡中定义加工的区域、设置加工余量等相关参数。设置几何参数的一般过程如下。

步骤 01 在特征树中选择 "Part Operation.1" 节点下的 Manufacturing Program.1 节点，然后选择下拉菜单 插入 ➡ Machining Operations ▶ ➡ Pocketing 命令。系统弹出图 13.2.19 所示的 "Pocketing.1" 对话框（一）。

步骤 02 单击 "Pocketing.1" 对话框（一）中的 选项卡，然后单击 Open Pocket （Open Pocket）字样，此时 "Pocketing.1" 对话框（二）如图 13.2.20 所示。

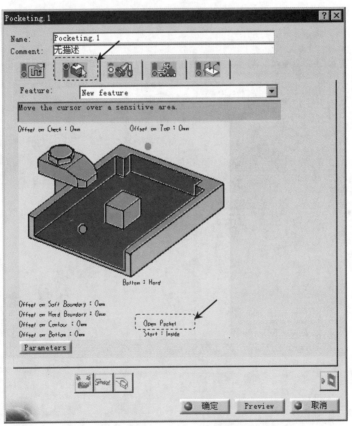

图 13.2.19　"Pocketing.1" 对话框（一）

图 13.2.19 所示 "Pocketing.1" 对话框（一）中部分选项的说明如下。

◆ 刀具路径参数选项卡。

◆ 几何参数选项卡。

◆ 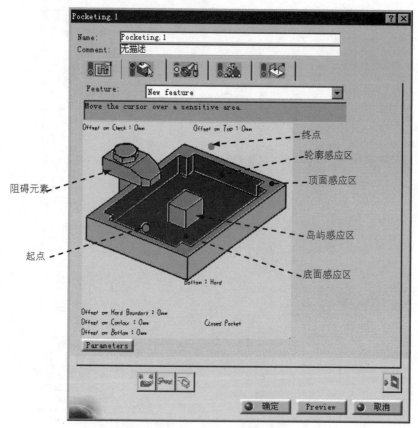 ：刀具参数选项卡。

◆ ：进给率选项卡。

◆ ：进刀/退刀路径选项卡。

图 13.2.20 所示 "Pocketing.1" 对话框（二）中各项的说明如下。

◆ Offset on Check : 0mm （Offset on Check：0mm）：双击该图标后，在弹出的对话框中可以设置阻碍元素或夹具的偏置量。

◆ Offset on Top : 0mm （Offset on Top：0mm）：双击该图标后，在弹出的对话框中可以设置顶面的偏置量。

◆ Offset on Hard Boundary : 0mm （Offset on Hard Boundary：0mm）：双击该图标后，在弹出的对话框中可以设置硬边界的偏置量。

图 13.2.20 "Pocketing.1" 对话框（二）

◆ Offset on Contour : 0mm （Offset on Contour：0mm）：双击该图标后，在弹出的对话框中可以设置软边界、硬边界或孤岛的偏置量。

◆ Offset on Bottom : 0mm （Offset on Bottom：0mm）：双击该图标后，在弹出的对话框中可以

设置底面的偏置量。

◆ （Bottom: Hard）：单击该图标可以在软底面及硬底面之间切换。

步骤 03 定义加工底面。

（1）将鼠标指针移动到"Pocketing.1"对话框（二）中的底面感应区上，该区域的颜色从深红色变为橙黄色，在该区域单击鼠标左键，对话框消失，系统要求用户选择一个平面作为型腔加工的区域。

（2）在该图形区选取图 13.2.21 所示的零件底平面，系统返回到"Pocketing.1"对话框（一），此时"Pocketing.1"对话框（一）中底面感应区和轮廓感应区的颜色改变为深绿色，表明已定义了底面和轮廓。

> 为了便于选取零件表面，可将毛坯进行暂时隐藏。方法是在特征树中右击 `NCGeometry_pocketing_17.15.22`，在弹出的快捷菜单中选择 `隐藏/显示` 命令即可。

步骤 04 定义加工顶面。单击"Pocketing.1"对话框（二）中的顶面感应区，然后在图形区选取图 13.2.22 所示的零件上平面为顶面，系统返回到"Pocketing.1"对话框（一），此时"Pocketing.1"对话框（一）中顶面感应区的颜色改变为深绿色。

说明：

◆ 由于系统默认开启岛屿探测（Island Detection）和轮廓探测（Contour Detection）功能，所以在定义型腔底面后，系统自动判断型腔的轮廓。关闭岛屿探测（Island Detection）和轮廓探测（Contour Detection）的方法是在 Pocketing.1 对话框中的底面感应区右击，在弹出的快捷菜单（图 10.2.23）中取消选中 `Island Detection` 和 `Contour Detection` 复选框。

图 13.2.21 选取零件底面

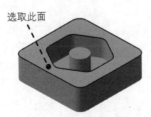
图 13.2.22 选取零件顶面

图 13.2.23 快捷菜单

◆ 当开启岛屿探测（Island Detection）功能时，系统会将选择的底面上的所有孔和凸台判断为岛屿。而对于底面上的所有孔，刀具路径不应该跳过，因此我们需要将这个岛屿移除。移除岛屿的方法是在图形区中的 Island 1(0mm)字样上右击，在系统弹出的快捷菜单中选择 Remove Island 1 命令，即可将岛屿移除。

13.2.6 定义刀具参数

定义刀具参数就是根据加工方法及加工区域来确定刀具的参数，它在整个加工过程中起着非常重要的作用。刀具参数的设置是通过"Pocketing.1"对话框中的 选项卡来完成的。

步骤 01 进入刀具参数选项卡。在"Pocketing.1"对话框中单击 选项卡（图13.2.24）。

 双击图 13.2.24 中的刀具参数字样（如"*D*=6mm"），在系统弹出的"Edit Parameter"对话框中可以改变其参数值。

图 13.2.24 所示的"刀具参数"选项卡中各项的说明如下。

◆ ：用于从刀具库调用已创建的刀具。

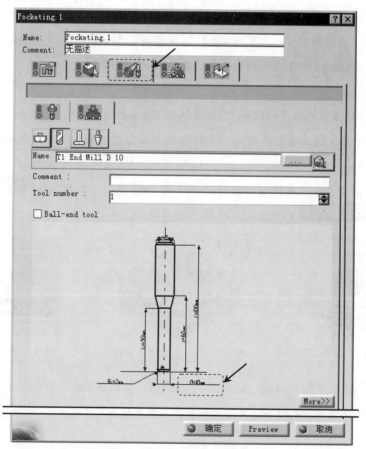

图 13.2.24　"刀具参数"选项卡

◆ 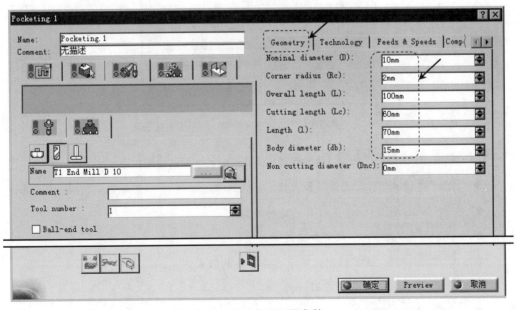：用于自定义加工刀具。

- 　：面铣刀。

- 　：立铣刀。

- 　：T 形铣刀。

- 　：锥形铣刀。

- Name ：用于定义刀具的名称。

- Comment ：用于对刀具进行注释说明。

- Tool number ：用于定义刀具的编号。

- Ball-end tool ：选中该选项则选用球头铣刀。

步骤 02 选择刀具类型。在"Pocketing.1"对话框中单击 　 按钮，选择立铣刀为加工刀具。

步骤 03 刀具命名。在"Pocketing.1"对话框的 Name 文本框中输入"T1 End Mill D 10"。

步骤 04 定义刀具参数。

（1）在"Pocketing.1"对话框中单击 More>> 按钮，单击 Geometry 选项卡，然后设置图
13.2.25 所示的刀具参数。

图 13.2.25 定义刀具参数

图 13.2.25 所示 Geometry （一般）选项卡中各选项的说明如下。

◆ Nominal diameter (D)：设置刀具公称直径。

◆ Corner radius (Rc)：设置刀具圆角半径。

- ◆ Overall length (L)：：设置刀具总长度。
- ◆ Cutting length (Lc)：：设置刀刃长度。
- ◆ Length (l)：：设置刀具长度。
- ◆ Body diameter (db)：：设置刀柄直径。
- ◆ Non cutting diameter (Dnc)：：设置刀具去除切削刃后的直径。

（2）单击"Technology"选项卡，然后设置图 13.2.26 所示的参数。

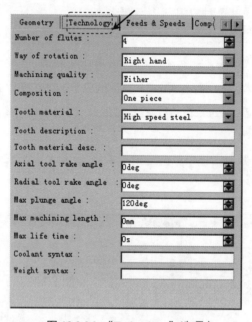

图 13.2.26 "Technology"选项卡

图 13.2.26 所示 Technology (技术参数) 选项卡中各选项的说明如下。

- ◆ Number of flutes：：设置刀具刃数。
- ◆ Way of rotation：：设置刀具的旋转方向。
- ◆ Machining quality：：设置加工质量。
- ◆ Composition：：该下拉列表用于选择刀具的组成方式。
- ◆ Tooth material：：选择刀刃材料。
- ◆ Tooth description：：对刀刃进行说明。
- ◆ Tooth material desc.：：用于对刀具材料进行说明。
- ◆ Axial tool rake angle：：设置刀具轴向倾斜角度。
- ◆ Radial tool rake angle：：设置刀具半径倾斜角度。

◆ `Max plunge angle :`：设置最大倾入角度。

◆ `Max machining length :`：设置最大加工长度。

◆ `Max life time :`：设置最长使用寿命。

◆ `Coolant syntax :`：该文本框用于描述有关切削液的设置。

◆ `Weight syntax :`：该文本框用于说明刀具的重量。

（3）其他选项卡中的参数均采用默认的设置值。

13.2.7 定义进给率

进给率可以在"Pocketing.1"对话框的 选项卡中进行定义，包括定义进给速度、切削速度、退刀速度和主轴转速等参数。

定义进给率的一般步骤如下。

步骤 01 进入进给率设置选项卡。在"Pocketing.1"对话框中单击 选项卡（图 13.2.27）。

步骤 02 设置进给率。分别在"Pocketing.1"对话框的 `Feedrate` 和 `Spindle Speed` 区域中取消选中 `Automatic compute from tooling Feeds and Speeds` 复选框，然后在"Pocketing.1"对话框的 选项卡中设置图 13.2.27 所示的参数。

图 13.2.27 所示"进给率"选项卡中各选项的说明如下。

◆ 用户可通过 `Feedrate` 区域设置刀具进给率参数，主要参数如下。

● 选中 `Automatic compute from tooling Feeds and Speeds` 复选框后，系统将自动设置刀具进给速率的所有参数。

● `Approach:`：该文本框用于输入进给速度，即刀具从安全平面移动到工件表面时的速度，单位通常为 mm_mn（毫米/分钟）。

● `Machining:`：该文本框用于输入刀具切削工件时的速度，单位通常为 mm_mn（毫米/分钟）。

● `Retract:`：该文本框用于输入退刀速度，单位通常为 mm_mn（毫米/分钟）。

● `Finishing:`：当取消选中 `Automatic compute from tooling Feeds and Speeds` 复选框后，`Finishing:` 后的文本框被激活，此文本框用于设置精加工时的进刀速度。

● `Transition:`：选中该复选框后，其后的下拉列表被激活，用于设置区域间的跨越时的进给速度。

- Slowdown rate: ：该文本框用于设置降速比率。
- Unit: ：通过此下拉列表可以选择进给速度的单位。

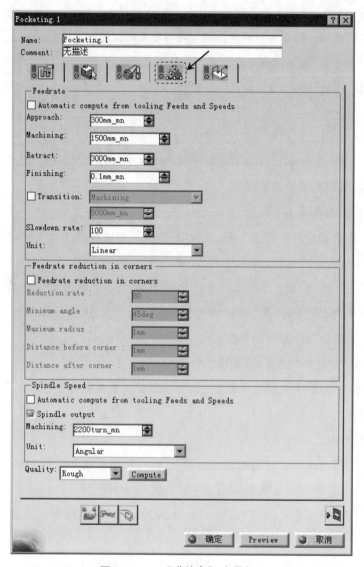

图 13.2.27 "进给率"选项卡

◆ 在 Feedrate reduction in corners 区域中可设置加工拐角时降低进给率的一些参数，主
要参数如下。

- Feedrate reduction in corners ：选中该复选框后，Feedrate reduction in corners 区
域中的参数则被激活。

- Reduction rate ：此文本框用于设置降低进给速度的比率值。

- **Minimum angle :** 此文本框用于设置降低进给速度的最小角度值。
- **Maximum radius :** 此文本框用于设置降低进给速度的最大半径值。
- **Distance before corner :** 此文本框中的数值表示加工拐角前多远开始降低进给速度。
- **Distance after corner :** 此文本框中的数值表示加工拐角后多远开始恢复进给速度。
◆ 在 **-Spindle Speed-** 区域中可设置主轴参数，主要参数如下。
  - **☑ Automatic compute from tooling Feeds and Speeds :** 选中该复选框后，系统会自动设置主轴的转速。
  - **☑ Spindle output :** 选中该复选框后，用户可自定义主轴参数。
  - **Machining :** 此文本框用于控制主轴的转速。
  - **Unit :** 该下拉列表用于选择主轴转速的单位。

13.2.8 定义刀具路径参数

定义刀具路径参数就是定义刀具在加工过程中所走的轨迹，根据不同的加工方法，刀具的路径也有所不同。定义刀具路径参数的一般过程如下。

步骤 01 进入刀具路径参数选项卡。在 "Pocketing.1" 对话框中单击 选项卡（图 13.2.28 ）。

图 13.2.28 所示的 "刀具路径参数" 选项卡中的各项说明如下。

◆ **Tool path style :** 此下拉列表提供了 3 种切削类型。
  - **Outward helical :** 由里向外螺旋铣削。选择该选项时的刀具路径如图 13.2.29 所示。
  - **Inward helical :** 由外向里螺旋铣削。选择该选项时的刀具路径如图 13.2.30 所示。
  - **Back and forth :** 往复铣削。选择该选项时的刀具路径如图 13.2.31 所示。
  - **Offset on part One-Way** 选项：沿部件偏移单方向铣削。选择该选项时的刀具路径如图 13.2.32 所示。
  - **Offset on part Zig-Zag** 选项：沿部件偏移往复铣削。选择该选项时的刀具路径如图 13.2.33 所示。

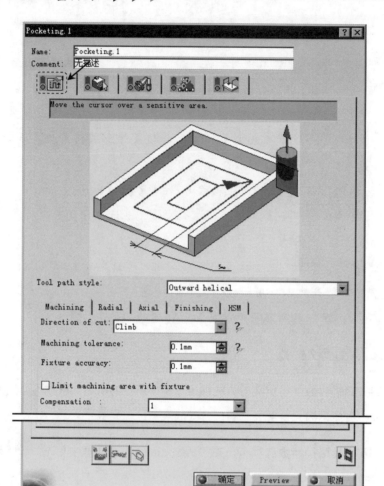

图 13.2.28　"刀具路径参数"选项卡

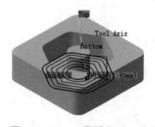

图 13.2.29　刀具路径（一）

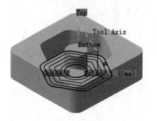

图 13.2.30　刀具路径（二）

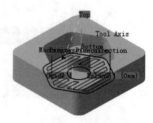

图 13.2.31　刀具路径（三）

图 13.2.32　刀具路径（四）

图 13.2.33　刀具路径（五）

◆ Machining （加工）选项卡中各参数的说明如下。

- Direction of cut : 此下拉列表提供了两种铣削方式：Climb （顺铣）和 Conventional （逆铣）。

- Machining tolerance : 此文本框用于设置刀具理论轨迹相对于计算轨迹允许的最大偏差值。

- Fixture accuracy : 此文本框用于设置夹具厚度公差。

- Compensation : （刀具补偿）：用于设置刀具的补偿号。

步骤 **02** 定义刀具路径类型。在"Pocketing.1"对话框的 Tool path style: 下拉列表中选择 Outward helical 选项。

步骤 **03** 定义"Machining（切削）"参数。在"Pocketing.1"对话框中单击 Machining 选项卡，然后在 Direction of cut: 下拉列表中选择 Climb 选项，其他选项采用系统默认设置值。

步骤 **04** 定义"Radial（径向）"参数。单击 Radial 选项卡，然后在 Mode: 下拉列表中选择 Maximum distance 选项，在 Distance between paths: 文本框中输入数值 6，其他选项采用系统默认设置值（图 13.2.34）。

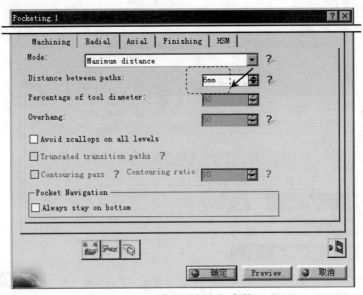

图 13.2.34　定义"径向"参数

图 13.2.34 所示 Radial （径向）选项卡中各选项的说明如下。

◆ Mode: 下拉列表用于设置两个连续轨迹之间的距离，系统提供了以下三种方式。

- Maximum distance ：最大距离。

- Tool diameter ratio ：刀具直径比例。

- ● Stepover ratio : 步进比例。
- ◆ Distance between paths: : 用于定义两条刀路轨迹之间的距离。
- ◆ Percentage of tool diameter: : 在 Mode: 下拉列表中选择 Tool diameter ratio 或 Stepover ratio 选项时，该文本框被激活，此时用刀具直径的比例来设置两条轨迹之间的距离。
- ◆ Overhang: : 用于设置当加工到边界时刀具处于加工面之外的部分，使用刀具的直径比例表示。

步骤 05 定义 "Axial (轴向)" 参数。单击 Axial 选项卡，然后在 Mode: 下拉列表中选择 Number of levels 选项，在 Number of levels: 文本框中输入数值 8，其他选项采用系统默认设置值（图 13.2.35）。

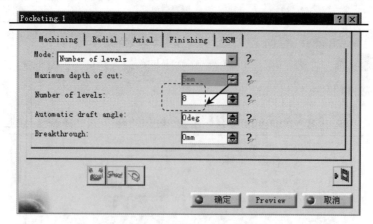

图 13.2.35　定义 "轴向" 参数

图 13.2.35 所示 Axial (轴向) 选项卡中各参数的说明如下。

- ◆ Mode: 下拉列表提供了以下三个选项。
  - ● Maximum depth of cut : 最大背吃刀量。
  - ● Number of levels : 分层切削。
  - ● Number of levels without top : 不计算顶层的分层切削。
- ◆ Maximum depth of cut: : 在 Mode: 下拉列表中选择 Maximum depth of cut 或 Number of levels without top 选项时，该文本框则被激活，用于设置每次的最大背吃刀量或顶层的最大背吃刀量。
- ◆ Number of levels: : 在 Mode: 下拉列表中选择 Number of levels 或 Number of levels without top 选项时，该文本框则被激活，用于设置分层数。
- ◆ Automatic draft angle: : 用于设置自动拔模角度。

◆ Breakthrough: ：用于在软底面时，设置刀具在轴向超过零件的长度。

步骤 06 定义"Finishing（精加工）"参数。单击 Finishing 选项卡，然后在 Mode: 下拉列表中选择 No finish pass 选项（图 13.2.36）。

图 13.2.36 所示 Finishing （精加工）选项卡中各参数的说明如下。

◆ Mode: ：此下拉列表中提供了精加工的如下几种模式。

● No finish pass ：无精加工进给。

● Side finish last level ：在最后一层时进行侧面精加工。

● Side finish each level ：每层都进行侧面精加工。

● Finish bottom only ：仅加工底面。

● Side finish at each level & bottom ：每层都精加工侧面及底面。

● Side finish at last level & bottom ：仅在最后一层及底面进行侧面精加工。

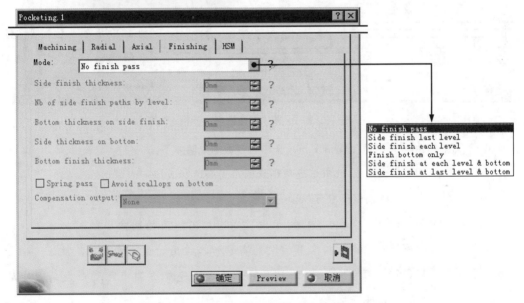

图 13.2.36 定义"精加工"参数

◆ Side finish thickness: ：该文本框用来设置保留侧面精加工的厚度。

◆ Nb of side finish paths by level: ：该文本框在分层进给加工时用于设置每层粗加工进给包括的侧面精加工进给的分层数。

◆ Bottom thickness on side finish: ：该文本框用来设置保留底面精加工的厚度。

◆ Spring pass ：该选项用于设置是否有进给。

◆ Avoid scallops on bottom ：该选项用于设置是否防止底面残料。

◆ Compensation output: 下拉列表用于设置侧面精加工刀具补偿，主要有 3 个选项。

- None: 无补偿。

- 2D radial profile: 2D 径向轮廓补偿。

- 2D radial tip: 2D 径向刀尖补偿。

步骤 07 定义"HSM（高速铣削）"参数。单击 HSM 选项卡，然后取消选中
□ High Speed Milling 复选框（图 13.2.37）。

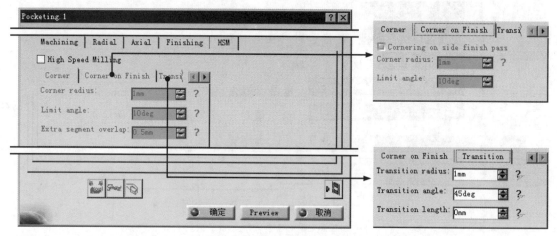

图 13.2.37 定义"高速铣削"参数

图 13.2.37 所示 HSM （高速铣削）选项卡中各参数的说明如下。

◆ High Speed Milling: 选中该选项则说明启用高速加工。

◆ Corner: 在该选项卡中可以设置关于圆角的一些加工参数。

- Corner radius: 该文本框用于设置高速加工拐角的圆角半径。

- Limit angle: 该文本框用于设置高速加工圆角的最小角度。

- Extra segment overlap: 该文本框用于设置高速加工圆角时所产生的额外路
径的重叠长度。

◆ Corner on Finish: 在该选项卡中可以设置圆角精加工的一些参数。

- Cornering on side finish pass: 选中该选项则指定在侧面精加工的轨迹上应
用圆角加工轨迹。

- Corner radius: 该文本框用于设置圆角的半径。

- Limit angle: 该文本框用于设置圆角的角度。

◆ Transition: 在该选项卡中可以设置关于圆角过渡的一些参数。

- Transition radius: 该文本框用于设置当由结束轨迹移动到新轨迹时的开始

及结束过渡圆角的半径值。

- ⬤ Transition angle:该文本框用于设置当由结束轨迹移动到新轨迹时的开始

  及结束过渡圆角的角度值。

- ⬤ Transition length:该文本框用于设置两条轨迹间过渡直线的最短长度。

13.2.9 定义进刀/退刀路径

进刀/退刀路径的定义在加工中是非常重要的。进刀/退刀路径设置的正确与否，对刀具的使用寿命以及所加工零件的质量都有着极大的影响。定义进刀/退刀路径的过程如下。

步骤 01 进入进刀/退刀路径选项卡。在"Pocketing.1"对话框中单击 选项卡（图13.2.38）。

图 13.2.38 所示"进刀/退刀路径"选项卡中各按钮的说明如下。

- ◆ Mode:（模式）：该下拉列表用于选择进刀/退刀模式。

  - ⬤ None:不对进刀或退刀路径进行设置。

  - ⬤ Build by user:进刀或退刀路径由用户自己定义。

  - ⬤ Horizontal horizontal axial:选择"水平-水平-轴向"进刀或退刀模式。

  - ⬤ Axial:选择"轴向"进刀或退刀模式。

  - ⬤ Ramping:选择"斜向"进刀或退刀模式。

  - ⬤ 图形选项区中各图标的说明如下（即 A1~A16）。

A1：相切运动。使用该按钮，可以添加一个与零件加工表面相切的进刀路径。

A2：垂直运动。使用该按钮，可以添加一个垂直于前一个已经添加的刀具运动的进刀路径。

A3：轴线运动。使用该按钮，可以增加一个与刀具轴线平行的进刀/退刀路径。

A4：圆弧运动。可以在其他运动（除轴线运动外）之前增加一条圆弧路径。

A5：斜向运动。使用该按钮，可以添加一个与水平面成一定角度的渐进斜线进刀。

A6：螺旋运动。单击该按钮，添加一个沿螺旋线运动的进刀路径。

A7：单击该按钮，可以根据文本文件中的点来设置退刀路径。

A8：垂直指定平面的运动。用于添加一个垂直于指定平面的直线运动。

A9：从安全平面开始的轴线运动。该按钮用于添加一个从指定的安全平面开始的轴线方向的直线运动，若未指定安全平面，则该按钮不可用。

A10：垂直指定直线的运动。该按钮用于添加一个垂直于指定直线的直线运动。

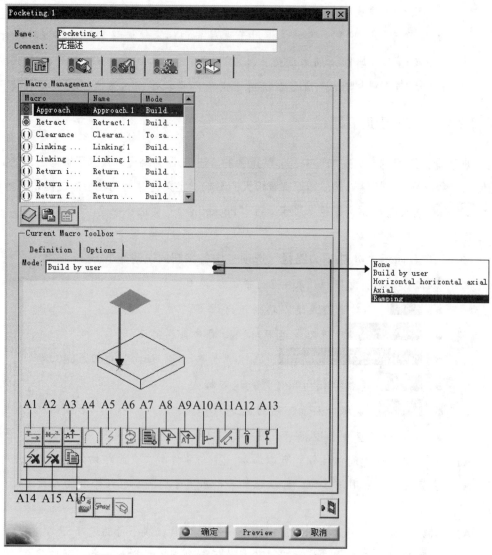

图 13.2.38 "进刀/退刀路径"选项卡

A11: 指定方向的直线运动。用于指定一条直线或者设置运动的向量来确定直线运动。

A12: 刀具轴线方向。单击该按钮,可以选择一条直线或者设置一个矢量方向来确定刀具的轴线方向, 这里只是确定刀具的方向, 还需通过其他运动来设置进刀/退刀路径。

A13: 从指定点运动。用于添加一条从指定点开始的直线运动。

A14: 该按钮用于清除用户自定义的所有进刀/退刀运动。

A15: 该按钮用于清除用户自定义的上一条进刀/退刀运动。

A16: 单击该按钮, 则复制进刀或退刀的设置应用于其他进刀或退刀 (如连接进刀/退刀)。

步骤 02 定义进刀路径。

（1）激活进刀。在 -Macro Management 区域的列表框选择 ● Approach ，右击，从弹出的快捷菜单中选择 Activate 命令。

 若弹出的快捷菜单中有 Deactivate 命令，说明此时就处于激活状态，无需再进行激活。

（2）在 -Macro Management 区域的列表框中选择 ● Approach ，然后在 Mode: 下拉列表中选择 Ramping 选项，选择斜向进刀类型。

步骤 03 定义退刀路径。

（1）在 -Macro Management 区域的列表框中选择 ● Retract ，然后在 Mode: 下拉列表中选择 Build by user （用户自定义）选项。

（2）在"Pocketing.1"对话框中依次单击"remove all motions"按钮 ✗ 和"Add Axial motion up to a plane"按钮 ▲↑ ，设置一个到安全平面的直线退刀运动。

13.2.10 刀路仿真

刀路仿真可以让用户直观地观察刀具的运动过程，以检验各种参数定义的合理性。刀路仿真的一般步骤如下。

步骤 01 在"Pocketing.1"对话框中单击"Tool Path Replay"按钮，系统弹出图 13.2.39 所示的"Pocketing.1"对话框，且在图形区显示刀路轨迹（图 13.2.40）。

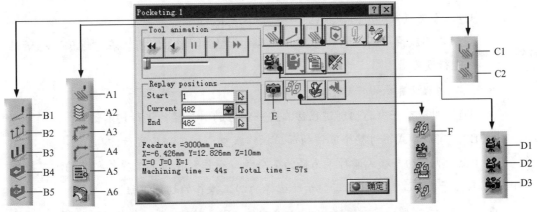

图 13.2.39　"Pocketing.1"对话框

图 13.2.39 所示"Pocketing.1"对话框中的部分按钮说明如下。

◆ -Tool animation-：该区域包含控制刀具运动的按钮。

- ⏮: 刀具位置恢复到当前加工操作的切削起点。
- ◀: 刀具运动向后播放。
- ⏸: 刀具运动停止播放。
- ▶: 刀具运动向前播放。
- ⏭: 刀具位置恢复到当前加工操作的切削终点。
- ▭ 滑块: 用于控制刀具运动的速度。

◆ 加工仿真时刀路仿真的播放模式有以下 6 种。

　　A1: 连续显示刀路。

　　A2: 从平面到平面显示刀路。

　　A3: 按不同的进给量显示刀路。

　　A4: 从点到点显示刀路。

　　A5: 按后置处理停止指令显示,该模式显示文字语句。

　　A6: 显示选定截面上的刀具路径。

◆ 加工仿真时刀具运动过程中,刀具有以下 5 种显示模式。

　　B1: 只在刀路当前切削点处显示刀具。

　　B2: 在每一个刀位点处都显示刀具的轴线。

　　B3: 在每一个刀位点处都显示刀具。

　　B4: 只显示加工表面的刀路。

　　B5: 只显示加工表面的刀路和刀具的轴线。

◆ 在刀路仿真时,其颜色显示模式有以下两种。

　　C1: 刀路线条都用同一颜色显示,系统默认为绿色。

　　C2: 刀路线条用不同的颜色显示,不同类型的刀路显示可以在"选项"对话框中进行设置。

◆ 切削过程仿真有如下 3 种模式。

　　D1: 对从前一次的切削过程仿真文件保存的加工操作进行切削仿真。

　　D2: 完成模式,对整个零件的加工操作或整个加工程序进行仿真。

　　D3: 静态/动态模式,对于选择的某个加工操作,在该加工操作之前的加工操作只显示其加工结果,动态显示所选择的加工操作的切削过程。

◆ 加工结果拍照: 单击 📷 (图 13.2.39 中的"E") 按钮,系统切换到拍照窗口,图形区中快速显示切削后的结果。

◆ 单击 F 按钮可以进行加工余量分析、过切分析和刀具碰撞分析。

步骤 02 在"Pocketing.1"对话框中单击 按钮（图形区显示图 13.2.41 所示的毛坯零件），然后单击 按钮，观察刀具切割毛坯零件的运行情况，仿真结果如图 13.2.42 所示。

图 13.2.40　显示刀路轨迹

图 13.2.41　毛坯零件

图 13.2.42　仿真结果

13.2.11　余量与过切检测

余量与过切检测用于分析加工后的零件是否有剩余材料，是否过切，然后修改加工参数，以达到所需的加工要求。余量与过切检测的一般步骤如下。

步骤 01 在"Pocketing.1"对话框中单击"Analyze"按钮 ，系统弹出图 13.2.43 所示的"Analysis"对话框。

步骤 02 余量检测。在"Analysis"对话框中选中 Remaining Material 复选框，取消选中 Gouge 复选框，单击 应用 按钮，在图形区中高亮显示毛坯加工余量（如图 13.2.44 所示，由于只加工六角形型腔，毛坯四周均存在加工余量）。

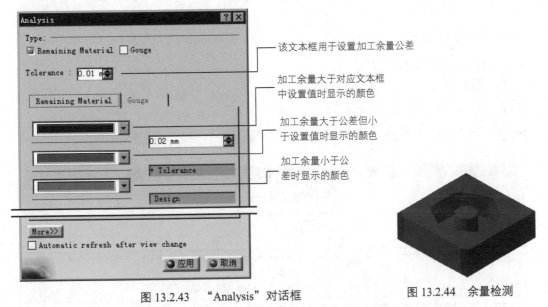

图 13.2.43　"Analysis"对话框

图 13.2.44　余量检测

步骤 03 过切检测。在"Analysis"对话框中取消选中 Remaining Material 复选框，选中 Gouge 复选框（图 13.2.45），单击 应用 按钮，在图形区中高亮显示毛坯加工过切情况（如

图 13.2.46 所示，未出现过切）。

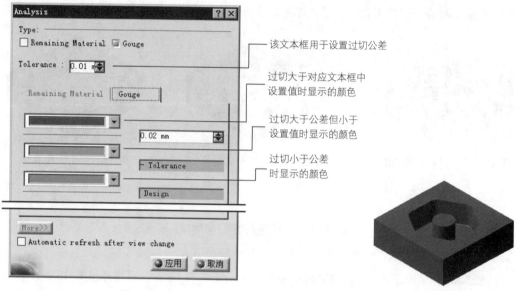

图 13.2.45　"Analysis" 对话框

图 13.2.46　过切检测

步骤 04 在 "Analysis" 对话框中单击 取消 按钮，然后在 "Pocketing.1" 对话框中单击两次 确定 按钮。

13.2.12　后处理

后处理是为了将加工操作中的加工刀路转换为数控机床可以识别的数控程序（NC 代码）。后处理的一般操作过程如下。

步骤 01 选择下拉菜单 工具 ➡ 选项... 命令，系统弹出图 13.2.47 所示的 "选项" 对话框。在左边的列表框中选择 加工 选项，然后单击 Output 选项卡，在 Post Processor and Controller Emulator Folder 区域选择 ● IMS 单选项，单击 ● 确定 按钮。

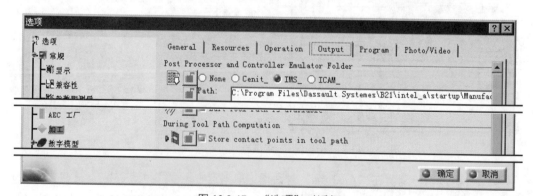

图 13.2.47　"选项" 对话框

步骤 02 在特征树中右击"Manufacturing Program.1", 在弹出的快捷菜单中选择 Manufacturing Program.1 对象 ▶ ➡ Generate NC Code Interactively 命令, 系统弹出"Generate NC Output Interactively"对话框。

步骤 03 生成 NC 数据。

（1）选择数据类型。在图 13.2.48 所示的"Generate NC Output Interactively"对话框中单击 In/Out 选项卡, 然后在 NC data type: 下拉列表中选择 NC Code 选项。

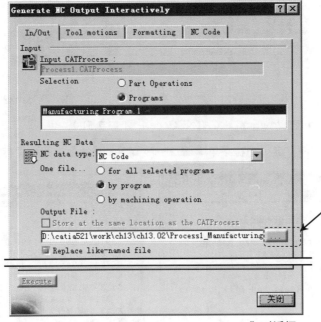

图 13.2.48 "Generate NC Output Interactively"对话框

（2）选择输出数据文件路径。单击 ... 按钮, 系统弹出"另存为"对话框, 在"保存在"下拉列表中选择目录 D:\catia2014\work\ch13.02, 采用系统默认的文件名, 单击 保存(S) 按钮, 完成输出数据的保存。

（3）选择加工机床。在"Generate NC Output Interactively"对话框中单击 NC Code 选项卡, 然后在 IMS Post-processor file 下拉列表中选择 fanuc16b（图 13.2.49）。

（4）在"Generate NC Output Interactively"对话框中单击 Execute 按钮, 此时系统弹出"IMSpost - Runtime Message"对话框, 单击 Continue 按钮, 系统再次弹出"Manufacturing Information"对话框, 单击 确定 按钮, 系统即在选择的目录中生成数据文件, 然后单击 关闭 按钮。

步骤 04 查看刀位文件。用记事本打开文件 D:\catia2014\work\ch13.02\

Pocketing_Manufacturing _Program_1_I.aptsource（图 13.2.50）。

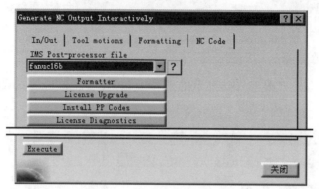

图 13.2.49　选择加工机床

步骤 05 查看 NC 代码。用记事本打开文件 D:\catia2014\work\ch13.02\
Process1_Manufacturing _Program_ 1.CATNCCode（图 13.2.51）。

步骤 06 保存文件。选择下拉菜单 文件 ➡ 保存 命令，即可保存文件。

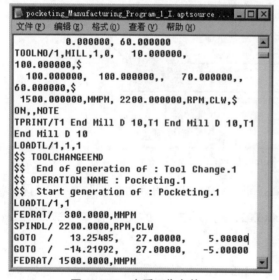

图 13.2.50　查看刀位文件

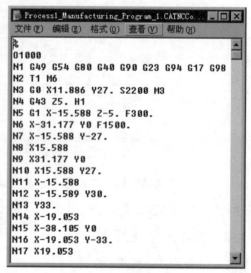

图 13.2.51　查看 NC 代码

13.3　2 轴半铣削加工

13.3.1　2 轴半铣削加工概述

本节将通过一些范例来介绍 CATIA V5-6 的 2 轴半铣削加工模块，包括平面铣削、
型腔铣削、轮廓铣削、曲线铣削以及孔加工等。

进入 2 轴半加工工作台后，屏幕上会出现 2 轴半铣削加工时所需要的各种工具栏按钮及相应的下拉菜单。

13.3.2 平面铣削

平面铣削加工就是对于大面积的没有任何曲面或凸台的零件表面进行加工，加工时一般选用平底立铣刀或面铣刀。此加工方法既可以进行粗加工，又可以进行精加工。

 对于加工余量大又不均匀的表面，采用粗加工，选用的铣刀直径应较小，以减少切削力矩；对于精加工，选用的铣刀直径应较大，最好能包容整个待加工面。

下面以图 13.3.1 所示的零件为例介绍平面铣削加工的一般过程。

a）目标加工零件　　　　　b）毛坯零件　　　　　c）加工结果

图 13.3.1　平面铣削

1. 新建一个数控加工模型文件

选择下拉菜单 文件 ➡ 新建... 命令，系统弹出"新建"对话框。在 类型列表： 列表框中选择 Process ，单击 ● 确定 按钮，系统进入"Prismatic Machining"工作台。

 如果系统进入的是其他加工工作台，则需选择下拉菜单 开始 ➡ 加工 ▶ ➡ Prismatic Machining 命令切换到"Prismatic Machining"工作台。

2. 引入加工零件

步骤 01 在特征树中双击"Process"节点中的"Part Operation.1"节点，系统弹出"Part Operation"对话框。

步骤 02 单击"Part Operation"对话框中的"Product or part"按钮 ，系统弹出"选择文件"对话框，在 查找范围(I)： 下拉列表中选择目录 D:\catia2014\work\ch13.03.02，在 文件类型(T)： 下拉列表中选择 Product(*.CATProduct) 选项，在"选择文件"对话框的列表框中选择文件 Face _Milling.CATProduct，单击 打开(0) 按钮，完成加工零件的引入。

 加工零件包括目标加工零件和毛坯零件，这里引入的是一个装配体文件，已经将目标加工零件和毛坯零件装配在一起。

3. 定义零件操作

步骤 01 机床设置。单击"Part Operation"对话框中的"Machine"按钮 🖳，系统弹出"Machine Editor"对话框，单击其中的"3-axis Machine"按钮 🖳，保持系统默认设置值，然后单击 ● 确定 按钮，完成机床的选择。

步骤 02 定义加工坐标系。

（1）单击"Part Operation"对话框中的 🕵 按钮，系统弹出"Default reference machining axis for Part Operation.1"对话框。

（2）单击"Default reference machining axis for Part Operation.1"对话框中的加工坐标系原点感应区，然后在图形区选取图 13.3.2 所示的点作为加工坐标系的原点（"Default reference machining axis for Part Operation.1"对话框中的基准面、基准轴和原点均由红色变为绿色，表明已定义加工坐标系），系统创建图 13.3.3 所示的加工坐标系。

（3）单击"Default reference machining axis for Part Operation.1"对话框中的 ● 确定 按钮，完成加工坐标系的定义。

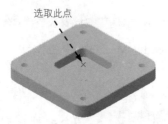
图 13.3.2 选取加工坐标系的原点

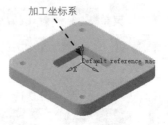
图 13.3.3 定义加工坐标系

步骤 03 定义目标加工零件。

（1）单击"Part Operation"对话框中的"Design part for simulation"按钮 🖳。

（2）在特征树中右击"Face_Milling_Rough（Face_Milling_Rough.1）"，在弹出的快捷菜单中选择 🖳 隐藏/显示 命令。

（3）选择图形区中的模型作为目标加工零件，在图形区空白处双击鼠标左键，系统返回到"Part Operation"对话框。

步骤 04 定义毛坯零件。

（1）在特征树中右击"Face_Milling_Rough（Face_Milling_Rough.1）"，在弹出的快捷菜单中选择 隐藏/显示 命令。

（2）单击"Part Operation"对话框中的"Stock"按钮 ，选取图形区中的模型作为毛坯零件。在图形区空白处双击鼠标左键，系统返回到"Part Operation"对话框。

步骤 05 定义安全平面。

（1）单击"Part Operation"对话框中的"Safety plane"按钮 。

（2）选择参照面。在图形区选取图 13.3.4 所示的毛坯表面为安全平面参照，系统创建图 13.3.5 所示的一个安全平面。

（3）右击系统创建的安全平面，在弹出的快捷菜单中选择 Offset... 命令，系统弹出"Edit Parameter"对话框，在其中的 Thickness 文本框中输入数值 10，单击 确定 按钮，完成安全平面的定义。

图 13.3.4　选取安全平面参照　　　　　图 13.3.5　定义安全平面

步骤 06 单击"Part Operation"对话框中的 确定 按钮，完成零件定义操作。

4．设置加工参数

任务 01 定义几何参数

步骤 01 隐藏毛坯零件。在特征树中右击"Face_Milling_Rough（Face_Milling_Rough.1）"，在弹出的快捷菜单中选择 隐藏/显示 命令。

步骤 02 在特征树中选择 Manufacturing Program.1 节点，然后选择下拉菜单 插入 ➡ Machining Operations ▶ ➡ Facing 命令，插入一个平面铣加工操作，系统弹出图 13.3.6 所示的"Facing.1"对话框。

步骤 03 定义加工平面。单击"Facing.1"对话框中的底面感应区，对话框消失，系统要求用户选择一个平面为铣削平面。在图形区选取图 13.3.7 所示的模型表面，系统返回到"Facing.1"对话框，此时"Facing.1"对话框中的底平面和侧面感应区的颜色变为深绿色。

　　　　　　感应区中的颜色为深红色时，表示未定义几何参数，此时不能进行加工仿真；感应区中的颜色为深绿色时，表示已经定义几何参数，此时可以进行加工仿真。

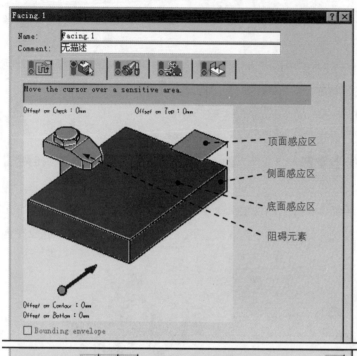

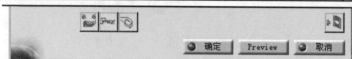

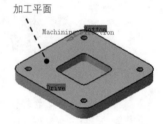

加工平面

图 13.3.6 "Facing.1" 对话框   图 13.3.7 定义加工平面

任务 02 定义刀具参数

步骤 01 进入刀具参数选项卡。在"Facing.1"对话框中单击"刀具参数"选项卡 。

步骤 02 选择刀具类型。在"Facing.1"对话框单击 按钮，选择面铣刀为加工刀具。

步骤 03 刀具命名。在"Facing.1"对话框的 Name 文本框中输入"T1 Face Mill D 50"。

步骤 04 定义刀具参数。

（1）在"Facing.1"对话框中单击 More>> 按钮，单击 Geometry 选项卡，然后设置图 13.3.8 所示的刀具参数。

（2）单击 Technology 选项卡，然后设置图 13.3.9 所示的参数。

（3）其他选项卡中的参数均采用系统默认的参数设置值。

任务 03 定义进给率

步骤 01 进入进给率设置选项卡。在"Facing.1"对话框中单击"进给率"选项卡 。

步骤 02 设置进给率。分别在"Facing.1"对话框的 Feedrate 和 Spindle Speed 区域中取消选中 Automatic compute from tooling Feeds and Speeds 复选框，然后在"Facing.1"对话框的 选项卡中设置图 13.3.10 所示的参数。

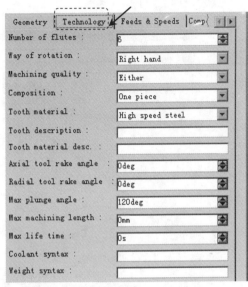

图 13.3.8 定义刀具参数（一）　　　图 13.3.9 定义刀具参数（二）

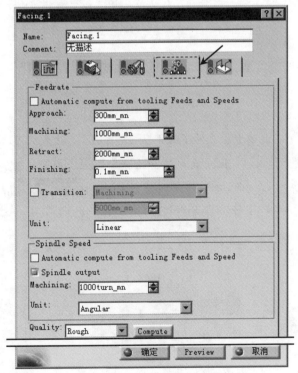

图 13.3.10 "进给率"选项卡

任务 04 定义刀具路径参数

步骤 01 进入刀具路径参数选项卡。在"Facing.1"对话框中单击"刀具路径参数"选项卡 (图 13.3.11)。

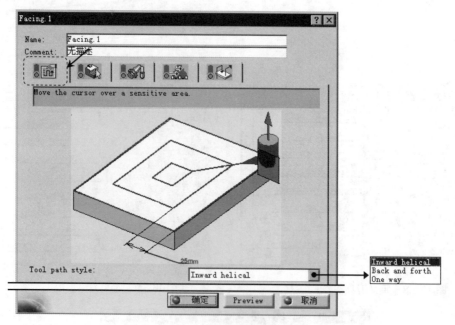

图 13.3.11 "刀具路径参数"选项卡

步骤 02 定义刀具路径类型。在"Facing.1"对话框的 `Tool path style:` 下拉列表中选择 `Inward helical` 选项。

说明　　在 选项卡中选择不同的刀具路径类型，生成的刀路轨迹也不一样。当在 `Tool path style:` 下拉列表中选择 `Inward helical` 选项时，生成的刀路轨迹如图 13.3.12 所示；在 `Tool path style:` 下拉列表中选择 `Back and forth` 选项时，生成的刀路轨迹如图 13.3.13 所示；在 `Tool path style:` 下拉列表中选择 `One way` 选项时，生成的刀路轨迹如图 13.3.14 所示。

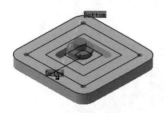

图 13.3.12 刀路轨迹（一）

图 13.3.13 刀路轨迹（二）

图 13.3.14 刀路轨迹（三）

步骤 03 定义切削参数。在"Facing.1"对话框中单击 `Machining` 选项卡，然后在 `Direction of cut:` 下拉列表中选择 `Climb` 选项，其他选项采用系统默认设置值。

步骤 04 定义径向参数。单击 `Radial` 选项卡，然后在 `Mode:` 下拉列表中选择 `Tool diameter ratio` 选项，在 `Percentage of tool diameter:` 文本框中输入数值 50，其他选项采用系统默认设置值。

步骤 05 定义轴向参数。单击 `Axial` 选项卡，然后在 `Mode:` 下拉列表中选择 `Number of levels` 选项，在 `Number of levels:` 文本框中输入数值 1。

步骤 06 定义精加工参数。单击 `Finishing` 选项卡，然后在 `Mode:` 下拉列表中选择 `No finish pass` 选项。

步骤 07 定义高速铣削参数。单击 `HSM` 选项卡，然后取消选中 `☐ High Speed Milling` 复选框。

任务 05 定义进刀/退刀路径

步骤 01 进入进刀/退刀路径选项卡。在"Facing.1"对话框中单击"进刀/退刀路径"选项卡 。

步骤 02 定义进刀路径。在 `Macro Management` 区域的列表框中选择 `Approach` 选项，然后在 `Mode:` 下拉列表中选择 `Ramping` 选项，选择螺旋进刀类型。

步骤 03 定义退刀路径。在 `Macro Management` 区域的列表框中选择 `Retract` 选项，然后在 `Mode:` 下拉列表中选择 `Axial` 选项，选择直线退刀类型。

5. 刀路仿真

步骤 01 在"Facing.1"对话框中单击"Tool Path Replay"按钮 ，系统弹出"Facing.1"对话框，且在图形区显示刀路轨迹，如图 13.3.14 所示。

步骤 02 在"Facing.1"对话框中单击 按钮，然后单击 按钮，观察刀具切割毛坯零件的运行情况。

步骤 03 确定无误后单击"Facing.1"对话框中的 `确定` 按钮，然后再次单击 `确定` 按钮。

6. 保存模型文件

选择下拉菜单 `文件` ➡ `保存` 命令，在系统弹出的"另存为"对话框中输入文件名 Face_Milling，单击 `保存(S)` 按钮即可保存文件。

13.3.3 轮廓铣削

轮廓铣削就是对零件的外形轮廓进行切削，所选择的加工表面必须能够形成连续的刀具路径，刀具以等高方式沿着工件分层加工，在加工过程中一般采用立铣刀侧刃进行切削。轮

廓铣削包括两平面间轮廓铣削、两曲线间轮廓铣削、曲线与曲面间轮廓铣削和端平面铣削 4
种加工方法。

1. 两平面间轮廓铣削

两平面间轮廓铣削就是沿着零件的轮廓线对两边界平面之间的加工区域进行切削。下面
以图 13.3.15 所示的零件为例介绍两平面间轮廓铣削加工的一般过程。

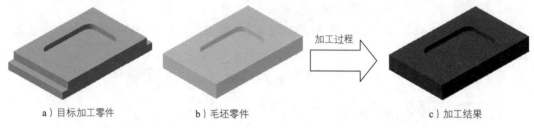

a）目标加工零件   b）毛坯零件   c）加工结果

图 13.3.15   两平面间轮廓铣削

（一）引入零件并进入加工工作台

步骤 01 选择下拉菜单 文件 ➡ 📂 打开… 命令，系统弹出"选择文件"对话框。在
查找范围(I): 下拉列表中选择目录 D:\catia2014\work\ch13.03.04.01，然后在列表框中选择文件
Profile_Coutouring.CATProduct，单击 打开(O) 按钮。

步骤 02 选择下拉菜单 开始 ➡ ◆ 加工 ▶ ➡ 🏭 Prismatic Machining 命令切换到
"Prismatic Machining"工作台。

（二）零件操作定义

步骤 01 进入零件操作定义对话框。在特征树中双击"Part Operation.1"，系统弹出"Part
Operation"对话框。

步骤 02 机床设置。单击"Part Operation"对话框中的"Machine"按钮 🖳，系统弹出
"Machine Editor"对话框，单击其中的"3-axis Machine"按钮 🖳，然后单击 🔘 确定 按钮，
完成机床的选择。

步骤 03 定义加工坐标系。

（1）单击"Part Operation"对话框中的 按钮，系统弹出"Default reference machining axis
for Part Operation.1"对话框。

（2）单击对话框中的坐标原点感应区，然后在图形区选取图 13.3.16 所示的点作为加工
坐标系的原点，系统创建图 13.3.17 所示的加工坐标系。

（3）单击"Default reference machining axis for Part Operation.1"对话框中的 🔘 确定 按

钮，完成加工坐标系的定义。

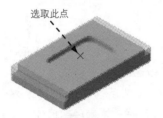

图 13.3.16 选取加工坐标系的原点

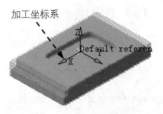

图 13.3.17 创建加工坐标系

步骤 04 定义目标加工零件。

（1）单击"Part Operation"对话框中的 按钮。

（2）在特征树中右击 "Profile_Coutouring_Workpiece（Profile_Coutouring_Workpiece）"，在弹出的快捷菜单中选择 隐藏/显示 命令。

（3）选择图形区中的模型作为目标加工零件，在图形区空白处双击鼠标左键，系统回到"Part Operation"对话框。

步骤 05 定义毛坯零件。

（1）在特征树中右击"Profile_Coutouring_Workpiece（Profile_Coutouring_Workpiece）"，在弹出的快捷菜单中选择 隐藏/显示 命令。

（2）单击"Part Operation"对话框中的 按钮，选取图形区中的模型作为毛坯零件。在图形区空白处双击鼠标左键，系统回到"Part Operation"对话框。

步骤 06 定义安全平面。

（1）单击"Part Operation"对话框中的 按钮。

（2）选择参照面。在图形区选取图 13.3.18 所示的毛坯表面作为安全平面参照，系统创建一个安全平面。

（3）右击系统创建的安全平面，在弹出的快捷菜单中选择 Offset... 命令，系统弹出"Edit Parameter"对话框，在其中的 Thickness 文本框中输入数值 10，单击 确定 按钮，完成安全平面的定义（图 13.3.19）。

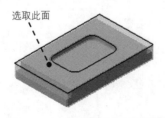

图 13.3.18 选取安全平面参照

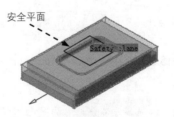

图 13.3.19 创建安全平面

步骤 07 单击"Part Operation"对话框中的 确定 按钮，完成零件定义操作。

（三）设置加工参数

任务 01 定义几何参数

步骤 01 隐藏毛坯零件。在特征树中右击"Profile_Coutouring_Workpiece（Profile _Coutouring_Workpiece.1）"，在弹出的快捷菜单中选择 隐藏/显示 命令。

步骤 02 在特征树中选择 Manufacturing Program.1，然后选择下拉菜单 插入 ➡️ Machining Operations ▶ ➡️ Profile Contouring 命令，插入一个轮廓铣削操作，系统弹出图 13.3.20 所示的"Profile Contouring.1"对话框。

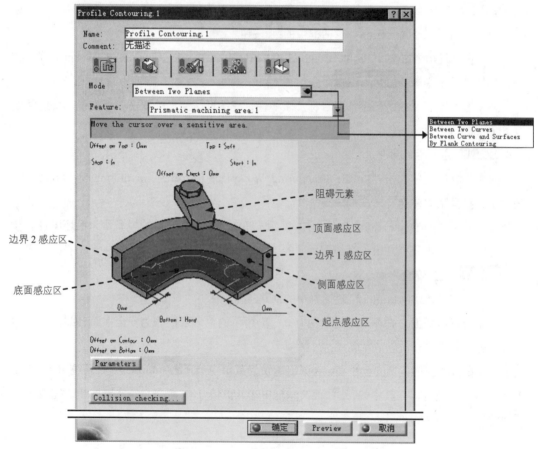

图 13.3.20 "Profile Contouring.1"对话框

图 13.3.20 所示"Profile Contouring.1"对话框中各选项的说明如下。

◆ Mode ：此下拉列表用于选择轮廓铣削的类型，包括如下四种。

◆ Between Two Planes ：两平面间轮廓铣削。

◆ Between Two Curves ：两曲线间轮廓铣削。

- Between Curve and Surfaces：曲线和曲面间轮廓铣削。
- By Flank Contouring：端平面轮廓铣削。
- Stop : In / Start : In (Stop : In / Start : In)：右击对话框中的该字样后，系统弹出图 13.3.21 所示的快捷菜单，用于设置刀具起点(Start)和终点(Stop)的位置。图 13.3.22 和图 13.3.23 所示分别为选择 On 和 Out 命令时的刀具位置。
- Parameters：单击该按钮，系统弹出图 13.3.24 所示的"Machining Area Parameters"对话框，该对话框中显示加工区域的一些参数。
- Collision checking...：该按钮用于设置是否进行碰撞分析。

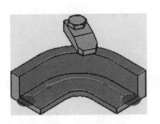

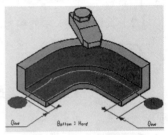

图 13.3.21　快捷菜单　　　　　图 13.3.22　在轮廓上　　　　　图 13.3.23　在轮廓外部

步骤 03 定义加工区域。

（1）单击"Profile Contouring.1"对话框中的底面感应区，在图形区选取图 13.3.25 所示的面 1 为底平面。

（2）单击"Profile Contouring.1"对话框中的顶面感应区，在图形区选取图 13.3.25 所示的面 2 为顶面。

> 说明　两平面间轮廓铣削必须定义加工的底面（Bottom）和侧面（Guide），其他几何参数都是可选项。

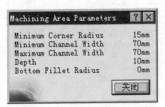

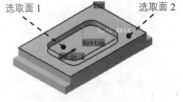

图 13.3.24　"Machining Area Parameters"对话框　　　　图 13.3.25　定义加工区域

任务 02 定义刀具参数

步骤 01 进入刀具参数选项卡。在"Profile Contouring.1"对话框中单击"刀具参数"选

项卡 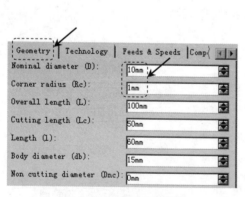。

步骤 02 选择刀具类型。在"Profile Contouring.1"对话框中单击 按钮，选取立铣刀为加工刀具。

步骤 03 刀具命名。在"Profile Contouring.1"对话框的 Name 文本框中输入"T1 End Mill D 10"。

步骤 04 定义刀具参数。

（1）在"Profile Contouring.1"对话框中取消选中 □Ball-end tool 复选框，单击 More>> 按钮，单击 Geometry 选项卡，然后设置图 13.3.26 所示的刀具参数。

（2）其他选项卡中的参数均采用默认的参数设置值。

任务 03 定义进给率

步骤 01 进入进给率设置选项卡。在"Profile Contouring.1"对话框中单击"进给率"选项卡 。

步骤 02 设置进给率。分别在"Profile Contouring.1"对话框的 Feedrate 和 Spindle Speed 区域中取消选中 □Automatic compute from tooling Feeds and Speeds 复选框，然后在"Profile Contouring.1"对话框的 选项卡中设置图 13.3.27 所示的参数。

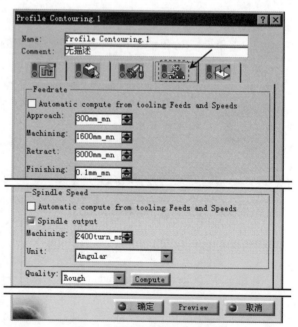

图 13.3.26 定义刀具参数

图 13.3.27 "进给率"选项卡

任务 **04** 定义刀具路径参数

步骤 **01** 进入刀具路径参数选项卡。在"Profile Contouring.1"对话框中单击"刀具路径参数"选项卡 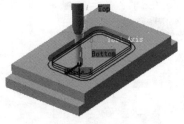。

步骤 **02** 定义刀具路径类型。在"Profile Contouring.1"对话框的 Tool path style: 下拉列表中选择 One way 选项。

步骤 **03** 定义进给量。在"Profile Contouring.1"对话框中单击 Stepover 选项卡，在 -Axial Strategy (Da) 区域的 Mode: 下拉列表中选择 Number of levels 选项，然后在 Number of levels: 文本框中输入数值 3。

步骤 **04** 其他参数采用系统默认参数设置值。

任务 **05** 定义进刀/退刀路径

步骤 **01** 进入进刀/退刀路径选项卡。在"Profile Contouring.1"对话框中单击"进刀/退刀路径"选项卡 。

步骤 **02** 在 -Macro Management 列表框中选择 Return between levels Approach 选项，右击，在弹出的快捷菜单中选择 Activate 命令。在 Mode: 下拉列表中选择 Build by user 选项，然后单击"Add Axial Motion"按钮 。

（四）刀路仿真

步骤 **01** 在"Profile Contouring.1"对话框中单击"Tool Path Replay"按钮 ，系统弹出"Profile Contouring.1"对话框，且在图形区显示刀路轨迹（图 13.3.28）。

步骤 **02** 在"Profile Contouring.1"对话框中单击 按钮，然后单击 按钮，观察刀具切割毛坯零件的运行情况。

图 13.3.28 显示刀路轨迹

步骤 **03** 完成后单击两次"Profile Contouring.1"对话框中的 确定 按钮。

（五）保存模型文件

选择下拉菜单 文件 ➡ 保存 命令，在系统弹出的"另存为"对话框中输入文件名 Between_Two_Planes，单击 保存(S) 按钮即可保存文件。

2. 两曲线间轮廓铣削

两曲线间轮廓铣削加工就是对由一条主引导曲线和一条辅助引导曲线所确定的加工区域进行轮廓铣削加工。下面以图 13.3.29 所示的零件为例介绍两曲线间轮廓铣削的一般过程。

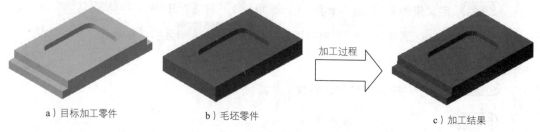

a）目标加工零件　　　　b）毛坯零件　　　　　c）加工结果

图 13.3.29　两曲线间轮廓铣削

（一）打开加工模型文件

选择下拉菜单 文件 ➡ 打开... 命令，系统弹出"选择文件"对话框。在 查找范围(I): 下拉列表中选择目录 D:\catia2014\work\ch13.03.04.02，然后在列表框中选择文件 Between_Two_Plances.CATProcess，单击 打开(O) 按钮。

说明　打开的文件中已经定义了目标加工零件和毛坯零件。

（二）设置加工参数

任务 01 定义几何参数

步骤 01 在图 13.3.30 所示的特征树中选择 "Profile Contouring.1（Computed）"，然后选择下拉菜单 插入 ➡ Machining Operations ▶ ➡ Profile Contouring 命令，插入一个轮廓铣削操作，系统弹出"Profile Contouring.2"对话框。

步骤 02 选择轮廓铣削类型。在"Profile Contouring.2"对话框的 Mode: 下拉列表中选择 Between Two Curves 选项，对话框显示如图 13.3.31 所示。

步骤 03 定义加工区域。

```
P.P.R.
  ProcessList
    Process
      Part Operation.1
        Manufacturing Program.1
          Tool Change.1  T1 End Mill D 10
          Profile Contouring.1 (Computed)
            Tool path
      Machining Process List.1
  ProductList
  ResourcesList
```

图 13.3.30　特征树

（1）单击"Profile Contouring.2"对话框中的主引导曲线感应区，选取图 13.3.32 所示的曲线为主引导曲线，在图形区空白处双击，系统返回到"Profile Contouring.2"对话框。

（2）单击"Profile Contouring.2"对话框中的辅助引导曲线感应区，选取图 13.3.32 所示的曲线为辅助引导曲线，在图形区空白处双击，系统返回到"Profile Contouring.2"对话框。

（3）单击图 13.3.33 所示的刀轴箭头，系统弹出"Tool Axis"对话框，在对话框的下拉列表中选择 Feature defined 选项，选取图 13.3.33 所示的模型表面，单击 ● 确定 按钮，此时刀轴箭头如图 13.3.33 所示。

（4）单击主引导曲线上的方向箭头，使其方向指向零件模型外侧。

（5）单击"Profile Contouring.2"对话框中的边界 1 感应区，选择图 13.3.33 所示的直线为加工区域的边界 1，在图形区空白处双击。

（6）单击"Profile Contouring.2"对话框中的边界 2 感应区，选取图 13.3.33 所示的直线为加工区域的边界 2，在图形区空白处双击。

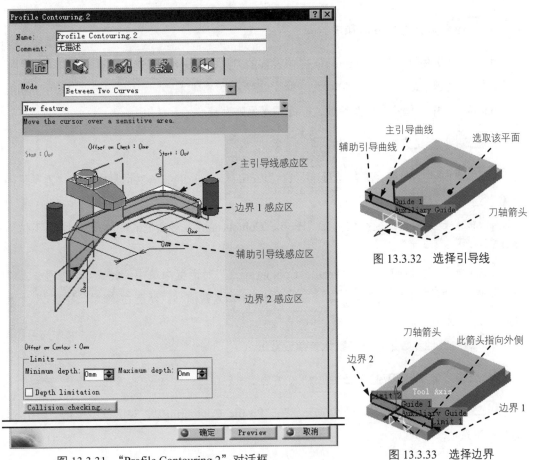

图 13.3.31　"Profile Contouring.2"对话框

图 13.3.32　选择引导线

图 13.3.33　选择边界

在两曲线间轮廓铣削中，主引导曲线是必须定义的，辅助引导曲线和边界曲线是可选项。主引导曲线用于定位刀具的径向位置；辅助引导曲线用于定位刀具的轴向位置；边界曲线用于改变切削起点和终点与边界的方位关系。如果只定义了主引导曲线，则主引导曲线同时定位刀具的径向和轴向位置。

步骤 04 定义加工的起始终止位置。在"Profile Contouring.2"对话框中右击"Start in"字样，在弹出的快捷菜单中选择 **Out** 命令；右击"Stop in"字样，在弹出的快捷菜单中选择 **Out** 命令。此时"Profile Contouring.2"对话框中显示"Start Out"和"Stop Out"，表明加工起始终止位置位于零件的外部。

右击"Start in"和"Stop in"字样，在弹出的快捷菜单中有 **In** 、**On** 和 **Out** 三项，其分别表示刀路的起点在所设定边界的内部、边界上和边界外部。

任务 02 定义刀具参数和进给率

系统默认选用"Profile Contouring.1"中设置的刀具；在"进给率"选项卡 ▓ 的 **Feedrate** 和 **Spindle Speed** 区域中取消选中 □ **Automatic compute from tooling Feeds and Speeds** 复选框，采用"Profile Contouring.1"中设置的进给率参数，在此不需另外设置。

任务 03 定义刀具路径参数

步骤 01 进入刀具路径参数选项卡。在"Profile Contouring.2"对话框中单击"刀具路径参数"选项卡 ▓ 。

步骤 02 定义刀具路径类型。在"Profile Contouring.2"对话框的 **Tool path style:** 下拉列表中选择 **Zig-zag** 选项。

步骤 03 定义进给量。在"Profile Contouring.2"对话框中单击 **Stepover** 选项卡，在 **Radial Strategy (Dr)** 区域的 **Distance between paths:** 文本框中输入数值 5，然后在 **Number of levels:** 文本框中输入数值 3。

步骤 04 其他参数采用系统默认参数设置值。

任务 04 定义进刀/退刀路径

步骤 01 进入进刀/退刀路径选项卡。在"Profile Contouring.2"对话框中单击"进刀/退刀路径"选项卡 ▓ 。

步骤 02 在 ─Macro Management 区域的列表框中选择 Approach 选项，在 Mode: 下拉列表中选择 Build by user 选项，单击"Remove all motions"按钮 ，然后单击"Add Tangent Motion"按钮 和"Add Axial Motion up to a plane"按钮 。

步骤 03 在 ─Macro Management 区域中的列表框中选择 Retract 选项，在 Mode: 下拉列表中选择 Build by user 选项，单击"Remove all motions"按钮 ，然后单击"Add Tangent Motion"按钮 和"Add Axial Motion up to a plane"按钮 。

步骤 04 在 ─Macro Management 区域的列表框中选择 Return between levels Retract 选项，右击，在弹出的快捷菜单中选择 Activate 命令将其激活。在 Mode: 下拉列表中选择 Build by user 选项，单击"Remove all motions"按钮 ，然后单击"Add Tangent Motion"按钮 。

步骤 05 在 ─Macro Management 区域的列表框中选择 Return between levels Approach 选项，在 Mode: 下拉列表中选择 Build by user 选项，单击"Remove all motions"按钮 ，然后单击"Add Tangent Motion"按钮 。

（三）刀路仿真

步骤 01 在"Profile Contouring.2"对话框中单击"Tool Path Replay"按钮 ，系统弹出"Profile Contouring.2"对话框，且在图形区显示刀路轨迹（图 13.3.34）。

步骤 02 在"Profile Contouring.2"对话框中单击 按钮，然后单击 按钮，观察刀具切割毛坯零件的运行情况。

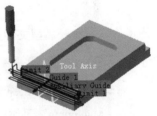

图 13.3.34 显示刀路轨迹

步骤 03 完成后单击两次"Profile Contouring.2"对话框中的 确定 按钮。

（四）保存模型文件

选择下拉菜单 文件 ➡ 另存为... 命令，在系统弹出的"另存为"对话框中输入文件名 Between_Two_Curves，单击 保存(S) 按钮即可保存文件。

13.4 曲面的铣削加工

13.4.1 概述

CATIA V5-6 的曲面铣削加工（Surface Machining）应用广泛，可以满足各种形状的零件加工需要。常用到的有等高线加工、投影加工、轮廓驱动加工和清根加工等。

进入曲面加工工作台后，会出现曲面铣削加工时所需要的各种工具栏按钮及相应的下拉菜单。

13.4.2 等高线加工实际应用

1. 等高线粗加工

　　等高线加工就是以垂直于刀具轴线 Z 轴的刀路逐层切除毛坯零件中的材料,并且加工时工件余量不可大于刀具直径,以免造成切削不完整。它有等高线粗加工和等高线精加工两种类型。粗加工时,为了提高加工效率,应选用直径较大的铣刀;精加工时,为了保证零件精度,应选用直径较小的铣刀。下面以图 13.4.1 所示的零件为例介绍等高线粗加工的一般过程。

　　a)目标零件　　　　　　　　b)毛坯零件　　　　　　　　c)加工结果

图 13.4.1　等高线粗加工

（一）打开模型文件并进入加工模块

　　步骤 01 打开模型文件 D:\catia2014\work\ch13.04.02.01\Roughing.CATPart。

　　步骤 02 选择下拉菜单 开始 ➡ 加工 ▶ ➡ Surface Machining 命令,进入"Surface Machining"工作台。

（二）创建毛坯零件

　　步骤 01 创建图 13.4.2 所示的毛坯零件。

　　（1）在"Geometry Management"工具栏中单击"Creates rough stock"按钮,系统弹出 "Rough Stock"对话框。

　　（2）在图形区选择目标加工零件作为参照,系统自动创建一个毛坯零件,并在"Rough Stock"对话框中显示毛坯零件的尺寸参数,如图 13.4.2 所示。

　　（3）单击图 13.4.3 所示的"Rough Stock"对话框中的 确定 按钮,完成毛坯零件的创建。

　　步骤 02 创建图 13.4.4 所示的点。

　　（1）创建图 13.4.5 所示的直线。双击 **步骤 01** 中创建的毛坯零件,系统进入"创成式外形设计"工作台(如果系统进入的不是"创成式外形设计"工作台,则需要切换到该工作台)。选择下拉菜单 插入 ➡ 线框 ▶ ➡ 直线... 命令,在系统弹出的"直线定义"对话框中选择 点-点 选项创建直线,然后在图形区选取图 13.4.5 所示的边缘中点为"点 1"和"点 2"。

　　（2）创建图 13.4.4 所示的点。选择下拉菜单 插入 ➡ 线框 ▶ ➡ 点 命令,选择步骤(1)中创建的直线中点,单击 确定 按钮,完成点的创建。

（3）双击特征树中的 Process，返回到"Surface Machining"工作台。

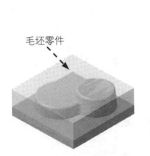

毛坯零件

图 13.4.2 创建毛坯零件

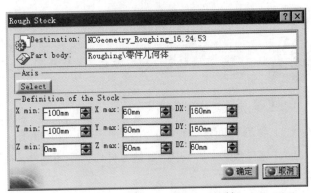

图 13.4.3 "Rough Stock"对话框

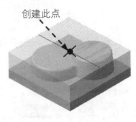

创建此点

图 13.4.4 创建点

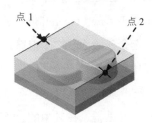

点 1 点 2

图 13.4.5 创建直线

（三）定义零件操作

步骤01 进入零件操作定义对话框。双击特征树中的 **Part Operation.1**，系统弹出"Part Operation"对话框。

步骤02 选择机床。单击"Part Operation"对话框中的"Machine"按钮，系统弹出"Machine Editor"对话框，单击其中的"3-axis Machine"按钮，保持系统默认参数设置值，然后单击 **确定** 按钮，完成机床的选择。

步骤03 定义加工坐标系。

（1）单击"Part Operation"对话框中的 按钮，系统弹出"Default reference machining axis for Part Operation.1"对话框。

（2）在对话框的 Axis Name : 文本框中输入坐标系名称 MyAxis 并按下 Enter 键，此时，"Default reference machining axis for Part Operation.1"对话框变为"MyAxis"对话框。

（3）单击对话框中的坐标原点感应区，然后在图形区选取图 13.4.4 中创建的点作为加工坐标系的原点，系统创建图 13.4.6 所示的加工坐标系。单击 **确定** 按钮，完成加工坐标系的定义。

步骤04 定义目标加工零件。

（1）单击"Part Operation"对话框中的 按钮。

（2）选择零件模型作为目标加工零件，在图形区空白处双击，系统回到"Part Operation"对话框。

 在选取零件模型时要将毛坯隐藏以便于选取。

步骤 05 定义毛坯零件。

（1）单击"Part Operation"对话框中的 ▢ 按钮。

（2）选择步骤（二）中创建的零件作为毛坯零件，在图形区空白处双击，系统回到"Part Operation"对话框。

步骤 06 定义安全平面。

（1）单击"Part Operation"对话框中的 ▱ 按钮。

（2）选择参照面。在图形区选取图13.4.7所示的毛坯表面作为安全平面参照，系统创建图13.4.8所示的一个安全平面。

（3）右击系统创建的安全平面，在弹出的快捷菜单中选择 Offset... 选项，系统弹出"Edit Parameter"对话框，在其中的 Thickness 文本框中输入数值10，单击 ● 确定 按钮，完成安全平面的定义。

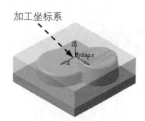

图 13.4.6　创建加工坐标系

图 13.4.7　选取参照面

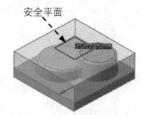

图 13.4.8　创建安全平面

步骤 07 单击"Part Operation"对话框中的 ● 确定 按钮，完成零件定义操作。

（四）设置加工参数

任务 01 定义几何参数

步骤 01 在特征树中选中 📄Manufacturing Program.1，然后选择 插入 ➡ Machining Operations ➡ Roughing Operations ▸ ➡ ⛏Roughing 命令，插入一个等高线加工操作，系统弹出图13.4.9所示的"Roughing.1"对话框。

步骤 02 定义加工区域。单击 🛠 选项卡，然后单击"Roughing.1"对话框中的目标零件感应区，在图形区选择整个目标加工零件作为加工对象，系统会自动计算出一个加工区域，在图形区空白处双击，系统返回到"Roughing.1"对话框。

在选取零件模型时要将毛坯隐藏以便于选取。

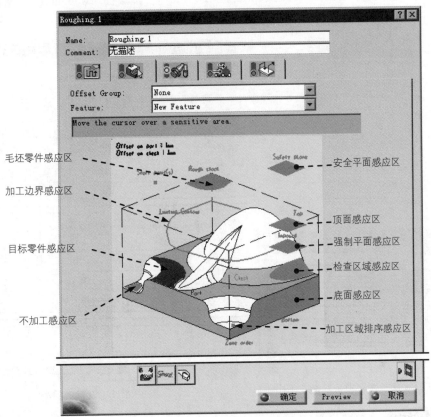

图 13.4.9 "Roughing.1"对话框

任务 02 定义刀具

步骤 01 进入刀具参数选项卡。在"Roughing.1"对话框中选择 选项卡。

步骤 02 选择刀具类型。在"Roughing.1"对话框中单击 按钮，选择立铣刀为加工刀具。

步骤 03 刀具命名。在"Roughing.1"对话框的 Name 文本框中输入"T1 End Mill D 18"，并按下 Enter 键。

步骤 04 定义刀具参数。在"Roughing.1"对话框中取消选中 □Ball-end tool 复选框，单击 More>> 按钮，选择 Geometry 选项卡，然后设置图 13.4.10 所示的刀具参数。

任务 **03** 定义进给率

步骤 **01** 进入进给率设置选项卡。在"Roughing.1"对话框中单击 [图标] 选项卡。

步骤 **02** 设置进给率。分别在"Roughing.1"对话框的 Feedrate 和 Spindle Speed 区域中取消选中 ☐Automatic compute from tooling Feeds and Speeds 复选框，然后在"Roughing.1"对话框的 [图标] 选项卡中设置图 13.4.11 所示的参数。

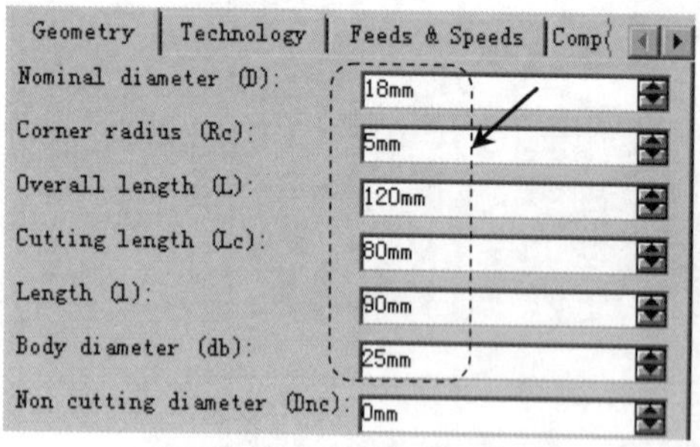

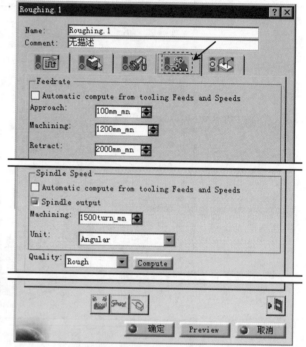

Geometry | Technology | Feeds & Speeds | Comp◄ ►
Nominal diameter (D):   18mm
Corner radius (Rc):   5mm
Overall length (L):   120mm
Cutting length (Lc):   80mm
Length (l):   90mm
Body diameter (db):   25mm
Non cutting diameter (Dnc): 0mm

图 13.4.10 定义刀具参数

图 13.4.11 设置进给率

任务 **04** 定义刀具路径参数

步骤 **01** 进入刀具路径参数选项卡。在"Roughing.1"对话框中选择 [图标] 选项卡。

步骤 **02** 定义切削参数。单击 Machining 选项卡，在 Machining mode: 下拉列表中选择 By Area 和 Outer part and pockets 选项，在 Tool path style: 下拉列表中选择 Helical 选项。

步骤 **03** 定义径向参数。单击 Radial 选项卡，然后在 Stepover: 下拉列表中选择 Stepover length 选项，在 Max. distance between pass 文本框中输入数值 5。

步骤 **04** 定义轴向参数。单击 Axial 选项卡，然后在 Maximum cut depth: 文本框中输入数值 5。

步骤 **05** 其他选项卡采用系统默认的参数设置值。

任务 **05** 定义进刀/退刀路径

步骤 **01** 进入进刀/退刀路径选项卡。在"Roughing.1"对话框中单击"进刀退刀路径"

选项卡 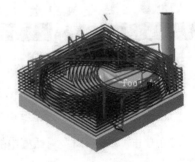。

步骤 02 在"Macro Management"区域的列表框中选择 Automatic 选项，在 Mode: 下拉列表中选择 Ramping 选项，然后设置图 13.4.12 所示的参数。

步骤 03 在"Macro Management"区域的列表框中选择 Pre-motions 选项，然后单击 按钮。

步骤 04 在"Macro Management"区域的列表框中选择 Post-motions 选项，然后单击 按钮。

（五）刀路仿真

步骤 01 在"Roughing.1"对话框中单击"Tool Path Replay"按钮，系统弹出"Roughing.1"对话框，且在图形区显示刀路轨迹，如图 13.4.13 所示。

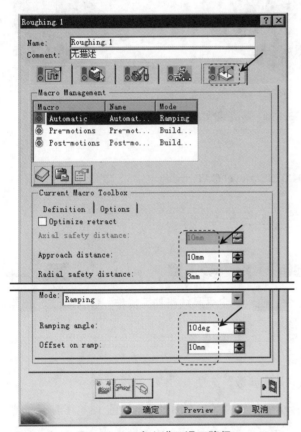

图 13.4.12 定义进刀退刀路径

图 13.4.13 刀路轨迹

步骤 02 在"Roughing.1"对话框中单击 按钮，然后单击 按钮，观察刀具切割毛坯零件的运行情况。

步骤 03 在"Roughing.1"对话框中单击两次 确定 按钮。

（六）保存模型文件

选择下拉菜单 [文件] ➡ [保存] 命令，在系统弹出的"另存为"对话框中输入文件名 roughing，单击 [保存(S)] 按钮，即可保存文件。

2. 等高线精加工

等高线精加工和等高线粗加工的刀路生成方式是一样的，区别在于粗加工时会有一定的余量，而精加工的余量为零。下面以图 13.4.14 所示的零件为例，介绍创建等高线精加工操作的一般过程。

a）目标零件　　　　　　　　　b）毛坯零件　　　　　　　　　c）加工结果

图 13.4.14　等高线精加工

（一）打开加工模型文件

打开文件 D:\catia2014\work\ch13.04.02.02\zlevel.CATProcess。

（二）设置加工参数

任务 01 定义几何参数

步骤 01 在特征树中选择 [Roughing.1 (Computed)]，然后选择 [插入] ➡ [Machining Operations ▶] ➡ [ZLevel] 命令，插入一个等高线精加工操作，系统弹出图 13.4.15 所示的"ZLevel.1"对话框。

步骤 02 定义加工区域。

（1）选择"ZLevel.1"对话框中的"几何参数"选项卡 [图标]。

（2）单击"ZLevel.1"对话框中的目标零件感应区，在图形区选取图 13.4.16 所示的零件为目标零件，系统自动计算加工区域，然后在图形区空白处双击返回到"ZLevel.1"对话框。

（3）设置加工余量。双击"ZLevel.1"对话框中的"Offset on part"字样，在系统弹出的"Edit Parameter"对话框中输入数值 0，单击 [确定] 按钮；双击"ZLevel.1"对话框中的"Offset on check"字样，在系统弹出的"Edit Parameter"对话框中输入数值 0，单击 [确定] 按钮。

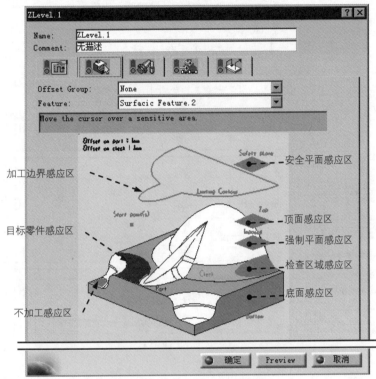

图 13.4.15 "ZLevel.1"对话框

图 13.4.16 选取目标零件

任务 02 定义刀具参数

步骤 01 进入刀具参数选项卡。在"ZLevel.1"对话框中选择"刀具参数"选项卡 .

步骤 02 选择刀具类型。在"ZLevel.1"对话框中单击 按钮，选择立铣刀为加工刀具。

步骤 03 刀具命名。在"ZLevel.1"对话框的 Name 文本框中输入"T2 End Mill D6"并按下 Enter 键。

步骤 04 定义刀具参数。在"ZLevel.1"对话框中单击 More>> 按钮，选中 Ball-end tool 复选框，选择 Geometry 选项卡，然后设置图 13.4.17 所示的刀具参数，其他选项卡中的参数均采用默认的参数设置值。

任务 03 定义进给率

步骤 01 进入进给率设置选项卡。在"ZLevel.1"对话框中单击"进给率"选项卡 .

步骤 02 设置进给率。分别在"ZLevel.1"对话框的 Feedrate 和 Spindle Speed 区域中取消选中 Automatic compute from tooling Feeds and Speeds 复选框，然后设置图 13.4.18 所示的参数。

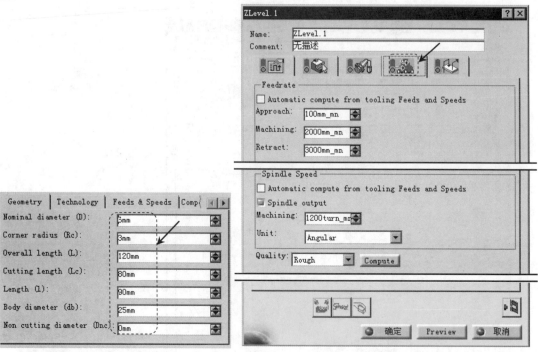

图 13.4.17　定义刀具参数　　　　　　　图 13.4.18　定义进给率

任务 04 定义刀具路径参数

步骤 01 进入刀具路径参数选项卡。在"ZLevel.1"对话框中选择"刀具路径参数"选项卡 ，如图 13.4.19 所示。

步骤 02 定义切削参数。在"ZLevel.1"对话框中单击 Machining 选项卡，然后在 Machining tolerance: 文本框中输入数值 0.01，其他参数采用系统默认参数设置值。

步骤 03 定义轴向参数。在"ZLevel.1"对话框中单击 Axial 选项卡，然后在 Distance between pass 文本框中输入数值 0.5。

步骤 04 其他参数采用系统默认参数设置值。

任务 05 定义进刀退刀路径

步骤 01 进入进刀退刀路径选项卡。在"ZLevel.1"对话框中单击"进刀退刀路径"选项卡 。

步骤 02 定义进刀路径。

（1）激活进刀。在 Macro Management 区域的列表框中选择 Approach 选项，右击，从弹出的快捷菜单中选择 Activate 选项（系统默认激活）。

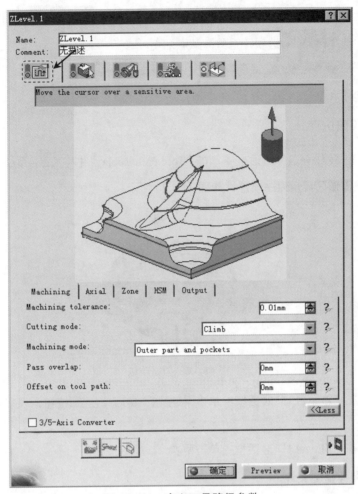

图 13.4.19　定义刀具路径参数

（2）在 Macro Management 区域的列表框中选择 Approach 选项，然后在 Mode: 下拉列表中选择 Ramping 选项。

（3）双击对话框中的尺寸 1.2mm，在弹出的"Edit Parameter"对话框中输入数值 10，单击 ● 确定 按钮；双击尺寸 15deg，在弹出的"Edit Parameter"对话框中输入数值 10，单击 ● 确定 按钮。

（步骤 03）定义退刀路径。

（1）激活退刀。在 Macro Management 区域的列表框中选择 ⊙ Retract 选项，右击，从弹出的快捷菜单中选择 Activate 选项（系统默认激活）。

（2）在 Macro Management 区域的列表框中选择 Retract 选项，然后在 Mode: 下拉列表中选择 Build by user 选项，依次单击 ✗ 按钮和 ⁺⁺⁻ 按钮。

（步骤 04）定义切削层之间的刀具路径。

（1）激活选项。在 -Macro Management 区域的列表框中选择 Between passes 选项，右击，从弹出的快捷菜单中选择 Activate 选项（系统默认激活）。

（2）在 -Macro Management 区域的列表框中选择 Between passes 选项，然后在 Mode: 下拉列表中选择 Ramping 选项。

（三）刀路仿真

步骤 01 在 "ZLevel.1" 对话框中单击 "Tool Path Replay" 按钮 ，系统弹出 "ZLevel.1" 对话框，并在图形区显示刀路轨迹，如图 13.4.20 所示。

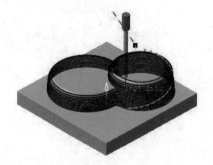

图 13.4.20 刀路轨迹

步骤 02 在 "ZLevel.1" 对话框中单击 按钮，然后单击 按钮，观察刀具切割毛坯零件的运行情况。

步骤 03 在 "ZLevel.1" 对话框中单击两次 确定 按钮。

（四）保存模型文件

选择下拉菜单 文件 ➡ 保存 命令，即可保存文件。

13.4.3　投影加工实际应用

1. 投影粗加工

投影加工的刀路生成方式是以某个平面（一般是加工坐标系中的 yz 平面）作为投影面，将加工对象的表面轮廓与该平面平行的平面上进行投影。和等高线加工一样，投影加工也分为粗加工和精加工两种加工方式。下面以图 13.4.21 所示的零件为例介绍投影粗加工的一般过程。

（一）打开加工模型文件

步骤 01 打开模型文件 D:\catia2014\work\ch13.04.03.01\sweeping.CATPart。

步骤 02 选择 开始 ➡ 加工 ▶ ➡ Surface Machining 命令，进入 Surface Machining 工作台。

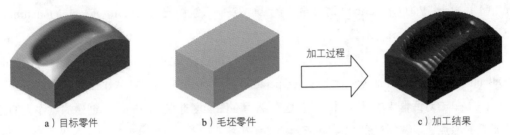

a）目标零件　　　　b）毛坯零件　　　加工过程　　　c）加工结果

图 13.4.21　投影粗加工

（二）创建毛坯零件

步骤 01 创建图 13.4.22 所示的毛坯零件。

（1）在"Geometry Management"工具栏中单击"Creates rough stock"按钮，系统弹出"Rough Stock"对话框。

（2）在图形区选择目标加工零件作为参照，系统自动创建一个毛坯零件，并且在"Rough Stock"对话框中显示毛坯零件的尺寸参数。

（3）单击"Rough Stock"对话框中的 ● 确定 按钮，完成毛坯零件的创建。

步骤 02 创建加工坐标系的原点。

（1）在图形区中双击毛坯零件，切换到"创成式外形设计"工作台。

（2）创建图 13.4.23 所示的点，此点为毛坯零件上表面的中心点。

（3）双击特征树中的 Process，系统返回到"Surface Machining"工作台。

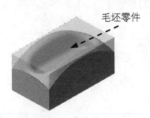

毛坯零件　　　　　　　　　创建此点

图 13.4.22　创建毛坯零件　　　　图 13.4.23　创建加工坐标系的原点

（三）零件操作定义

步骤 01 进入零件操作定义对话框。双击特征树中的 Part Operation.1，系统弹出"Part Operation"对话框。

步骤 02 选择机床。单击"Part Operation"对话框中的"Machine"按钮，系统弹出"Machine Editor"对话框，单击其中的"3-axis Machine"按钮，保持系统默认设置，然

后单击 按钮，完成机床的选择。

步骤 03 定义加工坐标系。

（1）单击"Part Operation"对话框中的 按钮，系统弹出"Default reference machining axis for Part Operation.1"对话框。

（2）在对话框的 `Axis Name :` 文本框中输入坐标系名称 MyAxis 并按下 Enter 键，此时"Default reference machining axis for Part Operation.1"对话框变为"MyAxis"对话框。

（3）单击对话框中的坐标原点感应区，然后在图形区选取图 13.4.23 创建的点作为加工坐标系的原点，系统创建图 13.4.24 所示的加工坐标系。单击 确定 按钮，完成加工坐标系的定义。

步骤 04 定义目标加工零件。

（1）单击"Part Operation"对话框中的 按钮。

（2）选择打开的零件模型作为目标加工零件，在图形区空白处双击，系统回到"Part Operation"对话框。

注意 选取零件时要将毛坯隐藏以便于选取。

步骤 05 定义毛坯零件。

（1）单击"Part Operation"对话框中的 按钮。

（2）选择步骤（二）中创建的零件作为毛坯零件，在图形区空白处双击，系统回到"Part Operation"对话框。

步骤 06 定义安全平面。

（1）单击"Part Operation"对话框中的 按钮。

（2）选择参照面。在图形区选取图 13.4.25 所示的毛坯表面作为安全平面参照，系统创建图 13.4.26 所示的一个安全平面。

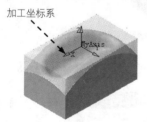
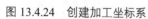

图 13.4.24　创建加工坐标系

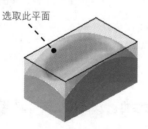

图 13.4.25　选取参照平面

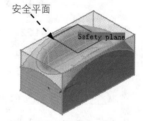

图 13.4.26　创建安全平面

（3）右击系统创建的安全平面，在弹出的快捷菜单中选择 `Offset...` 命令，系统弹出"Edit Parameter"对话框，在其中的 `Thickness` 文本框中输入数值 10，单击 确定 按钮，完成安全平面的定义。

步骤 07 单击"Part Operation"对话框中的 确定 按钮，完成零件操作定义。

（四）设置加工参数

任务 01 定义几何参数

步骤 01 在特征树中选中 Manufacturing Program.1，然后选择 插入 ➡

Machining Operations ➡ Roughing Operations ➡ Sweep Roughing 命令，插入一个投影粗

加工操作，系统弹出图 13.4.27 所示的"Sweep Roughing.1"对话框。

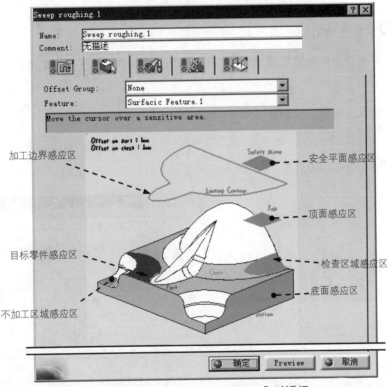

加工边界感应区
安全平面感应区
目标零件感应区
检查区域感应区
不加工区域感应区
底面感应区
顶面感应区

图 13.4.27 " Sweep Roughing.1"对话框

步骤 02 定义加工区域。单击"Sweep Roughing.1"对话框中的目标零件感应区，对话框
消失，在图形区单击目标加工零件，系统会自动计算加工区域。在图形区空白处双击，系统
返回到"Sweep Roughing.1"对话框。

任务 02 定义刀具参数

步骤 01 进入刀具参数选项卡。在"Sweep Roughing.1"对话框中选择"刀具参数"选项

卡 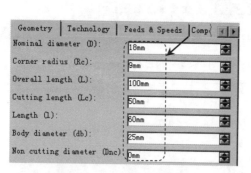。

步骤 02 选择刀具类型。在"Sweep Roughing.1"对话框中单击 按钮，选择立铣刀为加工刀具。

步骤 03 刀具命名。在"Sweep Roughing.1"对话框的 Name 文本框中输入"T1 End Mill D 18"并按下 Enter 键。

步骤 04 定义刀具参数。

（1）在"Sweep Roughing.1"对话框中选中 Ball-end tool 复选框，单击 More>> 按钮，然后选择 Geometry 选项卡，设置图 13.4.28 所示的刀具参数。

（2）其他选项卡中的参数均采用默认的参数设置值。

任务 03 定义进给率

步骤 01 进入进给率设置选项卡。在"Sweep Roughing.1"对话框中单击"进给率"选项卡 。

步骤 02 设置进给率。分别在"Sweep Roughing.1"对话框的 Feedrate 和 Spindle Speed 区域中取消选中 Automatic compute from tooling Feeds and Speeds 复选框，然后在"Sweep Roughing.1"对话框的 选项卡中设置图 13.4.29 所示的参数。

图 13.4.28 定义刀具参数

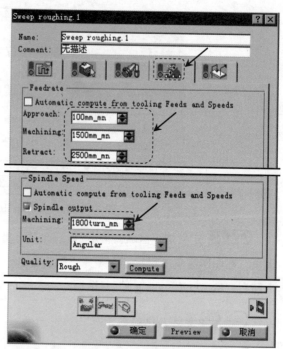

图 13.4.29 定义进给率

任务 04 定义刀具路径参数

步骤 01 进入刀具路径参数选项卡。在"Sweep Roughing.1"对话框中选择"刀具路径参数"选项卡 。

步骤 02 定义切削类型。在"Sweep Roughing.1"对话框的 `Roughing type` 选项组中选中 `⦿ ZProgressive` 单选项。

步骤 03 定义切削参数。单击 `Machining` 选项卡，然后在 `Tool path style:` 下拉列表中选择 `Zig-zag` 选项。

步骤 04 定义径向参数。单击 `Radial` 选项卡，然后在 `Max. distance between pass:` 文本框中输入数值 5，在 `Stepover side:` 下拉列表中选择 `Right` 选项。

步骤 05 定义轴向参数。单击 `Axial` 选项卡，在 `Maximum cut depth:` 文本框中输入数值 6。

任务 05 定义进刀退刀路径

步骤 01 进入进刀退刀路径选项卡。在"Sweep Roughing.1"对话框中单击"进刀/退刀路径"选项卡 。

步骤 02 定义进刀路径。

（1）激活进刀。在 `Macro Management` 区域的列表框中选择 `Approach` 选项并右击，从弹出的快捷菜单中选择 `Activate` 命令。

说明 若系统显示为 `Approach` 状态，说明此时就处于激活状态，无须再进行激活。

（2）在 `Macro Management` 区域的列表框中选择 `Approach` 选项，然后在 `Mode:` 下拉列表中选择 `Back` 选项。

（3）双击尺寸 1.608mm，在弹出的"Edit Parameter"对话框中输入数值 20，单击 `● 确定` 按钮；双击尺寸 6mm，在弹出的"Edit Parameter"对话框中输入数值 20，单击 `● 确定` 按钮。

步骤 03 定义退刀路径。

（1）激活退刀。在 `Macro Management` 区域的列表框中选择 `Retract` 选项并右击，从弹出的快捷菜单中选择 `Activate` 选项（系统默认激活）。

（2）在 `Macro Management` 区域的列表框中选择 `Retract` 选项，然后在 `Mode:` 下拉列表中选择 `Along tool axis` 选项。

（3）双击尺寸 6mm，在弹出的"Edit Parameter"对话框中输入数值 10，单击 `● 确定` 按钮。

（五）刀路仿真

步骤 01 在"Sweep Roughing.1"对话框中单击"Tool Path Replay"按钮 ，系统弹出"Sweep Roughing.1"对话框，并在图形区显示刀路轨迹，如图 13.4.30 所示。

步骤 02 在"Sweep Roughing.1"对话框中单击 按钮，然后单击 按钮，观察刀具切割毛坯零件的运行情况。

步骤 03 在"Sweep Roughing.1"对话框中单击两次 ● 确定 按钮。

图 13.4.30 刀路轨迹

（六）保存模型文件

选择下拉菜单 文件 ➡ 📗 保存 命令，在系统弹出的"另存为"对话框中输入文件名 sweep_roughing，单击 保存(S) 按钮，即可保存文件。

2. 投影精加工

投影精加工和投影粗加工的刀路生成方式是一样的，只是加工余量的设置不同。下面以图 13.4.31 所示的零件为例介绍投影精加工的一般过程。

（一）打开加工模型文件

打开文件 D:\catia2014\work\ch13.04.03.02\sweep.CATProcess。

a）目标零件　　　　　b）毛坯零件　　　加工过程　　　c）加工结果

图 13.4.31 投影精加工

（二）设置加工参数

任务 01 定义几何参数

步骤 01 在特征树中选中 Sweep roughing.1 (Computed)，然后选择 插入 ➡ Machining Operations ▶ ➡ Sweeping Operations ▶ ➡ Sweeping 命令，插入一个投影精加工操作，系统弹出图 13.4.32 所示的"Sweeping.1"对话框。

步骤 02 定义加工区域。选择"Sweeping.1"对话框中的"几何参数"选项卡 🔧，然后单击"Sweeping.1"对话框中的目标零件感应区，选取图形区中的零件作为目标零件，在图形区空白处双击，系统返回到"Sweeping.1"对话框。

选取零件时要将毛坯隐藏以便于选取。

步骤 03 设置加工余量。双击"Sweeping.1"对话框中的"Offset on part"字样，在系统弹出的"Edit Parameter"对话框中输入数值0；双击"Sweeping.1"对话框中的"Offset on check"字样，在系统弹出的"Edit Parameter"对话框中输入数值0。

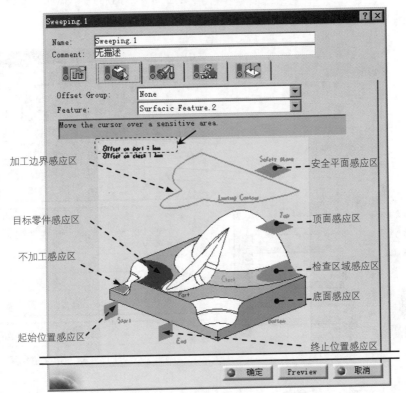

加工边界感应区
目标零件感应区
不加工感应区
起始位置感应区
安全平面感应区
顶面感应区
检查区域感应区
底面感应区
终止位置感应区

图 13.4.32　"Sweeping.1"对话框

任务 02 定义刀具参数

步骤 01 进入刀具参数选项卡。在"Sweeping.1"对话框中单击"刀具参数"选项卡 。

步骤 02 选择刀具类型。在"Sweeping.1"对话框中单击 按钮，选择立铣刀为加工刀具。

步骤 03 刀具命名。在"Sweeping.1"对话框的 Name 文本框中输入"T2 End Mill D 6"并按下 Enter 键。

步骤 04 定义刀具参数。

（1）在"Sweeping.1"对话框中单击 More>> 按钮，选中 ☐ Ball-end tool 复选框，选择 Geometry 选项卡，然后设置图 13.4.33 所示的刀具参数。

（2）其他选项卡中的参数均采用默认的参数设置值。

任务 03 定义进给率

步骤 01 进入进给率设置选项卡。在"Sweeping.1"对话框中选择"进给率"选项卡 ⚙️。

步骤 02 设置进给率。分别在"Sweeping.1"对话框的 Feedrate 和 Spindle Speed 区域中取消选中 ☐ Automatic compute from tooling Feeds and Speeds 复选框，然后在"Sweeping.1"对话框的 ⚙️ 选项卡中设置图 13.4.34 所示的参数。

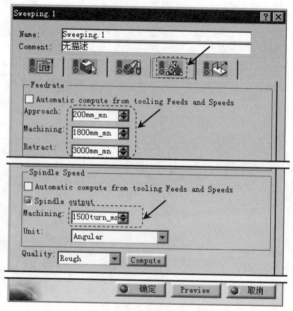

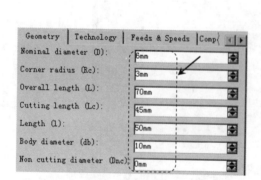

图 13.4.33　定义刀具参数

图 13.4.34　定义进给率

任务 04 定义刀具路径参数

步骤 01 进入刀具路径参数选项卡。在"Sweeping.1"对话框中单击"刀具路径参数"选项卡 ⚙️。

步骤 02 定义切削参数。在"Sweeping.1"对话框中单击 Machining 选项卡，然后在 Tool path style: 下拉列表中选择 Zig-zag 选项，在 Machining tolerance: 文本框中输入数值 0.01。

步骤 03 定义径向参数。单击 Radial 选项卡，然后设置图 13.4.35 所示的参数。

步骤 04 定义轴向参数。单击 Axial 选项卡，然后设置图 13.4.36 所示的参数。

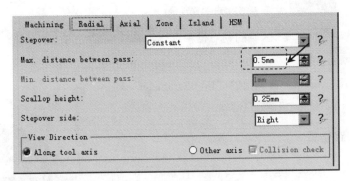

图 13.4.35 定义径向参数

图 13.4.36 定义轴向参数

步骤 05 其他选项卡中采用系统默认参数设置值。

任务 05 定义进刀退刀路径

步骤 01 进入进刀退刀路径选项卡。在"Sweeping.1"对话框中单击"进刀退刀路径"选项卡 。

步骤 02 定义进刀路径。

（1）激活进刀。在 —Macro Management 区域的列表框中选择 Approach 选项，右击，从弹出的快捷菜单中选择 Activate 选项。

若系统显示为 Approach 状态，说明此时就处于激活状态，无须再进行激活。

（2）在 —Macro Management 区域的列表框中选择 Approach 选项，然后在 Mode: 下拉列表中选择 Back 选项。

（3）双击尺寸 1.608mm，在弹出的"Edit Parameter"对话框中输入数值 20，单击 确定 按钮；双击尺寸 6mm，在弹出的"Edit Parameter"对话框中输入数值 20，单击 确定 按钮。

步骤 03 定义退刀路径。

（1）激活退刀。在 —Macro Management 区域的列表框中选择 Retract 选项，右击，从弹出的快捷菜单中选择 Activate 选项（系统默认激活）。

（2）在 Macro Management 区域的列表框中选择 ⊙ Retract 选项，然后在 Mode: 下拉列表中选择 Along tool axis 选项。

（3）双击尺寸 6mm，在弹出的"Edit Parameter"对话框中输入数值 10，单击 ⊙ 确定 按钮。

（三）刀路仿真

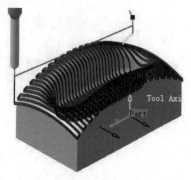

步骤 01 在"Sweeping.1"对话框中单击"Tool Path Replay"按钮 ，系统弹出"Sweeping.1"对话框，且在图形区显示刀路轨迹，如图 13.4.37 所示。

步骤 02 在"Sweeping.1"对话框中单击 按钮，然后单击 按钮，观察刀具切割毛坯零件的运行情况。

图 13.4.37 刀路轨迹

步骤 03 在"Sweeping.1"对话框中单击 ⊙ 确定 按钮，然后再次单击"Sweeping.1"对话框中的 ⊙ 确定 按钮。

（四）保存模型文件

选择下拉菜单 文件 ➡ 另存为... 命令，在系统弹出的"另存为"对话框中输入文件名"Sweeping.1"，单击 保存(S) 按钮，即可保存文件。

13.4.4 轮廓驱动加工实际应用

轮廓驱动加工一般用于零件的精加工，其特点是以选择加工区域的轮廓线作为加工引导线来驱动刀具的运动。下面以图 13.4.38 所示的零件为例介绍轮廓驱动加工的一般过程。

a）目标零件　　　　　b）毛坯零件　　　　　c）加工结果

图 13.4.38 轮廓驱动加工

1. 打开加工模型文件

打开文件 D:\catia2014\work\ch13.04.04\ contour_driven.CATProcess。

2. 设置加工参数

任务01 定义几何参数

步骤01 在特征树中选中 🖳Roughing.1 (Computed)，然后选择下拉菜单 插入 ➡

Machining Operations ▶ ➡ ⛏ Contour-driven 命令，插入一个轮廓驱动加工操作，系统弹出

"Contour-driven.1"对话框。

步骤02 定义加工区域。

（1）选择"Contour-driven.1"对话框中的"几何参数"选项卡 🖱🖱。

（2）右击"Contour-driven.1"对话框中的目标零件区域感应区，系统弹出图13.4.39所示的快捷菜单，选择其中的 Select faces ... 命令，系统弹出"Face Selection"工具栏；在图形区选择图13.4.40所示的模型表面作为加工区域，然后单击"Face Selection"工具栏中的 🔵OK 按钮，返回到"Contour-driven.1"对话框。

步骤03 设置加工余量。双击"Contour-driven.1"对话框中的"Offset on part"字样，在系统弹出的"Edit Parameter"对话框中输入数值0.5；双击"Contour-driven.1"对话框中的"Offset on check"字样，在系统弹出的"Edit Parameter"对话框中输入数值0.5。

图13.4.39 快捷菜单

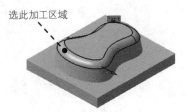

图13.4.40 定义加工区域

任务02 定义刀具参数

步骤01 进入刀具参数选项卡。在"Contour-driven.1"对话框中单击"刀具参数"选项卡 🔧。

步骤02 选择刀具类型。在"Contour-driven.1"对话框中单击 🗋 按钮，选择立铣刀为加工刀具。

步骤03 刀具命名。在"Contour-driven.1"对话框的 Name 文本框中输入"T2 End Mill D 6"并按下Enter键。

步骤04 定义刀具参数。

（1）在"Contour-driven.1"对话框中单击 More>> 按钮，选中 ☐ Ball-end tool 复选框，选择 Geometry 选项卡，然后设置图13.4.41所示的刀具参数。

（2）其他选项卡中的参数均采用默认设置。

任务 03 定义进给率

步骤 01 进入进给率设置选项卡。在"Contour-driven.1"对话框中单击"进给率"选项卡 ⚙️。

步骤 02 设置进给率。分别在"Contour-driven.1"对话框的 Feedrate 和 Spindle Speed 区域中取消选中 ☐ Automatic compute from tooling Feeds and Speeds 复选框，然后在"Contour-driven.1"对话框的 ⚙️ 选项卡中设置图 13.4.42 所示的参数。

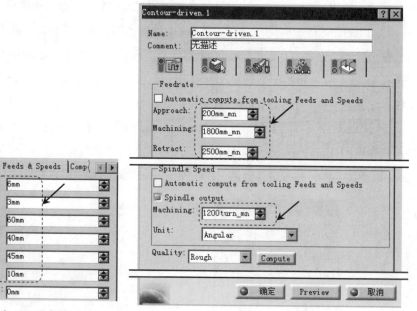

图 13.4.41 定义刀具参数

图 13.4.42 定义进给率

任务 04 定义刀具路径参数

步骤 01 进入刀具路径参数选项卡。在"Contour-driven.1"对话框中单击"刀具路径参数"选项卡 ⚙️。

步骤 02 定义引导曲线。

（1）在"Contour-driven.1"对话框的 Guiding strategy 选项组中选中 ⦿ Parallel contour 单选项。

（2）单击对话框中的"Guide 1"感应区，系统弹出"Edge Selection"工具栏。在图形区选取图 13.4.43 所示的曲线，单击"Edge Selection"工具栏中的 ⦿ OK 按钮，完成引导线的定义，同时系统返回到"Contour-driven.1"对话框。

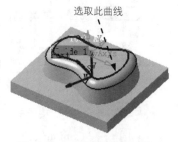

图 13.4.43 定义引导曲线

步骤 03 定义切削参数。在"Contour-driven.1"对话框中单击 Machining 选项卡，然后在 Tool path style: 下拉列表中选择 Zig-zag 选项，在 Machining tolerance: 文本框中输入数值 0.01，

其他参数采用系统默认参数设置值。

选择曲线后，在曲线上会出现方向箭头，用户可单击箭头来调整其方向，其中 M 箭头应指向切削区域一侧。

步骤 04 定义径向参数。在"Contour-driven.1"对话框中单击 `Radial` 选项卡，然后在 `Stepover:` 下拉列表中选择 `Constant 3D` 选项，在 `Distance between paths:` 文本框中输入数值 2，如图 13.4.44 所示。

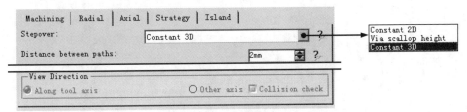

图 13.4.44 定义径向加工参数

图 13.4.44 所示 `Radial` 选项卡中各选项的说明如下。

◆ `Stepover:` 此下拉列表用于选择一种定义刀具运动径向参数的方式。

● `Constant 2D`：选择此选项加工时，所有刀路在垂直投影方向的平面上是平行且等距的，然后投影到加工区域上，形成刀路。

● `Via scallop height`：通过定义残余高度来确定刀具的径向步进距离。

● `Constant 3D`：选择此选项加工时，在 `Distance between paths:` 文本框中输入数值，直接定义刀具在加工区域上的步进距离。

◆ `Distance between paths:` 此文本框用于设定刀路轨迹在径向的距离。

步骤 05 定义轴向参数。在"Contour-driven.1"对话框中单击 `Axial` 选项卡，在 `Multi-pass:` 下拉列表中选择 `Number of levels and Maximum cut depth` 选项，在 `Number of levels:` 文本框中输入数值 1，在 `Maximum cut depth:` 文本框中输入数值 0.5。

步骤 06 定义策略参数。在"Contour-driven.1"对话框中单击 `Strategy` 选项卡，然后设置图 13.4.45 所示的参数。

图 13.4.45 所示"Strategy（策略）"选项卡中各选项的说明如下。

◆ `Pencil rework:`（清根加工）：该下拉列表用于确定是否在轮廓驱动加工后自动对残料区域进行清根。

◆ `Initial tool position:` 下拉列表（刀具起始位置）：该下拉列表用于设定刀具与引导轮廓的起始相对位置，包括 `On`（上）、`To`（内侧）和 `Past`（外侧）三个选项。

- ◆ Offset on guide: 文本框（引导线偏置量）：设置在加工操作开始时刀具偏离引导线的距离。

- ◆ Maximum width to machine: （最大加工宽度）：此文本框用于设置从引导线开始的加工区域宽度。

- ◆ Stepover side: （步进侧）：该下拉列表用来选择步进加工在引导轮廓的哪个侧面。

- ◆ Strategy side: （策略侧）：用来选择策略应用在引导轮廓的哪个侧面。

- ◆ Direction: （方向）：该下拉列表用来选择步进的方向，包括 From contour 和 To contour 两个选项。

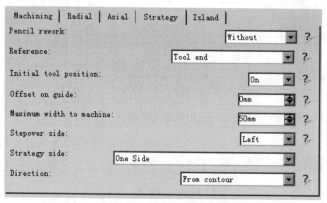

图 13.4.45　定义策略参数

（步骤 07）其他选项卡中的参数采用系统默认参数设置值。

（任务 05）定义进刀/退刀路径

（步骤 01）进入进刀/退刀路径选项卡。在"Contour-driven.1"对话框中选择"进刀退刀路径"选项卡 。

（步骤 02）激活进刀。在 Macro Management 区域的列表框中选择 Approach 选项并右击，从弹出的快捷菜单中选择 Activate 选项。

　　若系统默认为 Approach 状态，说明此时就处于激活状态，无需再进行激活。

（步骤 03）定义进刀方式。

（1）在 Macro Management 区域的列表框中选择 Approach 选项，然后在 Mode: 下拉列表中选择 Back 选项。

（2）双击尺寸 1.608mm，在弹出的"Edit Parameter"对话框中输入数值 10，单击 确定按钮；双击尺寸 6mm，在弹出的"Edit Parameter"对话框中输入数值 10，单击 确定 按钮。

步骤 04 激活退刀。在 Macro Management 区域的列表框中选择 Retract 选项并右击，从弹出的快捷菜单中选择 Activate 选项（系统默认激活）。

步骤 05 定义退刀方式。在 Macro Management 区域的列表框中选择 Retract 选项，然后在 Mode: 下拉列表中选择 Along tool axis 选项。

3. 刀路仿真

步骤 01 在"Contour-driven.1"对话框中单击"Tool Path Replay"按钮，系统弹出"Contour-driven.1"对话框，并在图形区显示刀路轨迹，如图 13.4.46 所示。

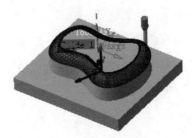

图 13.4.46　刀路轨迹

步骤 02 在"Contour-driven.1"对话框中单击 按钮，然后单击 按钮，观察刀具切割毛坯零件的运行情况。

步骤 03 在"Contour-driven.1"对话框中单击两次 确定 按钮。

4. 保存模型文件

选择下拉菜单 文件 ➡ 保存 命令，即可保存文件。

第14章 有限元结构分析

14.1 概　　述

14.1.1 有限元分析概述

在现代先进制造领域中，我们经常会碰到的问题是计算和校验零部件的强度、刚度以及对机器整体或部件进行结构分析等。

一般情况下，我们运用力学原理已经得到了它们的基本方程和边界条件，但是能用解析方法求解的只是少数方程，它们都是性质比较简单，边界条件比较规则的问题。绝大多数工程技术问题很少有解析解。

处理这类问题通常有两种方法。

一种是引入简化假设，使达到能用解析解法求解的地步，求得在简化状态下的解析解。这种方法并不总是可行的，通常可能导致不正确的解答。

另一种途径是保留问题的复杂性，利用数值计算的方法求得问题的近似数值解。

随着电子计算机的飞跃发展和广泛使用，已逐步趋向于采用数值方法来求解复杂的工程实际问题，而有限元法是这方面的一个比较新颖并且十分有效的数值方法。

有限元法（Finite Element Analysis）是根据变分法原理来求解数学物理问题的一种数值计算方法。由于工程上的需要，特别是高速电子计算机的发展与应用，有限元法才在结构分析矩阵方法基础上，迅速地发展起来，并得到越来越广泛的应用。

14.1.2 CATIA 有限元分析

在 CATIA 中进行有限分析主要会使用到以下两个工作台：一个是基本结构分析工作台，也是 CATIA 有限元分析的主工作台；另外一个是高级网格划分工作台，主要进行复杂的曲面网格划分以及各种连接属性的设置等。

对于一般的零件，我们直接使用基本结构分析工作台就可以完成全部分析，但是对于结构比较复杂的零件，我们一般是先使用高级网格划分工作台进行高级网格划分，然后切换到基本结构划分工作台进行分析计算。

14.1.3 CATIA 有限元分析一般流程

在 CATIA 中进行有限元分析的一般过程如下。

（1）创建三维实体模型（模型准备）。

（2）给几何模型赋予材料属性（也可以进入到有限元分析工作台后再添加材料）。

（3）进入有限元分析工作台（也可以先进入到高级网格划分工作台进行网格划分）。

（4）在物理模型上施加约束（边界条件）。

（5）在物理模型上施加载荷。

（6）网格自动划分、单元网格查看。

（7）计算和生成结果。

（8）查看和分析计算结果。

◆ 应力显示（物体的受力状态）。

◆ 应变显示（物体的变形程度）。

◆ 位移显示（物体变形后的形状）。

◆ 结果误差分析。

（9）对关心的区域细化网格，重新计算。

14.2 基本结构分析工作台用户界面

14.2.1 进入基本结构分析工作台

进入 CATIA 软件环境后，系统默认创建了一个装配文件，名称为 Product1。关闭此窗口，然后打开要分析的零件模型，选择下拉菜单 开始 ➡ ▲ 分析与模拟 ▶ ➡
 Generative Structural Analysis 命令，系统弹出 "New Analysis Case" 对话框，在对话框中选择分析类型，单击 ● 确定 按钮，即可进入基本结构分析工作台。

14.2.2 用户界面简介

打开文件 D:\catia2014\work\ch14.02\Analysis1.CATAnalysis。

CATIA "基本结构分析" 工作台包括下拉菜单区、工具栏区、信息区（命令联机帮助区）、特征树区、图形区及功能输入区等，如图 14.2.1 所示。

工具栏中的命令按钮为快速进入命令及设置工作环境提供了极大方便，用户根据实际情况可以定制工具栏。

以下是基本结构分析工作台中主要用到的工具栏。

1. "Restraints" 工具栏

使用图 14.2.2 所示 "Restraints" 工具栏中的命令，可以在物理模型上添加载荷。

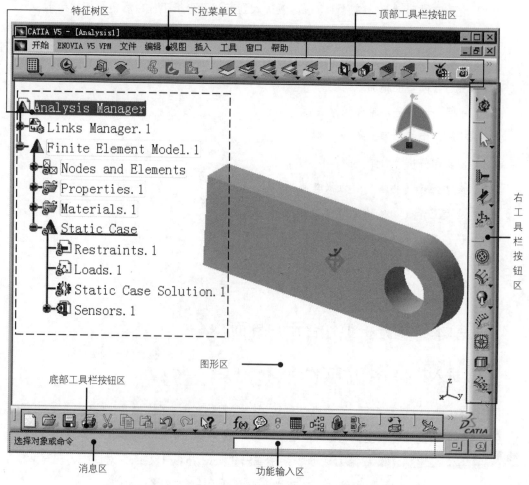

图 14.2.1 CATIA "基本结构分析" 工作台用户界面

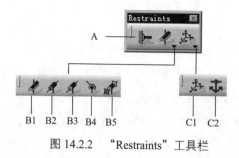

图 14.2.2 "Restraints" 工具栏

图 14.2.2 所示"Restraints"工具栏中各按钮的功能说明如下。

A ：创建夹紧约束。　　　　　　　B1：创建面滑动约束。

B2：创建滑动约束。　　　　　　　B3：创建滑动旋转约束。

B4：创建球连接约束。　　　　　　B5：创建旋转约束。

C1：创建高级约束。　　　　　　　C2：创建静态约束。

2. "Loads"工具栏

使用图 14.2.3 所示"Loads"工具栏中的命令，可以在物理模型上添加载荷。

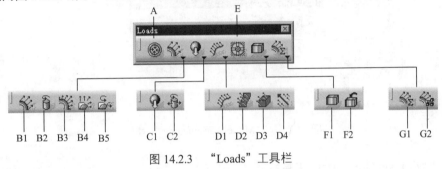

图 14.2.3　　"Loads"工具栏

图 14.2.3 所示"Loads"工具栏中各按钮的功能说明如下。

A ：创建压强载荷。　　　　　　　B1：创建均布力。

B2：创建力矩。　　　　　　　　　B3：创建轴承载荷。

B4：导入力。　　　　　　　　　　B5：导入力矩。

C1：创建重力加速度。　　　　　　C2：创建旋转惯性力（向心力）。

D1：创建线密度力。　　　　　　　D2：创建面密度力。

D3：创建体密度力。　　　　　　　D4：创建向量密度力。

E ：创建强迫位移负载。　　　　　F1：定义温度。

F2：从结果导入温度。　　　　　　G1：创建组合负载。

G2：创建阻力负载。

3. "Model Manager"工具栏

使用图 14.2.4 所示"Model Manager"工具栏中的命令，可以用来进行实体网格划分、定义网格参数和网格类型、设置单元属性、模型检查以及材料的设置。

图 14.2.4 所示"Model Manager"工具栏中各按钮的功能说明如下。

A1：划分四面体网格。　　　　　　A2：划分三角形网格。

A3: 划分一维线性网格。　　　　B1: 设置单元类型。

B2: 定义局部网格尺寸。　　　　B3: 定义局部垂度。

C : 定义 3D 属性。　　　　　　D1: 定义 2D 属性。

D2: 带入 2D 属性。　　　　　　E1: 定义 1D 属性。

E2: 带入 1D 属性。　　　　　　F : 定义映像属性。

G : 模型检查。　　　　　　　　H : 定义材料。

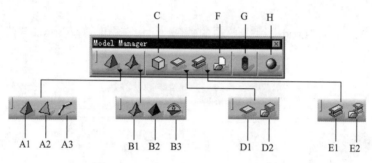

图 14.2.4　"Model　Manager" 工具栏

4. "Analysis Supports" 工具栏

使用图 14.2.5 所示 "Analysis Supports" 工具栏中的命令，可以用来定义零件之间的连接关系。

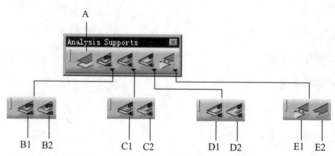

图 14.2.5　"Analysis Supports" 工具栏

图 14.2.5 所示 "Analysis Supports" 工具栏中各按钮的功能说明如下。

A : 创建一般连接。　　　　　　B1: 创建两个零件间的点连接。

B2: 创建一个零件间的点连接。　C1: 创建两个零件间的线连接。

C2: 创建一个零件间的线连接。　D1: 创建两个零件间的面连接。

D2: 创建一个零件间的面连接。　E1: 创建多点约束。

E2: 创建面向点的约束。

5. "Connection Properties" 工具栏

使用图 14.2.6 所示"Connection Properties"工具栏中的命令，可以用来创建滑动、接触、固定等关联属性以及点、面焊接属性等。

图 14.2.6 所示"Connextion Properties"工具栏中各按钮的功能说明如下。

A1: 创建滑动关联属性。 A2: 创建接触关联属性。

A3: 创建固定关联属性。 A4: 创建绑定关联属性。

A5: 创建预紧力关联属性。 A6: 创建螺栓压紧关联属性。

B1: 创建间距刚性关联属性。 B2: 创建间距柔性关联属性。

B3: 创建虚拟螺栓连接。 B4: 创建虚拟螺栓连接（考虑预紧力）。

B5: 用户自定义连接。 C1: 定义点焊连接属性。

C2: 定义焊缝连接属性。 C3: 定义面焊连接属性。

D1: 定义多点分析关联。 D2: 定义多点面分析关联。

6. "Compute" 工具栏

使用图 14.2.7 所示"Compute"工具栏中的命令，可以对前面定义的有限元分析模型进行普通求解或自适应求解。

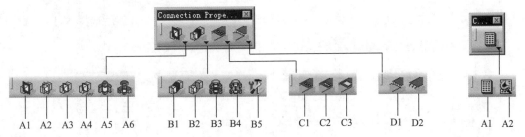

图 14.2.6 "Connection Properties"工具栏   图 14.2.7 "Compute"工具栏

图 14.2.7 所示"Compute"工具栏中各按钮的功能说明如下。

A1: 求解计算。 A2: 自适应求解。

7. "Image" 工具栏

使用图 14.2.8 所示"Image"工具栏中的命令，可以查看分析结果图解。

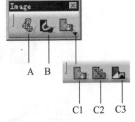

图 14.2.8 "Image"工具栏

图 14.2.8 所示"Image"工具栏中各按钮的功能说明如下。

A: 查看网格变形。 B: 查看应力结果图解。

C1: 查看位移结果图解。 C2: 查看主应力图解。

C3：查看结果误差。

14.3　CATIA 零件的有限元结构分析

下面以一个简单的零件为例介绍在 CATIA 中进行零件结构分析的一般过程。

图 14.3.1 所示的零件（材料为 STEEL，屈服强度为 250MPa），其左端面受固定约束作用，右边孔内圆面受垂直向下的均布载荷力（1000N），在这种情况下分析其应力分布情况以及变形，并校核零件强度。

打开文件 D:\catia2014\work\ch14.03\ analysis_part.CATPart。

图 14.3.1　零件模型

步骤 01　添加材料属性。单击"应用材料"工具栏中的"应用材料"按钮，系统弹出图 14.3.2 所示的"库（只读）"对话框，在对话框中单击 **Metal** 选项卡，然后选择 STEEL 材料，将其拖动到模型上，单击 **确定** 按钮，即可将选定的材料添加到模型中。

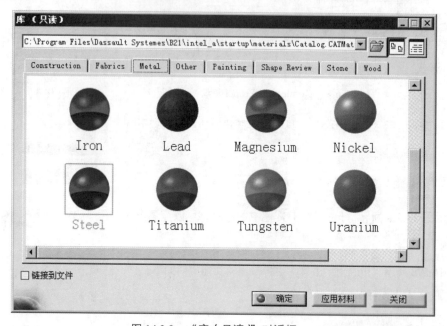

图 14.3.2　"库（只读）"对话框

步骤 02 进入基本结构分析工作台并定义分析类型。选择下拉菜单 开始 ➡

▲ 分析与模拟 ▶ ➡ ⚙ Generative Structural Analysis 命令，系统弹出图 14.3.3 所示的

"New Analysis Case" 对话框，在对话框中选择 Static Analysis 选项，即新建一个静态分析情

形。

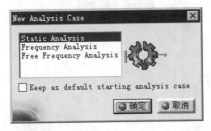

图 14.3.3　"New Analysis Case" 对话框

步骤 03 添加约束条件。单击"Restraints"工具栏中的 按钮，系统弹出图 14.3.4 所示

的"Clamp"对话框，然后选取图 14.3.5 所示的模型表面为约束固定面，单击对话框中的

● 确定 按钮，完成约束添加。

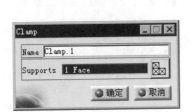

图 14.3.4　"Clamp" 对话框

图 14.3.5　添加约束

步骤 04 添加载荷条件。单击"Loads"工具栏中的 按钮，系统弹出图 14.3.6 所示的

"Distributed Force"对话框，选取图 14.3.7 所示的圆柱面为受载面，在"Distributed Force"

对话框 Force Vector 区域的 Z 文本框中输入载荷值-1000。单击 ● 确定 按钮，完成载荷力的添

加。

步骤 05 网格划分及可视化。在特征树中右击 ✚ Nodes and Elements ，在弹出的

快捷菜单中选择 Mesh Visualization 命令，然后将渲染样式切换到"含边线着色"样式，即

可查看系统自动划分的网格（图 14.3.8）。

说明

此时系统会弹出"Warning"对话框，单击 确定 按钮即可。

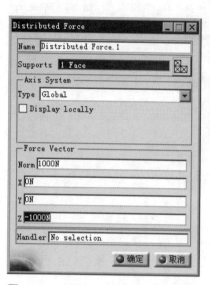

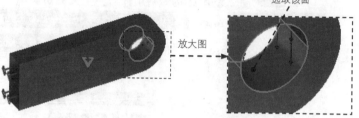

图 14.3.7　添加载荷

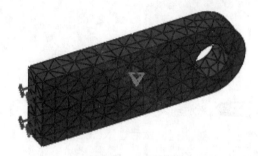

图 14.3.6　"Distributed Force"对话框

图 14.3.8　查看网格

步骤 06　重新划分网格。在特征树中双击 Nodes and Elements 节点下的 OCTREE Tetrahedron Mesh.1 : analysis_part，系统弹出图 14.3.9 所示的 "OCTREE Tetrahedron Mesh"对话框，在对话框中单击 Global 选项卡，在 Size: 文本框中输入数值 3，在 Absolute sag: 文本框中输入数值 0.5；在 Element type 区域中选中 Parabolic 单选项，单击 确定 按钮，完成网格划分。

说明　完成网格划分后参照**步骤 05**的方法查看网格划分结果，结果如图 14.3.10 所示。

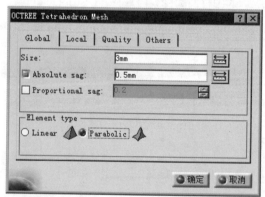

图 14.3.9　"OCTREE Tetrahedron Mesh"对话框

图 14.3.10　网格划分结果

图 14.3.9 所示的 "OCTREE Tetrahedron Mesh" 对话框的 Global 选项卡中各选项说明如下。

- ◆ Size:：单元尺寸。表示每个单元的平均尺寸，取值越小则分析精度越高，但相应计算量及时间增大。

- ◆ ☑ Absolute sag:：绝对弦高。表示在几何模型和将要定义的网格之间允许的距离偏差的最大值，这个参数对弯曲的形体有效（如网格化圆孔的逼近精度），对直线形体没有任何意义。通常 sag 值越小，则划分的网格越逼近真实几何体。

- ◆ ☑ Proportional sag:：划分网格时，网格边与几何弧顶点之间差值与网格边长比值的最大值限制。

- ◆ Element type 区域：用来设置单元类型。包括以下两种单元类型。

  - ● ● Linear ：一阶线性单元。

  - ● ● Parabolic ▲：二阶抛物线单元。

步骤 07 模型检查。单击 "Model Manager" 工具栏中的 按钮，系统弹出图 14.3.11 所示的 "Model Checker" 对话框，对话框最终状态显示为 "OK" 表示前面的定义都完整且正确，然后就可以顺利计算了。单击 ● 确定 按钮，完成模型检查。

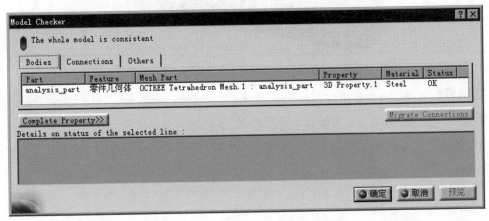

图 14.3.11 "Model Checker" 对话框

步骤 08 分析计算。单击 "Compute" 工具栏中的 按钮，系统弹出图 14.3.12 所示的 "Compute" 对话框，在对话框的下拉列表中选择 All 选项，在对话框中选中 ☑ Preview 复选框，单击 ● 确定 按钮，系统开始计算。在弹出的图 14.3.13 所示的 "Computation Resources Estimation" 对话框中单击 Yes 按钮。

. 图 14.3.12 所示的 "Compute" 对话框中各选项说明如下。

- ◆ All：全部都算。

- ◆ Mesh Only：只求解网格划分效果。

◆ `Analysis Case Solution Selection`：特征树上用户选定的某一分析案例。

◆ `Selection by Restraint`：通过特征树上选定的约束集选择相应的分析案例。

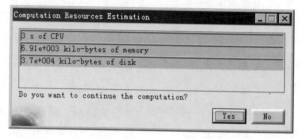

图 14.3.12　"Compute" 对话框　　　　图 14.3.13　"Computation Resources Estimation" 对话框

步骤 09 查看网格变形结果图解。计算完成后 "Image" 工具栏中的按钮被激活。在 "Image" 工具栏中单击 按钮，即可查看网格变形图解，如图 14.3.14 所示。

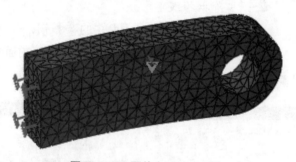

图 14.3.14　网格变形结果图解

步骤 10 查看应力结果图解。在 "Image" 工具栏中单击 按钮，即可查看应力图解，如图 14.3.15 所示。从应力结果图解中可以看出，此时零件能够承受的最大应力为 38.1MPa。而材料的最大屈服应力为 250MPa，远大于此时的最大应力，也就是说，零件能够安全工作，不会破坏。

图 14.3.15　应力图解（一）

在查看应力结果图解时，需要将渲染样式切换到 "含材料着色" 样式，否则结果如图 14.3.16 所示。

图 14.3.16　应力图解（二）

步骤 11 查看位移图解。在"Image"工具栏中单击 节点下的 按钮，即可查看位移图解，如图 14.3.17 所示。

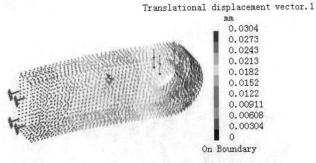

图 14.3.17　位移图解（一）

 说明

在查看位移结果图解时，双击图解模型，系统弹出图 14.3.18 所示的"Image Edition"对话框，在对话框中单击 Visu 选项卡，在 Types 区域中选中 Average iso 选项，即可切换图解显示状态，如图 14.3.19 所示。

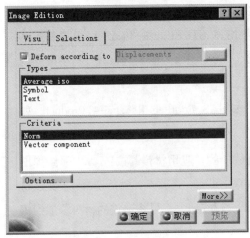

图 14.3.18　"Image Edition"对话框

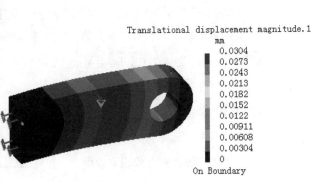

图 14.3.19　位移图解（二）

步骤 12 查看主应力图解。在"Image"工具栏中单击 <img_1>▼节点下的 按钮，即可查看主应力图解，如图 14.3.20 所示。

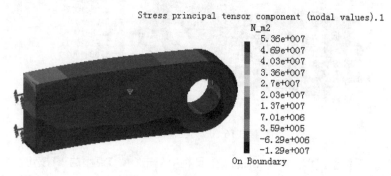

Stress principal tensor component (nodal values).1
N_m2
5.36e+007
4.69e+007
4.03e+007
3.36e+007
2.7e+007
2.03e+007
1.37e+007
7.01e+006
3.59e+005
-6.29e+006
-1.29e+007
On Boundary

图 14.3.20 主应力图解

步骤 13 查看误差图解。在"Image"工具栏中单击 ▼节点下的 按钮，即可查看误差图解，如图 14.3.21 所示。

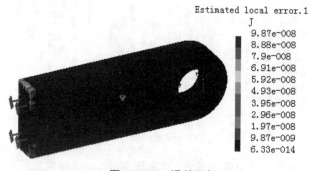

Estimated local error.1
J
9.87e-008
8.88e-008
7.9e-008
6.91e-008
5.92e-008
4.93e-008
3.95e-008
2.96e-008
1.97e-008
9.87e-009
6.33e-014

图 14.3.21 误差图解

14.4　CATIA 装配组件的有限元结构分析

下面以一个简单的装配体为例介绍装配体分析的一般过程。

支腿的装配模型（由横梁和支座组成，零件材料均为 STEEL，图 14.4.1），其中装配约束共有 4 个：3 个面接触约束、一个固定部件（支座）。支座底面为固定约束，分析横梁受均布载荷（3000N 的外力）后的应力分布、变形等情况。

步骤 01 打开文件 D:\catia2014\work\ch14.04\ CATGAS_FootPeg_Recap.CATProduct，如图 14.4.2 所示。

步骤 02 添加材料属性。单击"应用材料"工具栏中的"应用材料"按钮 ，系统弹出图 14.4.3 所示的"库（只读）"对话框，在对话框中单击 Metal 选项卡，然后选择 STEEL 材料，将其分别拖动到支座和横梁模型上，单击 确定 按钮，即可将选定的材料添加到模型中。

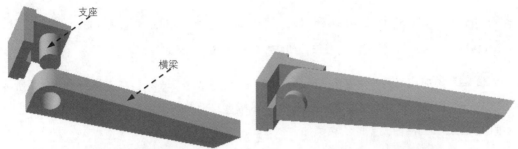

图 14.4.1　支腿结构组成　　　　　　　图 14.4.2　装配体模型

图 14.4.3　"库（只读）"对话框

步骤 03 进入基本结构分析工作台并定义分析类型。选择下拉菜单 开始 ➤ 分析与模拟 ➤ Generative Structural Analysis 命令，系统弹出图 14.4.4 所示的 "New Analysis Case" 对话框，在对话框中选择 Static Analysis 选项，即新建一个静态分析情形。

图 14.4.4　"New Analysis Case" 对话框

步骤 04 因为分析对象是装配体，装配体的结构分析和零件的结构分析不同。在装配体的分析中，要考虑零件与零件之间的接触关系，这样才能保证分析结果的可靠性。对于该装配体，包括三个面接触装配约束，另外还包括一个固定约束，在此，我们只需要考虑三个面接触约束。

（1）添加第一个接触关联属性。

（2）添加第二个接触关联属性。

（3）添加一个滑动关联属性。

本部分的详细操作过程请参见随书光盘中 video\ch14\ch14.04\reference\文件下的语音视频讲解文件 CATGAS_FootPeg_Recap01.avi。

步骤 05 添加约束条件。单击 "Restraints" 工具栏中的 按钮，系统弹出图 14.4.5 所示的 "Clamp" 对话框，然后选取图 14.4.6 所示的模型表面为约束固定面，将其固定，单击对话框中的 确定 按钮，完成约束添加。

图 14.4.5 "Clamp" 对话框

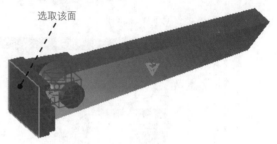

图 14.4.6 添加约束

步骤 06 添加载荷条件。单击 "Loads" 工具栏中的 按钮，系统弹出图 14.4.7 所示的 "Distributed Force" 对话框，选取图 14.4.8 所示的模型表面为受载面，在 "Distributed Force" 对话框 Force Vector 区域的 Z 文本框中输入载荷值-1000。单击 确定 按钮，完成载荷力的添加。

图 14.4.7 "Distributed Force" 对话框

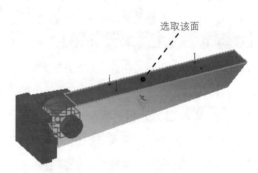

图 14.4.8 添加载荷

步骤 07 划分网格。对于装配体的网格划分，一般是根据不同零件进行不同的网格划分。该装配体中包括支座和横梁两个零件，需要对这两个零件划分网格。

（1）划分横梁网格。在特征树中双击 Nodes and Elements 节点下的

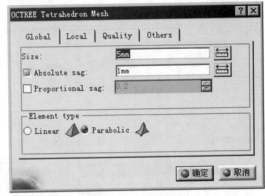 OCTREE Tetrahedron Mesh.1 : peg.1，系统弹出图 14.4.9 所示的"OCTREE Tetrahedron Mesh"对话框（一），在对话框中单击 Global 选项卡，在 Size: 文本框中输入数值 8，在 ☑Absolute sag: 文本框中输入数值 1.2；在 Element type 区域中选中 ⚫ Parabolic 单选项，单击 ⚫ 确定 按钮，完成网格划分。

（2）划分支座网格。在特征树中双击 Nodes and Elements 节点下的 OCTREE Tetrahedron Mesh.2 : footpeg mount.1，系统弹出图 14.4.10 所示的"OCTREE Tetrahedron Mesh"对话框（二），在对话框中单击 Global 选项卡，在 Size: 文本框中输入数值 5，在 ☑Absolute sag: 文本框中输入数值 1；在 Element type 区域中选中 ⚫ Parabolic 单选项，单击 ⚫ 确定 按钮，完成网格划分。

图 14.4.9 "OCTREE Tetrahedron Mesh"对话框（一） 图 14.4.10 "OCTREE Tetrahedron Mesh"对话框（二）

步骤 08 网格划分及可视化。在特征树中右击 Nodes and Elements，在弹出的快捷菜单中选择 Mesh Visualization 命令，然后将渲染样式切换到"含边线着色"样式，即可查看系统自动划分的网格（图 14.4.11）。

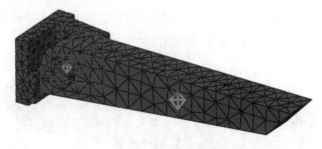

图 14.4.11 查看网格

步骤 09 模型检查。单击"Model Manager"工具栏中的 按钮，系统弹出图 14.4.12 所示的"Model Checker"对话框，对话框最终状态显示为"OK"表示前面的定义都完整且正确，然后就可以顺利计算了。单击 [🔵 确定] 按钮，完成模型检查。

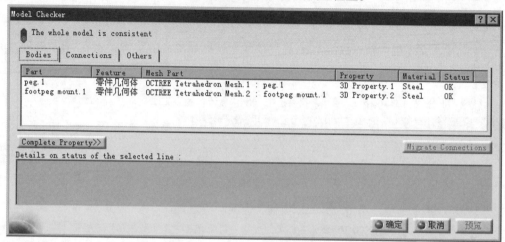

图 14.4.12 "Model Checker" 对话框

步骤10 分析计算。单击 "Compute" 工具栏中的 按钮，系统弹出图 14.4.13 所示的 "Compute" 对话框，在对话框的下拉列表中选择 **All** 选项，在对话框中选中 ☑ Preview 复选框，单击 [🔵 确定] 按钮，系统开始计算，在弹出的图 14.4.14 所示的 "Computation Resources Estimation" 对话框中单击 [Yes] 按钮。

图 14.4.13 "Compute" 对话框

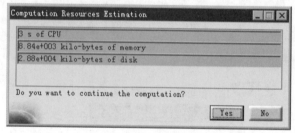

图 14.4.14 "Computation Resources Estimation" 对话框

步骤11 查看网格变形结果图解。计算完成后，"Image" 工具栏中的按钮被激活。在 "Image" 工具栏中单击 按钮，即可查看网格变形结果图解，如图 14.4.15 所示。

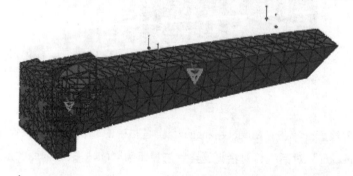

图 14.4.15 网格变形结果图解

步骤 12 查看应力结果图解。在"Image"工具栏中单击 按钮，即可查看应力图解，如图 14.4.16 所示。从应力结果图解中可以看出，此时零件能够承受的最大应力为 34.9MPa。

说明　在查看应力结果图解时，需要将渲染样式切换到"含材料着色"样式。

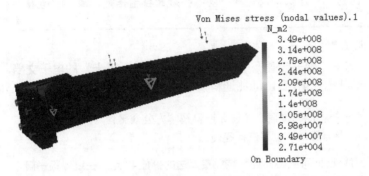

图 14.4.16　应力图解

步骤 13 查看位移图解。在"Image"工具栏中单击 节点下的 按钮，即可查看位移图解，如图 14.4.17 所示。

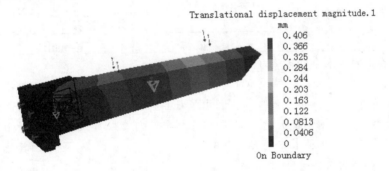

图 14.4.17　位移图解

步骤 14 查看误差图解。在"Image"工具栏中单击 节点下的 按钮，即可查看误差图解，如图 14.4.18 所示。

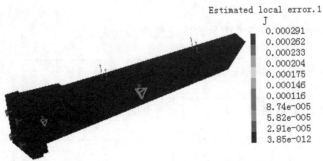

图 14.4.18　误差图解

读者意见反馈卡

尊敬的读者:

感谢您购买机械工业出版社出版的图书!

我们一直致力于 CAD、CAPP、PDM、CAM 和 CAE 等相关技术的跟踪,希望能将更多优秀作者的宝贵经验与技巧介绍给您。当然,我们的工作离不开您的支持。如果您在看完本书之后,有好的意见和建议,或是有一些感兴趣的技术话题,都可以直接与我联系。

策划编辑: 丁锋

读者购书回馈活动:

活动一: 本书"随书光盘"中含有该"读者意见反馈卡"的电子文档,请认真填写本反馈卡,并 E-mail 给我们。E-mail:兆迪科技 zhanygjames@163.com,丁锋 fengfener@qq.com。

活动二:扫一扫右侧二维码,关注兆迪科技官方公众微信(或搜索公众号 zhaodikeji),参与互动,也可进行答疑。

凡参加以上活动,即可获得兆迪科技免费奉送的价值48元的在线课程一门,同时有机会获得价值 780 元的精品在线课程。

书名:《CATIA V5-6R2014 宝典》

1. 读者个人资料:

姓名:_____ 性别:____ 年龄:____ 职业:_____ 职务:_____ 学历:____

专业:_____ 单位名称:_____ 办公电话:_____ 手机:____

QQ:_____ 微信:_____ E-mail:_____

2. 影响您购买本书的因素(可以选择多项):

☐内容   ☐作者   ☐价格

☐朋友推荐   ☐出版社品牌   ☐书评广告

☐工作单位(就读学校)指定   ☐内容提要、前言或目录   ☐封面封底

☐购买了本书所属丛书中的其他图书   ☐其他_____

3. 您对本书的总体感觉:

☐很好   ☐一般   ☐不好

4. 您认为本书的语言文字水平:

☐很好   ☐一般   ☐不好

5. 您认为本书的版式编排:

☐很好   ☐一般   ☐不好

6. 您认为 CATIA 其他哪些方面的内容是您所迫切需要的?

_____

7. 其他哪些 CAD/CAM/CAE 方面的图书是您所需要的?

_____

8. 您认为我们的图书在叙述方式、内容选择等方面还有哪些需要改进的?

_____